U0244076

Java™

面向对象数据结构

完全学习教程

版权登记号: 01-2018-6246

图书在版编目(CIP)数据

Java面向对象数据结构完全学习教程 /（美）内尔·黛尔，（美）丹尼尔·T·乔伊斯，（美）奇普·威姆斯著；王金菊，金笔佳文译. 一 北京：中国青年出版社，2019.8
书名原文：Object-Oriented Data Structures Using Java, Fourth Edition
ISBN 978-7-5153-5525-2

I.①J… II.①内… ②丹… ③奇… ④王… ⑤金… III.①Java语言－程序设计－教材 IV. ①TP312.8

中国版本图书馆CIP数据核字(2019)第043903号

Java面向对象数据结构完全学习教程

（美）内尔·黛尔 （美）丹尼尔·T·乔伊斯 （美）奇普·威姆斯 著
王金菊 金笔佳文 译

出版发行：中国青年出版社
地　　址：北京市东四十二条21号
邮政编码：100708
电　　话：(010)50856188 / 50856189
传　　真：(010)50856111
企　　划：北京中青雄狮数码传媒科技有限公司

责任编辑：张　军
策划编辑：张　鹏
封面设计：彭　涛

印　　刷：湖南天闻新华印务有限公司
开　　本：787×1092　1/16
印　　张：44
版　　次：2019年10月北京第1版
印　　次：2019年10月第1次印刷
书　　号：ISBN 978-7-5153-5525-2
定　　价：139.00元（附赠独家秘料，含本书实例源代码与教学PPT文件资料等内容）

本书如有印装质量等问题，请与本社联系
电话：(010)50856188 / 50856189
读者来信：reader@cypmedia.com
投稿邮箱：author@cypmedia.com
如有其他问题请访问我们的网站：http://www.cypmedia.com

Java™
面向对象数据结构
完全学习教程

[美] 内尔 · 黛尔（Nell Dale）
[美] 丹尼尔 · T · 乔伊斯（Daniel T. Joyce）著
[美] 奇普 · 威姆斯（Chip Weems）

王金菊　金笔佳文 译

中国青年出版社

前　言

欢迎使用第四版Java™语言描述的面向对象数据结构。本书介绍了面向对象上下文中传统数据结构课程的算法、编程和结构技术，包含了链表、递归、栈、队列、集合、索引列表、树、映射、优先级队列、图、排序、查找和复杂度分析这些熟悉的主题，它们都是使用Java从面向对象的角度来描述的。我们始终强调软件工程原理，包括模块化、信息隐藏、数据抽象、逐步完善、使用可视化辅助工具、分析算法和软件验证方法。

写给学生

算法是为了解决问题而使用的清晰的指令序列，可以解决中等复杂度问题，设计一组组合在一起来解决问题的类/对象，为所需的方法算法编写代码使对象工作，并验证解决方案的正确性。

算法描述行为，而这些行为操作数据。对于大多数用计算机解决的有趣问题来说，数据结构和用来操作数据的算法结构同样重要。在本书中，你将发现构造数据的方式会影响数据的使用效率，将看到试图解决的问题的性质影响着数据的构造决策，还会学习计算机科学家数年前开发的数据结构以帮助你解决问题。

面向对象的Java编程

我们的主要目标是介绍传统的和现代的数据结构方面的知识，重点介绍问题的解决和软件的设计。

使用Java编程语言作为解决问题的工具，为学生们增强对现代编程语言和面向对象范式的熟悉程度提供了一个机会。随着数据结构覆盖面的扩大，我们引入并使用支持我们主要目标的恰当的Java构造。从基础知识开始并贯穿全书，介绍并扩展了许多Java功能的应用，如类、对象、泛型、多态、包、接口、库中的类、继承、异常和线程等。我们还在整个讲解过程中使用统一建模语言（UML）类图来帮助建模并可视化对象、类、接口、应用程序及其相互关系。

特点

数据抽象 这部分从三个不同的角度来学习数据结构，即规范、应用和实现。规范描述了逻辑层和抽象层——数据元素之间的逻辑关系和可以在该数据结构上进行的操作。应用层，有时叫作客户端层，关注的是如何使用该数据结构来解决问题——为什么这些操作做这些事。实现层包括代码细节——结构和操作是如何实现的。换言之，我们将数据结构视为抽象数据类型（ADT）。

效率分析 在Chapter 1中，使用一种独特的方法介绍了增长阶效率分析，其中涉及两个学生玩游戏时的互动。本书始终如一地进行时间和空间分析，这允许我们比较和对比数据结构的实现以及使用它们的应用程序。

递归处理 递归引入得较早（Chapter 3），并在本书的后续部分中使用。书中提出了一种基于回答三个简单问题的设计和分析方法。回答基于形式归纳推理的问题，以便程序员获得可靠的递归设计和递归程序。

有趣的应用程序 八个主要的数据结构（栈、队列、集合、索引列表、树、映射、优先级队列和图）分别在单独的章节中进行介绍，包括其定义和多种变体，以及使用它们的一个或多个有趣的应用程序。应用程序包括平衡表达式、后缀表达式、图像生成、分形、队列模拟、扑克牌游戏、文本分析、树和图的遍历，以及大整数。

充足的习题 平均每章有40多个练习。练习按章节组织，更方便管理。这些练习的难易程度各不相同，包括短的和长的编程问题（标有“需要编程”的图标——一个图标表示短的练习，两个图标表示项目）、算法分析以及测试学生对抽象概念理解的问题。在这一版本中，我们精简了原来的练习，添加更多选项供大家选择，特别是在许多章节中增加了几个较大的编程练习。

输入/输出选项 我们很难知道使用数据结构教材的学生具备什么样的Java I/O知识背景。为了让使用本书的读者都能够专注于数据结构的主要目标，我们使用最简单的I/O方法，也就是命令行界面。然而，为了支持那些喜欢使用图形用户界面（GUI）的老师和学生们，我们为许多应用程序提供了图形用户界面。用于程序设计的模块化方法支持将用户界面代码、问题解决方案代码和抽象数据类型实现代码分离成单独的类。

并发覆盖 我们很高兴成为介绍并发和同步主题的数据结构教材之一。随着每一代新的计算机系统转向使用更多的内核和线程以获取额外的性能，并发和同步越来越重要。本书将在4.9节“并发、干扰和同步”中介绍这一主题，从Java线程的基础讲起，然后介绍线程干扰和同步的示例，最后讨论效率问题。

第四版中新增加的内容

此版本是对本教材的重大修订，我们删除了对于数据结构的核心主题来说多余的或不太重要或过时的资料，增加了新的关键资料，并重写了我们保留的大部分资料。虽然教材的篇幅缩减了约10%，数据结构的覆盖率却扩大了。我们相信该新版本比之前的版本有了很大的改进，希望广大读者也有同感。主要变化包括：

- 简化架构：继续使用Java接口构造来定义抽象数据类型（ADT）的抽象视图，但是减少了继承的层数，简化了架构，使其更易于理解和使用。

- 新的章：Chapter 5“抽象数据类型——集合”Chapter 8“和抽象数据类型映射”都是新引入章。集合章介绍了将数据结构作为存储库的思想，并集中讨论了在基于键属性的情况下对数据进行存储和检索。随着可以调用嵌入式关联数组的脚本语言不断被推广，映射（Map）的地位也就变得日益突出。

- 新改写节：我们对1.6节“算法比较：增长阶分析”进行了完全意义上的改写，并通过两个学生玩的一个游戏为例对算法的效率进行了分析，并对顺序查找、二分查找和顺序排序算法进行了分析。

- 新增节：经读者建议，我们在Chapter 3“递归”中增加了两个新节：3.3节“数组的递归处理”，阐述数组的递归处理；而3.4节“链表的递归处理”，阐述链表的递归处理。这两节先提供了使用递归的实用范例，其后我们在3.5节“塔”中继续向读者展示实用性不高但更为常见的汉诺塔范例。

- 新的节：分形！这是一个有趣的章节，内容有关按递归方式生成基于分形的图案，这一节对Chapter 3“递归”中的范例进行了概括。

- 新小节：我们在栈、队列、集合、列表、树和映射这几章中增加了“变体”一节。在每个抽象数据类型的主要介绍中，我们记录了设计决策并指定了该抽象数据类型应支持的操作。我们也会开发或至少讨论多种实现方法，大多数情况下会重点介绍一个基于数组的方法和一个基于引用/链表的方法。“变体”一节讨论了定义/实现抽象数据类型的替代方法，并在大多数情况下回顾了Java标准库中可用的抽象数据类型的相应实现。某些小节中还介绍了相关的抽象数据类型，例如，在集合这一章的“变体”小节中，我们定义并讨论了集合（Set）和包（Bag）抽象数据类型。

- 术语表：本书的术语表可以在线获得。本版本中，我们将其作为附录E提供。在本书中，读者可能不太熟悉的重要术语第一次出现时，我们用加黑突出显示，表明可以在术语表中找到它们的定义。

前提假设

在本书中，我们假设读者熟悉下列Java结构：

- 内置的简单数据类型和数组类型
- 控制结构while、do、for、if和switch
- 创建和实例化对象
- 基本的用户自定义类：
  - 变量和方法
  - 构造函数、方法参数和return语句
  - 可见性修饰符
- 常用的Java库类：Integer、Math、Random、Scanner、String和System

章节内容

Chapter 1 关于基础知识的整理。综述面向对象，强调了组织对象和类的机制。介绍了Java异常处理机制，该机制用于组织对异常情况的响应。预览了数据结构和两种用于实现这些数据结构的基本语言结构，讨论了数组和引用（链接/指针）。本章最后介绍了效率分析——如何评估和比较算法。

Chapter 2 介绍了抽象数据类型栈（Stack），引入了抽象数据类型（abstract data type, ADT）的概念。从三个不同的层级介绍了栈，即抽象层、应用层和实现层。Java接口机制用于支持这种三层视图。还研究了使用泛型来支持一般可用的抽象数据类型。使用数组和引用实现了抽象数据类型栈。为了支持基于引用的方法，介绍了链表结构。示例应用程序包括确定分组符号是否符合语法规则和评估后缀表达式。

Chapter 3 讨论了递归（Recursion），演示了如何使用递归解决编程问题。介绍了简单

的三个问题技术，用来验证递归方法的正确性。示例应用程序包括数组处理、链表处理、经典汉诺塔问题和分形的生成。对递归工作的详细讨论，展示了如何用迭代和栈来替代递归。

Chapter 4 介绍了抽象数据类型队列（Queue）。首先从其抽象角度来考虑，接着是正式的规范，然后是使用基于数组和基于引用的方法实现它。示例应用程序包括迭代测试驱动程序、回文检查程序和模拟真实世界的队列系统。最后介绍了Java的并发和同步机制，解释了干扰和效率问题。

Chapter 5 对抽象数据类型集合进行了定义。作为基础型抽象数据类型，集合在将信息进行存储后，我们可以根据信息中的内容检索信息。比较对象大小或比较对象是否相等的方法也包含在内，书中也对这些比较方法进行了检验。还包括利用数组、有序数组、链表的方式实现集合。文本处理程序会检验比较方法的效率。在“变体”节中介绍了另外两个抽象数据类型——Bag ADT和Set ADT，相比较而言，这两个抽象数据类型更为人熟知。

Chapter 6 介绍了一个更具体的抽象数据类型——集合。事实上，接下来的两章也开发了集合。本章介绍了迭代和使用匿名内部类提供迭代器。和集合抽象数据类型一样，我们开发了数组、有序数组和基于链表的实现。“变体”一节中包含了一个如何在数组中“实现”链表的例子。应用程序包括纸牌模型和一些纸牌游戏，还有大整数类。大整数类应用程序演示了如何为特定问题设计专门的抽象数据类型。

Chapter 7 介绍了二叉搜索树抽象数据类型。本章中大部分篇幅都用来介绍设计和创建该相对复杂的结构基于引用的实现。本章还讨论了一般的树（包括广度优先和深度优先查找）和平衡二叉搜索树的问题。在“变体”一节中，介绍了各种各样用于特殊目的的树和平衡树。

Chapter 8 讲了映射（Map）抽象数据类型，映射抽象数据类型也叫符号表、字典或关联数组。其中有两种实现方式，一种运用的是ArrayList，另一种用的是哈希表。本章用大量篇幅讲解了后一种实现方法。而因为哈希能够做到高效实现映射，因此也会重点讲解哈希的概念。我们在“变体”节讨论了基于映射的混合数据类型，以及Java对于哈希的支持性问题。

Chapter 9 介绍了优先级队列抽象数据类型，它与队列密切相关，但具有不同的访问协议。本章篇幅相对较短，介绍了其基于有序数组的实现，但是大部分篇幅都集中在介绍一个叫作堆（Heap）的智能、有趣且非常高效的实现上。

Chapter 10 讲了图（Graph）抽象数据类型，包括实现方法和数种有关图的重要算法（深度优先搜索、广度优先搜索、路径存在与否、最短路径和连通分量）。图的算法运用了

栈、队列和优先队列，这样不仅补充了之前的内容，还展示了这些结构的一般用法。

Chapter 11 介绍/回顾了一些排序和查找算法。图示、实现和比较的排序算法包括直接选择排序、冒泡排序的两个版本、插入排序、快速排序、堆排序和合并排序。使用效率分析比较排序算法。然后在查找的背景下讨论算法分析，回顾了之前介绍的查找算法并描述了新的查找算法。

组织方法

章节目标 每章开始部分介绍知识目标和技能目标，帮助学生评估他们都学到了什么。

示例程序 本书中大量的示例程序和程序片段阐释了抽象的概念。

功能部分 本书中这些简短的部分强调了与内容流程不直接相关但重要的话题。

框内注释 这些散落在本书中的框内信息从不同的角度突出、补充和强化了教材内容。

章节小结 每章都是以小结结束，在小结中回顾了每章中最重要的话题并将相关的话题联系在一起。有些章节小结包括了本章内开发的主要接口和类的统一模型语言类图。

附录 附录总结了Java保留字集合、运算符优先级、原始数据类型、Unicode的ASCII子集，并提供了本书中使用的重要术语词汇表。

网站 http://go.jblearning.com/oods4e

该网站提供了本书中每章的源码文件。另外，注册教师还能够访问本书练习部分的选定答案、测试项目文件和演示幻灯片。如果你有与本书相关的材料并想分享给其他人，请联系作者。

感谢

在此感谢以下花费时间和精力审阅本书的人：中佛罗里达大学的Mark Llewellyn，卡罗尔学院的Chenglie Hu，宾夕法尼亚大学的Val Tannen，明尼苏达大学的Chris Dovolis，普莱诺高中的Mike Coe，阿拉巴马大学亨茨维尔分校的Mikel Petty，佐治亚周界学院（Georgia Perimeter College）的Gene Sheppard，南卡罗来纳大学兰开斯特分校的Noni Bohonak，路易斯安那大学门罗分校的Jose Cordova，丹佛大都会州立大学的Judy Gurka，塞勒姆州立大学的Mikhail Brikman，威斯康星大学斯托特分校的Amitava Karmaker，田纳西州立大学的Guifeng Shao，路易斯安那州立大学什里夫波特分校的Urska Cvek，北弗吉尼亚社区学院的Philip C. Doughty Jr.，西南浸会大学的Jeff Kimball，诺瓦东南大学的Jeremy T.Lanman，南卡罗莱纳大学艾肯分校的Rao Li，托莱多大学的Larry Thomas，韦斯特菲尔德州立大学的Karen Works。特别感谢森特学院的Christine Shannon，费尔菲尔德大学的Phil LaMastra，纽约大学的Allan Gottlieb，印第安纳卫斯理大学的William Cupp提出具体意见改进本书。个人非常感谢Kristen Obermyer、Tara Srihara、Sean Wilson、Christopher Lezny和Naga Lakshmi，维拉诺瓦大学的所有人，以及Kathy、Tom和Julie Joyce给予的帮助、支持和校对专业知识。

为贡献非凡的编辑和制作团队送上一束虚拟的玫瑰花，尤其是Laura Pagluica、Taylor Ferracane、Amy Rose和Palaniappan Meyyappan。

目　录

Chapter 2 抽象数据类型——栈

Chapter 3 递归

Chapter 4 抽象数据类型——队列

Chapter 5 抽象数据类型——集合

Chapter 6 抽象数据类型——列表

Chapter 7 抽象数据类型——二叉搜索树

Chapter 8 抽象数据类型——Map

Chapter 9 抽象数据类型——优先级队列

Chapter 10 抽象数据类型——图

Chapter 11 排序和查找算法

CHAPTER 1

知识整理

知识目标

你可以

- 描述面向对象编程的一些好处
- 描述统一方法的起源
- 解释类、对象和应用程序之间的关系
- 解释在继承的情况下，方法调用和方法实现之间如何绑定
- 在抽象层面描述数组、链表、栈、队列、列表、树、map和图数据结构
- 确定哪些数据结构是依赖于实现的，哪些是不依赖于实现的
- 描述直接寻址和间接寻址的区别
- 解释使用引用/指针的细微差别
- 解释使用O标记法描述算法的计算量
- 描述顺序查找、二分查找和选择排序算法变量和方法

技能目标

你可以

- 理解基本的UML类图
- 设计并实现一个Java类
- 使用Java类实现一个应用程序
- 使用package来组织Java的编译单元
- 编写一个Java异常类
- 在一个Java类中抛出异常并在使用该类的应用程序中捕获该异常
- 预测使用别名的短Java代码段的输出
- 声明、初始化及使用Java中的一维和二维数组，包括原始类型和对象类型数组
- 给定一个算法，确定其合适的大小，估算其增长量级
- 给定一段代码，估算其增长量级

在开始一个新项目之前，都应该认真准备，以便有序组织起来，而这正是我们在第一章中要做的。认真学习本章内容，会为后续数据结构和算法的学习打下基础。本书后面章节都采用了面向对象的方法。

1.1 类、对象和应用程序

软件设计是一项充满乐趣、富有挑战又具成就感的工作。作为初学者，编写的程序只能解决相对简单的问题。我们把大部分时间都用来学习一门编程语言，如Java的语法：语言的保留字、数据类型、选择和循环结构，以及输入、输出机制等。

随着程序以及该程序要解决的问题变得更加复杂，采用一种软件设计方法来模块化解决方案就变得非常重要——把它们分解成连贯的可管理的子单元。软件设计最初是由强调行动来驱动的，通过把程序分解为子程序或过程/方法来将其模块化。子程序执行一些计算后，会将信息返回给调用程序，子程序本身不“记得”任何信息。在20世纪60年代后期，研究人员认为这种方法的限制性太大，无法表示构建复杂系统所需要的构造。

1967年，挪威人克利斯登·奈加特（Kristen Nygaard）和奥利-约翰·达尔（Ole-Johan Dahl）正式发布了Simula 67语言。Simula 67被认为是最早的面向对象程序设计语言。面向对象语言将对象作为主要的模块化机制。对象表示信息和行为，可以“记住”从本次使用到下次使用之间的内部信息。这点至关重要的差异使面向对象方法能够以多种多样的方式使用。2001年，奈加特和达尔因此获得了图灵奖，该奖项也被称为“计算机界的诺贝尔奖”。

对象表示信息（对象有属性）和行为（对象有职责）的能力使得它可以用来表示如银行账户、基因组和霍比特人等千变万化的“真实世界”实体。对象的独立性和完备性使得它们易于实现、修改并测试其正确性。

面向对象的核心是类和对象。对象是应用程序所使用的基本运行实体。一个对象就是类的一个实例，或者说，类定义了其对象的结构。本节中，我们将回顾这些用来组织程序的面向对象编程结构。

类

类定义了一个对象或一组对象的结构。类定义中包含变量（数据）和方法（行为），这些变量和方法决定了对象的行为。下面这段Java代码定义了一个Date类，该类可以用来创建和操作Date对象，可用在如学校课程安排这样的应用程序中。

> **作者的约定**
>
> Java保留字、用户自定义标识符、类名和文件名字等，在本书中都会以下面的字体显示。

Date类可用来创建Date对象，获得任何特定Date对象[1]的年、月或日。Date类还提供了用于返回该日期利连日数（Lilian Day Number）的方法（代码细节略，若想获取更多信息，请参考利连日数章节），并返回了一个字符串类型的日期。

```
//----------------------------------------------------------------------
// Date.java              程序员:Dale/Joyce/Weems          Chapter 1
//
// 定义了包含year,month和day属性的date对象。
//----------------------------------------------------------------------
package ch01.dates;
public class Date
{
    protected int year, month, day;
    public static final int MINYEAR = 1583;

    //Constructor—构造函数
    public Date(int newMonth, int newDay, int newYear)
    {
       month = newMonth; day = newDay; year = newYear;
    }

    //Observers—观察函数
    public int getYear() { return year; }
    public int getMonth() { return month; }
    public int getDay(){ return day; }

    public int lilian()
    {
       //返回该日期的利连日数。
       //算法在这里。代码包含在程序文件中。
       //有关详细信息，参见利连日数章节。
    }

    @Override²
    public String toString()
```

[1] Java库java.util.Date中包含一个Date类。由于人们熟悉日期的属性，所以在解释面向对象概念时会很自然地使用它作为范例。这里我们忽略类库中已存在的Date类，设计我们自己的Date类。

[2] 在1.2节“组织类”中会介绍@Override的用途。

```
        //将日期作为字符串返回
        {
          return(month + "/" + day + "/" + year);
        }
}
```

Date类演示了两种类型的变量：实例变量和类变量。Date类中的实例变量有year、month和day，声明为：

```
protected int year, month, day;
```

实例变量的值对于类对象的每个“实例”来说都是不同的。实例变量是对象属性的内部表示。

变量MINYEAR声明为：

```
public static final int MINYEAR = 1583;
```

MINYEAR定义为静态的，因此它属于类变量，直接与Date类而不是Date类对象关联，会为每个类对象维护一个类变量的拷贝。

final标识符表示一个变量的最终形式，意味着该变量不能被修改，因此，MINYEAR是一个常量。根据约定，我们只使用大写字母来命名常量。将常量声明为类变量是一个标准过程。因为常量的值不能改变，那就没有必要让每个类对象都去维护一个常量值。类变量除了用来持有共享的常量，还可以用来维护整个类共享的信息。例如，一个BankAccount类可能有一个类变量用来保存当前账户的数量。

在Date类的例子中，MINYEAR常量表示通用的公历生效后的第一个全年，即程序员不能使用Date类来表示MINYEAR之前的日期。在1.3“异常”中会讨论如何处理特殊情况，大家会看到这条规则是如何执行的。

作者的约定

一些大家不熟悉的术语在第一次出现时会加黑重点标示，可以在词汇表中找到这些术语的定义。

Date类的方法有Date、getYear、getMonth、getDay、lilian和toString。注意Date方法的名字和类名一样，这意味着Date方法是一个特殊的方法，叫作类的**构造函数**（constructor）。类的构造函数用来创建类的实例，即实例化一个类。Date类的其他方法可以归类为**观察函数**（observer），因为它们“观察”并根据实例变量值返回信息。观察方法可以使用访问函数和取值函数，因为它们访问并获取信息。像Date类中getYear()这样只返回一个实例变量值的方法非常普遍。这种方法总是遵循相同的代码模式，该模式是由单个return语句组成的。因此，我们将这种方法格式化为一行代码。除了构造函数和观察函数之外，还有一种一般类别的方法，叫**转换函数**（transformer）。转换函数以某种方式改变对象。例如，改变Date对象year变量的方法就

表 1.1 Java访问控制符

	允许访问			
	同一个类中	同一个包中	子类中	全局范围内
public	X	X	X	X
protected	X	X	X	
package	X	X		
private	X			

可以归类为转换函数。

你已经注意到在Date类里使用了访问控制符protected和public，让我们来看一下使用**访问控制符**的目的。这个讨论假设你已经回顾了继承和包相关的基本概念。继承支持对一个类进行扩展，这个类叫父类，扩展后的类叫子类。子类从父类中继承属性（数据和方法），所以我们说子类是从父类中衍生来的。包允许我们将一组相关类打包。在后面章节会进一步讨论继承和包。

如表1.1中总结的那样，Java允许广泛地访问控制。Date类中用public修饰的方法都是公开可见的，并且Date类的任何实例对象都可以使用其public方法，我们说这些公有方法是Date类中“可导出”的方法。另外，任何继承自Date的类，都可以继承其公有方法和变量。

访问控制的一端是公有（public）访问，允许公开访问；另一端是私有（private）访问。如果将一个类的变量和方法声明为private时，它们就只能在类内部使用，并且不能为子类所继承。通常应该在所定义的类内部使用private或protected来隐藏其数据，因为我们不希望它的数据被该类以外的代码所改变。例如，如果将Date类的实例变量month声明为public，那么应用程序的代码就可能直接将Date对象的month值设置为一些奇怪的数字，如-12或27。

Date类示例中显示了隐藏类内部数据这一指导原则的例外情况。我们注意到MINYEAR常量是可以公开访问的，可以直接被应用程序代码访问。例如，一个应用程序中可以包含以下语句：

```
if (myYear < Date.MINYEAR)…
```

因为MINYEAR是一个final常量，它的值不能被应用程序改变，因此，虽然MINYEAR是可公开访问的，但是没有任何代码能够改变它的值，所以就没有隐藏的必要了。该语句也演示了如何从该类外部访问其public类变量。由于MINYEAR是一个类变量，所以我们访问它时是通过类名Date而不是通过类对象名。

private访问权限提供了最强有力的保护。使用private修饰的成员只能在该类的内部被访问。如果想要使用继承的方式来扩展类，那最好使用protected访问权限。

Date类中使用的protected访问修饰符提供与private访问修饰符类似的可见性，只是严格性稍差一些。它“保护”数据免受外部访问，但允许同一个包中的其他类或不同包中的子类访问。因而，Date类中的方法可以访问变量year、month和day。如果像在1.2节“组织类”中演示的那样来扩展Date类，则扩展后的类内部的方法也可以访问那些变量。

编码约定

我们在本书中广泛使用protected访问权限来定义类内部的实例变量。

最后一种访问权限叫包访问权限。如果一个类内部的变量或方法没有使用其他三种访问修饰符，就默认它是包访问权限。包访问权限意味着该变量或方法可以被同一个包里的其他类访问。

利连日数

编号日期的方法有很多，大多数方法都是选择历史上的特定一天作为第1天，然后按实际天数顺序编号为2、3等。利连日数（LDN）系统使用1582年10月15日作为第1天，或LDN1。

我们当前使用的日历被称为公历，它是由教皇格列高利十三世（Pope Gregory XIII）于1582年颁布实行的。当时去掉了10月份的10天，以弥补多年来累积的小错误。这样，将1582年10月4日的次日作为公历1582年的10月15日，在利连日编号中这天也被称为LDN1。利连日数是以阿洛伊修斯·李簇时（Aloysius Lilius）命名的，他是教皇格列高利十三世的顾问，也是历法改革的主要发起人之一。

最初，天主教国家采用了公历。许多新教国家如英格兰及其殖民地直到1752年才采用公历，因为那时他们“丢失”了11天。如今，大多数国家，至少在正式的国际业务中都使用公历。与历

1582		十月			1582	
周日	周一	周二	周三	周四	周五	周六
	1	2	3	4	15	16
17	18	19	20	21	22	23
24	25	26	27	28	29	30
31						

史日期比较的时候，我们必须注意现在所使用的历法。

在实现Date类时，变量MINYEAR的值为1583，代表公历实施后的第一个全年。我们假定程序员不会使用Date类表示1583年以前的时间，尽管这个规则在Date类中没有强制规定。该假定简化了天数的计算，因为我们无需担忧1582年10月份去掉的那10天。

要想计算利连日数，首先需要了解公历的运作方式。通常一年有365天，但是能够被4整除的年份是闰年，有366天，这使得历法更接近于天文事实。为了进行微调，只能被100整除的年份，不是闰年，如果它同时能够被400整除，才是闰年。因此，2000年是闰年，但是1900年却不是闰年。

给定一个日期，Date类的利连方法计算该日期与假设日期1/1/0（0年的1月1日）之间的天数。这个计数是根据格列高利改革在给定日期与假设日期之间的整个时期内都已经到位的假设而做出的。换句话说，这个天数的计算使用了上一段中描述的规则。我们称这个天数为相对日数（Relative Day Number,RDN）。为了将给定的RDN转换成相应的LDN，我们只需用给定的RDN减去1582年10月14日的RDN。例如，要计算1776年7月4日的LDN，利连方法会首先计算该日期的RDN（648856），然后减去1582年10月14日的RDN（578100），结果就是70756。

程序代码文件中包含了利连方法的代码。

统一方法

面向对象编程方法基于现实模型的实现。但是，如何做这件事？从哪里开始？如何继续？最好的计划是遵循一种叫作**方法论**的组织方法。

20世纪80年代后期，许多人提出了面向对象的方法论。到20世纪90年代，有三个提案脱颖而出：对象建模技术（Object Modeling Technique）、对象过程（Objectory Process）、Booch方法（Booch Method）。1994~1997年，这些提案的主要发起者聚在一起并统一了他们的观点，由此产生的方法论叫作统一方法。到目前为止，该方法是创建面向对象系统最流行的组织方法。

统一方法具有三个关键要素：

1. 用例驱动。用例是用来描述系统中用户为完成某项任务而执行的一系列操作。我们应该广义地理解术语“用户”，它可以代表另一个系统。
2. 以架构为中心。“架构”这个词是指目标系统的整体结构，也就是其组件的交互方式。

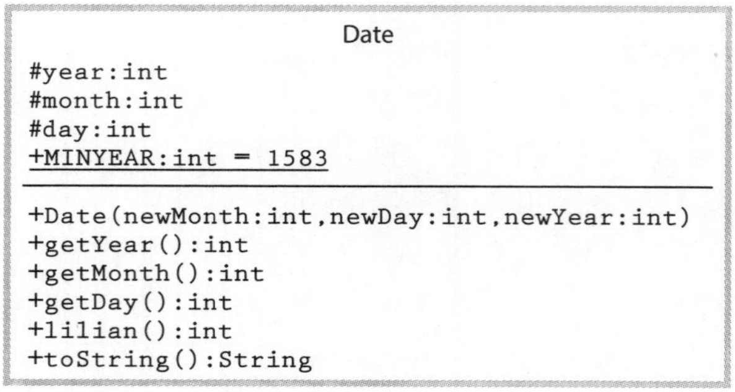

```
Date
#year:int
#month:int
#day:int
+MINYEAR:int = 1583
-----------------------------------------------
+Date(newMonth:int,newDay:int,newYear:int)
+getYear():int
+getMonth():int
+getDay():int
+lilian():int
+toString():String
```

图1.1 Date类的UML类图

3. 迭代与增量。统一方法涉及一系列的开发周期，每个开发周期都建立在之前的开发人员所完成的基础之上。

统一方法的优点之一就是促进了项目参与人员之间的沟通。为达到这一目的，统一方法包含了一组图表，叫作**统一建模语言**（UML）[3]。UML图实际上已成为软件建模的行业标准，用来详细说明、可视化、构造和记录软件系统的组件。本书使用UML类图对类及其相互关系建模。

Date类的类图如图1.1所示，该图遵循标准的UML类符号表示法。类图的最上方是类名，接下来是变量（属性），最下面是方法（操作）。图中包含了变量和方法参数的类型，例如我们可以一眼看出year、month和day都是int类型的；注意变量MINYEAR下面有下划线，说明它是一个类变量而非实例变量；该图还表示了Date类各个部分的可见性和访问保护（+ = public, # = protected）。

对象

对象是在运行过程中从类创建出来的，可以包含数据和操作数据。同一个类定义可以创建多个对象。一旦定义了类（如Date类），程序就可以创建和使用该类的对象，其效果类似于扩展语言的标准类型集包含Date类型。在Java中创建对象，我们使用new操作符和类的构造函数，如下所示：

```
Date myDate = new Date(6, 24, 1951);
Date yourDate = new Date(10, 11, 1953);
Date ourDate = new Date(6, 15, 1985);
```

[3] UML的官方定义由对象管理组（Object Management Group）维护，详细信息可在http://www.uml.org/找到。

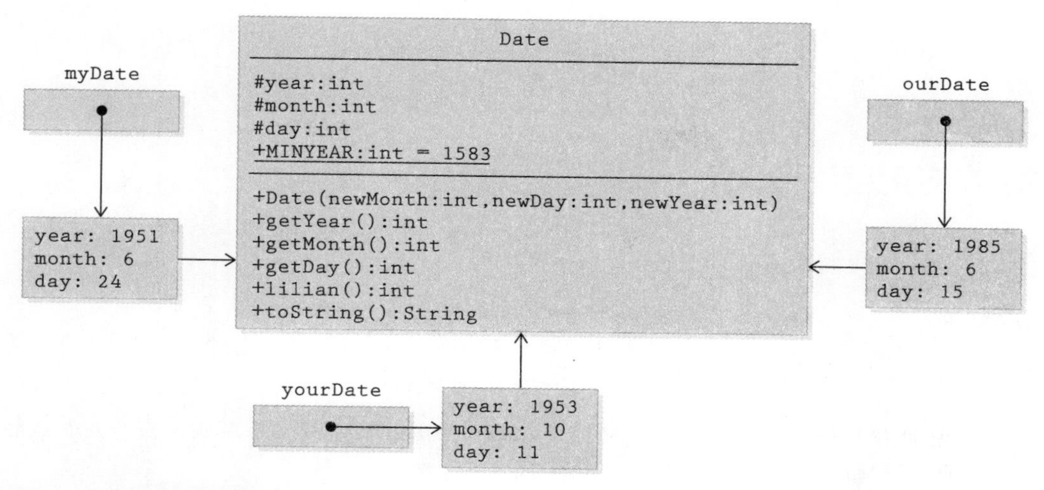

图1.2　Date对象的类图

我们说变量myDate、yourDate和ourDate引用“Date类的对象”，或简单说成“Date类型的对象”，也可以把它称作“Date对象”。

图1.2扩展了图1.1中的类图，显示了实例化的Date对象和Date类之间的关系。正如图中所示，对象和类相关联，如图中从对象到类的箭头所示。注意变量myDate、yourDate和ourDate并不是对象，它们只是对象的引用，是由变量框到对象的箭头来显示的。现实中，引用就是内存地址。实例化对象的内存地址，存储在分配给该引用变量的内存位置中。对于一个特定变量来说，如果没有对象被实例化，那么该变量的内存位置就保存一个空引用。

方法是由对象来调用的。例如，将ourDate对象getYear方法的返回值赋给整型变量theYear，代码如下：

```
theYear = ourDate.getYear();
```

回想一下，toString方法是以一种特殊的方式来调用的。就像Java自动将整数值（如getDay的返回值）更改为语句中的字符串：

```
System.out.println("The big day is " + ourDate.getDay());
```

toString方法会自动将对象（如ourDate）更改为语句中的字符串：

```
System.out.println("The party will be on " + ourDate);
```

这两个语句的输出如下：

The big day is 15
The party will be on 6/15/1985

为将对象更改为字符串，Java编译器将为此对象调用toString方法，如我们为在Date类中为Date对象定义的toString方法。

应用程序

面向对象程序由一组共同运作的对象组成，它们之间相互传递信息，从而解决问题。但这一切始于什么？对象最初是如何被创建出来的？

一般当用户执行**Java虚拟机**并调用程序时，Java程序就会开始运行。运行Java虚拟机的方式取决于用户当前的操作环境。如果处于命令模式下，则只能使用命令“java”。如果在集成开发环境中工作，则可以单击“运行” 图标。无论哪种情况，被调用的类的名字里都要包括一个main函数。Java虚拟机会加载该类并开始执行该方法。而包含main函数的类被称作**Java应用程序**。

假设我们要编写一个名为DaysBetween的程序，用于计算两个日期之间的天数。该程序会提示用户输入两个日期并计算它们之间的天数，最后将结果返回给用户。

> **设计惯例**
>
> 多数情况下，我们的程序代码只包含一个main函数。在使用外部定义类与对象时会使用模块化。

在面向对象的编程中，关键步骤是判定一个类是否能够解决问题。Date类对于解决计算日期间隔的问题再合适不过了，它允许创建和访问Date对象。此外，它的利连函数返回的值可以确定两天之间的天数，我们只需减去两个利连日数。程序代码很直观——提示输入并读取两个日期，检查年份有效性，然后显示两个利连日数的差。

本程序代码如下，在此有几点提示：

- 应用程序导入了Java类库util类包。util类包包含Java的扫描器类，用于输入。
- DaysBetween类只包含一个main方法，而我们可以在类中定义其他方法并从main方法调用它们。这种方式叫功能模块化，可以在main方法又长又复杂时使用。但由于我们强调的是面向对象的方法，所以应用程序代码很少用这种细分方案。类和对象是我们的主要模块化机制，并非应用程序方法。
- 虽然程序能检查输入的日期是否是“现代”的，但它不会对其他输入的数据进行正确性检查。总的来说，我们在整个案文中都假定用户有能力正确并“友好地”地输入信息。

```
//----------------------------------------------------------------------
//DayBetween.java          程序员：Dale/Joyce/Weems          Chapter 1
//
// 提示用户输入两个“现代”日期，并输出
// 两个日期间所隔的天数
//----------------------------------------------------------------------
```

```
package ch01.apps;

import java.util.Scanner; import ch01.dates.*;

public class DaysBetween
{
  public static void main(String[] args)
  {
    Scanner scan = new Scanner(System.in);
    int day, month, year;

    System.out.println("Enter two 'modern' dates: month day year");
    System.out.println("For example, January 21, 1939, would be: 1 21 1939");
    System.out.println();
    System.out.println("Modern dates are not before " + Date.MINYEAR + ".");
    System.out.println();

    System.out.println("Enter the first date:");
    month = scan.nextInt(); day = scan.nextInt(); year = scan.nextInt();
    Date d1 = new Date(month, day, year);

    System.out.println("Enter the second date:");
    month = scan.nextInt(); day = scan.nextInt(); year = scan.nextInt();
    Date d2 = new Date(month, day, year);

    if ((d1.getYear() <= Date.MINYEAR) || (d2.getYear() <= Date.MINYEAR))
      System.out.println("You entered a 'pre-modern' date.");
    else
    {
      System.out.println("The number of days between");
      System.out.print(d1 + " and " + d2 + " is ");
      System.out.println(Math.abs(d1.lilian() - d2.lilian()));
    }
  }
}
```

下面是用户输入信息后应用程序的运行结果示例，如下所示：

```
输入两个 "现代" 日期: month day year
For example, January 21, 1939, would be: 1 21 1939
Modern dates are not before 1583
Enter the first date
1 1 1900
```

```
Enter the second date
1 1 2000
The number of days between
1 / 1 / 1900 and 1 / 1 / 2000 is 36524
```

1.2 组织类

在面向对象的开发过程中，可以生成或重用许多类来帮助构建系统。若想对这些类进行记录，必须构建相应的组织结构。在本节中，我们将回顾两种最重要的组织Java类的方法，即继承和包。

在大多数项目中，这两种方式会同时用到。

继承

继承不仅仅是一个组织机制。事实上，它是一个强大的复用机制。继承允许程序员创建一个新类，它是对现有类进行的特化。新类是现有类的**子类**，而现有类又是新类的**父类**。

子类能“继承”其父类的属性，同时会根据需要添加与其相关的新功能属性。它还可以根据需要重新定义并覆盖它所继承的功能。“父”和“子” 指继承其类的层级。子类低于父类，而父类高于子类。

基于我们之前定义的Date类，并同时创建一个新的应用程序来操作Date对象。假设新应用程序通常需要对Date对象进行“递增”——将Date对象改为当前日期的第2天。例如，如果Date对象表示7/31/2001, 则在递增后它将变成8/1/2001。特别在涉及到闰年规则时，递增日期的算法大有用处。但除了开发算法之外，另一个必须解决的问题是，在何处放置并执行该算法的代码。现有以下几种选择：

- 在应用程序中执行该算法。通过调用观察函数，使程序代码能够从Date对象获取month、day和year信息数据；计算新的month、day和year；实例化新的Date对象以保存更新的month、day和year；如果有需要，将之前引用过原始日期的变量全部分配给新对象。这个方法可能比较复杂，所以不算最好的方案。此外，如果将来的应用程序也需要这种功能，程序员则必须重新寻找解决方案。此方法无法提升复用性，还可能需要对对象别名进行复杂的跟踪。
- 向Date类添加一个名为increment的新函数。此方法将更新当前对象的值。这种方法允许将来的程序使用此新功能。但在某些情况下，程序员会将Date类设为保护类，因为他们可能不希望对其对象进行任何更改。这些对象是**不可变的**。而将

increment函数添加到Date类会对此保护造成破坏。

- 向Date类添加新函数nextDay，此方式不仅不会更新“当前”对象的值，还会让nextDay返回一个新的Date对象，新对象代表被调用的Date对象的后一天。然后，应用程序可以重新分配一个Date变量，代表第2天，形式可以如下：

  ```
  d1 = d1 nextDay ();
  ```

  利用此方案，即便需要让所有指向原始对象的变量都反映出所需的被更新的信息，也不需要改变原始Date对象的值，因此解决了前几种方法的缺点。当然，d1对象的别名不会被更新。
- 使用继承。创建一个新类IncDate，它既继承了当前日期类的所有功能，也支持写入increment函数。此方法能保证Date对象保持不变，但同时提供了一个可变的Date，即它能够像类一样支持被新程序调用。

最终，我们会使用继承来解决此问题。继承的关系通常称为is-a的关系。IncDate类也可以是一个Date对象，因为它不仅可以拥有Date对象的全部功能与属性，还能实现Date对象做不到的事件。学习该方法必须铭记：继承通常意味着转化。IncDate是特殊的Date，而非其他方式。以下为 IncDate 代码：

> **重点内容**
>
> 继承是一个强大的重用机制，它允许我们将当前类扩展为新类。新类是当前类的特化，我们既可以在此基础上添加新功能属性，也可以对继承的功能属性进行覆盖。

```
package ch01.dates;
public class IncDate extends Date
{
   public IncDate(int newMonth, int newDay, int newYear)
   {
      super(newMonth, newDay, newYear);
   }

   public void increment()
   // 增值 IncDate 以表示第 2 天
   // 例如，如果输入的是 6/30/2005，则输出 7/1/2005
   {
      // 此处是增值算法
   }
}
```

作者的惯例

我们有时会在与当前案例密切相关的代码下加下划线，以表示强调。

继承由关键字extends调用，表示IncDate继承自Date。在Java中不能继承构造函数，因此必须在IncDate中重新构造。在这种情况下，IncDate构造函数只能调取month、day和year，并使用超级保留字将它们传递给其父类的构造函数（Date类的构造函数）。

increment函数是IncDate类新增部分，它属于转换器，因为它改变了对象的内部状态。Increment函数会更改对象的day值，也可能改变month和year值。该方法需要通过被转换的对象调用。例如，如果aDate是InDdate类型的对象，则该语句将转换aDate对象，如下所示。

```
aDate increment();
```

由于increment函数对于当前讨论的内容并不重要，所以我们略去了increment函数的细枝末节。但请注意，它需要访问其父类的实例变量year、month和day。因此，若想使用之前的方案，应对Date类进行保护而非私有访问，这点很关键。

现在，程序有权限访问每个日期类，同时可以声明和使用Date和IncDate对象。请思考以下程序段：

```
Date myDate = new Date(6, 24, 1951);
IncDate aDate = new IncDate(1, 11, 2001);

System.out.println("myDate day is:  " + myDate.getDay());
System.out.println("aDate day is:   " + aDate.getDay());

aDate.increment();
System.out.println("the day after is: " + aDate.getDay());
```

此程序段**实例化**、初始化了myDate和aDate，输出了天数的值，递增了aDate，最后输出了aDate的新日期值。你可能会因此产生疑问："当getDay函数在Date类中定义时，系统是如何利用IncDate中的某个对象对getDay函数进行调用的？"这个问题需要了解Java是如何进行继承的。图1.3中给出的扩展类图能够帮助我们研究并调查情况，其显示的是在对aDate进行递增后，当前的继承关系，也能捕捉到系统的运行状态。与UML类图的标准一样，继承由三角形箭头指示。需要注意的是，箭头是从子类指向父类的。

扩展类图中所捕获的声明的信息在编译器中都是可用的。请思考语句中getDay函数的调用：

```
System. out. println("the day after is: " adate getDay ();
```

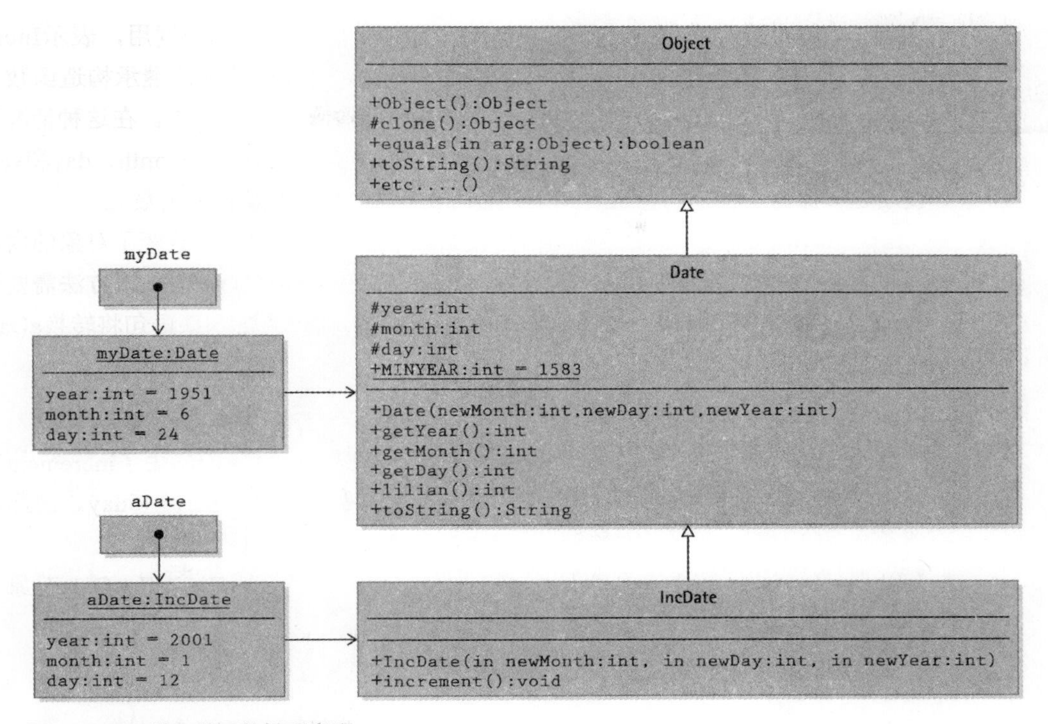

图1.3 显示继承关系的扩展类图

要调用此函数，编译器需遵循从aDate变量到IncDate类的引用。编译器在IncDate类中找不到getDay函数的定义，因此它会遵循Date父类的继承链接，会在此找到并使用getDay函数。在这种情况下，getDay函数会返回一个整型值，表示aDate对象的day值。执行期间，系统会将整型值更改为字符串，并将其连接到字符串"the day after is:"，并将其打印到System.out中。

继承树

Java只支持单继承，这意味着一个类只能扩展一个其他类。在Java中继承关系定义了一个继承树。

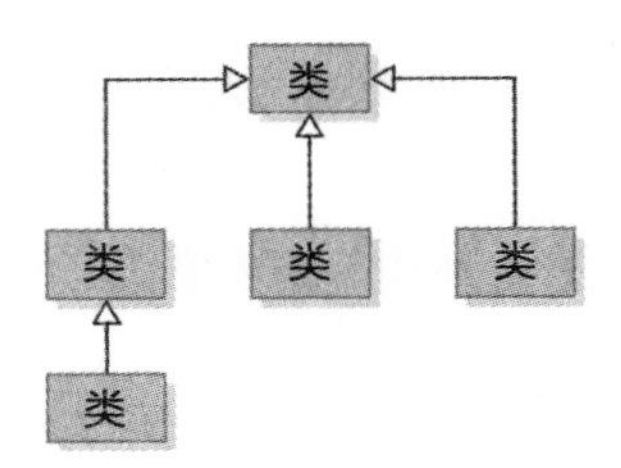

图1.3表示的是整个系统继承树的一个分支。注意通过搜索继承树，只有IncDate类的对象才能使用increment方法。Date类或继承树中Date类上面的任何类都没有定义该方法，在这种情况下，如果你想要Date类的对象使用increment方法（如myDate对象），编译器就会报错。

重要说明

方法名和方法代码的关联是通过向上移动继承树来完成的。如果在指定的类中找不到匹配的方法，则搜索其父类。如果在父类中依然找不到，则继续向上搜索。

Java小贴士

在Java中，Object类是继承树的根，即所有的类都是继承自Object类的。因此，所有的对象都支持equals和toString方法，除非它们的类重写了Object类中这些方法的定义，它们可能不支持这些方法。

请注意图1.3中的Object类，它是哪来的？在Java里面，任何一个类若是没有显式地扩展一个类，那么都会隐式地扩展预定义的Object类。由于Date类没有显式地扩展其他类，它就会直接继承Object类。Date类是Object的直接子类。

所有的Java类都可以追溯到Object类，因此我们说Object类是继承树的根。Object类定义了一些基本方法：比较是否相等（equals）、转换成字符串（toString）等。因此，任何Java程序中的任何对象都支持toString方法，因为它是从Object类继承来的。下面让我们更仔细地考虑一下toString示例。

正如我们前面所讨论的，在下面的语句中Java会自动将一个整数值转变成一个字符串：

```
System.out.println("aDate day is:   " + aDate.getDay());
```

所以在下面的语句中，Java会自动将一个对象转换成一个字符串：

```
System.out.println("tomorrow: " + aDate);
```

转换的时候，Java编译器会为对象寻找一个toString方法。如果编译器在IncDate类中没有找到toString方法，则会在它的父类Date中找到。假如该方法在Date类中也没有定义的话，编译器会继续在继承树中寻找，将会在Object类中找到它。考虑到所有的类都可以追溯到Object类，所以编译器总能保证最终找到toString方法。

"将一个对象转换成一个字符串"是什么意思呢？这取决于与该对象关联的toString方法的定义。Object类的toString方法返回一个字符串，表示有关该对象的内部系统实现细节。这些细节信息有点神秘，通常对我们也没什么用处。比如通过覆盖原有的方法来重新定义一个继承方法是很有用的。我们通常在创建自己的类时**重写**（override）默认的toString方法，以返回更相关的字符串，就像在Date类中所做的那样。这就是我们在第23页的toString方法中使用@Override符号的原因。通过把我们的toString方法注解为重写祖先类的toString方法，允许编译器仔细检查我们的语法。如果编译器找不到具有相同**署名**的祖先类方法，就会生成错误。另外，有些开发环境会使用这些信息来通知他们如何显示代码。

表1.2显示了以下程序片段的输出：

```
Date myDate = new Date(6, 24, 1951);
IncDate currDate = new IncDate(1, 11, 2001);
System.out.println("mydate:  " + myDate);
System.out.println("today:   " + currDate);

currDate.increment();
System.out.println("tomorrow: " + currDate);
```

左面的结果显示了默认情况下使用Object类的toString方法时生成的输出示例，右侧结果显示的是使用Date类的toString方法时生成的输出。

表 1.2 程序片段的输出

使用了Date的ClasstoString		使用了Object的ClasstoString	
mydate:	Date@256a7c	mydate:	6/24/1951
today:	IncDate@720eeb	today:	1/11/2001
tomorrow:	IncDate@720eeb	tomorrow:	1/12/2001

基于继承的多态性

支持多态的面向对象语言允许对象变量在程序执行期间的不同时间引用不同类的对象——对象变量可以具有“多种类型”，称为多态变量或多态引用。

Java提供了两种方式来创建多态引用，这里我们看一下基于继承的多态性。在2.1节“抽象”中我们会讲到基于接口的多态性。

通常在我们的程序中，当通过对象变量调用方法时，我们能够精确地确定哪个方法会被执行。例如，在下面的代码中，第三行和第四行分别调用了String类的toString方法和Date类的toString方法。

```
String s = new String("Hello");
Date d = new Date(1,1,2015);
System.out.println(s.toString());
System.out.println(d.toString());
```

很容易看到这个代码会先打印出“Hello”，紧跟着是“1/1/2015”。

请记住String类和Date类都是从Object类继承来的。从继承的角度看，String“是”一个Object类，Date也“是”一个Object类。由于Java语言中内置了多态，这意味着我们可以将一个变量声明为Object类型，然后将其实例化为String或Date。事实上，由于Object类是Java继承树的根，Object类型的引用可以引用任何类的对象。

在下面的代码中，假定cutoff可能通过Random类的nextInt方法被赋值为一个1~100之间的随机数。你能预测出obj.toString()会调用哪个方法吗？你能预测出会打印什么信息吗？不要忘记，String类和Date类都重写了Object类的toString方法。

```
Object obj;
if (cutoff <= 50)
   obj = new String("Hello");
else
  obj = new Date(1,1,2015);
System.out.println(obj.toString());
```

我们无法从代码中推断出obj变量引用的是String还是Date，只能推断出它不是引用String就是引用Date。obj变量与类的绑定在运行时动态发生。正如图1.3中将对象连接到类的箭头所示，每个对象都携带着指示其所属类的信息。这一点我们在Object类toString方法的输出中也可以发现，该方法显示在表1.2的左侧。**运行时**（也叫**动态**）**绑定**和多态是密切相关的。我们只能预测出，一半的时间调用String类的toString方法，另一半时间调用Date类的toString方法。

重要概念

继承、重写方法和动态绑定所有这些交互以支持多态引用。由于对象携带着它们的类信息，只要这些信息能够满足继承树建立的“是”（is-a）关系，它就会动态变化。

你可能会问，在使用运行时绑定时，编译器如何解析方法调用以保证语法正确？关键在于Object类本身定义了一个toString方法。编译器能够验证obj.toString()调用是否与Object类中定义的方法正确匹配，毕竟obj被声明为Object类型。但是，Java虚拟机在执行方法调用时，遵循动态创建的从obj到String类定义的引用或从obj到Date类定义的引用，并使用此处定义的toString方法。

尽管前面的例子演示了多态性，但它并没有公正地反映出基于继承的多态的力量，也没有演示出到底该如何使用基于继承的多态。之所以选择这个例子，是由于它简单、简洁。我们将会在下一章中看到另外一个使用多态性的例子，虽然不会在本书中广泛使用多态，但它是一个重要的面向对象概念，可用于构建易维护、多功能、适应性强的类系统。在构建大型企业级系统及其接口时，方能彰显多态的真正实力。如果继续学习面向对象，你会发现多态是一个强大而重要的工具。

包

Java允许我们将相关的类组合到一个称为包（Package）的单元中。Package具有以下几个优点：

- 帮助组织文件。
- 可以单独编译并导入到程序中。
- 程序更容易使用常用的类文件。
- 帮助避免命名冲突（不同Package中的两个类可以重名）。

Package语法

package的语法极其简单，就是在包含类的文件的开头指定package名称。文件的第一个非注释、非空行必须包含关键字package，后跟package的名字和一个分号。按照惯例，Java程序员以小写字母开头来命名包，以区分包名和类名：

```
package someName;
```

遵循Java文件中package的名称规范，程序员可以编写导入声明来使用其他package中的类，在导入声明的下面可以定义一个或多个类。Java把这样的文件称为一个编译单元。该文件中定义的类属于文件开头所定义的package，但是导入的类并不属于这个package。

存储编译单元的文件，它的名字必须与编译单元内public类的名字相同。因此，尽管程序员可以在一个编译单元内声明多个类，但是只能将其中一个类声明为public。文件中所有非public类对于package外的代码来说都是隐藏的。如果一个编译单元最多只能有一个public类，那么我们如何创建包含多个public类的package呢？如下所述，我们必须使用多个编译单元。

包含多个编译单元的Package

每个Java编译单元都存储在它自己的文件中。Java系统使用package名和public类名组合的方式来识别文件。Java限制我们在每个文件中只定义一个public类，以便它可以使用文件名来定位public类。因此，一个包含多个public类的package可以采用多个编译单元来实现，每个编译单元存储在一个单独的文件中。

使用多个编译单元，为我们开发package里的类提供了更大的灵活性。多个编译单元还为我们提供了进一步的优势。比如，对于团队开发项目来说，如果Java让多个程序员共享一个package文件，就会非常不方便。

简单地将package成员放置在单独的编译单元中，并且这些编译单元拥有相同的

package名，就可以在多个文件中拆分package。例如，我们可以新建一个包含下列代码的文件（大括号中的...表示省略的每个类的代码）：

```
package gamma;
public class One{ ... }
class Two{ ... }
```

第二个文件包含下面的代码：

```
package gamma;
class Three{ ... }
public class Four{ ... }
```

结果：package gamma中包含四个类。其中两个类One和Four是public的，所以它们可以通过应用程序代码导入。这两个文件的名字必须和两个public类的名字相同，也就是说，这个两个文件必须分别命名为One.java和Four.java。

Java编译器是如何找到这些碎片并把它们放在一起的呢？答案就是，一个package的所有编译单元文件必须放在同一个目录或文件夹中，这个目录或文件夹的名字必须和package名字相同。就上面这个例子来说，程序员需要把源码保存在两个文件One.java和Four.java中，这两个文件必须都放在gamma目录下。

引入语句

如果需要访问某个包的内容，则必须在程序中写引入语句。引入语句有以下两种形式：

```
Import packagname.*;
Import packagename.Classname;
```

声明引入语句要以关键字import开头，后接Package名，后接一个点（英文句号“.”），在点之后可以接Package里面的某个类的名字，或者接星号（*），最后以英文分号结尾。如果需要访问某个特定Package中的某个类，则只需在声明引入语句时直接打上类的名字。如果需要调用不止一个类，则可以用星号（*）作为简化符号，代指“调用此程序需要的任何类”。

程序包和子目录

有很多电脑使用的是分层文件系统，而恰好Java的包能在这种系统下被完美调用。Java包中的各个名字本身也是分层级的，它们通过英文句号（.）分割，如ch01.

dates。这种案例要求程序包文件一定要放在与其相匹配的子目录下。例如程序包文件要放在dates目录下，而dates目录是ch01目录的子目录。那么就可以用下面的语句将整个程序包引用到程序中：

Java小贴士

Java程序包的设计初衷是为了能够在通用的分层文件系统完美运行。

```
Import ch01.dates.*;
```

在你的系统中，只要此目录存在于ClassPath之中，并包含ch01目录，编译器就能找到你调用的程序包。编译器会在ClassPath中自动搜索所有的目录。大部分程序环境会提供一个命令，用于指定存在于ClassPath中的目录。针对不同的操作系统，操作方式会有所不同，这就需要去查阅相关的说明文件来进行确认。在我们举的例子中，编译器会在ClassPath的所有目录中搜索出叫ch01的子目录，同时筛选出包含dates子目录的ch01子目录。在进行完搜索后，程序会引用所有符合条件的ch01.dates程序包。

程序文件

本案例的支持性文件已经被封装成程序包。这些文件的封装严格遵循我们的描述，同时可以在书中给出的网站进行查看：go.jblearning.com/oods4ecatalog/9781449613549/。所有的文件都在bookFiles目录中，此目录涵盖书中每章所提到的子目录：ch01、ch02等，所有子目录都在相应的章节子目录下。例如，ch01子目录的确包含一个叫dates的子目录，而dates子目录也定义了与它自己相关的Java类。每个类文件都以下面的语句开头：

```
Package ch01.dates;
```

因此，它们都存在于ch01.dates的程序包之中。如果所写的程序需要调用这些文件，那么只需将这些程序包引用到程序之中，同时要确保用户电脑中的ClassPath包含了ch01目录的父目录（即bookFiles目录）。

我们建议把整个bookFiles目录拷贝到用户电脑的硬盘之中，以保证能够顺利访问书中所有的文件，并同时保持程序包所要求的关键目录结构。此外，请用户确保已经对电脑中的ClassPath进行了扩展，使其涵盖新的bookFile目录。

1.3 异常

本节主要介绍在运行程序时如何处理异常情况。

处理异常状况

当程序运行时可能突发各种各样的意外。这种情况一旦发生，会改变程序的控制流，有时还会导致程序崩溃。以下有几种案例：

- 用户输入的值的类型有误。
- 在阅读文件中的信息时，读到文件末尾了。
- 用户按了控制组合键。
- 程序尝试对空对象调用函数。
- 函数被传入了溢出值，例如构造函数Date被传入了月份为25的值。

Java（也包括一些其他的程序语言）内置了解决这些意外情况机制。Java将意外情况统一称为异常。Java意外机制包含以下三个主要部分：

- 确定意外发生处。通常作为Java的Exception类的子类。
- 导出意外。通过识别意外情况，然后使用Java的throw语句“宣布”此意外。
- 处理意外。使用Java的try-catch语句定位刚刚被指示的意外发生处，并适当采取响应措施。

Java小贴士

在Java中，异常属于对象，能被定义、实例化、提升、抓取、处理。它们允许我们控制程序的执行流，以便处理异常情况。

Java也拥有无数的预先定义的固定的异常。在某些特定情况下，它们才可能产生。

基于这种情形，使用Java术语“异常”，而不是使用“异常情况”。以下几条作为指导使用异常：

- 我们可以在软件体系结构中的任何位置使用异常——通过程序的最高级别探查到的位于程序模块的位置。
- 因程序终止而导致的无法处理的异常。
- 在程序中，异常被处理的位置是设计决策。然而，异常应被处理在一定级别上，而此级别应针对具体的异常情况。
- 异常不应是致命的。
- 对于非致命异常，执行的一系列过程应从最低的级别继续进行，此级别应能够从异常中恢复。

异常与类：实例

当创建我们自己的类时，我们定义的异常需要对其进行特殊的加工。如果特殊加工是程序独立的，我们则使用Java异常机制将问题从类中抛出，通知程序员去解决。相反，如果类中有隐藏的异常处理机制，则无需弹窗通知程序员。

我们再用Date类来举个例子，用来说明一个支持程序员定义类的异常。根据目前的定义，程序需要给构造函数Date传递一个空的月份值，比如25/15/2000。我们可以通过检查月份数值的合法性来避免此类输入。但当构造函数检测出此类的不合法的输入时，它应该执行什么操作？有以下几种选择：

- 向输入流传递警告信息。这个不推荐，因为我们没法在Date类中真正知道是哪个输入流。如果真有的话，那也是由程序调用的。
- 给Date的新对象输入些实例，比如0/0/0。这种方法存在的问题在于应用程序会一直执行，就好像整个程序没有任何问题，最终输出错误的结果。一般情况下，让程序“爆”出错误警告比输出错误信息要好，因为使用错误的信息会作出错误的决定。
- 弹出异常。这种方式的话，进程会被终端，构造函数不需要返回新的对象。相反，应用程序会被迫使收到问题（抓取异常），或将其解决，或将其扔到下一级别。一旦决定处理异常，我们就必须决定是否使用某个Java字典里被预先定义的异常，或者自己创建一个。本案例中的字典给出了一个异常成员DateFormat-Exception，用于发出数据格式错误的信号。我们能使用此异常，但会发现并不是很适合，因为它是测数据格式的，但是本案例需要的是测数据值的。

我们自己创建一个异常，DateOutOfBounds。虽然也可以叫它MonthOutOfBo-unds，但是我们想让它不仅能处理月份值，还能处理其他潜在的问题。我们的异常类定义在文件夹DateOutOfBounds.java内。

我们定义的DateOutOfBounds类是对字典里Exception类的扩展。创建自己的异常来定义两个构造函数，反射两个Exception类的构造函数属于惯例。事实上，最简单的方式就是定义构造函数，让它去调用父类中的构造函数：

```
package ch01.dates;
public class DateOutOfBoundsException extends Exception
{
   public DateOutOfBoundsException()
   {
      super();
   }
   public DateOutOfBoundsException(String message)
   {
```

```
        super(message);
    }
}
```

第一个构造函数创建了一个不带关联消息异常。第二个构造函数创建了一个异常，带字符串参数，此参数被传递到构造函数中。

我们创建一个新的类SafeDate。我们只想更新之前的Date类，但是不想实例化之前的例子。所以我们将使用此新类SafeDate，以展示异常的使用。在SafeDate内，我们应该把异常拽到哪？类中所有的位置，包括日期值得创建位置或更改位置，都应该被检查，来确认输出的结果是否是非法的日期。假如是这样的话，我们应该在类中创建一个带有准确信息的对象，并将异常抛出。

以下是构造函数SafeDate，用于检查月及年是否合法。

```
public SafeDate(int newMonth, int newDay, int newYear)
                throws DateOutOfBoundsException
{
    if ((newMonth <= 0) || (newMonth > 12))
        throw new DateOutOfBoundsException("Month " + newMonth + "
illegal.");
    else
        month = newMonth;

    day = newDay;

    if (newYear < MINYEAR)
        throw new DateOutOfBoundsException("Year " + newYear + " too
early.");
    else
        year = newYear;
}
```

注意，每个throw语句中定义的信息与此时在代码中被发现的问题相关。这能帮助应用程序解决异常，至少在所有用户级看到异常时能够给程序使用者提供相关的信息。

最后我们来看看应用程序是如何调用SafeDate类的。假设一个叫UseSafeDate的程序提示用户输入month、day和year，并基于使用者提供的数据创建了SafeDate对象。在下面的代码中，我们把提示及回复这些细节用注释代替，以便强调与目前讨论相关的代码内容：

```
//----------------------------------------------------------------------
// UseSafeDate.java      程序员：Dale/Joyce/Weems             Chapter 1
```

```
//
// 示例：由类 SafeDate 再次抛出的异常
//----------------------------------------------------------------------
package ch01.apps;
public class UseSafeDate
{
  public static void main(String[] args) throws DateOutOfBoundsException
  {
    SafeDate theDate;

    // 程序提示用户输入一个日期
    // M 等同于用户输入的月值
    // D 等同于用户输入的日值
    // Y 相当于用户输入的年值

    theDate = new SafeDate(M, D, Y);

    // 程序继续运行
  }
}
```

当程序运行时，如果用户输入了非法值，比如输入的year是1051，构造函数SafeDate会抛出DateOutOfBoundsException，因为此非法值无法在程序内被抓取和解决。当被强调的throws语句调用它时，它会被抛给解释程序。解释程序会终止程序，并输出类似这样的信息：

```
Exception in thread "main" DateOutOfBoundsException: Year 1051 too early.
at SafeDate.<init>(SafeDate.java:18)
at UseSafeDate.main(UseSafeDate.java:57)
```

解释程序的信息包括异常的名字及消息字符串，也有包含导致异常的指令。

或者可以选择让类UseSafeDate自己捕获和解决异常，而不把它抛给解释程序。在异常发生时，应用会要求输入一个新的日期。下面讲解如何编写UseSafeDate来让它执行这样的工作：

```
//----------------------------------------------------------------------
// UseSafeDate.java          程序员：Dale/Joyce/Weems          Chapter 1
//
// 示例：捕获类 SafeDate 抛出的异常
//----------------------------------------------------------------------
package ch01.apps;

import java.util.Scanner; import ch01.dates.*;
```

```
public class UseSafeDate
{
  public static void main(String[] args)
  {
    int month, day, year;
    SafeDate theDate;
    boolean DateOK = false;
    Scanner scan = new Scanner(System.in);

    while (!DateOK)
    {
      System.out.println("Enter a date (month day and year):");
      month = scan.nextInt(); day = scan.nextInt(); year = scan.nextInt();
      try
      {
        theDate = new SafeDate(month, day, year);
        DateOK = true;
        System.out.println(theDate + " is a safe date.");
      }
      catch(DateOutOfBoundsException DateOBExcept)
      {
        System.out.println(DateOBExcept.getMessage() + "\n");
      }
    }
  // 程序继续运行
  }
}
```

如果执行新的语句后没出现任何问题，那说明构造函数SafeDate没有抛出异常，说明变量DateOK的值为True，随后日期会被输出，while循环终止。然而，如果构造函数Date抛出了异常DateOutBounds，那么try子句的最后两条语句会被跳过，异常会被catch语句捕获。这样会依次打出异常中的信息，让while循环继续执行，并再次提示用户键入日期。程序会反复地提示输入日期直到输入合法的日期值。请注意，当它自己解决了异常后，主函数不会再抛出DateOutOfBoundsException。

Java小贴士

不需要对Java “Run-Time Exception”进行显式调用。如果我们决定不处理它们，而它们产生了异常，则它们最终会被抛出解释器，导致程序“崩溃”。

最后一个关于异常的重要笔记。类Java.lang.Run-TimeException会被Java环境特殊对待。这个类的异常会在标准的运行程序发生错误时被抛出。运行错误的实例包括空指针异常和数组下标越界。由于运行程序的异常几乎会发生在任何函数或代码段中，所以我们没必要显式解决这些问题。否则程序会因为写入了过多的try、catch语句变得不可读。这些错误被归为非检查性异常。

1.4 数据结构

想必大家已经对组织数据的各种方式比较熟悉了。当用户在目录里查课或是在字典里查词时，用的就是字的排序列表。当你在熟食店或理发店排号时，你就是排队等待服务的队伍或人群中的一员。当你在体育场里研究队伍匹配问题，预测哪对或是哪人能过关斩将、最终晋级成为冠军时，你其实是画了一张预测结果的树状图。

正如我们在处理问题时会使用很多种途径去组织数据，程序员也会使用电脑来计算各种解决方案，并组织数据去解决问题。在编程时，你的程序会对数据进行操控，而你看待和组织它们的方式会深刻影响你编程的成功率。如果我们需要程序中的计数器、求和、索引，一门语言的一系列基本类型（Java的有字节型byte、字符型char、短整型short、整型int、长整型long、单精度浮点型float、双精度浮点型double、布尔值类型）将会非常有用。一般来说，我们也必须解决庞大而且关联性复杂的数据。计算机科学家们发明了很多的组织结构来代表数据关系。这些结构在本书中是作为统一的主题存在的。我们在本部分以非正式的方式介绍此主题，并简单描述一些经典的方法。

非独立实现的结构

前两个结构的内部表示法属于它们定义中固有的一部分。这些结构是其他结构的构件块。

数组

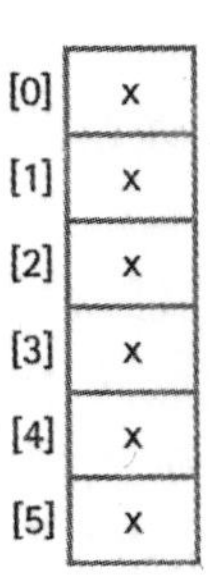

大家已经在之前的工作中学习并使用了数组。要想访问数组中的元素，则需要调用它们在结构中的位置。数组是最重要的组织结构之一。在大多数高级的程序语言中，数组是一种基础性的语言结构。除此之外，它们是实现其他结构的构件块之一。数组会在1.5节“基本结构化机制”中做更加细致的讨论。

列表

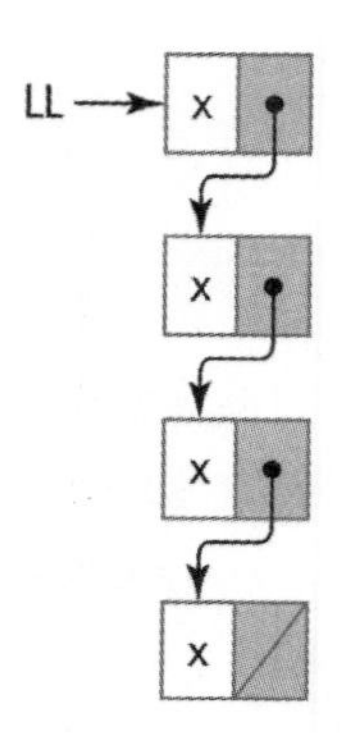

列表是各种独立元素的集合。在列表中，每个元素都会链接到与它相关联的那一个单元。我们可以把列表想象成元素链。列表是多样、强大、基本的实现结构。它跟数组有相似之处，即它是更加复杂的结构中的主要的构件块之一。本书的一个重要目标就是教会读者如何在工作中使用链接和列表。我们可以参考一下1.5节“基本结构化机制”中的Java链接机制。除此之外，本书在后面的部分会教大家如何使用链接和列表来实现其他结构。

独立实现结构

与数组和列表不同，本小节讲的组织结构无特定的实现方式。它们更加抽象。

本部分讲的结构展现了其组成元素之间各种各样的关系。对于栈和队列来说，此组织基于元素被排列进结构的时间；对于排序列表、查找表和优先队列来说，它与元素的值相关；对于树型结构和图型解构来说，它反映的是问题领域的某些特点，而问题领域被捕获于元素的相对位置中。

这些结构（和其他的结构）都将会在后面进行讨论，前提是我们需要对它们进行更详细的描述，探究它们的使用方式。下面看几个可行的实现方式。

栈

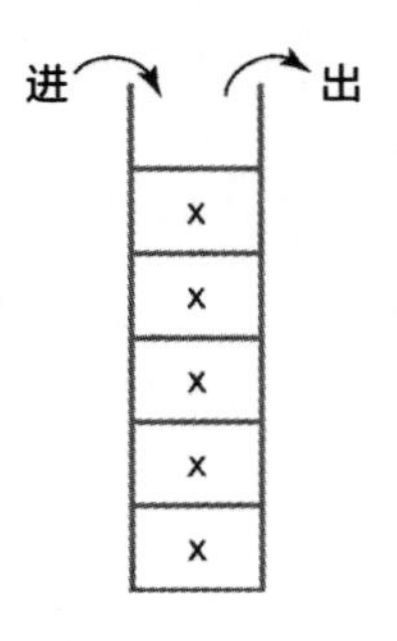

不论你何时访问或移动某个元素，都需要先处理最后插入的元素，后进先出，这就是栈的突出特点。要想知道它们是怎么运行的，你可以想象一堆叠在一起的盘子和碗碟。请注意，栈的概念完全由存取操作——从中插入或是删除数据——之间的关系定义。不论内部表示法是什么，只要后进先出（LIFO）的关系存在，那肯定就是栈。

队列

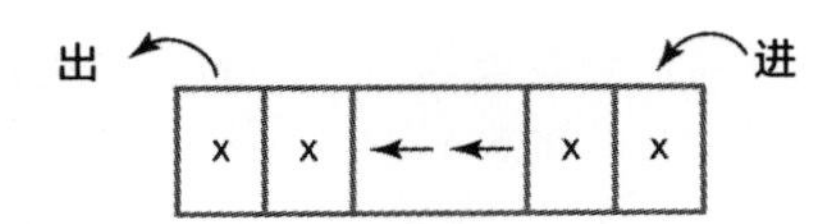

队列在某种意义上与栈是反向的，它们是先进先出（FIFO）结构。在队列中，不论你是访问还是删除某个元素，必须要先处理队列中被最早放进去的元素，这就是队列的突出特点。想象一下一排整齐的队伍在等着坐公交车，或是一组人在熟食店拿号排队。这两个案例中，排队者会依次等待着服务。事实上，这个例子不够准确，它显示了抽象的组织结构——队列可以有不止一种实现方式——整齐的一列或是服务号码。

排序列表

George, John, Paul, Ringo

排序列表中的元素显示的是线性关系。除第一个元素外，每个元素都有一个前趋；除最后一个元素外，每个元素都有一个后继。在排序列表中，关系同样反映元素的顺序，从“最小”到“最大”，反之亦然。

你可能会认为排好序的数组就是排序列表。是的，你说的没错！正如我们之前说过的，数组是一种构建其他结构的基本的构件块。但这并不是构建排序列表的唯一途径。我们会讲到其他的方法。

查找表

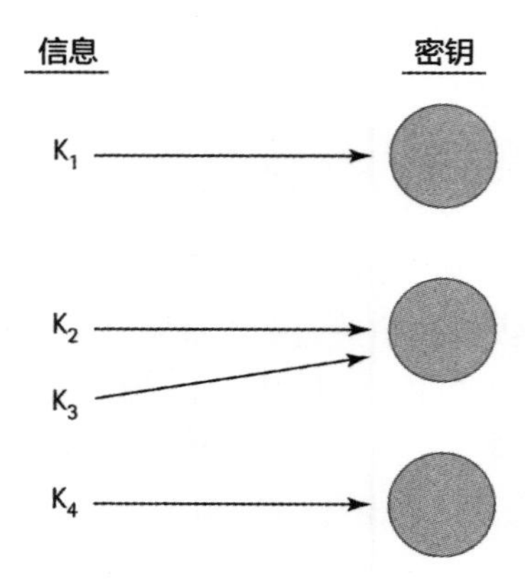

查找表，也叫字典、图表或相伴阵列，用来存储“密钥”“信息”有序对。当我们提供匹配的密钥时，可以在查找表里对需要的信息进行快速访问。举个例子，假设你去银行，告诉窗口服务人员你的账户号——几秒种后（理想的情况下）——窗口服务人员便能够访问你的账户信息。你的账户号码便是“密钥”，它“映射”了你的账户信息。尽管实现分区表有多种途径，但有一个简单的原则是它们都必须遵循的：每个密钥都是与众不同的，而每一个密钥需要映射到一个单独的信息码中。

树型结构

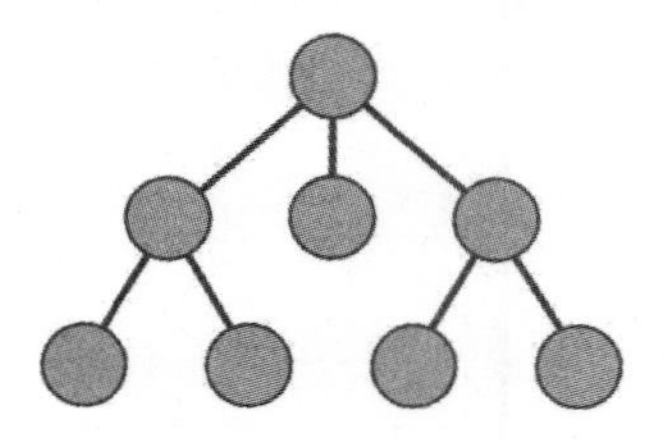

树型结构和图型结构都是非线性的。树型结构中的每个元素都有很多后继元素，称作子节点。一个子元素只有一个父元素。因此，树型结构属于分支结构。每个树型结构都有一个特殊的头元素，叫做根。根是唯一没有父元素的元素。

树型结构能够很好地展现出数据元素的层级关系。举个例子，它们可以用来对动物王国进行分类，也可以用来将一系列任务组织成子任务。根据Java继承机制的定义，树形结构甚至可以用来反映Java类的父子继承关系。

图型结构

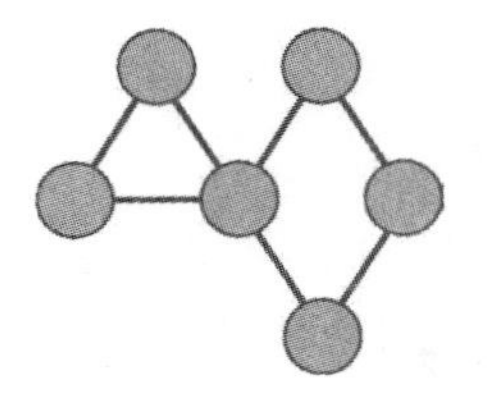

图型结构由一系列元素——这些元素通常叫作节点或者定点——和一系列连接定点的边组成。与树型结构不同的是，图型结构里元素之间的连接是没有限制的。通常情况下，节点或边反映了各个顶点之间的关系。在某些情况下，值或者权值与反映关系特点的边有关。举个例子，顶点可能反映的是城市，而边展现的是被飞机航线连接的城市对儿，边值能够展现城市间的距离及穿梭时长。

数据结构的含义？

我们把举过的结构实例分成非独立实现型和独立实现型两种，在计算的初始时期是没有这种区分规则的，那时候大部分结构研究的重点在于研究如何去实现它们。术语“数据结构”与这些细节相关，包括编码表的细节、栈的细节、树型结构的细节等。随着解决问题的手段不断提高，我们逐渐意识到在研究这种结构时，把研究方向划分为抽象层级和实现层级的重要性。

与计算机学科中的其他术语一样，在文献中使用术语“数据结构”的频率非常高。有说数据结构是成组织的数据的实现形式的。如果按照这种说法，本部分讲的所有数据结构中只有非独立结构、数组和连接表属于数据结构。另一种说法则是将任何组织数据都划分成数据结构。这种说法将独立实现结构，包括栈和图形结构，同样归为数据结构。不论你如何去标榜它们，本书描述的所有的结构都是解决程序问题的重要手段。本书会涉及所有的数据类型，甚至包括从其他角度出发归纳出的附加结构。当遇到问题并寻找解决方案时，重要的是在前期设计解决方案的过程中，如何判断存储、访问和操控与问题相关信息的方式。数据结构的知识会帮助用户准确做出判断并执行解决方案。

1.5 基本结构化机制

1.4节“数据结构”中讲的所有结构都能通过使用两种基本机制——数组和引用——的组合来实现。大多数通用的高级语言都提供这两种机制。本部分会讲述这两种机制在Java中的形式。第二章会讲解使用引用和数组来构建结构。

内存

所有的程序和数据都存储在内存中。尽管内存藏于系统软件层之下，被系统软件雪藏，为系统软件所管理，但在最基层，内存是由连续的可选址数字序列组成的：

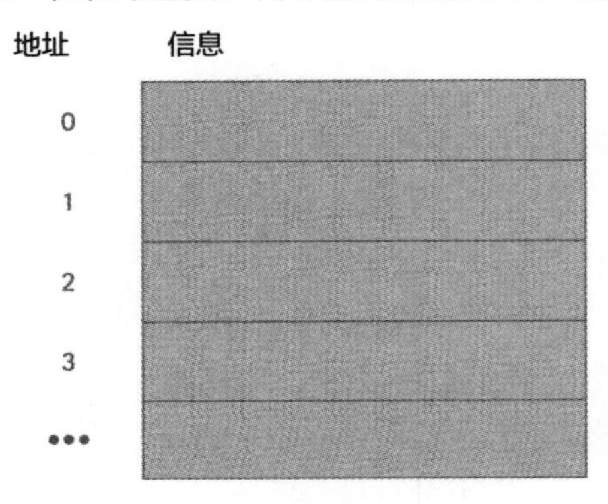

程序中的一个变量返回一个内存地址。编译器负责处理语言转化问题，以便代码能够随时引用相同的变量、系统能使用相同的内存地址。

当进行低级编程时，如汇编级或是更低级，通常会有很多不同的寻址“模式”可供使用。然而有两种最基本的方式：一是直接选址，二是间接选址。如果使用直接寻址，那么变量占用的内存的地址存储的是变量值。这便展现了Java中**原始数据**是如何使用的。举个例子，如果字符型变量ch的值是A，它占的内存位置是572，用图来表示是这样的：

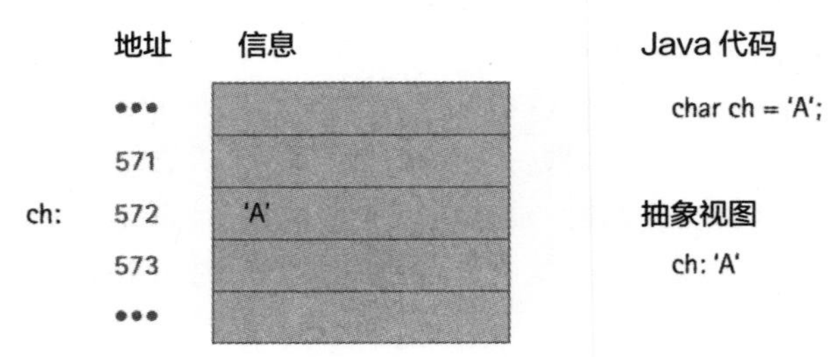

左边展现的是如何在内存中对相关事物进行实现——为了明确，上图中我们添加的变量ch在其占用的内存旁边。右边展现的Java代码负责声明变量并使其实例化，同样也展现了我们如何在抽象内存图中对变量进行模型化、对内容进行建模。

对于间接寻址，变量占用的地址存储的是变量值的地址。这便展现了如何在Java中去**引用变量**。举个例子，如果String的对象str指向的值是“cat”，占的内存地址是

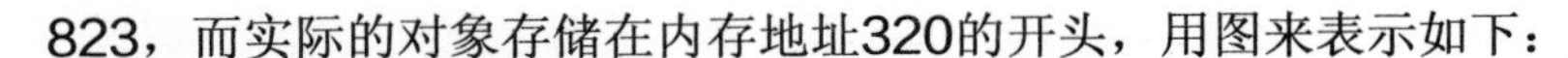

823，而实际的对象存储在内存地址320的开头，用图来表示如下：

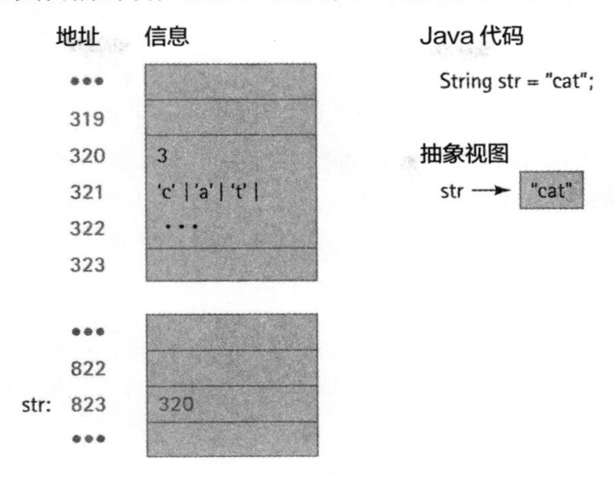

举个例子，变量str返回地址823，而它占有的内存地址所存储的关于String对象的信息始于——地址320是系统存储字符串信息的位置，包括字符串的长度、字符串中的字母等——类String的链接。请注意，如同其他的引用型变量，字符串变量存储在一个单字（地址823）内，但是字符串本身以多字形式存在。在抽象图中，我们以变量名str来表示前地址，用箭头表示后地址。我们会在本书中使用箭头来代表引用——其实它们代表的是内存地址。

引用

为帮助展现本部分的概念，我们假设对类Circle进行访问。类Circle定义了不同半径的环形对象。它提供的构造函数接收整型数值，而整型数值代表圆的直径。类Circle提供了一个简洁的实例，能够允许我们在图表中生动形象地展现对象——我们只用有不同半径的实心圆来充当Circle的对象。

一个对象类的变量会保持对对象的引用——它们使用间接寻址。思考下面Java语句的效果：

```
Circle circleA;
Circle circleB=new Circle(8);
```

第一个语句为类Circle的对象保留了内存空间。第二个语句不仅保留了空间，还为类Circle创建了一个对象，并在变量circleB中为此对象创建了引用。

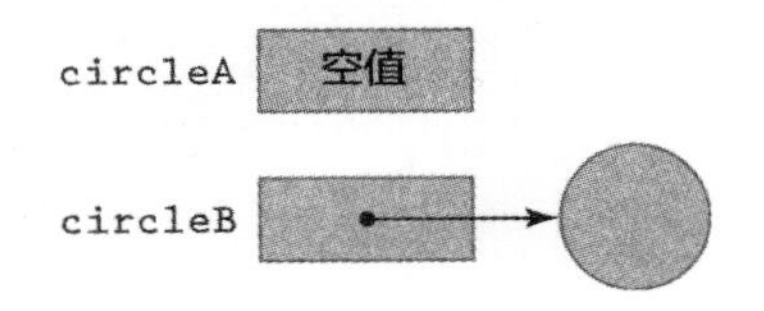

虽然此引用看似是由箭头调用的，但它实际上是一个内存地址，这在之前的子部分有论述。引用有时候也叫链接、地址或指针。对象Circle的内存地址存储在变量circleB的内存地址中。请留意我们使用实心圆来表示对象Circle的方式。事实上，它可能会由一段分配给对象的内存所构成。

由于任何对象都既不会被实例化成变量circleA，也不会被分配给变量circleA，因此内存空间呈空引用状态。Java将null归为保留字，用于表示“引用缺失”。如果一个被声明的引用变量不属于某个被实例化的对象，系统会将其自动初始化为能用于表示空值数据。你也可以将空值显式赋值于某个变量：

```
circleB=null;
```

除此之外，你亦可以将空值作为参照值使用：

```
if (circleA == null)
   System.out.println("The Circle does not exist");
```

引用类型与原始类型

在Java中，了解原始类型和非原始类型的使用差异是很重要的。例如原始类型int（整数型）是“由值”调用的。像数组和类这种非原始类型需要“由引用”去调用。原始类型的数据存储的是变量的值，而非原始数据存储的是变量的值的引用。即系统可以通过存储在变量中的地址找到此变量的值。

> **Java小贴士**
>
> 在Java中，整型或字符型这类原始数据通过直接寻址得以存储，所以我们说它们“以数值形式”存储。Circle类型这种引用型变量通过间接寻址得以存储，所以我们说它们“以引用形式”存储。

“由值调用的”变量和“由引用调用的”变量的不同调用方式可以通过一个简单的赋值语句来区分。图1.4展现的是赋值语句的结果，一个是将一个整型变量赋值给另一个整型变量，另一个是将一个Circle变量赋值给另一个Circle变量的结果。

别名

当我们将一个原始类型的变量赋值给另一个原始类型的变量时，后者便是前者的副本。在进行完表1.4的整型赋值过程以后，intA和intB都被赋值于10。

当我们将一个引用型变量赋给另一个引用型变量时，尽管值也被复制了，但是效果却是完全不同的。这是因为，在这种情况下，被复制的值是引用，结果就是两个变量全都指向同一个对象。因此，同一个对象会拥有两个一样的“名字”。这种时候，我们得到了此对象的一个**别名**。优秀的程序员会尽量避免使用别名，因为别名会降低程序的可读性。当通过别名去访问对象时，即便表面上程序没去访问此对象，此对象的状态也会发生改变。举个例子，假设类IncDate被定义在1.3节“异常”里。如果date1和date2都是同一个IncDate对象的别名，则此代码会输出两个不同的值，即便第一眼看到这几行代码时你会感觉应该能输出两个相同的值，如图1.5所示。这种情况会对程序维护人员的工作造成非常大的阻碍，导致他们浪费数小时去调试程序、排查故障。

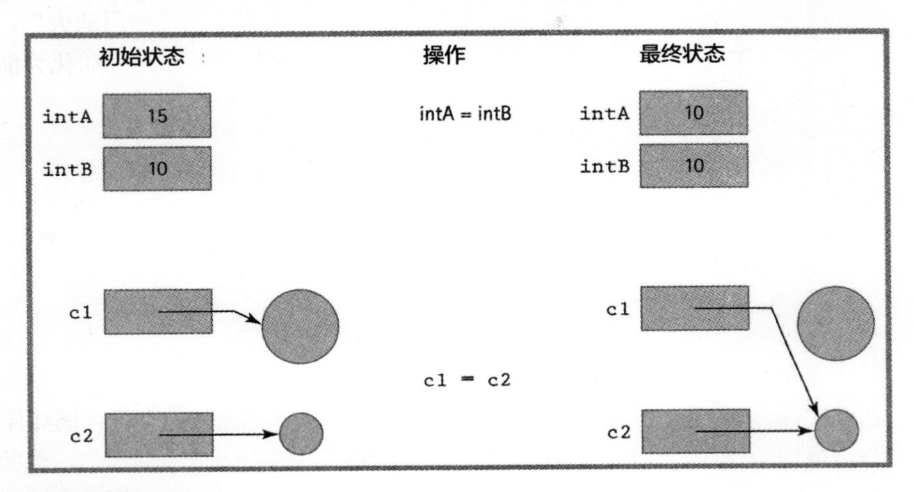

图1.4 赋值语句的结果

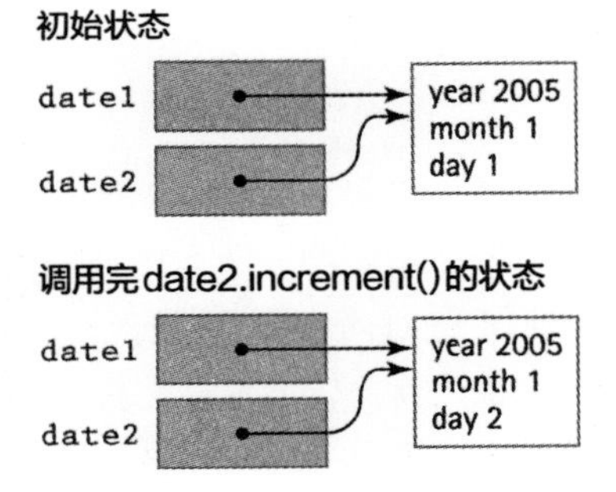

图1.5 别名会引发混乱

```
System.out.println(date1);
date2.increment();
System.out.println(date1);
```

垃圾数据

在看完图1.4的下半部分后，有人会问：“大圆里发生了什么？”在程序做完赋值工作后，程序便不再存储对大圆的引用，也就是说无法再对大圆进行访问。这种类型的内存空间叫作**垃圾**，即此内存空间虽然被分配给程序了，但是程序无法对其进行访问。垃圾在Java程序里产生的方式不止一种。举个例子，下面的循环语句代码能够为类Circle创建出100个对象，但是在执行完语句后，有且只有一个对象能够通过变量c1来对其进行访问：

```
Circle c1;
for (n = 1; n <= 100; n++)
{
   Circle c1 = new Circle(n);
   // 在此处初始化并调用 c1 的代码
}
```

而程序无法访问其他99个对象，即它们都是垃圾。

Java运行时系统会将无法被访问的对象视为垃圾。系统会定期执行**垃圾收集**操作，搜寻无法被访问的对象，释放它们占用的内存空间，为空闲池返回空间，以便为新对象提供创建空间。这种方法——通过分配和释放空闲池中的内存空间来创建并清理掉应用程序中不同位置的对象——叫作**动态内存管理**，它能保证计算机不会为处理数据而耗尽所有的内存空间。

参照性对象

使用引用对非原始型数据进行调用会影响比较运算符“==”返回的值结果。针对运算符“==”，只有当两个非原始型变量是彼此间的别名时，它们才算是两个相同的存在。这个只有当涉及到系统对两个变量进行比较时才有讨论的意义，即它对两个变量的引用进行比较。所以说，就比较运算符而言，即便Circle类型的两个变量引用了相同直径的圆，它们也不见得是相同的。

参数

当调用函数时，需要通过参数对其传递信息（引数）。有些程序语言允许程序员去控制是否通过值（引数值副本的值被调用）或者引用（引数值副本的地址被调用）来传递引数。Java里不允许这么做。不管引数是什么时候传递的变量，该变量存储的值会被拷贝到函数中对应的参数变量中。换句话说，Java所有的引数都是由值传递的。因此，如果此引数属于原始类型，那么实际的值（整数型、双精度浮点型等）是会被传递到函数中的。然而，如果引数是像对象、数组这样的引用类型，那么被传递到函数中的值是引用的值——对象或数组的地址。

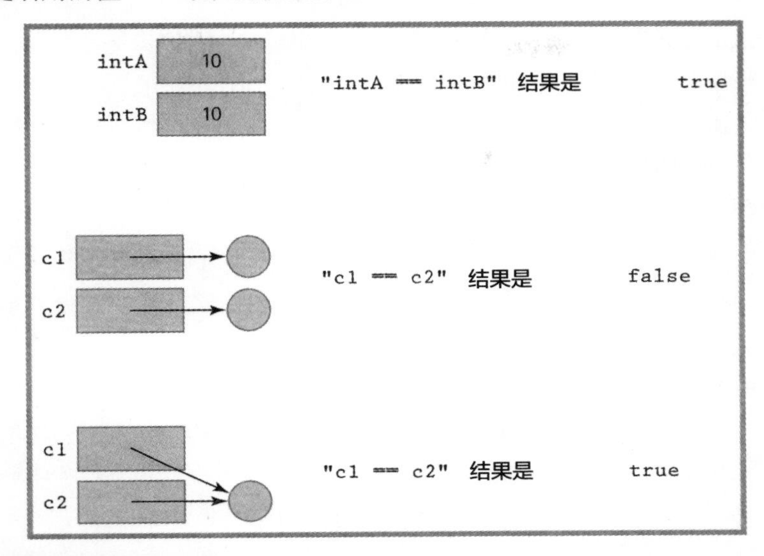

图1.6 照性原始和非原始型数据

因此，将对象变量传递为引数会令接收函数为对象创建一个别名。如果函数通过此别名对该对象进行了更改，那么每当函数运行结束时，则可通过原始变量来访问此被修改的对象。

Java小贴士

Java里所有的引数都会被“值传递”。如果引数是原始类型，那么它代表的是原始数值。如果引数是引用类型，那么它代表的是对象的地址。

数组

数组是第二种基本的结构化构造形态。程序员可以通过数组中的索引法来访问一段地址。我们假设读者已经在之前的工作中熟悉了数组的基本用法。这部分会介绍一些Java数组的使用技巧。

由于Java数组属于非原始类型，所以它跟对象一样，需要由引用来调用。考虑到它跟对象一样，会涉及到别名、参照，以及会被当作引数来使用，因此使用时需要谨慎。与对象不同的是，数组除了需要被声明，还需要被实例化：

```
Numbers=new int[10];
```

通过实例化，你能够定义数组的大小：

```
int[] numbers = new int[10];
```

下面来讨论一下可能会遇到的关于Java数组的问题：

- 使用new给数组实例化后，它里面的数据初始值是什么？如果数组是由原始类型数值构成的，那么它们会被赋予默认值。如果构成部分是由数组或是类这种引用类型数值构成的，那么它们会被赋予空值。
- 能不能给数组赋予初始值？可以。你可以选择创建一个有初始化列表的数组。举个例子，下面这行代码声明、实例化、初始化了数组元素的值。

  ```
  int numbers[] = {5, 32, -23, 57, 1, 0, 27, 13, 32, 32};
  ```

- 如果n小于0或大于9时，执行下面的语句会发生什么？

  numbers[n] = value;

  数组外的内存地址会被调用，会导致异常——溢出。有些语言（C++）不会检查此项错误，但是Java会检查。如果你的程序尝试调用超出边界索引，那么ArrayIndexOutOfBoundsException会被抛出。

除可以选择数组内的元素外，还有另外一种“操作”方式。在Java中，每个经实例化数组都有一个公共的整数型实例变量，叫作length，负责存储数组中的元素数量。访问它的方式跟调用对象函数的句法格式相同——对象名后接英文句号，句号后接实例化对象。举个例子，假设对象名是numbers，输入“number..length”，那么输出结果是10。

对象数组

尽管由原始数值元素构成的数组非常常见，但是很多应用程序需要对象的集合。这种情况下，我们只能定义由对象构成的数组。

这里，我们定义了一个由Circle的对象构成的数组。声明并创建由对象构成的数组与声明并创建由原始数值构成的数组差别不大：

```
Circle[] allCircles = new Circle[10];
```

这表明数组allCircles能够存储十个Circle的对象的引用。这些圆的直径多大？目前并不知晓。虽然这些圆的数组已经被实例化，但是Circle本身的对象并未被实例化。换言之，数组allCircles是对Circle的对象的引用，当此数组被实例化时，Circle的对象会被赋予空值。这些对象必须被逐个实例化。下面的代码段初始化第一个圆和第二个圆。我们将假设Circle的一个对象myCircle已经被实例化，并被赋于的直径长是8。

```
Circle[] allCircles = new Circle[10];
allCircles[0] = myCircle;
```

```
allCircles[1] = new Circle(4);
```

图1.7以图的形式展现了此数组：

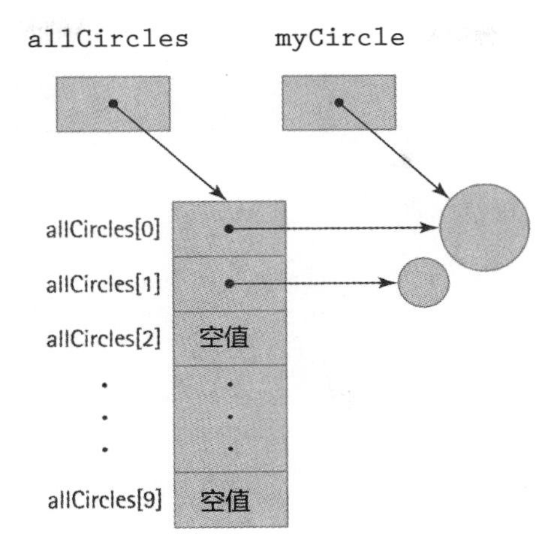

图1.7 数组allCircles

生成图片

我们可通过Java字典中的类BufferedImage来使用一个二维模型，以此来创建图片并对图片进行相关操作。该类支持大多数主流的图片格式。下面会通过该类的这项功能展示如何导出JPEG格式的图片。请看下面的程序：

```
//****************************************************************************
//
//  ImageGen01.java             程序员：Dale/Joyce/Weems              Chapter 1
//
//  展示如何生成图片
//
//****************************************************************************
package ch01.apps;

import java.awt.image.*;
import java.awt.Color;
import java.io.*;
import javax.imageio.*;

public class ImageGen01
{
```

```
  public static void main (String[] args) throws IOException
  {
     String fileOut = args[0];    // 目标文件

     // 创建 BufferedImage 的尺寸和格式
     final int SIDE = 1024;
     final int TYPE = BufferedImage.TYPE_INT_RGB;
     BufferedImage image = new BufferedImage(SIDE, SIDE, TYPE);

     final int LIMIT = 255; // 限制图片的 RGB 值
     int c;                  // 为 R、G、B 赋予具体的值
     Color color;

     for (int i = 0; i < SIDE; i++)
       for (int j = 0; j < SIDE; j++)
       {
          c = (i + j) % LIMIT;
          color =  new Color(c, c, c);  // 创建'灰色(gray)'的
          image.setRGB(i, j, color.getRGB());  // 保存像素
       }

     File outputfile = new File(fileOut);
     ImageIO.write(image, "jpg", outputfile);
  }
}
```

应用程序ImageGen01在文件名为ch01.apps的程序包里。它的输出文件名是一个运行引数。最好在文件里加上标准的JPEG文件扩展名，例如test.jpg。程序会将对象BufferedImage进行实例化，使其尺寸为1024X1024，颜色格式为RGB。这种格式的图片的像素使用的是红、绿、蓝模式。红、绿、蓝的取值范围是0~255，包括0和255。可以使用函数setRGB对单个像素进行赋值，例如：

```
color = new Color(200, 20, 125);
image.setRGB(10, 20, color.getRGB);
```

这是将第10行、第20列的像素设置成淡紫色。上面的一小段代码先是为Color创建了一个对象，R值200、G值20、B值125。函数getRGB调用此对象，并返回一个单独的整数型值，该值代表相应的颜色。函数setRGB调用该值，并赋予像素相应的值。

要想在教材里创建"黑白"图片，需要在RGB模式下将将红、绿、蓝赋予相同的"灰色"值。举个例子，(0,0,0)代表黑色，(255,255,255)代表白色，(127,127,127)代表中灰。程序ImageGen01里的这两个嵌套的for循序会贯穿整个图像，从左上角到右下角。循环体生成的整数

值c是以表达式(i+j)%LIMIT作为基础的。对应的Color的对象被赋予的RGB的值是(c,c,c)，此对象会从黑色循环至白色，期间经由灰值。最后生成的图片样式如图1.8a所示。通过改变c值的表达式能够生成其他样式的图片。使用这种方法能轻松地生成各种有趣的图片。如图1.8b展示的图片是将c值的表达式改成(i*j)%LIMITE而得到的。

(a) 使用 (i+j)%LIMIT

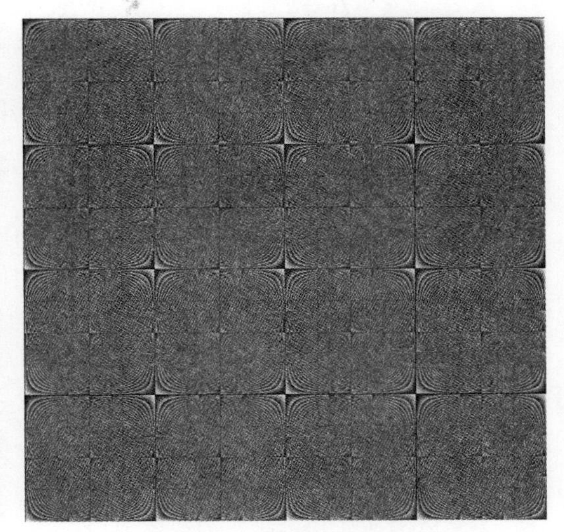

(b) 使用 (i*j)%LIMIT

图1.8 生成的图片

二维数组

一维数组用于展现一列或一串元素的值，二维数组则用于展现有行有列的列表中的元素。这两种数组都非常有用，不但能用于存储多重元素的多重信息，还能用于生成图像（见特辑：生成图片）。

图1.9是一个100行9列的二维数组，行由0~99之间的整数进行访问，列由0~8之间的整数进行访问。每个元素都需要由行——列这样的组合进行访问，如[0][5]。

与一维数组不同的是，二维数组是两对括号，而且必须要指定好两个维度。除去这两个因素，二维数组声明方式和实例化方式与一维数组完全相同。

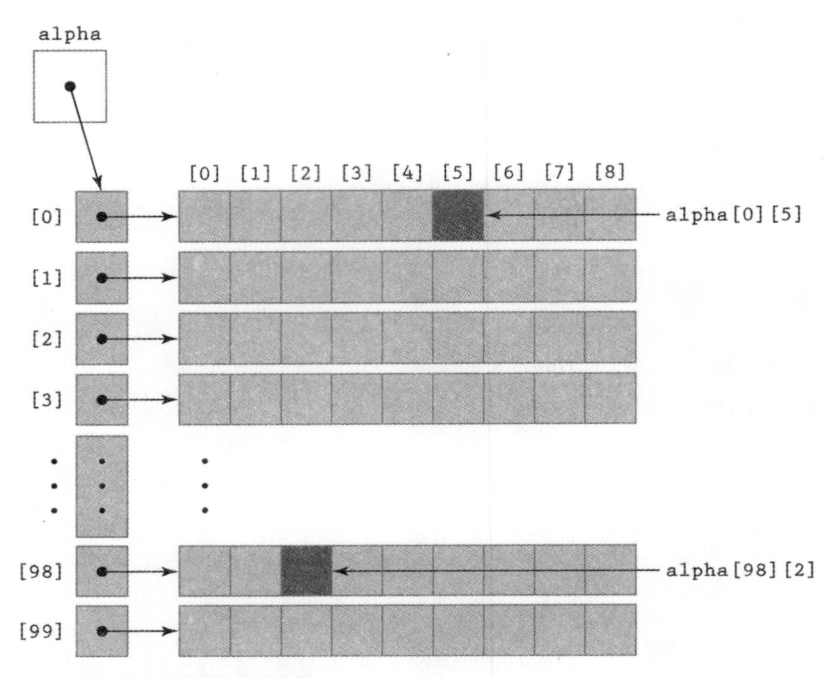

图1.9 在Java里对数组alpha进行实现

下面的代码段会创建出图1.9展现的数组，表中的数据类型是双精度浮点型。

```
double[][] alpha;
alpha = new double[100][9];
```

第一个维度定义了行数，第二个维度定义了列数。

要想访问数组alpha的单个元素，有两种表达方式（每个维度各一个）可供使用，用于指定其位置。我们将这两个表达式分别放置于各自的那对挨着数组名字的括号中：

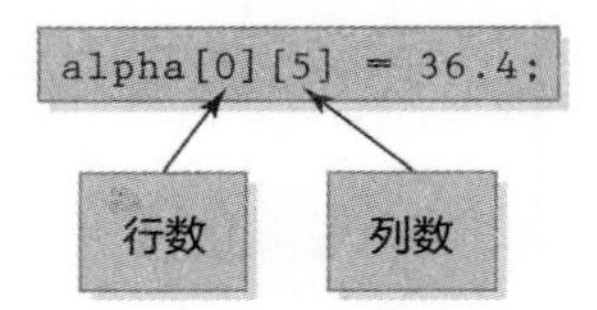

请注意，alpha.length会向数组传递行数。要想获得数组中一个行的对应的列数，需要访问此行的长度范围。例如语句：

```
rowLength = alpha[30].length;
```

将数组alpha第30行的长度值“9”存储在了整型变量rowLength中。

二维数组有很多种使用方法——行代表学生，列代表考试成绩；行代表雇员，列代表他们的日工作时长，等等。

请记住，在Java中，一个二维数组的一行本身就代表一个一维数组。很多程序语言能够直接支持二维数组，但是Java不行。Java的二维数组是数组属于数组对象的引用数组。如果需要创建多维数组，只需要扩大被使用数组的层级即可，例如把二维数组的元素变成数组即可得到三维数组。

1.6 算法比较：增长阶分析

爱丽丝：我在想一个1~1000之间的数。

鲍勃：是1吗？

爱丽丝：不对……猜低了。

鲍勃：2？

爱丽丝：不对……猜低了。

鲍勃：3？

……

爱丽丝白了鲍勃一眼。鲍勃每次都把上一个数加1，最后猜对了密码。虽然爱丽丝是在故意为难他，但是鲍勃用的确实是**顺序查找法**。

算法分析是理论计算机科学的一个重要领域。本部分将介绍算法分析，讲授的深度足以帮助你在完成特定任务的时候，在两种算法中判断出哪种更省资源。我们从时间（能运行多快）与空间（所占的内存空间）出发，同时讲解算法的效率及其实现代码。在本书中会对空间进行适当的考量。但相较于空间占用，我们一般会着重考虑时间——算法的运行速度。

在讨论算法的时效性之前，有一点需要指出，即时间效率与空间效率常常相互影响，所以应该在时间效率和空间效率之间找到平衡点。举个例子，假设你手里拿着一副300张的扑克牌，而你需要坐在公交车里对其进行分类整理。那么你将花费非常多的时间，不仅无法专心致志，还会一张牌看很多次。换一种情景，假设还是那副牌，但眼前是一张大桌子，足够容得下这300张牌。这种情况下，每张牌看一次就能把它放到正确的位置。这些多给出来的空间能够提高整理算法的时效。

测算法的时间效率

程序员是如何比较两个算法的时间效率的？我们脑海中产生的第一个想法便是直接将这两个算法进行编码、执行，在程序运行完后比较执行时间。运行时间短的算法自然是好算法。这样行吗？的确，我们确实能用这种方式来判断出A程序的时效大于B

程序，但仅限于某台特定电脑、某段特定时间、某种特定数据输出类型。由于不同电脑的运行速度不同，因此只有在一台电脑上测执行时间才有意义。有时它们还会受电脑后台工作的影响。比如说，如果Java运行工程正在进行垃圾收集，这便会影响程序的执行时间。代码风格和输入条件同样会影响程序运行的时间。因此我们需要一个更好的方法。

在本书中用到的一个标准的技术是将算法的某个特定运算操作进行分离，并计算此计算操作的运行次数。当选择好需要计算次数的运算操作时，我们需要确认被选择的运算操作的被执行次数至少要跟此算法中其他的运算操作的被执行次数相一致。举个例子，假设鲍勃使用顺序查找算法来猜爱丽丝在猜数游戏里设定的密码。

猜数游戏顺序查找法

```
设置guess为0
do
  guess增加1
  Announce guess
  while（guess不正确）
```

很明显，“Announce guess”是猜数游戏顺序查找算法的基本运算。

那么“Announce guess”被执行了几次？鲍勃猜了多少次？

情况复杂度

假设鲍勃比较幸运，爱丽丝没有设置一个太大的数，那么他也就不需要猜太多回。另一方面，如果他没那么幸运，则可能会猜很长时间，比如爱丽丝设置的是998。

显然，猜数游戏顺序查找算法要求的猜测次数依赖于输入条件，这种情况很常见。为解决此问题，分析员定义了三种复杂度情况：

- 非常幸运时，我们会遇到最好情况复杂度的情况。这种情况下，算法进行运算次数是最少的。像爱丽丝的猜数游戏，最低案例复杂性是指她设定的数是1，因此鲍勃只需要猜一回。一般情况下，最低案例复杂性对于测复杂性没什么用处。我们不会因为一个算法拥有最低的案例复杂性就去选用它，也不会幻想我们如此幸运地拥有这样的输入条件。
- 平均情况复杂度表示的是，在考虑所有可能存在的输入条件的情况下所需要的平均步骤次数。在猜数游戏案例中，我们不难判断：如果所有1~1,000之间的数都有可能，那么需要猜（1+1,000）/2=500.5次。尽管平均情况复杂度分析非常有用，但是在特定的算法内，它的定义难度一般较大。

- 最坏情况复杂度，表示的是一个算法需要的最多的步骤数。如果爱丽丝设定的是1,000，那么鲍勃需要猜1,000次。他用这种方法永远不需要猜1,000次以上。我们的目的在于能够经常使用最坏情况分析。一般来说，这种方法的定义和计算要比平均情况简单，而且还会带给我们有用的信息。如果我们知道我们能够承受最坏情况复杂性所需要的工作量，那便可以自信地使用此检验方法。

总结，在最坏情况复杂性中，猜数游戏顺序搜索算法需要猜1,000次。但如果把这个游戏稍稍改一下会怎么样呢？

输入值的大小

鲍勃：是不是366？

爱丽丝耐心地说：不对……低了。

鲍勃：367？

爱丽丝：对了！

鲍勃：哈哈，根本不难。

爱丽丝：敢不敢再来一局？

鲍勃：奉陪到底。

爱丽丝：好，我决定把数值范围加大到1~1,000,000。

鲍勃：……

针对这个新游戏规则，如果我们执行的是猜数游戏顺序查找算法的最坏情况分析，那么会得出一个不同的答案——1,000,000步。很明显，算法可能所需的步骤数依赖于数字范围。我们将算法的复杂度描述成输入大小的一项功能，而不说算法在这种情况下需要1,000步，在那种情况下需要1,000,000步。如果游戏规则变成了猜1~N之间的数，那么输入的大小便是N，而对于顺序查找算法而言，最坏情况下需要猜测的次数也是N。

大多数算法在解决更大的问题时需要更多的工作量。举个例子，对一个有500个数的列表进行排序比有10个数的列表排序要困难得多。因此，我们非常有必要讨论一下算法效率里的输出值大小，并以此值作为算法效率的参数。很明显，除去一些有趣且复杂的算法，我们在本书中所解决的问题经常涉及到如何确定所需参数的大小。本书中大部分问题涉及到数据结构——栈、队列、列表、查找表（映射）及图型表，每种结构都由元素构成。我们开发算法的目的是为了将一个元素添加到结构中，以及从结构中修改或删除元素。我们可以说工作是由N的运算完成的，而N是结构中的元素个数。

算法比较

卡洛斯：什么事？

鲍勃：爱丽丝想让我猜一个1~1,000,000的数，这根本就不可能。

卡洛斯：嗯……让我试试。500,000？

爱丽丝：不对，比这个小。

卡洛斯：250,000？

爱丽丝：不对，小了。

卡洛斯：375,000？

……

可见卡洛斯的方法和鲍勃不同，这叫**二分查找法**。卡洛斯用这种取中间值的方法，每次能巧妙地将所剩的数筛掉一半。即便是在最坏的情况下，卡洛斯猜一个1~1,000,000之间的数也只需要20步。

猜数游戏二分查找法[5]

```
设置范围为1~N
do
  设置guess为范围中间值
  宣布guess
  if(刚才猜的guess太高)
    设置第二个范围为第一个范围的一半
  if(刚才猜的guess太低)
    设置第三个范围为第二个范围的一半
  while(guess有误)
```

若使用此猜数二分查找法，如果遇到最坏情况复杂性，则需要多少步完成？我们来算算在最坏情况下，语句“Announce guess”需要被执行多少次？每当猜到错误的数后，目前的数会被筛去一半。所以，此课题也可以用另一种方式表达出来：“以筛选的方式对数字N进行折半计算，需要几次能将数字N折算至数字1？”答案是$\log_2 N$[5]次。在$\log_2 N$次猜完所有没被筛去的数字后，最后剩下的那个数就是对的。因此，在最坏的情况下，相比较顺序搜索算法需要进行的N步，二分搜索法需要$\log_2 N+1$步。当然，

[4] 本算法的执行代码在程序包ch01.apps的文件SelSortAndBinSearch.java中。

[5] 请回忆一下，2的$\log_2 N$次方等于N。举个例子，因为$2^3=8$，所以$\log_2 8=3$。从另一个角度来看，$\log_2 N$相当于将数字N折半计算至数字1的次数。我们把数字8折半计算3次得到1：8→4→2→1。

$\log_2 N$的结果不一定是整数——我们可以对非整数结果进行“四舍五入”。如果输入值的大小是1,000,000，利用二分查找法只需要20步，顺序查找法则需要1,000,000步。

巧妙的算法

在计算机科学领域，能够开发出可以解决问题的巧妙算法是非常激动人心的。做出这样的算法是对的。分析时间/空间的平衡，在特殊案例中寻找灵感，判断最佳边界，这些重要的步骤都会提升我们对计算理解的深度。随着其他领域（比如基因序列分析、建模、信号处理、加密技术、数据压缩、网络分析）的进步，更加证明了这种工作有很大的实际效益。

很显然，二分查找法比顺序查找法要快。但真的是这样吗？在进行猜数时，二分查找法的计算量要比顺序查找法大。相比较仅在之前猜测的数字上加1，判定所剩范围的中间值所耗费的时间更长。通过看这两种算法的描述我们就知道顺序搜索法要比二分搜索法简单。那究竟哪种更好呢？

让我们来仔细查查本案例中两种算法的运算步骤。就顺序查找法而言，初始值是0，每猜一次，就要对数值进行增值并声明。在最坏情况下，每次猜测需要进行两步（增殖和声明）加上一步初始步骤，最终结果是2N+1。就二分查找法而言，必须先设定范围的最小值和最大值，每猜一次，需要将这两个值相加后除以二，四舍五入，宣布猜测结果，然后调整范围。而二分查找法还必须进行最后的猜测。在最坏情况下，总共需要五步（加法、除法、四舍五入、宣布、调整）加上两个初始步骤和一个最终步骤，即$5\log_2 N+3$步。在附表中，我们选定了几个不同的N值，分别对两种算法的步骤数进行了比较。

顺序查找	二分查找	大小
N	$2N+1$ 步	$5\log_2 N+3$ 步
2	5	8
4	9	13
8	17	18
16	33	23
32	65	28
1,024	2,049	53
1,000,000	2,000,001	98
1,000,000,000	2,000,000,001	148

系列研究表明，如果问题值的大小小于8，那么顺序查找算法的步骤少于二分查找法。如果问题值的大小是16或32这样的，两种方法的运算步骤数没什么差别。另一方面，随着问题值的不断变大，两种算法的步骤数会差得越来越多，二分查找法的优势会越来越明显。

书中的例子举得比较典型。对于很多问题，我们可以开发使用简单的“暴风”算法，它比较好理解，而且足够用于处理小问题。但随着问题不断变大，使用暴风算法会很奢侈。如果在玩猜数游戏时遇到的数字范围不是很大，那么就用鲍勃的暴风算法即可；如果当此范围变大后，效仿聪明的卡洛斯会更好过一点。

一般来说，我们比较倾向寻找大问题的解决方案。如果一张单子里有三个名字，需要按照字母表的顺序对它们进行排序，那么你一定会选择手动排序吧！但是如果有上百万个名字呢？算法的研究集中在解决复杂的大问题上。

增长顺序

我们必须指出，尽管前面的数步骤练习有启蒙意义，但还是没什么用处。想要准确地计算一个算法所需要的步骤数是很难的。应该在什么层级进行步骤数计算？描述伪代码？对高级语言进行编码？还是翻译机器语言？还有，如果所有的步骤并不是被同等创建出来的，该怎么办？举个例子，“加一个数”和“将两个数相除”需要不同的时间。

除此之外，就算法比较而言，仅对步骤数进行细致的计算并不会真正带给我们额外的信息。请看下面的图表，这个图相比上一个图，没有给出具体的步骤计算信息。我们在这里只预估进行基本运算的次数，N表示顺序搜索法的步数，$\log_2 N$（四舍五入到最近的整数）表示二分搜索法的步数。

二分查找	**顺序查找**	**大小**
N	*N*步	$\log_2 N$步
2	2	1
4	4	2
8	8	3
16	16	4
32	32	5
1,024	1,024	10
1,000,000	1,000,000	20
1,000,000,000	1,000,000,000	30

我们仍能从此表中得出结论，即随着问题大小不断升级，二分搜索法完胜顺序搜索法。这便是我们研究的重心——判断哪种算法更适合解决大问题。

计算机科学家充分利用了一个原理，即在比较算法中，真正起作用的是多项式的最高阶，而多项式代表了所需的步骤数。我们目前只用了此顺序来描述效率。可能说顺序搜索法所需的步骤数是f(N)=2N+1，但其实这叫作“**N的增长阶**”，或O(N)，或“N

阶”[6]。可能说二分顺序查找法所需的步骤数是$f(N)=5\log_2 N+3$，但其实它叫作$O(\log_2 N)$。如下面几个例子：

$$2N^5 + N^2 + 37 \text{ is } O(N^5)\ 2N^2\log_2 N + 3N^2 \text{ is } O(N^2\log_2 N)\ 1 + N^2 + N^3 + N^4 \text{ is } O(N^4)$$

我们可以只通过集中研究从增长阶中得出的关键信息来简化分析。我们可以只看像猜数游戏顺序查找法这一个算法，得出在最坏情况下，循环会进行到该范围的每个数，同时自信地说出该算法的效率是O(N)。以此类推，就猜数二分搜索法这一算法而言，每进行一次循环，就会有一半的范围被划掉不再出现在考虑范围内，然后得出该算法的效率是$O(\log_2 N)$。没必要细数运算操作步数。

选择排序算法

在本部分我们再来分析一个开发的案例。把一个乱序的数据元素列表排好序——资料排架——是一个非常常见且有用的运算操作。整本书都讲了分类算法。我们在这里来看一个相对简单的暴风算法，此算法某种程度上类似于对手里的扑克牌进行排序。

假设一个列表中有一列乱序的元素，算法会对此进行扫描并找出最小元素，然后选择并将此元素放到首位。接下来，再次进行扫描，找到第二小的元素，选择并将其放到第二个位置。随着算法不断选择下一小的元素，并将其放置在“正确的”位置上，列表的排序部分会越来越大，未进行排序的部分会越来越小。此算法叫作选择排序法，命名的原因很明显。

在对选择排序法进行分析之前，需要确认好输入值的大小。不难发现，该排序法需要更大的列表，更多的工作量。所以为了研究此排序问题，图表中元素的数量和输入值的大小都是自然选择的。我们用N代表输入值大小。此处对此算法进行了更加正式的描述，而我们的目标是对一个大小是N的数组的值进行排序（此数组的索引是0~N-1）：

选择排序(values[0...N-1])

for现值0~N−2
　设置minIndex为未排序元素中最小元素的索引
　调换current索引对应的元素与minIndex索引对应的元素的位置

[6] 很多人会将此标记法读成“Big Oh of N”。关于“Big Oh”的概念有一个具体的数学定义，此定义与增长阶相近，也用于进行算法分析。本书采用“增长阶”的叫法，是更加准确的，我们今后也会采用此术语。

图1.10展现了该算法对一个五个元素的数组进行排序的步骤。图中的每个部分展现了一个for循环。本部分的第一部分展现的步骤是“找到最小的未被排序的元素”。为此，它会反复地检验每个未被排序的元素是否是目前遇到的最小的元素。该部分的第二部分展现的是两个在被转移的元素，最后一部分展现的是转移的结果。

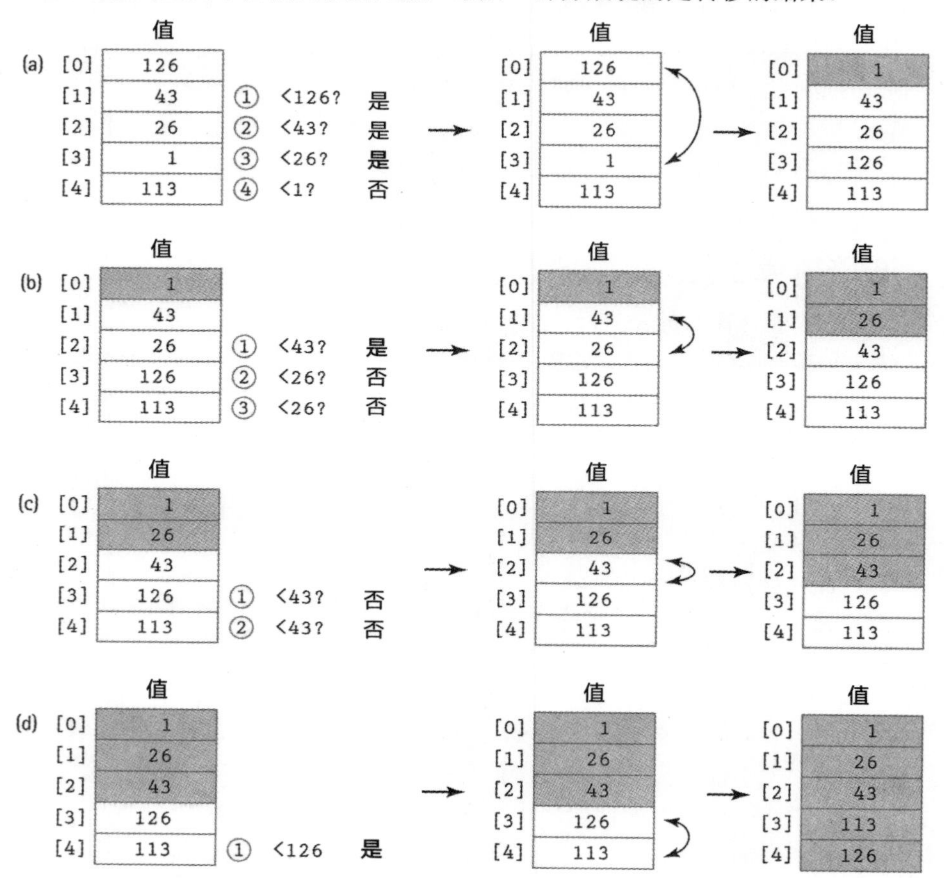

图1.10 选择排序法举例（此图略去了已被排序的元素）

在此程序的运行过程中，你可以将此数看成是由两个部分——已排序部分和未排序部分——组成的。每执行一次for循环体，已排序部分便增加一个元素，未排序部分减掉一个元素。唯独在最后一步时，排序部分会增加两个元素——你知道这是为什么吗？除最后一个元素外，当所有的元素都已经“各司其职”时，最后一个元素自然而然就处在了正确的位置。这就是为什么for循环会在索引N-2处停止，而不是在索引N-1处。

在明确“该算法的基础运算”时要格外谨慎。我们能用“Swap the elements”吗？

尽管它看似是一个基础运算，而且每执行一次for循环，它就会被执行一次，但它却不是被执行得最多的。请思考，当寻找数组中所剩下的最小元素时，每当循环执行一次后，我们必须要“查看”剩下的所有元素。如果在算法中增添更多的细节，我们会发现，事实上这涉及到循环的嵌套：

选择排序(values[0...N-1])[7]

```
for current0~N−2
  将minIndex的值赋给current
  for check(current+1)~(N−1)
    if(values[ckeck]<values[minIndex])
      将minIndex的值赋给check
  调换current索引对应的元素与minIndex索引对应的元素的位置
```

很明显，在比较最深处的运算才是被执行次数最多的运算，它才是进行数组元素比较的运算。这也能从图1.10中得到验证，我们在该图中也能发现此内嵌套循环进行了10次比较运算，而外嵌套循环进行了4次数据移动运算。我们将比较的次数描述成一种用于计算元素数量的功能，即N。

此比较运算处在内嵌套循环之中。由于外嵌套循环从0执行至N-2，所以内嵌套循环被执行了N-1次。在内嵌套循环中，比较的次数会根据目前的值而发生改变。内嵌套循环在第一次被执行时，现值是0，所以算法检查的地址是1~N-1，所以会有N-1次比较；第二次时，现值是1，所以会有N-2次比较，以此类推，但最后一次只有一次比较。将比较次数进行累加：

$$(N-1) + (N-2) + (N-3) + \ldots + 2 + 1$$

根据著名的求和公式，我们得出此算式的结果是N(N-1)/2。如果要对一个有N个元素的数组进行排序，选择排序法需要进行N(N-1)/2次比较。即便数组中的值的排列顺序是特殊的，也完全不会影响工作量。即便数组在使用选择排序法之前已经是排好序的，算法仍然会执行N(N-1)/2次比较。不论是最好情况、平均情况还是最坏情况，它都会进行N(N-1)/2次比较。

那么我们如何以增长阶的形式来描述此算法？如果将N(N-1)/2转换成$\frac{1}{2}N^2-\frac{1}{2}N$就变得很容易理解了。而这其中只有$\frac{1}{2}N^2$代表此算式的增长，因为只有它是随着N的变化而增长得最快的。另外，我们不考虑不变系数1/2。最终将此算法描述成$O(N^2)$。这就意味

[7] 该算法的执行代码在程序包ch01.apps的文件SelSortAndBinSearch.java中。

着N的值越大，运算时间越与N^2成近似比例。

那些对研究并分析过很多算法的计算机科学家常常能够做到一眼看出某个算法增长阶。举个例子，当他们看到我们上面讲的选择排序算法时能够瞬间知道这是$O(N^2)$，因为他们之前看过很多次这种组合——两层循环嵌套的相关条件相同。希望本部分的练习题能够帮助用户达到专家水准！

常见的增长阶

这部分将讨论一些常见的增长阶，按效率从高到低排列。

O(1)叫“有界时间”。工作量受一个常量的约束，并且不依赖于问题的大小。把和初始化为0便是O(1)。尽管有界时间常常被叫作不变时间，但工作量并不一定是不变的，它会受到常量的约束。

$O(\log_2 N)$叫“对数时间”。它的工作量依赖于底数为2的算法的问题大小。一般情况下，此类算法每执行一步，就会将待处理的数据筛掉一半，比如二分搜索算法。请注意，在计算机世界里，我们在表示$\log_2 N$时经常会说成“$\log N$”，因为底数2是假定值。

O(N)叫“线性时间”。工作量是常量乘上问题大小。一般情况下，该类算法会一次性处理到所有的数据并得出结果，比如顺序查找法。

$O(N\log_2 N)$叫“$N\log N$时间”（因为没有合适的术语）。这类算法一般会将对数算法执行N次。越是好的算法，越是存在$N\log N$复杂性，比如Chapter 11中的“快速排序”法。

$O(N^2)$叫“二次时间”。这类算法一般会把线性算法执行N次。大部分简单的排序算法属于$O(N^2)$算法，比如选择排序法。

像这类增加时间复杂性的算法还有$O(N^2 \log_2 N)$、$O(N^3)$、$O(N^3\log_2 N)$等。

$O(2^N)$叫“指数时间”。这类算法在处理大问题时会比之前讲过的所有多项式算法需要更多的时间。关于旅行售货员问题：几座城市由几条公路连接，已知公路的长度，在一次走完的前提下，求如何选择行走路线，使得总路径最短，最有名的解决方案采用的就是此算法。

表 1.3 增长阶的比较

N	$\log_2 N$	$N\log_2 N$	N^2	N^3	2^N
1	0	1	1	1	2
2	1	2	4	8	4
4	2	8	16	64	16
8	3	24	64	512	256
16	4	64	256	4,096	65,536
32	5	160	1,024	32,768	4,294,967,296
64	6	384	4,096	262,144	大约200亿个亿
128	7	896	16,384	2,097,152	快电脑也要执行万亿个十亿年
256	8	2,048	65,536	16,777,216	算不了，别问了！

表1.3展现的是不同N值对应的常见增长函数阶的值。如表所示，随着N变大，函数值的变化千差万别。

小结

本章讲的全是组织的相关内容。

面向对象程序设计允许开发者对现实模式的解决方案进行组织。这有助于增强易懂性、复用性和维护性。用此方法创建的系统，其主要结构就是类。类用于创建对象，对象进行协同工作，为问题提供解决方案。Java的继承机制和程序包结构会帮助我们组织好类。

Java的异常处理机制非常强大，它能帮助系统应对特殊情况。我们可以选择处理异常的时机：在第一时间出现时处理掉，或抛给另一层级进行处理。要想创建出安全可靠的系统，搞懂此机制是非常关键的一步。

程序的运算要基于数据，所以对数据的组织就显得异常重要，即数据结构。几年来，人们定义了一些经典组织结构，这些结构能够帮助程序员创建出正确高效的问题解决方案。Java语言提供了基本的结构化机制来创建这些结构，即数组和引用机制。当执行和使用我们的数据结构时，增长阶符号用于帮助我们判断所选择的算法的执行效率。

程序员是问题解决者。面向对象的方法能够将问题分析、问题设计进行无缝衔接，这就使得问题解决方案具有可维护性和复用性。数据结构为问题领域的数据组织提供了方法，这就能保证解决方案既正确又高效。结构条理清晰是解决难题的密钥！

习题

1.1 类、对象和应用程序

1. *查找题：*图灵奖设立于 1966 年，专门奖励那些对计算机领域作出重要贡献的人。请在网上查找该奖项的相关资料，包括获得者的名单和他们做出的贡献。找出有直接对编程领域带来贡献的人，然后再找出用面向对象方法做出贡献的人。
2. *查找题：*列出统一建模语言中的 14 种主要的图概述，并对它们进行简述。
3. 类和对象有什么区别？请举几个例子。
4. 请分别描述 Java 访问修饰符可见性的四个层级。
5. 请根据应用程序 DaysBetween 回答：1/1/1900 到 1/1/2000 中间有几天？有多少个闰年？如果换成是 1/1/2000 到 1/1/2100，结果又是什么？
6. 请使用应用程序 DaysBetween 来回答下列问题：
   a. 用天数来表达你的年龄。
   b. 从 1776 年 7 月 4 日独立宣言的颁布，到今天为止，总共有多少天？
   c. 请计算这两个日期的时间间隔：1783 年 11 月 21 日，皮拉特·罗泽尔（Jean-François Pilâtre）和弗朗索瓦·劳伦特（François Laurent）在巴黎附近乘坐热气球飞行了 10 公里，成为人类飞行员的先驱；1969 年 7 月 20 日，尼尔·奥尔登·阿姆斯特朗（Neil Armstrong）到达月球静海，迈出了登上月球的一小步。
7. 思考一下你会用何种方式测试应用程序 DaysBetween。哪种类型的输入会导致结果是 0？是 1？是 7？是 365？是 366？请用你做出的测试案例对其进行测试。
8. 修改类 Date，使其包含函数 CompareTo，签名是 Int ComparetO(Date anotherDate)

   ```
   int compareTo(Date anotherDate)
   ```

   如果此日期（是对象的日期，而对象负责调用函数）与参数日期相同，那么此函数应该返回的值是 0；如果在参数日期之前，则返回值小于 0。如果在参数日期之后，则返回值大于 0。创建一个测试驱动器，用于检验函数是否正确运行。
9. 对象一般用来做“记录”。转移函数用来往对象里写入数据，对象通过观察函数返回信息。请为下面的类定义几个相应的实例变量、类变量和函数，并为每个结构指明访问结构。请注意，下面这些类的描述都有些“模糊”，因此答案不唯一。

a. 计时器——用于记录总时间；它会被写入离散的时间量（用分钟或秒，或只用秒）；它需要以不同“格式”提供总时间的信息、非连续时间单位数，以及单位平均时间。把这个类想成是一个工具，我们给定每首歌的时间，让它能够用于记录这整套音乐的总时间。

b. 投篮计数器——它能为一个篮球队记录得分，并进行投篮统计（以球队而非以球员为单位）；每投一个球，就记录一项数据；在需要的时候提供投篮命中率的信息及总得分。

c. 三连棋游戏记录器——用于记录三连棋游戏的游戏数据；它能记录前进和后退的数据，并判定每步走棋是否合法；在需要的时候提供游戏状态的信息（游戏是否结束？谁输谁赢？）。

10. 针对前面的练习中的一个或多个类：

a. 将其执行。

b. 设计并实现能够调用此类的应用程序。

c. 使用你的应用程序来检验你所定义的类是否正确。

11. 创建一个类，模拟一对标准的骰子。

a. 创建一个叫 PairOfDice 的类，该类的对象代表的是一对六面骰子，对象的唯一属性就是投掷的点数。写一个构造函数，再写一个 roll 函数，用于模拟摇骰子。写一个 value 函数，用于返回骰子点数的总和。写一个 toString 函数，用于返回一个完美格式的字符串，代表这对骰子点数的比值，例如“5 ∶ 3”。最后，创建一个“测试驱动器”，用于检验类 PairOfDice 是否正确运行。

b. 世界上所有的赌场里都有掷骰子游戏。“投掷者”在游戏中下的最基本的赌注是过线投注。投掷者会进行“现码”投掷来开启一轮过线回合。如果通过现码投掷投出了 2、3 或 12，这便叫作“背”或者“出局”，代表投掷者输了。现码投掷出的是 7 或 11，这属于“自然”，代表投掷者胜利。其他可能出现的数字有 4、5、6、8、9 和 10，如果投掷者在现码投掷期间投出的是这些数字，这便会建立出“点数”——想要赢得话，必须要再摇点数，摇到 7 就不摇了。所以在此案例中，一旦出现“点数”，投掷者就得一直摇，要么摇到赢数，要么摇到输数“7”。用类 PairOfDice 模拟 1000 次过线投注，并输出代表赢的结果有几种，代表输的结果有几种。忠告：希望在看到最后输出的结果后，你能够明白为什么人们“说珍爱生命，远离赌博”。

12. 创建一个类，用于记录总消费额、平均消费额以及购物袋中的商品数量。

a. 创建一个叫 ShoppingBag 的类，该类的对象代表一个购物袋，该对象的属性包括袋子里物品的数量以及它们的零售总价。创建一个构造函数，用于接收税率，税率表示为双引数。创建一个转移函数 place，用于模拟把大量的同价物品放置到包里——它接收的整型引数代表物品数量，双精度型引数代表这些同价物品的单价。举个例子，myBag.place(5,10.5) 代表的是放置 5 个单价都是 10.5 美元的物品到购物袋里。写一个相对更好一点的函数，能同时用于表示购物袋里物品的数量和单价。写一个 totalCost 函数，用于返回含税的总价。写一个 toString 函数，用于返回一个有完美格式的字符串，此字符串需要对购物袋里的现状进行汇总。最后，创建一个程序，一个“测试驱动器”，用于测试你的类 ShoppingBag 是否正确运行。

b. 创建一个应用程序，先是能够反复提醒用户键入购物袋中多个物品，后面接着提醒输入这些物品的价格。用 0 来代表无物品。然后让程序对购物袋中的状况进行汇总。假设税率是 6%。下面是一个短的运行样本：

```
Enter count (use 0 to stop): 5
Enter cost: 10.50
Enter count (use 0 to stop): 2
Enter cost: 2.07
Enter count (use 0 to stop): 0
The bag contains seven items. The retail cost of the items is $56.64.
The total cost of the items, including tax, is $60.04.
```

13. 创建一个类，用于表示一个多项式；例如 $5x^3+2x-3$ 或者是 x^2-1。

a. 创建一个叫 Polynomial 的类，此类的对象表示一个多项式，此对象的属性包括里面每个项目的指数与系数。创建一个构造函数，用于接收多项式的指数，指数表示为整型引数。创建一个转移函数 setCoefficient，用于接收正在设定的用于表示指数的整型引数，以及应该设置的系数。举个例子，如果要创建多项式 $5x^3+2x-3$，需要按下列语句的顺序进行创建：

```
Polynomial myPoly = new Polynomial(3);
myPoly.setCoefficient(3,5);
myPoly.setCoefficient(1,2);
myPoly.setCoefficient(0,-3);
```

创建一个 evaluate 函数，用于接收双精度型引数，并根据引数值进行计算，同时返回多项式的值，表示为双精度型引数。举个例子，基于之前的代码，按照下方的代码顺序，程序将输出 -3.0、4.0、-1.375。

```
System.out.println(myPoly.evaluate(0.0));
```

```
System.out.println(myPoly.evaluate(1.0));
System.out.println(myPoly.evaluate(0.5));
```

最后，创建一个程序，一个“测试驱动器”，用于测试类 Polynomial 是否正确运行。

b. 创建一个程序，用于接收一个多项式的指数及其系数，并按照指数大小从高到低进行输入，作为命令行引数。然后创建一个相应的 Polynomial 的对象。举个例子，多项式 $5x^3+2x-3$ 按照命令行引数的形式表示应该是“3 5 0 2-3”。程序接下来应该会反复提醒用户输入一个双精度值，用于计算多项式，然后报告计算结果。下方是运行样本，在此我们假定使用之前的命令行引数，运行结果可能如下：

```
Enter a value> 0.0
The result is -3.0
Continue?> Yes
Enter a value> 1.0
The result is 4.0
Continue?> Yes
Enter a value> 0.5
The result is -1.375
Continue?> No
```

c. 创建一个应用程序，用于接收一个多项式的指数及其系数，以命令行引数的形式表示出来，如同 b 部分所示。程序应提醒用户输入两个双精度浮点型值，用于表示所定义的多项式的区间结束点。然后此程序应该会通过使用 1000 个外接矩形来计算并输出该多项式在指定的区间内的近似定积分。

1.2 组织类

14. 请描述继承的概念，并解释在面向对象的系统中，继承树是如何通过函数实现来遍历的绑定函数调用？

15. 查找题：找到 Java 字典描述中的类 ArrayList，并回答下列问题：

a. 它直接继承自哪个类？

b. 它有多少个直接子类？

c. 它执行了几个函数？

d. 它继承了几个函数？

e. 如果我们想要调用类 ArrayList 中某个对象的 toString 函数，那么我们应该用哪个类的 toString 函数？

16. 根据本章中类 Date 和类 IncDate 的定义，并看以下声明：

```
int temp;
Date date1 = new Date(10,2,1989);
IncDate date2 = new IncDate(12,25,2001);
```

请判断下面哪些语句是非法的，哪些是合法的？

a. `temp = date1.getDay();`

b. `temp = date2.getYear();`

c. `date1.increment();`

d. `date2.increment();`

17. 请设计一系列类，需要与每个选项的领域有继承关系。

a. 银行领域——比如，账户、活期账户、储蓄账户

b. 游戏领域——比如，角色、英雄、恶人、宠物

c. 出行领域——比如，载具、飞机、轮船

d. 随意——开动你的想象力

18. 设计一个程序，用于表示多项式，用 38 页中的例子。

19. 请解释程序包是如何用来组织 Java 文件的。

20. 搜索题：将程序文件复制到你的系统中，并回答下列问题：

a. 支持包里有几个类？

b. 程序包 ch01.apps 里有几个类？

c. 请看程序包 ch05.apps 里面的类 CSInfo：

i. 它导入的四个程序包都是什么？

ii. 导入语句有何不同？

d. 请看 ch01.dates 里面的类 Date：

i. 如果把程序包语句 ch01.dates 改成 ch01.date，并编译，会发生什么？请做解释。

ii. 如果把程序包语句移除，并编译，会发生什么？请做解释。

iii. 如果把程序包语句移除，并编译程序包 ch01.apps 里面的应用程序 DaysBetween，会发生什么？请做解释。

21. 假设文件 1 包含

```
package media.records;
```

假设文件 2 包含

```
package media.records;
```

```
public class Labels{ . . . }     public class Length{ . . . }
class Check { . . . }            class Review { . . . }
```

a. 类 Check 和类 Review 在不在一个程序包里？

b. 文件 1 的名字是什么？

c. 文件 2 的名字是什么？

d. 两个文件所在的目录的名字是什么？

e. 该目录是哪个子目录的目录？

1.3 异常

22. 程序员定义的异常是对 Java 的 Exception 类的扩展，还有一种异常是对 Java RunTimeException 类的扩展，那么这两者的区别是什么？

23. 创建一个程序，能够要求用户键入一个整数，同时向用户致谢。如果用户没有键入整数，那么你需要让此程序再次询问，直到他们输对为止。运行程序后可能会出现这样的控制台追踪效果：

```
Please enter an integer.
OK
That is not an integer. Please enter an integer.
Twenty-seven
That is not an integer. Please enter an integer.
64
Thank you.
```

24. 创建一个类 BankAccount，用于模拟一个具有代表性的能够用于存取款的银行账户。为删繁就简，我们假定该银行账户只收整数钱款。

a. 先创建一个构造函数，一个 toString 函数，一个用于返回整数型值的函数 getTotal，还有函数 deposit 和函数 withdraw，二者用于接收整型引数，并返回空值。同时还要创建一个 UseBankAccount 应用程序，用于判定类 BankAccount 是否正确运行。

b. 创建一个类 BankAccountException。改变函数 deposit，用于在用户尝试输入负数账户号时，它能抛出相应的异常。然后把函数 withdraw 也进行同样的更改，同时还要让函数 withdraw 在检测到所提款数超出能提的范围时，能够抛出相应的异常。每种情况都要有相应的异常信息。创建三个短程序，分别用于表示三种异常情况——只要程序能显示出相应的异常已被抛出，那么即使程序崩溃了也无妨。

c. 创建一个应用程序 Banker，在里面创建一个对象 Bankaccount，然后让程序与用户取得联系，能让用户存取基金，或是查询总账目。不要让此程序崩溃——在出现异常时崩溃掉——要让它捕获异常，并将信息传递给用户，然后继续运行。

25. 本题有三个部分：

a. 创建一个“标准的”异常类 ThirteenException。

b. 写一个程序，能够反复提醒用户键入一个字符串，让程序能够输出每次输入的字符串的长度。如果输入的字符串的长度为 13 时，让程序抛出 ThirteenException，并附上信息“Use thirteen letter words and stainless steel to protect yourself!”，你写的主函数只需要将 ThirteenException 抛向运行环境中。程序的运行样本可能如下：

```
Input a string > Villanova University
That string has length 20.
Input a string > Triscadecaphobia
That string has length 16.
Input a string > misprogrammed
```

此时，程序会崩溃，系统会提供诸如“Use thirteen letter words and stainless steel to protect yourself!”的信息。

c. 创建另一个程序，它类似于你在 b 部分所创建的程序，不同的是，这次要把 try-catch 语句加到里面，这样你就能捕获到被抛出的异常。如果异常被抛出，便将其捕获，输出其信息，并将程序“自然而然地”结束掉。

1.4 数据结构

26. 查找题：请在网上查找“数据结构”的定义。

27. 在下面情景提到的事物中，有哪些能使你想起本部分讲的各种数据结构？发挥想象，你能找到几种？它们都是什么？（注：我们能找出 9 个）

凯德（Kaede）到达火车站，只有几分钟空闲时间。她这周过得简直如噩梦一般。她研究了一下墙上乱七八糟的电子地图，然后她意识到应该按右边的按键，按字母表顺序来查找目的地。她按下了格洛斯特，然后地图上的路线亮了——她应该乘坐蓝色火车到达伯明翰，在那换乘红色火车到达格洛斯特。她排队买票没花多久，然后急匆匆地赶向站台，走向火车的第四节车厢。二次验票显示的是“4 车”，于是她上了车，找到了座位。哨声一响，过了几秒后，火车几乎准时从车站驶出。车开了一个小时后，她决定吃午饭。她穿过 5 车、6 车和 7 车，到达餐车车厢——8 车。

她拿起最上面的盘子（她是从盘式干燥机上拿出来的，还有温度），走向糖果机，同时思索，“要不像往常一样，想想先吃什么甜点吧。哇，这个 F4 插槽里的 Pez 糖果机看起来好有趣。”她按下了按钮，一脸满足：“这似乎还是很好的一周的。感谢数据结构的庇护。”

28. 描述三种用树型结构来组织信息的方式。

29. 下列案例都能通过图型结构模拟出来。请描述每个案例的节点和边都是什么？

- **a.** 在某具体航线的进行的可行的行程。
- **b.** 国家和国家的边界线。
- **c.** 一堆搜索标题和数据结构。
- **d.** 演员（搜索“six degrees of Kevin Bacon”）。
- **e.** 某个大学的电脑。
- **f.** 迷宫。
- **g.** 万维网。

1.5 基本结构化机制

30. 画几张图，类似于 1.5 节“基本结构化机制”的子部分——内存——里面的图，用于表示以下代码段往内存里写的内容。假设 i 占用的是内存地址 123，j 占用的是 124，变量 str1 占 135，而 str1 对应的对象占 100，变量 strl2 占的是 136。

a.
```
int i = 10;
int j = 20;
String str1 = "cat";
```

b.
```
int i = 10;
int j = i;
String str1 = "cat";
String str2 = str1;
```

31. 什么是别名？请举例说明它是如何通过 Java 程序创建出来的。请解释别名的弊端。

32. 假设 date1 和 date2 是类 IncDate 的对象，类 IncDate 定义在 1.2 节“组织类”部分有讲解。请问下列代码会输出什么？

```
date1 = new IncDate(5, 5, 2000);
date2 = date1;
System.out.println(date1);
System.out.println(date2);
date1.increment();
```

```
  System.out.println(date1);
  System.out.println(date2);
```

33. 什么是垃圾？请举例说明它是如何通过 Java 程序创建出来的。

34. 假设 date1 和 date2 是类 IncDate 的对象，类 IncDate 定义在 1.2 节“组织类”部分有讲解。请问下列代码会输出什么？

```
date1 = new IncDate(5, 5, 2000);
date2 = new IncDate(5, 5, 2000);
if (date1 = = date2)
  System.out.println("equal");
else
  System.out.println("not equal");
date1 = date2;
if (date1 = = date2)
  System.out.println("equal");
else
  System.out.println("not equal");
date1.increment();
if (date1 = = date2)
  System.out.println("equal");
else
  System.out.println("not equal");
```

35. 编写一个程序，声明一个包含 10 个整数型值的数组，用循环将每个元素初始化，初始化的值是元素索引的平方值。然后再用一个循环输出数组中的元素，一个整数占一行。

36. 编写一个程序，声明一个包含 10 个元素的 Date 数组，用一个循环将元素初始化成 2005 年 12 月 1 日至 10 日，然后用另一个循环输出数组元素，一个日期占一行。

37. 创建一个程序，用于将一个 20×20 的二维整形数组实例化，往里面写入随机整数，范围为 1~100，然后输出行的索引以及所有行的最大总和，再输出列的索引以及所有列的最大总和。

38. 编译并运行应用程序 ImageGen01。用不同的公式对 c 值进行测试。再加两个整型变量，以便分别设定颜色的 RGB 值，并进行更多的测试。与同学分享得出的最有趣的结果。

1.6 算法比较：增长阶分析

39. 我们用了两种办法来对猜数游戏的答案进行猜测，并对这两种方法——猜数游戏顺序查找法和猜数游戏二分查找法——进行了检验。如果最大可能数是 (a) 10、(b)

1,000、(c) 1,000,000、(d) 1,000,000,000，那么两种方法对应的最少和最多的猜测次数分别是多少？

40. 针对以下每个问题，请分别给出能够解决问题的算法，然后定义一个好的“算法基础运算”，并能让它计算出算法的效率，然后简要地描述问题大小，并列出基础运算被执行的次数，让它具备计算最好和最坏情况下问题大小的功能。举个例子，如果问题是“猜测猜数游戏设定的秘密数字”，那么你的答案可能是：“我从 1 开始猜起，每次猜测的数字是上一个数字的基础上加 1，直到我猜到正确的秘密数字；称最大的可能数字为 N；最好情况猜一次，最坏情况猜 N 次。”

a. 在一堆摆在书架上的乱序排放的书中找一本书——The Art of Computer Programming。

b. 对一个整数型数组进行排序。

c. 找出鞋子目录里最便宜的一双鞋。

d. 算算存钱罐里有多少钱。

e. 给定一个数 N，计算 N!。

f. 给定一个数 N，计算 1 到 N 的和。

g. 将两个 N×N 矩阵相乘。

41. 分别比较下列选项中的两个函数，将它们分别绘制在正数坐标轴上（就好比在上代数课）。请注意，在每个选项里，高阶函数 g 最终会变得比低阶函数 f 大。请找到这种情况的发生点所对应的 x 值。

a. $f(x) = 3 \log_2 x$ $g(x) = x$

b. $f(x) = 5 \log_2 x + 3$ $g(x) = 2x + 1$

c. $f(x) = 4 x^2$ $g(x) = x^3$

d. $f(x) = 8 x^2$ $g(x) = 2^x$

42. 请使用记号 O 来分别描述下列函数的增长阶。

a. N^2+3N

b. $3N^2+N$

c. N^5+100N^3+245

d. $3N\log_2 N+N^2$

e. $1+N+N^2+N^3+N^4$

f. $(N*(N-1))/2$

43. 请使用记号 O 来描述下列代码段的增长阶。

a.
```
count = 0;
for (i = 1; i <= N; i++)
  count++;
```

b.
```
count = 0;
for (i = 1; i <= N; i++)
  for (j = 1; j <= N; j++)
    count++;
```

c.
```
value = N;
count = 0;
while (value > 1)
{
  value = value / 2;
  count++;
}
```

d.
```
count = 0;
value = N;
value = N * (N - 1);
count = count + value;
```

e.
```
count = 0;
for (i = 1; i <= N; i++)
  count++;
for (i = N; i >= 0; i--)
  count++;
```

f.
```
count = 0;
for (i = 1; i <=N; i++)
  for (j = 1; j <= 5; j++)
    count++;
```

44. 下面的函数 Sum 返回的是 1~n 的总和。它的增长阶是什么？创建一个新函数，使其与下方的函数具有相同的功能，但增长阶要低于下方函数的增长阶。

```
public int Sum (int n)
// Precondition: n is > 0
{
  int total = 0;
  for (int i = 1; i <= n; i++)
    total = total + i;
  return total;
}
```

45. 假定 numbers 是一个大整数型数组，现在里面有 N 个值，它们各自所占用的地址是从 0 到 N-1。请使用 O 记号来分别描述以下运算的增长阶（最坏情况）：

a. 将 numbers 的地址 N 赋值为 17。

b. 将数组 numbers 的所有数值移动一个单位，将它们分别移动到各自“右”边的地址里，以便把地址 0 空出来，用于存放新的数字，同时不要打乱现有数值的顺序。然后将数字 17 插入到地址 0 里。

c. 在地址 0 到 N-1 中随机选一个地址 L；将地址 L 到 N-1 中所有的值移动一个单位，将它们移动到各自右边的地址里，以便把地址 L 空出来，用于存放新的数字。然后把数字 17 插入到地址 L 里。

46. 请展示出：在使用选择排序法对数组 values 进行排序时，它所历经的变化的顺序。

values

27	15	83	12	104	28	57	30

47. 请使用选择排序算法来做此题。

a. 创建一个名字叫 SelectionSort 的程序，用于实例化一个有 100 个元素的整数型数组，并将这些元素初始化为 1 到 1000 的随机数。让程序以 5 列的形式输出数组中的整数。接下来，让程序执行选择排序法对数组元素进行排序。最后，再次以 5 列的形式输出数组元素。

b. 给 a 部分所创建的程序添加一个部分，让它能够计算出它在执行选择排序期间所执行的比较次数和移动次数。依据我们在本部分对选择排序法进行的分析，比较次数和移动次数的期望值分别是多少？你的程序报告出的值与“理论值”的差别如何？

c. 给 b 部分所编写的程序再添加一个部分，让它能够先后分别计算出含 10 个元素的数组、含 100 个元素的数组、含 1000 个元素的数组、含 10,000 个元素的数组和含 100,000 个元素的数组的比较次数和移动次数，并以表格的形式输出，输出结果的格式要良好。

CHAPTER 2

抽象数据类型——栈

知识目标

你可以

- 解释以下术语和它们的关系：抽象、信息隐藏、数据抽象、数据封装和抽象数据类型（ADT）
- 描述使用抽象数据类型的好处
- 定义Java编程语言中抽象方法及接口的含义
- 描述使用Java接口指定ADT的好处
- 列出集合ADT一般可用的三种选项
- 解释定义ADT时“处理”异常情况的三种方式
- 从抽象层次、应用程序层次和实现层次三个方面描述栈ADT
- 将指定栈操作归类为构造函数、观察函数或转换函数
- 描述使用栈来确定字符串内的归类符号（如小括号）是否对称的算法
- 描述使用栈进行后缀表达式求值的算法

技能目标

你可以

- 使用Java接口构造正式指定ADT
- 指定public方法的前置条件和后置条件（效果）
- 设计和／或实现和／或使用ADT时使用Java泛型机制
- 定义并使用自引用类创建链表
- 在链表上绘制代表序列操作的图
- 使用数组实现栈ADT
- 使用Java库的ArrayList类实现栈ADT
- 使用链表实现栈ADT
- 绘制图表表示特定栈实现的栈操作效果
- 确定栈实现操作增长量级效率
- 在ADT中抛出Java异常，并在使用该ADT的应用程序中捕获该异常
- “手动”给后缀表达式求值
- 使用栈ADT作为应用程序的一部分

本章介绍栈，栈是一种“后进先出”的重要数据结构。章节开头，我们先讨论在程序设计中如何使用抽象。我们先回顾抽象和信息隐藏的相关概念，用三种不同“层次”来表示这些技巧如何帮助我们处理数据，即应用程序层次、抽象层次和实现层次。这种方法与栈结构一起使用。在抽象层次，栈用Java接口来正式定义。我们将讨论栈的多种应用程序，特别是了解如何使用栈来确定一组归类符号的组成是否妥当，如何使用栈来支持数学表达式的求值。栈通过两种基本方法实现：数据和链（引用）。我们将介绍链表结构来支持基于链的方法。最后，我们还会介绍使用Java库的ArrayList类的实现方法。

2.1 抽象

宇宙中的系统错综复杂，我们通过模型学习这些系统，其中之一便是数学模型，比如用公式来描述地球周围的卫星运动，而用于风洞试验的模型飞机等实体则是另一种形式的模型。通常来讲，模型只具备与研究系统相关的特点，而不相干的细节则被忽略。例如，用于研究空气动力学的模型飞机就不会在机内配备电影设备。撇除不相干的细节后，我们便能对该系统形成抽象视图。

重点内容

抽象是构造大型复杂系统的关键方法。我们将系统分割成单独的模块，每个模块各司其职。各模块的细节隐藏在模块之内，而一个模块仅向外部展示与其功能有关的控制接口。

抽象这种系统模型，它仅包括对系统观察者而言必要的细节。那么，抽象与软件开发有什么关系呢？软件编程很难，系统建模不易，软件开发过程也很复杂，抽象便是我们对付这种复杂工作的基本方式。本书中的每一章我们都会利用抽象来简化工作。

信息隐藏

许多软件设计方法都是基于将问题解决方案分解成多个模块的。一个“模块”为连接系统的分单元，执行部分工作。Java的初级模块机制为类。利用类和类产生的对象将系统分解，可以帮助我们处理复杂问题。

类/对象都是抽象工具，能够隐藏系统其他部件复杂的内部表示。结果就是实现类所涉及的细节将独立于系统其他部分的细节存在。为什么我们要隐藏细节呢？程序员不应该要面面俱到吗？不！学会在模块内隐藏各模块的实现细节才能帮助我们处理复杂的系统，这样程序员才能在不同时间专注研究功能各异的系统部件。**信息隐藏**的做法就是在模块中隐藏细节，目标是简化系统其余部分的模块视图。

当然，程序的类/对象相互关联、相互协作解决问题，并通过仔细定义的接口提供各种服务。Java中的接口通常由类的public方法和/或protected方法提供。一种类的程序员无需知道与该类相互作用的其他类的内部细节，但他们需要了解接口。以开车为例：启动汽车不需要知道发动机内有多少个气缸，只需知道接口即可，也就是说，知道怎么转动钥匙就可以了。

数据抽象

任何由计算机处理的数据（如int类型的值）都只是位（bits）的集合，能开能关，计算机就是用这种方式处理数据的。但大家往往会把数据当成更为抽象的单元，像是数字和列表，而我们则希望程序参照数据的方式对我们有用。为了隐藏计算机视图中数据的其他不相关细节，我们将创建另一种视图。**数据抽象**就是将数据类型的逻辑属性与数据实现分开。

在这里我们将详细了解极其具体又极其抽象的整型。在最开始编写程序时你就已经开始使用整型了，但什么是整型？整型基本上在不同计算机中存在方式各有所异。话虽如此，在高级语言中运用整型的前提并不是要你了解整型在你的计算机上的呈现方式，高级语言是使用一个抽象的整型，这也是其“高级”所在。

你知道吗

从开始编程时你就已经在使用数据抽象了，例如在Java程序中用了int变量就等同于用了数据抽象。你利用了int的逻辑属性，而无需担忧其内部表示的细节问题。

Java语言帮助我们封装整型。**数据封装**是编程语言的一个特点，通过信息隐藏能够在单个构造内一并封装数据内部表示和数据操作细节。程序员在使用数据时并不会看到内部表示，只是在数据逻辑图像——数据抽象层面处理数据。

但如果数据被封装，程序员要如何获取呢？很简单，Java语言有提供程序员得以创建、访问和变更数据的操作。举例来说，让我们看看Java为被封装数据int类型提供的操作。首先，可以使用声明在程序中创建int类型的变量：

```
int a, b, c;
```

其次，可以用赋值操作符给这些整型变量赋值，并用操作符+、-、*、/和%对变量进行算法操作：

```
a = 3; b = 5;
c = a + b;
```

本讨论的重点在于你已经在处理整型的逻辑数据抽象，这样做的好处显而易见：你可以从逻辑上看待数据和操作，并在无需担忧实现细节的情况下考虑使用数据和操作。更低层次的细节仍然存在，只是隐藏起来了。有关int类型你只需要知道它的范围（-2,147,483,648~2,147,486,647），知道所支持操作的作用，比如+、-、*、/和%。你既不需要了解二进制完全数字展示法，也不需要知道如何排列逻辑门电路以对整型加法陈述进行编码，即便这种技术可用来实现有关操作。

抽象数据类型，指被封装数据“对象”所有可能值（域）的集合，再加上创建和处理数据所规定的操作规范。**抽象数据类型（ADT）**这种数据类型的属性（域和操作），其定义独立于任何特定实现。

实际上，Java所有内置类型都是ADT，如int。Java程序员能够在不了解实际表达式的情况下声明这些类型的变量。程序员能够通过规定操作，初始化、修改和访问变量持有的信息。

除内置ADT外，Java程序员还能使用Java类机制创建自己的ADT。如Chapter 1所定义的Date类就能被视为一种ADT。确实，创建ADT的程序员需要了解ADT的实际表达式，比如要知道Date是由三个int实例变量构成的，还要知道这些实例变量的名称。但如果使用Date类的是应用程序员，则不需要这些信息，只要知道如何创建Date对象、如何调用导出方法使用对象即可。

数据层次

在本书我们定义、创建和使用ADT，从三个不同方面或层次处理ADT：

1. ***应用程序（或用户、客户端或外部使用）层次*** 作为应用程序员，我们用ADT来解决问题。致力于应用程式工作时，我们只需知道使用何种程序陈述来创建ADT实例，并且应用ADT操作。也就是说，我们的应用程序是ADT的客户端，而使用同一个ADT会有多个不同的客户端。注意ADT的客户端并不一定都是应用程序——任何使用ADT的代码都可视为其客户端，它甚至可以是用于实现另一种ADT的代码。
2. ***抽象（或逻辑）层次*** 该层次提供数据值（域）的抽象视图和运用数据值的操作集合。这里我们将解答：ADT是什么？ADT的模型对象是什么？它的职责是什么？什么是接口？

   在这个层次，ADT设计者一般在向客户端程序员咨询后，提供ADT属性的规格说明。应用程序/客户端程序员利用这个规格说明决定使用ADT的时间和方式。需要创建代码执行该说明的操作程序员也会使用这个规格说明。

3. ***实现（或具体或内部）层次*** 操作程序员设计并开发数据保持结构的具体表达式，实现（编码）操作。这里我们将解答：如何表示并运用数据？如何执行ADT的职责？这些问题答案诸多，实现方法也是多种多样。

在编写程序时，你经常会处在这三种层次中的各层次处理数据。在本节，我们介绍抽象，就把重点放在抽象层次。从某种角度来讲，抽象层次是ADT方法的核心。抽象层次提供实现层次的模型，以在应用程序层次中得以使用。抽象层次的规格说明相当于一种契约，由ADT设计者创建，由使用ADT的应用程序员遵守，由执行ADT的程序员实现。

> **重点内容**
>
> 了解此处所讲述的三种视图数据之间的差异和关系极其重要。有时你会处在应用程序层次中使用ADT，而其他时候你会执行由应用程序使用的ADT。在所有情况下，抽象视图都将引导你操作。

在大多数情况下，抽象层次提供应用程序层次与实现层次间的独立性。但是要记住，就效率而言，实现层次的细节能影响使用ADT的应用程序的方法只有一种。我们决定以何种方式组成数据，将会影响在有关数据上实现各种操作的效率。操作效率对于数据用户而言至关重要。

前置条件和后置条件

假设我们想设计一款提供服务的ADT。通过导出方法我们可以访问到ADT。为确保ADT在应用程序层次可用，必须明晰使用这些方法的方式。为能调用某个方法，应用程序员必须知道确切的接口：名称、预计参数类型和回车类型。这还不够，程序员还要知道任何对该方法的正确运作、对调用该方法的效果而言都必须成立的假设。

一种方法的**前置条件**是调用某个办法时必须成立的条件，以使该方法正确运作。例如，Chapter 1所述IncDate类的increment函数，就可能存在与合法日期值和公历起始相关的前置条件。这些前置条件应作为注释列在方法声明的开头：

```
public void increment()
// 前置条件：day、month 和 year 的值代表一个有效日期。
//                  year 的值不少于 MINYEAR
```

设立某个方法的前提条件，相当于在实现该方法的程序员与使用该方法的程序员之间创建某种契约。契约表示，只有满足前提条件，有关方法才算符合规格说明。要确保无论何时调用方法，前置条件都能成立，这取决于使用该方法的程序员。这种办法有时称为“契约式编程”。

在方法完成后，我们还需指定哪种条件为真。一种方法的**后置条件（效果）**是有关方法输出的预期结果，前提是符合前置条件。后置条件不会告诉我们这些结果是如何得出的，只会告知结果应该是什么。我们在某种方法的注释开头使用陈述主要效果的约定，也就是后置条件，紧跟已列出的任何前置条件。例如：

```
public void increment()
// 前置条件：day、month 和 year 的值代表一个有效日期。
//                    year 的值不少于 MINYEAR
//
// 增加这个 IncDate 以代表次日
```

Java接口

Java提供接口这种构造，接口能用于正式指定ADT的抽象层次。

“接口”指由两个相互作用系统共享的同一约束，在计算机学中这个术语有多种使用方式。例如，某个程序的用户接口就是方法名、所需参数集合以及所提供的返回值。

Java所说的“接口”有特定定义。实际上，接口就是Java关键词，它指程序单元的某个特定类型。Java接口跟Java类相似，可以包括变量声明和方法。不过，一个接口中所声明的所有变量都必须为常量，所有方法都必须为抽象[1]。**抽象方法**仅包括参数的描述。Java接口不允许有任何数据体或任何实现，也就是所包括内容仅有方法的接口。

与类不同，Java接口不能实例化。既然Java接口只保存抽象方法，又不能实例化，那么它能干嘛呢？Java接口为各种类提供一个数据输入操作板。为了使某个接口有用，必须由单个类“实现”。换言之，必须创建类，为该接口指定的方法标题提供数据体。实质上，Java接口被用于描述各种类的需求。

以下示例为含有一个常量（PI）和两种抽象方法（perimeter和area）的接口：

```
package ch02.figures:
public interface FigureInterface
{
  final double PI = 3.14;

  double perimeter();
    // 返回这个图像的周长
```

[1] 截至2014年3月Java SE 8发布后，Java接口还包括了默认（default）方法和静态（static）方法。在本书中我们不会在接口中使用这两种方法。

```
    double area();
    // 返回这个图像的面积
}
```

尽管Java规定我们在声明抽象方法时能使用关键字abstract，但在定义某个接口的方法时使用这个词则显得多余，因为接口的所有非静态方法都一定是抽象的。同样地，我们也可以在方法标记中撇除关键字public。在定义接口时，这些不必要的修饰符最好不要使用，原因是未来的Java版本可能不支持这些使用。

接口的编译就跟类和应用程序一样，各个接口都存置在单独文件中，文件名必须与接口名相对应。比如，上述示例的接口要存在一个命名为FigureInterface.java的文件中。编译器检查该接口代码是否出错，若没有，则生成该接口的一个Java字节码。以上示例的文件就命名为FigureInterface.class。

程序员要使用这个接口的话，可以创建一个能实现该接口的Circle类。如一个类要实现接口，它可以访问该接口中定义的所有常量，而该类必须为该接口中所声明的所有抽象方法提供一种实现，也就是数据体。如此一来，Circle类和其他任何实现FigureInterface接口的类就需要重复声明perimeter方法和area方法，并且为其数据体提供如下所示的代码：

Java小贴士

Java接口不能实例化，而是只能通过类实现或通过其他接口来拓展。

```
package ch0.2 figures:
public class Circle implements FigureInterface
{
  protected double radius:

  public Circle (double radius)
  {
    this.radius = radius;
  }

  public double perimeter()
  {
    return(2 * PI * radius);
  }

  public double area()
  {
```

```
    return(PI * radius * radius);
  }
}
```

注意有许多不同的类都可以实现同一个接口。例如，以下的Rectangle类也可以实现FigureInterface。

```
package ch02. figures:
public class Rectangle implements FigureInterface
{
  protected double length, with;

  public Rectangle(double length, double width)
  {
    this.length = length;
    this.width = width;
  }

  public double perimeter()
  {
    return(2 * (length + width));
  }

  public double area()
  {
    return(length * width);
  }
}
```

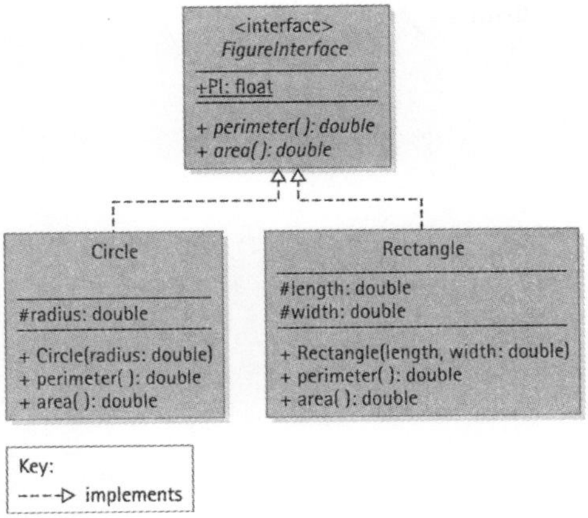

图2.1 ADT的UML类图

你也能设想多个其他的类，如Square和Parallelogram，这些都能实现FigureInterface接口。程序员如果知道这些类能实现接口，就清楚各个类也能提供perimeter方法和area方法的实现。

图2.1的统一建模语言（UML）类图展示了FigureInterface接口与Circle类和Rectangle类之间的关系。虚线箭头表示一个类实现一个接口。在该例中，实现一个接口的多个类并不会受限于仅能实现该接口的抽象方法，这些类也能添加自身的数据字段和方法。

作者的约定

在整本书中我们都将使用接口来定义进行中的数据结构（ADT）的逻辑视图。

接口是强大又通用的编程构造，其中包括能够用于指定一类ADT的抽象视图。在接口中，我们所定义的抽象方法就相当于ADT实现的导出方法。我们用注释来描述各个抽象方法的前置条件和后置条件。执行程序员若想要创建实现ADT的类，就该知道其必须遵守有关接口所说明的契约。应用程序员能用实现接口的类来使用该ADT。

用这种方式使用Java接口构造来进行ADT规格说明有如下好处：

1. 我们可以在形式上检查规格说明的句法。编译接口时，编译器能在方法接口定义中发现任何句法错误。
2. 我们可以校验接口“契约”的句法部分通过有关实现能满足。编译有关实现时，编译器确保方法名、参数和返回类型匹配接口所定义的方法名、参数和返回类型。
3. 我们可以在ADT的各种备选实现中提供应用程序的相容接口。部分实现能够优化存储空间的使用，而其他实现能提升速度。某种实现还具备接口定义之外的额外功能，但所有的实现都有指定接口。

注意我们可以把某个变量声明为某个接口类型的变量。假设能访问FigureInterface、Circle和Rectangle，以下代码是完全“合法的”：

```
FigureInterface myFigure;
myFigure = new Circle(5);
myFigure = new Rectangle(2,4);
```

只要有一种类实现FigureInterface接口，我们便可以将该类的对象实例化，将该类指定至myFigure。这是多态性的一个示例。

基于接口的多态性

在1.2节“组织类”中我们介绍了多态性的概念。可能你想先回顾一下相关资料再继续，在该节我们讨论了基于继承的多态性。这里我们将讨论多态性的另一种由Java支持的方式，也就是基于接口的多态性。

从Chapter 1的讨论中，我们知道“多态性”的英语单词具有希腊词根，字面意思是“多种形式”或“多种形态”。恰巧我们在这里的讨论中有FigureInterface接口可以用。我们将在实际上定义能引用“多种形态”的对象引用。

多态对象变量能够在执行某个程序时在不同时间引用不同类的对象，但不能引用任何一种类，而是引用多个相关类的集合。在基于继承的多态性中，各类之间的关系由继承树来定义，因为相关类是同一个类的子孙。在基于接口的多态性中，各类的关系则更为简单。相关类实现同一个接口。

看以下应用程序，你能预测最后的输出结果吗？

```
//----------------------------------------------------------------------
// RandomFigs.java          程序员：Dale/Joyce/Weems         Chapter 2
//
// 演示多态性。
//----------------------------------------------------------------------
package ch02.apps;

import ch02.figures.*;
import java.util.Random;
import java.text.DecimalFormat;

public class RandomFigs
{
   public static void main(String[] args)
   {
      DecimalFormat df = new DecimalFormat("#.###");
      Random rand = new Random();
      final int COUNT = 5;
      double totalArea = 0;

      FigureInterface[] figures = new FigureInterface[COUNT];

      // 生成图形
      for (int i = 0; i < COUNT; i++)
      {
         switch (rand.nextInt(2))
         {
            case 0:   figures[i] = new Circle(1.0);
                      System.out.print("circle area    3.14\n");
                      break;

            case 1:   figures[i] = new Rectangle(1.0, 2.0);
```

```
                    System.out.print("rectangle area 2.00\n");
                    break;
            }
        }

        // 面积求和
        for (int i = 0; i < COUNT; i++)
            totalArea = totalArea + figures[i].area();
        System.out.println("\nTotal: " + df.format(totalArea));
    }
}
```

不难想象基于接口的多态性有多种用法。例如，FigureInterface对象的一个数组能够构成几何教程的基础，CreatureInterface对象则能用于探险游戏中。想从这种类型的多态性获益，我们不一定要使用数组。我们将在本章后面定义一种StackInterface，创建实现这个接口的多个类。我们可以创建一种程序，用以声明StackInterface类型的变量，再动态选择要用哪种实现方法来实例化该变量，这或许是基于用户的一些查询回复或基于该系统的状态。有了这样的方式，我们的程序将动态适应当前情况。

2.2 栈

看一下图2.2所示物品，尽管对象有所不同，但每个都说明同个概念——栈。在抽象层次，栈是多个同类元素的顺序组。移除已有元素并添加新元素的做法只能在栈顶进行。比如，在一堆叠好的衬衫中，你最喜欢的蓝衬衫被放在一件褪色的红色旧衬衫下面，那么你就得先把顶上的红衬衫拿开，再拿上面的蓝衬衫，然后可能你又会把红衬衫放到这堆衣服上面，或者直接丢掉！

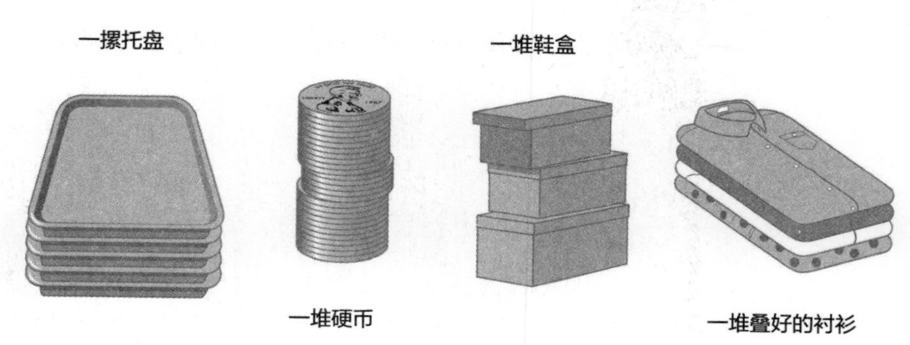

图2.2 现实生活中的“栈”

一个栈被认为是“有序的”，是因为栈内的元素是根据先后次序进行排列的。最先排在栈里面的元素置于栈底，最后的置于栈顶。如果栈里面有两种元素，其中一个元素在任何时候位置都会比另一个高。例如上例中红衬衫在衬衫堆里的位置就比蓝衬衫高。

因为元素的添加和移除仅能从栈顶开始进行，所以最后添加的元素就是最先移除的。有一种比较方便的助记符能够帮你记住栈的行为规则：栈是一种后进先出（LIFO）的结构。总而言之，栈是一种访问控制结构，是一种只能从一端来添加元素或移除元素的后进先出结构。

栈的操作

这个结构的逻辑图像仅仅占抽象数据类型定义的一半，另一半则是能让用户访问和操作置于结构中元素的一系列操作集合。那么使用栈需要什么操作呢？

栈在刚开始使用时是一个空栈，我们假设这个栈至少有一个能把栈设为空状态的类构造。

在栈顶添加元素的操作通常称为压栈（push），而移除栈顶元素的操作则称为弹栈（pop）。一般来讲，弹栈操作同时移除栈顶元素，将该栈顶元素返回至调用弹栈的客户端。最近，程序员已经开始定义两种单独的操作方法来进行压栈和弹栈，这是因为结合观察法和转换法的操作可能会导致程序出现混乱。

我们遵守现代约定，定义移除栈顶元素的弹栈操作和返回栈顶元素的顶栈（top）操作[2]。压栈和弹栈操作完全就是转换函数，而顶栈操作完全就是观察函数。图2.3展示了像积木组件一样堆在一起的栈是如何通过几种压栈和弹栈操作进行修改的。

栈的用法

假设你正坐在餐桌边看报纸，这时候电话响了，站起来去接电话的时候你在脑海中记住自己看到哪里。你跟朋友讲电话之际，门铃响了，你跟朋友说“等下聊”，然后放下电话去开门，在你准备签收快递的时候狗狗跑出去了，怎么办？这时你肯定是先把狗狗找回来再签收快递，然后再继续回去聊完电话，最后再回去看报纸。不管你有没有意识到，但你已经在脑海中给推迟任务堆了一个栈！你每次被打断时，都会把现下任务放到这个推迟任务上面，一旦空闲下来，就把栈上面的任务移除，回到处理推迟任务中。

[2] 另一种常见办法就是用传统方式来定义弹栈操作，即弹栈删除和返回顶部元素，并定义另一种仅仅返回顶部元素的称为取数的操作。

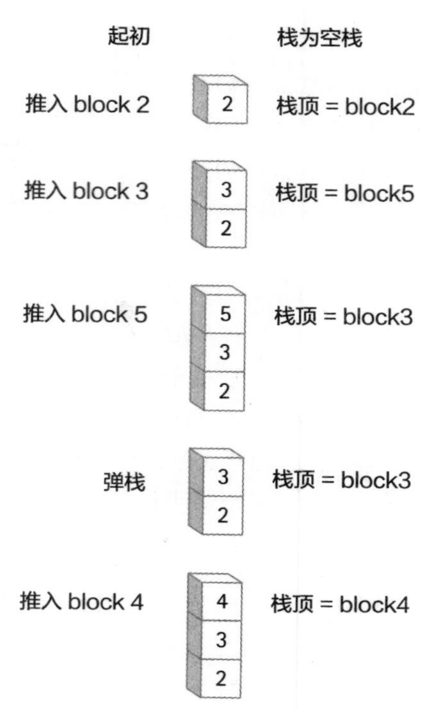

图2.3 压栈和弹栈操作的效果

栈是非常有用的ADT，尤其是在计算机系统软件领域。栈最常用于我们需要处理推迟任务的情况中，如上述例子。比如，编程语言系统通常会使用栈来跟踪操作调用。主要程序先调用操作A，A反过来调用操作B，B再反过来调用操作C。C完成后，控制返回到推迟任务B，而B完成后，控制再返回到先前的推迟任务A，以此类推。调用和返回的序列基本来讲就是推迟任务的一个后进先出的序列。

你可能会碰到这样的案例，即一个Java异常产生一个出错信息，提醒你“系统栈追踪”（a system stack trace）。这个追踪表示方法调用的嵌套序列，该方法调用最终导致抛出异常。这些调用原本存于“系统栈”。

编译器使用栈来分析语言陈述。一个程序通常由嵌套部分组成，例如，for循环包括if-then陈述，后者包括while循环。由于编译器是通过这类嵌套构造运作的，所以它能在栈内“保存”现下正在运作的信息，当完成运行最接近的构造后，编译器再从栈中“找回”先前的状态（推迟任务），再从原先离开处重新开始。

同样地，操作系统将保存某个栈现下执行进程的有关信息，这样系统便可以运作优先权更高的中断进程。如果该进程是由一个优先权甚至更高的进程中断，该进程的信息也会被推送至进程栈中。操作系统完成运作优先权最高的进程后，该系统找回最近堆栈进程的有关信息，再继续工作，很像上述看报纸时被打断的情景。

> **栈的使用**
>
> 栈通常用来存储推迟任务。在必要的情况下，先前的推迟任务从所存储的栈中移除，继而处理堆在其上面的任务。有关这个主题在计算机系统软件内会出现很多变动，其中包括调用返回栈和进程栈。

栈也可用于按照暂定依据做出决策的情况，比如，遍历迷宫。在通道A与通道B之间，你选了通道A，但把后备选项通道B存储在一个栈上，这样一来，如果A无法运作，你可以返回使用B。在犹豫要不要通道A的时候，你还有通道C和D可以选择，选择C就把D存储到栈上面。如果最后发现C是条死路，你便从栈中弹出最接近的可选通道，在这个例子中便是通道D，再从这里继续。在复杂的迷宫中，有多个这样的决策可以存储在栈上，以便我们通过追溯脚步模拟调查通过迷宫的各种通道。这种探索迷宫的基于栈的算法称为深度优先搜索，经常用于探索树和图表数据结构。

2.3 集合元素

栈是访问控制集合ADT的一个例子。**集合**是持有其他对象的对象。一般我们比较想了解如何插入、消除和获取集合的元素。

栈集合多个元素以备不时之需，同时在这些元素间保持后进先出的访问顺序。在继续阐述栈的覆盖范围之前，我们先了解有哪些元素类型可以存储于集合中。我们来看看在组织元素集合时可能出现的几种变动，描述在本书中所用的办法。我们有必要熟悉各种选项，以及选项的优势和劣势，这样才能根据特定情况对使用何种办法做出知情决定。

常用集合

要实现数个栈持有不同对象类型，一个直接的办法就是为各个对象类型创建独特的栈类。如果我们想要某个栈，比如字符串、整型或程序员定义的银行账户对象，都要为各个目标类型设计和进行ADT编码，见图2.4a。

尽管这种办法会给我们提供所需的栈，但它需要许多冗余的编码，而且难以追踪并保持那么多不同的栈类。

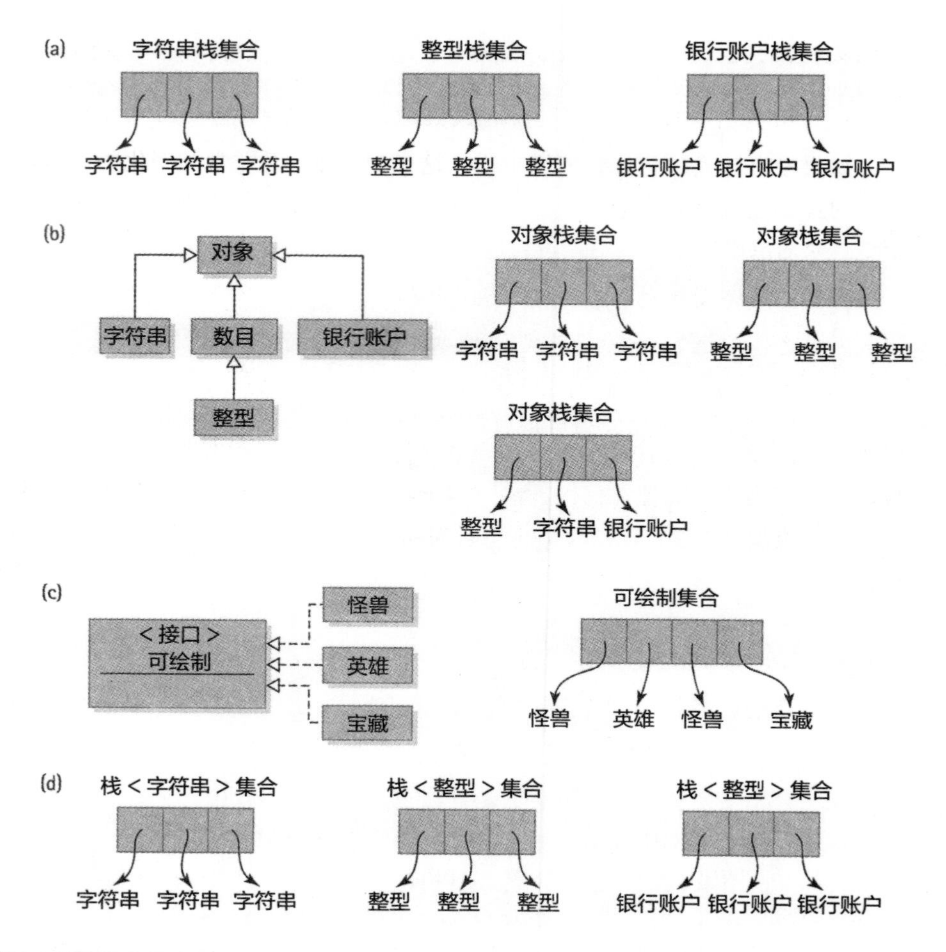

图2.4 集合元素选项

类对象集合

创建常用集合的一个办法就是让集合ADT持有类对象的变量。因为所有的Java类最终都是继承自对象的，这样ADT便能持有任何类的变量，见图2.4b。这个办法很好用，尤其是集合元素没有任何特殊属性时更好用，如元素不用被存储的情况。

虽说这种办法很简单，但并非万无一失。它的一个缺点就是：如果想从集合消除某个元素，就只能作为一个对象来引用。如果你想作为其他来使用，就必须先将它转换成想用的类型。例如，假设你在集合中放置一个字符串，然后进行检索，要将这个检索对象用作字符串对象，则必须转换它，重点如下：

```
collection.push("E. E. Cumming");            // 推送字符串到栈上
String poet = (String) collection.top();     // 将栈顶转换为字符串
System.out,println(poet, toLowerCase());     // 使用字符串
```

如果没有转换，将导致编译出错，这是因为Java是非常类型化的语言，不允许将类型对象的变量指定成类型字符串的变量。转换操作指示编译器，表示你（程序员）保证这个对象确实是个字符串。

对象方法的运作就是将每个元素转换成类对象，存储于集合中。该集合的用户要记住存储于集合中的对象有哪些，在这些对象从该集合中移除后，再明确地将这些对象转换回它们原本的类。

正如图2.4b第三个对象栈集合所示，这种方法允许程序在单个集合中混合多个元素类型。这个集合持有一个整型、一个字符串和一个银行账户。一般来说，这种混合算不上是好方法，只能在仔细控制下用于特殊案例。使用这种方法容易导致程序检索一种对象类型（如整型）后又要把这种对象转换成另一种对象类型（如字符串），导致出错。

一种实现特定接口的类的集合

有时我们希望一个集合里的所有对象都能够支持某个特定操作或者一系列操作。举个例子，假设对象是指一款电子游戏的元素，有各种不同类型，如怪兽、英雄和宝藏。当从集合中移除某个元素，使用绘制操作就可以在屏幕上绘制出这个元素。在这个例子中，我们要确保只有支持绘制操作的对象才能够放到集合中。

回顾第2.1节“抽象”，Java接口只能包括抽象方法，也就是没有数据体的方法。一旦定义接口，我们便能通过提供该方法缺失的数据体创建实现该接口的类。就电子游戏的例子而言，我们能够通过抽象绘制方法来创建一个接口。这个接口可以称为可绘制的，因为实现这个接口的各个类都能提供可绘制的对象。能在屏幕上绘制出来的各种电子游戏元素类型，应全部定义成实现可绘制接口。

通过将例子中的集合设计成可绘制对象（就是实现可绘制接口的对象）的集合，我们就能确保该集合中的元素都是“合法的”。这种方式确保只有支持绘制操作的对象才能够放到集合中，见图2.4c。这个方法的相关细节我们已经在2.1节“抽象”中“基于接口的多态性”中讨论过。

泛型集合

Java语言从5.0版本开始就支持泛型功能。泛型能让我们定义某个特定类的对象的一系列操作，而无需指定正在操作对象的类，直至稍后时间。泛型是5.0版本Java语言的一大改变。

作者的约定

在本书中，我们将在定义、实现和使用ADT的时候使用泛型。泛型为模块化提供了一种灵活又安全的方法。

简而言之，**泛型**属于参数化类型。你已经熟悉参数的概念，比如在Circle类中构造函数有称为半径（radius）的两个参数，当调用该方法时，我们必须传递两个引数（argument），比如“10.2”：

```
Circle myCircle = new Circle(10.2);
```

泛型能让我们传递类型名作为引数，如Integer（整型）、String（字符串）或BankAccount（银行账户）。要注意它们有细微的区别：使用泛型我们实际上是传递了一个类型，比如String，而不是传递某个特定类型的值，比如“Elvis”。

有了这项技能，我们就可以定义一个集合类（如栈）为包含T类型的元素，T是类型名的一个占位符。占位符的名称（约定为使用T）放在括号内置于该类的开头，表示为<T>。

```
public class Stack<T>
{
  protected  T[] elements ;          // 存有 T 类对象的数组
  protected int topIndex = -1;       // 栈顶元素索引
...
```

在后面的应用程序中，在集合实例化时我们可以提供实际类型，比如String、Integer或BankAccount，见图2.4（d）。

```
Stack<String> answers;
Stack<Integer> numbers;
Stack<BankAccount> investments;
```

传递BankAccount作为引数，获取BankAccount栈；传递String，就获取String栈，以此类推。

泛型为我们设计常用集合提供灵活性，但又保留了Java强大的类型检查优势。泛型是一个绝佳的解决方案，我们将在本书后面部分多次使用这种方法。

2.4 栈接口

> **定义ADT**
>
> 我们利用Java接口构造来定义ADT。当指定某个ADT时，必须表明该ADT将持有哪些元素类型、支持哪些操作、如何处理异常情况。

在本节我们将使用栈接口构造来创建栈ADT的形式规格说明，也就是从形式上指定栈的抽象视图。为了指定任何一种集合ADT，我们必须确定ADT将持有哪些元素类型、支持哪些操作、如何处理异常情况。部分有关决定已经在文档中记录。

回顾第2.2节“栈”，栈是一种后进先出结构，有三种主要操作：

- 压栈：添加元素至栈顶。
- 弹栈：移除栈顶元素。
- 顶栈：返回栈顶元素。

除了这些操作，我们还需要用到创建空栈的构造函数。

如2.3节“集合元素”所述，栈ADT是泛型栈。一个栈所存储的信息类型将在实例化该栈时由客户端的代码指定。遵循Java编码的规范约定，我们用<T>来代指存储于栈的对象类。

我们再来看看异常情况，你将看到有关探索能帮助识别的附加操作。

异常情况

有没有需要处理的异常情况呢？构造函数只是实例化了某个空栈，这种行为本身而言，假设编码正确的话，并不会导致出错。

其余的操作都有可能导致问题出现。弹栈操作和顶栈操作的描述都是指操作“栈顶元素”。但如果是空栈呢？那就没有能操作的栈顶元素了。假设应用程序实例化了某个栈，再立即调用顶栈操作或弹栈操作呢？会发生什么情况？要解决这种“出错”情况，有三种可行方式：

- 在该方法内处理该出错。
- 抛出一个异常。
- 忽略不计。

那么在方法内如何处理问题呢？因为弹栈方法完全就是个转换函数，在空栈调用这个方法是没用的，实际上只是进行空转换，而对于必须返回对象引用的顶栈而言，结果也许就是返回无效。这种方式可能适用于部分应用程序，但大多数情况下它仅仅是将应用程序代码复杂化，所以我们要采用不同的方式。

如果我们设置前置条件，规定在调用顶栈或弹栈之前，栈不得为空栈呢？这样一来我们就无需担心要在ADT内处理出错情况了。当然，我们不能期望使用栈的每一个应用程序都能够记录栈是不是空栈，这本来就是栈ADT的职责。要实现这个要求，我们就要定义一种叫isEmpty的观察函数，如果栈为空栈的话，它便返回显示为真的布尔值。这样一来，应用程序就可以防止误用弹栈或顶栈操作了。

```
if (!myStack.isEmpty())
myObject = myStack.top();
```

这种方法看似好用，但却会给应用程序造成不必要的负担。如果应用程序在每个栈运作之前都要执行防护测试，那它的代码也许就会变得低效又难读。因此，提供与访问空栈相关的异常，也不失为一个好办法。试想一下在一节代码里面存在大量栈调用的情况，你就能明白。如果我们定义一个异常，如StackUnderflowException，若是在栈为空栈的情况下调用弹栈和顶栈，则由弹栈和顶栈来抛出异常，这样一来一节代码就会给单个异常捕获语句描述所包围，而不是使用多个调用来达到isEmpty操作。

我们的办法

就我们的栈而言，我们可以在调用不规范操作的时候抛出异常，比如从一个空栈中退栈。但我们也要给应用程序提供避免这种出错的方法。

我们决定采用最后这种方法，那便是定义一种StackUnderflowException，如果在栈为空栈的情况下调用弹栈和顶栈，就由弹栈和顶栈来抛出异常。为了给应用程序员多点灵活性，我们同时也在ADT中列入isEmpty操作。现在应用程序员就能决定，是要用isEmpty操作作为防护来防止弹栈或空栈访问，还是要如下文所示，在栈为空栈的情况下，在栈上“尝试”以下操作，“捕获并处理”引发的异常。

```
try
{
   myObject = myStack.top();
   myStack.pop();
   myOtherObject = myStack.top();
   myStack.pop();
}
catch (StackUnderflowException underflow)
{
   System.out.println("There was a problem in the ABC routine.");
   System.out.println("Please inform System Control.");
   System.out.println("Exception: " + underflow.getMessage());
   System.exit(1);
}
```

我们定义StackUnderflowException来延伸Java RuntimeException，因为前者展示了程序员能够通过栈的适当使用来避免的一种情况。RuntimeException类一般就是用于这类情况。记住这些是未检查的异常，换言之，这些异常不一定要被程序显式地捕获。

以下是StackUnderflowException类的代码：

```
package ch02.stacks;
public class StackUnderflowException extends RuntimeException
{
  public StackUnderflowException()
  {
    super();
  }
  public StackUnderflowException(String message)
  {
    super(message);
  }
}
```

由于StackUnderflowException是未检查的异常，如果它被引发而又没捕获，那最终就会抛出到运行时的环境，显示出错信息并停止运行。显示出错的信息如下：

```
Exception in thread “main” ch02.stacks.StackUnderflowException: Top
attempted on an empty stack.
at ch02.stacks.ArrayStack.top(ArrayStack.java:78)
at MyTestStack.main(MyTestStack.java:25)
```

另一方面，如果程序员显式地捕获该异常，像我们在try-catch的例子中所示，出错信息就更能针对性地指出具体问题：

```
There was a problem in the ABC routine.
Please inform System Control.
Exception: top attempted on an empty stack.
```

如果使用压栈操作，可能会存在另一种问题：如果我们想将某物推送到栈上，而这个栈没有空间时怎么办？从抽象层面来讲，栈在概念上是永远都不会“满”的。但有时候我们可以给栈的大小指定一个最大值。我们知道内存会不足，或者问题相关约束可能会给使用压栈操作的次数设定上限，这些压栈操作会在没有相应弹栈操作的情况下出现。

要解决这个问题，我们可以利用与解决栈下溢问题类似的方式。首先，我们可以提供一种叫isFull的附加布尔观察函数操作，如果栈为满栈，该操作返回真。应用程序员可以利用这个操作来防止误用压栈操作。其次，我们定义StackOverflowException，这是空栈时调用压栈操作抛出的。以下是StackOverflowException类的代码：

```
package ch02.stacks;
public class StackOverflowException extends RuntimeException
{
  public StackOverflowException()
  {
    super();
  }
  public StackOverflowException(String message)
  {
    super(message);
  }
}
```

在下溢的情况下，应用程序员可以决定是使用isFull操作来防止在满栈上推送信息，还是在栈上“尝试”该操作，再“捕获并处理”任何引发异常。StackOverflowException也属于未检查的异常。

接口

现在我们已经准备好正式指定栈ADT。按计划，我们使用Java接口结构。我们在接口内列入三种基本栈操作（压栈、弹栈和顶栈）的方法标记，加上上文讨论的两种观察函数isEmpty和isFull。

```
//----------------------------------------------------------------------
// StackInterface. java              程序员：Dale/Joyce/Weems    Chapter 2
//
// 实现 T 栈的类接口。
// 栈属于后进先出结构。
//----------------------------------------------------------------------
package ch02.stacks;

public interface StackInterface<T>
{
   void push(T element) throws StackOverflowException[3];
   // 如果该栈为满，抛出 StackOverflowException,
   // 反之，在栈顶放置元素。

   void pop() throws StackUnderflowException;
```

[3] 由于我们的栈异常属于未检查异常，从句法或运行时出错检查的观点来讲，将这些异常列入接口内并不会产生任何影响，因为它们是未检查的。不过，我们还是把这些异常列为抛出，这是因为我们同时也要跟执行程序员沟通我们的要求。

```
    // 如果该栈为空，抛出 StackUnderflowException，
    // 反之，从栈顶移除元素。

    T top() throws StackUnderflowException;
    // 如果该栈为空，抛出 StackUnderflowException，
    // 反之，返回栈顶元素。

    boolean isFull();
    // 如果该栈为满，返回 true；反之则返回 false。
    boolean isEmpty();
    // 如果该栈为空，返回 true；反之则返回 false。
}
```

在2.3节“集合元素”中，我们曾表示要创建泛型集合ADT，意思是除了实现ADT为泛型类（即实例化后接受参数类型的类）之外，我们还将给这些类定义泛型接口。注意要在StackInterface的开头使用<T>。就泛型类而言，以这种方式使用的<T>表示T是客户端代码所提供类型的一个占位符。T代表特定栈所持有的对象类。由于顶栈方法会返回其中一个对象，所以在接口中列为返回T。在本书其余部分，同样的方法也会用于ADT接口。

注意我们会将这些操作、这些前置条件在文档中记为注释。就这个ADT而言并不存在前置条件，因为我们已选择对所有出错情况抛出异常。

Java小贴士

跟类一样，Java接口也可以进行泛型定义。如果用于声明变量的应用程序中，就会提供一个类型引数，代替该特定变量的泛型类型。比如：

```
StackInterface<String> s;
```

就声明s为字符串的栈。

应用实例

以下这个简单的ReverseStrings例子展示了如何使用栈来存储客户端提供的字符串，再以与进来时相反的顺序输出字符串。代码使用2.5节“基于数组的栈实现”所阐述的基于数组来实现栈的方法。代码中直接与创建和使用栈相关的部分已用下划线强调。我们声明这个栈为StackInterface<String>类型，再把它实例化为ArrayBoundedStack<String>。在for循环内，客户端提供的三个字符串被推送到栈上。while循环不断消除和打印栈顶字符串，直至栈空。如果我们想要推送字符串之外的任何对象类型到栈上，就会收到一个编译时出错信息，表示该压栈方法不能用于该对象类型。

```
//----------------------------------------------------------------------
// ReverseStrings. java          程序员：Dale/Joyce/Weems        Chapter 2
//
```

```
// 栈的示例用法。按与输入时相反的顺序输出字符串。
//----------------------------------------------------------------------------
package ch02.apps;

import ch02.stacks.*;
import java.util.Scanner;

public class ReverseStrings
{
  public static void main(String[] args)
  {
    Scanner scan = new Scanner(System.in);

    StackInterface<String> stringStack;
    stringStack = new ArrayBoundedStack<String>(3);

    String line;

    for (int i = 1; i <= 3; i++)
    {
      System.out.print("Enter a line of text > ");
      line = scan.nextLine();
      stringStack.push(line);
    }

    System.out.println("\nReverse is:\n");
    while (!stringStack.isEmpty())
    {
      line = stringStack.top();
      stringStack.pop();
      System.out.println(line);
    }
  }
}
```

以下是示例运行的输出：

```
Enter a line of text>the beginning of a story
Enter a line of text >is often different than
Enter a line of text>the end of a story
```

反过来就是：

```
the end of a story
is often different than
the beginning of a story
```

2.5 基于数组的栈实现

本节介绍基于数组实现栈ADT。此外，我们会看看另一种使用Java库ArrayList类的实现方法。注意第164页“小结”中图2.16展示了为支持栈ADT而创建的主要类和接口之间的关系，其中包括我们在本节阐述的内容。

ArrayBoundedStack类

这里我们将开发一种实现StackInterface的Java类，叫ArrayBoundedStack，因为它是用数组作为实现结构，而最后呈现的栈大小有限制。数组是一种持有栈元素的合理结构。我们可以将元素按顺序放到数组中，将推送到栈的第一个元素置于数组第一位置，第二个元素置于数组第二位置，以此类推。不断变化的“高水位”线就是栈顶元素。基于栈的增减都只在一端进行，所以我们无需担心会在已经存储于数组中的元素中部插入元素。

我们的实现方法需要什么实例变量呢？它需要栈元素和一个表示栈顶的变量。我们声明一种叫elements的受保护数组来持有栈元素，一种叫topIndex的受保护整型变量来表示持有栈顶元素的数组的索引。topIndex实例化成-1，因为栈刚创建的时候没有存储任何元素（为了描述栈是如何在一端进行增减的，我们以纵向来绘制数组）：

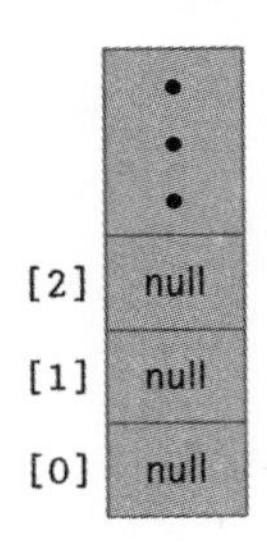

topIndex: -1

元素压栈，增加topIndex的值；元素弹栈，减少topIndex的值。例如，从空栈开始，将“A”“B”和“C”推进栈，结果就是：

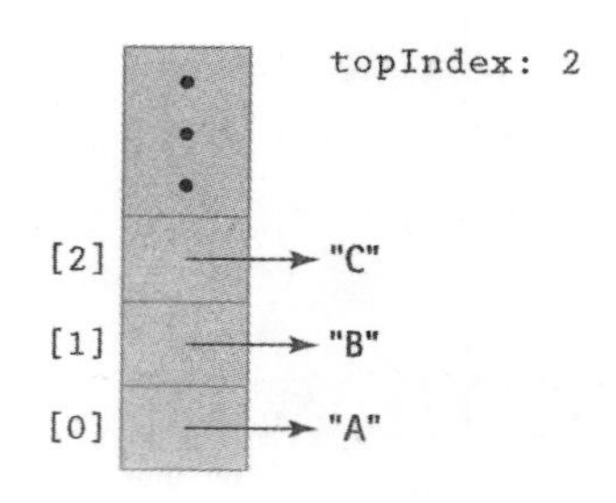

我们为ArrayBoundedStack类的客户端提供两种构造函数以备用：一种可以让客户端指定栈的预期最大值，另一种假设默认最大值为100个元素。为方便使用后一种构造函数，我们定义设置一个常数DEFCAP（默认容量）为100。

ArrayBoundedStack.java的文件开头表示如下：

```
//----------------------------------------------------------------
// ArrayBoundedStack. java          程序员：Dale/Joyce/Weems     Chapter 2
//
// 用数组实现 StackInterface，以保存栈元素。
//
// 提供两个构造函数：一个创建默认大小的数组，另一个允许调用程序指定大小。
//----------------------------------------------------------------
package ch02.stacks;

public class ArrayBoundedStack<T> implements StackInterface<T>
{
  protected final int DEFCAP = 100;          // 默认容量
  protected T[] elements;                    // 保存栈元素
  protected int topIndex = -1;               // 栈顶元素索引

  public ArrayBoundedStack()
  {
    elements = (T[]) new Object[DEFCAP];[4]
  }

  public ArrayBoundedStack(int maxSize)
  {
    elements = (T[]) new Object[maxSize];[4]
  }
```

注意这个类使用了泛型参数<T>，正如类的开头所列。elements变量被声明为T[]类

[4] 可能会导致未检查的转换警告，因为编译器不能确保该数组包含T类的对象，不过可以忽略该警告。

型，也就是一个T类数组。这个类实现多个T的栈，而该T类尚未确定，它将由客户端使用绑定栈的类来指定。由于Java翻译器不会生成引用泛型类型，所以我们的代码要在转换函数内指定Object，连同新陈述。如此，即便我们声明数组为T类的数组，也必须将其实例化成Object类的数组。然后，为了确保能够进行所希望的类型检查，我们将数组元素转换成T类，表示如下：

```
elements = (T[]) new Object[DEFCAP];
```

尽管这种方法有点麻烦，有时还会导致编译器发出警告，但我们要通过这种方法用Java数组来创建泛型集合。可以用Java库中的泛型兼容ArrayList来修正这个问题，但为方便教学，我们会选择使用更基本的数组结构。编译器警告可以忽略。

Java小贴士

要通过基于数组的ADT来使用泛型，我们必须声明数组为Object类，再把它转换为T类。这种情况下，部分编译器会发出警告，但可以忽略不计。

栈操作的定义

对于基于数组的方法，isFull和相对应的isEmpty都很容易实现。当顶部索引等于-1，则栈为空栈；顶部索引的数比数组中的数还少，则栈为满栈。

```
public boolean isEmpty()
// 如果该栈为空，返回 true；反之则返回 false。
{
   return (topIndex == -1);
}

public boolean isFull()
// 如果该栈为满，返回 true；反之则返回 false。
{
   return (topIndex == (elements.length - 1));
}
```

现在让我们来编写方法，把T类的一个元素推入到栈顶上。如果调用压栈时栈已满，那就没位置放该元素了，这种情况叫栈溢出。我们在形式规格说明中规定，在这种情况下，压栈方法应当抛出StackOverflowException，在抛出异常时计入一个适当的出错信息。如果栈没满，压栈必定会增加topIndex，把新元素存储在elements[topIndex]中。这个方法的实现很直截了当：

```
public void push(T element)
// 如果该栈为满，抛出 StackOverflowException，
```

```
// 反之，在该栈的栈顶放置元素。
{
  if (isFull())
    throw new StackOverflowException("Push attempted on a full stack.");
  else
  {
    topIndex++;
    elements[topIndex] = element;
  }
}
```

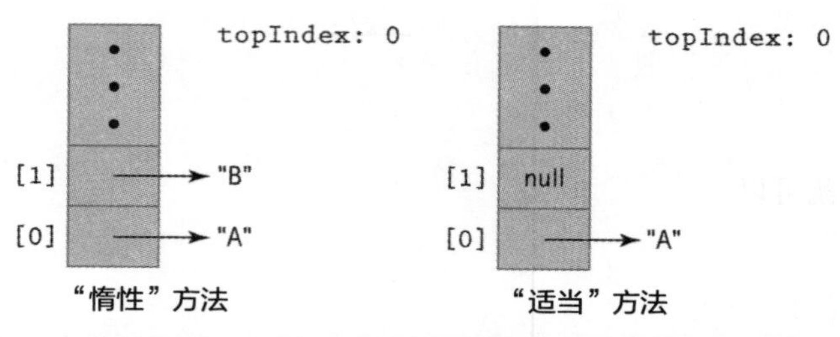

图2.5 压栈（"A"）、进栈（"B"）和退栈（）后基于数组的栈的惰性和适当方法对比

弹栈方法基本上与压栈相反：我们不在栈顶放元素，而是通过减少topIndex从栈顶移除元素。同样，把与现下栈顶相联系的数组位置设为"null"也是好方法。将数组值设为null，就移除了物理引用。图2.5展示了编码弹栈的"惰性"方法和"适当"方法的区别。

如果调用弹栈时栈为空栈，没有可移除的栈顶元素，就会出现栈下溢的情况。就压栈方法而言，规格说明表示要抛出异常。

```
public void pop()
// 如果该栈为空，抛出 StackUnderflowException;
// 反之，从栈顶移除元素。
{
  if (isEmpty())
    throw new StackUnderflowException("Pop attempted on empty stack.");
  else
  {
    elements[topIndex] = null;
    topIndex--;
  }
}
```

最后，顶栈操作仅仅返回栈顶元素，也就是topIndex所索引的元素。与泛型方法一致，顶栈方法以T类作为返回类。就弹栈操作而言，如果在空栈上调用顶栈操作，就会导致栈下溢。

```
public T top()
// 如果该栈为空，抛出 StackUnderflowException,
// 反之，返回栈顶元素。
{
  T topOfStack = null;
  if (isEmpty())
    throw new StackUnderflowException("Top attempted on empty stack.");
  else
    topOfStack = elements[topIndex];
  return topOfStack;
}
```

这样就可以了。我们只是完成了创建ADT第一个数据结构。当然，我们还要进行测试。实际上，作者所开发的上述代码也会同时进行数个测试。我们将在“测试抽象数据模型”一节深入讨论ADT的测试。

这里我们再来强调一下栈的应用程序视图、抽象视图和实现视图之间的区别。假设某个应用程序执行以下代码（假如A和B指字符串）：

```
StackInterface<String> myStack;
myStack = new ArrayBoundedStack<String>(3);
myStack.push(A);
myStack.push(B);
```

图2.6从左到右展示了执行上文代码后的应用程序视图、实现视图和抽象视图。注意应用程序有一个引用变量myStack，指向ArrayBoundedStack类的一个对象。在这个ArrayBoundedStack对象中藏有引用变量elements，elements指向存有字符串和int变量topIndex的数组，其中int变量topIndex表示栈顶存储位置的数组索引。

从应用程序员的观点来讲，栈对象像个黑盒子，隐藏了细节。在图中，我们能窥探到黑盒子的内部。作为栈ADT执行程序员，我们创建黑盒子，所以有必要知道变量myStack（为应用程序变量）与变量element和topIndex（两者都隐藏在栈对象内）之间的区别。

其他视图

创建基于数组实现栈的程序员把栈视为一个数组和表示数组中栈顶位置的一个索引。用基于数组的栈类来编写应用程序的程序员则把栈抽象地视为一个后进先出的列表，他们可以在列表上调用压栈和弹栈等操作。

最后注意事项：我们要实现的栈是绑定的，因为它采用数组来保存隐藏数据。我们也可以使用数组来实现未绑定的栈。其中一种方法就是把进程中所需的越来越大的数组实例化，将现下的数组复制到更大的新建实例化数组。我们会在Chapter 4实现队列ADT时探讨这种方法。

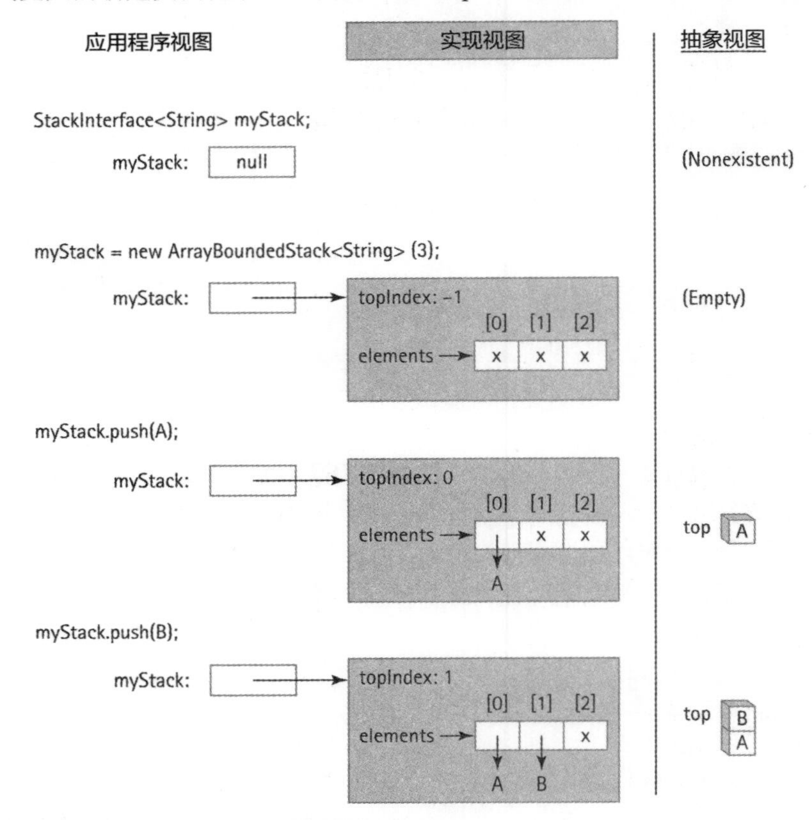

图2.6 使用ArrayBoundedStack的栈操作结果

测试 ADT

在本书，我们对数据结构进行学习、讨论、设想、指定、设计、编码和使用。我们把数据结构封装成ADT，意思是我们将拆分指定数据结构的代码（比如StackInterface接口）、实现数据结构的代码（比如ArrayBoundedStack类）和使用数据结构的代码（比如ReverseStrings应用程序）。重要的是要让所有层次的代码都能正确运行。除了要谨慎地指定、设计和创建代码之外，对代码进行测试也尤为重要，以论证代码能如期运作。

综合测试

大家经常认为软件测试是在编码完成后进行的一个过程。但实际上，无论对学生还是对专业人士而言，在开发阶段进行测试非常重要。在本书正文中，我们通常将ADT作为集合呈现，该集合已完成的类清晰明了。不过，鉴于本书无法涵盖各方面，所以我们不会描述开发和测试有关代码之后的流程。我们常见到有人会在描述某事时用这种方法：汽车企业在给汽车成品打广告时，不会描述制造这辆车的过程中的那些失败设计；艺术家展览雕塑时，也不会将创作过程中那些有缺陷的模型全部摆出来；数学家提出某个原理的有力证据时，不会展示确立这个最终逻辑走了多少冤枉路。

创建像我们的栈一样的ADT时，我们也在平行创建一个或多个测试驱动器。这个在编程进程刚开始的时候就进行了。例如，我们创建ArrayBoundedStack的首个程序段就是创建该类的“外壳”，示范如下：

```
package ch02.stacks;
public class ArrayBoundedStack<T> implements StackInterface<T>
{
  public ArrayBoundedStack()
  {     }

  public void push(T element)
  {    }

  public void pop()
  {    }

  public T top()
  {   return null;    }

  public boolean isEmpty()
  {   return true;    }

  public boolean isFull()
  {   return false;  }
}
```

下一步我们创建一个应用程序，即“使用”该类的测试驱动器：

```
package ch02.apps;
import ch02.stacks.*;
```

```
public class StackDriver
{
  public static void main(String[] args)
  {
    StackInterface<String> test;
    test = new ArrayBoundedStack<String>();
  }
}
```

你可能会说："这个应用程序啥也没干啊！"其实不然，如果这两个文件编译正确，就表示我们已经把文件放在系统中正确的文件夹内，表示包的用法正确，还表示栈类列入了接口所要求的方法名、参数类型和返回类型。虽然它好像什么都没做，但却完成了很多事！

现在让我们每次增加一点功能性，在操作时并行拓展实现和测试驱动器。给isEmpty添加代码，给isEmpty添加一个测试用例并运行，它返回为真吗？给压栈添加代码和调用压栈的测试用例，然后再isEmpty，它返回为错吗？每当代码有所增加，都不断地进行设计、编码和测试，这或许是开发软件的最佳方式了。

代码更新

学会更新代码。一开始，当然你脑海中已经有了一个整体设计概念，但代码会随着你的编码逐渐增多。设计、编码、测试——设计、编码、测试——设计、编码、测试，这种办法可以让你在某个时间专注某个特征，而一旦出错（肯定会出错的），使用这个办法就能缩小出错范围，我们就能更容易辨别错误并进行修正。

注意还有一种有用的办法是在实现的类中导出特殊的"帮助程序"方法，在测试过程中谨慎使用这种方法。该方法返回字符串，这个字符串代表所隐藏数据的结构和内容。这个方法能用于测试过程中，确保代码如期运作。在很多情况下，典型的toString方法就足够。例如，要测试压栈代码如期运作，就可以用该方法来看到隐藏elements数组和topIndex变量的内容。在练习中，你要给各种栈实现创建这种方法。

在为实现添加功能性和测试方法的时候，我们还需特别注意边界条件。正常情况下，程序员能够正确地处理一般示例，但要么就是不考虑特殊示例，要么就是无法为特殊示例做正确设计。举个例子，在测试某个栈的压栈方法时，虽然我们无需测试把一个元素推入到某个极其拥挤的栈上，但还有其他情况是需要测试的。例如：

- 推入到新栈。
- 推入到新的空栈。
- 推入到含有单个元素的栈。

- 推入到满栈。
- 推入到几乎快满的栈（isFull先是返回false，后又返回true）。
- 推入到过去为满栈，但现在含有一个空位的栈。

专业测试

在一个每天都需要进行成百上千个测试用例的生产环境中，我们创建自动化的测试驱动器按成批模式进行测试。例如，软件工程师如果要构造一个测试用例来解决将元素推入某个极其拥挤的栈的问题，就会创建以下程序（假设这个为第34号测试用例）：

```
import ch02.stacks.*;
public class Test034
{
  public static void main(String[] args)
  {
    StackInterface<String> test = new ArrayBoundedStack<String>( );
    test.push("trouble in the fields");
    test.push("love at the five and dime");
    test.push("once in a very blue moon");
    String s = test.top();
    if (s.equals("once in a very blue moon"))
      System.out.println("Test 34 passed");
    else
      System.out.println("Test 34 failed");
  }
}
```

这个程序可以在没有客户端干预的情况下运行，并汇报该测试用例是否通过。通过开发一整套这种程序，软件工程师可以使测试过程自动化。这种办法的一大优势在于，同一套测试程序能够在开发和维护软件进程的整个阶段中不断重复使用。创建、管理和使用按批测试的成套程序也可以通过框架进行简化。例如，可以上www.junit.org网站搜索JUnit，这是一种很常用的Java测试框架。

ArrayListStack类

要实现ADT有很多方法。本节将介绍栈ADT的另一种基于ArrayList类的实现方法。ArrayList是由Java类库提供的一种很有用的ADT。

对ArrayList类各种对象的定义就是它们能够进行增减来响应程序需求。因此，在使用ArrayList方法时，我们无需担心栈会被绑定，构造函数也无需再声明栈大小。isFull操作只能返回false，因为栈一直都不会满，因而也无需处理栈溢出的问题。

有人可能会问，如果程序运行完成超出内存，那么就该把栈当成满栈，应该抛出StackOverflowException。不过其实这种情况下，执行时环境会抛出一个超出内存异常，我们不用担心这种情况会在没提醒的情况下运行。此外，系统内存是一个严重的问题（理想情况下只是罕见事件），不能使用与Stack抽象数据类型溢出同样的方式来处理。

ArrayList可以根据需要自动增长，这使得ArrayList成为实现无界Stack的一个好选择。另外，ArrayList提供了一个size方法，可以用来追踪Stack的顶部。Stack顶部的索引值总是size减1。

研究下面的代码。比较这个实现和之前的实现，会发现这两个实现很相似，但却不同。一个实现直接基于数组，而另一个实现是通过使用ArrayList类来间接使用数组。注意在如下所示的实现方法中，Stack抽象数据类型的内部表示法就是另一个抽象数据类型ArrayList（ArrayList又是建立在数组之上的）。正如在程序中可以有多层的程序抽象，数据抽象也可以有多层。

使用ArrayList方法的一个好处就是，我们不会再从编译器那里收到许多烦人的未检查cast警告。这是因为ArrayList对象与基本array对象不同，它在Java中是一个一级对象并完全支持泛型的使用。尽管使用ArrayList有明显的好处，但是在本书其余的大部分章节中，我们继续使用arrays作为一个基本的抽象数据类型实现结构。对于未来专业的软件开发人员来说，学习使用标准的array是很重要的。

```
//----------------------------------------------------------------------
//ArrayListStack.java           程序员：Dale/Joyce/Weems        Chapter 2
//
// 使用 ArrayList 实现无界栈。
//----------------------------------------------------------------------
package ch02.stacks;
import java.util.*;

public class ArrayListStack<T> implements StackInterface<T>
{
  protected ArrayList<T> elements;  // 存放栈元素的 ArrayList。

  public ArrayListStack()
  {
    elements = new ArrayList<T>();
```

```
  }

  public void push(T element)
  // 将元素添加到栈顶。
  {
    elements.add(element);
  }

  public void pop()
  // 如果栈为空，抛出 StackUnderflowException 异常；
  // 否则从栈中删除栈顶元素。
  {
    if (isEmpty())
      throw new StackUnderflowException("Pop attempted on empty
stack.");
    else
      elements.remove(elements.size() - 1);
  }

  public T top()
  // 如果栈为空，抛出 StackUnderflowException 异常；
  // 否则返回栈顶元素。
  {
    T topOfStack = null;
    if (isEmpty())
      throw new StackUnderflowException("Top attempted on empty
stack.");
    else
      topOfStack = elements.get(elements.size() - 1);
    return topOfStack;
  }

  public boolean isEmpty()
  // 如果栈为空返回 true，否则返回 false。
  {
    return (elements.size() == 0);
  }

  public boolean isFull()
  // 返回 false-ArrayListStack 永远不会满。
  {
    return false;
```

```
    }
}
```

2.6 应用程序：平衡表达式

Stack非常适合“记住”以后需要处理的事情，换句话说，就是处理延迟的任务。在下面的应用程序中，我们会处理一个让许多初学者困惑的问题：在写代码的时候，匹配圆括号、方括号和大括号。在计算领域，匹配分组符号是非常重要的。例如，它与算数方程的合法性、计算机程序的句法正确性、定义网页的XHTML标签的有效性相关。匹配分组符号是使用stack的典型情况，因为我们需要“记住”一个开符号（例如(,[或{)，直到后面匹配相应的关闭符号（例如),]或}）。当表达式中的分组符号能够正确匹配，计算机科学家就认为这个表达式是符合语法规则的，并认为分组符号是平衡的。

符合语法规则的表达式

```
( xx ( xx ( ) ) xx )
[ ] ( ) { }
(  [  ]  { xxx } xxx (  )  xxx )
( [ { [ ( ( [ { x } ] ) x ) ] } x ] )
xxxxxxxxxxxxxxxxxxxxxxxxxxx
```

不符合语法规则的表达式

```
( xx ( xx ( ) ) xxx ) xxx)
] [
(  xx  [  xxx  )  xx  ]
( [ { [ ( ( [ { x } ] ) x ) ] } x } )
xxxxxxxxxxxxxxxxxxxxxxx {
```

图2.7　符合语法规则和不符合语法规则的表达式

给定一组分组符号，我们的问题是每个分组符号的开符号和闭符号能否正确匹配。常用的分组符号对有()、[]和{}。理论上，我们可以定义任何一对符号（如<>或/\）作为分组符号。在分组符号对之前、之间或之后的输入表达式中可能会出现任意数量的其他字符，并且表达式中可能包含嵌套分组。每个闭符号必须与最后一个未匹配的开符号相匹配，并且每个开符号必须有一个匹配的闭符号。因此，表达式不合语法规则可能有两个原因：有一个不匹配的闭符号（如{]），或者有丢失的闭符号（如{{[])）。图2.7展示了符合语法规则和不符合语法规则的表达式。

平衡类

为了解决问题，我们创建了一个名为Balanced的类，其中包含一个导出方法test，该方法将表达式作为string类型的参数并检查表达式中的分组符号是否平衡。由于存在两种方式使得表达式无法通过平衡测试，因此就有三种可能的结果。我们用一个整数来表示测试结果。

0表示符号是平衡的，如(([xx])xx)。

1表示表达式有匹配不上的闭符号，如(([xx}xx))。

2表示表达式有丢失的闭符号，如(([xx])xx。

提示：契约编程

一个前提条件就是一个契约，在Balanced类中，不需要检查是否满足前提条件——我们假定前提条件得到了满足。

我们为Balanced类创建一个构造函数。为了使该类更通用，我们要求应用程序来指定开符号和闭符号。这样，我们为构造函数定义两个string类型参数——openSet和closeSet，应用程序可以通过这两个参数传递符号。openSet和closeSet中的符号按位置匹配。就我们的具体情况来说，两个参数可以是“([{”和“)]}”。

重要的是，组合open和close集合中的每个符号都是唯一的，并且两个集合的大小一样。我们使用契约编程，并在构造函数的前提条件中说明这些要求。

```
public Balanced(String openSet, String closeSet)
// 前置条件：在 openSet 和 closeSet 组合字符串中，没有字符被包含多于一次。
//           openSet 的大小 =closeSet 的大小
{
   this.openSet = openSet;
   this.closeSet = closeSet;
}
```

现在把我们的注意力转向test方法。通过test方法的表达式参数传递给它一个String类型的参数，test方法必须基于openSet和closeSet中的字符来决定表达式中的符号是不是平衡。test方法一次处理一个表达式中的字符。对于每个字符，test方法执行下面三个任务中的一个。

- 如果是开符号字符，就压入stack中。
- 如果是闭符号字符，它就从stack顶部获得并检查最后一个开符号。如果这两个符号匹配，会继续处理下一个字符。如果闭符号和stack顶部的元素不匹配，或者stack是空的，那么表达式就是不符合语法规则的。
- 如果字符不是特殊符号，就跳过。

Stack是适合保存开符号的数据结构，因为我们总是需要检查最近的一个符号。当所有的字符都处理完以后，stack应该是空的，否则就是表达式丢失了闭符号。

现在我们准备好编写test方法的主算法。我们假设Stack抽象数据类型是由StackInterface定义的。还需要定义一个boolean类型的变量stillBalanced，并初始化为true，用来记录处理到目前为止，该表达式是否是平衡的。

测试符合语法规则表达式的算法（String类型表达式）

```
创建一个新的Stack，大小等于表达式的长度
将stillBalanced设置为true
取得表达式的第一个字符
While(表达式目前仍然平衡AND依然有很多字符需要处理)
    处理当前字符
    取得表达式的下一个字符
If(!stillBalanced)
    return 1
else if(Stack不为空)
    return 2
else
    return 0
```

进入编码阶段之前，这个算法的“处理当前字符”部分需要扩展一下。我们前面描述了如何处理每种类型的字符，下面是那些步骤的算法形式。

```
if (该字符是开符号)
  将该开符号压入Stack
else if(该字符是闭符号)
  if(Stack是空的)
    将stillBalanced设置为false
    else
    将开符号字符设置为stack顶部的值
    弹栈stack
    if 闭符号与开符号字符不匹配
       将stillBalanced设置为false
else
  跳过该字符
```

接下来列出了Balanced类的代码。因为本章的重点是stack，所以我们在代码清单中强调了与stack相关的代码。关于类的test方法，有以下几个有趣的事情需要注意：

1. 在test方法中，我们将stack声明为StackInterface类型，但是将它实例化为ArrayBoundedStack类。客户端程序以尽可能抽象的级别来声明一个抽象数据类型是一种很好的做法。这种做法使得以后更容易改变如何实现的选择。
2. 表达式的长度限制了压入stack的符号个数。因此，我们实例化一个size参数等于表达式长度的stack。
3. 我们使用快捷方式来确定闭符号与开符号是否匹配。根据我们的规则，如果符号在各自的集合中共享相同的相对位置，则符号匹配。这意味着我们在遇到特殊的开符号时，可以将其在openSet里的位置压入stack，而不是在stack中保存实际的字符。之后处理时，当遇到一个闭符号时，我们只需要比较该闭符号的位置值和stack中的位置值。因此，我们在stack中压入的是一个整数值，而不是字符。
4. 我们实例化stack去保存（Integer）类型的元素。但是，如上所述，在test方法中，我们将基本类型int的元素压入stack中，从而可以利用Java的自动装箱功能。如果程序员将基本类型的值当作Object对象来使用，则会自动被转换（加框）为相应包装类的对象。所以当test方法如下时：

```
stack.push(openIndex);
```

则openIndex的整数值在存储到stack之前会自动转换为Integer对象。拆箱功能会反转自动装箱的效果。当使用语句来访问stack顶部的时候：

```
openIndex = stack.top();
```

Stack顶部的Integer对象会自动转换为整数值。

5. 在处理闭符号的时候，我们访问stack来查看stack顶部保存的相应开符号。如果stack为空，就表示表达式是不平衡的。有两种方式来检查stack是否为空：使用isEmpty方法；或试着访问stack，然后捕捉StackUnderflowException。我们选择后面的方法，这种方法更符合算法的精神，因为我们期望找到开符号，并视stack为空是异常情况。
6. 相反，我们在处理表达式结束的时候使用isEmpty来检查stack是否为空。这里我们不想从stack中提取元素，只想知道stack是否为空。

以下是整个类的代码：

```
//----------------------------------------------------------------------
// Balanced.java      程序员：Dale/Joyce/Weems           Chapter 2
//
// 使用标准规则检查平衡表达式。
//
// 将匹配的开符号和闭符号对通过两个字符串参数提供给构造函数。
//----------------------------------------------------------------------
```

```
package ch02.balanced;

import ch02.stacks.*;

public class Balanced
{
  protected String openSet;
  protected String closeSet;

  public Balanced(String openSet, String closeSet)
  // 前置条件：在 openSet 和 closeSet 组合字符串中，没有字符被包含多于一次。
  //           openSet 的大小 =closeSet 的大小
  {
    this.openSet = openSet;
    this.closeSet = closeSet;
  }
  public int test(String expression)
  // 如果表达式平衡，则返回 0。
  // 如果表达式中含有不平衡的符号，则返回 1。
  // 如果表达式过早结束，则返回 2。
  {
    char currChar;            // 正在研究的当前字符
    int  currCharIndex;       // 当前字符的引用
    int  lastCharIndex;       // 表达式中最后一个字符的索引

    int openIndex;            //openSet 中当前字符的索引
    int closeIndex;           //closeSet 中当前字符的索引

    boolean stillBalanced = true; // 当表达式平衡时为真

    StackInterface<Integer> stack;   // 包含不匹配开符号
    stack = new ArrayBoundedStack<Integer>(expression.length());

    currCharIndex = 0;
    lastCharIndex = expression.length() - 1;

    while (stillBalanced && (currCharIndex <= lastCharIndex))
    // 当表达式依然平衡且表达式尚未结束
    {
      currChar = expression.charAt(currCharIndex);
      openIndex = openSet.indexOf(currChar);
```

```
        if(openIndex != -1)    // 如果当前字符在 openSet 中
        {
          // 将索引压入栈中
          stack.push(openIndex);
        }
          else
          {
              closeIndex = closeSet.indexOf(currChar);
              if(closeIndex != -1)  // 如果当前字符在 closeSet 中
              {
                  try       // 尝试将索引弹栈
                  {
                     openIndex = stack.top();
                     stack.pop();
                     if (openIndex != closeIndex)  // 尝试将索引弹栈
                        stillBalanced = false;      // 就不平衡
                  }
                  catch(StackUnderflowException e) // 如果栈为空
                  {
                     stillBalanced = false;     // 则不平衡
                  }
              }
          }
          currCharIndex++;       // 设置对下一个字符的处理
        }

        if (!stillBalanced)
          return 1;    // 不平衡的象征
        else
        if (!stack.isEmpty())
          return 2;    // 表达式过早结束
        else
          return 0;    // 表达式平衡
    }
}
```

应用程序

现在我们有了Balanced类，完成应用程序就不困难了。

本书的程序设计方法是将用户接口代码和其余的程序代码分离。我们设计如Balanced这样使用我们的抽象数据类型来解决某种问题的类。然后利用之前定义的类，设计与用户交互的应用程序类。我们的扩展实例提供了一个命令行接口（CLI）应用程序。然而，在幕后我们有时候也会创建图形用户界面（GUI）应用程序，并为有程序代码文件的程序提供代码。对此感兴趣的读者，在CLI应用程序介绍完之后会简要介绍基于GUI的应用程序。这里我们详细介绍CLI应用程序。通过将程序设计中解决问题的部分和用户图形界面的部分分离，我们可以很容易在不同的用户界面中重用解决问题的类。

提示：类的演变

在作者编码和设计Balanced类时，我们也测试了它。如前所述，这整个类并不是直接从指尖一下子涌出来的，而是演变来的。本书中，我们没有空间去描述这个进化过程，所以我们只是将我们的类作为作品呈现。

由于Balanced类是负责决定分组符号是否平衡的，其他的就是实现用户输入和输出。用户可以输入一系列表达式而不仅限于一个表达式，表达式输入完之后，输入X表示结束。我们把我们的程序叫BalancedCLI。注意当Balanced类实例化的时候，给构造函数传入字符串“({[”和“]})”，这样就符合我们的具体问题了。

```
//----------------------------------------------------------------------
//BalancedCLI.java              程序员：Dale/Joyce/Weems          Chapter 2
//
// 检查平衡分组符号。
// 输入由一系列表达式组成，每行一个。
// 特殊符号类型是 ()、[] 和 {}。
//----------------------------------------------------------------------
package ch02.apps;

import java.util.Scanner;
import ch02.balanced.*;

public class BalancedCLI
{
  public static void main(String[] args)
  {
    Scanner scan = new Scanner(System.in);

    // 获取和输出平衡测试结果。
    Balanced bal = new Balanced("([{", ")]}");

    int reslt; //0=平衡，1=不平衡，2=过早结束

    String expression = null;     // 指示输入结束
    final String STOP = "X";      // 需要评估的表达式

    while (!STOP.equals(expression))
```

```
      {
        // 获取需要处理的下一个表达式。
        System.out.print("Expression (" + STOP + " to stop): ");
        expression = scan.nextLine();
        if (!STOP.equals(expression))
        {
           // 使用分组符号实例化新的 Balanced 类。
           result = bal.test(expression);
           if (result == 1)
              System.out.println("Unbalanced \n");
           else
           if (result == 2)
              System.out.println("Premature end of expression \n");
           else
              System.out.println("Balanced \n");
        }
      }
    }
  }
```

以下是示例运行的输出：

```
Expression (X to stop): (xx[yy]{ttt})
Balanced

Expression (X to stop): ((())
Premature end of expression

Expression (X to stop): (ttttttt]
Unbalanced

Expression (X to stop): (){}{}[({{[{({})}]}})]
Balanced

Expression (X to stop): X
```

GUI 方法

这里包含了基于GUI的该应用程序的实现。我们从一个打开屏幕的例子开始。这个简单的GUI由一个文字输入字段、一个状态标签和两个操作按钮组成。

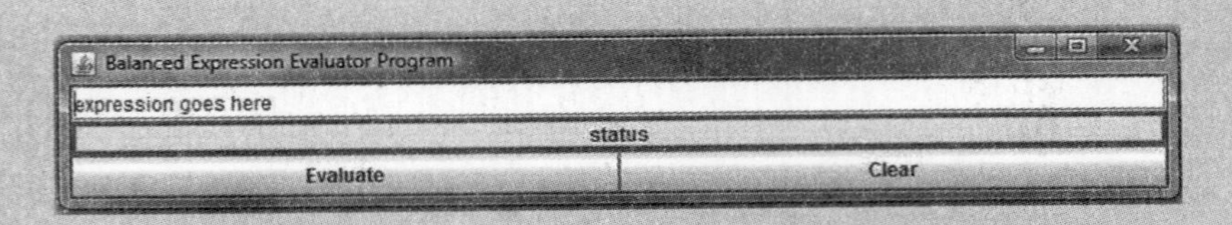

当执行应用程序时，就会出现上面这个窗口。在“expression goes here”文字栏会发现光标。用户用自己的表达式来替换文字栏中的字符串，然后单击Evaluate按钮。例如，如果用户输入了“((xx[]([bb]))”，然后单击了Evaluate按钮，那么窗口看起来是这样的：

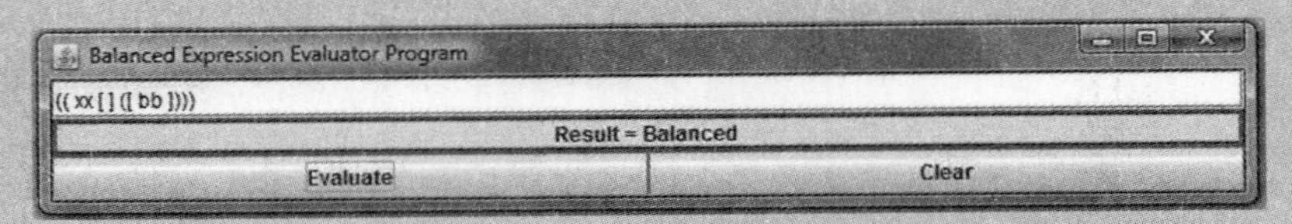

如你所见，评估的结果显示在中间的“status”栏中。

要想评估另一个表达式，用户只需单击Clear按钮，然后输入一个新的表达式即可。下面是输入“((hh)[}}”后的结果：

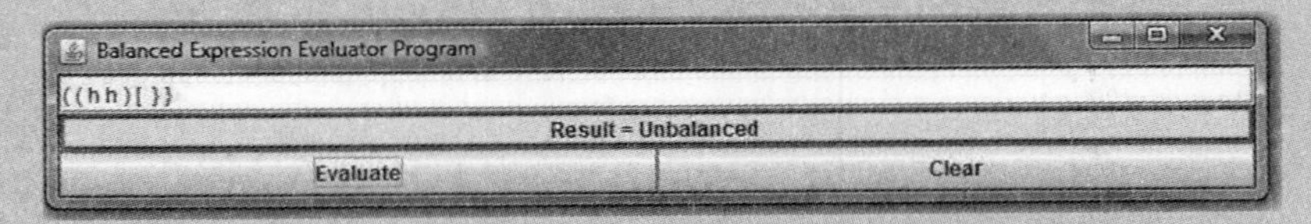

GUI应用程序包含在ch02.apps包的BalanceGUI.class中。我们就不在这里列出那个类的代码了，但是大家可以在网站上找到它的代码及书中其他的代码。查看该代码可以看到它的直接实现。

- 它定义了一个内部static类，类中包含了对被单击按钮做出反映的代码。它还在全局级别声明了一个静态的输入文本字段和一个静态的输出状态标签，以便主方法和按钮监听代码都可以访问它们。
- 在main方法中，一个接一个的声明并实例化周围的框架、文本字段、状态标签和按钮。它们以简单的布局排列，并以适当的顺序添加了各种对象。最后，一切都被“打包”在一起显示出来。
- 主要的处理过程发生在按钮监听代码中。与evaluate按钮关联的代码会实例化一个新的Balanced对象，用它来决定当前表达式的测试结果，然后设置结果标签显示恰当的结果。与Clear按钮关联的代码会清空结果标签并将输入文本字段置空。
- 在本书中，我们将使用类似的方法来提供示例应用程序基于GUI的版本。

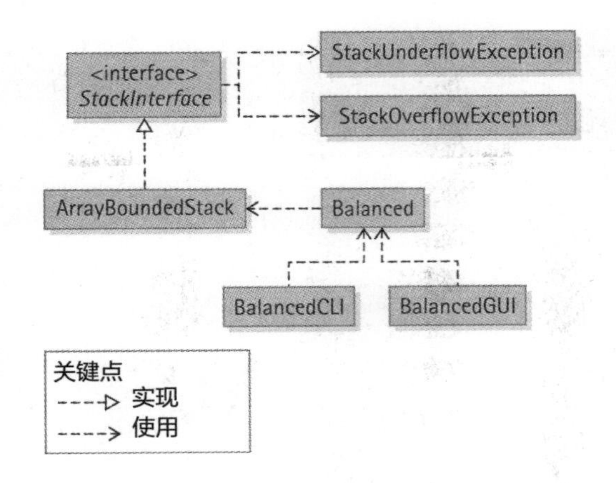

图2.8 程序架构

软件架构

图2.8表示的是在平衡表达式应用程序中所使用的接口和类的关系。其目的是展示一般架构，所以我们不需要包含属性和操作的细节。

2.7 链表

记得在1.4节“数据结构”中介绍过，数组和链表是构筑更复杂数据结构的两个主要构件。本节中我们会讨论链表的更多细节，展示如何使用Java创建列表，介绍链表的主要操作。在我们的例子中，使用字符串链表。

本节是一个非常重要的部分，理解链表结构对于计算机科学来说至关重要。

数组与链表

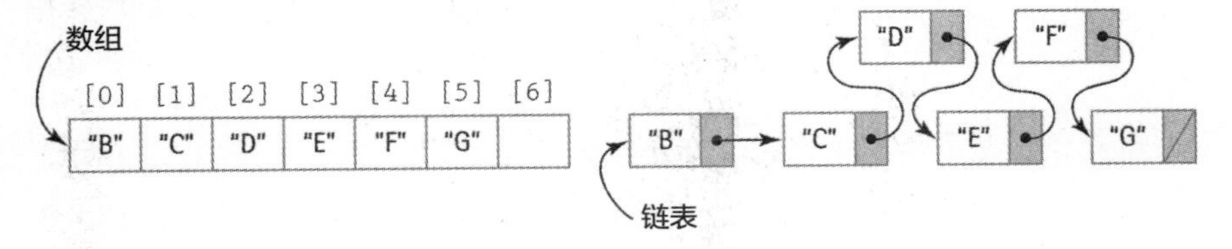

上图从抽象的角度描述了字符串数组和字符串链表。两种方法的不同之处主要体现在，数据在内存中的内部表示形式和单个元素的访问方式。在数组中，我们将所有

作者的约定

注意，图中有时我们指示一个对象（如字符串“B”）位于数组或列表节点内，而不是在指向对象的数组/节点内显示箭头。我们这样做是为了简化图，使读者更容易集中精力于我们所阐述的概念上。请记住，除非它们包含原始值，否则这些数组和节点确实包含对对象的引用，而不是包含对象本身。

的元素视为一个分组，位于一个内存块中。在链表中，每个元素分别位于其各自的内存块中。我们称这个小的独立内存块为“节点”。

在Java和其他大部分编程语言中，数组是内置结构。相反，只有少数语言提供了内置的链表（如Lisp和Scheme），其他编程语言却没有。Java通过其类库支持普通类型的链表。尽管对于大多数应用程序来说，类库中的链表已经够用了，软件工程师需要理解它们是如何工作的，既要了解它们的局限性，又可以根据需求来创建定制化的链表结构。

数组允许我们通过其索引直接访问它的任何元素。与之相比，链表结构似乎非常有限，因为它的节点只能以顺序方式访问，从链表的开头开始，沿着它的链接继续。那么为什么我们要首先使用链表呢？有以下几个潜在的原因：

- 数组的大小是固定的。在数组实例化的时候，数组的大小就作为参数传递给了new命令。链表的大小是变化的，链表的节点基于“按需”分配的原则，当不再需要的时候，节点就归还给内存管理器。
- 对于某些操作来说，链表的实现方式比数组更高效。例如，要将一个元素插入到数组元素的前面，就必须将插入元素后面的所有元素向后移。要完成这个任务，需要许多步骤，尤其是当数组中包含很多元素的时候。如果使用链表的话，你只需要分配一个新节点并把它链接到列表的前面。只需三个步骤就可以完成此任务：创建一个新节点，更新两个链接。下图演示了往数组或等价的链表前插入一个元素时所需的步骤：

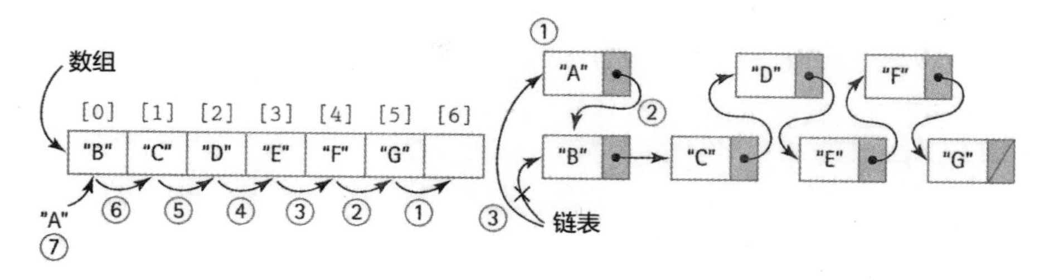

- 对于某些应用程序来说，都是顺序访问数据节点，而不需要直接访问链表深层的节点。在这些情况下，顺序访问链表的节点不会对性能产生负面影响。支持链表管理的基本方法还允许我们创建和使用更复杂的结构，例如后面章节中会讲到的树和图。

LLNode类

要创建链表，我们需要知道如何做两件事：动态地为节点分配空间并允许节点链接到或引用另一个节点。Java为动态分配空间提供了一个操作，这个操作适用于所有的对象，它就是new操作。动态分配空间这部分很简单。那么我们如何允许一个节点去引用另一个节点呢？本质上，链表的节点就是一个保存重要信息的对象（如字符串或其他对象）再加上一个连接其他节点的链接。所谓的其他节点，也是一个同样类型的对象，也是链表的一个节点。

当定义节点类时，我们必须允许从它创建的对象引用节点类对象。这样的类就是自引用类。节点类的定义包含两个实例变量：一个变量用来保存链表维护的重要信息，另一个变量引用同一个类的对象。为了使我们的链表可以广泛应用，我们使用泛型。泛型占位符<T>用于表示链表节点所存放的信息。这种方法允许我们创建字符串、银行账户、学生记录和任何虚拟类型的链表。

我们称我们的自引用类为LLNode。该类的对象是链表节点。因为本书后面会使用这个类来支持几个抽象数据类型基于链接的实现，所以我们把LLNode类放入support包中。该类的声明包含了自引用代码，这里我们使用下划线来强调它：

```
package support;
public class LLNode<T>
{
   protected T info;                   // 保存在链表中的信息
   protected  LLNode<T> link;          // 引用一个节点
. . .
```

LLNode类定义了一个实例变量info来存放节点所表示的类T对象的引用，和一个实例变量link以引用另一个LLNode对象。下一个LLNode也可以存放类T对象的引用和对另一个LLNode对象的引用，该LLNode对象中也存放了对类T对象的引用和对另一个LLNode对象的引用，以此类推，当LLNode中的link值为null时，链表就结束了。例如，这是一个包含三个节点的链表，由LLNode<String>变量letters[5]引用。鉴于我们知道我们的链表节点是如何实现的，现在我们在图中提供更详细的视图。

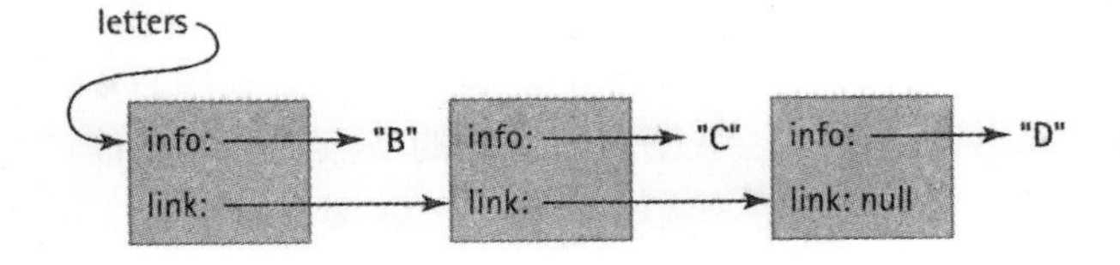

[5] 在本节中，我们使用的节点中带有引用String的info字段。但是，不要忘记，我们可以使用任何类型的类为info字段创建链表。

我们为LLNode类定义一个构造函数：

```
public LLNode(T info)
{
  this.info = info;
  link = null;
}
```

该构造函数接受一个类T对象作为参数，并将info变量的值设置为该类T对象。例如：

```
LLNode<String> sNode1 = new LLNode<String>("basketball");
```

产生了结构

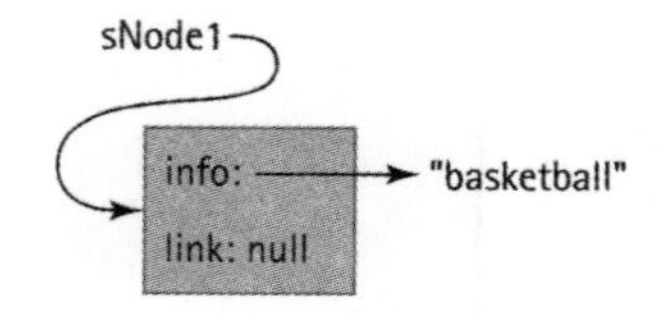

还可能存在其他的构造函数，例如，接受LLNode<T>引用作为参数并设置link变量的构造函数。我们不认为这些构造函数可以增加该类的可用性。

注意，我们的构造函数本质上创建了一个带有单个元素的链表。那么，如何创建一个空链表呢？可以这样做：声明一个LLNode类变量，但是不使用new操作来初始化。

```
LLNode<String> theList;
```

本例中，节点变量中存放的值为null：

```
theList:null
```

定义完设置和取值方法类就完成了。这些方法的代码是标准直观的。setLink方法用来将节点链接到一个列表中。例如，下面的代码：

```
LLNode<String> sNode1 = new LLNode<String>("basketball");
LLNode<String> sNode2 = new LLNode<String>("baseball")";
sNode1.setLink(sNode2);
```

会产生这样的结构：

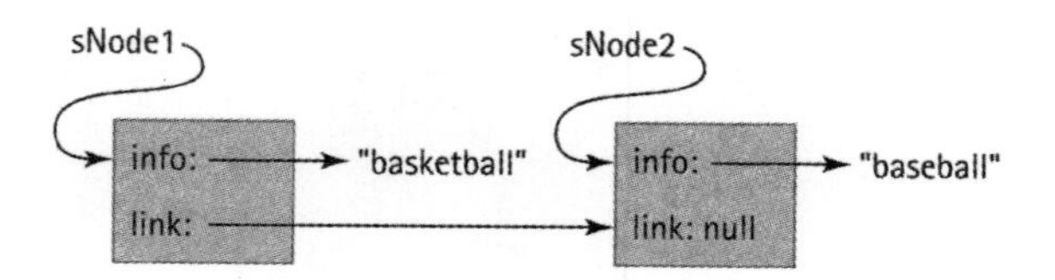

完整的LLNode类定义如下所示。2.8节“基于链接的栈”中会使用该类，创建基于

链接的栈抽象数据类型。在看到“基于链接的栈”如何实现之前，我们先来介绍一下链表的基本操作。

```
//----------------------------------------------------------------------
//LLNode.java         程序员：Dale/Joyce/Weems              Chapter 2
//
// 为链表实现 <T> 节点
//----------------------------------------------------------------------
package support;

public class LLNode<T>
{
   protected T info;
   protected LLNode<T> link;

   public LLNode(T info)
   {
      this.info = info;
      link = null;
   }

  public void setInfo(T info){ this.info = info;}
  public T getInfo(){ return info; }
  public void setLink(LLNode<T> link){this.link = link;}
  public LLNode<T> getLink(){ return link;}
}
```

链表操作

我们的节点类LLNode提供了一个构件。我们可以使用该构件创建和操作链表。

在链表上执行的三个基本操作有：遍历链表从中获取信息，向链表中插入一个节点，从链表中删除一个节点。仔细观察每个类别。为了简化演示过程，我们假设存在由变量letters引用的LLNode<String>链表。

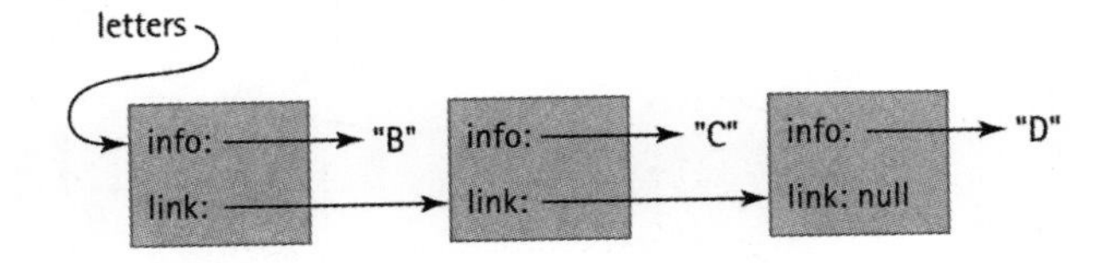

遍历

通过遍历链表可以检索存放在其中的信息。遍历链表有多种潜在的原因。鉴于本次讨论的目的，我们假设想一次一行显示包含在链表letters中的信息，从链表的开头开始并在链表的末尾结束。

要遍历列表，我们需要一些方法来跟踪列表当前的位置。在数组中，我们使用索引变量。但是该方法却不适用于链表，因为链表是没有索引的。所以，我们使用一个变量来引用链表中当前感兴趣的节点。我们称该变量为currNode。遍历算法如下：

```
设置currNode的值为链表的第一个节点
while (currNode没有指向列表的末尾)
  显示currNode包含的信息
  改变currNode的值，令其指向列表的下一个节点
```

我们改进这个算法，然后将其转换为Java代码。我们的letters链表是LLNode<String>对象。因而，currNode必须是一个LLNode<String>类型的变量。我们将currNode初始化，使其指向链表的开始：

```
LLNode<String> currNode = letters;
while(currNode没有指向链表的末尾)
  显示currNode包含的信息
  改变currNode的值，令其指向列表的下一个节点
```

下面将我们的注意力转移到while循环体。使用getInfo方法来显示currNode里的信息。这部分很简单：

```
System.out.println(currNode.getInfo());
```

但是我们如何“改变currNode的值，令其指向列表的下一个节点”？考虑currNode已初始化为链表开头后的情况：

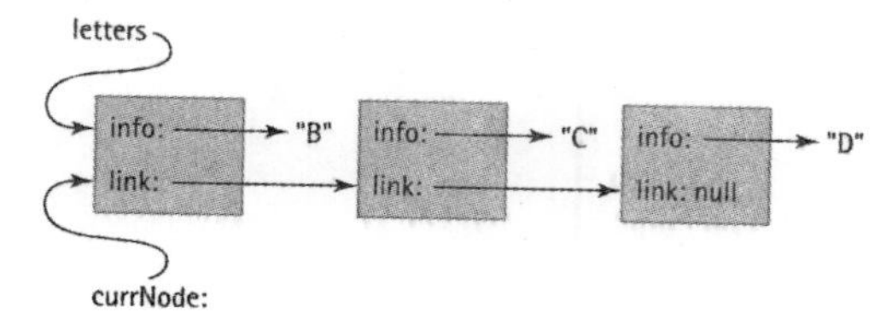

我们想更改currNode使其指向下一个节点，即Info变量指向字符串“C”的节点。在上图中是谁指向该节点呢？就是当前被currNode引用的节点的link变量。因此，我们使用LLNode类的getLink方法来返回该值，并为currNode设置新的值。

```
currNode = currNode.getLink();
```

把这些组合在一起，我们就得到了下面的伪代码。

```
LLNode<String> currNode = letters;
while (currNode没有指向链表末尾)
{
  System.out.println(currNode.getInfo());
  currNode = currNode.getLink();
}
```

唯一剩下要做的事情就是决定currNode什么时候指向链表的末尾。currNode的值总是反复地设置为下一个节点的link变量值。当我们到达链表末尾的时候，link变量值就是null。所以，只要currNode的值不为null，它就“没有指向链表的末尾”。我们最终的代码段是这样的：

```
LLNode<String> currNode = letters;
while (currNode != null)
{
   System.out.println(currNode.getInfo());
   currNode = currNode.getLink();
}
```

图2.9跟踪了这个代码，图形化地描述了使用我们的示例链表每个步骤都发生了什么。

重要算法

你可以使用这里所描述的算法模式在你的程序中反复遍历链表。创建一个引用“走过”链表，设置该引用指向链表的开始。当没有到达链表的末尾时，设置该引用指向下一个节点。正确地访问每个节点。

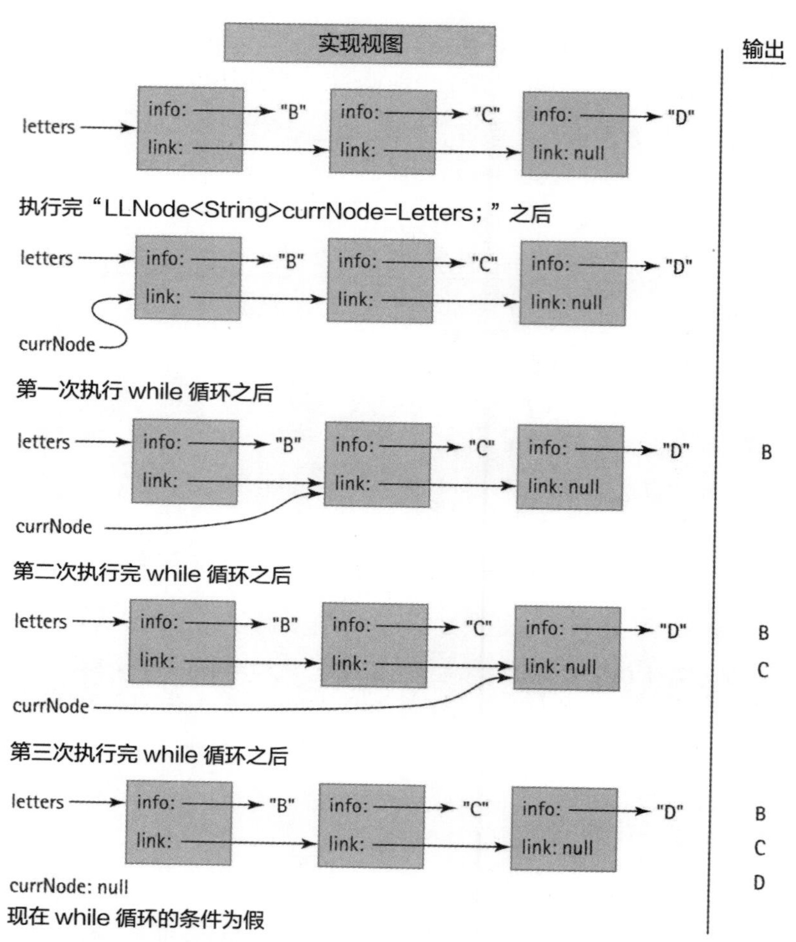

图2.9 letters链表遍历代码的跟踪记录

这里我们看一下代码如何处理空链表的情况。空链表是一个非常重要的边界条件。无论何时处理链表时，都应该仔细检查你的方法对这种经常遇到的特殊情况是否适用。

回想一下，空链表就是表示链表的变量值为null的链表。

letters: null

在这种情况下，我们的遍历代码能做些什么呢？currNode变量最初设置为letters变量中保存的值，即null。因此，currNode的值从null开始，那么while循环条件立即就为false，这样就不会进入while循环体。

```
(currNode != null)
```

本质上，什么都没发生，而这正是在遍历空链表时我们期望发生的事情。我们的代码通过了这个桌面检查。我们还要记住使用一个测试程序来检查这种情况。

插入

三种插入的一般情况必须要考虑：在链表开头插入，在链表内部插入，在链表末尾插入。

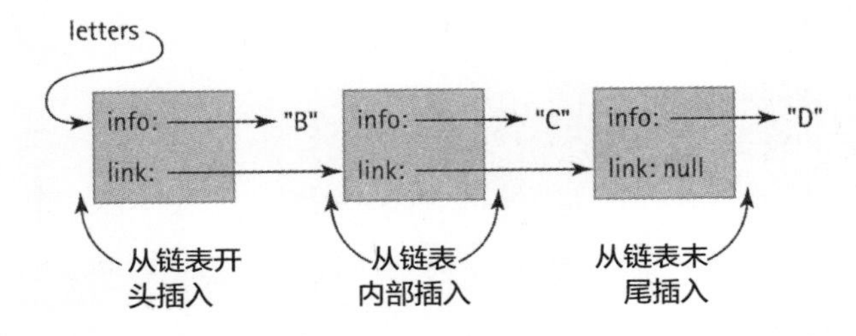

让我们首先考虑在链表开头插入一个节点的情况。假设我们要把一个节点newNode插入到letters链表的开头：

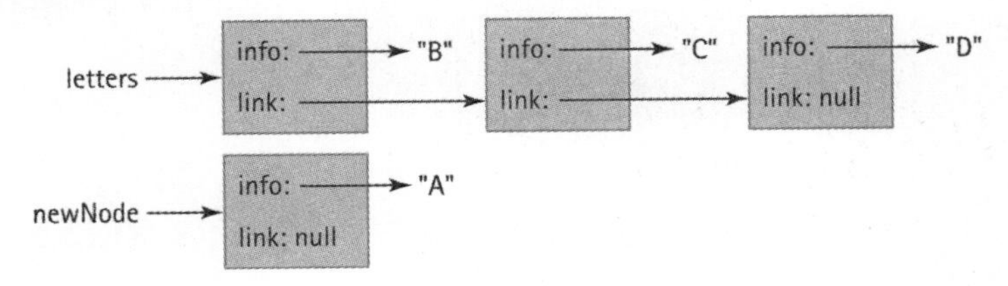

我们第一步需要把newNode的link变量设置为指向链表的开头：

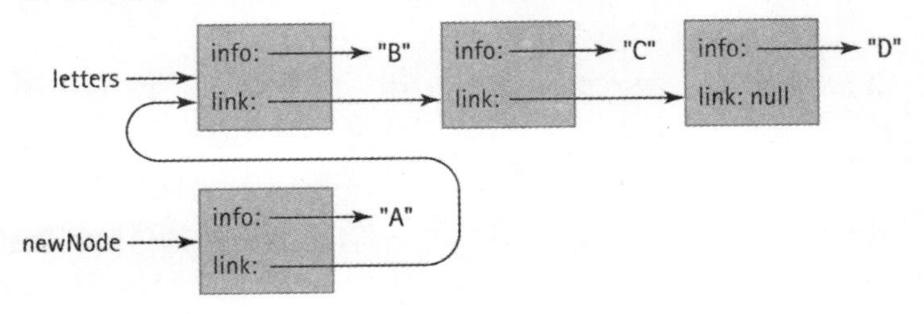

要完成插入的话，我们需要设置letters变量令其指向newNode，让newNode成为链表的新开头。

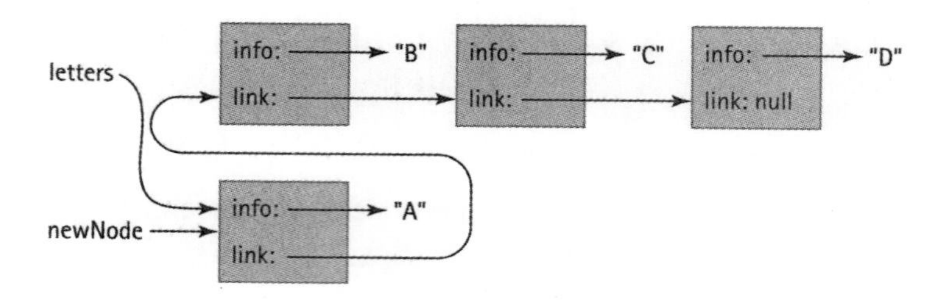

关于这两步的插入代码如下所示：

```
newNode.setLink(letters);
letters = newNode;
```

注意，这两个语句的顺序非常关键。如果我们交换这两个语句的顺序，就会得到下面的结果：

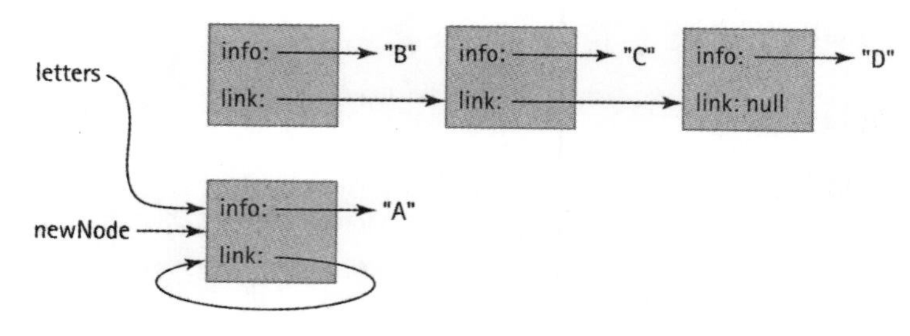

在操作对象时，必须非常小心。通过画图帮助你了解到底发生了什么，通常是一个好主意。

设计提示

当你设计基于链接的结构时，可以绘制大量类似的图示。将链接可视化可能是确保设计正确的最好方式，保证你以正确的顺序列出了语句，并且没有遗漏任何东西。

正如我们对遍历操作所做的，我们也应该问一问当链表为空时，若我们的插入代码被调用，会发生什么？图2.10图形化地描述了这种情况。插入方法会将新节点正确地链接到空链表的开头吗？换句话说就是，该方法能不能正确地创建只有一个节点的链表呢？首先，将letters变量的值赋给新节点的link变量。当链表为空时，letters变量的值是什么呢？是null。这正是我们想为链表唯一节点的link变量所赋的值。然后letters被重置为指向新节点。这样，新节点就变成了链表的第一个且唯一一个节点。因此，该插入方法适用于空链表和包含节点的列表。当我们适用于一般情况的算法也能够正确处理特殊情况，它总是令人满意的（表明算法的设计良好）。

实现另外两种插入操作同样也需要小心地操作引用。

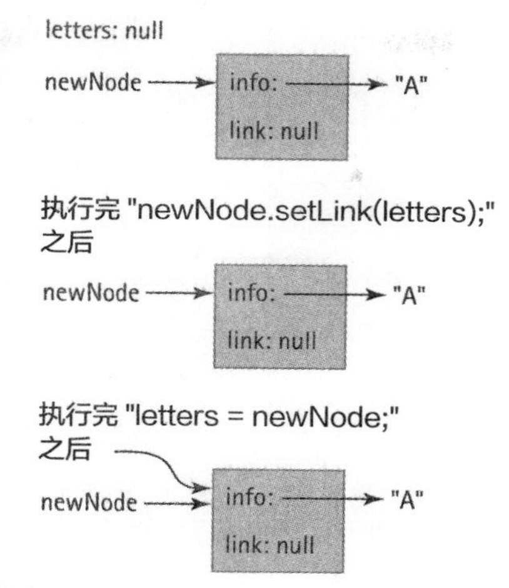

图2.10 空链表调用插入代码的结果

其他操作

到目前为止，本节我们开发了遍历链表和在链表开头插入元素的Java代码。我们提供这些例子，便于大家了解如何在代码层面操作链表。

我们介绍链表的目的是，为了能够使用它们在后面的章节中实现抽象数据类型。我们延迟开发链表剩余的操作（包括删除），直到需要使用它们支持特定抽象数据类型的实现。目前，简单地说，与插入操作一样，从列表中删除一个节点也有三种一般情况：从链表开头删除，从链表内部删除和从链表末尾删除。

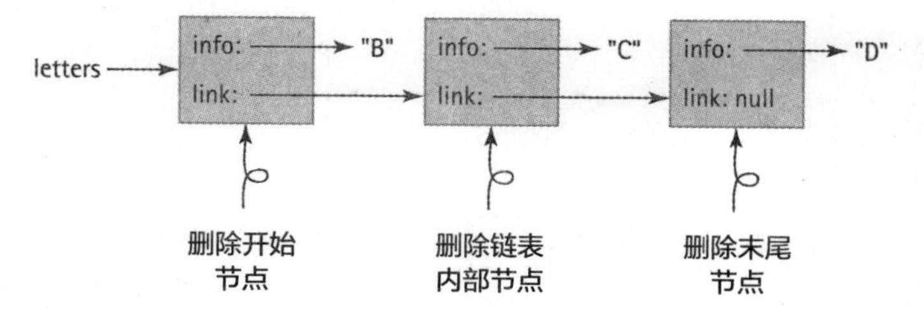

2.8 基于链接的栈

在前一节我们介绍了链表，并解释了在实现集合的时候链表如何提供数组的替代方案。学习这两种方法，对你来说很重要。我们回想一下，“链接”和“引用”基本类似。因此，本节所演示的Stack抽象数据类型的实现也可以称为基于引用或基于链接的实现。

在第164页的图2.16中，显示了为支持Stack抽象数据类型而创建的主类和接口之间的关系，包括本节中开发的类和接口。

LinkedStack类

我们把新的stack类命名为LinkedStack，以便和基于数组的stack实现进行区分。LinkedStack实现了StackInterface。为我们的类确定名字并不容易，但却很重要。有关该主题更多的讨论请查看下面的“构造的命名规则”专栏。

在LinkedStack类中，只需要一个实例变量，该变量用来存放表示stack的链表对象的引用。我们需要快速访问栈top节点，所以需要维护一个对节点的引用，该节点表示栈的top节点，也就是最后压入栈中的元素。这个节点将依次存放对下一个最后压入栈中的元素的引用。这种模式一直持续，直到一个特定节点的link属性为null，表示到达stack底部。我们将最初的引用变量命名为top，因为它一直引用栈的top节点。top变量是对LLNode的引用。当初始化LinkedStack类对象时，我们通过将top设置为null来创建一个空stack。LinkedStack类定义的开头部分如下所示。注意import语句允许我们使用LLNode类。

```
//----------------------------------------------------------------------
//LinkedStack.java      程序员 : Dale/Joyce/Weems              Chapter 2
//
// 使用链表存放栈元素实现 StackInterface
//----------------------------------------------------------------------

package ch02.stacks;

import support.LLNode;
public class LinkedStack<T> implements StackInterface<T>
{
   protected LLNode<T> top; // 引用该栈顶元素

   public LinkedStack()
   {
      top = null;
   }
. . .
```

下面，我们看一下如何实现基于链接的stack操作。

构造的命名规则

为程序员自定义构造选择合适的名字是一项重要任务。在这个专栏里，我们会讨论该任务并解释本书中使用的一些命名规则。

对程序员自定义的命名规则方面，Java的要求很宽松。当为本书中创建的构造命名时，我们只是遵循标准的规范。我们的类和接口的名字都是以大写字母开头的，如ArrayBoundedStack和StackInterface。我们的方法和变量的名字都是以小写字母开头的，如insert和elements。如果一个名字包含一个以上的单词，我们就从第二个单词开始，把首字母大写，例如topIndex。最后，当我们为常量命名时全部使用大写字母，如MINYEAR。

我们为一个构造指定的名字，最好能够为使用该构造的人提供有用的信息。例如，方法内声明了一个变量，该变量用来存放一组数字中的最大值，那么我们就应该基于该变量的用途为其命名为maximum或maxValue，而不是命名为X。同理，在为类、接口和方法命名时也应该如此。

因为类是用来表示对象的，我们通常使用名词来为其命名，例如，Date和Rectangle。因为方法是用来表示动作的，我们一般用动词来为其命名，如insert和contains。

在创建指定抽象数据类型的接口时，我们使用抽象数据类型的名字加上术语"interface"来为该接口命名，例如，StackInterface。虽然这个命名法有点冗余，但却是Java库创建者所钟爱的命名方法。注意，接口的名字并没有隐含任何实现细节。实现StackInterface接口的类可以使用数组、向量、数组列表或引用，接口本身不会限制实现时的选择，而且它的名字也不会隐含任何实现细节。名字只是帮助我们明白构造的用途。因而StackInterface定义了Stack抽象数据类型所需的接口。

我们必须承认，在使用如ArrayBoundedStack和LinkedStack这样的名字来命名类时，我们是很犹豫的。你能猜到为什么吗？回想一下信息隐藏的目标。我们想要隐藏用于支持抽象数据类型的实现。在抽象数据类型的名字中使用诸如"Array"和"Linked"这样的术语，恰恰揭示了我们想要隐藏的信息。但是，我们最终决定在类名中使用基于实现的术语，有以下几点原因：

1. Java库使用了同样的命名方法，例如ArrayList类。
2. 尽管隐藏信息很重要，但是有关实现的一些信息对于客户端程序员来说很有价值，因为它会影响类对象使用的空间和类方法的执行效率。在类名中使用"array"和"linked"确实有助于传递这些信息。
3. 我们已经有了一个跟抽象数据类型相关的构造，它的名字就与实现无关，即接口。

4. 在本书中，我们会创建许多不同抽象数据类型的多种实现。这种多样性是研究数据结构的基础。使用依赖于实现的名字更容易区分这些不同的实现方法。

压栈操作

将一个元素压入栈中意味着创建一个新的节点，并将其链接到当前节点链中。图2.11显示了这里所列出的一系列操作的结果。如图2.6一样，图2.11显示了stack的应用程序、实现和抽象视图。图2.11还图形化地演示了为stack元素的引用动态分配空间。假设A、B和C表示String类对象。

```
StackInterface<String> myStack;
myStack = new LinkedStack<String>();
myStack.push(A);
myStack.push(B);
myStack.push(C);
```

在执行压栈操作时，我们必须为每个新节点动态地分配空间。以下为其通用算法：

push (element)

为下一个stack节点分配空间
  将该节点的info设置为element
设置该节点link为之前的stack顶部节点
设置stack顶部节点指向该新节点

图2.12图形化地显示了该算法每个步骤的执行效果，起始情况是栈中已经包含A和B，然后演示当C压栈的时候，发生了什么。该算法与2.7节“链表”中学习的算法在链表的开始插入元素是一样的。我们将节点盒子处理为可视化的，以强调栈的LIFO（后进先出）特点。

让我们逐行看一下该算法，然后边看边创建代码。在讨论中，我们通过本算法和图2.12来查看算法的执行进展。我们从为新的栈节点分配空间开始，将该节点的Info属性设置为element。

```
LLNode<T> newNode = new LLNode<T>(element);
```

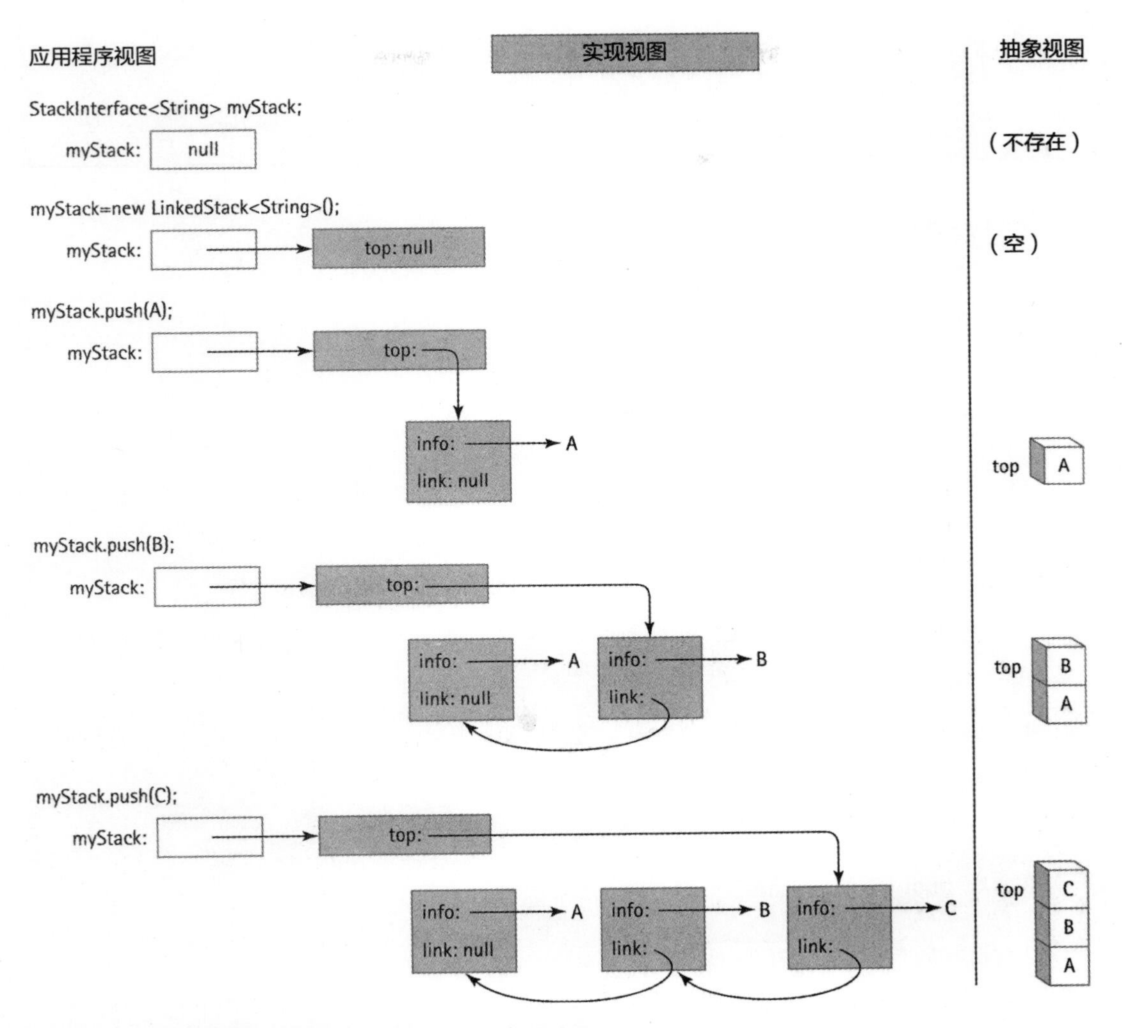

图2.11 stack操作（使用LLNode<String>）的结果

因此，newNode是一个对象的引用，该对象包含两个属性：类T的info和LLNode类的link属性。构造函数已经根据需要将info属性设置为引用element（在本例中element是指参数C）。下一步我们需要设置link属性的值：

```
newNode.setLink(top);
```

现在，info引用了压入栈中的element，并且element的link属性也引用了之前的栈top节点。

最后，我们需要重置stack的top节点，使其引用新节点。

```
top = newNode;
```

为下一个 Stack 节点分配空间，并将该节点的 info 设置为 element

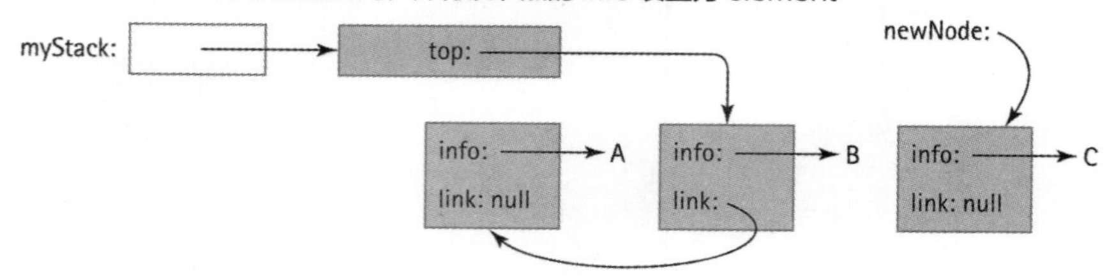

将新节点的 link 属性设置为指向 stack 之前的 top 节点

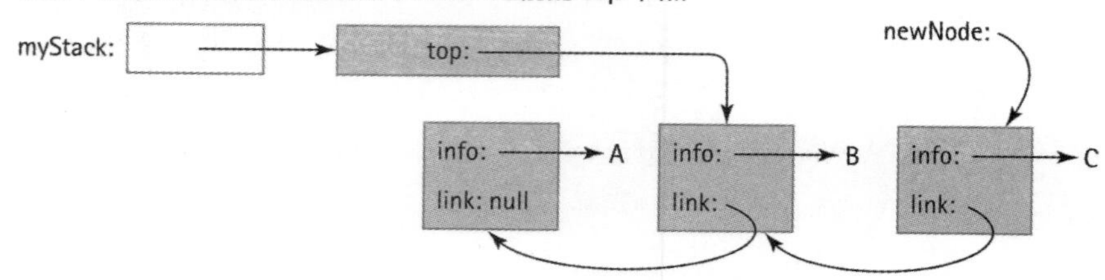

将 stack 的 top 节点设置为指向新节点

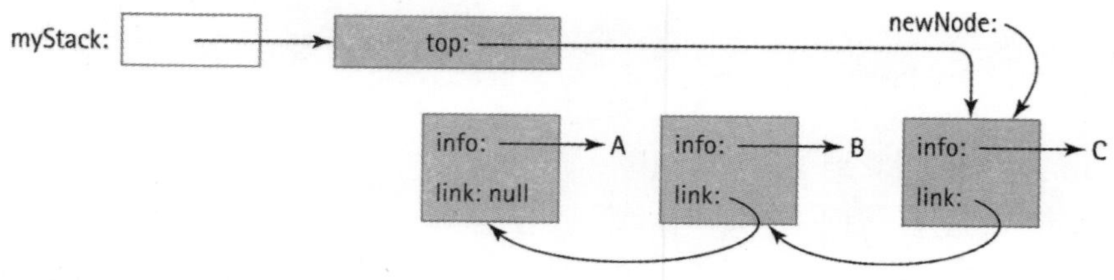

图2.12 push(C)操作的结果

把我们写的语句放在一起，push方法的代码如下：

```
public void push(T element)
// 将元素置于栈顶
{
   LLNode<T> newNode = new LLNode<T>(element);
   newNode.setLink(top);
   top = newNode;
}
```

注意，这些语句的顺序至关重要。如果我们在设置新节点的link属性之前就重置top变量，那我们将会无法访问栈节点。在处理链接结构时，这种情况通常是适用的。你必须很小心仔细地以正确的顺序来改变引用，以免不能访问其中的某些数据。不要犹豫，一定要画图（如图所示）来帮助你确保你的代码步骤是正确的。

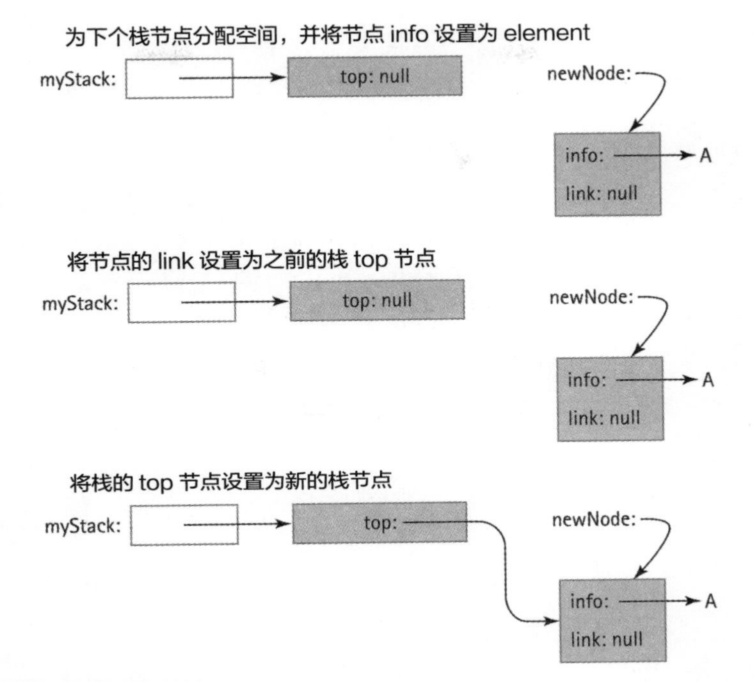

图2.13 空栈上进行push操作的结果

> **编码小提示**
>
> 使用边界情况来检查你的代码是个好主意，例如检查空栈或只有一个元素的栈。通常我们会在这些情况下犯错。

大家已经看到了算法在包含元素的栈上是如何操作的。如果栈是空的，会发生什么？虽然在2.7节“链表”中我们验证了我们的方法适用于空链表这种情况，但是对于空栈的情况我们需要再跟踪一下。图2.13图形化地显示了到底发生了什么。

首先为新节点分配了空间，并设置新节点的info属性去引用element。现在我们需要正确地设置各种链接。首先将top节点的值赋给新节点的link。当栈为空时，top节点的值是什么呢？是null，对于一个链接栈的最后一个元素（栈底）来说，这正是我们想要赋给它的值。然后重置top使其指向新节点，这样新节点就成了新的栈顶节点。这正是我们想要的结果——新节点是链表的唯一一个节点，也是当前的栈顶节点。

弹栈操作

弹栈操作等同于删除链表的第一个节点。基本上，它是压栈操作的反向操作。

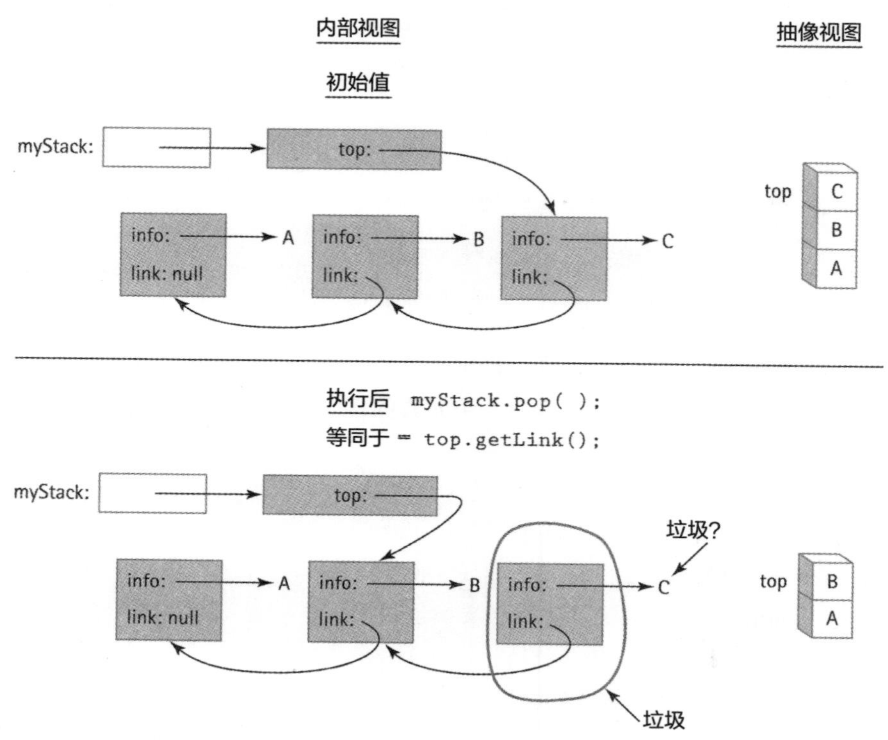

图2.14 pop操作的结果

要完成pop操作，只要重置栈top变量，使其引用表示下一个元素的节点。重置top指向下一个栈节点可以有效地从栈中删除栈顶元素，见图2.14。这只需要一行代码：

```
top = top.getLink();
```

赋值操作将引用从栈顶节点的link属性复制到top变量。执行此行代码后，top指向的是前一个栈顶元素下面的LLNode对象。不能再引用前一个栈顶对象，因为我们重写了对它的唯一引用。如图2.14所示，之前的栈顶元素变成了垃圾，系统垃圾回收器最终会回收其所占空间。如果该对象的info属性只引用了图中标签为C的数据对象，那么info也是垃圾，它所占的空间也将被回收。

有没有需要考虑的特殊情况？鉴于这是从栈中删除元素，我们应该考虑空栈的情况。如果我们尝试pop一个空栈会怎样？在这种情况下，top变量的值为null，赋值语句“top = top.getLink;”会导致运行时错误：“NullPointerException”。因此，我们要使用stack抽象数据类型中的isEmpty操作来保护我们的赋值语句。pop方法的代码如下所示：

```
public void pop()
// 如果栈为空则抛出 StackUnderflowException 异常；
// 否则删除栈顶元素。
{
   if (isEmpty())
      throw new StackUnderflowException("Pop attempted on an empty
stack.");
   else
      top = top.getLink();
}
```

这里我们使用同样曾在基于数组的方法中使用过的StackUnderflowException。

还有一种特殊情况：在只有一个元素的栈中执行pop操作。我们需要确保该操作会导致一个空栈。先来看一下它是否确实如此。当stack实例化后，top就被设置成null。当一个元素压入栈中的时候，代表该元素的节点的link变量值就被设置成当前top变量的值，因此，当第一个元素压栈之后，其节点的link值就被设置成null。当然，压栈的第一个元素也是弹栈的最后一个元素。这就意味着，弹栈的最后一个元素，其link属性的值为null。由于pop方法会将top变量值设置为这个link属性的值，当最后一个元素弹栈之后，top值又变成了null，与首次实例化栈时的值一样。由此我们得出结论，pop方法也适用于只包含一个元素的栈。图2.15以图形的形式演示了将一个元素压栈并弹栈的过程。

其他栈操作

回想一下，top操作只是返回栈顶元素的引用。乍一看，这似乎很简单。只需编写代码：

```
return top;
```

top引用了栈顶元素但要记得top引用的是一个LLNode对象。无论使用stack抽象数据类型的程序是什么，它都不关心LLNode对象。客户端程序只对LLNode对象的info变量所引用的对象感兴趣。

我们再试一下，返回top LLNode对象的info变量值，我们编写下面的代码：

```
return top.getInfo();
```

这样更好些，但是我们还需要做更多的工作。如果是栈为空这种特殊情况会怎样呢？这种情况下，会抛出异常，而不是返回一个对象。top方法的最终代码如下所示：

```
public T top()
// 如果栈为空，则抛出 StackUnderflowException 异常；
// 否则返回栈顶元素。
```

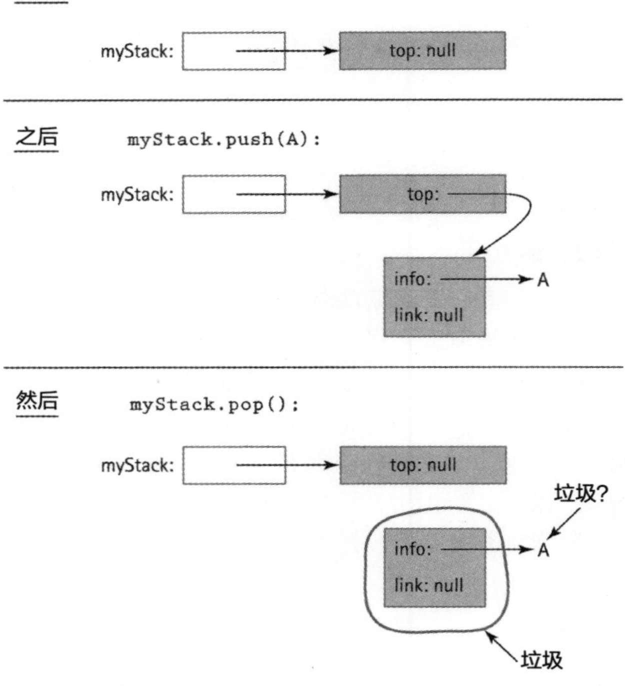

图2.15　空栈上先压栈后弹栈的结果

```
{
   if (isEmpty())
      throw new StackUnderflowException("Top attempted on an empty
stack.");
   else
      return top.getInfo();
}
```

代码还不错，使用isEmpty方法更容易些。如果我们通过将top变量值设置为null来初始化一个空栈，那么我们就可以通过检查top的值是否为null来检测空栈。

```
public boolean isEmpty()
// 如果栈为空返回 true，否则返回 false。
{
   return (top == null);
}
```

因为一个链接栈永远不会满（我们总是能够分配另一个节点），isFull方法只会返回假：

```
public boolean isFull()
// 返回 false——链接栈永远不会满
{
   return false;
}
```

我们可以使用与基于数组类似的测试计划来测试Stack抽象数据类型的链接实现。

比较栈的实现方式

> **栈操作的效率**
>
> 对于基于数组和基于链接的实现方式来说，五个基本栈操作（isEmpty、isFull、push、pop和top）效率增长阶都是O(1)。

这里我们从存储要求和算法效率方面比较一下Stack抽象数据类型的两种经典实现方式ArrayBoundedStack和LinkedStack。首先，我们考虑一下存储要求。无论实际上使用了多少数组元素位置，初始化时匹配最大栈大小的数组都需要相同的内存。链接实现，使用动态分配内存的方式，所需内存的大小是运行时实际在栈内的元素数量大小。注意，元素实际占用的空间要更大一些，因为我们需要储存对下一个元素和对用户数据的引用。

现在我们来比较一下两种实现方式的相对执行“效率”。很明显，isFull和isEmpty实现的效率为O(1)，它们总是需要常量级的工作量。push、pop和top呢？栈中的元素数量会影响这些操作所需的工作量吗？答案是不会的。在这三种实现中，我们直接访问栈顶，所以这些操作也是需要常量级的工作量。它们的复杂度也是O(1)。

以不同方式实现的类的构造函数，其效率增长阶是不同的。在基于数组的实现中，当数组实例化的时候，系统创建和初始化了每个数组元素的位置。由于它是对象数组，每个数组元素都被初始化为null。数组元素的个数等于栈元素可能的最大个数，我们称该个数为N，并认为基于数组的构造函数效率增长阶为O(N)。对于基于链接的实现来说，构造函数只是将top变量设置为null，所以它的效率增长阶为O(1)。

总体而言，两种栈实现方式就工作量而言大致相当。但是哪种方式更好呢？与往常一样，答案是“视情况而定”。基于链接的实现方式没有空间限制，在应用程序中，栈元素的数量可以有很大的浮动。当栈不大时，它比较节省空间。那为什么我们还愿意使用基于数组的实现方式呢？因为基于数组的实现方式简短、简单和高效。

如果压栈操作比较频繁的话，基于数组的实现方式比基于链接的实现方式执行速度更快，因为它不会导致重复调用new操作的运行时开销。当栈的最大大小比较小，并且我们知道它的确切大小时，基于数组的实现就是一个很好的选择。

2.9 应用程序：后缀表达式评估器

后缀表示法是一种书写算术表达式的方法，其中运算符出现在其操作数之后[6]。例如，我们不会这样写：

$$(2 + 14) \times 23$$

而是写作：

$$2\ \ 14\ \ +\ \ 23\ \ \times$$

使用后缀表示法，没有要学习的优先规则，并且永远不需要括号。由于后缀表示法的这种简单性，20世纪80年代流行的一些手持计算器就使用它来避免传统代数表示法中需要多个括号的复杂性。编译器也使用后缀表示法来生成非模糊的表达式。

讨论

在小学，我们学会了如何为包含基本二项运算符的简单表达式求值：加法、减法、乘法和除法。这些运算符之所以被称为二项运算符，是因为每个运算符都可以操作两个运算数。很容易看出孩子是如何解决下面的问题的：

$$2 + 5 = ?$$

当表达式变得更加复杂之后，使用纸和笔的计算方式就需要做更多的工作。如要解决下面的问题，就需要执行多个任务：

$$(((13 - 1) / 2) \times (3 + 5)) = ?$$

这些表达式是使用中缀表示法来书写的，Java中的表达式也使用了该种表示法。中缀表达式中的运算符写在操作数之间。当一个表达式中包含多个运算符，例如：

$$3 + 5 \times 2$$

我们需要一组运算规则来决定先计算哪个运算符。你在数学课上已经学过，先计

[6] 后缀表示法也称为逆波兰表示法（RPN），它是以其发明者波兰逻辑学家简·卢卡西维奇（Jan Lukasiewicz,1875–1956）的名字命名的。

算乘法后计算加法。你在第一堂Java编程课上学过了Java运算符的优先运算规则。[7]我们可以使用括号来覆盖正常的运算顺序。但是当书写或解释包含多个运算的中缀表达式时依然容易犯错。

后缀表达式求值

后缀表达式是书写算术表达式的另一种方式。在后缀表示法中，运算符写在两个操作数的后面。例如，表示3和5的加法：

5 3 +

包含多个运算符的后缀表达式的求值规则比中缀表达式的求值规则更简单，只要按照从左到右的顺序计算就可以了。考虑一下包含两个运算符的后缀表达式：

6 2 / 5 +

我们通过从左到右扫描来求值表达式。第一项6是一个操作数，然后继续往后扫描。第二项2也是一个操作数，我们继续往后。第三项是除号。我们现在把除号应用到前面的操作数上。保存的两个操作数中哪个是除数？是最后保存的那个数。用6除以2并用得到的商3替换表达式6 2 /。表达式现在看起来是这样的：

3 5 +

我们继续扫描，下一项是操作数5，然后继续，下一项（也是最后一项）是运算符+。我们把运算符+应用到前面两个操作数上，得到结果8。

这里还有更多例子，包含多个运算符的后缀表达式、等价的中缀表达式和求值结果。看看你在求值这些表达式时，是不是也能得到同样的结果。

后缀表达表	中缀表达式	结果
4 5 7 2 + − ×	4 × (5 − (7 + 2))	−16
3 4 + 2 × 7 /	((3 + 4) × 2)/7	2
5 7 + 6 2 − ×	(5 + 7) × (6 − 2)	48
4 2 3 5 1 − + × + ×	? × (4 + (2 × (3 + (5 − 1))))	操作数不足
4 2 + 3 5 1 − × +	(4 + 2) + (3 × (5 − 1))	18
5 3 7 9 + +	(3 + (7 + 9)) … 5???	操作数太多

我们的任务是编写一个程序，该程序能够对用户以交互方式输入的后缀表达式求

[7] 见附录B中Java运算符优先级。

值。除了能够计算和显示表达式的值，我们的程序必须在适当时显示错误信息（“操作数不足”“操作数太多”或“非法符号”）。

后缀表达式求值算法

正如我们通常所做的那样，手工算法可以作为我们计算机算法的指南。从前面的讨论可以很清楚地看出，后缀表达式有两个基本项：操作数（数字）和操作符。我们从左往右访问表达式项（操作数或操作符），一次访问一个。当表达式项是操作符，就将它应用到前面的两个操作数上。

我们必须将前面扫描的操作数保存在某个集合对象内。栈是保存前面操作数的理想数据结构，因为栈顶始终是最近的操作数，栈顶下面的项总是第二个最近压栈的操作数——当我们找到一个操作符时，正好需要这两个操作数。下面的算法使用栈来求值后缀表达式。

求值表达式

```
while更多的项存在
  取一个项
  if 该项是操作数
    stack.push(该项)
  else
    操作数2 = stack.top()
    stack.pop()
    操作数1 = stack.top()
    stack.pop()
    将结果设置为（将与该项相应的操作符应用在操作数1和操作数2上的结果）
    stack.push(结果)
结果 = stack.top()
stack.pop()
return 结果
```

while循环的每次迭代都会处理表达式中的一个操作符或者操作数。如果程序发现是一个操作数，就什么都不做（我们还没有找到在该操作数上应用的操作符），所以先将其保存在栈中，后面再用。如果程序发现是一个操作符，我们从栈中取两个离栈顶最近的操作数，执行操作然后将结果压栈。该结果有可能是后面操作符的操作数。

让我们跟踪一下这个算法。在进入循环之前，待处理的输入和栈如下：

```
5 7 + 6 2 - *   |    |
                |    |
                |____|
```

第一次循环迭代后，我们处理了第一个操作数，并将其压入栈中。

```
[5] 7 + 6 2 - *   |    |
                  |  5 |
                  |____|
```

第二次循环迭代后，栈中包含两个运算数。

```
[5 7] + 6 2 - *   |    |
                  |  7 |
                  |  5 |
                  |____|
```

当第三次迭代遇到+运算符时，我们从栈中取出之前压栈的两个操作数，执行运算，然后将结果压栈。

```
[5 7 +] 6 2 - *   |    |
                  | 12 |
                  |____|
```

在下面的两次循环迭代中，我们将两个操作数压入栈中。

```
[5 7 + 6 2] - *   |    |
                  |  2 |
                  |  6 |
                  | 12 |
                  |____|
```

当我们发现-运算符时，从栈中取出两个运算数，做减法，然后将结果压栈。

5 7 + 6 2 - *

4
12

当我们发现*运算符时，从栈顶取出两个操作数，做乘法，然后压栈。

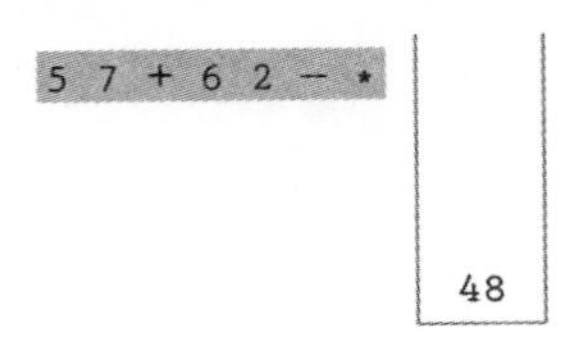

现在我们处理了输入行中所有的项，退出循环。从栈中删除结果48，并返回该值。

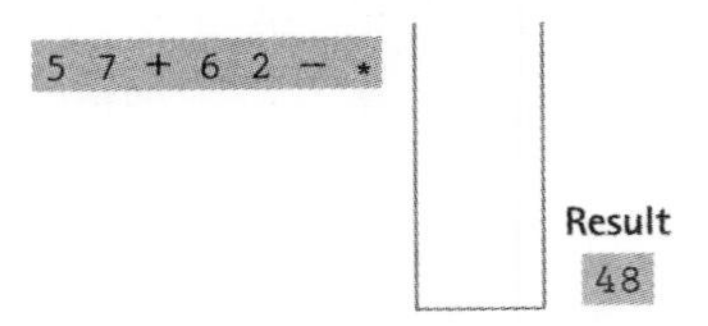

这个讨论掩盖了一些“小”细节，比如如何识别操作符，如何知道我们结束了，什么时候生成错误信息。当我们继续发展该问题的解决方案时，我们会讨论这些细节。

错误处理

我们的应用程序会读取一系列的后缀表达式，有些表达式可能是非法的。当输入这样的表达式时，应用程序应该显示如下的错误信息，而不是显示一个整数结果。

非法表达式类型	错误信息
表达式中包含一个非整型或不是“+”“-”“*”“/”的符号	非法符号
表达式需要50个以上的栈元素	操作数太多——栈溢出
表达式处理后栈中还有一个以上的操作数，例如表达式5 6 7 +更多的操作数	操作数太多——剩余操作数
当执行运算时，栈中没有足够的操作数，例如，6 7 + + +；或者5 + 5	操作数不足——栈下溢

假定

1. 运行时表达式中的运算是有效的。这意味着不存在被0除的情况。而且，生成的数字也位于Java整型范围内。
2. 后缀表达式最多拥有50个操作数。

为了方便错误管理，我们创建一个名为PostFixException的异常类，类似于为stack抽象数据类型创建的异常类。

PostFixEvaluator类

该类的目的是提供一个evaluate方法，以字符串的形式接受后缀表达式，并返回该表达式的值。我们不需要该类的任何对象，所以我们使用public static方法来实现evaluate。这意味着，该方法通过类本身调用，而非通过类对象。

evaluate方法必须将后缀表达式作为字符串参数来接受，并返回表达式的值。类的代码如下所示。它遵循之前开发的基本的后缀表达式算法，使用ArrayBoundedStack对象来存放Integer类的操作数，直到它们被使用。注意，它会实例化一个Scanner对象来读取字符串参数，并将该参数分解为符号。

让我们考虑一下错误信息的生成。因为evaluate方法返回一个int类型的值（该值就是后缀表达式的结果），所以evaluate方法无法直接返回错误信息。相反，我们转向Java的异常机制，查看抛出PostFixException异常的代码。可以看到，覆盖了之前确定的所有情况。因此，与栈处理直接相关的错误信息都受到if语句的保护，该语句检查栈是空（操作数不足）还是满（操作数太多）。如果存储在运算符中的字符串与任何合法运算符都不匹配，则会发生唯一的其他错误捕获，在这种情况下，会抛出带有“非法符号”消息的异常。

```
//----------------------------------------------------------------------
//PostFixEvaluator.java          程序员：Dale/Joyce/Weems     Chapter 2
//
// 后缀表达式求值
//----------------------------------------------------------------------
package ch02.postfix;

import ch02.stacks.*;
import java.util.Scanner;

public class PostFixEvaluator
{
  public static int evaluate(String expression)
```

```
{
  Scanner tokenizer = new Scanner(expression);
  StackInterface<Integer> stack = new ArrayBoundedStack<Integer>(50);

  int value;
  String operator;
  int operand1, operand2;
  int result = 0;
  Scanner tokenizer = new Scanner(expression);

  while (tokenizer.hasNext())
  {
    if (tokenizer.hasNextInt())
    {
      // 处理操作数
      value = tokenizer.nextInt();
      if (stack.isFull())
        throw new PostFixException("Too many operands-stack overflow");
      stack.push(value);
    }
    else
    {
      // 处理操作符
      operator = tokenizer.next();

      // 检查非法符号
      if (!(operator.equals("/") || operator.equals("*") ||
            operator.equals("+") || operator.equals("-")))
        throw new PostFixException("Illegal symbol: " + operator);

      // 从栈中获取第二个操作数
      if (stack.isEmpty())
        throw new PostFixException("Not enough operands-stack underflow");
      operand2 = stack.top();
      stack.pop();

      // 从栈中获取第一个操作数
      if (stack.isEmpty())
        throw new PostFixException("Not enough operands-stack underflow");
      operand1 = stack.top();
      stack.pop();
```

```
        // 执行操作
        if (operator.equals("/"))
          result = operand1 / operand2;
        else
        if(operator.equals("*"))
          result = operand1 * operand2;
        else
        if(operator.equals("+"))
          result = operand1 + operand2;
        else
        if(operator.equals("-"))
          result = operand1 - operand2;

        // 将操作结果压栈
        stack.push(result);
      }
    }

    // 从栈中获取最终结果
    if (stack.isEmpty())
      throw new PostFixException("Not enough operands-stack underflow");
    result = stack.top();
    stack.pop();

    // 栈现在应该为空
    if (!stack.isEmpty())
      throw new PostFixException("Too many operands-operands left over");

    // 返回最终结果
    return result;
  }
}
```

PFixCLI类

该类是基于CLI应用程序的主要驱动程序。使用PostFixEvaluator和PostFixException类来设计我们的程序很容易。我们采用本章前面BalancedCLI使用的基本方法，即重复提示用户输入表达式，允许用户输入“X”表示结束。如果用户还未结束，则为表达式求值并返回结果。注意主程序并不是直接使用栈的，它使用的是PostFixEvaluator类，该类使用了栈。

```
//----------------------------------------------------------------------
//PFixCLI.java            程序员：Dale/Joyce/Weems          Chapter 2
//
// 为用户输入的后缀表达式求值
// 使用命令行界面
//----------------------------------------------------------------------
package ch02.apps;

import java.util.Scanner;
import ch02.postfix.*;

public class PFixCLI
{
  public static void main(String[] args)
  {
    Scanner scan = new Scanner(System.in);
    String expression = null;     // 要求值的表达式
    final String STOP = "X";      // 表示输入结束
    int result;                   // 求值结果

    while (!STOP.equals(expression))
    {
      // 获取下一个要处理的表达式
      System.out.print("\nPostfix Expression (" + STOP + " to stop): ");
      expression = scan.nextLine();

      if (!STOP.equals(expression))
      {
         // 获取并输出表达式求值的结果
         try
         {
           result = PostFixEvaluator.evaluate(expression);

           // 输出结果
           System.out.println("Result = " + result);
         }
         catch (PostFixException error)
         {
           // 输出结果
           System.out.println("Error in expression - " + error.getMessage());
         }
      }
    }
```

```
  }
}
```

这是基于控制台的应用程序的示例运行：

```
Postfix expression (X to stop): 5 7 + 6 2 - *
Result = 48
Postfix expression (X to stop): 4 2 3 5 1 - + * + *
Error in expression Not enough operands-stack underflow
Postfix expression (X to stop): X
```

GUI方法

后缀求值应用程序基于GUI的实现方法类似于本章前面平衡应用程序的GUI实现方法。与平衡应用程序的情况一样，因为我们将用户接口代码和执行“工作”的代码分离开来，所以很容易使用不同的接口方法来创建一个新的应用程序。下面是该应用程序的几个截图。包ch02.apps包含一个名为PFixGUI.java的文件，在该文件中可以找到该应用程序的代码。

后缀表达式求值程序：

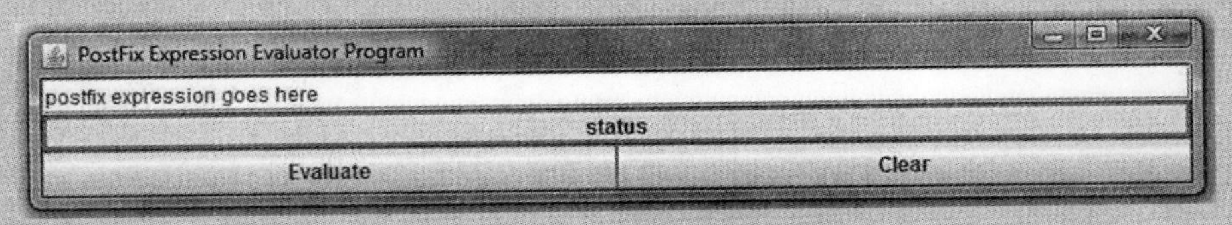

这是成功求值的结果界面：

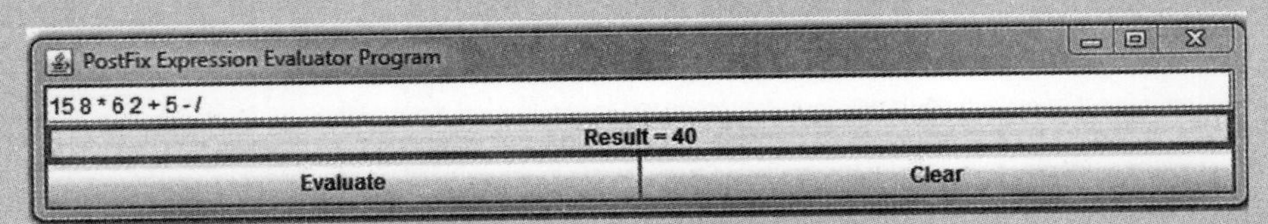

这是非法表达式求值时的界面：

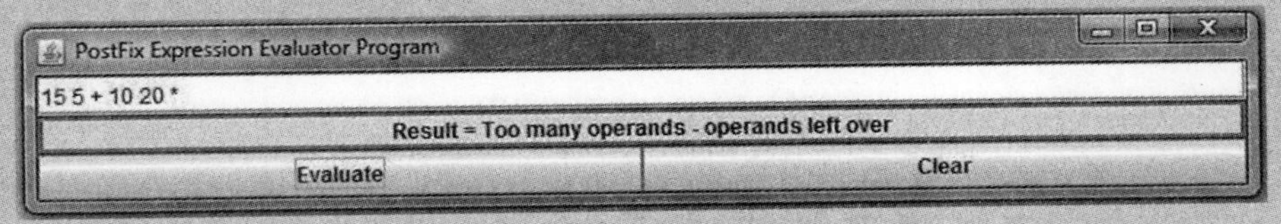

2.10 栈变体

在本书对抽象数据类型的阐述中，我们会记录设计决策并指定抽象数据类型支持的操作。我们也会开发或至少讨论各种实现方法，大多数情况下，我们会重点强调基于数组和基于引用/链表的实现方法。

因为存在定义/实现任何数据结构的替代方法，所以对于本书中呈现的每种主要数据结构，都会用一节的内容来研究数据结构的多种实现方法。栈是一种相对简单的数据结构，例如与存在数十种实现方法的树结构相比，不允许有大量的变化。尽管如此，观察栈实现的变体仍然具有指导意义。

重新审视栈抽象数据类型

让我们简要回顾一下在定义栈抽象数据类型时的设计决策，并考虑其替代方法：

- 我们的栈是泛型的。也就是说，栈中存放的元素类型是栈在初始化时由应用程序来指定的。或者我们可以定义一个栈来存放Object类或实现特定接口的类的元素。这些方法的细节已经在2.3节“集合元素”中讨论过了。
- 栈提供了两个经典操作：
  - void push (T element)——将元素压栈
  - T pop()——删除并返回栈顶元素

  我们的栈重定义了pop方法，并添加了第三种操作top。现在有如下操作：
- void push (T element)——将元素压栈
- void pop()——删除栈顶元素
- T top()——返回栈顶元素

显然，我们可以选择使用经典方法。从某种意义上说，我们定义的top方法是多余的，因为我们可以通过使用经典的pop方法然后接着使用push方法来得到同样的结果。选择我们定义的方法是为了强调设计方法时让方法只做一件事的好处。因而，我们避免经典pop方法的双重操作，即同时删除和返回一个元素。但是，经典的方法依然是有效的，你可以在很多文本和代码库中找到它。

- 我们的栈在下溢和溢出情况下都会抛出异常。一种方法是声明栈方法的前提条件，在栈下溢或溢出时，都不调用该方法。在这种情况下，实现操作时就可以忽略栈下溢和溢出异常的可能性。另一种方法是在方法内捕捉该异常，通过使操作无效来阻止下溢或溢出发生。在第二种方法中，我们也许可以重定义我们的三个操作，来返回操作是否成功完成的信息。

- boolean push (T element)——将元素压栈。如果元素压栈成功，返回true；否则返回false。
- boolean pop()——删除栈顶元素。如果弹栈成功，返回true；否则返回false。
- T top()——如果栈非空，返回栈顶元素；否则返回null。

除了重定义我们的方法，我们还可以添加名字唯一的新方法，例如safePush或者offer。

Java栈类和集合框架

Java库提供了实现抽象数据类型的类，这些类基于常见的数据结构：栈、队列、列表、map、集合等等。Java库中的Stack[8]与我们在本章开发的Stack抽象数据类型很相似，在该类中提供了后进先出（LIFO）结构。然而，除了我们的push、top和isEmpty[9]操作，它还包含两个操作：

- T pop( )—— 经典的“pop”删除并返回栈顶元素。
- int search(Object o)——返回栈中对象o的位置。

由于类库中的Stack类扩展了Vector类，所以它也继承了为Vector及其祖先Object定义的许多操作，例如，capacity、clear、clone、contains、isEmpty、toArray和toString。

以下是如何使用Java库中的Stack类来实现反向字符串应用程序（参见2.4节“栈接口”）。我们使用“__”来强调此应用程序与使用栈抽象对象数据类型的应用程序之间的最小差异。

```
//----------------------------------------------------------------------
//ReverseStrings2.java      程序员：Dale/Joyce/Weems      Chapter 2
//
// 库中 Stack 使用示例
// 将输入的字符串反序输出
//----------------------------------------------------------------------
package ch02.apps;

import java.util.Stack;
import java.util.Scanner;

public class ReverseStrings2
{
   public static void main(String[] args)
```

[8] 自从2006年Java1.6发布以来，库中的Stack类已经被Deque类取代。尽管如此，但在本节中简要地考虑Stack类对我们是有启发性的。

[9] 在库中，isEmpty叫empty，top叫peak。

```
    {
       Scanner scan = new Scanner(System.in);

       Stack<String> stringStack = new Stack<String>();

       String line;

       for (int i = 1; i <= 3; i++)
       {
          System.out.print("Enter a line of text > ");
          line = scan.nextLine();
          stringStack.push(line);
       }

       System.out.println("\nReverse is:\n");
       while (!stringStack.empty())
       {
          line = stringStack.peek();
          stringStack.pop();
          System.out.println(line);
       }
    }
}
```

库函数pop方法，删除并返回了栈顶元素。因此，ReverseStrings2方法中的while循环体可以编码如下：

```
line = stringStack.pop();
System.out.println(line);
```

或者可以写成这样：

```
System.out.println(stringStack.pop());
```

集合框架

正如在2.2节“栈”中所讨论的，数据结构的另一个术语是“集合”。Java开发人员将支持数据结构的Java库中类的集合（如Stack）称为集合框架。该框架既包含接口又包含类，还包含文档，解释开发人员希望我们如何使用该框架。从Java 5.0开始，集合框架中的所有结构都支持泛型。

Java库的集合框架包含了一组广泛的工具，它不仅提供了数据库的实现，还提供了一个统一的框架来使用集合。Stack类从一开始就是Java库的一部分。最近Java库包含了一组Deque类，可以并且也应该使用它代替已有的Stack类。我们会在Chapter 4中讨论Deque类。

本书中，我们不会详细介绍Java集合框架，因为本书旨在介绍数据结构的基本特性，并演示如何定义、实现和使用它们。本书不是探索如何使用相似数据结构的特定Java库结构。然而，当我们讨论一个在Java库中具有对应实现的数据结构时，我们将简要描述我们的方法和库方法之间的相似点和不同点，就像我们在这里为栈所做的那样。

在成为专业的Java程序员之前，我们应该仔细研究并学习如何高效使用集合框架。本书不仅帮您学习集合框架方面的Java知识，还会学习其他语言和库。如果有兴趣学习更多Java集合框架方面的知识，可以研究Oracle网站提供的大量文档。

小结

我们可以从多个角度看待数据。Java封装了它的预定义类型的实现，并且允许封装我们自己的类实现。本章中，我们使用Java接口构造详细说明了Stack抽象数据类型，并创建了多种实现：一种实现基于数据，一种实现基于库ArrayList类，还有一种实现基于链表。对于许多读者来说，链表的概念是一个新概念，在“链表”一节中进行了介绍。Stack抽象数据类型允许我们创建应用程序，用来检查字符串中的分组符号是否平衡，并对后缀算术表达式求值。

当使用数据抽象来处理stack等数据结构时，可以从三个层次或视图中去考虑我们的结构。抽象层描述了抽象数据类型会为我们提供什么。此视图包含了抽象数据类型所表示的域以及它能执行的操作，由接口来指定。应用程序层使用抽象数据类型来解决问题。最后，实现层提供了如何表示我们的结构的具体细节，以及支持这些操作的代码。抽象层就像是“上面”应用程序层和“下面”实现层之间的一个契约。

通过分离这些数据视图获得了什么？首先，减少了较高层设计中的复杂性，使客户程序更容易理解。第二，使程序更容易修改：在不影响使用数据结构的程序的情况下，更改实现。第三，开发可以重用的软件。只要维护正确的接口，实现的操作可以被其他程序应用于完全不同的应用程序中。

图2.16是一个类UML的图，显示了本章开发的与栈相关的接口和类，以及一些其他支持类以及它们之间的关系。我们的图和传统的UML类图略有不同：

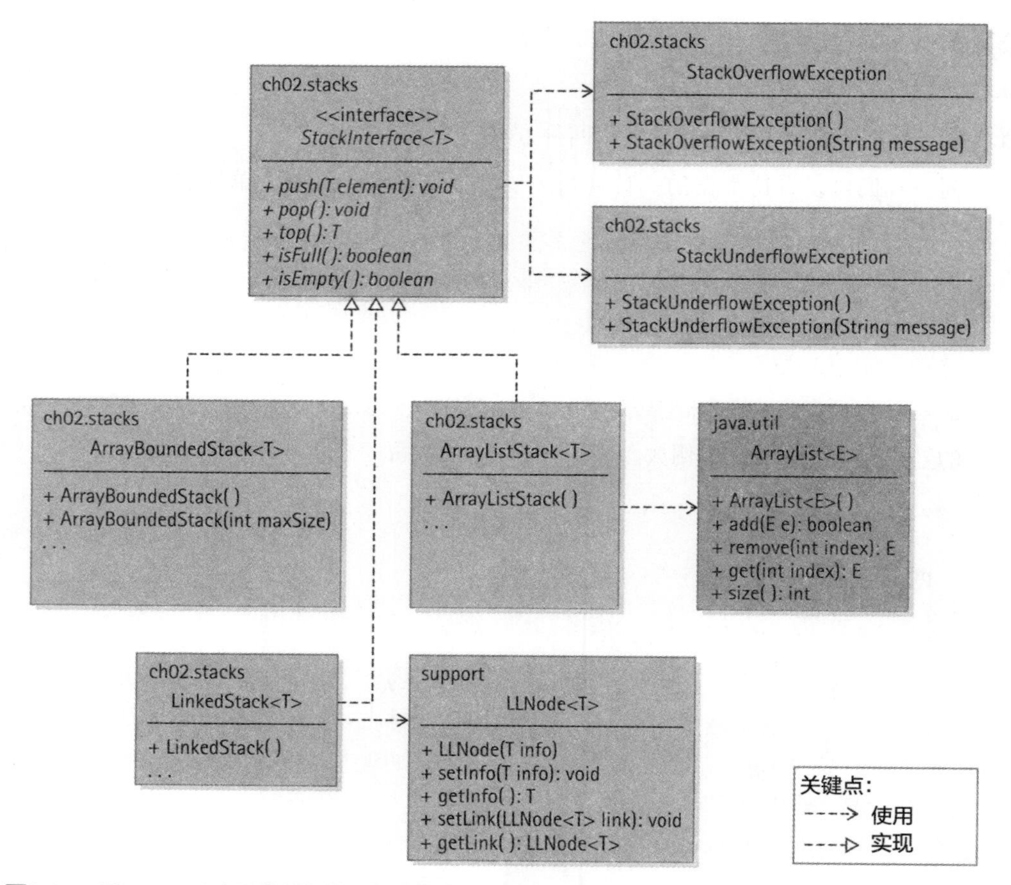

图2.16 Chapter 2中开发的与栈相关的接口和类

- 包的名字在类/接口矩形的左上方显示。
- 我们略去了私有和保护信息。
- 如果一个类实现了接口，我们不再重新列出这些在类矩形内的接口中定义的方法。我们通过在方法列表的底部添加“...”表示有些方法没有列出来。
- 为了呈现清晰、整洁的图表，如果可以推断出信息，我们有时会省略表示“使用”的箭头。例如，ArrayBoundedStack类会使用StackUnderflow-Exception。由于ArrayBoundedStack类实现了StackInterface，我们已经演示过StackInterface使用StackUnderflowException，我们就可以安全地省略连接ArrayBoundedStack到StackUnderflowException的箭头。
- 我们的图标中包含的库中类是用阴影表示的。我们只包含与抽象数据类型实现直接相关的类。

习题

2.1 抽象

1. 描述你在日常生活中使用抽象的四种方法。
2. 列举我们可以看待数据的三种视角。使用“学生学业成绩清单”的例子，从每个角度描述我们可能如何看待数据。
3. 描述一种实现细节可以影响使用抽象数据类型的应用程序的方法，尽管使用了数据抽象。
4. 什么是抽象方法？
5. 如果 Java 接口指定了特定的方法签名，并且实现该接口的类为该方法提供了不同的签名，会发生什么？例如，假定接口 SampleInterface 定义如下：

```
public interface SampleInterface
{
  public int sampleMethod();
}
and the class SampleClass is
public class SampleClass implements SampleInterface
{
  public boolean sampleMethod()
  {
    return true;
  }
}
```

6. 判断是真或假？请解释你的答案。
   a. 可以为 Java 接口定义构造函数。
   b. 类实现接口。
   c. 类扩展接口。
   d. 实现了接口的类可以包含该接口不需要的方法。
   e. 实现了接口的类可以遗漏该接口需要的方法。
   f. 可以实例化一个接口的对象。
7. 基于我们对错误情况的处理惯例，下面的方法错在哪里？

```
public void method10(int number)
// 前置条件：number 是 >0 的。
// 如果 number 不 >0，则抛出 NotPositiveException 异常。
// 否则 …
```

8. 你的朋友在初始化 FigureInterface 类型的对象时遇到了麻烦，他的代码中包含了下面的语句：

FigureInterface myFig = new FigureInterface(27.5);

你会告诉你朋友什么？

9. 创建实现 FigureInterface 接口的 Java 类：

a. 正方形——构造函数接受一个双精度类型的参数，该参数用来表示正方形的边长。

b. 直角三角形——构造函数接受两个双精度类型的参数，这两个参数分别表示直角的两个边长。

c. 等腰三角形——构造函数接受两个双精度类型的参数，这两个参数分别表示等腰三角形的高和底。

d. 平行四边形——构造函数接受三个双精度类型的参数，这三个参数分别表示平行四边形的高和底，以及非底边和底边之间的夹角。

10. 更新 RandomFigs 应用程序，在该应用程序中使用你在上一题中新实现的 FigureInterface 类。

11. 本题中，你必须定义一个简单的 NumTrackerInterface 接口，和该接口的两个实现 Tracker1 和 Tracker2。

a. 定义一个叫 NumTrackerInterface 的 Java 接口。实现了该接口的类必须跟踪通过 add 方法提供给它的数字的和及其个数，还要提供取到和、个数和平均数的方法。add 方法应该接受 int 类型的参数。getSum 和 getCount 方法都应该返回 int 类型的值。getAverage 方法应该返回一个双精度类型的值。假设 Tracker1 类实现了 NumTrackerInterface 接口。一个简单的使用 Tracker1 的示例应用程序如下所示，其输入应该是“3 29 9.67”。

```
public class Sample
{
   public static void main (String[] args)
   {
      NumTrackerInterface nt = new Tracker1();
      nt.add(5); nt.add(15); nt.add(9);
      System.out.print(nt.getCount() + " ");
      System.out.print(nt.getSum() + " ");
      System.out.println(nt.getAverage());
   }
```

```
}
```

b. 创建一个名为 Tracker1 的类，该类实现了 NumTrackerInterface 接口。该类需要使用三个实例变量 count、sum 和 average 来保存信息。取值方法应该仅返回请求的信息。创建一个测试驱动应用程序，演示 Tracker1 类是否正确工作。

c. 创建一个名为 Tracker2 的类，该类实现了 NumTrackerInterface。该类需要使用两个实例变量 count 和 sum 来保存信息。只有需要时才计算平均值。创建一个测试驱动应用程序，演示 Tracker2 是否正确工作。

d. 讨论 Tracker1 和 Tracker2 所展示出的设计原理的不同之处。

2.2 栈

12. 判断是真或假？

a. 栈是先进先出的结构。

b. 在栈中呆得最久的元素是“栈底”元素。

c. 如果将 5 个元素压入空栈，然后弹栈 5 次，栈会重新变空。

d. 如果将 5 个元素压入空栈，然后执行 5 次 top 操作，栈会重新变空。

e. 压栈操作应归类为转换函数。

f. top 操作应归类为转换函数。

g. 弹栈操作应归类为观察函数。

h. top 操作总是返回最近压栈的元素。

i. 如果我们先将 itemA 压栈，然后将 itemB 压栈，那么栈顶元素是 itemB。

j. 在栈中先执行压栈操作，接着执行弹栈操作，那么对栈的状态没有任何影响。

k. 在栈中先执行弹栈操作，接着执行压栈操作，那么对栈的状态没有任何影响。

13. 描述经典的弹栈操作和本书中定义的弹栈操作有何不同之处。

14. 在下列指令序列中，编号块先压栈后弹栈。假设每次弹栈一个编号块，并打印其数值。显示以下每个序列中打印的值序列。假定从空栈开始。

a. block5 压栈；block7 压栈；弹栈；弹栈；block2 压栈；block1 压栈；弹栈；block8 压栈；

b. block5 压栈；block4 压栈；block3 压栈；block2 压栈；弹栈；block1 压栈；弹栈；弹栈；弹栈；

c. block1 压栈；弹栈；block1 压栈；弹栈；block1 压栈；弹栈；block1 压栈；弹栈；

15. 描述在下面的每个场景中如何使用栈：

a. 帮助一个健忘的朋友发现他在晚上外出的时候把伞丢在了哪里。

b. 进行拍卖，允许当前最高出价者撤回其出价。

2.3 集合元素

16. 在 2.3 节“集合元素”中，我们研究了四种方法来定义可以在集合抽象数据类型中保存的元素类型。请简要描述每种方法。

17. 本题中，你必须定义一个简单的泛型接口 PairInterface 以及该接口的两种实现，BasicPair 和 ArrayPair。

a. 定义一个名为 PairInterface 的 Java 接口。实现了该接口的类允许创建一个对象，该对象用来存放“一对”特定类型的对象——它们被称为 pair 的 first 和 second 对象。我们假定实现 PairInterface 的类提供构造函数以参数的形式接受 pair 对象的值。对于 first 和 second 对象，PairInterface 接口需要设置值方法（setters）和取值（getters）方法。实例化 PairInterface 对象时，会指定 pair 中实际的对象类型。因此，PairInterface 接口和实现了该接口的类都应该是泛型的。假设名为 BasicPair 的类实现了 PairInterface 接口。一个使用 BasicPair 的简单示例程序如下所示，它的输出应该是“apple orange”。

```
"apple orange."
public class Sample
{
   public static void main (String[] args)
   {
      PairInterface myPair<String> =
                     new BasicPair<String>("apple", "peach");
      System.out.print(myPair.getFirst() + " ");
          myPair.setSecond("orange");
          System.out.println(myPair.getSecond());
   }
}
```

b. 创建实现了 PairInterface 接口且名为 BasicPair 的类。该类应该使用两个实例变量——first 和 second, 代表 pair 中的两个对象。创建一个测试驱动应用程序来演示 BasicPair 是否正常工作。

c. 创建实现了 PairInterface 接口且名为 ArrayPair 的类。该类使用大小为 2 的数组[10] 来表示 pair 的两个对象。创建一个测试驱动应用程序来演示 ArrayPair 类是否正常工作。

2.4 栈接口

18. StackInterface 接口表示 Stack 抽象数据类型和使用该抽象数据类型的程序员之间的契约。列出该契约的要点。

19. 基于我们 Stack 抽象数据类型规范，应用程序员有两种方式来检查空栈。描述这两种方法并讨论哪种方法更好一些。

20. 写出下面代码段的输出结果。假定 item1、item2 和 item3 是整型变量，s 是符合本节中给出的栈抽象描述的对象。假定你可以用 s 来存储和检索整型变量。

a.
```
item1 = 1; item2 = 0; item3 = 4;
s.push(item2); s.push(item1); s.push(item1 + item3);
item2 = s.top();
s.push (item3*item3); s.push(item2); s.push(3);
item1 = s.top();
s.pop();
System.out.println(item1 + " " + item2 + " " + item3);
while (!s.isEmpty())
{
  item1 = s.top(); s.pop();
  System.out.println(item1);
}
```

b.
```
item1 = 4; item3 = 0; item2 = item1 + 1;
s.push(item2); s.push(item2 + 1); s.push(item1);
item2 = s.top(); s.pop();
item1 = item2 + 1;
s.push(item1); s.push(item3);
while (!s.isEmpty())
{
  item3 = s.top(); s.pop();
  System.out.println(item3);
}
System.out.println(item1 + " " + item2 + " " + item3);
```

[10] 2.5节“基于数组的栈实现”演示了如何使用泛型数组。

21. 有人说："压栈和弹栈操作互为彼此的逆操作，因此，执行一个压栈操作后接着执行一个弹栈操作，与先执行一个弹栈操作接着再执行一个压栈操作总是等价的，可以得到相同的结果。"你会怎么回应这番话？你同意这种说法吗？

22. 在 Pez 糖果的每个塑料容器中，糖果颜色是以随机顺序存放的。有个小朋友只喜欢黄色的糖果，所以他煞费苦心地把所有的糖果一个一个拿出来，吃掉黄色的，然后再把其他糖果按顺序放好，以便他可以按照原来的顺序把那些糖果放回容器——当然得减去吃掉的黄色糖果。写个算法来模拟该过程。（你可以使用在 Stack 抽象数据类型中定义的任何栈操作，但可能不知道栈是如何实现的。）

23. 使用 Stack 抽象数据类型：

a. 下载代码文件，在电脑 / 桌面上正确地配置好，然后执行 ReverseStrings 应用程序。

b. 编写一个使用栈的类似程序。新程序要求用户输入一行文本，然后反向打印该文本行。要实现该功能，应用程序应该使用字符栈。

24. 世纪栈是一个固定大小为 100 的栈。如果一个世纪栈满了，那么栈中最长的元素将被移除，以便为新元素腾出空间。创建一个 CenturyStackInterface 文件来实现该世纪栈的需求。

2.5 基于数组的栈实现

25. 写出下面的代码序列在每一步执行后的实现表示（即实例变量 elements 和 topIndex 的值）：

```
StackInterface<String> s = new ArrayBoundedStack<String> (5);
s.push("Elizabeth");
s.push("Anna Jane");
s.pop();
s.push("Joseph");
s.pop();
```

26. 写出下面的代码序列在每一步执行后的实现表示（实例变量 elements 和 topIndex 的值）：

```
StackInterface<String> s = new ArrayBoundedStack<String> (5);
s.push("Adele");
s.push("Heidi");
s.push("Sylvia");
s.pop();s.pop();s.pop();
```

27. 描述下列每个更改对 ArrayBoundedStack 类的影响。

a. 删除 DEFCAP 实例变量的 final 属性。

b. 将赋给 DEFCAP 的值更改为 10。

c. 将赋给 DEFCAP 的值更改为 -10。

d. 在第一个构造函数中，将语句更改为：

```
elements = (T[]) new Object[100];
```

e. 将 isEmpty 方法中的“topIndex == -1”语句更改为“topIndex < 0”。

f. 反转 push 方法中 else 子句里的两个语句。

g. 反转 pop 方法中 else 子句里的两个语句。

h. 在 top 方法的 throw 语句中，将参数字符串从“Top attempted on an empty stack”更改为“Pop attempted on an empty stack”。

28. 在 ArrayBoundedStack 类中添加下列方法，然后为每个方法创建一个测试驱动程序检验其是否能正常工作。为了练习与数组相关的编程技巧，不要调用该类之前定义的公用方法，而是通过访问 ArrayBoundedStack 的内部变量，为每个方法编程。

a. String toString()——创建并返回一个能够正确表示当前栈的字符串。这个方法在测试和调试类或测试和调试使用该类的应用程序时很有用。假定每个栈元素已经提供了自己的合理的 toString 方法。

b. int size()——返回当前栈中的元素个数。实现该方法时，不要往 ArrayBoundedStack 类中添加任何实例变量。

c. void popSome(int count)——删除栈顶部的 count 个元素；如果栈中元素个数小于 count，则抛出 StackUnderflowException 异常。

d. Boolean swapStart()——如果栈中少于两个元素，则返回 false；否则交换栈顶两个元素的顺序并返回 true。

e. T poptop()——“经典”弹栈操作。如果栈为空，抛出 StackUnderflowException 异常；否则删除并返回栈顶元素。

29. 更新 ArrayListStack 并执行练习 28 中列出的任务。

30. 使用 ArrayBoundedStack 创建一个应用程序，提示用户输入一个字符串，然后重复提示用户输入要对字符串进行何种更改，直到用户输入表示更改结束的 X。合法的更改操作有：

U——使所有字母大写

L——使所有字母小写

R——反转字符串

C ch1 ch2——将字符串中所有的 ch1 更改为 ch2

Z——撤销最后一次进行的更改

可以假定该用户是一个友好的用户，不会输入任何非法字符。当用户输入结束时，生成的字符串就会打印出来。例如，如果用户输入如下字符：

```
All dogs go to heaven
U
R
Z
C O A
C A t
Z
```

那么程序的输出结果为：ALL DAGS GA TA HEAVEN。

31. 软件开发过程中，什么时候开始测试比较合适？

32. 创建类似测试 034（Test034）的非交互式测试驱动程序，对 ArrayBoundedStack 类中列出的方法执行测试：

a. `isEmpty`

b. `top`

c. `push`

d. `pop`

33. 执行练习 32 中的任务测试 ArrayListStack。注意：如果你已经完成了练习 32，那么本题就是一个微不足道的小练习。

34. 实现世纪栈（参见练习 24）。

a. 使用数组（你能设计一种将 push 操作的效率维持在 O(1) 的解决方案吗？）

b. 使用 ArrayList。

2.6 应用程序：平衡表达式

35. 假定下面每个符合语法规则的表达式（使用标准圆括号、中括号和大括号）都传递给 Balanced 类的 test 方法。在栈中保存最多元素的时候，从栈底到栈顶显示栈的内容，包括它们之间的联系。

a. (x x (xx ( )) xx) [ ]

b. ( ) [ ] { } ( ) [ ] { }

c. (( )) [[[ ]]] {{{{ }}}}

d. ({ [[{ ( ) } [{ ( ) }]]] } ( ))

36. 假定下面每个不符合语法规则的表达式（使用标准圆括号、中括号和大括号）都传递给 Balanced 类的 test 方法。当发现表达式不符合语法规则的时候，从栈底到栈顶显示栈的内容。

a. (x x (xx ( ) xx) [ ]

b. ( ) [ ] { ( ) [}] { }

c. (( )) [[[ ]]] {{{{ }}}})

d. ({ [[{ ( ) } [{ ({) }]]] } ( ))

37. 回答下面关于 Balanced 类的问题：

a. 以下面两种方式实例化的类之间是否存在任何功能差异？

```
Balanced bal = new Balanced ("abc", "xyz");
Balanced bal = new Balanced ("cab", "zxy");
```

b. 以下面两种方式实例化的类之间是否存在任何功能差异？

```
Balanced bal = new Balanced ("abc", "xyz");
Balanced bal = new Balanced ("abc", "zxy");
```

c. 以下面两种方式实例化的类之间是否存在任何功能差异？

```
Balanced bal = new Balanced ("abc", "xyz");
Balanced bal = new Balanced ("xyz", "abc");
```

d. 哪种类型会被压栈？字符？基本数据类型整型(int)？整型(Integer)？解释一下。

e. 在哪种情况下，在栈上执行的第一个操作（new 操作不计算在内）是 top 操作？

f. 如果传递给 test 方法的字符串表达式是空字符串时，会发生什么？

2.7 链表

38. 什么是自引用类？

39. 画图表示结构的抽象视图，该结构由以下每个代码序列创建。假设以下三行代码最先执行，然后再执行各选项的代码。

```
LLNode<String> node1 = new LLNode<String>("alpha");
LLNode<String> node2 = new LLNode<String>("beta");
LLNode<String> node3 = new LLNode<String>("gamma");
```

a.
```
node1.setLink(node3);        node2.setLink(node3);
```

b.
```
node1.setLink(node2);        node2.setLink(node3);
node3.setLink(node1);
```

c.
```
node1.setLink(node3); node2.setLink(node1.getLink());
```

40. 我们开发了用于遍历链表的 Java 代码。这里有几种可能有缺陷的替代方法，使用遍历的方式来打印字符串链表的内容，该链表是通过 letters 访问的。请评价各方法。

a.
```
LLNode<String> currNode = letters;
while (currNode != null)
{
  System.out.println(currNode.getInfo());
  currNode = currNode.getLink();
}
```

b.
```
LLNode<String> currNode = letters;
while (currNode != null)
{
  currNode = currNode.getLink();
  System.out.println(currNode.getInfo());
}
```

c.
```
LLNode<String> currNode = letters;
while (currNode != null)
{
  System.out.println(currNode.getInfo());
  if (currNode.getLink() != null)
    currNode = currNode.getLink();
  else
    currNode = null;
}
```

41. 假设数字指向 LLNode<Integer> 链表。编写打印以下内容的代码。记得考虑链表为空的情况。回想一下，LLNode 为 info 和 link 变量都导出了设置值方法（setters）和取值方法（getters）。

a. 链表中所有数字的和

b. 链表中元素的个数

c. 链表中正数的个数

d. 链表的枚举内容。例如，如果链表包含 5、7 和 -9，则代码会打印如下。

1. 5
2. 7
3. -9

e. 链表的反向枚举内容（提示：使用栈）。例如，如果链表包含 5、7 和 -9，则代码会打印如下：

1. -9
2. 7
3. 5

42. 使用与本节中相同的算法呈现方式描述下列算法：

a. 从链表中删除第一个元素

b. 从链表中删除第二个元素

c. 交换链表中前两个元素（可以假定链表中至少有两个元素）

d. 添加一个 info 属性是 1 的元素，使其成为链表的第二个元素（可以假设链表至少有一个元素）

2.8 基于链接的栈

43. 就内存分配而言，基于数组的栈和基于链接的栈之间的主要不同之处是什么？

44. 考虑 LinkedStack 类 push 方法的代码。对该代码进行以下更改会产生什么影响？

a. 交换第一行和第二行代码。

b. 交换第二行和第三行代码。

45. 给出以下代码序列每一步的实现表示（画出以 topIndex 开始的链表）：

```
StackInterface<String> s = new LinkedStack<String>();
s.push("Elizabeth");
```

```
s.push("Anna Jane");
s.pop();
s.push("Joseph");
s.pop();
```

46. 给出以下代码序列每一步的实现表示（画出以 topIndex 开头的链表）：

```
StackInterface<String> s = new LinkedStack<String>();
s.push("Adele");
s.push("Heidi");
s.push("Sylvia");
s.pop();s.pop();s.pop();
```

47. 重复练习 28，但是将那些方法添加到 LinkedStack 类。

48. 使用 LinkedStack 类来支持追踪在线拍卖状态的应用程序。出价从 1（美元、英镑、欧元或其他货币）开始，每次加价至少为 1。如果新的出价低于当前出价，则将其丢弃；如果新的出价高于当前出价，但是小于当前高出价者的最高出价，则提高当前高出价者的当前出价以匹配新的出价，并丢弃新的出价；如果新的出价高于当前高出价者的最高出价，则新出价人将成为当前的高出价者。当拍卖结束时（输入结束），实际出价（没有被丢弃的出价）应按照从高到低的顺序显示出来。例如：

新出价	结果	高出价人	高出价	最大出价
7 John	New high bidder	John	1	7
5 Hank	High bid increased	John	5	7
10 Jill	New high bidder	Jill	8	10
8 Thad	No change	Jill	8	10
15 Joey	New high bidder	Joey	11	15

这次拍卖的出价历史为：

Joey	11
Jill	8
John	5
John	1

输入 / 输出细节可以由你或指导教师来决定。无论何种情况下，随着输入的不断进行，应该显示出拍卖的当前状态。最终输出应包含如上所述出价历史记录。

49. 使用链表实现世纪栈（见练习 24）。

2.9 应用程序：后缀表达式评估器

50. 为下面后缀表达式求值。

a. 5 7 8 * +

b. 5 7 8 + *

c. 5 7 + 8 *

d. 1 2 + 3 4 + 5 6 * 2 * * +

51. 为下面的后缀表达式求值。有些表达式可能是不符合语法规则的，这种情况下，返回正确的错误信息（如，“操作数太多”“操作数不足”）。

a. 1 2 3 4 5 + + +

b. 1 2 + + 5

c. 1 2 * 5 6 *

d. / 23 * 87

e. 4567 234 / 45372 231 * + 34526 342 / + 0 *

52. 修改并测试此处指定的后缀表达式求值程序。

a. 使用 ArrayListStack 类而不是 ArrayBoundedStack 类——不必担心栈溢出。

b. 捕捉并处理之前假定不存在的被零除的情况。例如，如果输入的表达式是 5 3 3 - /，得到的结果应该是“illegal divide by zero”。

c. 支持由“^”表示的新操作，并返回其较大的操作数。例如，5 7 ^ = 7。

d. 跟踪在求值表达式期间压入栈中的数字的统计信息。程序应输入压栈的最大和最小数字、压栈的总数以及压栈数字的平均值。

2.10 栈变体

53. 在栈抽象数据类型的讨论中，与经典的栈定义相比，我们的 top 方法是多余的。假设 myStack 是一个使用 pop 方法的经典定义的字符串栈。创建功能上与以下代码行等价的代码部分，但是不能使用 top 方法：

```
System.out.println(myStack.top());
```

54. 正如本节中所讨论的，不让我们的栈方法在“错误”调用的情况下抛出异常，我们可以使用栈方法自身来处理这种情况。我们定义下面三种“安全”方法：

- Boolean safePush(T element)——将 element 压栈。如果压栈成功返回 true，否则返回 false。
- boolean safePop( )——删除栈顶元素。如果弹栈成功返回 true，否则返回 false。
- T safeTop( )——如果栈不为空返回栈顶元素，否则返回 null。

a. 在 ArrayBoundedStack 类中添加这些操作。创建测试驱动应用程序来演示添加的代码是否正常工作。

b. 在 ArrayListStack 类中添加这些操作。创建测试驱动应用程序来演示添加的代码是否正常工作。

c. 在 LinkedStack 类中添加这些操作。创建测试驱动应用程序来演示添加的代码是否正常工作。

练习 55 到 58 需要做一些扩展研究。

55. 描述 Java 库中 Vector 类和 ArrayList 类之间的主要区别。

56. 解释如何使用 Java 集合框架中的迭代器。

57. Java 库中 Set 类的定义特征是什么？

58. Java 库中的哪些类实现了 Collection 接口？

CHAPTER 3

递归

知识目标

你可以

- 定义递归
- 讨论把递归作为解决问题的技巧
- 描述用于分析递归方法的三个问题
- 在递归问题描述的前提下，做以下事项：
  - 确定基础条件
  - 确定一般条件
  - 用递归设计解决方案
- 比较和对照动态与静态存储分配
- 通过展示运行时栈的内容，解释递归内部运作情况
- 解释为何递归未必是实现问题解决方案的最佳选择

技能目标

你可以

- 在使用递归方法的前提下，做以下事项：
  - 确定该方法暂停的条件
  - 确定基础条件
  - 确定一般条件
  - 确定该方法能做什么
  - 确定该方法是否正确，如果不正确则纠正
- 通过三个问题的方法验证递归方法
- 决定某个递归解决方案是否对某个问题适用
- 在适用的情况下，针对某个问题实现递归解决方案
- 用递归方法处理数组
- 用递归方法处理链表
- 用递归方式解决汉诺塔问题
- 用递归生成分形图
- 创建使用尾递归的程序迭代版本
- 用基于栈的解决方案替代递归解决方案

本章介绍递归这个主题。递归是多种计算机语言（包括Java）都支持的独特算法，可以帮助我们解决问题。什么是递归？我们首先来进行视像模拟。

你可能见过颜色鲜艳的俄罗斯套娃，一个套着另一个，大的套着小的，小的套着更小的，以此类推。用递归方式解决问题就像拆俄罗斯套娃一样，你要为同一问题创建越来越小的版本，直到创建了再也无法拆分的版本（问题也就迎刃而解了），就好像你拆到了套娃里面最小的一个。要确定整体的解决方案通常需要把较小的解决方案结合在一起，就像重新把俄罗斯套娃一个接一个套回去。

递归如果使用恰当，便是一种极其强大又好用的解决问题的工具，还是一种很有趣的方式！在后面几章，我们将多次用到递归，帮助我们解决问题。

3.1 递归定义、算法和程序

递归定义

大家已经对递归定义有所了解。下面看一下对用来整理计算机文件的文件夹（或目录、名录）的定义：文件夹是文件系统里面的实体，它包含了一组文件或其他多个文件夹。这种定义就是递归式的，因为它以文件夹的自身进行阐述。**递归定义**就是某物的定义是以它自身更小的版本进行的。

数学家经常会用概念自身来定义概念。例如，n!（n的阶乘）用来计算n元素的递乘数，而n!的非递归定义就是：

$$n! = \begin{cases} 1 & \text{if } n = 0 \\ n \times (n-1) \times (n-2) \times \ldots \times 1 & \text{if } n > 0 \end{cases}$$

求4!的情况下，因为n>0，我们用该定义的后半部分：

$$4! = 4 \times 3 \times 2 \times 1 = 24$$

n!的这种定义在数学上不够严谨，它用三个点来替代中间的阶乘，这非常不正式。例如，8!的定义就是8×7×6×…×1，其中…代表5×4×3×2。

我们可以用更规范的方式来解释n!，而无需用到三个点，这种方法就是递归：

$$n! = \begin{cases} 1 & \text{if } n = 0 \\ n \times (n-1)! & \text{if } n > 0 \end{cases}$$

这种方法用阶乘函数本身来表示，所以这是一种递归定义。8!的定义现在变成8×7!。

递归计算

让我们用递归定义来预排4!的计算。用一套索引卡来帮助追踪，这不仅能演示递归定义的使用方法，还能对执行递归程序的计算机系统进行行为模拟。

拿出一张索引卡，写上：

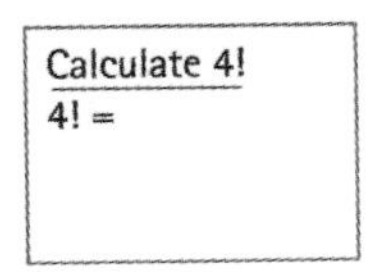

按照递归定义，我们确定4大于0，即采用该定义的后半部分，继续写上：

Calculate 4!
4! = 4 × (4 − 1)!
4! = 4 × 3!
4! = 4 × □

当然，第三行我们没写完，因为不知道3!的值为多少。在继续解决原问题（计算4!）之前，我们要解决新问题（计算3!），所以要拿出另一张索引卡，将它叠在第一张卡的上面，写上新问题：

Calculate 4!
4!
4!
4!
Calculate 3!
3! =

再次按照递归定义，我们确定3大于0，因而采用该定义的后半部分，继续写上：

Calculate 4!
4!
4!
4!
Calculate 3!
3! = 3 × (3 − 1)!
3! = 3 × 2!
3! = 3 × □

跟之前一样，在不知道2!的值为多少的情况下，第三行无法完成。我们再拿出另一张索引卡，写上新问题。以此类推，我们最后在桌面上会有五张卡：

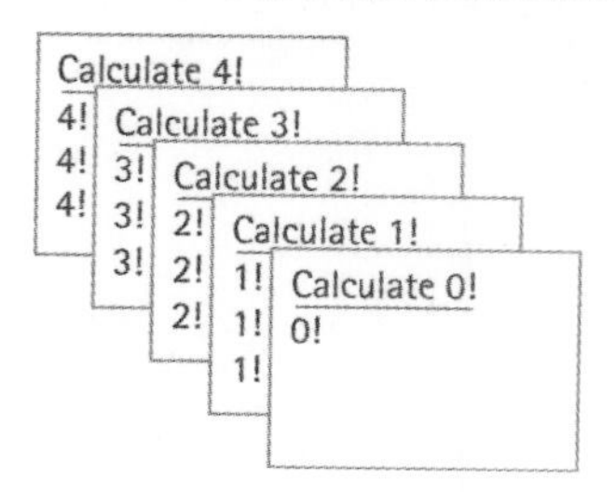

这时候，当我们再用递归定义来计算0!，就会发现可以用该定义的前半部分：0!等于1，而最上面的卡也可以完成计算，如下图所示：

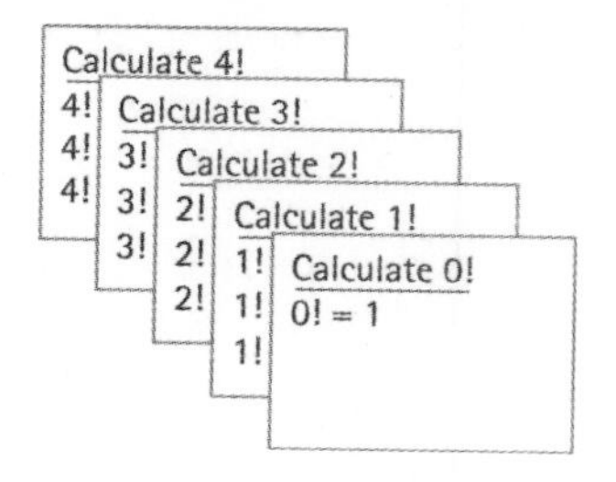

如此一来，这些索引卡最上面那张已经完成解决问题，计算结果为1。记住这个结果，把最顶上的这张卡拿开，现在最顶上的卡便是Caculate 1!（计算1!）卡，把“1”填入这张卡的空格内，继续解决问题。我们知道怎么计算1×1，所以就能快速完成这个问题，得到以下结果：

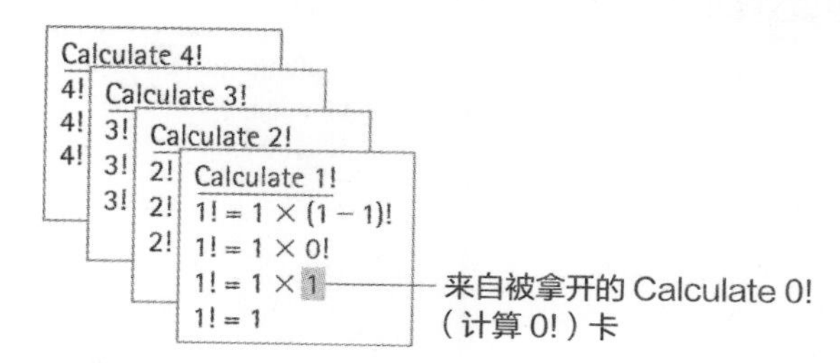

跟之前一样，在不知道2!的值为多少的情况下，第三行无法完成。我们再拿出另一张索引卡，写上新问题。以此类推，最后在桌面上会有五张卡：

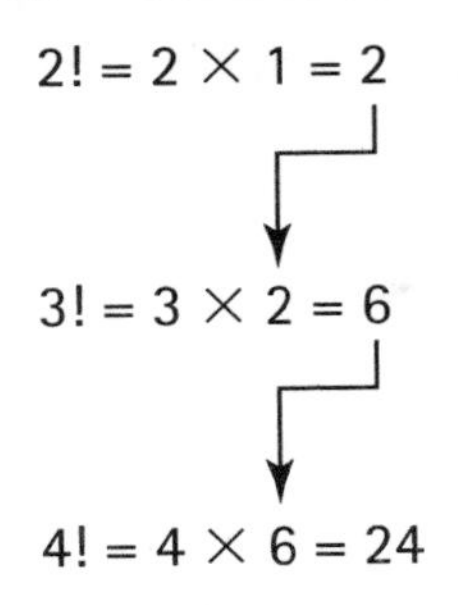

最后把解决方案放到原问题中：

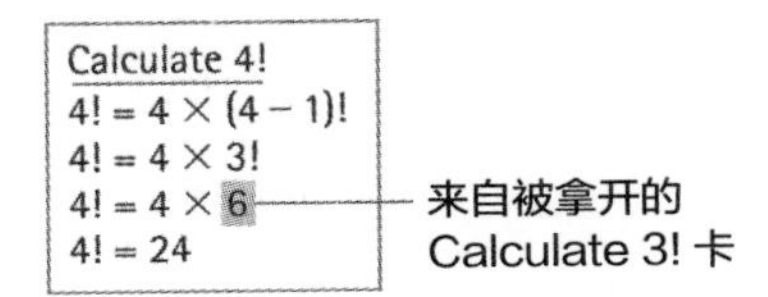

注意，在不借助有关定义递归部分就能知道答案的情况下，我们便不再创建新问题卡。在以上范例中，当我们算到Calculate 0!，就可以不用借助递归，而直接从定义中知道该值等于1。

当某个条件的答案可以直接知道，而无需进一步递归，则称为**基础条件**。一个递归定义可能有一个以上的基础条件。解决方案要用自身更小的版本来表示的条件，则称为**递归条件**或**一般条件**。一个递归定义也可能会有一个以上的递归条件。**递归算法**是一种用自身更小的版本来表示解决方案的算法。递归算法要有终点，换言之，必须要有基础条件，而递归条件也必须最终通向基础条件。

以下是直接基于递归定义，计算n!的递归算法，假设n为非负数整型。

阶乘（int n）

```
// 前置条件：n >= 0
if (n == 0)
    return (1)
else
    return (n * Factorial (n - 1))
```

递归程序

就Java而言，一种方法能调用另一种方法，甚至能够调用自身。当某种方法调用自身，就是在进行**递归调用**。使用递归方法调用来实现递归问题解决方案是再自然不过的事了。

以下这个Java方法与我们的递归阶乘算法相对应，它使用递归调用（下划线强调）来计算整型自变量的阶乘。

```
public static int factorial(int n)
// 前置条件：n 为非负数
//
// 返回 "n!" 值
{
     if (n == 0)
         return 1;          // 基础条件
     else
         return (n * factorial(n - 1));        // 一般条件
}
```

编码类型

通常我们不会在程序里使用单字母的标识符。不过，在本章有几个示例是由数学家和计算机科学家共同描述的，他们用了单字母作名称，所以我们在讨论和程序中也延续这个传统。

递归调用中的自变量n–1不同于原调用的自变量n。这是很重要的必要条件，否则该方法就会继续不停地调用自己。

比如，假设可访问上述方法的某个应用程序调用了以下陈述：

```
System.out.println(factorial(4));
```

跟上述索引卡的例子非常相似，系统在执行factorial(4)的时候会调用factorial (3)，factorial(3)再反过来调用factorial(2)，factorial(2)又反过来调用factorial(1)，factorial(1)又调用基础条件factorial(0)。如上面所示，递归调用通向调用链的末端——基础条件，否则它就会永远在递归。这时候，开始返回陈述链，factorial(0)返回1、factorial(1)返回1、factorial(2)返回2、factorial(3)返回6，而factorial(4)返回24，即应用程序最终的输出结果。

这种factorial方法是直接递归的一个范例。**直接递归**是某种方法直接进行自我调用的递归。本章的所有范例都涉及直接递归。**间接递归**是两种或以上的方法调用链返回至链最开始的方法。例如，方法A调用方法B，方法B再调用方法A，这种方法调用链甚至会更长，但只要它最终通向方法A，那它就是间接递归。

阶乘的迭代解决方案

递归是一种强大的编程方法，但应用递归时必须谨慎。针对同一个问题，递归解决方案的效率可能不如迭代解决方案。实际上，在本章所介绍的一些范例，包括factorial都更加适合迭代方式。我们会在第3.8节“何时使用递归解决方案”中深入探讨这一话题。

我们用阶乘算法来表示递归，这种方法很常见，也很容易形象化。在操作中，我们不推荐用递归来解决这个问题，因为还有更加直截了当、效率更高的迭代解决方案。下面让我们来看看用迭代解决方案来解决问题：

> **重点内容**
>
> 我们用阶乘问题来介绍递归，因为学生对这种方法比较熟悉，而且它清楚地展示了递归定义、算法和程序。不过，这里所介绍针对阶乘的迭代解决方法，它与递归版本一样容易理解，而且效率更高，因为迭代方法不需要叠加那么多种方法调用。

```
public static int factorial2(int n)
// 前置条件：n 为非负数
//
// 返回 retValue 的值：n!
{
     int retValue = 1;
     while (n != 0)
     {
          retValue = retValue * n;
          n = n - 1;
     }
     return(retValue);
}
```

迭代解决方案往往要用到循环，而递归解决方案则往往可以选择陈述——要么是if陈述，要么是switch陈述。分支结构通常是递归方法中的主要控制结构，而循环结构则是迭代方法对应的控制结构。阶乘的迭代版本有两个局部变量（retValue和n），而递归版本没有变量。某种递归方法中的局部变量也通常比迭代方法的少。迭代解决方案效率更高，因为启动一个新的循环迭代的操作比调用一种方法快。迭代和递归阶乘方法都列入ch03.apps package的TestFactorial应用程序中。

3.2 三个问题

本节介绍针对任何递归算法或程序而提出的三个问题。用这三个问题可以帮我们验证、设计和调试针对问题的递归解决方案。

验证递归算法

在第3.1节“递归定义、算法和程序”中介绍的预排工作可以帮助我们了解递归处理，但还不足以确认某种递归算法是正确的。总而言之，模拟执行factorial(4)时，当自变量等于4，则意味该方法运行成功，但并不意味着这种方法对其他自变量都有效。

我们使用三个问题的方法来验证递归算法。为了验证某个递归解决方案能成功运行，以下三个问题的答案必须为肯定：

1. 基础条件问题　算法是否存在非递归方式，以及算法是否适用于该基础条件？
2. 较小调用问题　算法的各种递归调用是否涉及原问题更小的条件，而要达到基础条件就无法绕过这个更小条件？
3. 一般条件问题　假设递归调用更小条件能够正确运作，算法是否适用于一般条件？

让我们将这三个问题运用到阶乘算法中：

阶乘（int n）

```
// 前置条件：n >= 0
if (n == 0)
    return (1)
else
    return (n * Factorial (n - 1))
```

1. 基础条件问题　当n等于0时，存在基础条件。然后Factorial算法返回1的值，从定义上讲这就是0!的正确值。答案为肯定。
2. 较小调用问题　参数为n，递归调用通过自变量n - 1。因此每个后续的递归调用都会发回一个更小的值，直到发回的值最终为0，即基础条件。答案为肯定。
3. 一般条件问题　假设递归调用Factorial(n - 1)给我们的正确值是(n - 1)!，则返回陈述计算n*(n - 1)!。这便是阶乘的定义，所以我们就知道假设在更小条件能够正确运作，该算法就适用于一般条件。答案为肯定。

由于三个问题的答案都为肯定，我们便能得出该算法运行成功的结论。如果你对归纳证明有所了解，就能知道我们之前所做的。在假设算法能在更小的条件运用后，我们便证明了该算法也能用于一般条件。因为我们还证明了算法能用于0的基础条件，就归纳出该算法能用于等于或大于0的任何整型自变量。

确定输入限制

针对阶乘的问题，我们假设n的原值大于或等于0。注意如果没有这层假设，我们就无法肯定地回答有关较小调用的问题。例如，从n=-5开始，递归调用按要求会跳过离基础条件更远的自变量-6。

这些限制通常出现在递归计算的自变量输入中。我们一般可以用三个问题的分析来确定这些限制。只需简单检查自变量起始值在进行较小调用时是不是没有生成一个离基础条件更近的自变量，如果没有生成，那这个起始值则为无效。限制你的合法输入自变量，不允许有无效的起始值存在。

编写递归方法

用来验证递归算法的几个问题也可以用来指导我们编写递归方法。以下是设计一种递归方法的好方式：

1. 获取即将解决的问题的确切定义。

2. 确定即将解决的问题的大小。初步调用该方法时，整个问题的大小用自变量的值来表示。

3. 识别能用非递归方式禁行标示的问题的基础条件，并加以解决。如此确保基础条件问题的答案为肯定。

4. 用递归调用就同一个问题的更小条件进行识别和正确解决一般条件。如此确保较小调用和一般条件的问题答案为肯定。

在阶乘问题的例子中，问题的定义在阶乘函数的定义中概括了。问题的大小就是阶乘数n。当n为0，存在基础条件，在这种条件下我们可以采用非递归通道。当n>0，存在一般条件，就要使用递归调用到factorial，求出更小条件factorial（n-1）。用表格来概括这个信息：

Recursive factorial(int n)方法：返回int

定义： 计算和返回n!

前置条件： n为非负数

大小： n的值

基础条件： 如果n等于0，返回1

一般条件： 如果n>0，返回n*factorial(n - 1)

调试递归方法

因为递归方法的嵌套调用是自己调用自己，所以要进行调试可能会很麻烦。最严重的问题就是这个方法可能一直在递归，一旦出现这种问题通常会弹出出错信息，提示我们栈运行时系统运作超出空间，原因就是递归调用的层次所致（第3.7节“移除递归”介绍递归如何使用运行时的栈）。用三个问题的方法验证递归方法，确定自变量限制，将能够帮助我们避开这个问题。

即使三个问题都能成功运用，也无法保证程序不会因为空间不足而运行失败。第3.8节“何时使用递归解决方案”将讨论支持递归方法调用所需要的闲置空间内存。因为调用一种递归方法可能会产生多个层次的自己调用自己的方法调用，所占据的空间可能会大于系统能处理的空间。

程序员刚开始编写递归方法经常会犯的一个错误就是使用循环结构，而不用分支结构。因为他们往往从动作重复性的层面来看待问题，所以会无意中使用while陈述，而不是if陈述。一种递归方法的数据体通常都要拆分成基础和递归条件。因此，我们要用分支陈述。我们最好重复检查递归方法，以确保我们是用if或switch陈述来选择递归或基础条件的。

3.3 数组的递归处理

许多跟数组有关的问题都有递归解决方案。总而言之，某个数组的一个分段（分数组）也可以视作一个数组。如果我们能够结合分数组相关问题解决方案进而解决某个数组相关问题，那就可以使用递归方法了。

二分查找

在本节解决的通用问题将找到分类数组的目标元素。我们的方法是对数组的中点进行检查，将在该处发现的元素与我们的目标元素相比较，如果幸运的话，这两个元素“相等”，但如果运气不够，我们也能够从进一步考虑，将数组折半，这取决于我们的目标元素是比受检查元素大还是小。我们重复检查数组剩下部分的中间元素，将剩下的元素再折半，直到找出目标元素或者确定目标元素不在此数组中。

认识算法

你或许了解本节使用的算法，它属于二分查找算法，也就是第1.6节“算法比较：增长阶分析”中玩猜数游戏所用的方法中的一种。第1.6节的分析表明这是一种高效查找方法，$O(\log_2^N)$中的N代表原查找区域的大小。

这种方法是“减治”算法设计技能的一个示例，也就是我们通过削减数组分段的大小，在解决方案过程中的每个阶段进行查找，进而解决问题。这里所用的具体减治算法就叫二分查找算法。

二分查找非常适合用于递归的实现。如果在某阶段最后都没有找到目标，那我们可以在原数组的另一部分继续查找，用二分查找来查找该分数组。

假设我们可以从递归方法二分查找中访问名为values的已归类int数组，那具体问题就是确定数组中有没有名为target的给定int。我们把目标元素和仍在查找的数组部分的开始索引和结束索引都交给递归方法。因此这个方法的符号差便是：

```
boolean binarySearch(int target, int first, int last)
```

下面我们用具体示例为算法添加详细内容，创建代码。让我们在一组含有4、6、7、15、20、22、25和27的数组中查找20这个值。查找开始时，first（首位）为0，last（末位）为7，因此我们调用binarySearch（20,0,7）结果是：

目标：20
首位 =0 末位 =7

	[0]	[1]	[2]	[3]	[4]	[5]	[6]	[7]
值：	4	6	7	15	20	22	25	27

中点（midpoint）是first和last的平均值：

```
midpoint = (first + last) / 2;
```

引至以下结果：

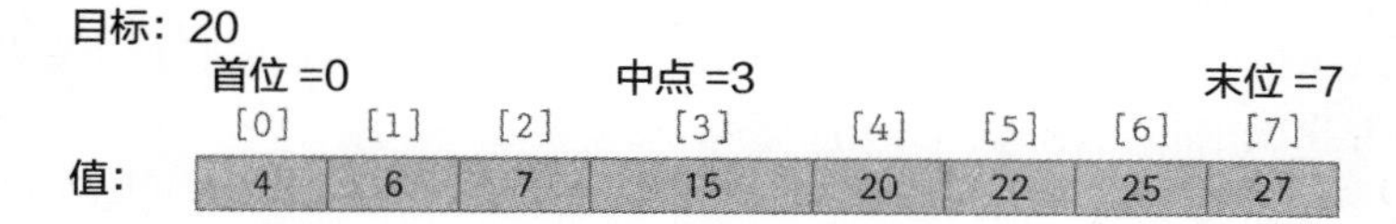

如果[midpoint]值（为15）等于target（为20），那么我们便完成查找，返回true。但它们并不相等。不过，既然[midpoint]值小于target，我们就可以排除掉数组中数值较小的那一半。我们将first设为midpoint + 1，用递归方式调用binarySearch（20,4,7），计算出新的midpoint，结果就是：

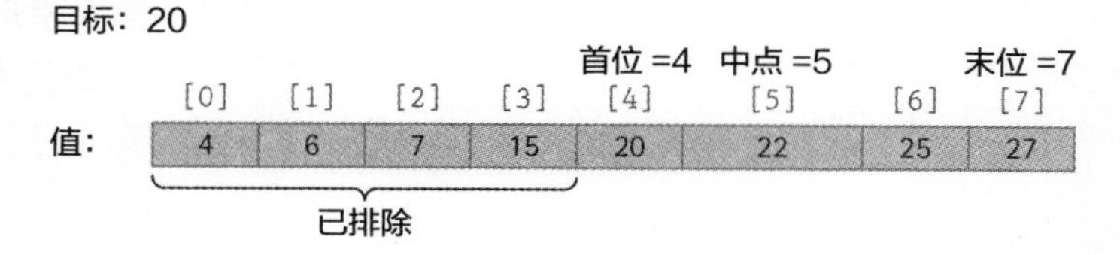

这时[midpoint]值比target大，我们就把数组剩下部分中数值较高的那一半排除。把last设为midpoint - 1，用递归方式调用binarySearch（20,4,4），再计算出新的midpoint，

结果就是：

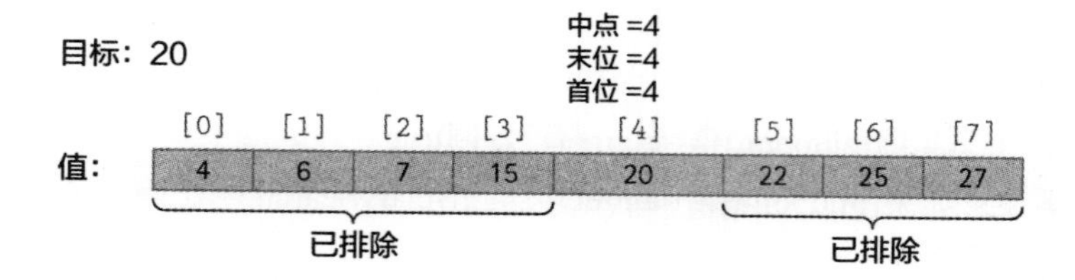

最后，[midpoint]值等于target，我们完成查找，返回true。

通过这个示例，我们知道当数组位置midpoint的元素小于、大于和等于target，应当如何处理这些情况。但我们还要确定如果目标元素在数组中不存在，要如何结束计算。

再看看上述示例，这次把值的第五个元素20换成18。按照同样的顺序步骤，直至最后一步，我们可以得出以下结果：

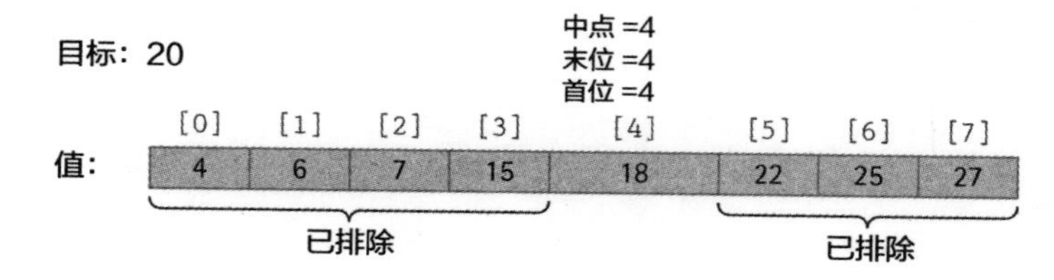

从这里开始，可以看到[midpoint]值小于target，我们便把first设为midpoint + 1，用递归方式调用binarySearch（20,5,4）：

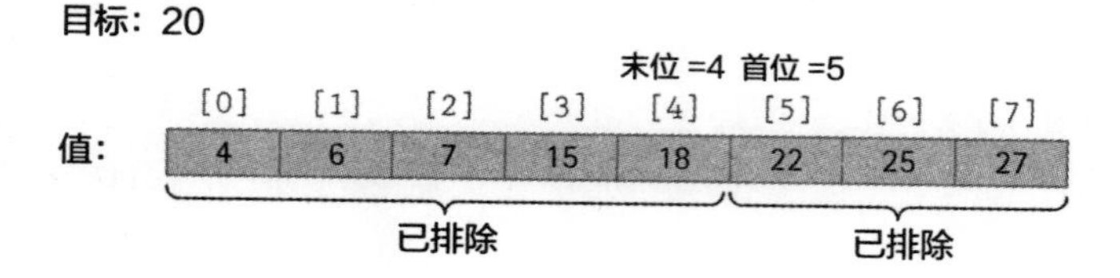

注意我们已将整个数组排除在外，所调用二分查找出现了first自变量大于last自变量的情况。想要查找出在数组中根本不存在的数组，这明显属于退化情况。这种情况下，该方法会返回false，表示target不在数组中。下表对计算进行概括：

Binary Search（target,first,last）：返回boolean

定义： 如果目标在已分类数组值中存在，介于索引first和索引last之间，则返回true，否则返回false

前置条件： first和last为有效的数组索引

大小： last - first + 1

附注： midpoint的计算方式为（first + last）/2

基础条件： 如果first>last，返回false

如果[midpoint]值==target，返回true

一般条件： 如果[midpoint]值<target，返回BinarySearch（target,midpoint+1,last）

如果[midpoint]值>target，返回BinarySearch（target,first,midpoint-1）

让我们用三个问题的方法来验证二分查找：

1. 基础条件问题 有两个基础条件

a. 如果first>last，算法返回false。这是正确的，因为在这种情况下，没有可查找的数组元素。

b. 如果[midpoint]值==target，算法返回true。这是正确的，因为target已找到。

答案为肯定。

2. 较小调用问题 在一般条件中，使用参数first和last调用binarySearch，表示所查找的分数组的起点和终点，前提是first小于等于last。因为midpoint的计算方式为（first+last）/2，结果肯定是大于等于first且小于等于last。因此，范围（midpoint+1,last）和（first,midpoint-1）的大小肯定小于范围（first,last）的大小。答案为肯定。

3. 一般条件问题 假设递归调用binarySearch（target,midpoint+1,last）和binarySearch（target,first,midpoint-1）给出的结果正确，则返回陈述将给出正确结果，因为已经确定target没有在该数组的另一部分存在，target是否存在于数组中完全取决于它是否存在于指定的分数组中。答案为肯定。

> **预防溢出**
>
> 如果所查找的数组比较大，查找范围已经缩小到数组的较高值处，即有可能first和last都是大数。将两个大数相加将导致算法溢出。因此，这种情况下比较安全的做法是用“first+（last−first）/2”来计算midpoint。不过为清楚起见，正文代码中我们将使用“（first+last）/2”这种算法在大多数实操中比较安全，而且易读易理解。

基于三个问题的答案都为肯定，我们可以得出结论，即该算法运行成功。代码如下：

```
boolean binarySearch(int target, int first, int last)
// 前置条件：first 和 last 都是合法值索引
//
// 如果 target 含在 [first, last] 值中，返回 true
// 否则返回 false
{
   int midpoint = (first + last) / 2;
   if (first > last)
      return false;
```

```
    else
       if (target == values[midpoint])
         return true;
       else
       if (target > values[midpoint])    // target 太高
         return binarySearch(target, midpoint + 1, last);
       else                              // target 太低
         return binarySearch(target, first, midpoint - 1);
}
```

这个代码可以在ch03.apps package的BinarySearch.java文件中找到。这个代码还包括了该算法的迭代版本，与递归版本差异不大。注意这种算法已经进行了效率分析，即为$O(\log_2 N)$（见第1.6节“算法比较：增长阶分析”后半部分）。

3.4 链表的递归处理

数组和链表（引用）是创建数据结构的两种基础构件块。上一节我们讨论了数组递归处理的一些案例，本节我们将讨论递归处理链表。为了简化本节中的链表图，我们一般会用大写字母代表节点信息，用箭头表示对下一节点的链接，用斜线表示引用为空。

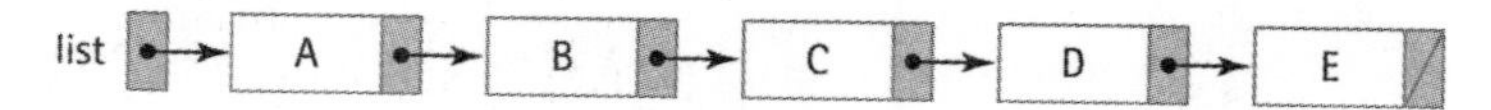

链表的递归性质

递归方法用于处理链表的时候，通常都能成功运作。这是因为链表本身就属于递归结构，比数组有过之而无不及。第2.7节“链表”就介绍了链表的构件块LLNode类，其中说到LLNode属于自引用类，这表示一个LLNode对象包含了对这个LLNode对象的引用，在以下代码部分也有强调：

```
public class LLNode<T>
{
     protected T info;               // 信息存储在链表中
     protected LLNode<T> link;       // 引用一个节点
. . .
```

自引用类与递归息息相关。从某种程度上讲，它们都能递归。

一个链表要么为空链表，要么由一个节点组成，包括信息和一个链表两个部分。例如，list1是空表，而list2（含有A、B和C的表）包括了对某个LLNode对象的引用，该对象含有信息（A）和一个链表（含有B和C的表）：

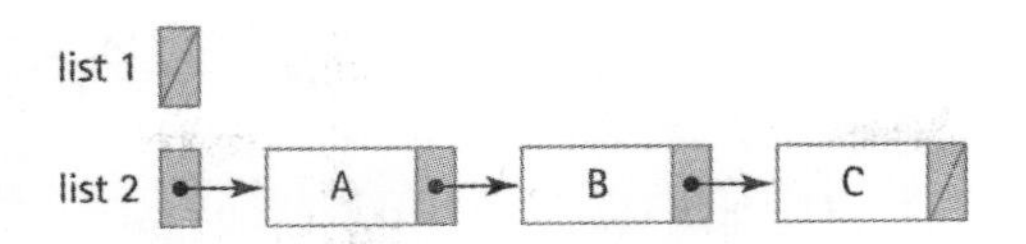

注意，“最后”一个节点的链值往往都是空值。如果我们用递归方法处理链表，则对这个空值的处理通常都归为基础条件。

链表遍历

为了访问各个元素和执行一些处理类型而进行链表遍历，这是一种常见操作。假设我们想要打印表的内容，递归算法是一种直截了当的方法。如果链表为空，则无需如此操作；否则我们就在当前的节点上打印信息，再在链表的余下部分打印信息，见图3.1。

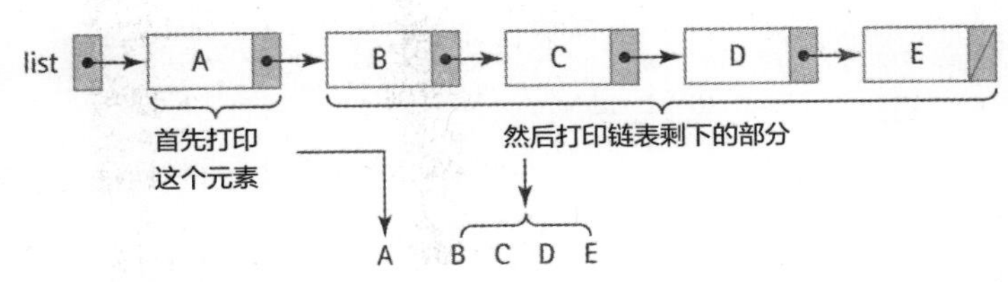

图3.1 用递归方式打印链表

将这个算法转换成代码也很直截了当：

```
void recPrintList(LLNode<String> listRef)
// 将 listRef 链表内容打印到标准输出
{
   if (listRef != null)
   {
      System.out.println(listRef.getInfo());
      recPrintList(listRef.getLink());
   }
}
```

在if陈述中，打印listRef所指向的链表中第一个节点的内容，随后递归调用打印链表余下部分的recPrintList。当达到链表末端时，基础条件形成，listRef为空，这种情况下会跳过if陈述，处理进程停止。下面我们用三个问题的方法验证recPrintList。

1. 基础条件问题 当listRef等于null，跳过if数据体，返回。此时什么都没有打印出来，这对于空链表而言是适当的。答案为肯定。
2. 较小调用问题 递归调用传递被listRef.getLink()引用的链表，它比被listRef引用的链表小一个节点。最终它将传递空链表，换言之，它将传递原链表中最后一个节点的null引用。基础条件形成，答案为肯定。

3. 一般条件问题 我们假设以下陈述：

```
recPrintList (listRef.getLink());
```

正确打印输出链表剩下部分；打印第一个元素后，紧跟着链表剩下部分也正确打印，整个链表一目了然。答案为肯定。

注意用迭代（非递归）方法来进行链表遍历也很简单。一开始见到2.7节“链表”中的链表时，我们便开发了一种迭代方法来打印链表的内容。将两种方法放到一起进行对照，将对我们有所启示：

迭代

```
while (listRef != null)
{
  System.out.println(listRef.getInfo());
  listRef = listRef.getLink();
}
```

递归

```
if (listRef != null)
{
  System.out.println(listRef.getInfo());
  recPrintList(listRef.getLink());
}
```

迭代用一个while循环贯穿整个链表，它一直循环到链表的末端。同样地，递归版本也贯穿整个链表，直到达到末端，不过它通过重复递归调用来实现重复。

我们在上文所见的编码模式同样能用于解决许多其他有关链表遍历的问题。例如，考虑以下两种方法，这两种方法返回传递为自变量的链表中的元素数，还使用了与上述一样的模式。第一种用的是迭代方法，第二种用的是递归方法。

```
int iterListSize(LLNode<String> listRef)
// 返回 listRef 链表的大小
{
   int size = 0;
   while (listRef != null)
   {
      size = size + 1;
      listRef = listRef.getLink();
   }
```

```
   return size;
}
int recListSize(LLNode<String> listRef)
// 返回 listRef 链表的大小
{
   if (listRef == null)
      return 0;
   else
      return 1 + recListSize(listRef.getLink());
}
```

注意迭代版本声明变量（大小）保存计算的中间值。在递归版本中则无需这样做，因为中间值是由递归的return陈述生成的。

打印链表问题中的一个微妙变化更能够清楚地表明递归方法的用处，因为用递归方式解决比用迭代方式解决要容易。假设我们想要以相反的顺序打印链表，即先在最后一个节点打印信息，再在倒数第二个节点打印信息，以此类推。按从前往后顺序的打印方法，递归算法是一种直截了当的方法。如果链表为空，则无需如此操作；否则我们从最后一个节点开始打印信息，最后再打印第一个节点的信息（见图3.2）。

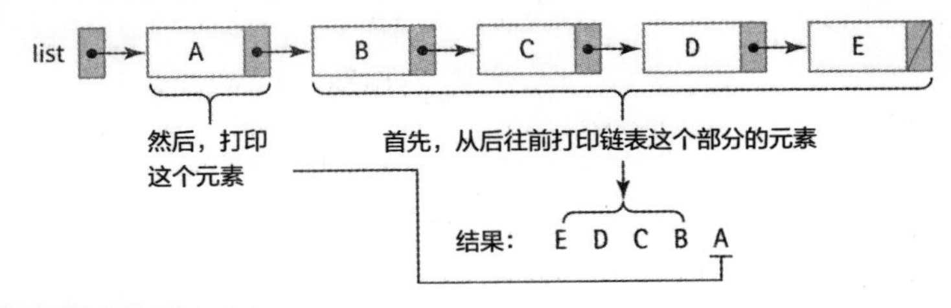

图3.2 用递归方式反方向打印链表

相应的代码与recPrintList几乎完全一样，我们只需要将if陈述里面两个陈述的顺序调换一下，当然，也要改方法名：

```
void recRevPrintList(LLNode<String> listRef)
// 将 listRef 链表内容打印到标准输出
// 按相反方向
{
   if (listRef != null)
   {
      recRevPrintList(listRef.getLink());
      System.out.println(listRef.getInfo());
   }
}
```

如果用迭代方法来解决这个版本的链表打印问题就没那么容易了。一种$O(N^2)$方法是遍历链表，算出元素，然后重复再遍历链表中将打印的下一个元素，每次都仔细计算比上一次少一个数的元素。另一种更有效的方法是只遍历一次，将各个元素放到一个栈中。一旦达至链表末端，便不断地把这个末端元素弹栈，打印出来。用栈来“替代”递归并不罕见，我们将在第3.7节“移除递归”介绍这个知识点。

链表转换

这里介绍转换链表的操作，例如添加或移除元素。用递归方法对链表作出这些类型的改变比仅仅只是遍历链表还要复杂得多。这里我们将在示例中使用字符串链表。

假设我们想创建一种接受String自变量和链表自变量（类型LLNode<String>的变量）的递归方法**recInsertEnd**，再把字符串插入链表末端。我们推论，如果链表自变量的链不为**null**，就需要将字符串插入该链指向的分表，这属于递归调用。当链为**null**，即意味着这是我们进行插入的链表末端，此时基础条件形成。基于这个推论，我们设计出以下代码：

```
void recInsertEnd(String newInfo, LLNode<String> listRef)
// 添加 newInfo 到 listRef 链表的末端
{
   if (listRef.getLink() != null)
      recInsertEnd(newInfo, listRef.getLink());
   else
      listRef.setLink(new LLNode<String>(newInfo));
}
```

但用这种方法也存在一个问题，你能发现吗？

这个代码在一般条件下无法运作。假设我们有一个名为**myList**的字符串链表，它由“Ant”和“Bat”组成。

我们想要在末端插入“Cat”，所以调用：

```
recInsertEnd("Cat", myList);
```

随着在这个方法内的处理进程开始，我们得出以下排列：

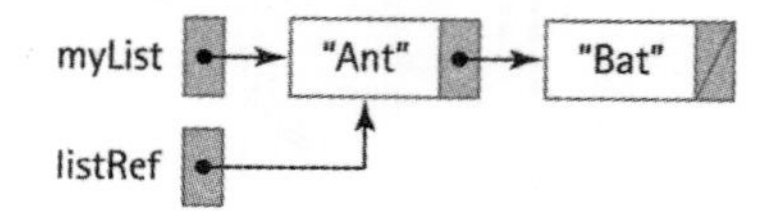

我们不难跟踪代码，找到以上排列，因为“Ant”节点的链，也就是listRef所引用的节点并不是个空链，所以if子句能够执行。因此，我们再调用recInsertEnd，这次引用“Bat”节点：

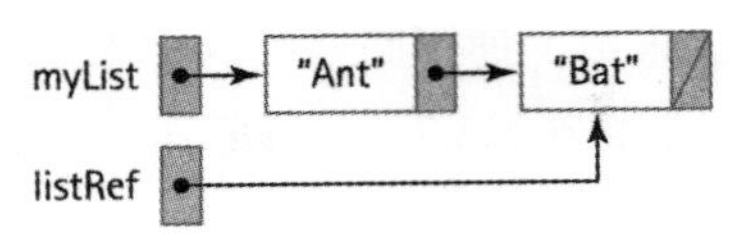

在这种情况下，recInsertEnd的else子句可以执行，因为“Bat”节点的链是个空链，而包含“Cat”的新节点得以创建，并追加到链表中。那么，问题在哪里？

一如既往，当我们设计解决方案的时候，需要知道我们的方式是否适用于所有情况，尤其是特殊情况。当在链表中进行插入时，会发生什么特殊情况呢？而如果链表一开始便是空链表又该如何？

如果我们在这种状况下调用以下代码：

```
recInsertEnd("Cat", myList);
```

那么麻烦就来了，因为我们相当于给该方法传递了一个空引用，所以listRef为null，而该方法又会马上用listRef来调用getLink：

```
if (listRef.getLink() != null). . .
```

我们不可能在一个空引用上调用某种方法，运行时系统会抛出一个空指向异常。为了预防这个问题，我们要学会处理在空链表进行插入的特殊情况。

在空链表的情况下，我们想要把链表引用自身设置成指向一个包含自变量字符串的新节点。在示例中，可以选择以下表示：

出于Java仅能按值传递的原则，我们不能在recInsertEnd方法中直接转变myList。如上图所示，参数listRef是自变量myList的别名，它作为别名可以让我们访问到myList引用（链表）的所有元素，但却不能访问myList本身。我们不能用这种方法改变myList所含的引用，而需要找到其他办法。

这个难题的解决方案就是让recInsertEnd方法返回引用到新链表。所返回的引用可以分派到myList变量。因此，我们不调用：

```
recInsertEnd("Cat", myList);
```

而是调用：

```
myList = recInsertEnd("Cat", myList);
```

只是改变myList所存值的唯一方法。我们之后还会在本书中使用同样的方法来创建树的转换函数算法。

除了要返回链表引用之外，我们的处理进程与用于之前（错误的）解决方案的处理进程很相似。以下是相对应的代码：

```
LLNode<String> recInsertEnd(String newInfo, LLNode<String> listRef)
// 添加 newInfo 到 listRef 链表的末端
{
   if (listRef != null)
      listRef.setLink(recInsertEnd(newInfo, listRef.getLink()));
   else
      listRef = new LLNode<String>(newInfo);
   return listRef;
}
```

在空链表myList的末端插入“Cat”，在这种条件下追踪代码，我们看到else子句创建了一个含有“Cat”的新节点，并且向它返回一个引用，因此myList正确引用了单个的“Cat”节点。

现在我们必须返回到一般条件，并且验证我们的新方法能正确运作。再一次，我们有一个名为myList的字符串链表，它由“Ant”和“Bat”组成。

myList "Ant" "Bat"

我们想要在末端插入“Cat”，所以调用：

```
myList = recInsertEnd("Cat", myList);
```

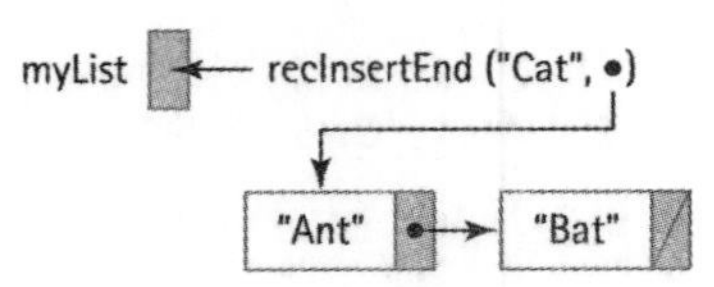

调用recInsertEnd将返回链表的某个链，这个链是通过在“Ant”-“Bat” 链表的末端插入“Cat”得到的。该调用在含有“Ant”的节点上操作。由于该链表不是空链表，recInsertEnd的第一步将用递归方式调用recInsertEnd，我们通过在“Bat”链表的末端插入“Cat”而得出一个新链表，现在将含有“Ant”的节点链设置成指向该新链表。

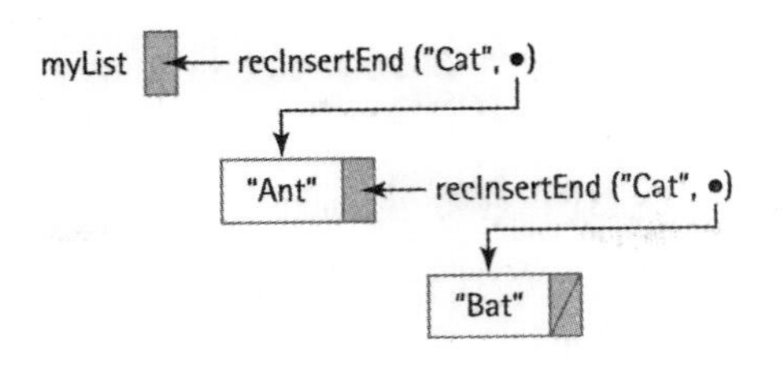

在该方法的第二步，问题还是在于链表不是空链表，所以要调用第三步，我们通过在空链表的末端插入“Cat”而得出一个新链表，现在将含有“Bat”的节点链设置成指向该新链表。

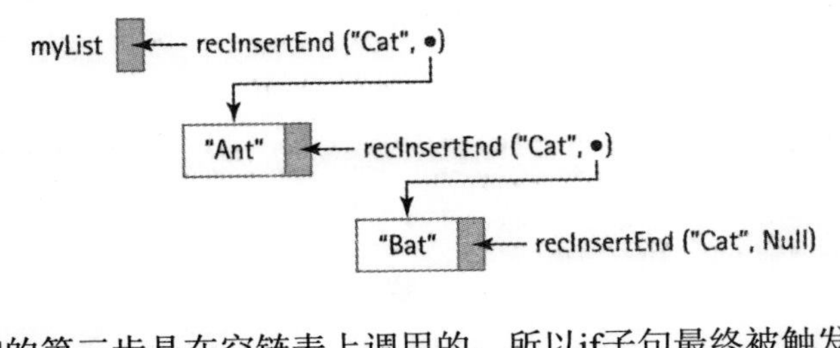

recInsertEnd的第三步是在空链表上调用的，所以if子句最终被触发，由此创建了含有“Cat”的节点。引用这个新节点被返回第二步，第二步将含有“Bat”的节点链设置指向新节点。

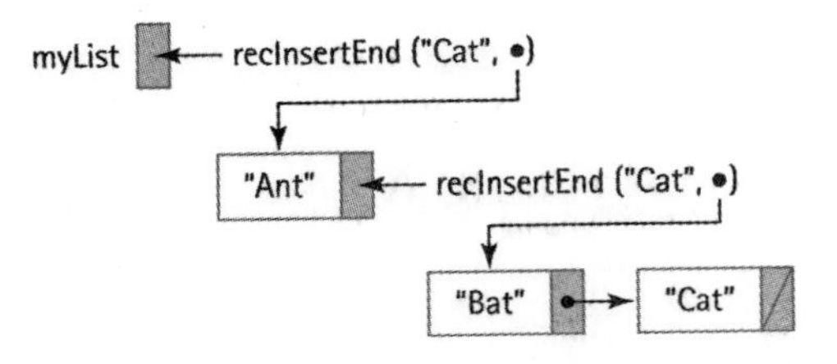

第二步返回引用含有“Bat”的节点到第一步，将链表的第一个节点链设置成引用“Bat”节点（注：它已经引用了该节点，所以这里无需作出改动）。

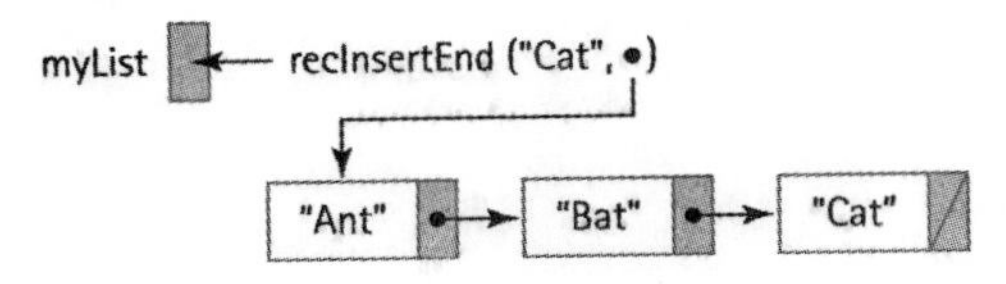

最后，第一步返回引用含有“Ant”的节点，myList就设置成等于该值（同样地，它已经引用了该节点，所以这里无需作出改动）。

myList "Ant" "Bat" "Cat"

在这一节开发的所有代码都可以在ch03.apps package的LinkedListRecursive.java文件中找到。应用程序包括了该方法，还加上在大小为0、1和5的链表上执行各个方法的测试代码。

3.5 塔

汉诺塔是用来表示递归的常见例子。我们可以用仅仅几行递归代码来解决看似复杂的符文。

你可能在小时候玩过这种塑料玩具，这个玩具是在几个小圆柱上摞上直径不一的彩色圆环。如果玩过，你可能曾花了无数小时将一根小圆柱上的圆环换到另一个小圆柱上。如果我们在圆环移动的方式上做一些限制，它就变成了一种成人玩的益智游戏——汉诺塔。游戏开始时，所有圆环都按照大小按顺序摞在第一个小圆柱上，最上层的是最小的圆环。规定直径较大的圆环不能放在直径比它小的圆环上。中间那个小圆柱可以用作辅助，但游戏开始和结束时这个小圆柱必须是空的，而每次只能移动一个圆环。我们的任务就是要创建一种方法，将解决这个问题所需的一系列移动步骤打印出来。

算法

为了深入了解解决汉诺塔问题的方式，我们先考虑从四个圆环开始的难题，如图3.3a所示。我们的任务就是借助第二个辅助圆柱，将四个圆环从第一个小圆柱转移到第三个小圆柱。

塔的传说

1883年，法国数学家爱德华·卢卡斯（Edward Lucas）创立了汉诺塔问题。有关该问题的传说很有启示性。在一个叫汉诺的地方有个塔，塔上有64个圆环，不论白天黑夜，总有僧侣按照下面的法则移动这些圆环：一秒钟移动一个，小环必须在大环上面。当他们完成了所有移动后，世界将消失不见！但别担心，这些僧侣在完成前还要作很多次移动。一共移动多少次呢？要花多久时间呢？有关这个问题，请参见练习22。

因为该问题有限制，而且我们不能重复前一个步骤（可能会变成一个无限的循环），所以每次移动都要很明确。第一步移动最小的圆环，将它移到第二个小圆柱，结果如图3.3b所示。下一步，不动最小的圆环，而是将第二小的圆环从第一个小圆柱移到第三个小圆柱，结果如图3.3c所示。跟着图3.3所示剩下15个移动步骤，图中的小箭头指向最近的目标针。

注意图3.3h已经到了解决该问题的中间点，从图3.3a到图3.3h已经移动了7次。这时我们已经成功地把三个较小的圆环从第一个小圆柱上移到第二个小圆柱上，用第三个

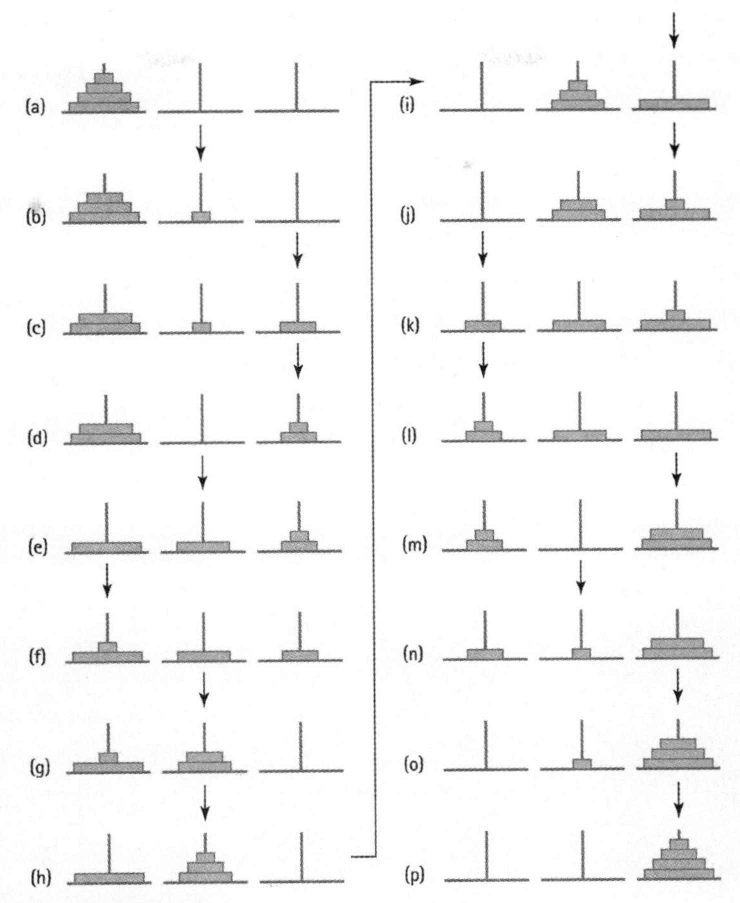

图3.3 四个圆环的汉诺塔解决方案

小圆柱作为辅助，概括如下：

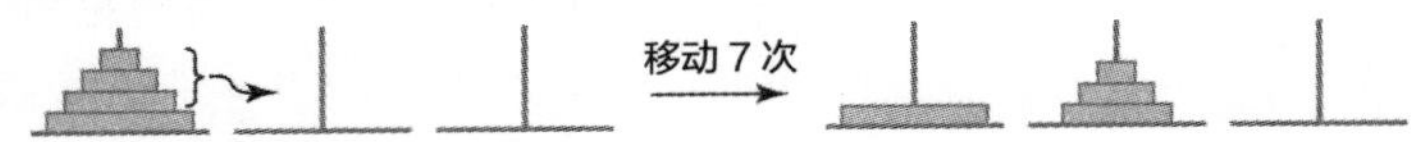

这时我们可以把最大的圆环从第一个小圆柱上移到第三个小圆柱上。

到这里我们才解决了这个问题的一半，你知道为什么吗？剩下要做的就是第一个小圆柱作为辅助，将三个较小的圆环从第二个小圆柱上移到第三个小圆柱上。从图3.3i到3.3p用七步把任务完成。

这七步基本上与开始的七步一样，即便开始不同，结果不同，辅助小圆柱也不同（验证这个陈述可以比较小箭头的位置）。最后七步概括如下：

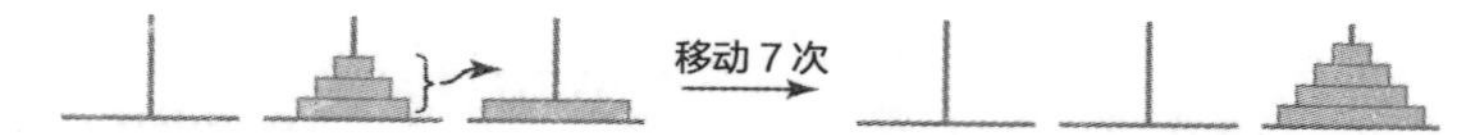

解决四个圆环的问题时，我们首先将前三个圆环从第一个小圆柱移到第二个小圆柱，再将最后一个圆环从第一个小圆柱移到第三个小圆柱，最后又重复把前三个圆环从第二个小圆柱移到第三个小圆柱。这里我们是用解决三个圆环的问题来解决四个圆环的问题的，实际上就是解决两个三个圆环的问题。

我们认识到，该问题的解决方案是通过采用该问题的较小版本进行的，这个认识把我们引向递归解决方案。我们可以用同样的方式解决n圆环的一般问题。将n圆环从起始圆柱移到目标圆柱的一般递归算法如下：

将n个圆环从初始圆柱移至目标圆柱

将n − 1的圆环从初始圆柱移到辅助圆柱
将第n个圆环从初始圆柱移到目标圆柱
将n − 1个圆环从辅助圆柱移到目标圆柱

方法

让我们来编写实现这个算法的递归方法。可以看到递归在这里能成功运作，因为算法的第一步和第三步虽然圆环数量较少，但基本上是将整个算法重复一遍。但注意，初始圆柱、目标圆柱和辅助圆柱在解决这个分问题时各不一样，这几个圆柱在递归执行算法时其作用不断变换。为方便学习，我们把这些小圆柱称为startPeg（起始针）、endPeg（末针）和auxPeg（辅助针）。这三根针，加上初始针上的圆环数量，便是该方法的参数。程序不会真的移动圆环，而是将描述这些移动动作的信息打印出来。

我们的算法清楚地定义了递归条件或一般条件，那么基础条件呢？我们怎么知道递归处理进程何时停止？关键就是要注意是不是最后只剩下一个圆环，我们只需移动这一个圆环，而无需担心还有更小的圆环。因此，当圆环数量等于1，我们只需打印移动动作，这就是基础条件。此方法假设所传递的自变量为有效。

```
public static void doTowers(
       int n,           // 要移动的圆环数量
       int startPeg,    // 放置移动圆环的针
```

```
     int auxPeg,     // 暂时存放圆环的针
     int endPeg)     // 接收移动圆环的针
{
    if (n == 1) // 基础条件 - 移动一个圆环
    System.out.println("Move ring " + n + " from peg " + startPeg
                       + " to peg " + endPeg);
  else
  {
    // 将n - 1个圆环从初始针移至辅助针
    doTowers(n - 1, startPeg, endPeg, auxPeg);
    // 将第n个圆环从初始针移至目标针
    System.out.println("Move ring " + n + " from peg " + startPeg
                       + " to peg " + endPeg);
    // 将n-1个圆环从辅助针移至目标针
    doTowers(n - 1, auxPeg, startPeg, endPeg);
  }
}
```

难以置信这么简单的方法居然能够运作成功，但确实做到了。让我们使用三个问题的方法进行查验：

1. ***基础条件问题*** 该方法是否存在非递归方式，以及该方法是否适用于该基础条件？如果doTowers方法传递的自变量等于1，即圆环数量（参数n）等于1，则打印该动作，正确地将这个圆环从startPeg移至endPeg的动作记录下来，跳过else陈述的数据体。此时不再进行递归调用。该响应恰当，因为只剩下一个可以移动的圆环，无需担心有更小的圆环。基础条件问题的答案为肯定。
2. ***较小调用问题*** 该方法的各种递归调用是否涉及原问题更小的条件，而要达到基础条件就无法绕过这个更小条件呢？答案为肯定。因为该方法收到圆环计算自变量n，在递归调用中传递圆环计算自变量n - 1，而其后的递归调用也会传递更小的自变量值，直到最后发送值为1。
3. ***一般条件问题*** 假设递归调用能够正确运作，该方法是否适用于一般条件？答案为肯定。我们的目标是要将n个圆环从初始针移到目标针。该方法中的第一个递归调用将n - 1个圆环从初始针移到辅助针。假设该操作运作正确，现在在初始针上只剩下一个圆环，而目标针是空的，这个圆环一定是最大的，因为其他圆环之前都是放在它上面的。我们可以将这个圆环直接从初始针移到目标针，正如输出陈述所描述一般。第二个递归调用现在就把辅助针上n - 1个圆环移到目标针，将它们放在已经在目标针的最大圆环的上面。如果转换运作正确，那么我们现在已经把n个圆环放到目标针上了。

三个问题的答案都为肯定。

程序

我们将doTower方法放进一个叫Towers的驱动器类。它会提示客户端圆环数量，再用doTowers报告解决方案。我们的程序确保doTowers是调用了正数的整型自变量。Towers应用程序可以在ch03.apps package中找到。以下是移动四个圆环的输出：

```
输入圆环数量：4
4 个圆环的汉诺塔
把圆环 1 号从针 1 移到针 2
把圆环 2 号从针 1 移到针 3
把圆环 1 号从针 2 移到针 3
把圆环 3 号从针 1 移到针 2
把圆环 1 号从针 3 移到针 1
把圆环 2 号从针 3 移到针 2
把圆环 1 号从针 1 移到针 2
把圆环 4 号从针 1 移到针 3
把圆环 1 号从针 2 移到针 3
把圆环 2 号从针 2 移到针 1
把圆环 1 号从针 3 移到针 1
把圆环 3 号从针 2 移到针 3
把圆环 1 号从针 1 移到针 2
把圆环 2 号从针 1 移到针 3
把圆环 1 号从针 2 移到针 3
```

试试这个程序。但要小心，由于doTowers方法中用了两个递归调用，该程序输出的数量会快速增多。实际上，每在初始针上增加一个圆环，程序输出的数量都会翻番。作者系统所运行的Towers，输入自变量为16个圆环，就生成了一个10兆字节的输出文件。

3.6 分形

正如Chapter 1中“生成图像”专栏中所讨论，数字化图像可以视为像素（pixels）的二维数组。本节我们将探讨用简单的递归程序生成美轮美奂的趣味图像。

实用的分形

分形除了充满趣味、美轮美奂之外，还有一些实际的用法。计算机制图专家用分形来帮助生成看起来栩栩如生的情景，工程师用分形建造信号很强的天线，科学家用分形来给气象建模，如形成流体动力、模拟海岸线等。

不同领域对“分形”的定义各有不同。数学家研究持续函数，而不是可分函数；科学家只留意自然界中重复自行进行特定统计测量的图案；工程师则分层创建自相似结构。而我们则要把分形定义成一种图案，它含有比自身更小的版本。使用递归，就能简单地生成美轮美奂的趣味分形图像。

丁字方形的分形

在一个黑色方框的中间画一个白色方框，大小是方框的四分之一，见图3.4（a）。再在白色方框的四个角上面各画一个小方框，每个小方框的大小是白框的四分之一，也就是黑框的八分之一，见图3.4（b）。我们继续在这四个小方框的四个角上面画面积更小的方框，见图3.4（c），再在这些更小方框的角上画方框，见图3.4（d）。我们继续这种递归画法，画出来的方框一次比一次小，直到再也画不下，也就是直到整数相除的结果为零，见图3.4（e），图3.5为更大版本。理论上讲，用实数除法的话，我们可以永无止境地将方框的面积除以四。这也是为什么大家有时会把分形看成无限递归。

我们最后的图像变成了一个叫丁字方形（T-square）的分形，因为方框里面的图形让我们想起与其名字一样的画图工具丁字尺。创建丁字方形的方法与创建一些更常见的分形的方法很相似，尤其是科赫雪花型（Koch snowflake）和谢尔宾斯基三角形（Sierpinski triangle），这两个都是用递归方法不断画出等边三角形和谢尔宾斯基地毯，后者也是基于用递归方式画出方框，不过是沿着原方框的边画出八个小方框。

以下程序能创建1,000×1,000像素的jpg文件，含有一个丁字方形的分形图。保存生成图像的文件名可作为命令行自变量。程序首先将整个图像“涂”成黑色，再调用递归drawSquare（画方框）方法，传递“第一个”方框的坐标和边长。drawSquare方法计算出方框周长，将方框“涂”成白色，再递归调用自身，以自变量传递四个角的坐标和要用到的更短边长尺寸。这个调用模式不断重复，直到基础条件达成。当下面一个要画的方框边长长度为0，即形成基础条件。执行这个程序的效果图如图3.5a。

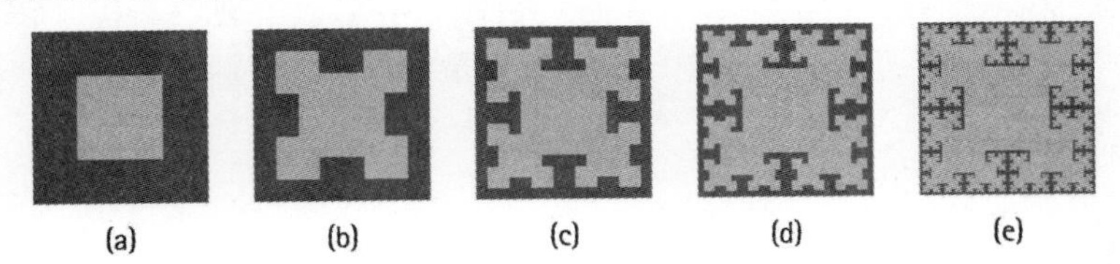

图3.4　绘制丁字方形的步骤

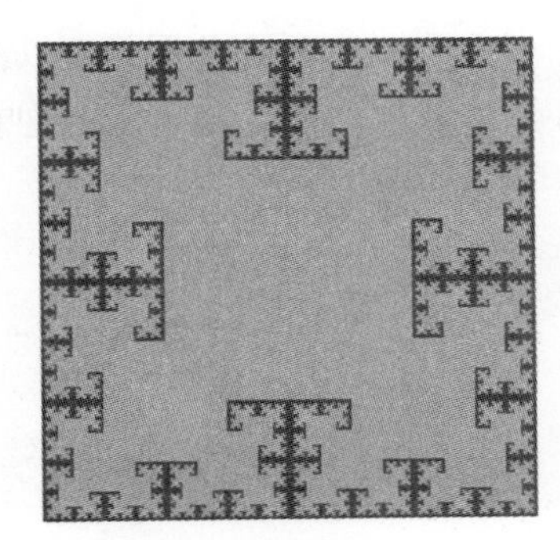

（a）TSquare 的输出

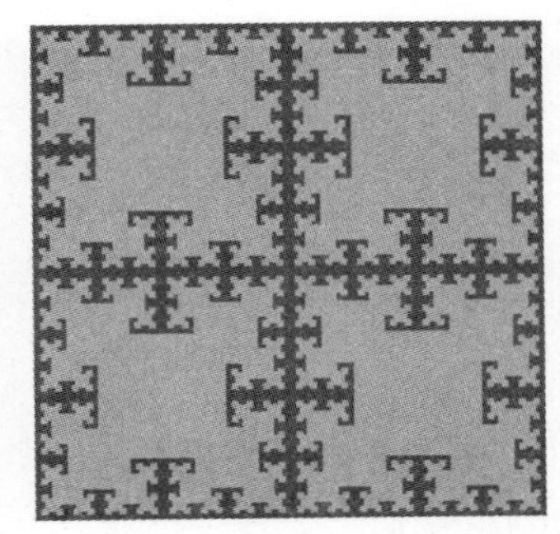

（b）TSquareThreshold 10 500 的输出

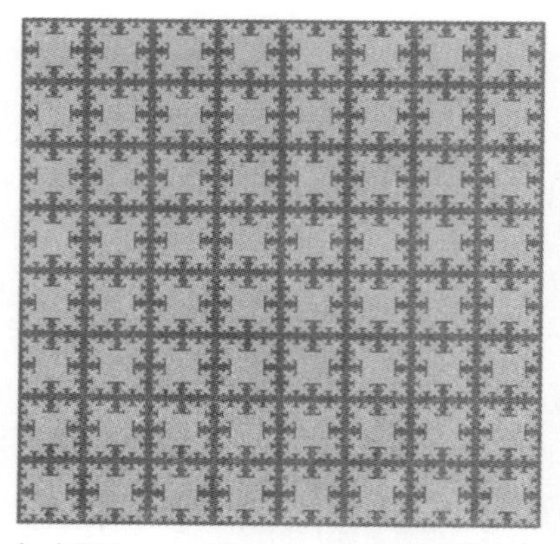

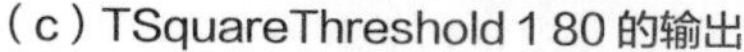

（c）TSquareThreshold 1 80 的输出

（d）TSquareGray 10 500 的输出

图3.5 T-square应用程序的变化示例

```
//*****************************************************************
//TSquare.java            程序员：Dale/Joyce/Weems              Chapter 3
//
// 创建包含递归 TSquare 的 jpg 文件
// 运行参数 1：目标 jpg 文件的全名
//
//*****************************************************************
package ch03.fractals;

import java.awt.image.*;      import java.awt.Color;
import java.io.*;             import javax.imageio.*;
public class TSquare
{
   static final int SIDE = 1000;      // 图像是 SIDE x SIDE
   static BufferedImage image =
          new BufferedImage(SIDE, SIDE, BufferedImage.TYPE_INT_RGB);
   static final int WHITE = Color.WHITE.getRGB();
   static final int BLACK = Color.BLACK.getRGB();

   private static void drawSquare(int x, int y, int s)
   // 正方形的中心是 x，y，边长为 s
   {
      if (s <= 0) // 基准情形
         return;
      else
      {
         // 确定角的位置
```

```
            int left = x - s/2;      int right = x + s/2;
            int top = y - s/2;       int bottom = y + s/2;

            // 绘制白色正方形
            for (int i = left; i < right; i++)
               for (int j = top; j < bottom; j++)
               {
                   image.setRGB(i, j, WHITE);
               }

            // 在角上递归绘制正方形
            drawSquare(left, top, s/2);
            drawSquare(left, bottom, s/2);
            drawSquare(right, top, s/2);
            drawSquare(right, bottom, s/2);
        }
    }
    public static void main (String[] args) throws IOException
    {
        String fileOut = args[0];

        // 使图像变黑
        for (int i = 0; i < SIDE; i++)
           for (int j = 0; j < SIDE; j++)
           {
              image.setRGB(i, j, BLACK);
           }
        // 第一个正方形
        drawSquare(SIDE/2, SIDE/2, SIDE/2);

        // 保存图像
        File outputfile = new File(fileOut);
        ImageIO.write(image, "jpg", outputfile);
    }
}
```

变体

稍微修改TSquare.java程序，就可以生成更多有趣的图像。图3.5展示了如下所述的程序变化所生成的一些示例。图中的（a）部分显示了原始TSquare程序的输出。注意本节中的所有应用程序都可以在ch03.fractals包里找到。

TSquareThreshold.java应用程序允许用户提供两个额外的整型参数，用来指示什么时候开始绘制正方形，什么时候结束绘制正方形。第一个整型参数用来指示一个内部的阈值——如果调用drawSquare方法的边长小于或等于该阈值，则drawSquare方法什么都不做。对于这个程序来说，基准条件发生在当正方形的边长小于或等于这个内部阈值的时候，而不是边长为0的时候。第二个整型参数提供了一个外部阈值。边长大于或等于该阈值的正方形也不会被绘制——尽管四个角上的drawSquare的递归调用都被执行了。抑制较大正方形的绘制允许更多更精细的分形图像的低层面细节出现。drawSquare方法中的简单if语句提供了这个附加功能。图3.5（b）显示了参数为(10,500)时TSquareThreshold方法的输出，（c）显示的是参数为(1,80)时TSquareThreshold方法的输出。考虑到打印成本，我们就不在这里尝试不同的颜色了（尽管有些练习指向了这个方向）。但是，我们可以像Chapter 1中的“生成图像”专栏介绍的那样使用灰度级。正如在该功能中所解释的那样，在RGB颜色模型中，具有相同红色值、绿色值和蓝色值的颜色是“灰色”。例如，（0,0,0）代表黑色，（255,255,255）代表白色，（127,127,127）代表中灰色。TSquareGray.java程序利用这种平衡的“灰度”方法，在绘制每组大小不同的正方形时，使用不同的灰度级。main方法中的while循环会计算所需的级别数，并正确设置grayDecrement变量，这样就可以在分形中使用最广范围的灰色。递归drawSquare方法中包含了灰度级参数。最初为该方法传递一个指示为白色的参数，每次到要绘制新的正方形时，在执行绘制四个较小正方形的递归调用之前递减该值。图3.5（d）显示了命令行参数为(10,500)时TSquareGray的输出。图3.5（d）正上方的（b）使用相同的参数生成了黑白图像。你能看出这两个图之间是如何相关的吗？

3.7 移除递归

有些语言并不支持递归。有时候，即使语言支持递归，也不采用递归解决方案，因为它在空间和时间方面成本太高。本节考虑了两种常用于替换递归的通用技术：消除尾递归和直接使用栈。首先，它着眼于如何实现递归。理解递归的工作原理有助于我们了解如何开发非递归解决方案。

Java 编程模型

Java通常用作解释型语言。当编译一个Java程序的时候，它会被翻译为Java字节码语言。当执行一个Java程序时，该程序的字节码版本就会被解释。解释器基于字节码动态生成机器码，然后执行该机器码。也可以使用Java字节码编译器，直接将字节码文件翻译成机器码。这样，你就可以直接在计算机上运行你的程序而无需使用解释器。无论是哪种情况，你的Java程序必须在某个时间点转换为计算机的机器语言。

本节中，我们将讨论程序的机器语言表示。使用大多数其他高级编程语言的程序员通常会使用编译器将程序直接翻译为机器语言。

递归的工作原理

将高级语言编写的程序翻译成机器语言是一个复杂的过程。为了便于研究递归，我们对这个过程做几个简化的假设。此外，我们使用一个名为kids的简单程序，该程序既不是面向对象的，也不是一个典型的程序设计的例子，但是对我们当前的讨论来说这个程序很有用。

静态存储分配

编译器在将高级语言程序翻译为可在计算机上执行的机器码的时候，要执行两个功能：

1. 保留程序变量空间。

2. 将高级语言的可执行语句翻译为等价的机器语言语句。

通常，编译器为不同的程序子单元模块化地执行这些任务。考虑下面的程序：

```
package ch03.apps;
public class Kids
{
   private static int countKids(int girlCount, int boyCount)
   {
       int totalKids;
       totalKids = girlCount + boyCount;
       return(totalKids);
   }
   public static void main(String[] args)
   {
       int numGirls;
       int numBoys;
       int numChildren;
       numGirls = 12;
       numBoys = 13;
       numChildren = countKids(numGirls, numBoys);
```

```
        System.out.println("Number of children is " + numChildren);
    }
}
```

编译器会为该程序创建两个单独的机器码单元：一个用于countKids方法，一个用于main方法。每个单元都包括变量空间加上实现了高级程序代码的机器语言语句序列。

在简单的Kids程序中，对countKids方法的唯一一次调用是从主程序中发起的。程序的控制流程是：

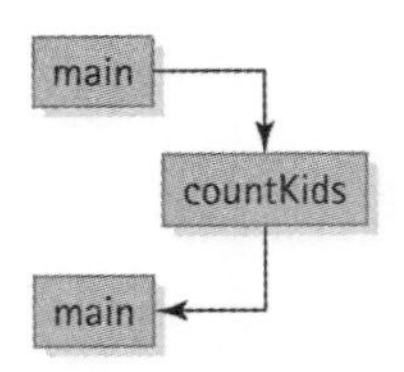

编译器可能会在内存中像这样安排与Kids程序相应的机器码：

```
-
   main 方法变量空间
-
main method code that initializes variables
jump to the countKids method
main method code that prints information
exit
-
space for the countKids method parameters and local variables
-
the countKids method code
return to the main program
```

像这样的静态分配可能是最简单的方法，但是它并不支持递归。你知道这是为什么吗？

countKids方法的空间是在编译时分配的。当方法只被调用一次，然后再次被调用之前总是返回时，这种策略效果很好。但是递归方法在返回之前可能一次又一次地被调用。第二次以及后续的调用到哪里去寻找它们的参数和局部变量呢？每次调用都需要空间来存储其自身的值。由于在编译时调用次数未知，所以无法统计分配空间。仅使用静态存储分配的语言不支持递归。

动态存储分配

动态存储分配在一个方法调用时为其分配内存空间。因此，局部变量直到运行时才与实际的内存地址关联。

让我们来看一下动态存储分配方法在Java中如何工作的简化版本（具体的实现取决于特定的系统）。当一个方法被调用时，它需要空间来存储其参数、局部变量和返回地址（当该方法执行结束后，计算机应返回到调用代码中的地址）。该空间被称作**活动记录**或**栈帧**。考虑递归方法factorial:

```
public static int factorial(int n)
{
   if (n == 0)
       return 1;      // 基准情形
   else
       return (n * factorial(n - 1));      // 一般情形
}
```

factorial方法的一个活动记录的简化版本可能包含下列“声明”:

```
class ActivationRecordType
{
   AddressType returnAddr;                // 返回地址
   int result;                            // 返回值
   int n;                                 // 参数
}
```

方法的每次调用（包括递归调用），都会导致Java运行时系统为新的活动记录分配额外的内存空间。在该方法中，对参数和局部变量的引用使用的是活动记录中的值。方法结束时，活动记录的空间就会被释放。

当调用第二个方法时，第一个方法的活动记录会怎样？考虑这样一个程序，其main方法调用了proc1，然后proc1又调用了proc2，当该程序开始执行时，main方法的活动记录就生成了（在程序的整个执行期间，main方法的活动记录一直存在）。

调用第一个方法时，生成proc1的活动记录。

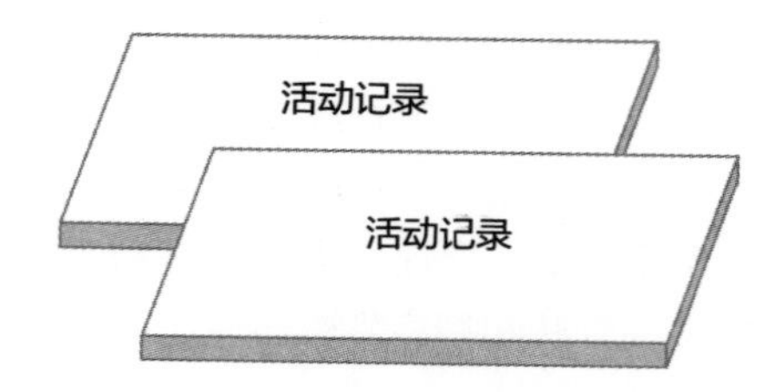

当从proc1中调用proc2时，proc2的活动记录就生成了。因为proc1的执行还未结束，它的活动记录仍然存在。正如我们在3.1节“递归定义、算法和程序”中使用的索引卡，活动记录会一直存储到需要它的时候：

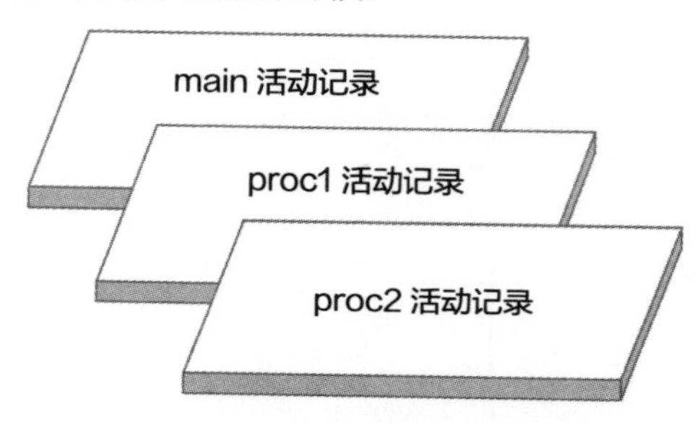

当proc2执行结束后，就会释放其活动记录。但是对另外两个活动记录来说，哪一个会被激活呢？proc1还是main的活动记录？大家可以看到，现在proc1的活动记录被激活了。活动记录的顺序遵循后进先出的原则。我们知道有一种数据结构支持后进先出的访问规则，即栈，所以运行时跟踪活动记录的结构被称作**运行时栈**或**系统栈**也就不足为奇了。

当一个方法被调用时，其活动记录被压入运行时栈。每个嵌套级别的方法调用都会往栈中添加另一个活动记录。当每个方法执行结束时，其活动记录就会从栈中弹出。递归方法调用（像调用其他方法一样）导致生成一个新的活动记录。

运行时栈中显示的活动记录的个数是由返回之前一个方法所经历的递归调用的次数来决定的。这些调用的次数被称为**递归深度**。

现在我们已经了解了递归的工作原理，再回到本节的主题：基于递归解决方案来开发问题的非递归解决方案。

尾调用消除

当递归调用是递归方法中执行的最后一个操作时，会发生一种有趣的情况。递归调用导致活动记录被放入运行时栈，该活动记录将包括被调用方法的参数和局部变量。当递归调用结束执行时，运行时栈进行弹栈操作，恢复先前的变量值。在递归调用之前，从之前中断的地方继续执行。由于递归调用是该方法中的最后一个语句，所以不再有什么需要执行的语句了，方法在不使用恢复的局部变量值的情况下终止。所以，没有必要保存局部变量。实际上，只有调用中的参数及其返回值是重要的。

在这种情况下，我们并不需要递归方法。递归调用序列可以用循环结构来替代。例如，3.1节“递归定义、算法和程序”中出现的factorial方法，递归调用就是该方法内的最后一个语句：

```
public static int factorial(int n)
{
   if (n == 0)
      return 1;         // 基准情形
   else
      return (n * factorial(n - 1));       // 一般情形
}
```

现在我们研究如何使用while循环从递归版本移至迭代版本。

对于迭代解决方案来说，我们需要声明一个变量保存我们计算中所生成的中间值。我们将该变量称之为retValue，因为它最后保留了要返回的最终值。

查看一下递归解决方案的基准情形，它告诉我们应该给retValue分配的初始值。我们必须将retValue初始化为1，即基准情形下返回的值。这样，在不能进入循环体时，迭代方法也可以正确工作。

现在把我们的注意力转向while循环体。每循环一次就相当于一次递归调用所执行的计算。因此，我们将中间值retValue乘以变量n的当前值。另外，我们每次通过循环将n的值减1，该操作对应于每个调用的较小调用方。

最后，我们需要决定循环的终止条件。因为递归调用有一个基准情形——如果参数n为0——有一个终止条件。只要不满足基准情形，我们就继续处理循环：

```
while (n != 0)
```

把所有的分析放在一起，我们得到了factorial方法的迭代版：

```
private static int factorial(int n)
{
   int retValue = 1;       // 返回值
   while (n != 0)
   {
      retValue = retValue * n;
      n = n - 1;
   }
   return(retValue);
}
```

递归调用是最后执行的语句，这样的情况都称为尾递归。我们总是可以按照前面概述的方法使用迭代替换尾递归。事实上，在生成低级代码时，一些优化的编译器会自动移除尾递归。

直接使用栈

当递归调用不是递归方法中最后一个需要执行的语句时，我们就不能简单地用一个循环来替代递归。例如，考虑我们在3.4节“链表的递归处理”中开发的方法recRevPrintList，逆序打印一个链表：

```
void recRevPrintList(LLNode<String> listRef)
// 将 listRef 链表的内容打印到标准输出
// 逆序打印
{
   if (listRef != null)
   {
      recRevPrintList(listRef.getLink());
      System.out.println(listRef.getInfo());
   }
}
```

在这里我们进行递归调用，打印当前节点中的值。在这种情况下，为了消除递归，可以用程序完成的中间值的栈操作来替换系统完成的活动记录的栈操作。

对于逆向打印示例来说，首先必须正向遍历列表，将每个节点的信息保存到栈内，直到到达链表的尾端（当前引用等于null的时候）。到达链表的尾端之后，从最后一个节点开始打印信息，然后使用保存在站内的信息，我们倒退（即弹栈）并打印信息，然后再倒退再打印，如此反复，直到打印完第一个链表元素的信息。

代码如下：

```
static void iterRevPrintList(LLNode<String> listRef)
// 将链表 listRef 的内容打印到标准输出
// 逆序打印
{
   StackInterface<String> stack = new LinkedStack<String>();
   while (listRef != null) // 将信息压栈
   {
      stack.push(listRef.getInfo());
      listRef = listRef.getLink();
   }
   // 逆序取出引用并打印元素
```

```
   while (!stack.isEmpty())
   {
      System.out.println(stack.top());
      stack.pop();
   }
}
```

请注意，反向打印操作的程序员栈版本比其递归对应版本要长得多，特别是如果我们添加push、pop、top和isEmpty栈方法。代码的额外长度是由于我们需要显式地压栈和弹栈造成的。由于我们知道递归需要使用系统栈，我们就会明白反向打印的递归算法也是需要使用栈的——一个由系统自动提供的不可见栈。这就是递归问题解决方案之所以受欢迎的秘诀。

本节中出现的逆序打印方法包含在LinkedListReverse.java文件的cho3.apps包中。该应用程序同时包含了递归和迭代逆序打印方法，以及在大小为0、1、5的链表上运行每个方法的测试代码。

3.8 何时使用递归解决方案

当我们决定是否使用递归方案来解决一个问题时，需要考虑几个因素。主要考虑解决方案的效率和清晰度。

递归开销

与非递归解决方案相比，递归算法在计算机时间和空间方面的开销通常更大（但并不总是这样，取决于问题本身、计算机和编译器）。通常递归算法由于其嵌入的递归方法调用，在时间（每次调用都涉及创建和处理活动记录并管理运行时栈的处理）和空间（活动记录必须要存储起来）方面的开销更大。调用一个递归方法可能生成多层递归调用。例如，调用阶乘问题的迭代方法包含一个方法的调用，导致一个活动记录被压入运行时栈。而调用阶乘问题的递归版本则需要n+1次方法调用并将n+1个活动记录压入运行时栈。也就是说，递归的深度是O(n)。除了创建和删除活动记录的明显运行时开销以外，对于某些问题，系统可能没有足够的运行时栈空间来运行递归解决方案。

低效算法

另一个潜在的问题是某些特定的递归解决方案本质上就是低效的。这种低效反映出的并不是该如何选择去实施算法，而是反映出算法本身有问题。

组合

考虑这样的问题：从一组项目中可以产生多少个特定大小的组合。例如，我们有一个由20名学生组成的小组，并希望其中的5名学生组成一个小组（子组），那么可能组成多少个不同的小组。

我们可以使用一个递归的数学公式来解决这问题。假设组合的总个数是C，group是组的总大小，memebers是每个子组的大小，并且group>members：

$$C(\text{group}, \text{members}) = \begin{cases} \text{group}, & \text{if members} = 1 \\ 1, & \text{if members} = \text{group} \\ C(\text{group}-1, \text{members}-1) + C(\text{group}-1, \text{members}) & \text{if group} > \text{members} > 1 \end{cases}$$

该公式的推理如下：

- 选择组内单个成员（子组的大小为1）的方法种数等于组的大小（一次选择一个组成员）。
- 创建与原组同样大小的子组的方法种数为1（选择组里的每一个人）。
- 如果前面提到的两种情况均不适用，那么还有一种情况，就是原始组内的每个成员都在某些子组中，但是却不属于其他子组。成员所属的子组和成员不属于的子组的组合代表了所有的子组。因此，随机确定原始组的成员，并将该成员所属的子组数[C(group-1,members-1)]（确定的成员属于该子组，但我们仍然需要从剩余的group-1的可能性中选择members-1个成员）和该成员不属于的子组数[C(group-1,members)]加在一起（删除了已确定的成员）。

由于将C定义为递归的，所以很容易发现如何使用一个递归方法来解决问题。

```
public static int combinations(int group, int members)
{
   if (members == 1)
       return group;                 // 基准情形 1
   else if (members == group)
       return 1;                     // 基准情形 2
   else
       return (combinations(group - 1, members - 1) +
          combinations(group - 1, members));
}
```

给定初始参数(4,3)，该方法的递归调用如图3.6所示。

现在回到最初的问题，我们通过下面的语句，可以得出原始组的20名学生可以分成几个5人小组，其输出结果为“Combinations = 15504”。猜想一下那会是一个很大的数字吗？递归可以用来定义快速增长的函数。

```
System.out.println("Combinations = " + combinations(20, 5));
```

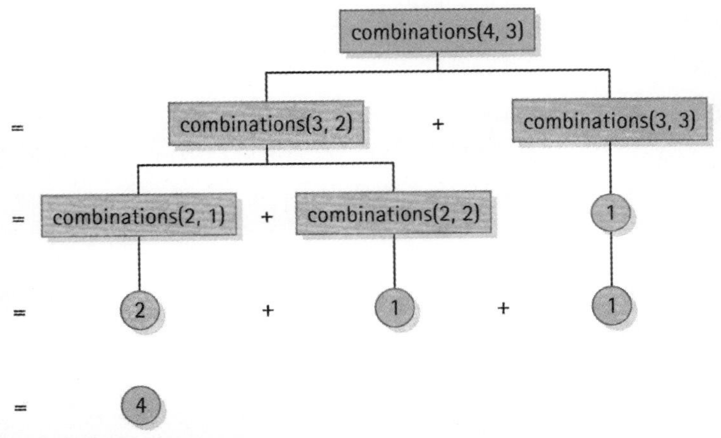

图3.6 Combinations(4,3)的计算过程

尽管递归方法看起来可能很优雅，其实这种计算组合个数的方法效率极低。如图3.6所示，该方法的示例combinations(4,3)看起来好像很简单。但是考虑combinations(6,4)的执行过程，如图3.7所示。该方法的本质问题是同一个值被反复计算。例如，combinations(4,3)在两处不同的地方进行了计算，combinations(3,2)在三个地方进行了计算，combinations(2,1)和combinations(2,2)也是如此。

我们不太可能使用这种方法解决任何大小的组合问题。对于大型的问题来说，程序会“永远”运行，或者运行到它耗尽了计算机的容量。这是一个指数级时间$O(2^N)$的问题解决方案。

尽管我们的递归方法非常容易理解，但却不是一个切实可行的解决方案。在这种情况下，要寻找一种替代方案。被称作动态编程的编程方法通常可以证明是有用的，它将需要重复的子问题的解决方案保存在数据结构中而不是重复计算。或者更好的是，你可能会发现一个高效的迭代解决方案。对于组合问题来说，的确存在一种简单而高效的迭代解决方案，因为数学家可以为我们提供函数C的另一个定义。

$$C\ (group, members) = group!/((members!) \times (group\text{-}members)!)$$

基于以上公式仔细构造的迭代程序比我们的递归解决方案更加高效。

清晰度

问题的解决方案是否清晰也是决定是否使用递归方法的一个重要因素。对于很多问题来说，递归解决方案程序员编写起来更简单、自然。解决一个问题所需的工作总量可以设想为一座冰山。通过使用递归编程，应用程序员可以将他们的视野局限在冰山一角。递归程序会处理表层以下的大量工作。

例如，对比本章之前开发的链表逆序打印的递归和非递归方法。在递归版本中，程序会处理我们需要在非递归方法中显式处理的栈操作。因而，递归是一种通过隐藏实现细节，帮助我们减少程序复杂度的工具。随着计算机时间和内存成本的降低以及程序员时间成本的上升，使用递归解决方案来解决这些问题是值得的。

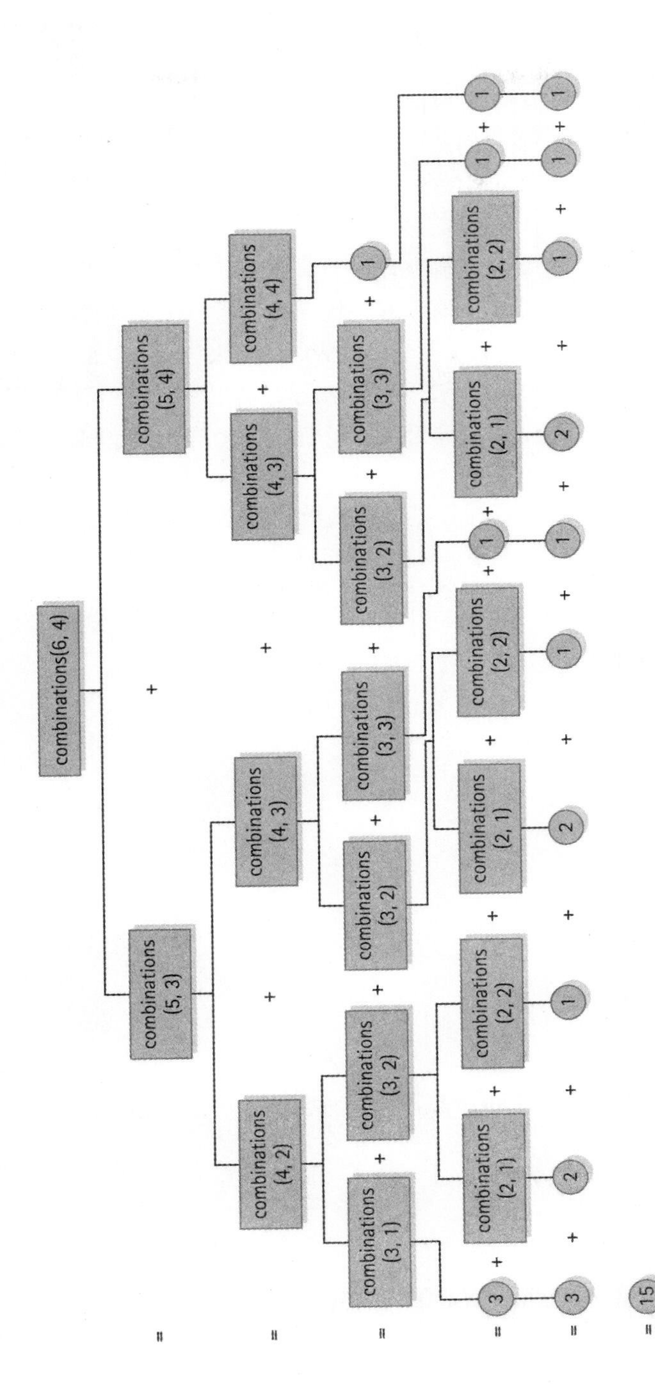

图3.7 combinations(6,4)的计算过程

小结

递归是一种非常强大的解决问题的技术。正确使用它，会简化问题的解决方案，通常会生成简短、更易理解的源代码。像往常一样，在计算中有必要进行权衡取舍：就时间和空间而言，由于多层方法调用导致的开销，递归方法通常效率较低。开销的大小取决于问题本身、计算机系统和编译器。

问题的递归解决方案必须至少有一个基准情形。也就是说，在该情形下，问题无需递归即可解决。没有基准情形，方法就会永远递归（或者说至少递归到耗尽计算机内存）。递归方法也会有一个或多个一般情形，用来包含方法的递归调用。这些递归调用中必须包含“较小的调用”，必须在每次递归调用中改变一个（或多个）参数值，以将问题重新定义为小于上一次调用时的问题。因此，每次递归调用都使得问题的解决方案向基准情形更近一步。

许多数据结构，尤其是树，甚至更简单的数据结构，如数组和链表，都可以递归处理。递归定义、算法和程序是数据结构研究的一个关键部分。

习题

基础知识（3.1 节和 3.2 节）

练习1~3使用下面三个数学函数（假设$N>=0$）：

- Sum(N) = 1 + 2 + 3 + . . . + N
- BiPower(N) = 2^N
- TimesFive(N) = 5N

1. 递归定义
   a. Sum(N)
   b. BiPower(N)
   c. TimesFive(N)
2. 编写一个递归程序，提示用户输入非负整数 N 并输出结果。
   a. Sum(N)
   b. BiPower(N)
   c. TimesFive(N)

   在你编写的递归方法的开始注释中描述输入的约束条件。

3. 使用“三个问题的方法”验证你为练习 2 编写的程序。

练习 4~5 使用以下方法：

```
int puzzle(int base, int limit)
{
   if (base > limit)
      return -1;
   else
      if (base == limit)
         return 1;
      else
         return base * puzzle(base + 1, limit);
}
```

4. 确认

   a. puzzle 方法的基准情形

   b. puzzle 方法的一般情形

   c. 对传递给 puzzle 方法的参数的约束

5. 以下语句会调用递归方法 puzzle，写出其输出。

   a. `System.out.println(puzzle (14, 10));`

   b. `System.out.println(puzzle (4, 7));`

   c. `System.out.println(puzzle (0, 0));`

6. 给出以下方法：

```
int exer(int num)
{
   if (num == 0)
      return 0;
   else
      return num + exer(num + 1);
}
```

   a. 是否需要对该方法的参数所传递的值进行约束，以便在进行较小调用时能够通过测试？

   b. exer(7) 是有效调用吗？如果是，返回值是什么？

   c. exer(0) 是有效调用吗？如果是，返回值是什么？

   d. exer(-5) 是有效调用吗？如果是，返回值是什么？

7. 对于以下每个递归方法，识别其基准情形、一般情形和对参数值的约束，并解释每个方法在做什么。

a.
```
int power(int base, int exponent)
{
if (exponent == 0)
   return 1;
else
   return (base * power(base, exponent-1));
}
```

b.
```
int factorial (int n)
{
   if (n > 0)
      return (n * factorial (n - 1));
   else
      if (n == 0)
         return 1;
}
```

c.
```
int recur(int n)
{
   if (n < 0)
      return -1;
   else if (n < 10)
      return 1;
   else
      return (1 + recur(n / 10));
}
```

d.
```
int recur2(int n)
{
   if (n < 0)
      return -1;
   else if (n < 10)
      return n;
   else
      return ((n % 10) + recur2(n / 10));
}
```

8. 为 a 和 b 部分描述的方法编码。提示：使用递归迭代星号行，但使用 for 循环来生成行内的星号。

a. 为递归方法 printTriangleUp(int n) 编码，它会打印 n 行星号到 System.out。其中第一行只有一个星号，第二行两个星号，以此类推。例如，如果 n 是 4，最终结果显示如下：

```
*
**
***
****
```

b. 为递归方法 printTriangleDn(int n) 编码，它会打印 n 行星号到 System.out。其中第一行有 n 个星号，第二行有 n-1 个星号，以此类推。例如，如果 n 是 4 的话，最终结果显示如下：

```
****
***
**
*
```

9. 两个正整数 m 和 n 的最大公约数称作 gcd(m,n)，是 m 和 n 共有的最大除数。例如，由于 24 和 36 共有的除数有 1、2、3、4、6 和 12，因此 gcd(24,36) = 12。计算 gcd 的有效方法是基于古希腊著名数学家欧几里得的递归算法，如下所示：

gcd(m, n)

如果m<n，则交换m和n的值
如果n是m的除数，则返回n
否则返回gcd(n, m % n)

欧几里得程序会重复提示用户输入一对正整数并报告输入对的最大公约数。设计、实现并测试该程序。该程序应使用基于上述算法的递归方法 gcd。

3.3 数组的递归处理

10. 排序值数组包含 16 个整数 5,7,10,13,13,20,21,25,30,32,40,45,50,52,57,60。

a. 给出 binarySearch(32,0,15) 的初始调用，指出对 binarySearch 进行递归调用的顺序。

b. 给出 binarySearch(21,0,15) 的初始调用，指出对 binarySearch 进行递归调用的顺序。

c. 给出 binarySearch(42,0,15) 的初始调用，指出对 binarySearch 进行递归调用的顺序。

d. 给出 binarySearch(70,0,15) 的初始调用，指出对 binarySearch 进行递归调用的顺序。

11. 为编程班学生评定分数。现在该班同学正在学习递归，学生们需要完成这项任务：编写一个递归方法 sumValues，该方法会向 int 型数组 values 中传递索引（可以在 sumValues 方法内访问该数组）并返回索引指示位置和数组末尾的值的和。参数值介于 0 和 values.length 之间。

例如，给出以下配置：

	[0]	[1]	[2]	[3]	[4]	[5]
values:	7	2	5	8	3	9

sumValues(4) 返回 12，sumValues(0) 返回 34（数组中所有值的和）。你收到了学生的很多种解决方案。为下面的方法评分。如果解决方案不正确，即没有返回正确结果，那么请解释代码实际执行的操作。你可以假设数组是“满的”，并假设用户是友好的，即用户会使用 0 和 values.length 之间的参数值来调用该方法。

a.
```
int sumValues(int index)
{
   if (index == values.length)
      return 0;
   else
      return index + sumValues(index + 1);
}
```

b.
```
int sumValues(int index)
{
   int sum = 0;
   for (int i = index; i < values.length; i++)
      sum = sum + values[i];
   return sum;
}
```

c.
```
int sumValues(int index)
{
   if (index == values.length)
      return 0;
   else
      return (1 + sumValues(index + 1);
}
```

d.
```
int sumValues(int index)
```

```
    {
       return values[index] + sumValues(index + 1);
    }
```

e.
```
int sumValues(int index)
{
   if (index > values.length)
      return 0;
   else
      return values[index] + sumValues(index + 1);
}
```

f.
```
int sumValues(int index)
{
   if (index >= values.length)
      return 0;
   else
      return values[index] + sumValues(index + 1);
}
```

g.
```
int sumValues(int index)
{
   if (index < 0)
      return 0;
   else
      return  values[index] + sumValues(index - 1);
}
```

12. 假设有一个未排序的名为 values 的整型数组，可以从递归方法 smallestValue 内访问它。我们的具体问题是确定该数组的最小元素。我们的方法基于这样一个事实：子数组中第一个元素和子数组剩余元素中的最小元素，两者之中较小的那个元素，就是子数组中的最小元素。我们检查的子数组总是在整个数组的末尾结束。因此，我们只需要为我们的递归方法传递一个参数，该参数用来指示当前需要检查的子数组从何处开始。该方法的签名如下：

```
int smallestValue(int first)
```

例如，就练习 11 给出的数组值来说，smallestValue(4) 返回 3，smallestValue(0) 返回 2（即整个数组的最小值）。为递归方法 smallestValue 设计、编码，并编写测试驱动程序。

13. 考虑一下，我们可以如下递归定义反转字符 s：

```
                ⎧s if s.equals("") (空字符串的反转就是其自身)
reverse(s) =    ⎨
                ⎩s.charAt(s.length() - 1)
                       + reverse(s.substring(0, s.length() - 1))
```

a. 编写应用程序，提示用户输入一个字符串，然后逆序输出该字符串。例如，如果用户输入了“abcd efg”，那么应用程序的输出应该是“gfe dcba”。在你的应用程序中，包含一个基于上述定义的静态递归方法，该方法接受一个字符串类型的参数，并返回该参数的逆序字符串。

b. 如果用户输入了“RECURSE”，请写出应用程序对 reverse 方法的调用序列。

3.4 链表的递归处理

14. 本练习会使用在 3.4 节中定义的 recPrintList、recListSize 和 recRevPrintList 方法。假设列表是 LLNode<String> 类型的，并指向包含下列字符串的链表的开头，其中字符串的排列顺序为 alpha belta comma delta emma。对于以下各小题，请写出由初始调用所产生的递归调用序列。在你的答案中，包含 LLNode 中作为调用参数的信息的指示。例如，“recPrintList（指向包含 delta 节点的指针）”。

    a. 初始调用为 recPrintList(list)（换句话说就是 recPrintList(指向包含 alpha 节点的指针)）。

    b. 初始调用为 recListSize(list)（换句话说就是 recListSize(指向包含 alpha 节点的指针)）。

    c. 初始调用为 recRevPrintList(list)（换句话说就是 recRevPrintList(指向包含 alpha 节点的指针)）。

15. 为编程班学生评定分数。现在该班学生正在学习递归，学生们需要完成以下任务：编写一个递归方法 sumSquares，把整型元素链表的引用传递给该方法，并返回该链表元素的平方和。链表节点是 LLNode<Integer> 类对象。链表中的对象都是 Integer 类型。例如：

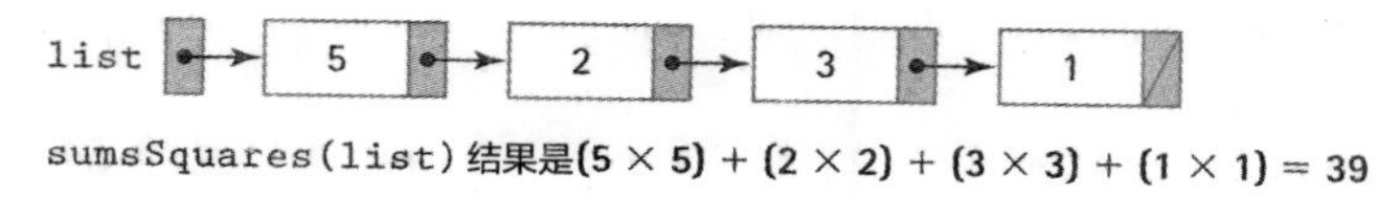

sumsSquares(list) 结果是 $(5 \times 5) + (2 \times 2) + (3 \times 3) + (1 \times 1) = 39$

假设链表非空。你收到了很多种解决方案。给下面的方法评分，并将你看到的错误标记出来。

a.
```
int sumSquares(LLNode<Integer> list)
{
```

```
    return 0;
    if (list != null)
     return (list.getInfo()* list.getInfo()+ sumSquares(list.
getLink()));
}
```

b.
```
int sumSquares(LLNode<Integer> list)
{
   int sum = 0;
   while (list != null)
   {
      sum = list.getInfo() + sum;
      list = list.getLink();
   }
   return sum;
}
```

c.
```
int sumSquares(LLNode<Integer> list)
{
   if (list == null)
      return 0;
   else
      return list.getInfo() * list.getInfo() +
         sumSquares(list.getLink());
}
```

d.
```
int sumSquares(LLNode<Integer> list)
{
   if (list.getLink() == null)
      return list.getInfo() * list.getInfo();
   else
      return list.getInfo() * list.getInfo() +
         sumSquares(list.getLink());
}
```

e.
```
int sumSquares(LLNode<Integer> list)
{
   if (list == null)
      return 0;
   else
      return (sumSquares(list.getLink()) *
         sumSquares(list.getLink()));
}
```

对于练习 16~19，假设有一个有序整型链表。链表的开头被 LLNode<Integer> 类型的 values 所引用。例如，假设 values 指向包含 3,6,6,9,12,15,18,19,19 和 20 的 list。可以假设以下问题所使用的 list 是按非递减顺序排序的。对于下面的每个练习，你都应该编写一个驱动程序，来演示你的新方法能否正确工作。

16. 编写一个递归方法 numEvens(LLNode<Integer> list) 来返回 list 中包含多少个偶数。对于我们上面的示例 list 来说，numEvens(values) 应返回 5（偶数是 6,6,12,18 和 20）。

17. 编写一个递归方法 contains(int target,LLNode<Integer> list)，如果 list 中包含 target 就返回 true，否则返回 false。对于我们的示例 list 来说，contains(15,values) 返回 true, 而 contains(10,values) 则返回 false。

18. 编写一个递归方法 remove(int target,LLNode<Integer> list)，从 list 中删除所有出现的 target 并返回一个对新列表的引用。对上面的示例 list 来说，下面的语句

```
values = remove(6, values);
```

会导致 values 引用包含 3 9 12 15 18 19 19 20 的新列表。如果 list 中不包含 target，那么 list 就不会改变。

19. 编写一个递归方法 insertOrdered(int target,LLNode<Integer> list)，将 target 添加到 list 引用的有序链表中，添加后链表仍然是有序的，并返回一个对新 list 的引用。拿我们的示例 list 来说，下面的语句

```
values = insertOrdered(16, values);
```

会导致 values 引用包含 3 6 6 9 12 16 18 19 19 和 20 的新 list。

3.5 塔

20. 对 doTowers 方法的参数 n 有什么限制？如果不满足该限制条件会发生什么情况？

21. 修改汉诺塔程序，以满足下面的要求：

a. 计算并打印环移动的次数，而不是环移动的序列。使用静态整型 (int) 变量 count 来存放移动次数。

b. 重复提示用户输入环的个数，并汇报结果，直到用户输入小于 0 的数字。

22. 使用练习 21 中你修改后的汉诺塔程序，回答下列问题：

a. 在表中填入解决问题需要移动的次数，从给定的环个数开始。

移动次数	环的个数
1	
2	
3	
4	
5	
6	
7	

b. 描述你从表中列出的移动次数中所观察到的模式。

c. 假设 n>0，定义使用递归算术公式移动 n 个环所需的移动次数。

d. 假设你有一个 11 个环的汉诺塔之谜玩具。如果需要一秒钟把环从一个圆柱上移动到另一个圆柱上，那么需要多长时间来“解决”这个谜题？

e. 在 Java 中，数据类型 int 使用 32 位来表示 -2147483648 到 2147483647 之间的整数。为了检验练习 12 中编写的程序，请指出在溢出（count 值溢出）之前程序所能处理的环的最大个数。

f. 对于该个数，程序汇报的移动次数为多少？该移动次数与最大的 int 值之间有多接近？请解释。

g. 在第 200 页描述的“塔的传说”中，和尚正在解决有 64 个环的塔问题。一共需要移动多少次？和尚们以每秒移动一次的速度，需要多久才能完成这个谜题？

23. 汉诺塔问题变体：在这个汉诺塔问题的新版本中，我们添加了一个额外的约束，即每一次移动都必须使用中间圆柱。例如，从左到右给圆柱贴上标签 1、2、3。我们先从两个环开始，1 和 2（1 是小环）套在圆柱 1 上，然后将两个环移动到圆柱 3 上，我们需要进行如下的操作：先把环 1 从圆柱 1 移动到圆柱 2，然后把环 1 从圆柱 2 移动到圆柱 3，再把环 2 从圆柱 1 移动到圆柱 2，把环 1 从圆柱 3 移动到圆柱 2，把环 1 从圆柱 2 移动到圆柱 1，把环 2 从圆柱 2 移动到圆柱 3，把环 1 从圆柱 1 移动到圆柱 2，最后把环 1 从圆柱 2 移动到圆柱 3。完成！注意，每次移动都使用了中间圆柱，即圆柱 2。

a. 编写一个名为 TowersVariation 的程序，与 Towers 程序类似，提示用户输入环的个数，然后打印出为了解决汉诺塔变体问题所需要的移动序列。

b. 修改你的程序，使其计算并打印环移动的次数，而不是环移动序列。使用整型静态变量 count 来存放环移动的次数。你的程序应该能够重复提示用户输入环的个数，并打印结果，直到用户输入小于 0 的数。

c. 制作一个表格。比较一下，解决标准 Towers 问题和解决 TowersVariation 问题所需的环移动次数。环个数从 1 到 10。

3.6 分形

24. 编写一个应用程序 DiminishingSquares。该程序接受一个整型命令行参数 n，然后输出 n × n 星号“正方形”，接着输出一个 (n-1) × (n-1) 大小的星号“正方形”，以此类推，直到输出一个 1 × 1 的星号“正方形”为止。

你的应用程序应包含一个递归方法 drawSquares(int side)，该方法由 main 函数调用一次并生成所有的输出。例如，如果传递给应用程序的参数为 3，则输出为：

```
***
***
***
**
**
*
```

25. 本节中出现了三个绘制分形的应用程序。在这里，要求对这些程序做些修改。有些修改需要你具备 Java Color 类的知识，这些知识你可以在 Oracle 网站上找到。

a. 通过修改 TSquare 来创建应用程序 TSquare01，使其每隔一级绘制一次正方行。因此，它会在第一级绘制最大的正方形，跳过第二级不去绘制那四个较小的正方形，在第三级绘制八个更小的正方形，以此类推。

b. 通过修改 TSquare 来创建应用程序 TSquare02，使其使用两种有趣的颜色（不是黑色和白色）用于背景和正方形。

c. 通过修改 TSquare 来创建应用程序 TSquare03, 使其使用黑色绘制背景，使用红色绘制奇数级的正方形，黄色绘制偶数级的正方形。随意尝试不同的颜色组合，直到找到你喜欢的组合。

d. 通过修改 TSquareGray 来创建应用程序 TSquareGray01，使其在每一级使用一个随机颜色。

e. 通过修改 TSquareGray 来创建应用程序 TSquareGray02，使其使用随机颜色来绘制每个正方形。

f. 通过修改 TSquareGray 来创建应用程序 TSquareGray03，使其使用一致颜色模式。找出一种方法，使用数学模式改变每个级别使用的颜色。

26. 谢尔宾斯基地毯是一种众所周知、基于递归正方形的分形图形。

a. 以 TSquare.java 为指导，创建名为 Sierpinski-Carpet.java 的应用程序。对于这种分形图形，想象将原始方形画布分成九个全等正方形，创建 3×3 网格的小正方形，然后填入中心正方形。对外面的八个正方形，每一个都递归重复分割和填入的操作。

b. 使用上一题中描述的灰色色调和颜色进行实验。

27. 使用某种类型的递归方法，设计你自己的图片生成程序。

3.7 移除递归

28. 解释以下术语的含义：

a. 运行时栈

b. 静态存储分配

c. 动态存储分配

d. 活动记录

e. 尾递归

29. 解释动态存储分配和递归之间的关系。

30. 为练习 9 中提到的欧几里得程序编写迭代版本，命名为 Euclid2。使用本章中学到的移除尾递归的知识来设计该迭代程序。

31. 编写程序，重复要求用户输入一个正整数并输出该正整数的阶乘。程序需要基于阶乘问题的递归解决方案，但是应该使用栈替代递归。

3.8 何时使用递归解决方案

32. 使用 3.8 节的 combinations 方法：

a. 编写程序，重复提示用户输入两个整数 N 和 M，输出可由 N 项构成的 M 项组合的个数。

b. 改进该程序，使其在确定每个结果时，输出 combinations 方法的调用次数。

c. 使用不同的输入值验证改进后的程序。写一个关于实验结果的简短报告。

33. 斐波那契数列是指这样一个整数序列：

0,1,1,2,3,5,8,13,21,34,55,89…

发现其中的规律了吗？从第三项开始，数列中的每一项都等于它前面两项之和。这是计算斐波那契数列中第 n 个数的递归公式：

$$\mathrm{Fib}(N) = \begin{cases} N, & \text{如果 } N = 0 \text{ 或 } 1 \\ \mathrm{Fib}(N-2) + \mathrm{Fib}(N-1), & \text{如果 } N > 1 \end{cases}$$

a. 编写递归方法 fibonacci，当输入参数 n 时，返回第 n 个斐波那契数。

b. 编写 fibonacci 方法的非递归版本。

c. 编写测试驱动程序来测试两个版本的 fibonacci 方法。

d. 比较递归和迭代版本的效率（使用语言描述，而不是 O() 符号）。

其他问题

34. 下面定义了一个计算数字平方根近似值的函数，在指定的容差范围（tol）内，从近似答案（approx）开始算起。

$$\text{sqrRoot(number, approx, tol)} = \begin{cases} \text{approx} & \text{if } \left|\text{approx}^2 - \text{number}\right| \le \text{tol} \\ \text{sqrRoot(number}, \dfrac{(\text{approx}^2 + \text{number})}{(2 * \text{approx})}, \text{tol)} & \text{if } \left|\text{approx}^2 - \text{number}\right| > \text{tol} \end{cases}$$

a. 为了使该函数正常工作，需要对参数值做什么限制？

b. 编写递归方法 sqrRoot 来实现该函数。

c. 编写 sqrRoot 方法的非递归版本。

d. 编写测试驱动程序，测试 sqrRoot 方法的递归和迭代版本。

35. 回文（palindrome）是一个字符串，该字符串正着读和倒着读是一样的。例如，“otto”和“never odd or even”都是回文。在确定字符串是否为回文时，要忽略不是字母的字符。

a. 给出回文的递归定义。（提示：考虑删除回文的第一个和最后一个字母时，会得到什么？）

b. 该定义的基准情形是什么？

c. 基于该定义编写递归程序，重复提示用户输入一个字符串，然后报告该字符串是否为回文。

d. 编写该定义的迭代版本。

e. 比较两个程序的时间和空间复杂度。

36. 编写一个程序，使用 Java 类库提供的方法浏览文件和文件夹（提示：从 File 类开始。）。特定文件夹的路径通过命令行参数提供给该程序。你的程序应该执行以下每项任务：

a. 将参数文件夹里所有文件的列表和它们的大小，以及该文件夹中所有文件夹的列表都打印到标准输出。每个列出的文件夹还要列出其文件（包括大小）和子文件夹的列表。只要有列出的子文件夹，就递归执行此操作。从视觉上，以一种吸引人的方式来显示文件夹和文件的层次结构。

b. 将 a 生成的列表中最大文件的名字、路径名和大小打印到标准输出。

c. 创建该程序的报告，报告中包含程序列表、示例输出并描述编写该程序的经验。

37. 上下文无关文法（Context Free Grammer,CFG）是 <V,T,P,S> 四元组，其中

V 是变量的有限集合（非终结）。

T 是终结符的有限集合。

P 是产生式（production）的有限集合

产生式是下面形式的重写规则

$$V \rightarrow \alpha$$

V 表示非终结符号，α 是任何终结 / 非终结字符串或空字符串。

S 是被称作开始符的特殊符号，也是一个变量。

我们假设 <> 括起来的是变量，[] 表示空字符串。

CFG 可用来生成随机句。

我们将使用加权生产式，生产式使用的可能性等于其权值除以 100。列出的生产式中，我们假设左侧变量相同的所有生产式的权重之和为 100。例如，生产式集合可能是：

```
100 <S> = My homework is <r1> late because\n<reason>.
30 <reason> = it is <r1> always late
30 <reason> = my <r1> <hungry thing> ate it
20 <hungry thing> = younger <sibling>
20 <hungry thing> = older <sibling>
50 <sibling> = brother
50 <sibling> = sister
30 <hungry thing> = dog
30 <hungry thing> = printer
10 <reason> = <reason>\nand besides <r1> <reason>
20 <r1> = like
80 <r1> = []
30 <reason> = I forgot my flash drive
```

基于上面的生产式集合，可能生成的句子，例如：

```
My homework is late because
it is like always late
```

```
My homework is like late because
    I forgot my flash drive
```

```
and besides my older sister ate it
```

a. 再列出 5 个由给定语法生成的句子。

b. 遵循如上所示的格式，设计自己的 CFG。

c. 编写一个 SentenceGen 程序，读取如上所示的一组生产式，然后根据用户需求，生成并显示根据语法随机生成的“句子”，直到用户退出为止。

CHAPTER 4

抽象数据类型——队列

知识目标

你可以

- 在抽象层次描述队列和其实现
- 定义队列接口
- 描述用数组实现队列操作的算法
- 比较基于数组实现队列的固定队头和浮动队头方法
- 说明如何用数组实现无界队列
- 描述用链表实现队列操作的算法
- 用增长阶分析描述及比较队列算法的效率
- 定义队列中元素的间隔时间、服务时间、周转时间和等待时间
- 说明并发线程如何互相干扰、引发出错，以及如何预防该干扰

技能目标

你可以

- 用数组实现有界队列抽象数据类型（ADT）
- 用数组实现无界队列ADT
- 用链表实现无界队列ADT
- 绘制图表表示特定队列实现的队列操作效果
- 使用队列ADT作为应用程序的一部分
- 给定到达时间和服务要求，计算队列元素的周转时间和等待时间
- 用队列模拟系统调研真实世界中的队列属性
- 实现一个程序，它能正确使用线程以利用问题解决方案内置的平行性

本章我们将讨论队列。在逻辑上队列与栈相对应，栈属于“后进先出”结构，而队列属于“先进先出”结构。在队列中时间最长的元素就是最先移除的元素。与栈一样，队列有多种与系统编程有关的重要用法，而且该结构也适用于其他多种应用程序。

我们把队列当成一种抽象数据类型，从抽象层次、应用层次和实现层次来对待。在抽象层次，队列用Java接口定义。我们将讨论数种队列应用程序，特别是探讨如何用队列确定某个字符串是否属于回文，并调研真实世界中的队列属性。我们将用两种基本方法实现队列：数组和链表。除了用数组实现有界队列之外，我们也会学习如何用数组实现无界队列。与我们处理视图的正常顺序有所不同，本章的最后一节讨论了如何使用队列来保存旨在执行并行的任务，而如果这种并行性能够用于提高性能，我们该如何使用Java来妥善利用并列。

4.1 队列

在Chapter 2中学习的栈结构，通常是在同一端进行元素添加和移除。但如果我们需要介绍一种有不同操作方式的集合，又该怎么办呢？假设我们模拟洗车场洗车，车辆从车场的一头进去，从另一头出来。元素从一端进入，再从相反的另一端出来的数据结构称为队列。队列数据结构，就跟洗车场一样，其特点就是最先进去的元素（车辆）是最先出来的元素（车辆）。

这种队列的基本形式存在数种变体，为了进行区别，我们一般引用先进先出的队列。其他队列版本将在第4.7节“队列变体”和Chapter 9“抽象数据类型－优先级队列”中进行介绍。现在我们把注意力集中在队列的常见版本，即一般所说的“队列”是指先进先出的队列。与栈的情况一样，我们从三个层次把队列视为一种抽象数据类型：抽象、实现和应用层次。

队列用法

除了这里所描述的用法，队列在平行处理系统中经常扮演重要角色。处理进程调用producer（生产方），平行运作，创建任务并把它们放在队列中。处理进程调用consumer（消费方），平行运作，把任务从队列移除，并进行执行。队列的作用就像是同步机制。我们将在第4.9节“并发、干扰与同步”介绍Java的一些平行处理特点。

队列是一组访问控制元素，在队列的一端添加（“队尾”）新元素，从另一端（“队头”）移除元素。例如，想象有一群学生在学校书店排队买书（见图4.1）。理论上讲，新来的学生要排在队尾，收银台最先服务对象是排在队头的那名学生。

要给队列添加元素，我们访问该队列的队尾；要移除元素，就访问队头。中部的元素从逻辑上讲是不可访问的。比较方便的做法是将队列画成线性结构，队头在左，队尾在右。但是，必须强调队列的“端”是抽

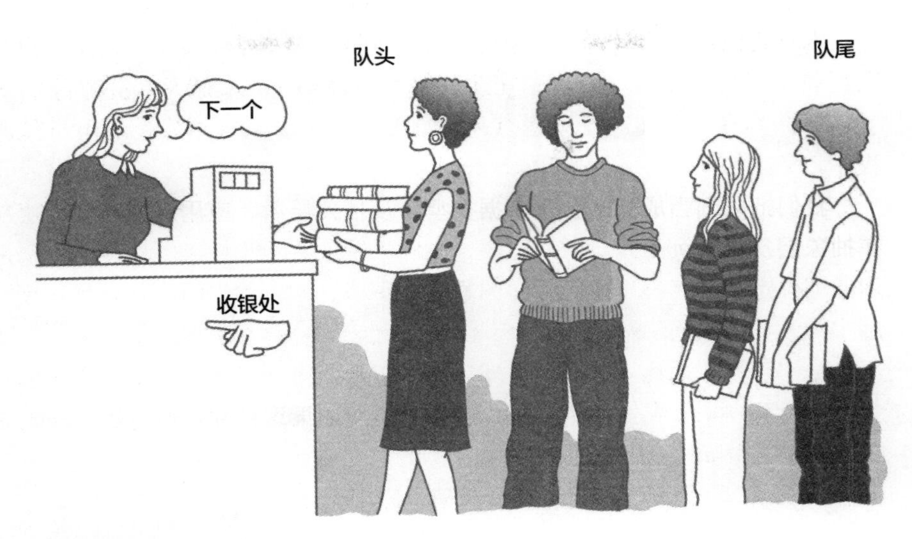

图4.1 先进先出队列

象的；“左边”和“右边”未必和队列实现的特征相对应。队列的基本属性就是先进先出。

队列操作

书店的例子暗示了可以应用于队列的两种操作。首先，我们可以在队尾添加新元素，这个操作叫入队（enqueue）；其次，我们可以从队头移除元素，这个操作叫出队（dequeue）。图4.2用方块模拟队列元素，向我们展示了上述操作对队列产生的影响。

与栈操作的压栈和退栈不一样，队列的添加和移除操作没有标准的名称。enqueue操作有时也会叫enq、enque、add（添加）或者insert（插入），dequeue的别称也有deq、deque、remove（移除）、或serve。

使用队列

Chapter 2中讨论了操作系统和编译程序如何使用栈。同样地，队列也经常用于系统编程。例如，某个操作系统通常备有随时可执行的处理队列，或者等待特定事件发生便可执行的处理队列。

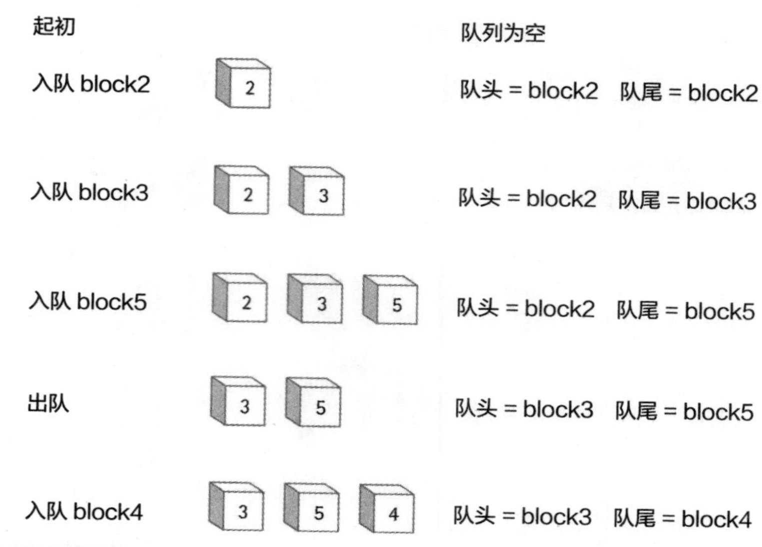

图4.2 入队和出队操作的效果

另一个例子是，计算机系统通常必须提供“存储区”，以存放在两个处理进程、两个程序甚至两个系统之间传送的信息。这个存储区通常称为“缓存”，通常作为队列实现。例如，如果一个邮件伺服器在同一时间收到大量邮件信息，这些信息会先存放在缓存区，直到该邮件伺服器做好准备处理这些信息。如果伺服器是按照信息到达的先后顺序——先进先出的顺序进行处理的话，那么该缓存就属于队列。

很多其他应用程序在处理之前都要先存储请求。试想一下为顾客提供服务的应用程序，比如出售飞机票或者电影票。这些应用程序通常会用队列来处理请求。

如书店的例子所示，软件所用的队列在现实世界中有相对应的例子。类似的还有我们要排队买比萨、排队进影院、排队过收费站、排队坐过山车等。队列数据结构的另一种重要应用是帮助我们模拟和分析现实世界的这些队列，有关这点我们将在第4.8节“应用程序：平均等待时间”中的范例应用中介绍。

4.2 队列接口

本节将正式指定队列ADT。除了enqueue和dequeue操作与push、pop和top不同之外，队列所使用的基本方法与栈ADT一样：

- 队列都是泛型的——特定队列持有的对象类型在该队列实例化时由客户端指示。
- 定义支持队列的类在ch04.queues package中成组呈现。
- 提供观察函数操作size（大小），以便应用程序确定队列的大小。队列的大小对于应用程序而言很重要，因为它意味着元素可以待在队列多久。

- 提供观察函数操作isEmpty（为空）和isFull（为满），以便客户端在合适的情况下能够预防自己尝试从空队列中移除元素，或者在满队列中添加元素。
- 创建QueueUnderflowException（队列下溢异常）和QueueOverflowException（队列溢出异常）两个类。
- 创建一个QueueInterface（队列接口），定义队列方法的特征。实现队列应该要实现这个接口。

两个异常类的代码基本上与Chapter 2中栈所用的两个异常类的代码一样，所以这里不予展示。与栈的情况一样，应用程序员能够在访问队列之前，决定使用isFull和isEmpty两个观察函数来预防出现问题，或者应用程序能够尝试访问操作，“捕获并处理”引发的异常。

以下为QueueInterface。该接口定义队列五个方法的特征——enqueue、dequeue、isEmpty、isFull和size。

```
//----------------------------------------------------------------------------
// QueueInterface.java          程序员：Dale/Joece/Weems          Chapter 4
//
// 实现队列 T 的类的接口。
// 队列为“先进先出”结构。
//----------------------------------------------------------------------------
package ch04.queues;

public interface QueueInterface<T>
{
   void enqueue(T element) throws QueueOverflowException[1];
   // 如果这个队列满了，抛出 QueueOverflowException；
   // 反之，在这个队尾添加元素。

   T dequeue() throws QueueUnderflowException;
   // 如果这个队列为空，抛出 QueueUnderflowException；
   // 反之，从这个队头移除元素并返回它。

   boolean isFull();
   // 如果这个队列满了，返回 true；
   // 反之，返回 false。

   boolean isEmpty();
```

[1] 队列异常为未检查异常。因此，从句法或者运行时出错检查的观点来讲，将队列异常列入该接口并没有影响。我们在接口中展示异常，以描述我们想要的实现。

```
    // 如果这个队列为空，返回true；
    // 反之，返回false。

    int size();
    // 返回在队列中的元素数量
}
```

应用实例

与栈的介绍一样，我们将用使用队列的简单示例，以结束本节有关队列ADT的正式规格说明。RepeatStrings（重复字符串）的例子介绍了如何使用队列存放用户给出的字符串，再按照字符串入队时的顺序输出字符串。代码使用了基于数组的队列实现，这个将在下一节介绍。与队列的创建和用法直接相关的部分代码已添加下划线强调。我们声明该队列为QueueInterface<String>类型，再将它实例化成ArrayBoundedQueue<String>。在for循环中，入队的是用户给出的三个字符串。while循环反复出队，并且从队列中打印出队头的字符串，直到队列为空。

作者的注释

这个例子与第107页栈ADT的应用实例极其相似。将两个程序和其输出进行对比比较，或许对你会有帮助。

```
//----------------------------------------------------------------------
// RepeatStrings.java       程序员：Dale/Joyce/Weems          Chapter 4
//
// 队列的示例应用。按照与输入相同顺序输出字符串。
//----------------------------------------------------------------------
package ch04.apps;

import ch04.queues.*;
import java.util.Scanner;

public class RepeatStrings
{
  public static void main(String[] args)
  {
    Scanner scan = new Scanner(System.in);

    QueueInterface<String> stringQueue;
    stringQueue = new ArrayBoundedQueue<String>(3);

    String line;
```

```
    for (int i = 1; i <= 3; i++)
    {
      System.out.print("Enter a line of text > ");
      line = scan.nextLine();
      stringQueue.enqueue(line);
    }

    System.out.println("\nOrder is:\n");
    while (!stringQueue.isEmpty())
    {
      line = stringQueue.dequeue();
      System.out.println(line);
    }
  }
}
```

以下是示例运行的输出：

```
Enter a line of text>the beginning of a story
Enter a line of text>is often different than
Enter a line of text >the end of a story
```

按顺序就是：

```
the beginning of a story
is often different than
the end of a story
```

4.3 基于数组的队列实现

本节介绍队列ADT的两种基于数组的队列实现方法：一种实现有界队列，另一种实现无界队列。我们继续用大写字母代表元素信息，以简化图。

注意在本章的讲解中，图4.16（第300页）介绍了为支持队列ADT而创建的所有类和接口之间的关系。

ArrayBoundedQueue类

首先我们要开发一个Java类，用以实现固定大小的队列。该队列的大小有限制（为有界），故通常称为“有界缓冲”（bounded buffer），它能够用于暂存信息，直到信息被用（属于缓冲）。我们调用ArrayBoundedQueue类，是认识到这个类使用数组作为内部实现。术语Bounded（有界）也包括在类名内，这是为了将这个类与基于数组的无界队列区分开，后者将在本节后面阐述。

我们的首要任务就是决定以何种方式将队列放在数组中：我们需要一些方式来确定队列的队头元素和队尾元素。有以下几种选择。

固定队头设计方法

在介绍有关栈ADT基于数组的实现时，我们先在数组第一个位置插入一个元素，将topIndex（顶部索引）设置为0，再通过随后的push和pop操作调整topIndex的位置。但是栈的底部，通常都是数组的第一个插槽（slot）。我们可不可以把类似的解决方案用于队列，在添加新元素时，固定在数组第一个插槽的队头维持不变，而只是在队尾进行移动？

如果我们把第一个元素加入数组第一个位置，第二个元素放在第二个位置，以此类推，在进行数次enqueue和dequeue操作后，看看会发生什么。为了简化本章的图，我们仅展示处于相对应数组插槽的元素，但要记住，在实际操作中，数组插槽还存有引用元素。在四次调用enqueue，将自变量A、B、C和D插入后，队列显示如下：

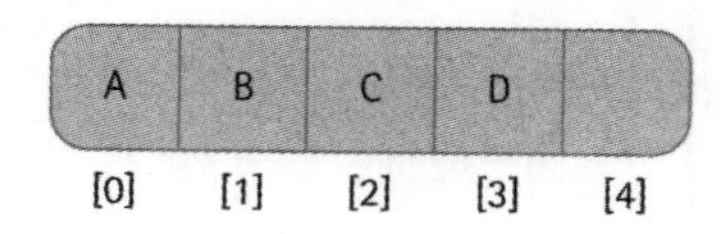

记住队列的队头已经固定在数组的第一个插槽，而队尾每入队一个元素往后占一格。现在我们把队头的元素从队列中出队：

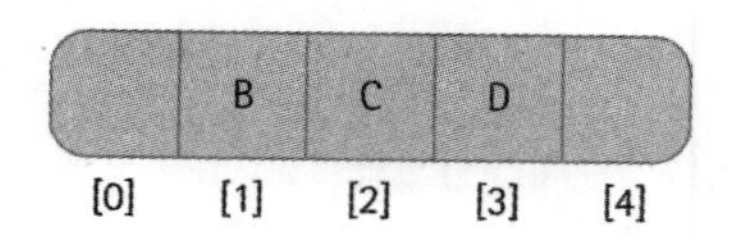

这个操作移除了数组第一个插槽的元素，留下一个空槽。为了保持队列队头固定在数组的顶部，我们需要将队列的每一个元素都往前移一格：

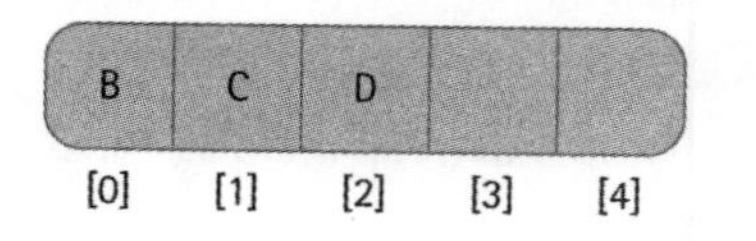

用这种设计，enqueue操作与基于数组的栈的push操作一样，仅仅只是将元素添加到下一个可用的数组空槽。dequeue操作则比栈的pop操作更复杂，因为队列剩下的元素要往前移到数组的队头。

让我们来评价一下这个设计。它的优点是简洁且便于编码，几乎与栈实现一样简单。栈只能访问一端，队列能够访问两端，尽管如此，我们还是要追踪队尾，因为队头已经固定了。

实现效率

总的来说，我们会根据可能的增长阶分析设计最有效的方法实现ADT，但如何衡量有效与否的方法尚不明确。有时候有效与否取决于应用程序如何使用该实现。

只有dequeue操作相对而言比较复杂。那么这个设计的缺点是什么？那便是dequeue操作既复杂又低效。每次出队，我们都要把剩下的元素全部往前移一格，加大了工作量。

这个缺点有多严重呢？为了作出判断，我们必须了解有关队列的使用方法。如果队列持有大量元素，每次出队移动元素所需的处理步骤会大大降低该解决方案的效率。相反，如果队列通常所含元素屈指可数，这种数据移动方法就不会太费力。尽管这个设计能够运作，且在部分情况下表现可圈可点，但总的来说它不是最有效的选择。让我们再开发另一种设计，以避免每次dequeue操作都要移动所有队列元素。

浮动队头设计方法

需要移动数组的元素，是因为我们想要把队列的队头固定在数组的第一个插槽，而只允许队尾移动。如果要同时允许队头和队尾移动呢？与之前一样，enqueue操作在队尾添加一个元素，调整队尾位置。不过，这次dequeue操作移除队头的元素，而仅仅调整队头的位置，无需移动剩下的元素。但是，我们现在就要同时追踪队头和队尾的数组索引了。

图4.3介绍了使用这种方法后，数次enqueue和dequeue操作下来会对队列产生什么影响。

让队列元素在数组中浮动，这带来了一个新的问题，就是队尾指示何时才能到达数组的末端。在第一种设计中，这个情况会告知我们队列已满。但现在，队列的队尾有可能在队列还未满的时候就到达数组的一端，如图4.4（a）。

由于数组的开头可能仍有空位，比较明显的解决方案就是让队列元素“绕回”数组端。换言之，可以将数组视为一个循环结构，最后一个插槽跟着第一个插槽，如图4.4（b）。例如，为了获得队尾指示的下一个位置，我们可以用if陈述。假设capacity（容量）代表数组的大小：

```
if (rear == (capacity - 1))
   rear = 0;
else
   rear = rear + 1;
```

另一种重置rear（队尾）的方式是用模(%)运算符：

```
rear = (rear + 1) % capacity;
```

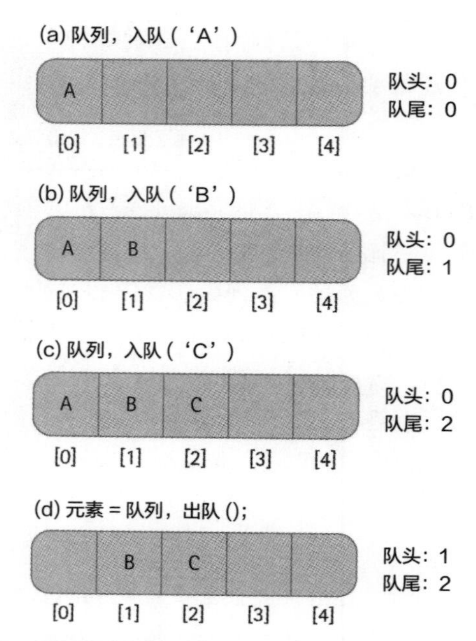

图4.3 enqueue和dequeue操作的效果

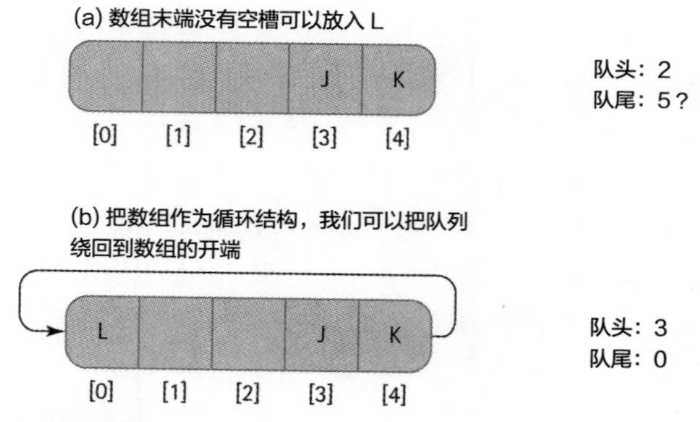

图4.4 在数组绕回队列元素

比较设计方法

循环数组（浮动队头）的解决方案不像固定队头的解决方案那么简单。设计变得更复杂了，我们又得到什么呢？通过使用效率更高的dequeue操作，我们能有更好的表现。Dequeue的固定队头版本属于O(N)操作。浮动队头设计只需要dequeue执行几个简单操作。无论队列里有多少个元素，工作量都比一些固定常量要少，所以这种算法的复杂度为O(1)。

因此，我们将使用效率更高的浮动队头方法。

> **简单VS效率**
>
> 通常我们在设计ADT实现方法时，从代码的复杂度而言，效率更高的方法意味着复杂性更高。有些情况我们可能会偏向简单点但效率没那么高的方法。更简单的设计，其设想、代码、测试和维护也更容易，其所节省的时间和成本有时候超过更高效率代码。

实例变量和构造函数

我们的实现需要什么实例变量呢？需要队列元素，这些元素存在名为elements的数组里。从之前的分析中我们得知，必须要给类增加两个实例变量：front和rear。我们知道如果要绕回数组的话，最好是知道容量，也就是队列存有的元素最大数。容量由数组的长度（length）属性决定。

现在我们有信心可以处理enqueue和dequeue操作，但剩下的操作又当如何？为了使isEmpty、isFull和size这几个观察函数操作更加便捷，我们决定多用一个实例变量——numElements。numElements变量存有现下队列中的元素数量。以下是ArrayBoundedQueue的开头：

```
//---------------------------------------------------------------------------
// ArrayBoundedQueue.java      程序员：Dale/Joyce/Weems        Chapter 4
//
// 用存有队列元素的数组实现 QueueInterface。
// 提供两个构造函数：一个创建队列的默认容量（capacity），一个允许调用程序指定容量。
//---------------------------------------------------------------------------
package ch04.queues;
public class ArrayBoundedQueue<T> implements QueueInterface<T>
{
  protected final int DEFCAP = 100; // 默认值容量
  protected T[] elements;           // 存有队列元素的数组
  protected int numElements = 0;    // 队列中的元素数量
  protected int front = 0;          // 队头索引
  protected int rear;               // 队尾索引

  public ArrayBoundedQueue()
  {
    elements = (T[]) new Object[DEFCAP]²;
    rear = DEFCAP - 1;
  }

 public ArrayBoundedQueue(int maxSize)
 {
```

[2] 会生成一个未检查的数据类型转换警告，这是因为编译器无法确认数组含有T类对象。该警告可以忽略不计。

```
    elements = (T[]) new Object[maxSize]³;
    rear = maxSize - 1;
}
```

正如你所见，我们的类包含有界结构的两个标准构造函数：一个是客户端程序指定的最大值，另一个是默认DEFCAP元素的最大值（默认容量为100）。记住这是因为Java翻译器无法生成引用泛型类型，所以代码必须在构造函数内指定Object，连同new陈述。如此一来，我们声明数组为T类数组，但又把它们实例化成Object类的数组。然后，为了确保类型检查如期进行，我们将数组元素数据类型转换成T类。即便这种方法有点麻烦，而且通常还会生成编译器警告，但我们必须用这种方法在Java中用数组创建泛型集合。

rear变量实例化到数组最后一个索引。由于我们用了绕回方法，首次入队的值设为0，表示应该存有第一个元素的数组插槽。front变量初始化为0，这是第一个出队元素的数组索引。注意如果队列只存有一个元素，front和rear的值将一样。

定义队列操作

鉴于前面的讨论，队列操作的实现直截了当。记住，有界队列的enqueue方法，如果队列满了，则应抛出异常。如果队列没满，该方法只是简单地增加rear变量，在有必要的情况下“将它绕回”，将元素放入rear位置，增加numElements变量。

```
public void enqueue(T element)
// 如果队列满了，抛出 QueueOverflowException（队列溢出异常）；
// 反之，在该队列的队尾添加元素。
{
  if (isFull())
    throw new QueueOverflowException("Enqueue attempted on a full
queue.");
  else
  {
    rear = (rear + 1) % elements.length;
    elements[rear] = element;
    numElements = numElements + 1;
  }
}
```

[3] 会生成一个未检查的数据类型转换警告，这是因为编译器无法确认数组含有T类对象。该警告可以忽略不计。

dequeue方法基本上与enqueue方法相反。在出队方法中，如果队列为空，则抛出异常；反之，增加front，如有必要则进行绕回，减少numElements，返回front变量先前指定的元素。这种方法一开始要复制最后返回的对象引用，这样做是因为在下一步它会从数组中移除该对象引用。

```
public T dequeue()
// 如果队列为空，抛出 QueueUnderflowException;
// 反之，从该队列移除队头元素并返回它。
{
  if (isEmpty())
    throw new QueueUnderflowException("Dequeue attempted on empty
queue.");
  else
  {
    T toReturn = elements[front];
    elements[front] = null;
    front = (front + 1) % elements.length;
    numElements = numElements - 1;
    return toReturn;
  }
}
```

注意，dequeue与栈的pop操作一样，它将与移除元素有关的数组位置的值设为null。这样可以让Java的无用信息回收进行处理，继而运作最新信息。

观察函数方法非常简单，这是因为我们在numElements变量中追踪队列的大小：

```
public boolean isEmpty()
// 如果队列为空，返回 true；反之返回 false。
{
  return (numElements == 0);
}

public boolean isFull()
// 如果队列为满，返回 true；反之返回 false。
{
  return (numElements == elements.length);
}

public int size()
// 返回队列中的元素数量。
{
    return numElements;
}
```

这样一来，我们便完成了开发基于数组的有界队列实现。

ArrayUnboundedQueue类

下一步我们要开发的Java类，它使用数组，并实现无界队列。数组一旦创建后，其容量是不能够改变的，基于这点，要用数组实现无界结构似乎很难以置信。其技巧就是创建一个更大的新数组，并且在有必要的时候将结构复制到该新数组中。

为了创建ArrayUnboundedQueue类，我们可以重复利用前面所用的设计和代码。以下有几种选择：

- 我们可以将ArrayUnboundedQueue类进行延伸，复写受变化影响的任何方法，如enqueue和isFull方法。这是一种有效方法。不过，在一般情况下，我们会犹豫到底要不要延伸具体的类。这样做会导致两个类之间的耦合很紧密，如果基础类被修订，之后就会发生问题。
- 我们可以将一个有界队列“包装”在无界队列实现里面。换言之，我们不直接使用数组来保存无界队列，而是用有界队列来保存。如有需要，实例化一个更大的新有界队列，用一系列出队 / 入队操作对先前有界队列的内容进行复制。这种方法也能运作，不过它增加了额外的抽象层次。
- 我们可以重复使用有界队列设计的基础部分，在有需要时重新将它设计成无界队列。换言之，从字面上复制ArrayBoundedQueue.java文件，将文件重新命名为ArrayUnboundedQueue，对这个文件进行必要改动。我们选择第三种方法。

从ArrayBoundedQueue开始，我们需要作出什么改动才能让队列永远都不会满？当然，我们要将类名变成ArrayUnboundedQueue。我们还要改变isFull()方法，让它总是返回false，因为无界的队列永远不会满。

以上这些变动很“容易”。现在我们要解决将结构变成无界的问题。如果数组空间不足，就要改变enqueue方法，扩大数组的容量。因为扩大数组从概念上讲属于单独操作，要与入队分开，所以我们在实现时将这种单独操作命名为enlarge（扩大）。enqueue方法开始的陈述如下：

```
if (numElements == elements.length)
enlarge();
```

下面我们需要实现这个enlarge方法。要把数组扩大多少呢？有下面数种选择：

- 在该类中设定恒定增量值或乘数。
- 当队列实例化时，允许应用程序指定增量值或乘数。
- 使用原有容量作为增量值。

由于enlarge方法必须复制整个数组的内容，它属于O(N)操作，因此我们不想太过频繁地调用这种方法。这意味着我们要大量地增加容量，但如果增幅太大，就很浪费时间和空间。

解决方案重复利用！

这里所描述的创建基于数组无界队列的方法也可以用来操作其他基于数组的无界结构，实际上，大家会用这种方法来实现Java库中的一些相似结构，如ArrayList（数组表）。

让我们用原有容量作为增量值。enlarge方法所实例化的数组，其大小等于现有容量加上原有容量。我们的构造函数代码用实例变量origCap存储了原有容量的值。

在enlarge中，如果我们要将原有数组的内容复制到新数组中，就必须仔细谨慎，循序渐进地处理队列的元素，从front开始，到达rear时适当地绕回到数组的末端。在新数组中，这些元素放在数组的开头。复制操作后，我们再适当地更新实例变量。以下是ArrayUnboundedQueue类的有关声明和操作后的方法，不同于有界版本的代码变动已添加下划线强调：

```
//---------------------------------------------------------------------------
// ArrayUnboundedQueue.java     程序员：Dale/Joyce/Weems      Chapter 4
//
// 用存有队列元素的数组实现 QueueInterface。
//
// 提供两个构造函数：一个创建默认原有容量的队列，一个允许调用程序指定原有容量。
// 如果入队时数组没有可用空间，创建一个新数组，容量增幅为原有容量。
//---------------------------------------------------------------------------
package ch04.queues;

public class ArrayUnboundedQueue<T> implements QueueInterface<T>
{
  protected final int DEFCAP = 100; // 默认容量
  protected T[] elements;           // 存有队列元素的数组
  protected int origCap;            // 原有容量
  protected int numElements = 0;    // 队列中的元素数量
  protected int front = 0;          // 队头索引
  protected int rear;               // 队尾索引

  public ArrayUnboundedQueue()
  {
    elements = (T[]) new Object[DEFCAP]4;
    rear = DEFCAP - 1;
    origCap = DEFCAP;
  }
```

```
public ArrayUnboundedQueue(int origCap)
{
  elements = (T[]) new Object[origCap]5;
  rear = origCap - 1;
  this.origCap = origCap;
}

private void enlarge()
// 队列容量增幅等于原有容量。
{
  // 创建更大的数组
  T[] larger = (T[]) new Object[elements.length + origCap];

  // 将较小数组的内容复制到更大数组。
  int currSmaller = front;
  for (int currLarger = 0; currLarger < numElements; currLarger++)
  {
    larger[currLarger] = elements[currSmaller];
    currSmaller = (currSmaller + 1) % elements.length;
  }

  // 更新实例变量。
  elements = larger;
  front = 0;
  rear = numElements - 1;
}
public void enqueue(T element)
// 在队列队尾添加元素。
{
  if (numElements == elements.length)
    enlarge();

  rear = (rear + 1) % elements.length;
  elements[rear] = element;
  numElements = numElements + 1;
}

// 没有显示 dequeue、isEmpty 和 size，因为这几个维持不变。
```

[4,5] 会生成一个未检查的数据类型转换警告，这是因为编译器无法确认数组含有T类对象。该警告可以忽略不计。

```
  public boolean isFull()
  // 返回 false，因为无界队列永远不会满。
  {
    return false;
  }
}
```

在我们有界队列的操作中，enqueue方法复杂度为O(1)。但无界队列的情况又不一样，至少O(1)不算是最坏的情况。知道为什么吗？如果入队调用次数超过出队的调用次数，最终elements数组就会变满，而enqueue方法将会调用enlarge方法。由于enlarge方法属于O(N)，所以相应的enqueue调用也需要O(N)步。这就是最坏的情况，入队变成O(N)。

注意，在调用enlarge方法之前，可能我们执行的入队和出队操作序列已经很长了。实际上，我们可能有应用程序使用无界队列，而永远都不会导致数组变满。但起码我们在大小为N的数组上调用扩大方法之前，enqueue方法的调用次数一定是N+1次。如果我们将enlarge方法的成本均分给这些N+1调用，那enqueue方法的平均成本仍然为O(1)。使用这种平均成本的方法，我们可以将入队方法的执行效率设想为O(1)。这一段用到的分析方法称为**平摊分析**，“平摊”属于金融学术语，意思就是将一笔债务款项摊分成数笔，分次付款，而不是一次付清。

> **摊分成本**
>
> 如果某个方法偶尔需要额外处理，我们就可能会考虑将额外处理的成本均分到该方法的所有调用中，淡化额外处理可能存在的缺陷。像这种用一般情况分析代替最坏情况分析，均分异常额外处理成本的方法，通常称为平摊分析。

注意，如果你的工作对象需要一直保持高效率，例如要处理一些运行时系统，那么一般情况的效率或许不适用。在这种状况下，你需要谨慎选择ADT实现。

第2.5节“基于数组的栈实现”中介绍了一种关于用数据库的ArrayList类实现无界栈的描述。ArrayList也能用于实现无界队列，实际上，它不失为实现的好选择，因为它提供大小能增长的结构，而且支持使用泛型类型，而不会生成任何编译器警告。习题14要求你发掘这种实现方法。

4.4 交互式测试驱动程序

第2.5节“基于数组的栈实现”解决了ADT测试的问题，探讨了有必要在开发ADT实现类的同时，开发一个测试驱动应用程序。该节还讨论了在专业环境中批量测试工具的重要性。这里我们采用的方法稍有不同，我们要给ArrayBoundedQueue类创建一个交互式的测试驱动程序。这种应用程序不仅可以作为ArrayBoundedQueue类的示例，还可以给学生用来实验，学习队列的ADT，了解各种输出方法之间的关系。本节概述的方法能够用来创建类似的测试驱动，适用于本书中（或别处）介绍的任何一种ADT实现类。我们的交互式测试驱动将应用String类型的元素，这些元素存储在ADT中，而且可从ADT检索。

一般方法

我们实现的每个ADT各支持一套操作。因此我们可以为各个ADT创建一种交互式的测试驱动程序，让我们可以在各种序列中测试操作。我们该如何编写单个测试驱动程序，让它测试无数个操作序列呢？解决方案就是创建这样的测试驱动程序，它可以重复向用户（测试者）呈现代表ADT输出方法的操作选择。用这种方式，测试者就可以测试他/她所选择的任何操作序列。如果测试者选择的操作需要一个或一个以上的自变量，测试驱动也会提示测试者提供该信息。

所有交互式测试驱动程序都有相同的基本算法。以下是伪代码描述：

实现ADT的交互式测试驱动

```
Prompt for, read, and display test name
Determine which constructor to use, obtain needed parameters, instantiate a new
instance of the ADT
while (testing continues)
{
  Display a menu of operation choices, one choice for each
    method exported by the ADT implementation, plus a “stop testing” choice
  Get the user’s choice and obtain any needed parameters
  Perform the chosen operation
    if an exception is thrown, catch it and report its message
    if a value is returned, report it
}
```

交互式测试驱动从用户获取操作请求，一次一个，通过调用受测试类的方法执行操作，汇报结果到输出流。这种方法让我们在测试ADT时可以极其灵活。

注意第一步是提示输入、读取、显示测试名）。这一步对于交互式程序看似没有必要，因为测试名会直接向输入该名的用户汇报。但是，执行测试的程序员可能想存储交互式对话记录，以便日后学习或检索测试文件，所以给交互式程序输入名称或许大有用处。

解决方案重复利用 II

此处描述的为基于数组的有界队列实现创建交互式测试驱动的方法也可以用来测试很多其他类。习题18要求你创建类似的测试程序。甚至不难想象，在给定特定ADT实现类作为输入的情况下，创建一个自动生成此类测试程序的程序。正是这样的观察帮助创建了软件开发工具。

ArrayBoundedQueue类的测试驱动

应用程序ITDArrayBoundedQueue可以在程序文件ch04.queues package中找到。开头的“ITD”代表交互式测试驱动。

学习测试驱动程序，要遵循控制逻辑，知道该程序要在上述伪代码的基础上进行精化。尽管该程序很简单，但有几点还需要进一步解释。程序一开始用new来实例化test（测试），这属于ArrayBoundedQueue变量。然后再继续让用户选择其中一种可用的构造函数，再在第一个switch陈述的控制下，再次实例化test。看起来第一个new的命令好像没必要在主方法的陈述开头使用，因为这看似有些累赘。不过，有些Java编译器需要这个陈述。如果没有它，编译器会报告出错，如“variable test might not have been initialized”（变量测试尚未初始化），这是因为后面的new命令是嵌入在决策结构里面的（switch陈述），它包含了一个没有new命令的分支（默认分支）。这些编译器最终可能还没执行任何new，而把new命令加入到陈述开头就能解决这个问题。

测试驱动会进行一些出错检查，确保用户输入有效，但它并不是一个完全的稳健的程序。比如，它不会验证第二个构造函数的size是不是正数，也不会防止用户在ArrayBoundedQueue内插入过多元素。尽管这两种情形都是ArrayBoundedQueue规则所不允许的，但基于前置条件，我们无法在测试驱动程序中阻止这两种情况发生。测试驱动程序用户在测试ArrayBoundedQueue时，或许也想知道前置条件未满足的情况下会发生什么，所以用户要在测试运行时知道如何违反前置条件。

使用测试驱动程序

图4.5展示测试驱动程序示例运行的结果。用户输入用不同字体表示。操作菜单的重复显示大部分已用“…”代表。如图中所示，在这个测试中，用户选择使用第一个构造函数创建队列，再请求下述操作序列：isEmpty()、enqueue(“Test Line 1”)、isEmpty()、enqueue(“Test Line 2”)、isFull()、dequeue()、dequeue()和dequeue()。我们

的ArrayBoundedQueue通过了测试！读者可以自行尝试这个测试驱动程序。

```
What is the name of this test?
Sample Test

This is test Sample Test

Choose a constructor:
1: ArrayBoundedQueue( )
2: ArrayBoundedQueue(int maxSize)
1

Choose an operation:
1: enqueue(element)
2: String dequeue()
3: boolean isFull()
4: boolean isEmpty()
5: int size()
6: stop Testing
4
isEmpty()
Result: true

Choose an operation:
...
1
Enter string to enqueue:
Test Line 1
enqueue("Test Line 1")

Choose an operation:
...
4
isEmpty()
Result: false

Choose an operation:
...
1
Enter string to enqueue:
Test Line 2
enqueue("Test Line 2")
Choose an operation:
...
3
isFull()
Result: false

Choose an operation:
...
2
dequeue()
Result: Test Line 1 was returned.

Choose an operation:
...
2
dequeue()
Result: Test Line 2 was returned.
Choose an operation:
...
2
dequeue()
Underflow Exception: Dequeue
attempted on empty queue.

Choose an operation:
...
6
End of Interactive Test Driver
```

图4.5 交互式测试驱动输出

4.5 基于链接的队列实现

本节我们将使用链表实现无界队列，调用LinkedQueue（链表队列）类。与Chapter 2介绍的栈的链表实现类似，我们使用支持包中的LLNode类来为内部表示提供节点。

在队列的基于数组实现中，我们追踪表示队列中数据的队头和队尾边界的两个索引。在链表表示中，我们可以用两个引用——front和rear，分别标记队列的队头和队尾。如果队列为空，这两个引用应等于null。因此，队列的构造函数对这两个引用进行相应初始化。以下为类定义的开头：

```
//----------------------------------------------------------------------
// LinkedQueue.java          程序员：Dale/Joece/Weems         Chapter 4
//
// 用链表实现 QueueInterface。
//----------------------------------------------------------------------
package ch04.queues;
import support.LLNode;

public class LinkedQueue<T> implements QueueInterface<T>
{
  protected LLNode<T> front;      // 引用队列的队头
  protected LLNode<T> rear;       // 引用队列的队尾
  protected int numElements = 0;  // 队列中的元素数量

  public LinkedQueue()
  {
    front = null;  rear = null;
  }
```

图4.6用图形描述了队列表示。我们描述队列时，通常会在图中不同区域展示队列的实例变量（front和rear）。注意，这些变量实际上在单个队列对象中集合。链表结构中动态分配的节点存在于“系统内存中的某个位置”，在此为了便于查看，我们显示了线性排列的节点。本节将不会在表内列入numElements变量。

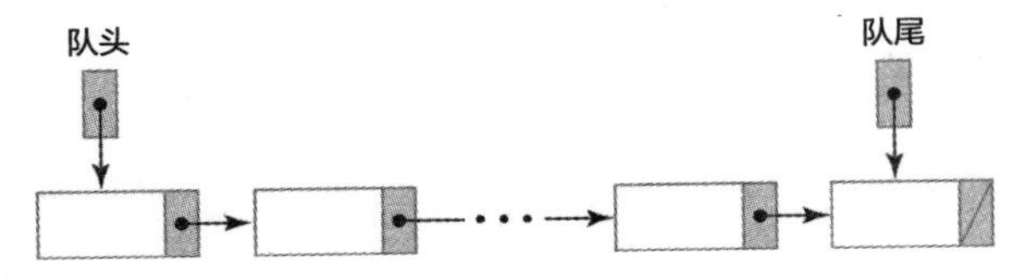

图4.6 链表队列表示

入队操作

设计提示

设计基于链表的解决方案时必定要绘制很多图案，类似于本节的图。同时记住要考虑边界情况，尤其是空结构的情况，以避免出现空指针异常。

在栈ADT的链表实现中，我们了解了如何在链表开头添加和删除节点。添加队列新元素时，我们将新元素插入到结构队尾，这个操作我们还未见过。我们需要算法实现enqueue操作。算法步骤用数字标记为1、2、3，与图4.7标记处相对应。

Enqueue（element）

1.给新元素创建一个节点。
2.把该新节点添加至队尾。
3.更新队列队尾引用。
4.增加元素数目。

下面我们来看看这四个步骤，一次一个：

1. 第一步似曾相识。为element创建新节点，通过实例化一个新的LLNode对象，把element作为自变量传递给这个对象：

   ```
   LLNode<T> newNode = new LLNode<T>(element);
   ```

2. 下一步在队尾添加新节点。使用LLNode setLink方法，将目前最后一个节点的链设定为引用新节点：

   ```
   rear.setLink(newNode);
   ```

但如果入队时队列是空的，又会发生什么呢？使用引用时，必须要处理队列为空的特殊情况，你不能用它来访问对象。如果添加元素时队列为空，rear值将为null，而使用rear.setLink将导致运行时异常。换言之，我们不能将目前最后一个节点的链设定为引用新节点，因为不存在“目前最后一个节点”。在这种情况下，我们必须将front设为指向新节点，因为它是队列的第一个节点。

```
if (rear == null)
  front = newNode;
else
  rear.setLink(newNode);
```

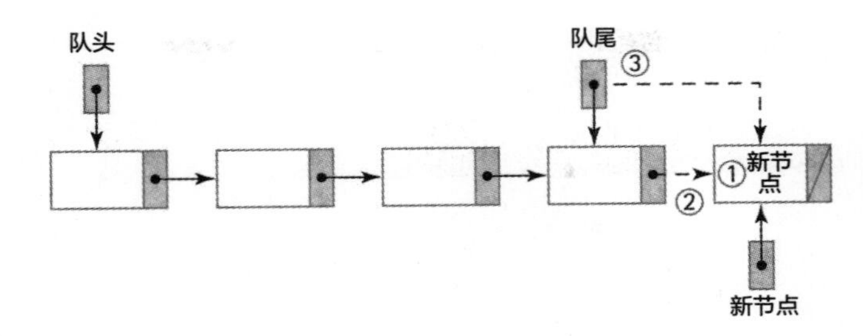

图4.7 enqueue操作

3. enqueue算法下一个任务，更新rear引用，只包含赋值：

```
rear = newNode;
```

如果我们在空队列插入，将插入作为队列第一个节点，这样可行吗？可行，因为我们一直会有rear指向新节点，再调用enqueue，而不管队列中有多少个元素。

4. 增加元素数量的表示很直截了当：

```
numElements++;
```

将这些放在一起，我们便得到enqueue方法的以下代码：

```
public void enqueue(T element)
// 在队列队尾添加元素
{
   LLNode<T> newNode = new LLNode<T>(element);
   if (rear == null)
      front = newNode;
   else
      rear.setLink(newNode);
   rear = newNode;
   numElements++;
}
```

出队操作

dequeue操作与栈的pop操作类似，因为它是从链表的开头移除元素。但是，记住pop仅仅移除栈顶元素，而dequeue是移除元素又返回元素。同样地，与栈的top操作一样，我们不想返回整个LLNode，而只需要返回节点包含的信息。

编写enqueue算法时，我们注意到在空队列插入元素属于特殊情况，因为我们需要把front指向新节点。同样地，在dequeue算法中，我们要顾及的特殊情况是，如删除队列唯一的节点，队列将变成空队列。如果重置后，front为null，则队列为空，我们需要把rear也设为null。图4.8介绍了该算法从链表队列移除和返回队头元素的前几个步骤。

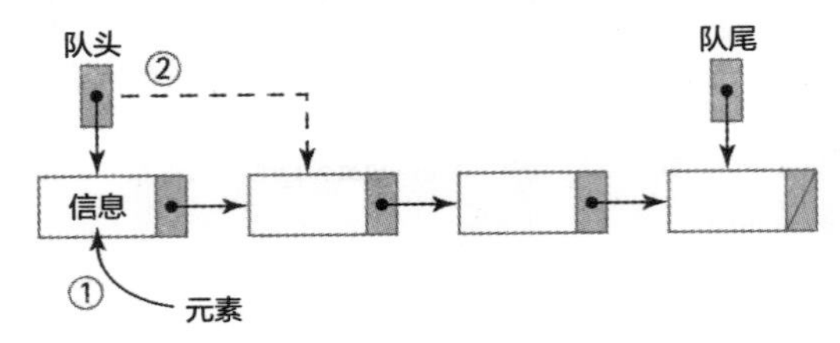

图4.8 dequeue操作

Deque：返回Object

1.设置元素引用队头节点的信息。
2.移除队列队头节点。
3.如果队列为空。
  将rear设为null
4.减少元素数量。
5.返回元素。

让我们逐行来看看实现：

1. 我们要“记住”第一个节点的信息，以便稍后返回。我们声明一个本地T变量element，再将队头的信息（如引用信息）指派给它：

```
T element;
element = front.getInfo();
```

2. 移除队列队头节点。第一步很容易，只要将front设定为下一个元素的链即可。这种方法即便队列结果为空也可以运作，因为链将为null：

```
front = front.getLink();
```

3. 如果队列变成空队列，如前所述，把队列的rear设为null：

```
if (front == null)
   rear = null;
```

4. 减少元素数量的表示直截了当：

```
numElements--;
```

5. 现在只需返回之前保存的信息：

```
return element;
```

最后，如果在空队列上尝试dequeue操作，要记住抛出QueueUnderflowException。将上述步骤放在一起，代码如下：

```
public T dequeue()
// 如果队列为空，抛出 QueueUnderflowException;
// 反之，移除队头元素并返回它。
{
  if (isEmpty())
    throw new QueueUnderflowException("Dequeue attempted on empty
queue.");
  else
  {
     T element;
     element = front.getInfo();
     front = front.getLink();
     if (front == null)
       rear = null;
     numElements--;
     return element;
   }
}
```

剩下的操作isEmpty、isFull和size都非常直截了当。整个类的代码可以在ch04.queues package中找到。

循环链表队列设计

我们的LinkedQueue类包含两个实例变量，分别引用队列两端。这个设计是基于链表队列的线性结构。如果只用一个实例变量，能不能实现该类呢？如果只能引用队列的队头，我们也可以跟着链表直达队尾，不过这种方法会让访问队尾（入队一个元素）变成O(N)操作。反过来如果只设定引用队列的队尾，那就无法访问队头，因为链表是从队头到队尾运作的，所以这种方法也不可行。

不过，要是队列属于**循环链接**，那我们就可以从一端引用高效访问队列两端。也就是说，队尾节点的链引用队列的队头节点，见图4.9。LinkedQueue因而可以只有一个实例变量，引用队列队尾，而不会两个都引用。线性结构队列的抽象图案有两个端，这种队列实现与这个线性结构有所不同，它属于没有端的循环结构。它之所以属于队列，是因为其支持先进先出访问。

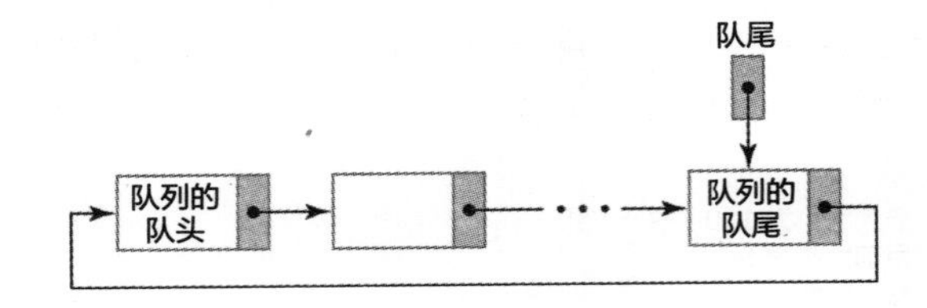

图4.9 循环链表队列

要入队元素，我们通过引用rear直接访问队尾节点。要出队元素，我们必须访问队列的队头节点，我们不会引用这个节点，但在它之前我们已经访问了rear。对队列front节点的引用已在rear.getLink()中体现。在空队列中，rear为null。使用循环链表实现来设计队列ADT操作，并进行编码，这个将留作课后练习。

比较队列实现

现在我们来看看队列ADT几种不同的实现方法。怎样进行比较呢？我们考虑两个因素：存储该结构所需内存量，以及该解决方法所需“工作”量，如增长阶表示法所示。首先让我们来比较ArrayBoundedQueue和LinkedQueue两种实现。

ArrayBoundedQueue的内部数组，无论实际使用了多少插槽，其内存量一样；我们需要留出空间存放数量最多的元素。使用动态分配存储空间的链表实现仅仅需要空间存放队列中实际存在的元素数量。注意，无论如何节点元素数量都会翻一番，因为我们同时要存储链（引用下一个节点）和引用元素。

图4.10假设目前队列大小为5，最大队列大小（基于数组的实现而言）为100，以说明每个队列实现方法。为简化起见，我们先忽略有关容量和元素数量的实例变量。注意基于数组的实现需要有空间存储两个整型和101个引用（一个代表数组引用变量elements，一个代表各数组插槽），而无论队列的大小为多少。链表实现只需要有空间存储仅仅12个引用（一个front，一个rear，两个为目前队列各自元素）。不过，基于以下公式，链表实现中，随着队列大小增加，所需空间也会增加：

```
Number of required references = 2 + ( 2 * size of queue)
```

经过简单分析后，就所占用空间而言，当实际队列大小约等于最大队列大小的一半时，达到这两种方法的平衡点。对较小的队列，链表表示需要的空间比基于数组的表示少，超过这个大小，链表表示就需要更多空间。在任何一种情况下，除非最大队列大小大幅度超过平均队列大小，否则这两种实现所需空间的差值并不重要。

我们也可以从增长阶表示法的角度来比较这两种实现的有关执行“效率”。在两种实现中，观察函数方法（isFull、isEmpty和size）的复杂度明显都是O(1)。这些方法无论队列上有多少元素，花费的工作量都是一样的。与栈的情况一样，队列构造函数的数组表示要用到O(N)个步骤，但链表表示则用到O(1)个步骤。

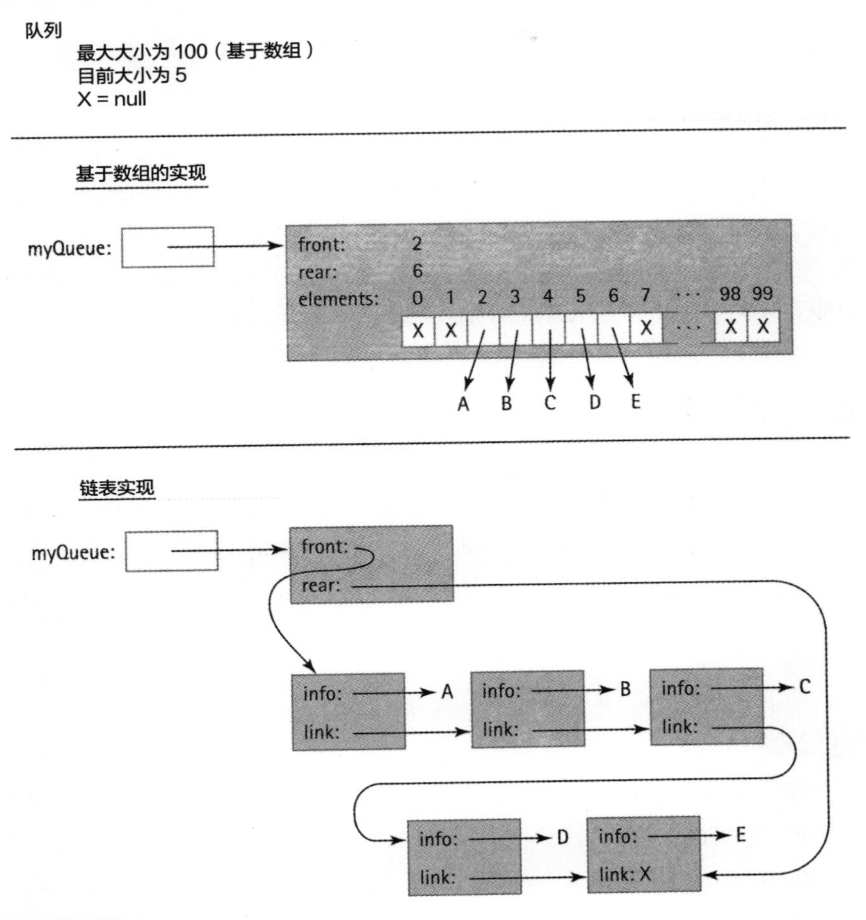

图4.10 比较队列实现

那么enqueue和dequeue呢？队列元素数量会影响使用这些操作的工作量吗？不会，这两种实现都可以直接访问队列的队头和队尾。使用这些操作的工作量与队列的大小无关，所以这些操作的复杂度也是O(1)。与栈的基于数组实现和链表实现一样，队列的两个操作就工作量而言大体上相等。

现在我们简要看看ArrayUnboundedQueue方法，将有界方法的分析应用于无界方法。不过，使用无界方法我们的数组大小可以先从处理平均大小的队列开始，只有当队列变大，数组才会扩大，所以我们不会在额外空间上花过多精力。确定需要花费额外时间O(N)重新调整队列大小。大多数应用程序都不会经常用到这个操作，而且正如之前所讨论，我们可以考虑将此操作的O(N)成本均分到多个enqueue调用中。

4.6 应用程序：回文

本节我们开发一种比较短的应用程序，它同时使用与回文有关的队列和栈。这是一种既简单又有趣的应用程序，提醒我们在解决问题时经常可以使用一个以上的ADT。

回文是正读反读都一样的字符串。虽然我们还不确定回文的一般用处，但识别回文能为我们示范同时使用队列和栈。看看以下著名的回文：

- 纪念下令开凿巴拿马运河的美国前总统西奥多·罗斯福（Teddy Roosevelt）的回文句："A man, a plan, a canal－Panama!"
- 据说拿破仑被放逐到厄尔巴岛时也写过一个回文句："Able was I ere, I saw Elba."
- 在国外繁忙的中式餐厅会听到："Won ton？Not now！"
- 这句或许是世界上第一句回文："Madam, I'm Adam."
- 随之回应的是世界上最短的回文："Eve."

正如上面这些句子，判断属不属于回文的规则非常宽松。通常我们不需要担心标点符号、间隔或者字母大小写对应的问题。

回文类

与前文的应用程序一样，我们将用户接口与执行主要处理的程序部分分开。首先我们把注意力放在识别回文上。

Palindrome类导出一个静态方法test，后者采用候选字符串自变量并返回一个boolean值，指示该字符串是否属于回文。由于这是一个静态的方法，所以我们不给该类定义构造函数，而是用类名调用test方法。

test方法在调用时会创建字符的新栈和字符的新队列，然后反复把输入行的每个字母推入到栈上，并且将同一个字母入队到队列中。任何不属于字母的字符串都会被丢弃，因为它们不能组成回文。为了简化起见，我们随后将用字符的小写字母进行压栈和入队。

处理了候选字符串中的所有字符后，程序再反复把栈的字母退栈和队列的字母出队。只要这些字母在整个处理过程中都相互匹配（直至结构变空），回文就形成了。你能看出原因吗？因为队列是先进先出的结构，字母从队列返回的顺序与它们在字符串中出现的顺序是一样的。但从栈移除的字母则是以相反的顺序返回，这是因为栈是后进先出的结构。这样我们就可以将字符串从前往后和从后往前进行比较。

以下是Palindrome类的代码：

```
//----------------------------------------------------------------------
// Palindrome.java          程序员：Dale/Joece/Weems          Chapter 4
//
// 提供方法测试字符串是否为回文。
// 不是的字母跳过。
//----------------------------------------------------------------------
package ch04.palindromes;

import ch02.stacks.*;
import ch04.queues.*;

public class Palindrome
{
  public static boolean test(String candidate)
  // 如果候选属于回文，返回 true，反之返回 false。
  {
    char ch;                          // 处理中的当前候选字符
    int length;                       // 候选字符串的长度
    char fromStack;                   // 当前退栈的字符
    char fromQueue;                   // 当前出队的字符
    boolean stillPalindrome;          // 如果字符串是回文则为 true

    StackInterface<Character> stack; // 保存不是空白字符的字符串字符
    QueueInterface<Character> queue; // 同样保存不是空白字符的字符串字符

    // 初始化变量和结构
    length = candidate.length();
    stack = new ArrayBoundedStack<Character>(length);
    queue = new ArrayBoundedQueue<Character>(length);

    //获取并处理字符
    for (int i = 0; i < length; i++)
    {
      ch = candidate.charAt(i);
      if (Character.isLetter(ch))
      {
        ch = Character.toLowerCase(ch);
```

```
        stack.push(ch);
        queue.enqueue(ch);
      }
    }

    // 确定是否为回文
    stillPalindrome = true;
    while (stillPalindrome && !stack.isEmpty())
    {
      fromStack = stack.top();
      stack.pop();
      fromQueue = queue.dequeue();
      if (fromStack != fromQueue)
        stillPalindrome = false;
    }

    // 返回结果
    return stillPalindrome;
  }
}
```

注意，我们使用有界栈和有界队列进行实现。因为结构不需要大于候选字符串的长度，所以使用有界结构是恰当的。另外，注意在结构中添加和删除基本类型的char变量时，我们使用了Java的自动装箱和自动拆箱功能。在添加之前，系统会自动将char值装入字符对象中。在删除该值后，将返回的字符对象拆开成char值。

应用程序

Palindrome类为我们完成了大部分的工作。剩下的就是实现用户输入/输出（I/O）。ch04.apps包中的PalindromeCLI程序与前面章节中介绍的命令行界面程序类似。它的基本流程是提示用户输入一个字符串，然后使用Palindrome类的test方法来确定该字符串是否是回文并打印结果，然后要求用户再输入一个字符串，直到用户输入一个特别的“停止”字符串，在这里是字符串“X”。

下面是程序运行的一个示例：

```
String (X to stop): racecar
is a palindrome.

String (X to stop): aaaaaaaabaaaaaaa
is NOT a palindrome.
```

```
String (X to stop): fred
is NOT a palindrome.

String (X to stop): Are we not drawn onward, we few? Drawn onward to new
era!
is a palindrome.

String (X to stop): X
```

PalindromeGUI程序在ch04.apps包中也可以找到，它实现了基于GUI的界面，提供了与PalindromeCLI相同的功能。

还有其他也许更好的方式来检测字符串是否为回文。事实上，在Chapter 3的习题35中，就要求大家考虑其他的方法。我们提供了该示例应用程序，这个示例很也有趣，但却并不复杂。它清楚地演示了栈和队列之间的练习，而且提醒我们解决问题时可以使用多种ADT。图4.11是简化的UML（统一建模语言）图，展示了palindrome应用程序中使用的栈和队列的接口和类的关系。

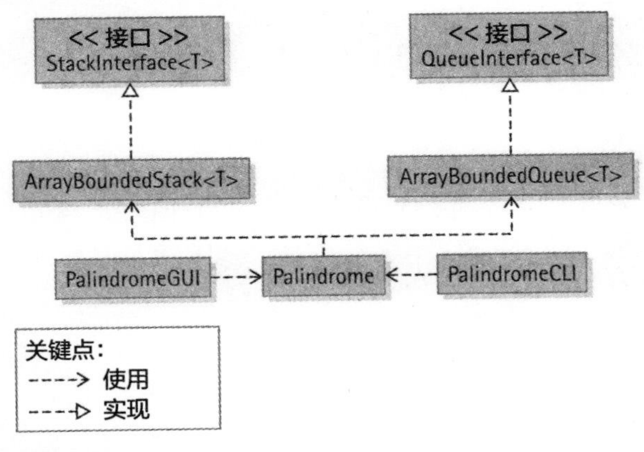

图4.11 Palindrome程序架构

4.7 队列变体

和学习栈时一样，我们来看一下队列的变体。有很多种定义和实现数据结构的方法，理解这一点是非常重要的。首先，我们考虑定义经典队列操作的一些替代方法。然后，我们看看可以包含到队列ADT的其他操作，其中一些操作允许我们“窥视”队列，另一些操作则允许我们扩展访问规则，从而创建一个更通用的结构，既可以用作队列也可以用作栈。最后，我们回顾一下Java标准库对队列的支持。

在开始之前，我们应该提到一个与队列密切相关、重要的ADT——优先级队列数据类型，它通常与队列一起考虑。优先级队列元素入队时是乱序，但是当元素出队时，优先级队列返回具有最高优先级的元素。所以，与传统队列不同，优先级队列元素入队的顺序与其出队顺序不同。优先级队列是一种重要的ADT，在Chapter 9中会继续讨论。

特殊情况

当下溢或溢出时，队列会抛出异常。另一种方法是在方法实现的内部测试特殊情况，通过取消该操作阻止下溢/溢出情况发生，并返回一个指示错误的值。使用后一种方法的话，我们需要重新定义enqueue和dequeue：

boolean enqueuer(T element) 将元素添加到队列末尾；元素添加成功返回true，否则返回false

T dequeuer() 如果队列为空，返回null，否则从队列中删除前面的元素并将该元素返回

对enqueue方法而言，操作失败最常见的原因是试图将元素插入满的、有界队列中。我们还可以定义队列的替代版本，在该版本中队列遵循一定的规则接受或不能接受某个元素。例如，一个不允许有重复元素的队列，或一个只接受具有一定特征的元素（如只有吃完蔬菜的学生才可以排队吃冰淇淋）。对dequeue方法而言，失败的主要原因是队列为空。

我们无需重定义原有的操作，只需添加拥有上述功能的新操作并使用诸如safeEnqueue和safeDequeue这样唯一的名字，以便和常规队列操作进行区分。

玻璃队列

使用栈ADT的应用程序（如Chapter 2中所定义的），可以选择获取栈顶元素（使用top方法）或删除栈顶元素（使用pop方法）。这意味着应用程序可以“看到”栈顶元素而无需从栈中删除它。应用程序可能使用此功能来决定在某些情况下是否需要弹栈操作，或在某一个特定时间选择对多个堆栈中的哪一个进行弹栈操作。

在不删除元素的情况下，查看数据结构的能力通常称为“窥视”。正如在Chapter 2中所讨论的，在栈中包含这个操作查看栈顶元素很容易，但是这个操作本身是一个多余的操作。因为使用经典的pop操作，然后检查返回元素，最后再使用push操作将返回的元素压入栈顶，也可以得到同样的结果。但是对于队列来说，这样做是不行的。你不能简单地将一个元素dequeue，检查它，然后再将它enqueue到原来的队列位置。这样做会把一个元素从队首移动到队尾。因此，增加“窥视”队列的操作就非常有必要。

我们定义一种新型的队列，该队列具备窥视队首和队尾元素的能力。我们称该

队列为玻璃队列（Glass Queue），因为该队列的内容多少有点“透明”的特性，类似玻璃的性质。玻璃队列必须提供“普通”队列的所有操作，还要提供两个新操作peekFront和peekRear。首先我们来定义GlassQueueInterface类。

Java支持**接口的继承**——一个接口可以扩展其他接口。事实上，Java语言支持**多重继承**——单一接口可以扩展任意数目的其他接口。玻璃队列需要支持当前队列ADT提供的所有操作，所以在这里使用继承非常适合。我们将GlassQueueInterface定义为扩展了QueueInterface接口的新接口，并额外提供peekFront和peekRear方法。下面是GlassQueueInterface接口的代码（注意划有带有下划线的extends子句）：

```
//----------------------------------------------------------------------
//GlassQueueInterface.java        程序员：Dale/Joyce/Weems       Chapter 4
//
// 实现 T 队列类的接口并包含窥视队首和队尾元素的操作
//----------------------------------------------------------------------
package ch04.queues;

public interface GlassQueueInterface<T> extends QueueInterface<T>
{
  public T peekFront();
  // 如果队列为空，则返回 null。
  // 否则返回队首元素。

  public T peekRear();
  // 如果队列为空，则返回 null。
  // 否则返回队尾元素。
}
```

如上所示，新接口是对QueueInterface的简单扩展。类似的，实现了新接口GlassQueueInterface的LinkedGlassQueue类，是对LinkedQueue类的直接扩展：

> **Java小贴士**
>
> 假设接口B扩展了接口A。那么实现了接口B的类必须为接口B和接口A中列出的所有抽象方法提供具体方法。

```
//----------------------------------------------------------------------
//LinkedGlassQueue.java       程序员：Dale/Joyce/Weems            Chapter 4
//
// 扩展了 LinkedQueue 类，提供了访问队首和队尾元素却并不删除它们的操作。
//----------------------------------------------------------------------
package ch04.queues;
public class LinkedGlassQueue<T> extends LinkedQueue<T>
```

```
                                          implements GlassQueueInterface<T>
{
  public LinkedGlassQueue()
  {
    super();
  }

  public T peekFront()
  // 如果队列为空，则返回 null。
  // 否则返回该队列的队首元素。
  {
    if (isEmpty())
       return null;
    else
       return front.getInfo();
  }

  public T peekRear()
  // 如果队列为空，则返回 null。
  // 否则返回该队列的队尾元素。
  {
    if (isEmpty())
       return null;
    else
       return rear.getInfo();
  }
}
```

我们将使用LinkedGlassQueue类来帮助解决4.8节“应用程序：平均等待时间”中出现的问题。

双端队列

栈是一种线性结构，允许从被称作栈顶的一端添加和删除元素。队列也是一种线性结构，允许从被称作队尾的一端添加元素，从被称作队首的一端删除元素。为什么我们不定义一种可以从两端添加和删除元素的结构呢？其实是完全可行的。事实上，我们能够做到并且已经有很多人这样做了，这种结构通常被称作**双端队列**（Double-Ended Queue），有时候会缩写为“Dequeue”，但是由于该术语和队列的一个标准操作是相同的，所以双端队列ADT更加普遍的说法是Deque，它的发音是“Deck”。

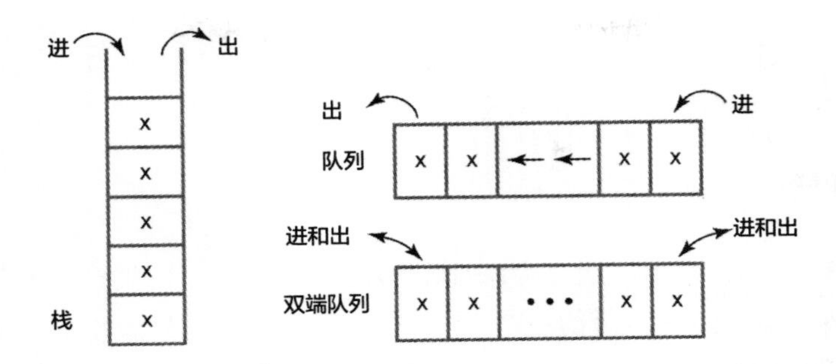

定义Deque ADT的时候，我们必须区分两种添加方法（队首和队尾）以及两种删除方法（队首和队尾）。将QueueInterface类进行一些增改，就得到了下面的DequeInterface类：

```
//----------------------------------------------------------------------
//DequeInterface.java        程序员：Dale/Joyce/Weems          Chapter 4
//
// 实现了T类型双端队列的类接口。
// 双端队列是允许在两端进行插入/删除操作的线性结构。
//----------------------------------------------------------------------
package ch04.queues;

public interface DequeInterface<T>
{
  void enqueueFront(T element) throws QueueOverflowException;
  // 如果该队列为空，则抛出QueueOverflowException异常；
  // 否则在该队列的队首添加元素。

  void enqueueRear(T element) throws QueueOverflowException;
  // 如果队列为空，则抛出QueueOverflowExcpetion异常；
  // 否则在该队列的队尾添加元素。

  T dequeueFront() throws QueueUnderflowException;
  // 如果队列为空，则抛出QueueUnderflowException异常；
  // 否则从该队列中删除并返回队首元素。

  T dequeueRear() throws QueueUnderflowException;
  // 如果队列为空，则抛出QueueUnderflowException异常；
  // 否则从该队列中删除并返回队尾元素。

  boolean isFull();
  // 如果队列是满的，则返回true，否则返回false。
```

```
  boolean isEmpty();
  // 如果队列为空则返回 true，否则返回 false。

  int size();
  // 返回该队列的元素个数。
}
```

就像玻璃队列那样，无需为Deque ADT定义一个全新的接口，只需将DequeInterface类定义为QueueInterface类的扩展。使用这种办法，我们只需要在接口中包含两个方法enqueueFront和dequeueRear，因为其他的方法声明都可以继承。事实上，考虑到栈、队列和双端队列ADT的关系，涉及泛化和/或专业化的接口和实现类可进行多种结构变体。这里我们打算采用最简单的方法，即定义一个全新的接口。

基于数组和基于链表的双端队列的实现留作课后练习。

双向链表

如果你尝试使用链表来创建双端队列，你会发现实现dequeueRear操作非常困难。为了删除链表的最后一个节点，你需要访问它前面的节点，而要在标准链表中访问该节点则需要遍历整个列表。像这种需要访问给定节点前面的节点时，双向链表非常有用。在双向链表中，节点是双向链接的。每个双向链表的节点包含以下三个部分：

info：存储于节点中的元素

link：对下一个节点的引用

back：对前一个节点的引用

使用线性双向链表的双端队列可能如下所示：

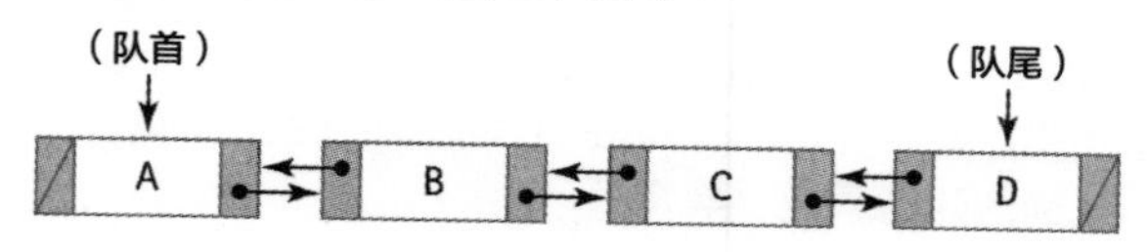

第一个节点的back引用和最后一个节点的link引用值都是null。双端队列的节点可以由下面的DLLNode类来提供，该类与我们前面定义的LLNode类相似。

```
//----------------------------------------------------------------------------
//DLLNode.java              程序员：Dale/Joyce/Weems              Chapter 4
//
// 实现了双向链表中保存类 <T> 信息的节点。
//----------------------------------------------------------------------------
package support;

public class DLLNode<T>
```

```
{
  private T info;
  private DLLNode<T> forward, back;

  public DLLNode(T info)
  {
    this.info = info; forward = null; back = null;
  }

  public void setInfo(T info){this.info = info;}
  public T getInfo(){return info;}

  public void setForward(DLLNode<T> forward){this.forward = forward;}
  public void setBack(DLLNode<T> back){this.back = back;}

  public DLLNode getForward(){return forward;}
  public DLLNode getBack(){return back;}
}
```

注意还有一种替代方法，叫作循环双向链表。在该链表中，第一个节点的back引用指向最后一个节点，并且最后一个节点的link引用指向第一个节点——见习题33。

dequeueRear操作

在更改（添加/删除）双向链表时，我们必须非常小心、正确地管理所有引用并处理特殊情况。我们来看下面的例子：想象使用DLLNode类的双向链表实现了双端队列ADT，让我们来讨论一下dequeueRear方法。考虑双端队列的样本：

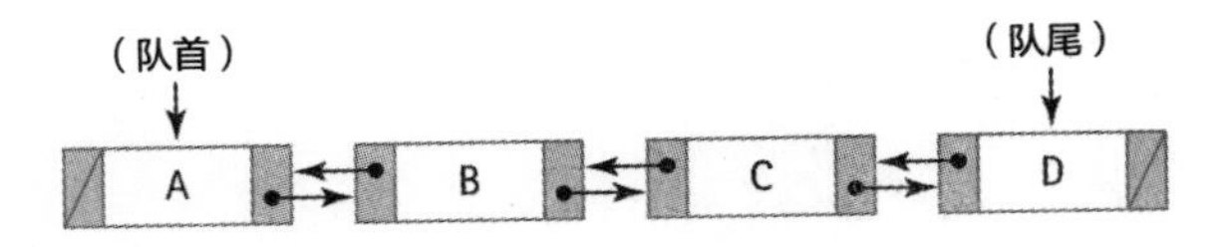

在“普通”队列ADT上执行dequeue操作时，如果队列为空，就会抛出异常；否则我们会删除并返回一个元素，同时减少元素个数的计数；如果从队列中删除唯一的一个元素，我们同样需要更新front引用。在这里我们先专注于指针操作。在本例中，我们希望包含C的节点变成队尾节点。因此，我们需要把C节点的link值设置为null，并将队列的rear引用设置为指向包含C的节点。如何访问包含C节点的呢？由于我们所实现的双向链表的性质，这很容易，即通过rear.getBack()就可以访问。在将C节点的link值设置为null后（使用setLink方法），链表如下所示：

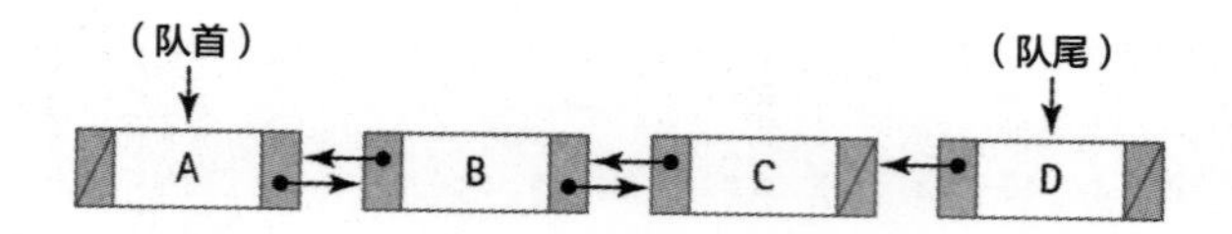

现在我们将rear引用的值设置为倒数第二个节点，即包含C的节点。假设没有其他的引用指向包含D的节点，那么该节点就变成了垃圾，其所占空间最终会被系统回收。

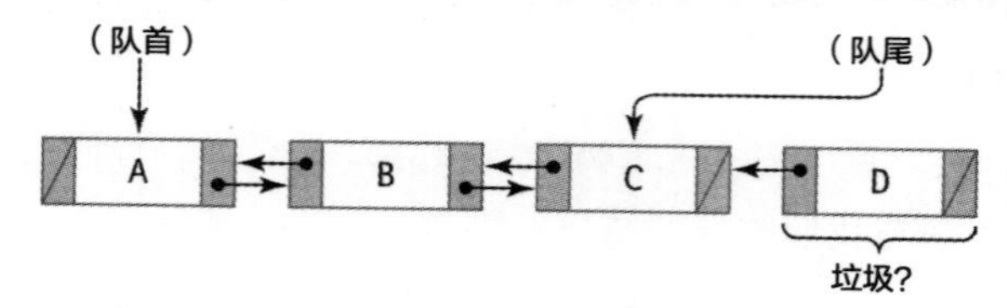

综合我们上面讨论的内容，加上处理特殊情况（空队列和只有一个元素的队列）和返回元素的代码，dequeueRear方法的实现如下：

```
public T dequeueRear()
// 如果双端队列为空，抛出 QueueUnderflowException 异常；
// 否则删除并返回队尾元素。
{
  if (isEmpty())
     throw new QueueUnderflowException("dequeue rear attempted on empty
queue.");
  else
  {
     T element;
     element = rear.getInfo();
     if (rear.getBack() == null)
     {
       front = null; rear = null;
     }
     else
     {
       rear.getBack().setLink(null);
       rear = rear.getBack();
     }
     numElements--;
     return element;
  }
}
```

该dequeueRear实现的复杂度为O(1)。而“标准”链接队列做同样的操作需要O(N)步，因为不容易获得倒数第二个节点。dequeueRear方法的效率虽然有所提升，但是也付出了一些代价。双向链表节点所需的存储空间大于单向链表节点所需的存储空间。

空间/时间的权衡

通常（但并不总是）在数据结构和相关算法的设计中，我们必须用空间效率来交换时间效率，反之亦然。使用双向链表实现O(1)复杂度的dequeueRear操作就是一个例子，每个节点使用一点额外的存储空间就可以换取更快的操作速度。

Java库集合框架队列/双端队列

2004年，Java 5.0将Queue接口添加到Java库集合框架中。正如我们所期望的那样，库的Queue方法与我们的方法类似，都是从队首移除元素。但是，库方法也展示了一些重要的差异：

- 它不需要总是在队尾添加元素。例如，可以基于优先值对添加的元素进行排序。换句话说，就是它允许优先级队列（Priority Queue）ADT实现。
- 它为入队提供了两个操作：add操作，如果在满的队列上调用该操作，会抛出异常；还有offer操作，如果在满的队列上调用该操作，会返回一个布尔型值false。
- 它为出队提供了两个操作：remove操作和poll操作。当调用操作的队列为空时，remove操作会抛出异常，poll操作则返回false。
- 包含了获取队首元素却不删除它的观察操作。

与库中的栈一样，在2006年发布的Java 6.0中，库中的Queue被Deque所取代。库中的Deque接口与我们之前讨论的DequeInterface类似，即需要在队列两端插入、删除和观察元素的操作。通过仔细限制方法的使用，实现了Deque接口的类可以被应用程序用作栈（只允许从队尾入队并从队首出队）或用作队列（只允许从队尾入队并从队首出队），甚至可用作栈-队列的组合体。实现Deque接口的库中类有四个：ArraryDeque、ConcurrentLinkedDeque、Linked-BlockingDeque和LinkedList。

以下是如何使用Java库中的ArrayDeque类实现重复字符串的应用程序（参见4.2节“队列接口”）。该应用程序与使用了Queue ADT的应用程序之间的最小差异用下划线来强调。

```
//---------------------------------------------------------------------
//RepeatStrings2.java          程序员 :Dale/Joyce/Weems           Chapter 4
//
// 库中 ArrayDeque 类的使用示例。
// 以相同的输入顺序输出字符串。
//---------------------------------------------------------------------
package ch04.apps;

import java.util.ArrayDeque;
```

```
import java.util.Scanner;

public class RepeatStrings2
{
  public static void main(String[] args)
  {
    Scanner scan = new Scanner(System.in);

    ArrayDeque<String> stringQueue;
    stringQueue = new ArrayDeque<String>(3);

    String line;

    for (int i = 1; i <= 3; i++)
    {
      System.out.print("Enter a line of text > ");
      line = scan.nextLine();
      stringQueue.addLast(line);
    }

    System.out.println("\nOrder is:\n");
    while (!stringQueue.isEmpty())
    {
      line = stringQueue.removeFirst();
      System.out.println(line);
    }
  }
}
```

如果你有兴趣了解有关Java集合框架的更多信息，可以研究Oracle网站上提供的大量文档。

4.8 应用程序：平均等待时间

队列是计算机系统内非常有用的数据结构，例如系统中有进程队列、打印队列和服务队列。在现实生活中也经常见到队列，如收费站排的队列、买票窗口的队列和买快餐的队列。

这些队列的主要功能是在“顾客”接受“服务”之前为“顾客”提供等待的地方，进程等待处理机、打印工作等待打印机、饥饿的人等待汉堡。有时候，管理层对客户在队伍中等待多长时间很关注。例如，计算机系统管理员需要快速的系统响应时间、快餐店经理希望顾客满意。要想达到这些目的，就要最小化在队列中的等待时间。

最小化队列等待时间的一个方法是增加更多的服务器，因此系统的队列更多[6]。如果有10台打印机来快速处理打印工作，那么与只有1台打印机相比，打印工作在打印队列中等待的时间就会大大减少。与此相似，有六个收银台的快餐店比起只有两个收银台的快餐店，能够更快地处理更多客户的购买需求。然而，额外的服务器并不是免费的，通常会有一些与之相关的成本。当决定提供多少台服务器时，管理层必须在添加额外服务器所带来的好处及其所增加的成本之间寻求平衡。

本节中，我们会编写一个模拟系统队列的程序，目标是帮助管理层分析排队系统。在分析复杂的现实世界问题时，计算机模拟是一个功能强大且广泛使用的技术，用于分析复杂的现实世界问题。我们的程序模拟一系列客户到达、进入队列、等待、接受服务最后离开队列的情形。该程序跟踪客户在队列中的等待时间并输出平均等待时间。

问题讨论和示例

我们如何计算客户的等待时间呢？为了简化问题，我们假设时间是以整数单元计算的，并且模拟从时间为0时开始。假设客户于时间X到达，并于时间Y离开。该客户的等待时间等于Y-X吗？不，Y-X里面的部分时间客户正在接受服务。Y-X被称为周转时间，它是客户在系统中花费的总时间，包括服务时间。等待时间等于周转时间减去服务时间。

要计算等待时间我们需要知道到达时间、结束时间和服务时间。到达时间和服务时间取决于个体客户——他们何时出现以及需要多少服务。结束时间取决于队列的数量——队列中其他客户的数量。完成时间取决于队列数、队列中其他客户的数量以及其他客户所需的服务。

模拟

本节列举的模拟程序被用于许多方面，如天文学、生物学、气候学、社会科学、机械工程、政治、经济学、金融、化学和医学。模拟用于低成本地研究多个场景，以便了解系统变量之间的相互影响。

每次模拟都应该以客户到达时的顺序将他们放入队列中。我们假设客户总是选择排队人数最少的可用队列。如果同时存在两个人数最少的队列，则客户选择编号较小的队列。该程序只对两种情形建模：客户到达和客户接受服务后离开。当客户离开时，程序必须记住客户的等待时间，以便计算总的平均等待时间。

举个例子，考虑下面有四个客户的情况：

[6] 某些系统有几个队列同时输入到一个服务器中。在本节中，我们假设每个队列都有自己的专属服务器。

客户	到达时间	服务时间
1	3	10
2	4	3
3	5	10
4	25	7

假设我们有两个队列。第一个客户在时间3的时候到达并进入队列0。我们可以看到期望的结束时间是13，因为服务时间是10。在第一个客户结束之前，第二个客户到达并进入队列1。结束时间是7。该场景可由以下图表表示：

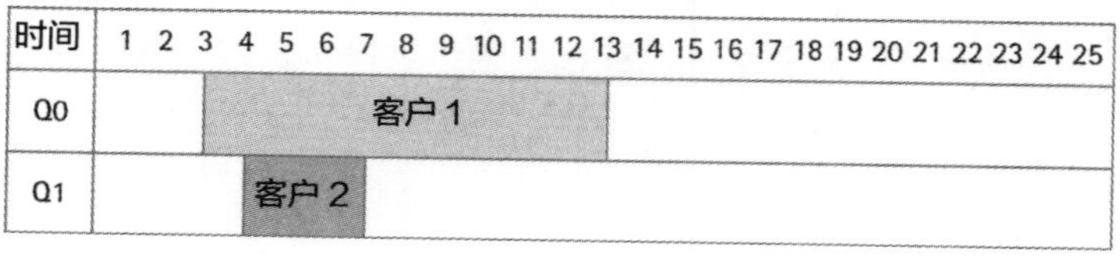

时间	1	2	3	4	5	6	7	8	9	10	11	12	13	14	15	16	17	18	19	20	21	22	23	24	25
Q0				客户 1																					
Q1					客户 2																				

在前面的客户完成之前，第三个客户在时间5到达。因为两个队列中的客户数相同，客户3进入了编号小的队列（队列0），期望结束时间是23。你明白为什么吗？客户1在时间13结束，所以直到那时客户3才能开始接受服务，因为其服务时间为10，所以结束时间就是13+10=23。注意，在该模拟中，客户不会“跳”队——一旦进入一个队列后，就会一直在那里。

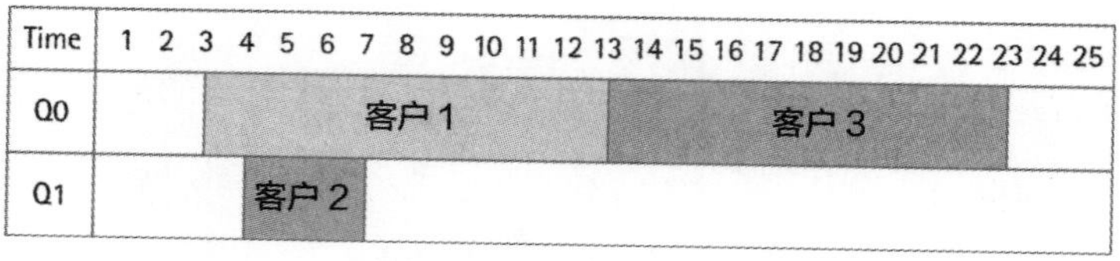

Time	1	2	3	4	5	6	7	8	9	10	11	12	13	14	15	16	17	18	19	20	21	22	23	24	25
Q0				客户 1										客户 3											
Q1					客户 2																				

如果你手动继续该模拟，应该能得到下面的结果，平均等待时间为8 ÷ 4 = 2.0个时间单位。

客户	到达时间	服务时间	结束时间	等待时间
1	3	10	13	0
2	4	3	7	0
3	5	10	23	8
4	25	7	32	0

Customer类

正如我们刚才所看到的，客户有四个相关的值：到达时间、服务时间、结束时间和等待时间。我们创建一个Customer类来为这些值建模。Customer类的对象将入队并从队列对象中出队，模拟现实世界中的排队。

Customer类对象的职责是什么？当Customer对象实例化时，客户的到达时间和服务时间可以作为参数提供给构造函数。Customer类必须为那些属性提供观察函数，还应该提供设置和观察结束时间的方法。给定对象最终知道了它的到达、服务和结束时间，它就可以负责计算和返回自己的等待时间。

因为本书后面其他的应用程序可能需要使用Customers，所以我们将Customer类放在support包中。这个类非常简单：

```
//----------------------------------------------------------------------------
//Customer.java            程序员：Dale/Joyce/Weems              Chapter 4
//
// 支持具有到达时间、服务时间和结束时间属性的 customer 对象。
// 负责计算和返回等待时间。
//
// 除非结束时间已经设置，否则用户不应请求等待时间。
//----------------------------------------------------------------------------
package support;

public class Customer
{
  protected int arrivalTime;
  protected int serviceTime;
  protected int finishTime;

  public Customer(int arrivalTime, int serviceTime)
  {
    this.arrivalTime = arrivalTime;
    this.serviceTime = serviceTime;
  }

  public int getArrivalTime(){return arrivalTime;}
  public int getServiceTime(){return serviceTime;}
  public void setFinishTime(int time){finishTime = time;}
  public int getFinishTime(){return finishTime;}

  public int getWaitTime()
  {
```

```
    return (finishTime - arrivalTime - serviceTime);
  }
}
```

就我们的模拟而言，客户来自哪里？要创建customer对象队列，我们需要知道他们的到达时间和服务需求。获取这些值有多种方法。一种方法是从文件中读取这些值。就测试而言，这种策略非常好，因为它允许程序员完全控制输入值。然而，如果你想模拟大量的客户，这种策略就非常不便了。

另外一种方法就是随机生成那些值。我们采用这种方法。随机生成服务时间非常容易：用户只需简单输入期望服务时间的最小值和最大值，然后在程序中使用Java的Random类来生成位于最大值与最小值之间的服务时间。

我们使用稍稍不同的算法来确定到达时间。服务时间是一段时间，而到达时间说明了客户何时到达。例如，客户1早上10:00到达，客户2早上10:05到达，客户3早上10:07到达。在模拟中，我们只是将开始时间设置为0，并保持到达时间为整数。我们不能通过随机数生成器直接生成一个递增时间序列。相反，我们随机生成客户到达之间的时间间隔，并保持这些值的运行总和。

例如，我们可能生成一个内部间隔时间序列5,7,4,10和7。假定模拟从时间0开始，到达时间则为5,12,16,26和33。为了约束到达间隔时间的范围，我们可以让用户指定一个最小值和最大值。请注意，我们假设到达时间间隔和服务时间值均在最小值和最大值之间均匀分布。当然，模拟也可以基于其他分布。

程序会为每个用户生成到达时间和服务时间。然后程序通过模拟来确定结束时间，并基于这些值来计算等待时间。我们创建一个CustomerGenerator类。该类的对象实例化时，将间隔时距的最大值和最小值以及客户的服务时间传递给它。该类的主要职责是在请求时生成并返回“下一个”客户。

CustomerGenerator类使用Java类库的Random类。回想一下，调用rand.nextInt(N)会返回0到N-1之间的随机整数。请注意，CustomerGenerator对象会跟踪当前时间，因此可以计算下一个到达时间。我们把这个类也放到support包中。

```
//----------------------------------------------------------------------
//CustomerGenerator.java      程序员：Dale/Joyce/Weems        Chapter 4
//
// 基于最小和最大间隔时距及服务时间的构造函数参数生成随机 Customer 对象序列。
// 假设间隔时距和服务时间是平均分布的。
// 假设时间从 0 开始。
//----------------------------------------------------------------------
package support;
```

```
import java.util.Random;

public class CustomerGenerator
{
  protected int minIAT;    // 最小间隔时间
  protected int maxIAT;    // 最大间隔时间
  protected int minST;     // 最小服务时间
  protected int maxST;     // 最大服务时间

  protected int currTime = 0;    // 当前时间

  Random rand = new Random();    // 生成随机数字

  public CustomerGenerator (int minIAT, int maxIAT, int minST, int
maxST)
  // 前置条件：所有参数 >=0
  //          minIAT <= maxIAT
  //          minST  <= maxST
  {
    this.minIAT = minIAT;    this.maxIAT = maxIAT;
    this.minST  = minST;     this.maxST  = maxST;
  }

  public void reset()
  {
    currTime = 0;
  }

  public Customer nextCustomer()
  // 生成并返回下一个随机客户。
  {
    int IAT;  // 下一个到达间隔
    int ST;   // 下一个服务时间

    IAT = minIAT + rand.nextInt(maxIAT - minIAT + 1);
    ST  = minST  + rand.nextInt(maxST - minST + 1);

    currTime = currTime + IAT;  // 将当前时间更新为下一个客户的到达时间

    Customer next = new Customer(currTime, ST);
    return next;
  }
}
```

模拟

我们的应用程序将生成一个客户序列并模拟他们进入队列、等待和接受服务，还会输出客户的平均等待时间。那么，应用程序的输入应该是什么呢？用户想要控制应改变什么呢？

我们允许应用程序的用户通过最小和最大间隔时距、服务时间和客户总数来提供客户的信息。应用程序还从用户那里获取模拟队列的数量。我们将队列索引从0开始。如果有N个队列，则它们的索引为0到N-1。为了减轻输入负担，我们的程序将允许用户一次输入最小和最大时间参数集合，然后重复运行用户指示的队列数和客户数的模拟。

与之前的应用程序一样，我们需要将用户交互和执行程序“工作”的类分开。所以，我们接下来创建Simulation类，并将它放入ch04.simulation的包中。Simulation类基于从用户那里获取的参数来创建Simulation对象、进行模拟操作并返回平均等待时间。因为用户必须能够使用同样的客户参数（与时间相关的参数）来运行模拟，我们决定在Simulation对象实例化时将这些参数一次性传递给它，即通过Simulation对象的构造函数。构造函数依次创建在后续模拟运行时使用的CustomerGenerator对象。接下来，应用程序可以“要求”Simulation对象运行模拟，始终使用相同的CustomerGenerator，但是队列和客户的数量不同。

现在让我们考虑实际的模拟过程。正如刚才决定的，程序使用队列数组存放客户信息。程序必须能够从CustomerGenerator获取下一个生成的Customer，并将其添加到正确的队列中。但是程序如何确定正确的队列呢？它必须选择最小的队列。因此，程序将使用队列的size方法来确定使用哪个队列。

我们的队列需要任何特殊的操作吗？当程序确定了使用哪个队列，它必须把用户添加到那个队列中。回想一下，一旦我们知道了客户将要进入哪个队列，我们就可以确定客户的完成时间。如果队列为空，那么客户的结束时间等于客户的到达时间加上服务时间。如果队列不为空，那么新客户的结束时间等于队尾客户的结束时间加上新客户自己的服务时间。因此，程序可以在客户进入队列之前就设置客户的结束时间。注意，如果队列非空，程序在设置当前客户的结束时间之前，必须能够窥视队尾的客户。因此，我们要将窥视队尾元素的操作添加到所需操作列表中来。

要执行模拟，程序必须能够确定“下一个”客户何时准备好离队，然后删除并返回该客户。程序如何确定一个客户准备好离队了呢？因为队列中的客户知道他们的结束时间，程序只需要比较每个队列队首客户的结束时间，然后确定谁最早离队。因此，程序必须能够窥视队首的客户。这是另外一个要添加到我们列表的操作。

所以，除了标准的队列操作外，我们需要能够窥视队列中的队首和队尾元素。4.7

节“队列变体”中开发的GlassQueue类提供了这些功能。

> **离散事件模拟**
>
> 本节中开发的应用程序是离散事件模拟的一个示例。在离散事件模拟中，系统被建模为单独的事件序列（在本节中指的是客户到达和客户离开）。应用程序重复确定接下来发生的是哪个事件，然后为该事件的效果建模，更新系统状态，可能生成更多事件。

Simulation类的simulate方法通过模拟工作直到结束。每次通过while循环都会模拟两件事之一：将新客户添加到队列中，或从队列中删除客户。为了决定模拟两个操作中的哪一个，simulate方法会确定并比较下一个到达时间和下一个离开时间。MAXTIME常量被用来简化代码。MAXTIME的到达和离开时间值表示没有客户到达/离开。

```
//---------------------------------------------------------------------
//Simulation.java          程序员：Dale/Joyce/Weems          Chapter 4
//
// 通过多个队列对接受服务的一系列客户建模。
//---------------------------------------------------------------------
package ch04.simultion;

import support.*;        // 导入 Customer,CustomerGenerator 类
import ch04.queues.*;    // 导入 LinkedGlassQueue 类

public class Simulation
{
  final int MAXTIME = Integer.MAX_VALUE;

  CustomerGenerator custGen;    // 客户生成器
  float avgWaitTime = 0.0f;     // 最近模拟的平均等待时间

  public Simulation(int minIAT, int maxIAT, int minST, int maxST)
  {
    custGen = new CustomerGenerator(minIAT, maxIAT, minST, maxST);
  }

  public float getAvgWaitTime()
  {
    return avgWaitTime;
  }

  public void simulate(int numQueues, int numCustomers)
  // 前置条件：numQueues > 0
  //          numCustomers > 0
  //          没有时间生成 > MAXTIME
```

```
// 模拟 numCustomers 个客户进入和离开具有 numQueues 队列的排队系统。
{
  // 队列
  LinkedGlassQueue<Customer>[] queues = new LinkedGlassQueue[numQueues]7;

  Customer nextCust;        // 客户生成器生成的下一个客户
  Customer cust;            // 保存客户临时使用

  int totWaitTime = 0;      // 总的等待时间
  int custInCount = 0;      // 到目前为止开始的客户数量
  int custOutCount = 0;     // 到目前为止结束的客户数量

  int nextArrTime;          // 下一个到达时间
  int nextDepTime;          // 下一个离开时间
  int nextQueue;            // 下一个离开的队列的索引

  int shortest;             // 最短队列的索引
  int shortestSize;         // 最短队列的大小
  Customer rearCust;        // 最短队列的队尾客户
  int finishTime;           // 计算排队等候客户的结束时间

  // 实例化队列
  for (int i = 0; i < numQueues; i++)
    queues[i] = new LinkedGlassQueue<Customer>();

  // 设置客户生成器并获取第一个客户
  custGen.reset();
  nextCust = custGen.nextCustomer();

  while (custOutCount < numCustomers)  // 如果还有更多客户
  {
    // 获取下一个到达时间
    if (custInCount != numCustomers)
      nextArrTime = nextCust.getArrivalTime();
    else
      nextArrTime = MAXTIME;

    // 获取下一个离开时间并设置 nextQueue
    nextDepTime = MAXTIME;
    nextQueue = -1;
    for (int i = 0; i < numQueues; i++)
```

[7] 生成未经检查的强制转换警告，因为编译器不能确保数组实际包含类GlassQueue<Customer>的对象。

```
      if (queues[i].size() != 0)
      {
        cust = queues[i].peekFront();
        if (cust.getFinishTime() < nextDepTime)
        {
          nextDepTime = cust.getFinishTime();
          nextQueue = i;
        }
      }

    if (nextArrTime < nextDepTime)
    // 处理客户到达
    {
      // 确定最短队列
      shortest = 0;
      shortestSize = queues[0].size();
      for (int i = 1; i < numQueues; i++)
      {
        if (queues[i].size() < shortestSize)
        {
          shortest = i;
          shortestSize = queues[i].size();
        }
      }

      // 确定结束时间
      if (shortestSize == 0)
        finishTime = nextCust.getArrivalTime() + nextCust.
getServiceTime();
      else
      {
        rearCust = queues[shortest].peekRear();
        finishTime = rearCust.getFinishTime() + nextCust.
getServiceTime();
      }

      // 设置结束时间和入队客户
      nextCust.setFinishTime(finishTime);
      queues[shortest].enqueue(nextCust);

      custInCount = custInCount + 1;
```

```
        // 如果需要，获取下一个入队客户
        if (custInCount < numCustomers)
          nextCust = custGen.nextCustomer();
      }
      else
      // 处理客户离开
      {
          cust = queues[nextQueue].dequeue();
          totWaitTime = totWaitTime + cust.getWaitTime();
          custOutCount = custOutCount + 1;
      }
    }  //while 循环结束

    avgWaitTime = totWaitTime/(float)numCustomers;
  }
}
```

应用程序

应用程序的结构与本书中出现的应用程序的结构类似。该应用程序的主要职责是与用户交互。为了简化应用程序，我们假设用户行为规范，换句话说，就是用户提供了有效的输入数据。例如，用户输入的最小服务时间不大于最大服务时间。

我们在ch04.apps包中提供该应用程序的两个版本。SimulationCLI使用命令行接口。以下为示例运行的输出：

```
Enter minimum interarrival time: 0
Enter maximum interarrival time: 10
Enter minimum service time: 5
Enter maximum service time: 20

Enter number of queues: 2
Enter number of customers: 2000
Average waiting time is 1185.632

Evaluate another simulation instance? (Y=Yes): y
Enter number of queues: 3
Enter number of customers: 2000
Average waiting time is 5.7245

Evaluate another simulation instance? (Y=Yes): n
Program completed.
```

如前面所示，程序为我们提供了强大的分析工具。在到达时距在0和10之间、服务时间在5和20之间的情况下，当只有两个队列时，等待时间“太久”了。但是，通过简单再添加一个队列，期望的等待时间就变得非常合理。

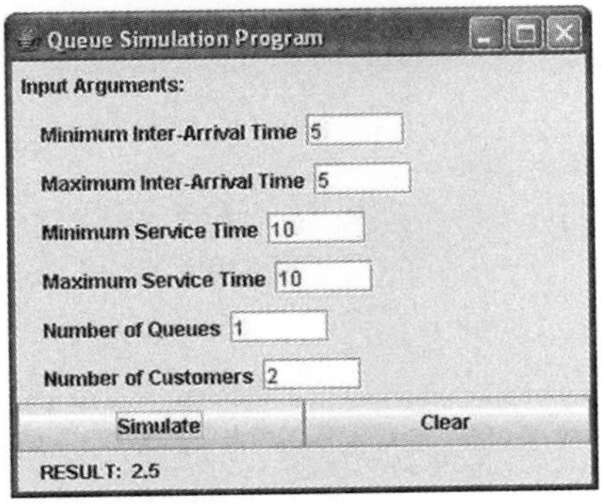

图4.12 运行中的SimulationGUI程序屏幕截图

应用程序第二个版本SimulationGUI的示例运行截图，如图4.12所示。GUI方法的好处就是用户可以轻松地只更改一个输入值，然后重新运行模拟来查看更改后的效果。该方法的缺点就是以前的结果不容易查询，类似命令行方法。

测试

如何知道程序是正确的呢？除了设计和编码时要仔细之外，还必须测试它。像创建类时一样，应该单独测试每一个类。因此，我们需要创建测试驱动程序，以便在不同条件下评估类。

我们可以通过仔细选择输入的值来测试整个系统。例如，如果将最小和最大到达时距都设置为5，我们就知道每5个时间单元就会有一个客户到达。通过控制到达时间和服务需求，以及可用队列的数量，我们可以看到系统是否提供了合理的答案。最后，我们可以稍稍改进CustomerGenerator代码，使其能够输出其所生成的每个客户的到达时间和服务时间。使用这些信息，我们可以手工检查模拟结果，以确认它是正确的。

表示与模拟应用程序相关的类和接口的简略UML类图如图4.13所示。

4.9 并发、干扰和同步

这里的复杂度要求许多人参与多任务处理，即一次执行多个任务。例如，现在你可能在看电视和吃午饭的同时在用手机发短信，同时你又正在做数据结构作业。计算机也是多任务的。计算机系统可以打印文档、运行病毒检查程序，同时和用户交互。

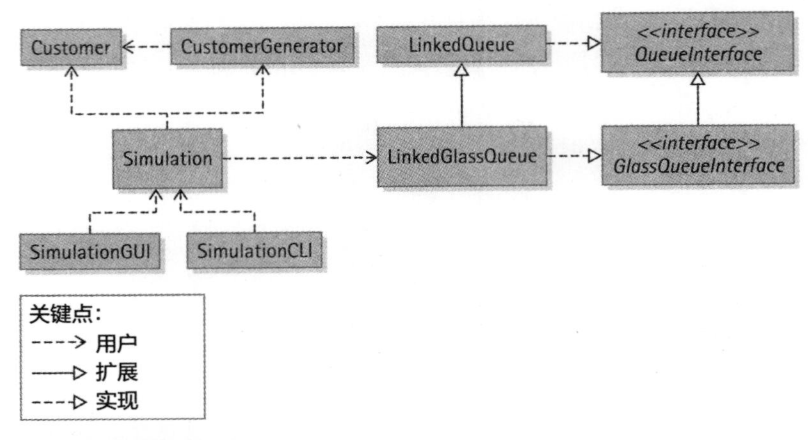

图4.13 队列等待时间模拟程序架构

许多计算机程序需要具备多线程能力。例如，游戏程序可能包含独立的代码序列以响应客户输入的变化，检测游戏中对象之间的冲突，并更新反映游戏状态的计分板。为了使这种游戏可玩，每个代码序列必须同时激活，并且它们要彼此交互。以这种方式执行的程序叫作**并发程序**。并发程序包含数个同时执行的交互代码序列，可能通过单个处理器交错语句执行，可能在不同的处理器上执行。

在单处理器系统中，并发是通过交错执行不同代码序列的指令实现的。计算机在代码序列中来回跳转，执行一个队列中的一些代码，然后执行另一个队列中的一些代码，以此类推。在具有双处理器、四核处理器和更高级别并行物理支持的系统中，并发是“真实”的。计算机操作系统对程序设计者隐藏了物理并发支持，所以程序员无需关注那些支持的细节。

并发程序

并发程序非常普遍，如控制系统、提供游戏、支持工作效率或允许通信的程序通常都是并发程序。并发可以由操作系统“自动”提供，也可以由应用程序的程序员直接指明。此外，存在这样的工具，它们分析顺序程序并将其转换为利用并发的程序。

在很多方面，队列是与并发直接相关的数据结构。想象一个系统中，有一些进程被称作“生产者”，它们生成需要关注的任务，还有一些进程被称作“消费者”，能够处理这些任务。我们如何协调生产者和消费者呢？很明显，可以选择队列ADT作为生产者和消费者之间的缓冲。生产者重复生成任务并把它们放入队列中，消费者重复地从队列中删除任务并处理这些任务。该队列本身是共享的数据结构，因此，访问它的时候必须仔细协调。我们必须谨慎，生产者在安排任务时，会正确地交错访问共享队列。我们必须协调消费者从队列中删除任务，确保一个特定的任务不会被消费多次。协调这样的共享资源是并发编程所要研究的核心。

通常在计算机课程操作系统、数据库和算法中会包含对程序并发的正式研究，该研究超出了本书的研究范围。在本节中，我们通过以下内容介绍该主题：

- 定义与并发相关的术语。
- 演示如何指示Java程序的各个部分同步执行。
- 解释并发代码序列可能会如何互相干扰。
- 演示如何同步代码序列的执行，避免这种干扰的发生。

Counter类

为了支持我们对本节问题的研究，我们使用以下简单的Counter类。该类提供了一个初始值为0的整数属性，该整数属性可以通过调用increment方法增加。为本节创建的所有辅助类都放在ch04.threads包中。

```
//----------------------------------------------------------------
//Counter.java          程序员：Dale/Joyce/Weems          Chapter 4
//
// 跟踪计数器（counter）的当前值
//----------------------------------------------------------------
package ch04.threads;
public class Counter
{
  private int count;

  public Counter()
  {
    count = 0;
  }

  public void increment()
  {
    count++;
  }

  public int getCount(){return count;}
}
```

示例程序Demo01实例化了一个Counter对象c，三次增加它的值，然后将它的值打印出来。样本输出符合预期，显示计数为3。为本节创建的所有应用程序都放在ch04.concurrency文件夹中。

```
package ch04.concurrency;
import ch04.threads.*;

public class Demo01
{
   public static void main(String[] args)
   {
      Counter c = new Counter();
      c.increment();
      c.increment();
      c.increment();
      System.out.println("Count is: " + c.getCount());
   }
}
```

程序输出为：Count is: 3

Java线程

我们提出的Java并发机制是线程。每个执行的Java程序都有一个线程，即程序的“主”线程。主线程可以生成其他的线程。程序的多个线程并发运行。程序在其所有线程终止时终止。

自动导入到所有程序中的java.lang包，提供了一个Thread类。我们通过先定义一个实现Java库Runnable接口的类来创建线程对象。这样的类必须提供一个公有的run方法。举一个例子，请看下面的Increase类，它通过其构造函数接受了Counter对象和整型amount，并提供了run方法使Counter对象的值增加amount值指示的次数。

```
package ch04.threads;
public class Increase implements Runnable
{
   private Counter c;  private int amount;

   public Increase (Counter c, int amount)
   {
      this.c = c;       this.amount = amount;
   }

   public void run()
   {
      for (int i = 1; i <= amount; i++)
         c.increment();
```

```
    }
}
```

现在我们能够通过为其构造函数传递一个Increase对象（或任何Runnable对象）来实例化Thread对象。实例化的Thread对象可用于在主线程的单独线程中执行Increase对象的run方法。为此，我们调用线程对象的start方法。考虑Demo02示例：

```
package ch04.concurrency;
import ch04.threads.*;
public class Demo02
{
  public static void main(String[] args) throws InterruptedException[8]
  {
    Counter  c = new Counter();
    Runnable r = new Increase(c, 10000);
    Thread   t = new Thread(r);
    t.start();
    System.out.println("Expected: 10000");
    System.out.println("Count is: " + c.getCount());
  }
}
```

Demo02程序实例化了一个Counter对象c，使用c加上整型数字10000来实例化Runnable对象r，然后使用r实例化Thread对象t。在调用线程的start方法后，该线程对象在单独的线程中运行。程序在终止前显示了counter对象的值。程序将显示什么值呢？考虑到Increase对象将会增加计数10000次，我们期望的程序输出值应该如下：

```
Expected: 10000
Count is: 10000
```

但是counter值的增长以及该值的显示发生在不同的线程中，如图4.14所示。我们并不能保证增加counter值的第二个线程将在显示其值的主线程之前结束。事实上，很可能会输出10000以外的值。在作者的计算机上运行时，Demo02程序的输出结果如下所示：

```
Expected: 10000
Count is: 3074
```

[8] Thread对象可以抛出检查运行时InterruptedException异常。因此，我们必须捕获并处理该异常或将其抛出到执行环境中。

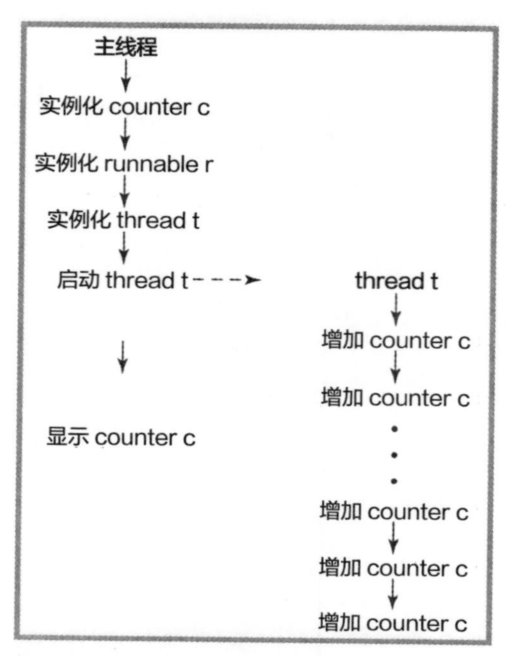

图4.14 Demo02程序的执行过程

可以使用join命令来表明我们希望一个进程等待另一个进程完成。下列程序由于指示主线程在显示计数器对象的值之前应等待t进程完成，生成了“正确的”输出，报告计数为10000。完成该任务的代码行用下划线进行强调。

```
package ch04.concurrency;
import ch04.threads.*;

public class Demo03
{
   public static void main(String[] args) throws InterruptedException
   {
      Counter  c = new Counter();
      Runnable r = new Increase(c, 10000);
      Thread   t = new Thread(r);

      t.start();
      t.join();

      System.out.println("Expected: 10000");
      System.out.println("Count is: " + c.getCount());
```

```
  }
}
```

join命令指示主线程应等待线程t完成后再继续。因此，计数器在完成递增之后才会输出。

干扰

当程序的两个或多个线程对同一数据进行更改时，它们可能会互相干扰并产生意外的、不希望出现的结果。考虑总共拥有三个线程的Demo04程序：主线程和两个其他的线程t1和t2。

```
package ch04.concurrency;
import ch04.threads.*;

public class Demo04
{
  public static void main(String[] args) throws InterruptedException
  {
    Counter   c = new Counter();
    Runnable r1 = new Increase(c, 5000);
    Runnable r2 = new Increase(c, 5000);
    Thread   t1 = new Thread(r1);
    Thread   t2 = new Thread(r2);

    t1.start();
    t2.start();
    t1.join();
    t2.join();

    System.out.println("Count is: " + c.getCount());
  }
}
```

如上所示，Demo04程序运行了两个独立的线程，每个线程使共享计数器对象增加了5000次。该程序使用join方法确保在其访问和显示计数器最终值之前，所有的辅助线程都已经结束了。我们再重申一遍——该程序将显示什么值？很明显，我们期望的结果是：

```
Count is: 10000
```

然而，我们错了。此例演示了使用并发的危险性。使用并发的程序员在应用时必须非常小心。在作者的计算机上三次单独运行Demo04程序生成了以下三个输出：

```
Count is: 9861
Count is: 9478
Count is: 9203
```

之所以得到意外的结果，是因为两个增值线程相互干扰。考虑在增加计数器的值时，在Java字节码中需要三步：获取计数器当前值，对该值加1，保存结果。如果同时执行的两个线程交错执行这些步骤，则计数器的结果值将比期望值小1。例如，考虑以下步骤序列，计数器的值从12开始，两个线程增加计算器的值。尽管我们期望结果值为14，但由于“干扰”，最终值只是13。

线程 t1	线程 t2
第一步：获取值 12	
↓	第二步：获取值 12
第三步：增加值到 13	↓
第四步：保存值 13	↓
	第五步：增加值到 13
	第六步：保存值 13

检查Demo04程序的输出，我们得出结论，这种干扰在代码执行期间会多次发生。当并发线程对共享变量进行更改时，例如在Demo04程序中，必须同步它们对共享信息的访问。

同步

在Java中，我们可以使用语句级或方法级强制进行同步。这里我们使用方法级同步。在Demo04示例中，需要同步的方法是Counter类中的increment方法。为了演示同步方法如何使用，我们创建了一个单独的计数器类SyncCounter。表明方法需要同步只需在方法声明行中简单地使用synchronized关键字作为修饰符，正如以下代码中使用下划线所强调的那样。

```
//----------------------------------------------------------------------
//SyncCounter.java            程序员：Dale/Joyce/Weems          Chapter 4
//
// 跟踪计数器的当前值
// 对 increment 方法提供同步访问
//----------------------------------------------------------------------
package ch04.threads;

public class SyncCounter
{
  private int count;
```

```
  public SyncCounter()
  {
    count = 0;
  }

  public synchronized void increment()
  {
    count++;
  }

  public int getCount(){return count;}
}
```

我们将以安全的方式执行对SyncCounter类increment方法的线程访问。如果一个线程正在执行方法内的代码，将不允许其他线程访问该方法。不会再交错执行该方法的Java字节码语句。这样可以防止导致Demo04程序出现意外结果的干扰。

无论何时执行下面的Demo05程序，它都能正确报告10000计数器的期望值。该程序中使用的IncreaseSync类与Increase类相同，只是它接受SyncCounter而不是Counter作为其第一个参数。

```
package ch04.concurrency;
import ch04.threads.*;

public class Demo05
{
  public static void main(String[] args) throws InterruptedException
  {
    SyncCounter sc = new SyncCounter();
    Runnable r1 = new IncreaseSync(sc, 5000);
    Runnable r2 = new IncreaseSync(sc, 5000);
    Thread t1 = new Thread(r1);
    Thread t2  =  new Thread(r2);

    t1.start(); t2.start();
    t1.join(); t2.join();

    System.out.println("Count is: " + sc.getCount());
  }
}
```

同步队列

数据集合有时是并发程序的核心，尤其是队列ADT经常在并发中使用。例如，存储由系统“生产者”线程生成的任务，这些任务在后面会由独立的系统“消费者”线程来处理。数据集合本质上充当未完成工作的存储库。当一个集合为多个线程所使用时，就必须同步访问它。否则，由于线程在操作集合底层的数据结构时相互干扰，有些元素可能会被错误地跳过，有些元素可能会被错误地访问多次。

在本小节中，使用前面描述的队列来进行研究。我们使用一个简单的例子，以专注于同步问题。首先，看一下程序的非同步版本，并讨论其潜在问题，然后我们考虑如何解决这些问题。以下是该程序的第一个版本：

```
package ch04.concurrency;
import ch04.threads.*;
import ch04.queues.*;

public class Demo06
{
  public static void main(String[] args) throws InterruptedException
  {
    int LIMIT = 100;
    SyncCounter c = new SyncCounter();
    QueueInterface<Integer> q;
    q = new ArrayBoundedQueue<Integer>(LIMIT);

    for (int i = 1; i <= LIMIT; i++)
      q.enqueue(i);

    Runnable r1 = new IncreaseUseArray(c, q);
    Runnable r2 = new IncreaseUseArray (c, q);
    Thread   t1 = new Thread(r1);
    Thread   t2 = new Thread(r2);

    t1.start(); t2.start();
    t1.join(); t2.join();

    System.out.println("Count is: " + c);
  }
}
```

上面的Demo06程序创建了一个整型队列，并将1到100的整数插入到该队列中。然后该程序生成并运行了两个线程：t1和t2。这些线程各自包含一个IncreaseUseArray对象的拷贝（参见该对象后面的代码）。因此，每个线程都检查队列是否为空，如果不为空，该线程就从队列中删除下一个数字，并将共享计数器对象增加相应的次数。所以，线程t1可能递增计数器一次，而线程t2可能递增计数器两次。然后t2可能递增计数器三次，而t1递增计数器四次等。请记住，对计数器的访问是同步的。当两个进程完成后，输出计数器的值。

```
package ch04.threads;
import ch04.queues.*;

public class IncreaseUseArray implements Runnable
{
   private SyncCounter c;
   private QueueInterface<Integer> q;

   public IncreaseUseArray (SyncCounter c, QueueInterface<Integer> q)
   {
      this.c = c; this.q = q;
   }
   public void run()
   {
      int hold;
      while (!q.isEmpty())
      {
         hold = q.dequeue();
         for (int i = 1; i <= hold; i++)
            c.increment();
      }
   }
}
```

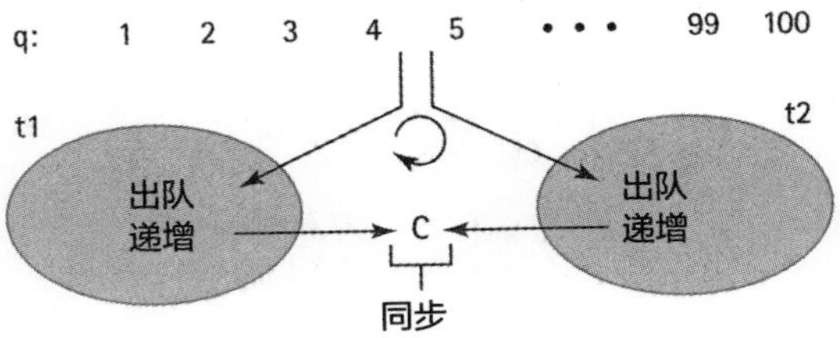

图4.15 线程t1和t2递增c——期望结果5050

我们来回顾一下，Demo06程序将数字1到100插入到队列q中。如图4.15所示，线程t1和t2重复从该队列中删除数字，并相应递增计数器c，然后输出计数器的值。值是什么？应该是5050，等于1到100之间的整数之和，对吗？在作者的计算机上执行时结果是5050，正确，所以程序按照预期运行。但不能太快得出这样的结论。因为在处理并发程序时，可能会间歇性地发生干扰错误。这样的错误取决于线程交错的时间，因此，虽然程序可能在一次运行中按预期工作，但在另一次运行中，我们可能会得到意想不到的结果。

我们运行了该程序10次，10次结果都是5050。但是第11次测试运行生成的结果是4980，第16次测试运行产生了空指针异常。虽然对计数器的访问是同步的，但是对队列本身的访问却没有同步。这些意外结果就是源自于此。访问dequeue方法期间的干扰（可能是多次）可以解释这两种意外结果。我们鼓励读者亲自尝试这个实验，看看你们的系统会发生什么？

为了创建该程序的可靠版本，我们需要创建一个同步队列类。幸运的是，这并不困难。我们只需将synchronized关键字添加到队列实现的导出方法的每个限定符中，如下面的SyncArrayBoundedQueue类中用下划线所强调的那样。将synchronized关键字添加到多个方法，可确保如果一个线程在这些方法中的任何一个处于活动状态时，则不允许其他线程进入同一个方法或者任何其他方法。使用SyncArrayBoundedQueue类替代Demo06程序中的ArrayBoundedQueue类创建了一个可靠的示例（见Demo7）。我们将新程序运行了100次，每次都能得到期望结果5050。

```
//---------------------------------------------------------------------------
// SyncArrayBoundedQueue. java     程序员：Dale/Joyce/Weems     Chapter 4
//
// 用数组实现 QueueInterface 以保存队列元素。
// 同步操作以允许并发访问。
//---------------------------------------------------------------------------
package ch04.queues;

public class SyncArrayBoundedQueue<T> implements QueueInterface<T>
{
protected final int DEFCAP = 100; // 默认值容量
protected T[] elements;           // 存有队列元素的数组
protected int numElements = 0;    // 队列中的元素数量
protected int front = 0;          // 队头索引
protected int rear;               // 队尾索引

public SyncArrayBoundedQueue()
{
    elements = (T[]) new Object[DEFCAP];
    rear = DEFCAP - 1;
  }
```

```
public SyncArrayBoundedQueue(int maxSize)
{
  elements = (T[]) new Object[maxSize];
  rear = maxSize - 1;
}

public synchronized void enqueue(T element)
// 如果队列为满，抛出 QueueOverflowException;
// 反之，在该队列的队尾添加元素。
{
 if (isFull())
     throw new QueueOverflowException("Enqueue attempted on full queue.");
 else
 {
     rear = (rear + 1) % elements.length;
     elements[rear] = element;
     numElements = numElements + 1;
 }
}

public synchronized T dequeue()
// 如果队列为空，抛出 QueueUnderflowException;
// 反之，从该队列移除队头元素并返回它。
{
 if (isEmpty())
   throw new QueueUnderflowException("Dequeue attempted on empty queue");
 else
 {
   T toReturn = elements[front];
   elements[front] = null;
   front = (front + 1) % elements.length;
   numElements = numElements - 1;
   return toReturn;
   }
}

public synchronized boolean isEmpty()
// 如果队列为空，返回 true; 反之，返回 false。
 {
   return (numElements == 0);
 }

public synchronized boolean isFull()
```

```
  // 如果队列为满，返回 true；反之，返回 false。
  {
    return (numElements == elements.length);
  }

  public synchronized int size()
  // 返回该队列的元素数量。
  {
    return numElements;
  }
}
```

我们通过将所有队列访问及增量法同步，避免了干扰的问题。因此，如果线程正在访问队列的话，其他访问则需要等待。线程一旦从队列获取增量值，将尝试访问共享计数器，但由于这个线程也是同步的，所以需要等到另一个线程完成了计数器递增后才可访问。所以说，几乎不存在并发操作。当一个线程在递增时，另一个线程可访问队列，反之亦然。如果我们的目的是在计算机中使用两个物理处理器，以快一倍的速度完成任务，那实际的速度提升效果将不尽人意。

并发系统的程序员经常会遇到这种情况，要确保准确度，程序员必须计入多个同步，致使线程完成的大部分工作都是按顺序运作的，而不是并发运作的。为了追求更多并发性，或许有必要重新设想问题解决方案。

例如，如果每个线程都有单独的计数器，就可以单独获得同步队列的值，在各自的计数器上并发操作增量。完成时，每个线程将返回其计数器的值，主线程将添加这两个值，获取最后结果。线程只会在干扰访问队列的情况下等待，而在访问计数器时不需再等待。在两个处理器上执行这个解决方案将可能提高近一倍的性能。

我们之所以说“可能”，是因为并发处理是否高性能还取决于其他的因素。例如，创建每个新线程都需要运行中系统负责部分工作。如果各线程要完成的工作量还不如创建该线程所需的工作量多，那么实际上创建线程和执行并发工作所花费的时间也比一般按顺序完成工作的时间多。正如你所见，并发在编程时要考虑多个额外因素。

在计算机的每一代新芯片中，制造商都会增加芯核（处理器），每个芯核都能同时运行多个线程。要让芯核同时运行，就需要程序在多个线程中划分工作。并发编程因此是计算机学未来的重要趋势。

并发与Java库集合类

在第4.7节“队列变体”中讨论了Java库的集合框架队列，解释了该库列入了Queue接口和Deque接口。库中有九个类可以实现Queue接口，四个实现Deque接口。如本节所强调，队列经常用于并发程序。对这一说法的证实是Java库的大多数队列接口实现都支持一种方式或另一种方式的并发使用：

- ArrayBlockingQueue、LinkedBlockingQueue、DelayQueue、Synchronous-Queue和PriorityBlockingQueue的共同特征是：线程尝试在满队列对象上放置元素时将阻塞，直至队列对象有可用空间；线程尝试在空队列对象检索元素时将阻塞，直至有可检索元素出现。
- ConcurrentLinkedQueue属于线程安全型，这意味着像我们本节所开发的SyncArray-BoundedQueuey一样，ConcurrentLinked-Queue的对象操作同步允许并发访问。

集合框架内的大多数集合类原本都是线程安全的，就像ConcurrentLinkedQueue类一样。这些集合类包括Vector、Stack、Dictionary和HashTable类。不过，由于处理需要保护，所以存在与维护线程安全性相关的执行时间成本。再者，许多集合类的用户都不需要也不想要使用并发线程，所以线程安全性的内置成本也被忽略不计了。因此，随着Java 2的发布，类似的非线程安全类也被列入了库中，适用于所有原始集合类。例如，ArrayList类是Vector类的非线程安全供选方案，而HashSet或者HashMap则是HashTable的供选方案。

原始的一套集合类和线程安全集合类如今被称为“历史”集合类，大多数程序员都不会选用，而是使用Java 2或以后版本介绍的集合类。要把这些较新的类转换成线程安全类，在库中有工具可用。例如，你可以用非同步的HashSet类通过以下陈述创建同步的Set集合：

```
Set s = Collection.synchronizedSet(new HashSet());
```

小结

队列属于“先进先出”结构。我们在抽象层次将队列定义为抽象数据类型，用入队和出队操作，再加上数次观察函数操作创建了队列接口。我们开发了两种基于数组的实现——一种有界和一种无界。我们还创建了基于链表的实现，讨论了使用链的数种其他实现。图4.16展示了本章开发的主要队列相关接口和类，该图表同样遵循我们在第164页栈ADT图表所列的约定。

队列通常用来保存信息或工作，直至使用或处理。回文标识符的运用强调了队列的性质，也就是我们可以使用队列保存一序列的字符，直至字符可以与来自栈的字符相比较。

我们创建了第二种应用程序，用以分析队列行为。我们的程序可以让我们控制队列元素的到达率和服务需求，了解元素在队列中等待平均花费的时间。通过改变队列数量，我们可以确定给队列系统新增伺服器是否合适。这个应用程序使用了标准队列的一种变体，即能让应用程序窥视到队列抽象的“玻璃”队列。除了玻璃队列变体之外，我们还讨论了其他变体，并大致了解Java库中队列支持。

最后，我们还讨论了使用队列管理能够并发执行的任务，并了解Java中一些表示并发性和同步并发线程的机制。

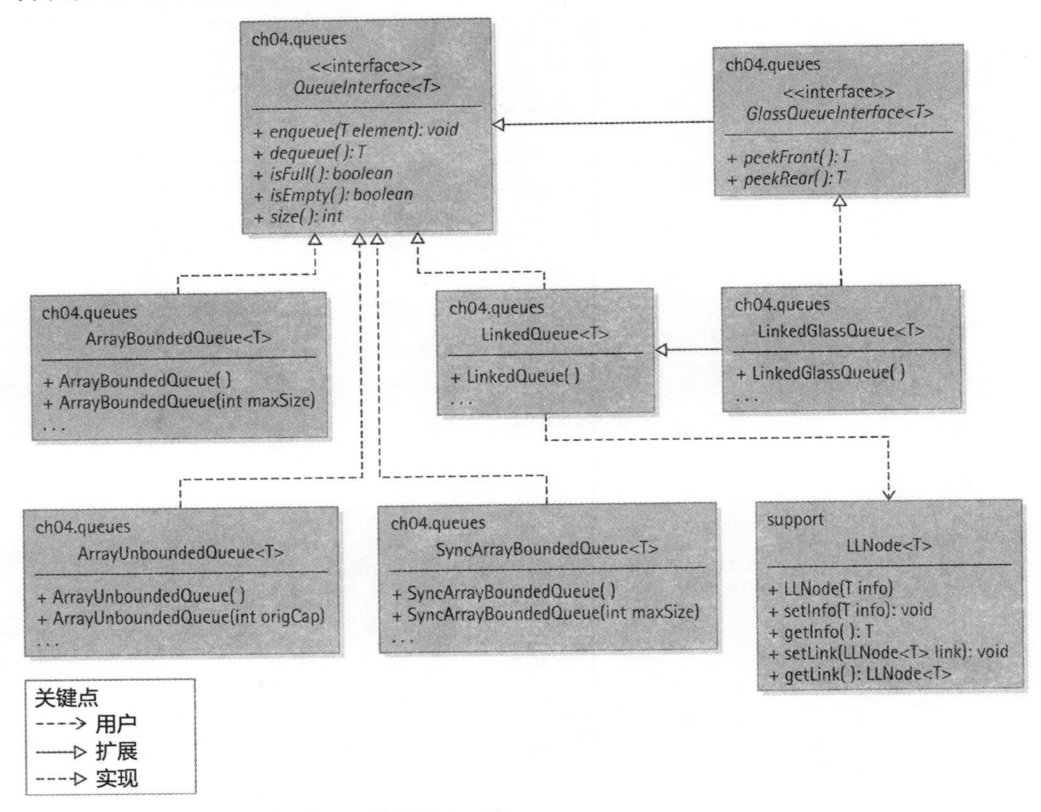

图4.16 Chapter 4所开发的队列相关接口和类

习题

4.1 队列

1. 判断对错，并解释原因。

a. 队列属于“先进先出”结构。

b. 在队列中停留时间最长的元素位于队列的“队尾”。

c. 如果将五个元素 enqueue 到空队列中，再将五个元素 dequeue，队列将再次变空。

d. 如果将五个元素 enqueue 到空队列中，再执行 isEmpty 操作五次，队列将再次变空。

e. enqueue 操作应该归类为“转换函数”。

f. isEmpty 操作应该归类为“转换函数”。

g. dequeue 操作应该归类为“观察函数”。

h. 如果先将 element A enqueue 到空队列中，再 enqueue element B，那么队列的队头为 element A。

2. 指出在下列应用中，队列是否为适用的数据结构。

a. 一间经营不佳的公司想对员工进行评估，根据服务时长进行部分裁员（服务时长最短的员工最先下岗）。

b. 某程序对诊所登记看病的患者进行记录，按照“先到先服务”的准则将患者分配给医生。

c. 某个解决迷宫的程序走到死路时想要原路折返到最初的位置（上一个作出决定的位置）。

d. 操作系统通过按请求顺序分配资源来处理对计算机资源的请求。

e. 某杂货连锁店想要运行模拟，看看通过改变店内结账的队列数将如何影响顾客的平均等待时间。

f. 面包店的顾客拿号，谁的号先到就先服务谁。

g. 赌博的人选号买彩票，号码中了则赢。

4.2 队列接口

3. 根据我们队列 ADT 的规格说明，程序员有两种方式查验空队列。描述这两种方式，并讨论在什么时候其中一种方式会比另一种好。

4. 给定 element 1、element 2 和 element 3 为 int 变量，而 q 为符合第 4.2 节“队列接口”所规定的队列抽象描述的对象，展示以下代码段所编写的是什么内容。假设你可以在 q. 存储和检索 int 类型的值。

a.
```
element1 = 1;   element2 = 0;   element3 = 4;
q.enqueue(element2);
q.enqueue(element1);
q.enqueue(element1 + element3);
element2 = q.dequeue();
q.enqueue(element3*element3);
```

```
q.enqueue(element2);
q.enqueue(3);
element1 = q.dequeue();
System.out.println(element1 + " " + element2 + " " + element3);
while (!q.isEmpty())
{
   element1 = q.dequeue(); System.out.println(element1);
}
```

b.

```
element1 = 4;  element3 = 0;  element2 = element1 + 1;
q.enqueue(element2);
q.enqueue(element2 + 1);
q.enqueue(element1);
element2 = q.dequeue();
element1 = element2 + 1;
q.enqueue(element1);
q.enqueue(element3);
while (!q.isEmpty())
{
   element1 = q.dequeue();
   System.out.println(element1);
}
System.out.println(element1 + " " + element2 + " " + element3);
```

5. 你的朋友说:“队列的入队操作和出队操作是相反的。所以执行入队后出队通常等同于执行出队后入队，结果是一样的!”你会怎么回答他？你认同吗？

6. 使用队列 ADT: 本练习要使用 QueueInterface 接口和标准 Java 控制操作所列的方法。假设所有队列都能够保存 int 类型的元素，并且有充足的内存可以履行问题的规格说明。

a. 假设 startQ 包含 int 类型的元素，evenQ 和 oddQ 都是空的。设计一段代码，将 startQ 的整数全部转移到另外两个队列中，完成后 startQ 为空，evenQ 包含偶数，oddQ 包含奇数。

b. 假设队列 A 和队列 B 包含整数，而队列 C 为空。设计一段代码，轮流将队列 A 的证书移到队列 C，再将队列 B 的整数移到队列 C，直到源队列其中一个或两个都变空。如果某个源队列内仍有整数，则将该等证书复制到队列 C。例如，从包含 1 2 3 4 的队列 A 和包含 5 6 的队列 B 开始，代码完成执行后，两个原队列将变为空，而队列 C 则包含 1 5 2 6 3 4。

4.3 基于数组的队列实现

7. 讨论用固定队头方法和用浮动队头方法实现基于数组队列的 enqueue 操作和 dequeue 操作的相关效率。

8. 为以下代码序列的各个步骤绘制队列 q 的内部表示：

```
ArrayBoundedQueue<String> q = new ArrayBoundedQueue<String>(5);
q.enqueue("X");
q.enqueue("M");
q.dequeue();
q.enqueue("T");
```

绘制图应与图 4.10 基于数组实现部分类似。

9. 使用队列 ADT 编写一段代码（应用层次），以执行以下各操作。假设 myQueue 为 ArrayBoundedQueue 类的对象，并属于字符串队列，含有至少三个元素。你可以调用任何 public 方法，也可以使用额外的 ArrayBoundedQueue 对象。

   a. 把字符串变量 secondElement 设置为 myQueue 开头的第二个元素，使 myQueue 不具有原始的两个队头元素。

   b. 把字符串变量 last 设置为等于 myQueue 的队尾元素，myQueue 变为空。

   c. 把字符串变量 last 设置为等于 myQueue 的队尾元素，myQueue 维持不变。

   d. 打印出 myQueue 的内容，myQueue 维持不变。

10. 使用队列 ADT 编写一个程序，不断提示用户输入字符串，使用字符串“x done”来表示完成。假定用户只输入“f name”或者“m name”形式的字符串。输出带有“m”的名字，输出顺序与输入顺序相同，归属于字符串“males:”，然后对带有“f”的名字执行相同操作，归属于字符串“females:”。在程序中使用两个 ArrayBoundedQueue 对象。

    示例运行如下：

```
Input a gender and name (x done to quit) > m Fred
Input a gender and name (x done to quit) > f Wilma
Input a gender and name (x done to quit) > m Barney
Input a gender and name (x done to quit) > m BamBam
Input a gender and name (x done to quit) > f Betty
Input a gender and name (x done to quit) > x done
males: Fred Barney BamBam  females: Wilma Betty
```

11. 描述以下各个变动将对 ArrayBoundedQueue 类产生什么影响：

    a. 从 DEFCAP 实例变量移除 final 属性。

b. 将指定给 DEFCAP 的值改成 10。

c. 将指定给 DEFCAP 的值改成 -10。

d. 在第一个构造函数中，将第一个陈述改成

```
elements = (T[]) newObject[100];
```

e. 在第一个构造函数中，将最后一个陈述改成

```
rear = DEFCAP;
```

f. 在第一个构造函数中，将最后一个陈述改成

```
rear = -1;
```

g. 调换 enqueue 方法 else 子句头两个陈述的顺序。

h. 调换 enqueue 方法 else 子句最后两个陈述的顺序。

i. 调换 dequeue 方法 else 子句头两个陈述的顺序。

j. 在 isEmpty 中，将“==”改成“=”。

12. 添加以下方法到 ArrayBoundedQueue 类，并给各个方法创建测试驱动程序以证明它们能准确运作。为了锻炼你的数组编码技能，给以下方法编码，编码方式是要通过访问 ArrayBoundedQueue 的内部变量，而不能调用该类先前定义的 public 方法。

a. String toString() 创建并返回能准确代表当前队列的字符串。这种方法可以用来对类进行测试和调试，以及对使用该类的应用程序进行测试和调试。假设各个队列元素已提供其本身合理的 toString 方法。

b. int space() 返回表示队列还剩下多少个空间的整数。

c. void remove(int count) 从队列移除队头的 count 元素，如果队列 count 元素较少，则抛出 QueueUnderflowException。

d. 如果队列少于两个元素，boolean swapStart() 返回 false；反之则调换队列队头两个元素的顺序，并返回 true。

e. 如果队列少于两个元素，boolean swapEnds() 返回 false；反之将队列的第一个元素与最后一个元素对换，并返回 true。

13. 思考基于数组的无界队列实现。

a. 以容量 1 开始，会有什么影响？

b. 以容量 0 开始，会有什么影响？

14. 创建实现 QueueInterface 的 ArrayListUnboundedQueue 类，但要使用 ArrayList 作为内部表示，而不是数组。同时创建一个测试驱动应用程序，证明该类能准确运作。

15. “双端队列”与队列相似，但可以在队列队头进行添加，在队列队尾进行移除。创建一个基于数组的 DeQue 类和证明它能准确运作的测试驱动程序。

4.4 交互式测试驱动程序

16. 设计一个测试计划，使用 ITDArrayBoundedQueue 应用程序来证明下列各个 ArrayBoundedQueue 方法能准确运作。提交计划的描述，说明为何这是个鲁棒计划的论证，以及使用交互式测试驱动实施测试的输出。

    a. `boolean isEmpty()`

    b. `int size()`

    c. `void enqueuer(T element)`

17. 如习题 12a，给 ArrayBoundedQueue 类添加 toString 方法。下一步增强 ITDArrayBoundedQueue 类，使其列入一个可以调用新的 toString 方法和显示已返回字符串的菜单选项。最后，使用 ITDArrayBoundedQueue 证明一切能准确运作。

18. 遵循所用方法创建 ITDArrayBoundedQueue 类，为以下各类设计类似的测试驱动。证明你的程序能准确运作。

    a. ArrayUnboundedQueue 类

    b. ArrayBoundedStack 类（见 ch02.stacks 包）

    c. LinkedStack 类（见 ch02.stacks 包）

4.5 基于链接的队列实现

19. 为以下代码序列的各个步骤绘制队列 q 的内部表示：

```
LinkedQueue<String> q;
q = new LinkedQueue<String>();
q.enqueue("X");
q.enqueue("M");
q.dequeue();
q.enqueue("T");
```

    绘制图应与图 4.10 队列实现部分类似。

20. 描述以下各个变动将对 LinkedQueue 类产生什么影响：

    a. 在转换函数中，将“rear=null”改为“rear=front”。

b. 在 enqueue 方法中，将陈述“rear=newNode”转移到 if 陈述的前面。

c. 在 enqueue 方法中，将 boolean 解释“rear==null”改为“front==null”。

d. 在 dequeue 方法中，将 else 子句的第二个和第三个陈述调换位置。

21. 思考图 4.6。假如我们要将队头和队尾引用的相关位置调换，这将对我们的队列实现产生什么影响？如果用了这种新办法，你将如何实现 dequeue 方法？

22. 添加以下方法到 LinkedQueue 类，并给各个方法创建测试驱动程序以证明它们能准确运作。为了锻炼你的链表编码技能，给以下方法编码，编码方式是要通过访问 LinkedQueue 的内部变量，而不能调用该类先前定义的 public 方法。

a. String toString() 创建并返回能准确代表当前队列的字符串。这种方法可以用来对类进行测试和调试，以及对使用该类的应用程序进行测试和调试。假设各个队列元素已提供其本身合理的 toString 方法。

b. void remove(int count) 从队列移除队头的 count 元素，如果队列 count 元素较少，则抛出 QueueUnderflowException。

c. 如果队列少于两个元素，boolean swapStart() 返回 false；反之则调换队列队头两个元素的顺序，并返回 true。

d. 如果队列少于两个元素，boolean swapEnds() 返回 false；反之将队列的第一个元素与最后一个元素对换，并返回 true。

23. 使用队列的链表实现时，如果应用程序在出队前对同一个对象入队两次，会有什么结果？

24. “双端队列”与队列相似，但可以在队列队头进行添加，在队列队尾进行移除。创建一个基于链表的 DeQue 类和证明它能准确运作的测试驱动程序。

25. 如图 4.9 所示，用循环链表实现队列 ADT。

26. 假设最大的队列大小为 200。

a. 以下操作需要几次引用：

i. 基于数组的有界队列存有 20 个元素。

ii. 基于数组的有界队列存有 100 个元素。

iii. 基于数组的有界队列存有 200 个元素。

iv. 基于引用的数组存有 20 个元素。

v. 基于引用的数组存有 100 个元素。

vi. 基于引用的数组存有 200 个元素。

b. 对于多大的队列，基于数组和基于引用的方法所使用的引用次数大致相同？

4.6 应用程序：回文

27. 思考 Palindrome 类的 test 方法。以下操作有什么影响：

a. 将 for 循环中 push 陈述和 enqueue 陈述的顺序进行调换。

b. 删除 stack.pop() 陈述。

c. candidate 自变量字符串为 null。

d. candidate 自变量字符串没有任何字母。

28. 如何改变 Palindrome 类的 test 方法，使其能够考虑所有字符，而不仅仅是字母？识别需要改动的陈述，该如何作出改动。

29. 本问题处理回文日期，也就是正读反读都一样的日期。

a. 2002 年属于回文年份，下一个回文年份是哪年？

b. 如果日期按照月、日、年的顺序编写，那么 05022050 就属于回文日期。按照这样的规划 21 世纪最早的回文日期是哪一天？

c. 创建一个能够识别某个给定年份所有回文日期的程序。首先由用户输入某个年份，再由程序汇报回文日期，最后程序问询用户是否希望再次尝试。注意你需要一个类似于 Palindrome 类的类，不过这个类要允许测试“数字”的字符。

4.7 队列变体

30. 正如本节所讨论的，在“错误”调用时，我们可以让队列方法自己处理这种情况，而不是让队列方法抛出异常。我们定义以下两个“安全的”方法：

- boolean safeEnqueue (T element) 将元素添加到队尾；如果成功添加元素则返回 true，否则返回 false。
- T safeDequeue () 如果队列为空返回 null；否则从队列中删除该元素并将该元素返回。

a. 为 ArrayBoundedQueue 类添加这些操作。创建测试驱动应用程序，演示添加的代码能够正确工作。

b. 为 LinkedQueue 类添加这些操作。创建测试驱动应用程序，演示添加的代码工作能够正确工作。

31. 写出下列代码段的输出。给定 element1、element2 和 element3 都是 int 变量，并且 glassQ 是符合 4.7 节“队列变体”中给出的玻璃队列抽象描述的对象。假设你可以在 glassQ 中存储和获取整型值。

```
element1 = 1;  element2 = 0;  element3 = 4;
glassQ.enqueue(element2);  glassQ.enqueue(element1);
glassQ.enqueue(element3);
System.out.println(glassQ.peekFront());
System.out.println(glassQ.peekRear());
element2 = glassQ.dequeue();
glassQ.enqueue(element3*element3);
element1 = glassQ.peekRear();  glassQ.enqueue(element1);
System.out.println(element1 + " " + element2 + " " + element3);
while (!glassQ.isEmpty())
{
   element1 = glassQ.dequeue(); System.out.println(element1);
}
```

32. 按照创建 ITDArrayBoundedQueue 类的方法，为 LinkedGlassQueue 类设计类似的测试驱动程序。演示你的程序能够正确工作。

33. 使用以下双向循环链表，为下面每个描述给出相应的表达式。

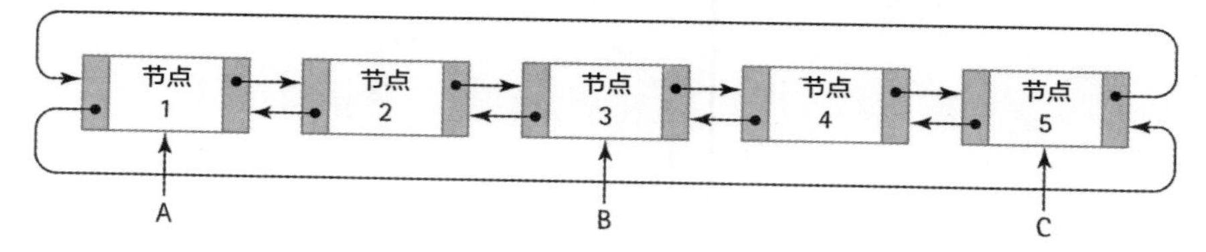

例如，从引用 A 开始，节点 1 的 info 值对应的表达式为 A.getInfo()。

a. 从引用 C 开始，节点 1 的 Info 值

b. 从引用 B 开始，节点 2 的 Info 值

c. 从引用 A 开始，节点 2 的 link 值

d. 从引用 C 开始，节点 4 的 link 值

e. 节点 1，引用引用 B

f. 从引用 C 开始，节点 4 的 back 值

g. 从引用 A 开始，节点 1 的 back 值

34. 本习题与习题 15 和 24 共享一些内容。创建实现了 DequeInterface 的类和演示该类正确工作的测试驱动程序：

a. 创建基于数组的有界实现。

b. 创建基于链表的实现。

c. 创建基于双向链表的实现，节点使用 DLLNode 类。

习题 35~38 需要做一些“课本外”的研究。

35. 列出实现了 Java 库 Queue 接口的 Java 库类。

36. 在 Java 库中，BlockingQueue 接口扩展了 Queue 接口。简要描述“阻塞”队列和“普通”队列的主要区别。

37. Java 库 Queue 提供的非正式描述表明不允许将 null 对象添加到队列中，为什么？

38. 描述实现库 Deque 接口的四个 Java 库类之间的差别。

4.8 应用程序：平均等待时间

39. 完成下面的表格：

客户	到达时间	服务时间	结束时间	等待时间
1	0	10		
2	8	3		
3	8	10		
4	9	40		
5	20	15		
6	32	18		

a. 假设只有一个队列，平均等待时间是多少？

b. 假设有两个队列，平均等待时间是多少？

c. 假设有三个队列，平均等待时间是多少？

40. 在平均等待时间（Average Waiting Time）程序中，哪个类（Customer、CustomerGenerator、GlassQueue、Simulation 或者 SimulationCLI）的职责是：

a. 提供队列大小。

b. 决定客户进入哪个队列。

c. 从用户那里获取队列个数。

d. 计算客户的到达时间。

e. 计算客户的结束时间。

f. 计算客户的等待时间。

g. 计算平均等待时间。

41. 使用平均等待时间（Average Waiting Time）程序，确定应使用的合理队列个数，当有 1000 个客户并且：

a. 到达时距为 5 并且服务时间为 5。

b. 到达时距为 1 并且服务时间为 5。

c. 到达时距的时间范围为 0 到 20，服务时间范围为 20 到 100。

d. 到达时距的时间范围为 0 到 2，服务时间范围为 20 到 100。

42. 修改平均等待时间程序，使其能够满足下列要求：

a. 还输出同时在一个队列中的最大客户数。

b. 还输出至少一个服务器“空闲”的时间百分比。

c. 基于最短结束时间而非最小队列，为客户选择要进入的队列。用户应该能够选择使用何种方法运行模拟。

4.9 并发、干扰和同步

43. 音乐会等活动的门票通常在网上、售票点或步入式售票亭同步销售。讨论该情况下潜在的干扰问题和控制干扰的选项。

44. 下列每个代码序列的输出是什么？列出所有可能的结果并解释你的答案。

a.
```
Counter c = new Counter();
c.increment(); c.increment();
System.out.println(c);
```

b.
```
Counter c = new Counter();
Runnable r = new Increase(c, 3);
Thread t = new Thread(r);
t.start();
System.out.println(c);
```

c.
```
Counter c = new Counter();
Runnable r = new Increase(c, 3);
Thread t = new Thread(r);
c.increment(); t.start();
System.out.println(c);
```

d.
```
Counter c = new Counter();
Runnable r = new Increase(c, 3);
Thread t = new Thread(r);
t.start(); c.increment();
```

```
System.out.println(c);
```

e.
```
Counter c = new Counter();
Runnable r = new Increase(c, 3);
Thread t = new Thread(r);
t.start(); t.join();
c.increment();
System.out.println(c);
```

f.
```
Counter c = new Counter();
Runnable r = new Increase(c, 3);
Thread t = new Thread(r);
t.start(); c.increment();
t.join();
System.out.println(c);
```

g.
```
SyncCounter sc = new SyncCounter();
Runnable r = new IncreaseSync(sc, 3);
Thread t = new Thread(r);
t.start(); sc.increment();
t.join();
System.out.println(sc);
```

45. 创建实现 Runnable 接口的 PrintChar 类。该类的构造函数应接受一个字符和一个整数作为参数，整数是多少，run 方法就应将字符打印多少次。创建一个应用程序，实例化两个 PrintChar 对象，为一个对象传递参数“A”和 200，为另一个对象传递“B”和 200。然后，该应用程序实例化并启动两个线程对象，每个线程对象对应一个 PrintChar 对象。对 PrintChar 对象使用不同的数字参数来实验结果，并编写实验结果报告。

46. 创建应用程序，实例化 20×20 的二维整型数组，从 1 到 100 的整数中随机取数放入数组中，然后输出所有行中和最大的行的索引。为了支持你的解决方案，创建一个可以实例化 Runnable 对象的类，每个 Runnable 对象对二维数组的一行求和，然后将该行的和放入有 20 个元素的一维数组中的正确位置。总结起来，你的应用程序应该能够：

a. 生成随机整数的二维数组。

b. 启动 20 个并发线程，每个线程能够将二维数组某行的和放入一维数组中的相应位置。

c. 输出和最大的行的索引。

抽象数据类型——集合

知识目标

你可以

- 描述一个集合，并抽象地描述其操作
- 解释在比较对象中，使用==运算符和使用equals函数进行的相等性比较的差别
- 解释类的“键”的概念，以及如何通过ADT类集合使用“键”
- 描述Java中Comparable接口的作用
- 解释对于一个待兼容的类，使用compareTo函数和equals函数分别意味着什么
- 理解词汇密度的含义
- 描述一个算法，用于判断某篇文本的词汇密度
- 描述“以拷贝方式”实现ADT与“以引用方式”实现ADT的不同之处，并举例
- 对某个给定的集合实现进行增长阶分析
- 理解Bag ADT
- 理解Set ADT

技能目标

你可以

- 为一个类创建一个相应的equals函数，并解释合适的原因
- 创建一个能执行Comparable接口的类
- 使用一个数组来调用ADT集合
- 使用已经排好序的数组来调用ADT集合
- 使用二分搜索法来调用find函数
- 使用链表来调用ADT集合
- 根据给定的应用程序，展现其具体的ADT集合执行的内部视图
- 预测使用ADT集合的应用程序的输出结构
- 将ADT集合作为某个应用程序的一部分使用
- 使用集合实现类的继承来实现基本的SetADT
- 通过包装集合实现类，实现基本的SetADT

本章会介绍ADT集合。ADT集合是最基本的抽象数据类型之一，它用于存储信息并访问被存储的信息。如你所想，存储和访问信息常常是计算机处理的核心部分。其他的一些抽象数据类型也能提供相同的操作，但所存储的信息可能会有特定的限制，或者被访问的信息需要有特定的顺序排列。事实上，你可能会回想起我们之前定义过的两个抽象数据类型——栈和队列，它们属于“访问控制”集合。

普通的抽象数据类型集合（不包括栈和队列）允许我们基于信息内容来访问其中的信息。因此，让我们回到本章的主题——对象比较，并思考两个“相等的”对象是什么意思？一个对象“小于”或“大于”一个对象是什么意思？如果能对对象进行比较，我们就能将它们按顺序进行存储，相应的，也就能够进行相关的快速检索选项。举个例子，我们能在进行计算机处理的过程中，以此分析更多的信息——通过ADT集合开发了一个文本处理程序，以此来展现此项功能。

5.1 集合接口

栈和队列是非常重要的抽象数据类型，因为它们都能用于解决不同类型的问题。栈适合用于先处理最近的数据，比如匹配算数表达式的群组符号。而队列能够创建良好的缓冲区来存储信息，这些信息需要按照先进先出的顺序进行处理。使用栈和队列插入或移除信息是有一定限制的，而这些限制能够确保我们在对应的情况下访问数据时做到准确无误。

如果不考虑存储顺序，我们应该如何访问信息？比如根据ID号码来调取银行账户信息，或判断库房中的某项特定产品是否有库存。在这些情况下，我们需要一个结构，能够存储信息，并且稍后能根据信息的某些关键部分来对其进行访问。针对这个问题，有很多解决办法，如列表、映射、表格、搜索树以及数据库，在此仅举几例。本章介绍最基本的抽象数据类型——ADT集合，该类型拥有以上所需的功能。

多重含义的术语

唯一标识一个对象的属性集称为其键（key）。术语“键”在整个计算领域还有类似的使用规则，特别是在数据库领域和信息管理领域。然而像其他大多的术语一样，它确实有其他的含义，例如加密算法的密钥，甚至包括你在输入数据时敲在键盘上的密码。

ADT集合允许我们对信息进行整合，以便后期对这些信息再进行访问。不论我们何时访问信息，都不受它们被填入集合的顺序所影响。一旦一个对象被添加到一个集合中，我们便能基于该对象的内容对其进行检索和/或移除。

如果需要进行基于内容的访问，则需要让ADT集合调用equals函数。所有的类都有equals函数——如果它们不直接执行函数，那么它们会进行继承。这是因为equals函数被执行在类Object中，而类Object恰好是继承树的根（见1.2节“组织类”）。而类Object中的equals函数只考虑两个对象在是彼此的别名的情况下是否相等。通常，我们希望相等性指的是对象的内容，而非内存的地址。因此，存储在集合中的对象应屏蔽掉类Object中的equals函数。我们返回本章主题，看看5.4节“重新探讨比较对象”。现在，我们将在例子中使用类String，它提供了一个基于内容的equals函数。

集合的前提

集合有很多种，我们在此定义一个基本的集合，它是一个基于内容的储存库，支持添加、移除和检索元素。

我们的集合允许有复制性元素，如果first.equals(second)的返回值是true，那么首元素应被视为二元素的副本。当一项操作涉及“查找”这样的一个元素时，那么它就能“找到”任何一个重复元素。这些案例中的重复元素是没有区别的。

正如栈和队列一样，集合不支持空元素。在我们所有的collection函数中，空元素不能用作引数，这是一个基本前提。我们只会在接口的头注释中提一次，不会在每个函数中都提及。这是定义抽象数据类型的标准前提。它简化了编码过程，即当我们在一个函数中调用某个引数时，不需要每次都去测试空指针。

除了禁止空元素外，collection类对于运算来说还有最小前提条件。例如我们可以具化一个remove运算，该运算需要一个匹配的对象，并以此在集合中显现。但我们不需要这样做。与此相反，我们可以定义一个remove运算，而它返回的是boolean值，该值代表这个运算是否成功。这个方法给应用程序带来更多便利，以此类推，如果我们不想让add运算在整个集合中被调用，那么我们可能需要在它抛出异常“Collection Overflow”时再对其进行声明。相反，我们可以借鉴刚才对remove使用的方法——让add返回一个boolen值，该值表示此运算的成功与否。如果尝试将其添加到一个已满的集合中，将会返回false。

接口

在栈和队列中的操作让我们了解了使用Java接口结构的ADT集合的形式规则。我们的集合具有遗传性，即任何特定集合中存储的对象的类型都需要在列表被实例化时由用户来指定。在客户端调用的类中，equals函数的定义需要符合他们的需求，这是他们的责任之一。以下是CollectionInterface的代码。如下所示，此接口是程序包ch05.collections的一部分，相应的实现类也存储在这个包里。

```
//----------------------------------------------------------------------
// CollectionInterface.java        程序员：Dale/Joece/Weems       Chapter 5
//
// 一个类的接口，用于实现集合 T。
// 一个允许增加、移除、访问元素的集合。
// 不允许有空元素，允许有重复元素。
//----------------------------------------------------------------------
package ch05.collections;

public interface CollectionInterface<T>
{
  boolean add(T element);
  // 尝试将元素添加至集合中。
  // 若成功，则返回 true，否则返回 false。

  T get(T target);
  // 返回集合中的元素 e，并调用 e.equals(target)。
  // 若无此元素存在，返回 null。

  boolean contains(T target);
  // 若集合中有元素 e，并调用了 e.equals(target)，则返回 true。
  // 否则返回 false。

  boolean remove (T target);
  // 移除集合中的元素 e，并调用 e.equals(target)，然后返回 true。
  // 若无此元素存在，返回 false。

  boolean isFull();
  // 若集合已满，返回 true；否则返回 false。

  boolean isEmpty();
  // 若集合为空，返回 true；否则返回 false。


  int size();
  // 返回集合中元素数量。
}
```

5.2 实现基于数组的集合

本节为ADT集合创建了一个基于数组的实现形式。我们来看看5.5节“基于排序数组的集合的实现”中给出的另一个基于数组的解决方案，然后在讨论5.6节“基于链接的集合的实现”中给出的基于链接的解决方案。

我们的基本方法并不复杂：如果一个集合有N个元素，我们把这些元素存储在数组的前N个地址中，地址是0到N-1。我们用实例变量numElements存储当前集合中元素的数目。本例中展现的是国家名称缩写的集合：

numElements: 4

	[0]	[1]	[2]	[3]	[4]	[5]
元素:	"BRA"	"MEX"	"PER"	"ARG"		

当我们往集合中添加一个元素时，只需要将它放在下一个可用插槽中，该插槽由numElements指定，同时numElements加一。如果将Columbia(“COL”)加入到上面的集合中，结果如下：

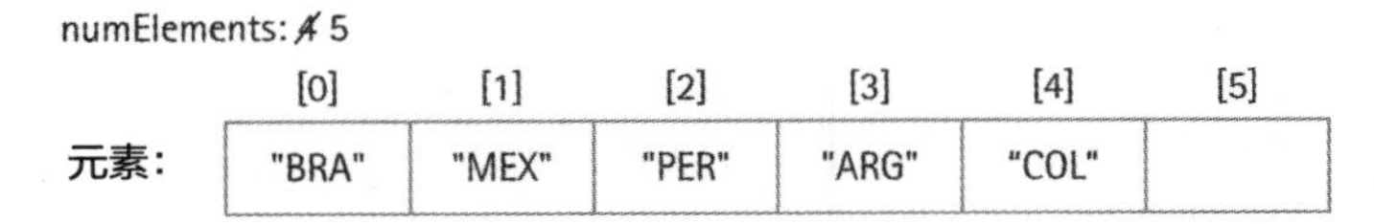

当我们删除一个元素时，需要将所有排在被删除元素后面的元素往前移一个单位的地址位置，以便填补空缺出的位置。相反，我们可以借助数组的无序性，只将集合中最后的元素移动到被删除元素所占用的位置。

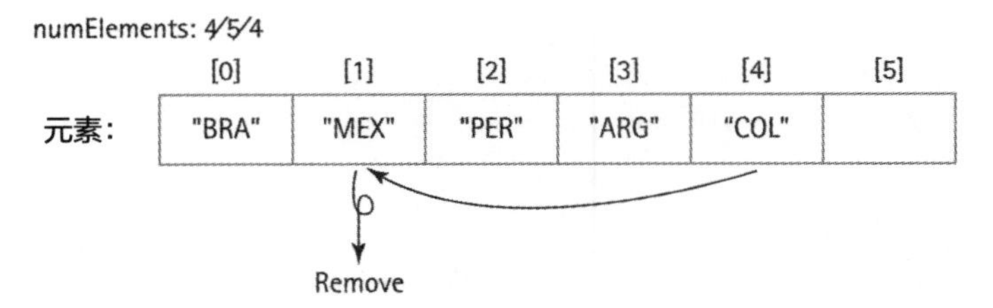

通过上面所描述的方法，类ArrayCollection实现了CollectionInterface。类ArrayCollection的实现形式是很直观的，特别是如果你熟悉Chapter 2的实现基于数组的栈ADT和Chapter 4的实现基于数组的队列ADT。

就正常的基于数组的栈和队列来说，一个数组的实例化相当于Object的一个数组，随后将其转换为T数组，通常编译器会发出警告。即便此方法在某种程度上来看比较尴尬，而且还会导致编译器警告，但在Java中，我们必须使用数组来创建泛型集合。在此提供两个构造函数：一个用于实例化默认容量为100的集合，一个允许通过客户端指定容量。

我们把类ArrayCollection中数组搜索的代码保存在了受保护的助手函数中，我们称之为find函数，每个需要进行元素搜索的函数都会调用它。find函数为受保护的实例变量found和location设定值，由此显示搜索的结果。此处所用的查找数组元素的算法是顺序查找法，见1.6节“算法比较：增长阶分析”。find函数属于过程抽象的实例。有它在，我们就不需要为这些函数一一创建相类似的代码。

Java小贴士：Protected方法

受保护函数能够在同一个类中、同一个类的子类中、同一个程序包中的其他的类中被调用。find函数不能被ArrayCollection直接调用。将其保护是为了确保禁止客户端对其进行调用。

以下为类ArrayCollection的代码：

```
//----------------------------------------------------------------------------
//ArrayCollection.java        程序员：Dale/Joece/Weems           Chapter 5
//
// 用数组实现 CollectionArray。
//
// 不允许有空元素，允许有重复元素。
//
// 提供两个构造函数：一个用于实例化默认容量为 100 的集合，一个允许通过客户端指定容量。
//----------------------------------------------------------------------------
package ch05.collections;

public class ArrayCollection<T> implements CollectionInterface<T>
{
  protected final int DEFCAP = 100; // 默认容量
  protected T[] elements;           // 存储集合元素的数组
  protected int numElements = 0;    // 此集合的元素数量

  // 由函数 find 设定
  protected boolean found;   // 若找到目标，返回 true，否则返回 false。
  protected int location;    // 若找到目标，则表示目标的地址。

  public ArrayCollection()
  {
    elements = (T[]) new Object[DEFCAP];
  }

  public ArrayCollection(int capacity)
  {
    elements = (T[]) new Object[capacity];
  }

  protected void find(T target)
```

```
// 查找元素 e 的位置，随后调用 e.equals(target)。
// 若成功，将实例变量 found 设为 true，将实例变量 location 设为 e 的索引。
// 若失败，将 found 设为 false。
{
  location = 0; found = false;
  while (location < numElements)
  {
    if (elements[location].equals(target))
    {
      found = true;
      return;
    }
    else
      location++;
  }
}

public boolean add(T element)
// 尝试将元素添加进此集合中。
// 若成功，返回 true，若失败，返回 false。
{
  if (isFull())
    return false;
  else
  {
    elements[numElements] = element;
    numElements++;
    return true;
  }
}

public boolean remove (T target)
// 将元素 e 从集合中移除，随后调用 e.equals(target)，并返回 true；
// 若无此元素，返回 false。
{
  find(target);
  if (found)
  {
    elements[location] = elements[numElements - 1];
    elements[numElements - 1] = null;
    numElements--;
  }
```

```
    return found;
  }

  public boolean contains (T target)
  // 若此集合包含元素 e，比如 e.equals(targrt)，则返回 true;
  // 否则返回 false。
  {
    find(target);
    return found;
  }

  public T get(T target)
  // 从集合中返回一个元素 e，随后调用 e.equals(target);
  // 若无此元素存在，返回 null。
  {
    find(target);
    if (found)
      return elements[location];
    else
      return null;
  }

  public boolean isFull()
  // 若集合满了，则返回 null；否则返回 false。
  {
    return (numElements == elements.length);
  }

  public boolean isEmpty()
  // 若集合为空，则返回 true；否则返回 false。
  {
    return (numElements == 0);
  }

  public int size()
  // 返回此集合中的元素数量。
  {
    return numElements;
  }
}
```

5.3 应用程序：词汇密度

词汇密度等于语篇的单词总数除以语篇的单字数。本节中的应用程序能够计算给定语篇的单词总数。

问题很明确——读文章，并计算里面有多少字、多少单字。我们定义一个单词，作为字母字符（A到Z）加上撇号字符（’）的序列。将撇号字符计算在内是为了将“it’s”或“Molly’s”这类单词划做一个单词。我们在判断唯一性时，忽略字母的大小写，例如“The”和“the”算一个词。

为计算单字数，需要将我们在阅读文章时所遇到的字全部记录下来。我们的ADT集合非常适合解决此问题。算法不复杂：通篇逐字阅读文章，检查每个字，看是否已经在集合中，如果不在，把它加到里面。完成后集合的大小就是我们要的单字数。在我们处理字的过程中，同时也记录了被处理字的总数。我们用总字数和总单字数来计算词汇密度。更正式点讲：

词汇密度

词汇密度表示的是词汇量的变化，它是计算机语言学家分析语篇的工具。我们也可以认为词汇密度表示的是一个人在阅读到一个“新词”之前他所读到的平均词数。一般来说，如果词汇密度比率比较小，那说明词汇比较复杂。随着数值不断变大，篇章也就变得越来越简单。另一方面，篇章越长，词汇密度越小，所以在研究复杂性时，词汇密度只能用于比较长度差别不大的篇章。

计算词汇密度

```
初始化变量和对象
while 需要加工更多的文字
  Get下一个文字
  if 此集合不包含文字
    Add 此文字到集合中
  Increment 总文字数
输出显示（总文字数/集合大小）
```

输入到我们应用程序的内容将会以一个文本文件的形式存储在程序中。文件的名字/地址应表示为程序的命令行引数。以下为应用程序代码，与ADT集合的使用直接相关的代码段已用下划线标注：

```
//----------------------------------------------------------------
//VocabularyDensity.java        程序员：Dale/Joece/Weems        Chapter 5
//
// 在输出文件中显示总字数、总单字数，以及词汇密度。
```

```
// 输出文件用命令行引数表示。
//----------------------------------------------------------------
package ch05.apps;

import java.io.*;
import java.util.*;
import ch05.collections.*;

public class VocabularyDensity
{
  public static void main(String[] args) throws IOException
  {
    final int CAPACITY = 1000;     // 集合的容量
    String fname = args[0];        // 篇章的输入文件
    String word;                   // 现有文字
    int numWords = 0;              // 文字总数
    int uniqWords;                 // 单字数
    double density;                // 词汇密度

    CollectionInterface<String> words =
                             new ArrayCollection<String>(CAPACITY);

    // 安装建立文件阅读
    FileReader fin = new FileReader(fname);
    Scanner wordsIn = new Scanner(fin);
    wordsIn.useDelimiter("[^a-zA-Z']+"); // 分隔符不算字母，

    while (wordsIn.hasNext())      //while 处理更多文字
    {
      word = wordsIn.next();
      word = word.toLowerCase();
      if (!words.contains(word))
        words.add(word);
      numWords++;
    }

    density = (double)numWords/words.size();
    System.out.println("Analyzed file " + fname);
    System.out.println("\n\tTotal words:  " + numWords);
    if (words.size() == CAPACITY)
      System.out.println("\tUnique words: at least " + words.size());
    else
```

```
    {
      System.out.println("\tUnique words: " + words.size());
      System.out.printf("\n\tVocabulary density: %.2f", density);
    }
  }
}
```

从程序中观察到的几点：

- 此代码不算冗长复杂，这是因为类ArrayCollection处理了很多复杂的步骤。
- 本程序展现了如何从文件中读取输入的内容。如果找到问题/指示文件被打开，构造函数FileReader将会抛出IOExcepion。因为这是一个检查型异常，我们要么将其捕获，要么将其再次抛出。如果你看到了主函数的声明行，就会知道我们选择了后者。FileReader fin作为引数传递给了扫描函数，因此我们可以通过扫描设备读到文件。
- 我们使用Java的扫描函数将输入文件打散成单个文字，这样我们便能够知道什么时候“有更多待处理文字”，也能“得到下个文字”。扫描器类允许我们定义分隔符集合，分隔符集合会调用函数useDelimiters来分离输入源中的标记。该函数的参数可以使用正则表达式。在程序中，我们将分隔符表示为“[^a-zA-Z’]+”；此正则表达式代表的是任何一个或多个不属于字母（“a-zA-Z”代表的是所有‘a’到‘z’之间和所有‘A’到‘Z’之间的字符）或撇号（请注意表达式中跟在‘Z’后面的’）的字符序列——符号‘^’用于将这种字符集合无效化，+号代表括号集合中使用它的“一或多个”字符。因此，一或多个字符既不是字母，也不是撇号。详细信息请查阅关于Java的类Pattern的相关文献资料。
- 在检查单词是否在集合中之前，类String的toLowerCase函数会将该单词的所有字母改成小写字母，这便能够达到说明中的要求，即在判断唯一性时，忽略字母大小写。
- 常量CAPACITY用于实例化ArrayCollection的变量words。因此，集合words能够最多存下CAPACITY个文字，我们的案例中是1,000个。如果达到了容量，我们会在输出中使用词组“at least”（至少），因为我们无法精确地判断文件中有多少单字。在这种情况下，我们不需要显示出词汇密度，因为计算这种情况下的密度是没意义的。
- 一旦容量达到了，函数不会再往集合中添加字，相反，它只会随着程序不断地处理输入文件而一遍一遍地返回false值。习题5.12a要求你修改此程序，以便在满容量的情况下终止文件处理，并输出相应的信息。

我们鼓励读者对此程序进行测试，并基于自己的想法使用该程序分析一些文本文件。以下是程序在处理完三个相关的、重要的历史文件的结果，依次为1215年英国的《大宪章》（由拉丁语译成英语，但减去了出席者名单）、1776年美国的《独立宣言》（减去签名清单）、1930年印度的《独立宣言》。

分析文件	分析文件	分析文件
总字数：3310	总字数：1341	总字数：594
单字数：698	单字数：540	单字数：288
词汇密度：4.74	词汇密度：2.48	词汇密度：2.06

5.4 重新探讨比较对象

在栈和队列中，我们只对结构中的尾部进行了访问。我们会在栈中插入或移除某个元素，将某个值入队在队列的尾部或将队列头部的某个值出队。在这类结构内，我们并未访问其他位置的元素。然而在集合这种结构中，我们能访问任何位置的元素。因此，要想理解集合，我们必须要理解集合内的元素是如何进行定义的——我们需要理解什么是对象的相等性。

在下节中，我们会选用一种将元素存储在集合中的方法，而这种方法会提高寻找元素的效率。如果能以“增序”的形式存储元素，那么我们便可以用二分搜索算法对它们进行定位。但什么是“按序”存储元素？要想理解这个概念，我们需要先理解比较对象的概念。

本节会回顾两个函数：equals函数，用于判断相等性；还有（与Comparable接口一起的）compareTo函数，用于判定顺序。

函数equals

在1.5节“基本结构化机制”中，在对对象进行比较时需要使用比较运算符（==）。请回忆一下，在使用==时，比较的是那两个指向对象的引用变量，而非对象本身的内容。这点在图5.1（本图是图1.6的复制）中有说明。

比较运算符不会比较对象的内容。那我们还能做些什么？一种选择是使用equals函数。由于此函数衍生自类Object，而类Object是Java继承树的根，因此该函数能与Java的类中的任何对象一起使用。如果c1和c2是类Circle的对象，那么我们使用以下方式来对它们进行比较：

```
c1.equals(c2)
```

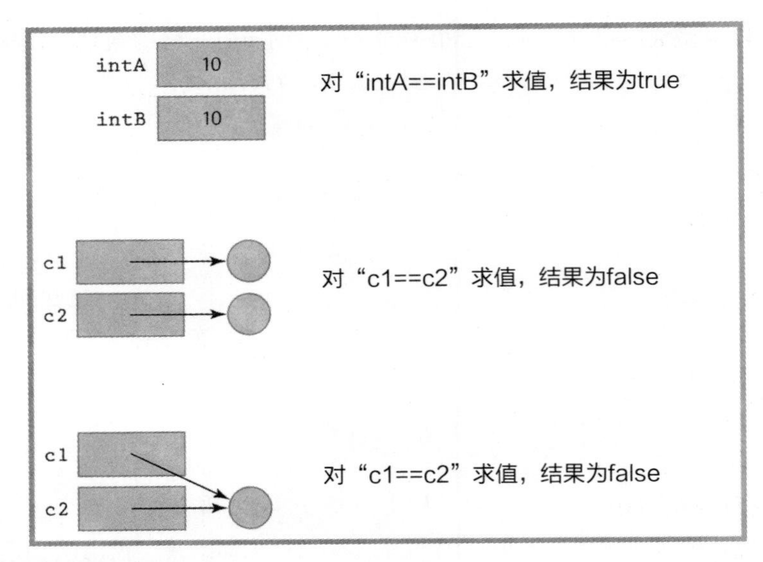

图5.1 比较原始变量和非原始变量

类Object中定义的equals函数的功能与比较运算符大致相似。如果比较的两个变量引用的是同一个对象，则返回true。为规避这种问题的发生，我们可以在类的内部对equals函数进行重新定义，以让它契合该类的目的。

假设Circle类的radius是整数型变量。我们为Circle对象的相等性下个合理的定义：有相同radius的对象即为相等。为实现此方法，我们以下面方法放进了类Circle中。

```
@Override
public boolean equals(Object obj)
// 如果 obj 是一个与此 Circle 有着相同 radius 的 Circle，则返回 true;
// 否则返回 false。
{
   if (obj == this)
      return true;
   else
   if (obj == null || obj.getClass() != this.getClass())
      return false;
   else
   {
      Circle c = (Circle) obj;
      return (this.radius == c.radius);
   }
}
```

这样设计出的equals函数既标准，又实用。以下是关于此设计的几条笔记：

- 标识@Override会向编译器传递信息，告知我们要覆盖掉原始函数。编译器会对此函数的句法结构进行二次检查并确保我们确实将覆盖掉函数。
- 第一个if语句用于检查是否在用circle与其本身进行比较。如果是，则返回true。
- 第二个if语句用于检查引数是否为空值。如果是，则返回false。由于Java的运算符||有短路特性，所以如果第一个部分返回的是false，那么表达式第二个部分的结果将只被预估，以防止出现空指针异常。我们会对表达式第二个部分进行检查，以保证被比较的两个对象都是同一类型的——如果不是，则返回false。
- 如果进程走到了最后的else语句，那么我们就能够安全地将引数obj作为Circle，并对两个radius进行比较。

现在，当遇到下面的语句时：

```
c1.equals(c2)
```

就是调用了我们定制的equals函数，而不是类Object的equals函数。即便c1和c2各自引用的对象不同，只要这些对象的radius相等，那么equals函数就会返回true。像我们之前在5.1节“集合接口”探讨过的，我们有时会引用某个对象的属性或属性组合，而此对象会作为类的键，被equals函数调用以判断相等性。从应用程序的角度说，一个类的键是属性的集合，这些属性会为该程序判断其类中对象的同一性。举个例子，如果一个程序用了类Circle中的equals函数来判别同一性，那么circle的radius就是键。

类FamousPerson

请看另一个例子，该例会被用在几个程序中。本例会帮助大家弄清楚什么是类的key属性。请思考一个类——FamousPerson，它的对象代表名人。我们希望从名人身上捕获到的信息有他们的名字（名和姓）、出生年份，以及发生在他们身上的一些简短而有趣的事。

类FamousPerson在程序包support里，该类包含保护型变量firstName、lastName、yearofBirth和用于存储其属性的fact，它们都由其构造函数进行初始化。该类也包含函数getter、equals、compareTo、toString。我们在此展示equals函数，该函数体现的是相等性有时会依赖属性的子集，本案例中是属性——名和姓。可以说firstname和lastName的组合是该类的键。

```
@Override
public boolean equals(Object obj)
// 如果‘obj’是 FamousPerson，并且与此 FamousPerson 有相同名和姓，
// 则返回 true，否则返回 false。
{
   if (obj == this)
```

```
      return true;
   else
   if (obj == null || obj.getClass() != this.getClass())
      return false;
   else
   {
      FamousPerson fp = (FamousPerson) obj;
      return (this.firstName.equals(fp.firstName) &&
              this.lastName.equals(fp.lastName));
   }
}
```

下面来创建一个能调用我们的ADT集合和类FamousPerson的应用程序。文本文件FamousCS.txt在input文件夹下，它包含的信息有famouscomputerscientist（著名计算机科学家），一个scientist（科学家）占一行，格式是：first name（名）、 last name（姓）、year of birth（出生年）、fact（时事件）。我们将前提做个简化，文件中的英文逗号用于分隔信息，科学家的名字不含“空格”。

应用程序会读取文件中的信息，并将其存储在FamousPerson的一个集合内。然后它会与用户进行联通，根据用户的要求显示科学家的信息。由于大多复杂部分已被类ArrayCollection和类FamousPerson承包，所以此程序并不难写。我们称此程序为CSInfo，指Computer Scientist Information（计算机科学家的信息）。

```
//---------------------------------------------------------------------
//CSInfo.java          程序员：Dale/Joece/Weems          Chapter 5
//
// 读取文件 FamousCS.txt 中 famous computer scientists 的信息。
// 准许用户键入 names，找到与此 name 相匹配的文件，并将此文件信息提供给用户。
//---------------------------------------------------------------------
package ch05.apps;

import java.io.*;
import java.util.*;
import ch05.collections.*;
import support.FamousPerson;

public class CSInfo
{
  public static void main(String[] args) throws IOException
  {
```

```
// 实例化集合
final int CAPACITY = 300;
ArrayCollection<FamousPerson> people
      = new ArrayCollection<FamousPerson>(CAPACITY);

// 建立文件阅读
FileReader fin = new FileReader("input/FamousCS.txt");
Scanner info = new Scanner(fin);
info.useDelimiter("[,\\n]");  // 逗号分隔符，换行。

Scanner scan = new Scanner(System.in);
FamousPerson person;
String fname, lname, fact;
int year;

// 读取文件中的信息，并添入至集合中。
while (info.hasNext())
{
  fname = info.next();   lname = info.next();
  year = info.nextInt(); fact = info.next();
  person = new FamousPerson(fname, lname, year, fact);
  people.add(person);
}

// 与用户联动，获取 names，并展示信息。
final String STOP = "X";
System.out.println("Enter names of computer scientists.");
System.out.println("Enter: firstname lastname (" + STOP + " to exit)\n");
fname = null; lname = null;
while (!STOP.equals(fname))
{
  System.out.print("Name> ");
  fname = scan.next();
  if (!STOP.equals(fname))
  {
     lname = scan.next();
     person = new FamousPerson(fname, lname, 0, "");
     if (people.contains(person))
     {
        person = people.get(person);
        System.out.println(person);
     }
```

```
            else
               System.out.println("No information available\n");
         }
      }
   }
}
```

该示例的运行结果如下:

```
Enter names of computer scientists.
Enter: firstname lastname (X to exit)

Name> Ada Lovelace
Ada Lovelace(Born 1815): Considered by many to be first computer
programmer.

Name> Molly Joyce
No information available

Name> Edsger Dijkstra
Edsger Dijkstra(Born 1930): 1972 Turing Award winner.

Name> X
```

在学习此应用程序代码的过程中，请把下面这行代码专门记个笔记:

```
person=people.get(person);
```

将person传递给集合，以返回对象FamousPerson，然后再把该对象分配给person，这个过程看似很奇怪。此例展示的是我们如何利用对象的key属性来检索集合中的信息。假设用户在收到name请求后，输入的是“Ada Lovelace”，那么该行代码:

```
person = new FamousPerson(fname, lname, 0, "");
```

会创建一个有以下属性的新对象Person:

```
firstName: "Ada"  lastName: "Lovelace"  yearOfBirth: 0
fact: ""
```

当此对象将函数get作为引数调用时，它会与存储在集合中的各个对象进行比较——将为FamousPerson的对象定义的equals函数作为基础，同时匹配到有以下属性的对象Person:

```
firstName: "Ada"  lastName: "Lovelace"  yearOfBirth: 1815
fact: "Considered by many to be first computer programmer."
```

最后返回的是此对象，也可以说它是返回并分配给变量person的引用。现在，变量

person引用了集合中的此对象，此对象有着完整的信息，而接在后面代码行中的println语句调用的就是此信息。只要我们能提供的不完整对象包含正确的键信息，我们也能检索到集合中的该对象的完整版。

Comparable接口

我们能用equals函数来检查某个特定元素是否在集合中，但除了检验元素的相等性之外，我们还需要另一种比较类型。我们常常需要判断一个对象在什么情况下小于、等于或大于另一个对象。Java字典提供了一个接口，叫Comparable，它为类提供了此项功能。

Comparable接口只涵盖一个抽象函数：

```
public int compareTo(T o);
// 在此对象分别小于、等于或大于另一指定对象时，它会分别返回负整数、零或正整数。
```

函数compareTo会返回一个整数值，这个值代表的是调用函数的对象和作为引数传递给函数的对象之间的"大小"关系。此信息能够在内部表征结构内排列集合中对象的顺序，便于进行快速搜索，这个我们会在下节讲到。一般来说，类的compareTo函数应支持类的标准顺序——字符串的字典顺序、数字的算数顺序、投球手的低分到高分、高尔夫球手的高分到低分，等等。我们把类的compareTo函数建立起的规则叫作类的自然顺序。

任何实现Comparable接口的类都需要定义属于自己的comparaTo函数，即其签名必须要匹配定义在接口中的抽象函数。这样，类的实现器才会处在最佳位置来定义如何让类的对象进行比较，以便知道自然顺序。

我们回到实例famous person。请回忆，在判断相等性时，比较的是人的名和姓。在比较相对阶时，我们仍然参照这两个元素进行比较。方法步骤与我们第一次用类String的equals函数对姓进行比较时的步骤保持一致——只有当被选中的两个姓相同时才去考虑名。当一个键包含多重属性时，从意义性最大的属性入手，首选最好的办法。此处是在类FamousPerson内实现的compareTo函数（我们的FamousPerson类的确实现了Comparable接口）：

```
public int compareTo(FamousPerson other)
// 前提条件：'other' 不是空值
//
// 比较此 FamousPerson 与 'other' 的顺序。
// 在此对象分别小于、等于或大于 'other' 时，它会分别返回负整数、零或正整数。
{
```

```
  if (!this.lastName.equals(other.lastName))
    return this.lastName.compareTo(other.lastName);
  else
    return this.firstName.compareTo(other.firstName);
}
```

操作一致性

我们类中所定义的equals和compareTo两个函数在执行时不仅要保持一致，运算结果也相互对应。例如，如果对象A和对象B在一个类中，那么A.equals(B)的返回值应与B.equals(A)的返回值相同（见练习题16）。以此类推，如果A和B不“相等”，那么A.compareTo(B)的返回值应与B.compareTo(A)的返回值相反。

我们的compareTo函数调用了类String的compareTo函数，这是因为比较属性属于字符串。请注意，之前描述的equals函数和此处的compareTo函数彼此之间是一致的。换句话说，给定两个人的数据，如果只要当函数compareTo的返回值是0，那么函数equals返回的值就是true。确保这两个函数之间的一致性是良好的编程习惯。一般来说都会先假定传递到compareTo的引数是非空的，这点与equals函数不同。

5.5 基于排序数组的集合的实现

在5.2节“实现基于数组的集合”中，我们实现了一个使用数组的集合类。在实现的ArrayCollection中，只有add的时间是固定的，但其他所有的基本运算——get、contains和remove——需要的时间是O(N)。假设一个应用程序构建了一个大集合，而它要检查此集合中是否包含不同的元素——可能是拼写检查器程序，因此它得反复地访问此集合。尽管这样的程序能够调用快速add运算，但是可能调用快速contains运算会更好。那么有没有其他数据存储方式能让我们进行更快速的搜索呢？

在1.6节“算法比较：增长阶分析”和3.3节“数组的递归处理”中，我们学习了二分查找算法——$O(\log_2 N)$算法，用于在排序数组中寻找元素。如果在实现集合时，将数组作为集合实现的内部表示形式，并将此数组的元素按序排列，那么便可以使用二分查找算法查找集合中的元素。此方法首先会显著提升contains的运算速度，但由于get和remove都要求我们要先找到指定的元素，所以这些运算的速度也会有所提升。本节中，我们会采用此方法。我们称此实现形式为SortedArrayCollection。

实现这个新ADT集合的目标是提高各项运算的效率。一般情况下，如果集合中存储着大量的元素，只会考虑其效率因素。因此，我们实现的这个ADT集合应是无界化的。我们的实现方式与基于数组的无界队列的实现方式一致——必要时，保护函数enlarge可以被公共函数add进行内部调用。

参比元素

在元素被添加进集合后，我们会将保护数组的元素按自然顺序排列，因此我们会使用函数compareTo与元素进行关联。在此之前，我们必须先确认好只有实现了Comparable接口的类才能调用我们的集合。

在我们给泛型类型传递引数时，能否让应用程序强制使用类Comparable？可以。我们可以使用任何所谓的“有界类型”。例如，我们可以创建一个类Duo，它存储的是一对元素，它会调用largest运算来返回两个元素中较大的那个：

```
public class Duo<T extends Comparable<T>>
{
  protected T first;
  protected T second;

  public Duo(T f, T s)
  {
    first = f; second = s;
  }

  public T larger()
  {
    if (first.compareTo(second) > 0)
       return first;
    else
       return second;
  }
}
```

请注意，在声明此类时，我们不将泛型参数设为<T>，而是使用<T extends Comparable<T>>。这表示的是该泛型引数所属的类必须要实现Comparable接口。比如我们要实例化Duo中的对象，但如果我们调用的类没有实现Comparable接口，那么将会出现句法错误。

假设只有Comparable类与SortedArrayCollection类一起被调用，那么尽管我们似乎能用以上方法来解决问题，但事实证明并不可以。前面说我们要将数组作为内部表示结构，所以我们不能因为类型安全问题就用此方法，即便Java中的数组和泛型类型有不同。如果尝试声明一个<T extends Comparable<T>>数组会导致句法错误，所以我们需要另寻它法。

我们使用的方法是“契约式程序设计”，这样就不必通过句法来强制使用Comparable类。我们为函数add设定一个前提，即它的引数可以相当于先前被添加进集合的对象。而由于只有函数add能将元素添加进集合中，这样便能保证所有存储在SortedArrayCollection的元素都能相互比较。如果一个客户端类忽略了此契约，那么当它调用此类时，很有可能会有异常抛出。

实现

类SortedArrayCollection通过数组实现了CollectionInterface。对于类SortedArray-Collection我们目前关心的是元素存储的顺序——其中的数组必须是有序的。然而类SortedArrayCollection的实现方式与5.2节“实现基于数组的集合”讲到的类ArrayCollection的实现方式有很多相似之处，因此我们在此不列出完整的代码清单。新类的代码在程序包ch05.collections里。以下是几条笔记。

- 如前面所述，此实现是无界化的，在需要时按数组的原始容量使用保护函数large来扩大内部表示数组的大小。
- 此类包含保护函数find，其功能与类ArrayCollection的find函数一样——搜索与目标元素相等的元素，如果成功，将实例变量found赋值为true，将实例变量location的索引设置为所找到的目标的位置。然而，函数find会调用二分查找算法，这将会显著提升效率。同时，3.3节“数组的递归处理”中的二分查找算法的递归法也会被调用。
- 由于在查找过程中，运算compareTo会被调用，因此，在find函数中，我们必须要将元素包装成Comparable，这样才能让Java编译器允许我们调用函数compareTo。由于编译器无法验证常规类型T能否真正实现Comparable，所以有些编译器在遇到对compareTo的未检查性访问时会发出警告信息。由于我们既清楚此警告信息的原因，又明白在我们给定的条件下，无法实现Comparable的元素是不会被调用的，所以可以忽略编译器的警告。如果一个应用程序忽略了此前提条件，而将不属于Comparable的元素添加进了SortedArrayCollection中，那么将会有误匹配异常抛出——这个结果正是我们想要的，因为无法进行比较的元素不应该被添加进有序集合中。
- 不像之前的类ArrayCollection，我们无法简单地将一个新元素添加到数组的下一个有效地址中。而由于类SortedArrayCollection的find函数有其他的功能，这就使得函数add同样能够调用find函数，并判断新元素应被插入的位置。在遇到“不成功的”查找情况时，函数find会将实例变量found设成false，将实例变量location的索引设成目标应被插入的位置的索引。
- 一旦识别到了新添加的元素的索引，那么函数add会为新元素创建空间，方式是从该索引的位置起，从集合底部将所有的元素向上移动一个索引的位置，然后将新元素插入到被创建好的空白插槽中：

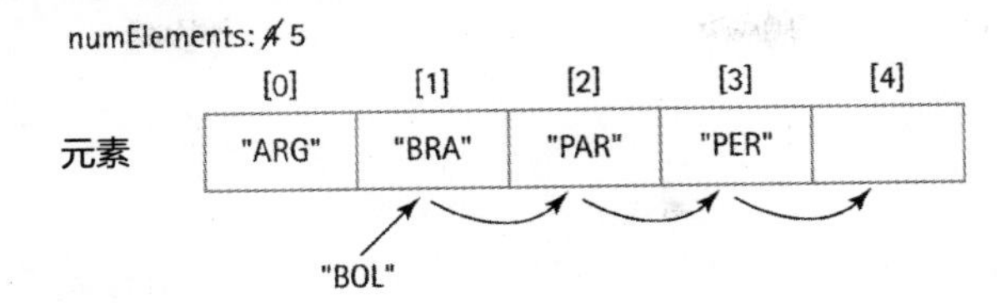

函数add的代码如下：

```
public boolean add(T element)
// 前提条件：元素与之前被添加进的对象有可比性
//
// 将元素添加进此集合中
{
  if (numElements == elements.length)
    enlarge();

  find(element); // 将地址设成元素所属的索引

  for (int index = numElements; index > location; index--)
    elements [index] = elements[index - 1];

  elements [location] = element;
  numElements++;
  return true;
}
```

请注意，由于SortedArrayCollection是无界化的，而函数add会一直返回true，因此添加给定元素不应出现失败情况。

- 以此类推，函数remove会将元素向下移动一个索引单位，以保证在移除目标元素时不会打乱已有数组的元素顺序。

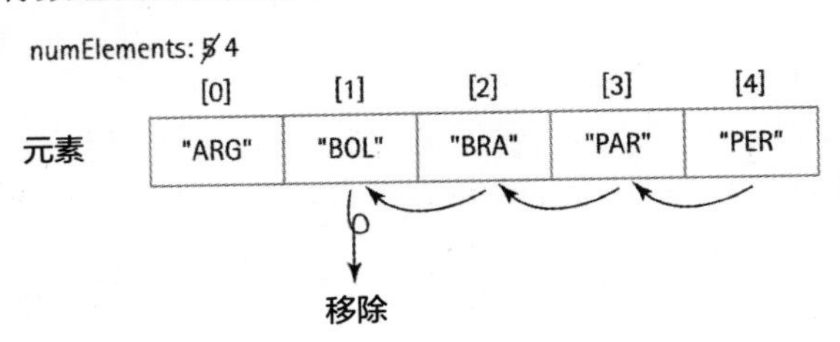

以“拷贝”或“引用”的方式实现抽象数据类型

在设计某个ADT时，比如说栈、队列或是集合，我们可以选择处理元素的方式——“拷贝”或是“引用”。

拷贝

如果使用这种方法，ADT会对客户端程序使用的数据副本进行操控。当ADT要存储数据时，它会创建一个元素的副本，并存储该副本。做一个对象的有效副本是一个复杂的过程，特别是当一个对象是由多个对象构成时。一个对象的有效副本一般来说都是由该对象的clone函数创建的。提供clone函数的类必须要通过Cloneable接口向运行系统表明此事实。我们以下例子中假定这些对象类提供了严密的clone函数，也实现了Cloneable接口。在这种情况下，未排序集合的add运算代码可能如下：

```
public void add (T element)
// 将此元素的副本添加到此集合中
{
  elements[numElements] = element.clone();
  numElements++;
}
```

在Java中，如果集合元素是对象，那么它的确就是对所存储元素副本的引用——因为Java所有的对象都是由引用操控。而此处最主要的不同是：它是对所存储元素副本的引用，而非元素本身。

以此类推，在一个ADT用“拷贝”方法返回元素时，那么它返回的就是对元素副本的引用。以此为例，请思考某集合中get运算的代码：

```
public T get(T target)
// 返回此集合中元素 e 的副本，随后调用 e.equals(target)；
// 如果没有此元素，返回 null。
{
  find(target);
  if (found)
    return elements[location].clone();
  else
    return null;
}
```

这种方法具有强大的信息隐藏功能。事实上，ADT为客户端的数据副本提供了独立的存储库。

引用

就这种方法而言，ADT操控的是对实际元素的引用，而这种元素由客户端程序负责传递给ADT。举个例子，某未排序集合的add运算代码可能如下：

```
public void add (T element)
// 添加元素至此集合中
{
  elements[numElements] = element;
  numElements++;
}
```

由于此客户端程序保留了对元素的引用，因此我们便可以将ADT集合的内容发送给客户端程序。虽然ADT仍然隐藏了数据组织的方式——例如对对象数组的调用——但是它允许通过客户端程序以它自己的引用对单个元素进行直接访问。其实ADT对原始客户端数据进行了组织。

“引用”法用得最为广泛，我们在整本书中也会使用此方法。它的优势在于它占用的时间和空间都比“拷贝”法要小。拷贝一个对象，特别是当对象很庞大且需要复杂的深拷贝函数时，将会非常费时。存储对象的额外副本同样需要额外的内存。因此，“引用”法便很吸引人了。

在使用“引用”法时，会创建出元素的别名，所以我们必须要解决因别名带来的潜在的问题。如果数据元素是不可变的，那么不会有问题发生。反之，若元素具有可变性，则会产生问题。

如果通过一个别名访问了某个元素并导致其发生了变化，那么在以其他别名对其进行访问时这将会破坏它的状态。如果客户端程序能更改的属性是ADT用于判定元素内部结构的属性，那么这种情况会特别危险。举个例子，在有序集合内，如果客户端更改了判定对象位置的属性，那么此对象将永远偏离正确的位置。由于在进行此改变时未对有序集合中类的函数进行检查，因此该类无从更正此状态。接下来该集合的get运算也可能会失效。

实例

图5.2中的图表展现的是两种方法的效果。假设对象存储的是一个人的name（姓名）和weight（体重）。再假设有一个存储了这些对象的集合，按变量weight的大小排序。我们往集合中添加三个对象，然后用函数diet转变其中一个对象的weight。图的左半部分模拟的是引用对象副本的方法——“拷贝”法。右半部分模拟的是引用原始对象的方法——“引用”法。

图表的中间部分展现的是集合在插入对象后的状态。它也明显地展示出了内部实现的不同。“拷贝”法创建了副本，集合中的元素对它们进行了引用，这些副本所占用的空间是“引用”法所不需要的。从图表的右半部分也不难看出“引用”法为对象创建了别名，而且对一个对象的引用不止一个。在两种方法中，集合中的元素都按照weight排列。

当我们修改其中的一个对象时，情况会变得更加有趣。当对象S1中的人减体重后，函数diet会被调用来减少此对象的weight值。在这种情况下，这两种方法都显示出了问题。在“拷贝”法中，我们发现对象S1被更新了。而集合中所操控的对象S1的副本显然过时了，它存储的是旧的weight值。那么程序员必须要记住，这种集合只能存储在进行add运算时所创建的对象的值，若这些对象发生了改变，存储在集合中的对象无法随之改变。在适当的情况下，程序员必须要设计相应的代码来更新此集合。

在“引用”法中，集合中被引用的对象包含着最新的weight信息，因为此对象是变量S1引用的同一个对象。然而此集合不会再按照weight属性进行排列。因为更新的weight不占用集合任何的活动空间，所以集合的对象仍然按以前的顺序排列。那么此集合当前的结构已经过期了，所以也就无从预测调用集合函数的时机。除了直接更新对象S1外，程序本应将此对象从集合中移除、更新，最后将其再次插入进集合中。

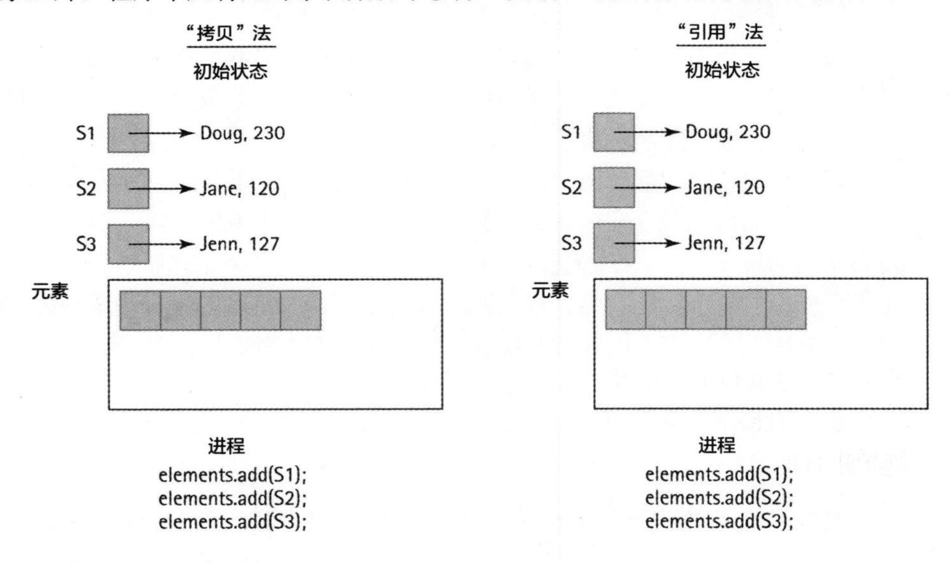

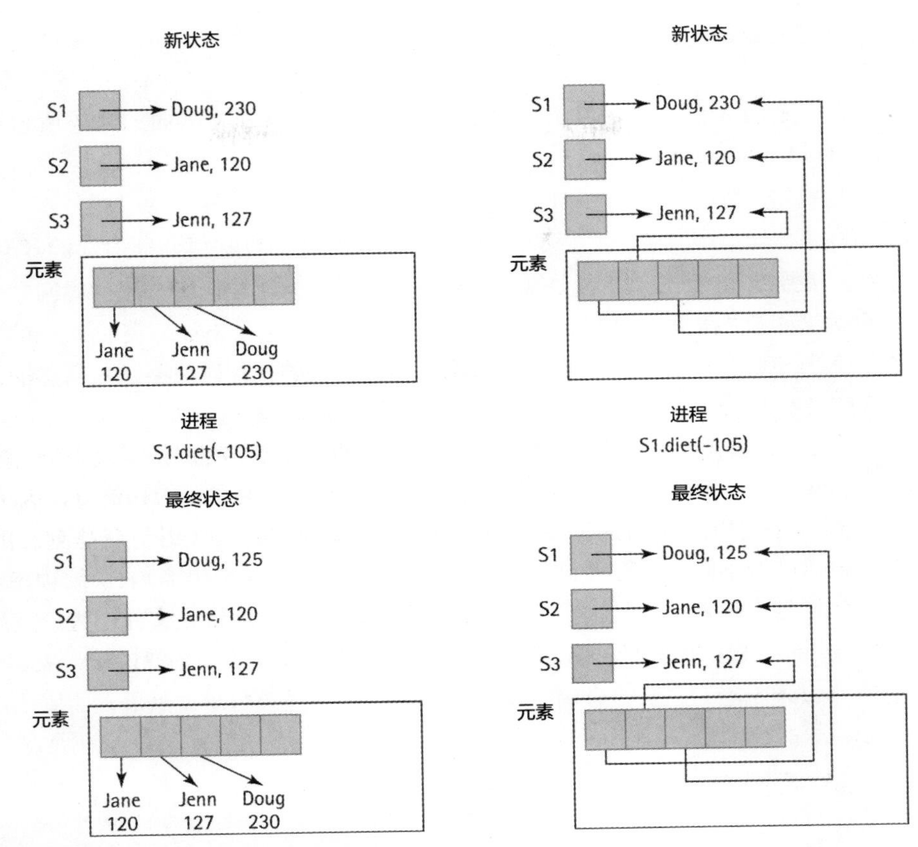

图5.2 “拷贝”存储法VS“引用”存储法

总结

哪种方法更胜一筹？这得视情况而定。若处理时间与处理空间都存在问题，并且希望此程序能够正确运行，那么“引用”法是首选。如果我们并不太关心时间空间占用问题（可能几何元素不是特别庞大），反而希望能够对集合的访问进行精细控制同时维护集合的完整性，那么“拷贝”法是首选。两种方法的适用性得根据集合的使用方式来定夺。

示例程序

为证明我们实现的集合能够正常运作，让我们回顾5.3节“应用程序：词汇密度”讲述的词汇密度问题。在那节开发的程序用的类是ArrayCollection：

```
CollectionInterface<String> words =
                              new ArrayCollection<String>(CAPACITY);
```

若想使用新实现的集合，我们唯一需要做的就是将上面的代码所调用的类改成SortedArrayCollection：

```
CollectionInterface<String> words =
                              new SortedArrayCollection<String>(CAPACITY);
```

我们选用了一套文本文件作为输出源，以此来比较两种方法的时间效率，这些文件大多来自网站Project Gutenberg。我们用Java字典中的System类的currentTimeMillis函数来测定程序运行时间。尽管这种测量方法测出的执行时间不是最精确的，但用在我们的案例中是绰绰有余的。

表5.1是我们试验的结果。展现在表中的文本文件按最小到最大的顺序排列。"Linux Word File"是按字母表顺序排列的单词表，由Linux Operating System的拼写检查程序调用，它的词汇密度是最小的，基本接近于1（由于有些重复的单词，如"unix"，有不同的大写机制，所以单词数和单字数不完全相等）。除这种特殊情况外，词汇密度会随着文件的大小而变化，如果不出意外，应该是文件越大密度越大。文件"Mashup"是Gutenberg网站121个文件的合集，涵盖列表中的除Linux Word File的其他所有的文件，加上其他小说、《莎士比亚全集》、字典和涵盖英语、西班牙语、法语、德语版的技术手册。

表 5.1 文本文件大小结果[1]

文本	文件大小	结果	Array-Collection	Sorted-Array-Collection
Shakespeare's 18th Sonnet	1 KB	单词数：114 单字数：83 词汇密度：1.37	20 msecs	23 msecs
Shakespeare's *Hamlet*	177 KB	单词数：32,247 单字数：4,790 词汇密度：6.73	236 msecs	128 msecs
Linux Word File	400 KB	单词数：45,404 单字数：45,371 词汇密度：1.00	9,100 msecs	182 msecs

[1] 项目文件Gutenberg包含技术说明书和法律免责声明。在进行试验——联系算法——之前，我们并不需要将这些文件删除。这些不相干的数据不会影响结果。

Melville's *Moby-Dick*	1,227 KB	单词数：216,113 单字数：17,497 词汇密度：12.35	2,278 msecs or 2.3 seconds	382 msecs
The Complete Works of William Shakespeare	5,542 KB	单词数：900,271 单字数：26,961 词汇密度：33.39	9.7 seconds	1.2 seconds
Webster's Unabridged Dictionary	28,278 KB	单词数：4,669,130 单字数：206,981 词汇密度：22.56	4.7 minutes	9.5 seconds
11th Edition of the *Encyclopaedia Britannica*	291,644 KB	单词数：47,611,399 单字数：695,531 词汇密度：68.45	56.4 minutes	2.5 minutes
Mashup	608,274 KB	单词数：102,635,256 单字数：1,202,099 词汇密度：85.38	10 hours	7.2 minutes

在我们选取专门的文件对程序进行测试之前，首先要确认实例集合足够大，能存储文件中所有的单字——我们用这种方式能够保证有界集合ArrayCollection能处理问题，不需要让无界集合SortedArrayCollection花费时间扩大其内部存储。

从表中我们得知了使用排序数组的方法的优势。随着输入大小增大，集合Sorted-ArrayCollection调用的二分搜索法的快捷性与ArrayCollection调用的顺序搜索法的快捷性差得越来越大。这对于比较庞大的Mashup文件的运行时间是最有力的证明。根据作者的台式机显示，用基于数组的方法需要至少10小时，用排序数组法只需要7分钟。

5.6 基于链接的集合的实现

本节中，我们将设计实现一个基于链表的ADT集合。其中，内部实现结构是一个乱序链表。由于我们可以复用之前的ADT实现代码，因此省去了很多细节工作。我们会在讨论中将先前定义的类ArrayCollection与现在正在思考的类LinkedCollection进行对比与比较。代码细节未在此处写出，若需学习，请查看程序包ch05.collections中的类LinkedCollection。

内部表示形式

栈和队列都是基于链表的结构，所以我们会再次调用support程序包中的类LLNode来提供节点。一个节点的信息属性包含此处的集合元素；而链接属性包含的是对节点的引用，该节点存储的是下一处集合元素。我们设一个LLNode<T>类型的变量head，它是对链表中首节点的引用。此类的开头是：

```
package ch05.collections;
import support.LLNode;

public class LinkedCollection<T> implements CollectionInterface<T>
{
  protected LLNode<T> head;         // 链表的头部
  protected int numElements = 0;   // 此集合中元素的数量

  // 由函数 find 设定
  protected boolean found;          // 若找到目标，返回 true，否则返回 false
  protected LLNode<T> location;     // 若找到目标，将其存储在节点中
  protected LLNode<T> previous;     // 前节点位置

  public LinkedCollection()
  {
    numElements = 0;
    head = null;
  }
```

命名规范

链表中的首节点称作链表的头。因此，针对我们的基于链接的集合是实现形式，我们将对链表头部的首节点的引用进行命名。我们用标识符top来命名此处的基于链接的栈，因为链表的首部永远代表栈的头部。以此类推，我们用front来命名此处基于链接的队列。由于集合确实不存在“头”或“尾”，所以我们会再次使用链表的术语，并将其命名为head。

LinkedCollection中只有一个构造函数。由于有基于数组的实现形式，因此不需要处理容量问题。构造函数为实例变量numElements和head进行了赋值，并且构建了一个空集合。

运算

为什么要用到变量numElements？请回忆，在基于数组的方法中，变量numElements用于指定空数组的首个地址。由于现在用的是链表，所以我们不需要数组地址。但即便是这样，我们仍然保留了变量numElements，以支持size运算，即只要有元素添加进集合，就增加此变量的值，只要有元素被移除，就减少此元变量的值。函数size的职责与它在ArrayCollection的一样，只返回numElements的值。函数isEmpty保持不变，直接套用基于数组的方法中对它的规定，而函数isFull只需要正常返回false，

因为我们的链接结构从来不会满。

函数add会接收类T传递的引数，并将其添加至集合中。由于内部链表是乱序的，我们也不需要考虑元素的顺序问题，所以只需要将新元素插到链表的头部。此方法最为简单高效，因为head已经提供了一个对此地址的引用。函数add的代码与函数push的代码极为相似，函数push的代码在2.8节“基于链接的栈”提供的类LinkedStack中。请注意，由于我们的LinkedCollection是无界化的，因此函数add永远会返回true——它应该能一直成功地添加给定元素。

```
public boolean add(T element)
// 将元素添加进此集合。
{
  LLNode<T> newNode = new LLNode<T>(element);
  newNode.setLink(head);
  head = newNode;
  numElements++;
  return true;
}
```

不论是在有序的还是乱序的基于数组的实现方式中，我们都为链接方式创建了一个受保护的辅助函数find。请回忆，此函数为实例变量found和location进行了赋值，这样便能让其他函数对它们进行调用。鉴于函数find工作正常，函数contains和get的编码也就变得容易了。事实上，它们与各自在基于数组的实现形式中的对应体完全相同：

```
public boolean contains (T target)
{
  find(target);
  return found;
}
```

```
public T get(T target)
{
  find(target);
  if (found)
    return location.getInfo();
  else
    return null;
}
```

保护函数find同样会被函数remove调用——我们一会再讨论函数remove。我们现在先具体研究一下函数find。它的算法与它在基于数组的实现形式中一样：对元素的内部表示进行整体检查，直到找到目标元素，或检查完整个内部表示。唯一的区别就是将于数组相关的语句改成链表语句。以下是这两种方法的代码，以作比较。在基于数组的方法中，location是int型，表示的是目标元素的数组索引；在基于链接的方法中，location是一个LLNode，表示的是包含目标元素的节点。

基于数组

```
protected void find(T target)
{
  location = 0;
  found = false;
  while (location < numElements)
  {
    if (elements[location].equals(target))
    {
      found = true;
      return;
    }
    else
      location++;
  }
}
```

基于链接

```
protected void find(T target)
{
  location = head;
  found = false;
  while (location != null)
  {
    if (location.getInfo().equals(target))
    {
      found = true;
      return;
    }
    else
    {
      previous = location;
      location = location.getLink();
    }
  }
}
```

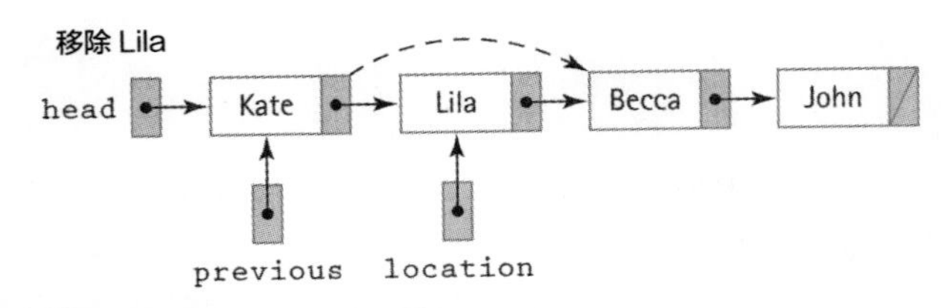

图5.3 从链接集合移除location（位置）的元素

事实上前面的说法并非完全准确。两种find实现之间还有另一个不同点，你发现了吗？基于链表的实现给previous的变量指派了一个值，这在基于数组的实现中并没有提及。LinkedCollection的remove方法使用这个变量。我们现在来进一步看看这个方法。

移除目标之前要先找到目标。我们可以使用find方法来找到目标，它将location变量设为指向目标元素。但正如图5.3所示，要真正移除location引用的节点，我们必须更改先前节点的引用。换言之，我们必须将先前节点的链更改为引用被移除节点之后的那个节点，即“跳过”被移除的节点，并且在这里使用previous变量。

find不仅设置location，而且还设置previous，使remove方法能够访问先前的节点，并能实现“跳过”的步骤。通过以下陈述，利用remove完成上述步骤：

```
previous.setLin(location.getLin());
```

如果是移除第一个节点，则属于特殊情况，因为必须更改链表（head）的主要引用。我们将if陈述放在remove代码的开头，以处理这个特殊情况。移除最后一个节点需要另设节点，这也属于特殊情况吗？不是的。最后一个节点的链为null。因此，在移除最后一个节点的情况下，上述陈述将准确地把先前节点的链值设置为null，意味着它如今是链表的末端。以下为remove代码：

```
public boolean remove (T target)
// 从本集合中移除元素 e，使 e.euqals(target)，并返回 true；
// 如果不存在该元素，则返回 false。
{
  find(target);
  if (found)
  {
    if (head == location)
      head = head.getLink();     // 移除第一个节点
    else
      previous.setLink(location.getLink());  // 移除 location 的节点

    numElements--;
  }
```

```
  return found;
}
```

比较集合实现

我们现已认识了集合ADT几种不同的实现。要怎么进行比较呢？让我们先来简单回顾各个实现，图5.2阐述了本论述的概要。

ArrayCollection（数组集合）、SortedArrayCollection（分类数组集合）和LinkedCollection（链表集合）这三种实现方法都保留了存有当前集合大小的实例变量numElements，这样可使size、isEmpty和isFull操作进行简单的O(1)实现。

我们的ArrayCollection实现属于有界实现。客户端负责对实例化时ArrayCollection对象的容量作出指示。如果在一个满集合上调用了add操作，则返回false，且该集合不会有任何变动。因此客户端必须确保有足够大的初始容量来处理正在解决的问题。基于数组的实现中，构造函数属于O(N)操作，N指示容量。针对任何特定的集合对象，我们都只执行一次构造函数。这种实现的数组属于未分类，意味着add操作微乎其微，属于O(1)，而要在数组中给contains、get和remove操作定位目标元素则需要O(N)次序列搜索。

简化的成本

维持一个numElements变量确实可以简化isEmpty、isFull和size方法的实现。但是，我们要意识到这个简化存在隐藏成本。每次在集合中添加或移除某个元素时，都必须要执行一个额外的陈述，以保持numElements的正确值。所以即便上述三种方法都属于O(1)，但却存在着隐藏时间成本。

表 5.2 集合实现比较

存储结构	ArrayCollection **未分类数组**	SortedArrayCollection **分类数组**	LinkedCollection **未分类链表**
空间	受原始容量限制	无界——必要时调用enlarge方法	无界——增长和收缩
类构造函数	O(N)	O(N)	O(1)
size	O(1)	O(1)	O(1)
isEmpty			
isFull			
contains	O(N)	$O(\log_2^N)$	O(N)
get	O(N)	$O(\log_2^N)$	O(N)
add	O(1)	O(N)	O(1)
remove	O(N)	O(N)	O(N)

SortedArrayCollection也是基于数组的实现，不过在这种情况中我们决定将它变成无界的基于数组实现。如果数组为满的情况下调用add操作，则使用enlarge方法创建额外空间。这个办法不需要用户端提前确定所需容量。维持内部数组分类需要成本为O(N)的更为复杂的add方法。但这也表示我们可以使用二分查找算法，定位目标元素的成本现为$O(\log_2 N)$。这大大降低了contains和get的时间成本。

对LinkedCollection而言，容量不是问题。在这种无界的实现中，用来存储集合的空间量将随着集合增长和收缩。在之前讨论链表实现的时候，我们指出，集合中的每个元素确实需要两个引用变量，一个用来保存链，一个用来引用集合元素。LinkedCollection的构造函数仅仅只是初始化实例变量。除了构造函数外，未分类链表方法的效率与未分类数组方法的效率是一样的。对于这两种方法来讲，如果我们添加元素的话，并不会有什么区别，所以add方法比较快速。另一方面，查找目标元素需要逐个遍历集合元素。

5.7 集合变体

回顾一下集合ADT，你会发现它提供了简单却又重要的功能性——能够存储和检索信息。这种功能性是信息处理的关键所在。数据结构、文件系统、内存/存储、数据库、云端、网络等核心都涉及信息存储和检索。

鉴于集合的重要性，本节有关变体的内容可谓不胜枚举。我们将在未来几章学习的列表、查找树、表、哈希表和优先级队列等都可以视为集合的形式，甚至连之前讲过的栈和队列也都属于集合，只不过这种集合对元素的添加和移除有特定规则。我们先简要回顾集合在Java库中扮演的角色，然后再看看两种常用集合，也就是本书其他章节没有提及的bag和set。

Java集合框架

Java平台包含“集合框架”并不奇怪，它是统一类和接口的体系结构，为存储和检索信息提供强大又灵活的工具。该框架的中心是集合接口，可在库的java.util包中找到。这个接口支持Deque、List和Set等11个子接口，拥有33个实现类，其中包括我们所熟悉的ArrayList、LinkedList、Stack和PriorityQueue，还有不曾听说的BeanContextServicesSupport类和RoleUnresolveList类。

Java集合接口中有15种抽象方法，包括能映射isEmpty、size、add、remove和contains方法的方法。但要注意，该接口不会定义任何类似于get方法的方法。所以我们要怎么检索某个集合中的信息呢？答案就是集合框架的设计员一开始就没有打算让任何人直接实现集合接口，如我们先前所提及，这个框架是作为接口继承树的根，要实现的是树的接口。在该接口中所定义的各种方法与我们的get方法很相似。

下面看一下集合接口中一些其他的方法定义对我们的启示：

`toArray`	返回含有集合所有元素的数组
`clear`	移除所有元素
`equals`	采用一个Object参数，如果它与当前集合相等，返回true，反之返回false
`addAll`	采用一个Collection参数，将其内容添加到当前集合；返回boolean以表示成功与否
`retainAll`	采用一个Collection参数，从当前集合中移除参数集合中没有的任何元素；返回boolean以表示成功与否
`removeAll`	采用一个Collection参数，从当前集合中移除参数集合中也有的任何元素

诸如equals、addAll、retainAll和removeAll等方法可以让客户端使用集合，而不仅仅是单独的存储库，集合可以进行合并和比较。下文中我们将定义的Set ADT就属于这种形式的集合。

正如Chapter 2中所提及，我们不会在本书中事无巨细地讨论集合框架。本书旨在教大家有关数据结构的基本性质，并介绍如何定义、实现和使用这些数据结构。我们不会深究类似结构的Java特定库的体系结构的使用方法。欲知有关Java集合框架的更多详情，Oracle官网上有大量文件资料可供学习。

Bag ADT

我们想要定义一个符合包概念的ADT，像装弹珠的袋子、杂物袋和钱袋一样。有关包的假设应该是怎样的呢？要列入什么操作呢？

想象一个装弹珠的袋子，假设是按颜色来识别弹珠的，当然可以把一个以上的红色弹珠放进袋子——我们决定Bag ADT可以列有重复的元素。

我们可以把弹珠放入袋子，看看袋子里面有没有特定颜色的弹珠（有没有绿色弹珠），并打开袋子把某个指定的弹珠拿出来。这些动作与集合ADT的add、contains和remove操作相对应。我们可以检查袋子是满还是空，看看袋子里面，数数有多少颗弹珠——isFull、isEmpty和size操作。再发挥一点想象力，我们还可以把手伸入袋子并指定某颗弹珠（基本就是get操作的行为）。简而言之，所有这些我们对集合ADT定义的操作也可以用于bagADT。

我们还可以列入其他哪些操作呢？闭上眼，把手伸进袋子，随机拿出一颗弹珠（我要抽绿色）。我们可以瞄一下袋子里面，数一下某个特定颜色的弹珠数量（红色有几颗），或者将某个特定颜色的弹珠拿走（不喜欢紫色的）。我们还可以把袋子倒过来，清空袋子（小心弹珠掉出来）。我们将给bag ADT增加grab（抓取）、count（计算）、removeAll（移除所有）和clear（清空）操作。这些操作的正式定义包含在以下所列的BagInterface（包接口）中。与集合ADT的情况一样，包ADT也需要为其所包含的对象定义一个有效的equals方法。

```
//---------------------------------------------------------------------------
// BagInterface.java        程序员：Dale/Joyce/Weems          Chapter 5
//
// 实现 T bag 的类的接口。
// Bag 属于可支持数种额外操作的集合。
//---------------------------------------------------------------------------
package ch05.collections;

public interface BagInterface<T> extends CollectionInterface
{
  T grab();
  // 如果这个 bag 不是空的，随机移除并返回 bag 的某个元素；
  // 反之返回 null。

  int count(T target);
  // 返回本集合中所有元素 e 的一个计数（count），使得 e. equals (target)。

  int removeAll(T target);
  // 移除本集合中所有元素 e，使得 e.equals(target) 并返回被移除元素的数目。

  void clear();
  // 清空这个 bag，使其不包含元素。
}
```

如上述代码所示，BagInterface位于ch05.collection包中。该接口延伸了我们的CollectionInterface。除了该接口中明确列出的grab、count、removeAll和clear操作之外，任何实现BagInterface的类都必须给CollectionInterface的add、get、contains、remove、isFull、isEmpty和size操作提供具体的方法。

bag ADT所适用的应用程序需要能够计算某个集合的特定元素，或者移除某个集合的所有特定元素，也可能是管理库存或者允许资源分配的应用程序。此外，独特的grab操作可以让bag ADT适用于对随机性有要求的应用程序，例如游戏或教学类游戏。bag ADT的实现将作为练习。

Set ADT

至此，我们各种集合ADT的其中一个特征便是允许元素重复。如果改变一下方法，不允许元素重复，那么我们将得出一种俗称为Set的集合。Set ADT是一种数学集的模型，这种数学集典型地定义为独特对象的集合。

我们可以通过拷贝和改变其中一种集合实现的代码来实现Set类，唯一需要改变的方法就是add方法。新的add方法可以设计成检查element参数是否已经不在集合中，如还在，则添加element，并返回true。否则，当然返回false。

除了复制其中一种实现的代码，我们还能通过其他方式来进行重复利用吗？可以的，实际上有两种常见的方法。我们可以将实现的类延伸，或者可以在新的实现中打包类的对象。让我们来研究一下这两种方法。

下文的BasicSet1类延伸了LinkedCollection，因此，它继承了LinkedCollection的所有方法。为了确保没有在集合中输入重复元素，如上文讨论一样，我们重新定义add方法。实例化BasicSet1对象并用它来调用add方法的应用程序将使用安全的add方法，以此预防添加重复元素，这与允许重复的LinkedCollection类的overriden方法不一样。

```
//---------------------------------------------------------------------------
// BasicSet1.java        程序员：Dale/Joyce/Weems          Chapter 5
//
// 通过延伸 LinkedCollection 实现 CollectionInterface。
// override add 方法，以确保不添加重复元素。
//
// 不允许 null 元素。
// 提供一个创建空集合的构造函数。
//---------------------------------------------------------------------------
package ch05.collections;
```

```
public class BasicSet1<T> extends LinkedCollection<T>
                           implements CollectionInterface<T>
{
  public BasicSet1()
  {
    super();
  }

  @Override
  public boolean add(T element)
  // 如果本集合中不含有元素，给该集合添加元素并返回 true；反之，返回 false。
  {
    if (!this.contains(element))
    {
      super.add(element);
      return true;
    }
    else
      return false;
  }
}
```

正如上面代码所示，BasicSet1类的代码很短，而且由于我们已经花心思设计和创建了LinkedCollection类，创建BasicSet1类的代码就变得很容易。

上述方法有一个缺陷，就是如果以后对LinkedCollection实现作出改动，其BasicSet1分类的独特元素提供会失效。例如，假设LinkedCollection使用以下方法提升：

```
public void addAll(LinkedCollection elements)
// 将 elements 集合的所有内容添加到本集合中。
```

因为BasicSet1继承自LinkedCollection，这种新方法也可用于BasicSet1对象。如果负责维护的程序员没有将BasicSet1更新到覆盖addAll，那么BasicSet1的完整性将受到影响，因为有可能会使用addAll来添加重复元素。

让我们来看看另一种重复利用的方法，这种方法就不会有上述缺陷。与延伸LinkedCollection的情况不同，可以在新的basic set实现中使用LinkedCollection对象。这种方法有时候会被称作“打包”，因为与Integer等Java包装类相似，我们在另一个类型的对象中保存一种类型的对象，并授权对它进行调用。

```
//----------------------------------------------------------------------
// BasicSet2.java       程序员：Dale/Joyce/Weems          Chapter 5
```

```
//
// 通过打包 LinkedCollection 实现 CollectionInterface。
// 确保没有添加重复元素。
//
// 不允许 null 元素。
// 提供一个创建空集合的构造函数。
//----------------------------------------------------------------------------
package ch05.collections;

public class BasicSet2<T> implements CollectionInterface<T>
{
  LinkedCollection<T> set;

  public BasicSet2()
  {
    set = new LinkedCollection<T>();
  }

  public boolean add(T element)
  // 如果本集合中不含有元素，给该集合添加元素并返回 true；反之，返回 false。
  {
    if (!this.contains(element))
    {
      set.add(element);
      return true;
    }
    else
      return false;
  }

  public int size(){return set.size();}
  public boolean contains (T target){return set.contains(target);}
  public boolean remove (T target){return set.remove(target);}
  public T get(T target){return set.get(target);}
  public boolean isEmpty(){return set.isEmpty();}
  public boolean isFull(){return set.isFull();}
}
```

BasicSet2中的唯一实例变量是LinkedCollection类型的set变量。在所提供的每一种方法中，除了add方法，其余都只通过set变量调用LinkedCollection的相应方法，而仅有在安全的情况下才能在添加相应LinkedCollection的情况下调用add。尽管BasicSet2比BasicSet1长，但前者不需要花额外精力创建，因为唯一需要额外代码的方法就是add方法，这与BasicSet1的情况一样。此外，BasicSet2不存在上文讨论的与BasicSet1一样的维护问题。我们的BasicSet2类是分级实现的一个很好的示范，它是基于顺序使用LLNode类的LinkedCollection类进行创建的。

我们还可以定义一种更为复杂的Set ADT，这种ADT支持union和intersection等数学类的集合操作。习题36要求读者对这种ADT进行定义和实现。

小结

我们介绍了集合的概念——将其他对象集合在一起以备检索的对象。集合ADT是众多其他结构的基础。我们遵循标准方法，用Java的interface构造定义ADT。

我们开发了集合ADT的三种单独实现，即未分类数组、分类数组和链表。图5.4展示了我们所创建的支持这个ADT的主要类和接口之间的关系。该图表遵循第164页为栈ADT图表所列的相同约定。

所有的集合实现都需要检查元素是否相等，分类数组实现要能确定元素的相关顺序。因此，涉及equals和compareTo方法，我们复习了对象比较。

本章开发的介绍集合ADT用处的主要应用程序是一个词汇密度计算器（vocabulary density calculator）。使用集合未分类和分类的基于数组的实现可以让我们演示在分析较大文本文件时这两种方法之间不同的效率。

第5.7节“集合变体”中，我们回顾了Java库集合框架，定义了两种具体的集合变体：Bag和Set。我们开发了用两种方法实现基础的Set ADT，各个方法都依赖于对LinkedCollection类的重复利用，一种方法是通过继承演绎重复利用，另一种则是通过打包演绎重复利用。

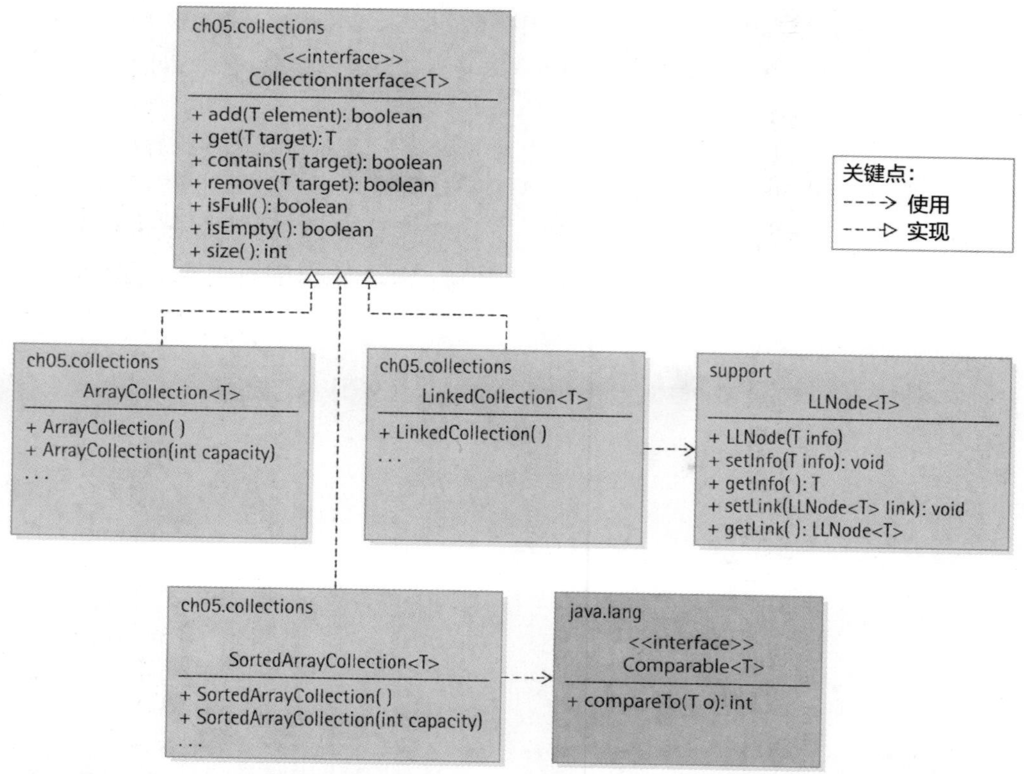

图5.4 为支持集合ADT而创建的主要类和接口

习题

5.1 集合接口

1. 就 CollectionInterface（集合接口）中声明的各个方法而言，识别它们属于哪种操作类型（观察函数或转换函数，或两者皆是）。

2. CollectionInterface 定义了七种抽象方法，定义可能适用于集合 ADT 提供的三种额外操作。

3. 识别出哪种属性是确定以下各个类对象是否相等的关键，并说明原因。

   a. 能够帮助你找出最喜爱球员最近得分情况的 Golfer 类。

   b. 大学财务室所用的列入姓名、身份证号码和支付属性的 Student 类。

   c. 含有长度、宽度、面积和参数属性的 Rectangle 类。

   d. 网上书店所用的列入书名、作者姓名、书号、成本和页码属性的 Book 类。

4. 讨论删除 CollectionInterface 中“null elements are not allowed”一般前置条件的影响。
5. 讨论推送元素到满（有界）栈上的操作（如第 2.4 节“栈接口”中 StackInterface 中所定义）与添加元素到满集合中的操作之间的区别。

5.2 实现基于数组的集合

6. 在以下序列操作后展示 sample 集合中实例变量 elements 和 numElements 包含的值：

```
ArrayCollection<String> sample = new ArrayCollection<String>;
sample.add("A"); sample.add("B"); sample.add("C"); sample.add("D");
sample.remove("B");
```

7. 描述对 ArrayCollection 作出以下变动后的影响：
   a. 删除 add 方法的前三行
   b. 删除 add 方法中的 numElements++ 陈述
   c. find 方法中的“protected”更改为“public”
   d. find 方法中的“<”更改为“<=”
   e. 删除 remove 方法中的 elements[numElements-1]=null
   f. isEmpty 方法中的“==”更改为“=”
   g. get 方法中的“found”更改为“!found”
8. 将以下方法添加到 ArrayCollection 类，并给各个方法创建测试驱动程序以证明它们能准确运作。为了锻炼你的数组编码技能，给以下方法编码，编码方式要通过访问 ArrayCollection 的内部变量，而不能调用该类先前定义的 public 方法。
   a. String toString() 创建并返回能正确代表当前集合的字符串。这种方法可以用来对类进行测试和调试，以及对使用该类的应用程序进行测试和调试。假设各个存储元素已提供其本身合理的 toString 方法。
   b. int count(T target) 返回集合中元素 e 数目的一个计数，使得 e.equals(target) 变成 true。
   c. void removeAll(T target) 移除集合中的所有元素 e，使得 e.equals(target) 变成 true。
   d. ArrayCollection<T> combine(ArrayCollection<T> other) 创建并返回一个新的 ArrayCollection 对象，该对象是 this 对象和参数对象的结合。

9. 使用 ArrayCollection 类来保存尚未覆盖 Object 类中 equals 方法的类的对象，结果将会怎样？

5.3 应用程序：词汇密度

10. 词汇密度应用程序可以让你分析文本，报告总字数、特定单词数目和词汇密度。用它来分析你选的一篇或多篇文本，给结果创建报告。这是一项范围很广的开放式练习，大家可以自己分析一些有趣的东西。

11. 学习词汇密度应用程序，回答以下问题：
    - **a.** 提供给该程序的输入文件的名称和位置应当如何？
    - **b.** 如果输入文本包含的不仅仅是 CAPACITY（容量）独特词语，会发生什么？
    - **c.** 如果移除定界符定义中的撇号（’），会有什么影响？
    - **d.** 如果移除 " word = word.toLowerCase() "，会有什么影响？

12. 修改词汇密度应用程序，使得：
    - **a.** 如果集合变满，那么该应用程序不再继续处理，而是显示出合适信息，然后终止。
    - **b.** 其包含 int 类型的常量 THRESHOLD（阈值），忽略长度比阈值的值还短的词语，这样该词语分析将不会列入“short”的词语。
    - **c.** 其允许多个文件名作为命令行参数传递，并将继续单独分析和就各个文件作报告。
    - **d.** 在先前修订版的基础上进行拓展，使得除了单独分析文件之外，它还能执行结合分析，犹如结合文件全都代表一个单一文本。

13. input 文件夹里的 Animals.txt 文件包含了表示动物名称的很长的列表，每个名称占一行。创建一个读取该文件并创建动物名称集合的应用程序。使用 ArrayCollection 类。你的应用程序应随后生成随机字符，并要求用户重复输入某个以该字符串开始的动物名称，读取用户输入的名称，直到用户输入的名称不再以该字符为开头，或者名称不存在于集合中，又或者输入之前用过的名称。最后，你的应用程序将报告用户成功输入几个名称。

14. input 文件夹里的 Keywords.txt 文件包含了所有的 Java 关键词。创建一个接纳 Java 程序文件名为命令行参数的应用程序，该应用程序要显示程序所包含的关键词总数的一个计数。例如，如果你是使用 VocabularyDensity.java 程序作为输入，那么应用程序就应该显示：

```
VocabularyDensity.java contains 24 Java keywords
```

作为解决方案的一部分，你应该使用 Keywords.txt 文件里的信息创建关键词的集合。不要顾虑可能要算出内容里或者字符串里所包含的关键词数目。

5.4 重新探讨比较对象

15. 根据第 5.4 节“重新探讨比较对象”定义的 Circle 对象的 equals 方法，以下代码序列的输出是什么？

```
Circle c1 = new Circle(5);
Circle c2 = new Circle(5);
Circle c3 = new Circle(15);
Circle c4 = null;
System.out.println(c1 == c1);
System.out.println(c1 == c2);
System.out.println(c1 == c3);
System.out.println(c1 == c4);
System.out.println(c1.equals(c1));
System.out.println(c1.equals(c2));
System.out.println(c1.equals(c3));
System.out.println(c1.equals(c4));
```

16. equals 方法会提供某个类的对象之间的等价关系。这意味着如果 a、b 和 c 属于该类的非 null 对象，那么

i. equals(a) 为 true。

ii. equals(b) 与 b.equals(a) 有相同的值。

iii. 如果 a.equals(b) 为 true，且 b.equals(c) 为 true，那么 a.equals(c) 也为 true。

阐述一些 equals 的定义是否有效，如果无效，解释无效的原因。

a. 两个圆的面积一样，则两圆相等。

b. 两个圆的半径在彼此的 10% 之内，则两圆相等。

c. 两个整数除以特定整数（如除以 3）之后结果一致，则两个整数相等。

d. 两个整数中，如果第二个是第一个的倍数，则两个整数相等。

17. 假设我们有一个 Rectangle 类，它包含 int 类型的 length（长度）和 width（宽度）属性，这两个属性都是由构造函数设定的。为这个类定义一个 equals 方法，使得在以下情况下，两个矩形对象被视为相等：

a. 它们的 length 和 width 完全一样。

b. 它们的维度一样，即完全相等。

  c. 它们的形状一样，即互相相似。

  d. 它们的周长一样。

  e. 它们的面积一样。

18. 根据习题 16 所列的标准，习题 17 所列的哪种 equals 定义为有效？

19. 根据第 5.4 节“重新探讨比较对象”所定义的 FamousPerson 对象的 compareTo 方法，以下代码序列的输出为什么？回答可包含诸如“a negative integer”等短语。

```
FamousPerson f1 = new FamousPerson("Peter","Parker",1962,"Spiderman");
FamousPerson f2 = new FamousPerson("Bonnie","Parker",1910,"Criminal");
FamousPerson f3 = new FamousPerson("Clark","Kent",1938,"Superman");
FamousPerson f4 = new FamousPerson("Clark","Kent",1938,"Reporter");
System.out.println(f1.compareTo(f1));
System.out.println(f1.compareTo(f2));
System.out.println(f2.compareTo(f1));
System.out.println(f1.compareTo(f3));
System.out.println(f3.compareTo(f4));
System.out.println(f4.compareTo(f3));
```

20. 在习题 16 中我们阐述了 equals 方法行为的一些规则。compareTo 应该遵循哪些类似规则？

21. 假设我们有一个 Rectangle 类，它包含 int 类型的 length（长度）和 width（宽度）属性，这两个属性都是由构造函数设定的。为这个类创建 compareTo 方法，使得矩形对象根据以下规则进行排序：

  a. 周长。

  b. 面积。

22. Java 库中有几个“已知”类实现 Comparable 接口？列出你之前用过或者学过的五个类。

5.5 基于排序数组的集合的实现

23. 在以下序列操作后展示 sample 集合中实例变量 elements 和 numElements 所包含的值：

```
SortedArrayCollection<String> sample
              = new SortedArrayCollection<String>;
sample.add("A"); sample.add("D"); sample.add("B"); sample.add("C");
sample.remove("B");
```

24. 假设集合存有 N 个元素，按照给定实现方法的指定操作的增长阶完成以下表格：

操作	ArrayCollection	SortedArrayCollection
add		
get		
contains		
remove		
isEmpty		

25. 描述对 SortedArrayCollection 作出以下各个改动之后的影响：

a. 将 enlarge 方法的 " origCap " 更改为 " DEFCAP "

b. 删除 find 方法的头两个陈述

c. 删除 recFind 方法的 if(result>0) location++ 陈述

26. 将以下方法添加到 SortedArrayCollection 类，并给各个方法创建测试驱动程序以证明它们能准确运作。给以下方法编码，编码方式要通过访问 SortedArrayCollection 的内部变量，而不能调用该类先前定义的方法。

a. String toString() 创建并返回能正确代表当前集合的字符串。这种方法可以用来对类进行测试和调试，以及对使用该类的应用程序进行测试和调试。假设各个存储元素已提供其本身合理的 toString 方法。

b. 如果集合为空，T smallest() 返回 null，反之则返回集合的最小元素。

c. int greater (T target) 返回集合中比 element 大的元素 e 数目的计数，这样使得 e.compareTo(element) 为 >0。

d. SortedArrayCollection<T> combine(SortedArrayCollection<T> other) 创建并返回一个新的 SortedArrayCollection 对象，该对象是 this 对象和参数对象的结合。

27. 描述以下两节代码在功能性上的区别：

```
CollectionInterface<String> c = new ArrayCollection<String>(10);
c.add("Tom"); c.add("Julie"); c.add("Molly");
System.out.println(c.contains("Kathy");

CollectionInterface<String> c = new
SortedArrayCollection<String>(10);
c.add("Tom"); c.add("Julie"); c.add("Molly");
System.out.println(c.contains("Kathy");
```

5.6 基于链接的集合的实现

28. 在以下操作序列后展示 sample 集合中的实例变量 head 和 numElements 所包含的值：

```
LinkedCollection<String> sample = new LinkedCollection<String>;
sample.add("A"); sample.add("B"); sample.add("C"); sample.add("D");
sample.remove("B");
```

29. 描述对 LinkedCollection 作出以下各个变动之后的影响：

a. 删除 add 方法的 newNode.setLink(head) 陈述

b. 删除 find 方法的 location = location.getLink() 陈述

c. 将 remove 方法中的 head = head.getLink() 陈述更改为 head = location.getLink()

30. 将以下方法添加到 LinkedCollection 类，并给各个方法创建测试驱动程序以证明它们能准确运作。给以下方法编码，编码方式要通过访问 LinkedCollection 的内部变量，而不能调用该类先前定义的方法。

a. String toString() 创建并返回能正确代表当前集合的字符串。这种方法可以用来对类进行测试和调试，以及对使用该类的应用程序进行测试和调试。假设各个存储元素已提供其本身合理的 toString 方法。

b. int count(T target) 返回集合中元素 e 数目的一个计数，使得 e.equals(target) 变成 true。

c. void removeAll(T target) 移除集合中的所有元素 e，使得 e.equals(target) 变成 true。

d. LinkedCollection<T> combine(LinkedCollection<T> other) 创建并返回一个新的 SortedArrayCollection 对象，该对象是 this 对象和参数对象的结合。

31. 创建一个名为 SortedLinkedCollection 的新集合类，它利用分类链表实现集合。列入练习 30a 所述的 toString 方法。列入一个测试驱动应用程序，证明该类能准确运作。

32. 重新创建表 5.2 的内容（不能查看）。

5.7 集合变体

33. 创建一个实现 BagInterface 的类，加上测试驱动程序，证明该类能正确操作：

a. 使用未分类数组（如果你喜欢，可以延伸 ArrayCollection 类）

b. 使用分类数组（如果你喜欢，可以延伸 SortedArrayCollection 类）

c. 使用链表（如果你喜欢，可以延伸 LinkedCollection 类）

34. 使用练习 33 中其中一个实现类创建一个能够创建 FamousPerson 包的应用程序。该应用程序要使用 inp/FamousCS.txt 文件中的信息（见第 5.4 节“重新探讨比较对象”）来创建 Bag。下一步，该应用程序要重复五次以下操作：

- 从该包中随机选择一个“名人”
- 告知用户该名人的出生年份和有关情况
- 要求用户输入名人的姓，并读取他们的答复
- 显示有关该名人的所有信息

最后，该应用程序告知用户在五次机会中，他们“猜对了”几次，也就是他们准确地识别出了几位名人。

35. 描述本节中讨论的三种方法，重复利用 LinkedCollection 类创建 Basic Set（基本集）ADT 实现。

36. Advanced Set（高级集）包含 Basic Set 的所有操作，再加上各种集的 union（合并）、intersection（交叉）和 difference（区别）。

a. 定义一个高级集的接口。

b. 使用未分类数组实现高级集；列入测试驱动程序，以证明该实现能够正确运作。

c. 使用分类数组实现高级集；列入测试驱动程序，以证明该实现能够正确运作。

d. 使用链表实现高级集；列入测试驱动程序，以证明该实现能够正确运作。

CHAPTER 6

抽象数据类型——列表

知识目标

你可以

- 在抽象层次描述列表及其操作
- 将给定列表操作归类为构造函数、观察函数或转换函数
- 对列表的给定实现执行效率增长阶分析
- 描述Java Iterable和Iterator接口的用途
- 解释创建匿名内部类的方法和原因
- 列出并描述列表实现方法可能抛出的异常
- 描述用数组实现列表操作的算法
- 描述用链表的列表操作算法
- 如有必要，定义新的列表方法解决指定问题
- 描述用链表实现较大整数的方法

技能目标

你可以

- 创建实现Iterable接口的类
- 使用带有Interable对象的for-each循环
- 定义并分析插入排序
- 绘制图表，表示列表特定实现的列表操作结果
- 预测使用列表抽象数据类型的应用程序的输出
- 使用列表ADT作为应用程序的一部分
- 使用类CardDeck作为应用程序的一部分
- 用以下方式实现列表ADT
    - 数组
    - 分类数组
    - 链表
    - 作为节点数组的链表

本章的重点是列表ADT：其定义、实现以及如何使用它来解决问题。在计算机学中，列表是最常用的ADT之一，就像我们在日常生活中也经常会用到列表。我们会制定待办事项列表、购物列表、检查列表、派对邀请列表，等等。我们甚至还会给列表做列表。

列表是非常全能的ADT。列表属于集合，能够存储信息。列表与栈和队列的相似之处在于对元素的顺序有要求，但列表又不像栈和队列一样对元素的添加、访问和移除的方法有各种限制。甚至有多个语言把列表作为一种内置结构。例如，在Lisp中，列表是该语言提供的主要数据类型。

在学习本章时，你可能时不时要查看一下本章小结中的图6.9，该图介绍了列表ADT主要接口和类之间的关系。

6.1 列表接口

从编程的角度来讲，**列表**属于元素集合，在其元素之间存在着**线性关系**。线性关系是指，在抽象层次上，列表中除了第一个元素外每个元素都有独特的前驱，而且除了最后一个元素外每个元素都有独特的后继。列表元素间的线性关系也指每个元素在列表上都有一个位置。我们可以用索引来表示这个位置，与数组的情况一样。我们的列表除了支持add、get、contains、remove、isFull、isEmpty和size等常见集合操作之外，还支持与索引有关的操作。

列表元素的索引按顺序编排，从零到比列表的大小少一个数，与数组的情况一样。例如，如果列表有五个元素，索引就编为0、1、2、3和4。索引方案中不允许有“空位”存在，所以如果从列表“中部”溢出了某个元素，其他元素的索引就要减少。我们要定义方法以添加、检索、更改和移除指定索引的元素，还要定义确定元素索引的方法。详情可参阅下文“接口”部分内容。

将索引作为参数接收的方法，在索引无效的情况下，都会抛出异常。客户端必须使用有效的索引，他们可以通过使用size方法来确定有效索引的范围，其范围介于0至(size() - 1)之间。为了能够在列表末端添加元素，add的有效返回要列入size()。

我们不会给异常类定义为可使用索引列表，因为Java库会提供适当的异常，叫IndexOutOfBoundsException（索引超出界限异常）。该类是RuntimeException（运行时异常）的延伸，所以属于未检查异常。

迭代

由于列表元素间维持线性关系，所以我们能够通过列表支持迭代。**迭代**是指我们可以提供一种机制，按照从第一个元素到最后一个元素的顺序逐个处理整个列表。Java库配备处理迭代的两种相关接口：java.lang包的Iterable和java.util的Iterator。

我们的列表要实现Java库的Iterable接口。这个接口要求使用单独的方法iterator，该方法创建并返回Iterator对象。创建并返回对象的各种方法通常称为**工厂方法**（Factory methods）。

什么是Iterator对象？Iterator对象提供了对整个列表进行迭代的方式。Iterator对象提供三种操作：hasNext、next和remove。创建一个Iterator对象时，要将其设定在列表的开头。重复调用该对象的next方法将逐个返回列表的元素。如果这个迭代对象尚未达至列表末端，则hasNext方法返回true。客户端要使用hasNext来避免在迭代的过程中超出了列表的末端。remove方法移除最近一次被访问的元素。Iterator实现追踪必要的任何信息，以便在有需要时有效移除该元素。

由于我们的列表实现Iterable，客户端可以使用iterator方法来获取一个Iterator对象，再使用这个Iterator对象迭代整个列表。通过示例表示会清楚，假设strings是一个列表ADT，包含“alpha”“gamma”“beta”和“delta”四个字符串。以下代码将从列表删除“gamma”，并展示另外三个字符串：

```
Iterator<String> iter = strings.iterator();
String hold;
while (iter.hasNext())
{
  hold = iter.next();
  if (hold.equals("gamma"))
    iter.remove();
  else
    System.out.println(hold);
}
```

注意客户端可以使用不同的Iterator对象在列表上同时活动数种迭代。

如果程序通过使用当前迭代程序remove之外的方式，在进行结构迭代的中途插入或者移除某个元素，结果会怎样？结果不会好到哪里去。添加和删除元素会改变列表的大小和结构。当迭代正在进行时，如果有关集合以这种方式进行修改，那么使用迭代程序的结果就无法确定。

Java提供一种高级的for循环，以使用数组或Iterable对象，称之为for-each循环，这种版本的for循环可以让程序员发出指示，表明“各个”（for each）数组对象或者Iterable对象都应执行某块指令。以下代码展示strings列表的所有元素：

```
for (String hold: strings)
   System.out.println(hold);
```

for-each循环的作用有些抽象——它隐藏了对Iterator的使用，并且带有hasNext和next方法，使得我们更容易迭代列表。

列表假设

至此，我们已确定列表为集合，支持索引和有关迭代的操作。在正式详述列表ADT之前，我们要先用下列的列表假设完成不正式的规则说明：

- 我们的列表是无界的。当用数组实现列表时，我们使用的方法与基于数组的无界队列和集合实现所用的方法一样，换言之，如果在“满”队列中添加元素，则有关数组的容量将增加。
- 我们允许队列出现重复元素。当操作涉及“查找”有关元素，它能够“找出”任何一个重复元素。在这类情况下，我们不会指定重复元素间的区别，但indexOf这种索引列表方法除外。
- 正如其他ADT的情况一样，我们不支持null元素。作为所有列表方法的一般前置条件，null元素不能用作参数。我们仅在一般列表接口中陈述一次这个前置条件，而不会对每个方法都进行陈述。
- 列表使用的索引从0开始，前后相接。如果给索引列表方法传递某个超出当前有效范围的索引，则该方法将抛出异常。
- add和set这两种索引有关的操作可以任选。这两种操作都可以让客户端在特定索引中插入元素到列表。对于一些列表实现而言，尤其是分类列表实现，这会使列表的内部表示无效。通过表示这些操作可以任选，如果其中一种操作被调用，分类列表实现则会抛出异常。我们的实现在这种情况下将会抛出Java库中存在的UnsupportedOperationException（不支持操作异常）。

接口

不支持操作

有些操作对ADT的某种实现很适用，但却不适用于另一种实现。例如，如果某个特定列表元素的顺序不断递增，则无法让应用程序设定该元素的值，应用程序会使得该递增顺序失效。在这种情况下，我们要在接口内表示可选操作。

下文是ListInterface（列表接口）的代码，属于ch06.lists包的一部分。注意这个代码同时延伸了我们的CollectionInterface（集合接口）和Java库的Iterable接口，而实现ListInterface的类也必须能实现该等接口，因此除了要提供ListInterface明确指定的索引相关操作之外，还必须提供add、get、contains、remove、isFull、isEmpty、size和iterate操作。研究下文列出的接口注释和方法签名，以了解有关列表ADT详情的更多信息。

```
//----------------------------------------------------------------------
// ListInterface.java      程序员：Dale/Joyce/Weems     Chapter 6
//
// 列表为无界，允许重复元素，但不允许 null 元素。作为一般前置条件，null 元素不能作为
// 参数传递给任何方法。
//
// 在进行列表迭代时，能够对列表作出的唯一安全改动要通过迭代程序的 remove 方法进行。
//----------------------------------------------------------------------
package ch06.lists;

import java.util.*;
import ch05.collections.CollectionInterface;
public interface ListInterface<T> extends CollectionInterface<T>,
Iterable<T>
{
  void add(int index, T element);
  // 如果传递了索引参数，则抛出 IndexOutOfBoundsException,
  // 使得 index < 0 or index > size ()。
  // 反之，在列表的 position 索引添加元素；当前位于该位置或者高于该位置的所有元素，
  // 其索引都加 1。
  // 任选。如不支持，则抛出 UnsupportedOperationException。

  T set(int index, T newElement);
  // 如果传递了索引参数，则抛出 IndexOutOfBoundsException,
  // 使得 index < 0 or index > = size ()。
  // 反之，将该列表 position 索引的元素替换成 newElement，并返回被替换的元素。
  // 任选。如不支持，则抛出 UnsupportedOperationException。

  T get(int index);
  // 如果传递了索引参数，则抛出 IndexOutOfBoundsException,
  // 使得 index < 0 or index > = size ()。
  // 反之，返回该列表 position 索引的元素。

  int indexOf(T target);
  // 如果这个列表包含元素 e，使得 e.equals (target),
  // 那么返回第一个此类元素的索引。
  // 反之，返回 -1。

  T remove(int index);
  // 如果传递了索引参数，则抛出 IndexOutOfBoundsException,
  // 使得 index < 0 or index > = size ()。
```

```
    // 反之，移除列表 position 索引的元素，并返回被移除的元素；
    // 当前高于索引位置的所有元素均从该位置减去 1。
}
```

6.2 列表实现

本节我们将开发列表ADT基于数组和基于链表的实现。由于列表属于集合，其实现的设计和代码与相应的集合ADT有些相像。这里我们把重点放在新的功能上，即索引和迭代。在学习本节内容之前，我们可以先回顾一下Chapter 5中有关集合ADT实现的设计和代码。

基于数组的实现

在基于数组的列表中，我们所用的方法与基于数组的集合所用的方法一样。内部数组存放元素，实例变量numElements表示列表大小。带有五个字符串的列表如下：

numElements: 5

	[0]	[1]	[2]	[3]	[4]	[5]
元素:	"Bat"	"Ant"	"Cat"	"Ear"	"Dog"	

如果要在上表中添加字符串，则放置在数组插槽numElements中，随即增加numElements。

或许你还记得，如果要从基于数组的集合中移除元素，就将数组的“最后一个”元素替代移除元素的位置，随即减少numElements：

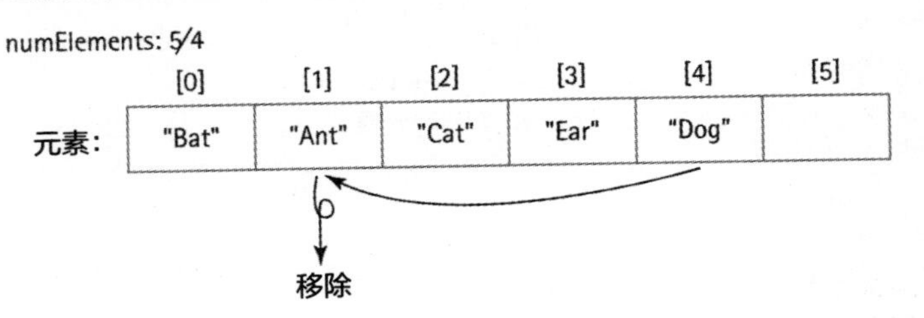

而列表则不能使用这种方法，因为我们必须要维持剩余元素的索引次序。因此，我们要用分类数组集合所用的方法：

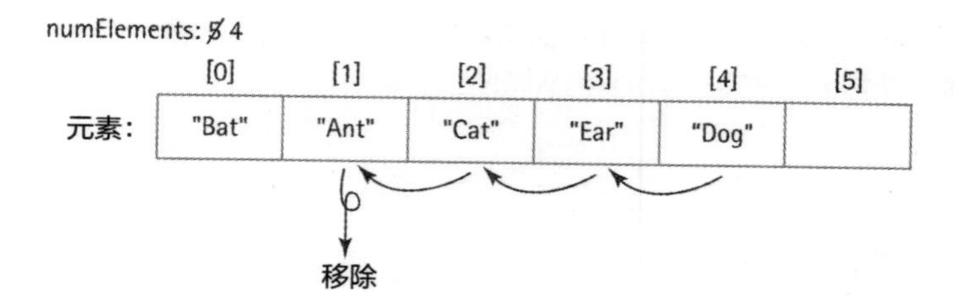

以下是ABList（基于数组的列表）类的开头：

```
//----------------------------------------------------------------------
// ABList.java            程序员：Dale/Joyce/Weems      Chapter 6
// Array-Based List
//
// 列表不允许 null 元素，列表为无界。
//
// 提供两个构造函数：一个创建默认原始容量的列表，一个允许调用程序指定原始容量。
//----------------------------------------------------------------------
package ch06.lists;
import java.util.Iterator;
public class ABList<T> implements ListInterface<T>
{
  protected final int DEFCAP = 100; // 默认容量
  protected int origCap;             // 原始容量
  protected T[] elements;            // 存有列表元素（elements）的数组
  protected int numElements = 0;     // 该列表中的元素数目

  // 由 find 方法进行设定
  protected boolean found;   // 如果找到目标则为 true，反之为 false
  protected int location;    // 表示所找到目标的位置
  public ABList()
  {
    elements = (T[]) new Object[DEFCAP];
    origCap = DEFCAP;
  }
  public ABList(int origCap)
  {
    elements = (T[]) new Object[origCap];
    this.origCap = origCap;
  }
```

可以看到这个与之前学习的ADT基于数组实现的声明和构造函数非常相似。protected方法如enlarge和find，以及public方法如add、remove、contains、get、size、 isFull和isEmpty，其代码都与我们之前开发的代码相似或一样，所以有关代码测试将留给读者自己进行。

索引相关操作

现在我们把注意力放在五种必要的索引方法上。接受索引参数的四个方法中，都有同样的模式——检查索引参数，如果参数不在该操作允许的范围内，则抛出异常，反之则执行操作。由于数组的内部表示与索引列表的ADT之间存在着紧密的逻辑关系，所以该操作的实现也是非常直截了当的。这里我们检查set的代码：

```
public T set(int index, T newElement)
// 如果传递了索引参数，则抛出 IndexOutOfBoundsException,
// 使得 index < 0 or index > = size ()。
// 反之，将该列表 position 索引的元素替换成 newElement，并返回被替换的元素。
{
  if ((index < 0) || (index >= size()))
    throw new IndexOutOfBoundsException("Illegal index of " + index +
                              " passed to ABList set method.\n");

  T hold = elements[index];
  elements[index] = newElement;
  return hold;
}
```

与为数组编索引的情况一样，列表从0开始编索引。所以可以简单使用index参数访问数组。其他的索引方法都相似，只不过add方法和remove方法需要转移数组元素。

迭代

我们的列表支持迭代。列表实现ListInterface，后者是Iterable接口的延伸，因此我们的列表类必须也能实现Iterable。Iterable接口需要单独的public方法：

```
Iterator<T> iterator( );
```

我们必须设计一种能创建和返回Iterator对象的iterator方法。Iterator对象提供三种public方法，即hasNext、next和remove。为了让iterator方法创建Iterator对象，我们必须定义一个新的能够提供这三种方法的Iterator类。我们要把这个新类放在哪里呢？这里有三种方式：

- ***外部类***。我们可以在单独的文件中创建一个将Iterator作为类实现的类，比如ABListIterator类。这个类的构造函数将把ABList对象作为参数予以接受。该类应置于ch06.lists包中，使得它能够访问ABList的protected实例变量，它需要这个实例变量来实现所需操作。举例来说，如果用来引用iterator类中ABList对象的实例变量命名为theList，那么remove方法则应该包含一行代码，如下：

```
theList.elements[theList.numElements - 1] = null;
```

以便在移除完成后能够适当减少列表的大小。注意直接使用ABList的实例变量elements和numElements。虽然我们已经决定要使用不同的方式，但对读者而言，学习外部类这个方式也能有所启发，所以我们已经把ABListIterator的代码列入到文本文件中。如果我们用这种方式，ABList类中iterator方法的代码就会变得很简易：

```
public Iterator<T> iterator()
// 在此列表上返回 Iterator。
{
  return new ABListIterator<T>(this);
}
```

为什么不用这个方式呢？这种方式最大的缺陷就是单独的ABListIterator类中的ABList类的实例变量并不常用。虽然这两个类都在同一个包内，但这种方式与我们在接下来要练习的信息隐藏原则背道而驰。存在于分开文件的这两个类之间的强耦合，会在之后维护ABList类的过程中出现问题。如果这两个类存在于同一个文件中，情况则会好些，这与我们下文讨论的两种方式一样。

- ***内部类***。与其在外部文件中创建Iterator类，我们不如将其所有的代码放入ABList.java文件中。使用这种方式，未来负责维护的程序员能明显看到这两类直接联系。此外，内部类可以直接访问周围类的实例变量，因为内部类也属于周围类的成员之一。使用这种方式，与之前展示的remove方法相对应的代码片段可以简化为：

```
elements[numElements - 1] = null;
and the iterator method becomes
public Iterator<T> iterator()
// 在此列表上返回 Iterator。
{
  return new ABListIterator();
}
```

- ***匿名内部类***。Java允许程序员编写匿名类，即没有名称的类。与通常的方式不一样，我们不会在一个位置定义某个类，然后再在另一个位置实例化这个类，反之，我们可以在类进行实例化的位置上再在代码中定义这个类。因为创建的位置和定义的位置一样，所以无需设置类名。总而言之，名称只是作为定义与实例化之间的连接。

我们给所需的Iterator类采用最后一种方式，换言之，在iterator方法中将其定义为一个匿名内部类。需要Iterator类的唯一理由是，我们要让iterator方法返回该类，因此在需要时使用匿名内部类是有道理的。有关代码如下所示，注意iterator方法基本上包含以下内容：

```
public Iterator<T> iterator()
// 在此列表上返回 Iterator。
{
  return new Iterator<T>()
  {
     // 实现 Iterator 的代码
  };
}
```

整个方法如下所示——上面显示的方法的框架视图有望帮助你了解Iterator类型的对象是动态创建的并由iterator方法返回。

```
public Iterator<T> iterator()
// 在此列表上返回 Iterator。
{
  return new Iterator<T>()
  {
    private int previousPos = -1;
    public boolean hasNext()
    // 如果该迭代有更多元素，返回 true；反之返回 false。
    {
      return (previousPos < (size() - 1)) ;
    }

    public T next()
    // 返回该迭代的下一个元素。
    // 如果该迭代不再有元素，抛出 NoSuchElementsException（该元素不存在异常）。
    {
      if (!hasNext())
        throw new IndexOutOfBoundsException("Illegal invocation of next " +
                               " in LBList iterator.\n");
      previousPos++;
      return elements[previousPos];
    }
    public void remove()
    // 从有关表示中移除由此迭代器返回的最后一个元素。
```

```
  // 每次调用 next() 时，这种方法仅能调用一次。如果迭代在运行过程中，有关表示以调用此方
     法之外的其他方式被修订，则难以指定迭代器的行为。
      {
      for (int i = previousPos; i <= numElements - 2; i++)
        elements [i] = elements[i+1];
      elements [numElements - 1] = null;
      numElements--;
      previousPos--;
    }
  };
}
```

ABList的整个实现可在ch06.lists包中找到。

基于链表的实现

与基于数组的情况一样，基于链表集合实现的一些设计和代码可以重复利用到基于链表的列表中。以下是该类的开头，展示了实例变量和构造函数：

```
//---------------------------------------------------------------------------
// LBList.java            程序员：Dale/Joyce/Weems          Chapter 6
// Link-Based List
//
// 列表上不允许 null 元素。列表为无界。
//---------------------------------------------------------------------------
package ch06.lists;
import java.util.Iterator;
import support.LLNode;
public class LBList<T> implements ListInterface<T>
{
  protected LLNode<T> front;        // 引用此列表的 front（前端）
  protected LLNode<T> rear;         // 引用此列表的 rear（后端）
  protected int numElements = 0;    // 此列表的元素数目
  // 由 find 方法进行设定
  protected boolean found;          // 如果找到目标则为 true，反之为 false
  protected int targetIndex;        // 所找到目标的列表索引
  protected LLNode<T> location;     // 包含所找到目标的节点
  protected LLNode<T> previous;     // 位置之前的节点
  public LBList()
  {
    numElements = 0;
```

```
  front = null;
  rear = null;
}
```

所有的实例变量（除了两个）都能在Chapter 5的基于链表的集合实现中找到对应版本。为了支持add方法（添加元素到列表末端），我们保持引用列表末端的rear。在适用的情况下，任何转换函数的方法都要谨慎准确地更新front和rear引用。为了支持indexOf方法，我们列入一个targetIndex（目标索引）变量，这是除了found、location和previous之外，由find方法所设定的。

size、get、isEmpty和isFull的代码都很直接，且与Chapter 5的LinkedCollection所讨论的一模一样。find和remove的代码也是与它们对应的链表集合版本非常相似，尽管列表的find必须设定targetIndex变量，而作为转换函数的remove必须在特定情况下更新rear变量。add方法添加参数元素到列表末端，就与Chapter 4开发的enqueue方法完全一样。所有这些方法的代码可以在ch06.lists包中的LBList类进行学习。

索引相关操作

这里我们来思考五种所需的索引方法。设计这些方法对于基于数组的实现而言非常容易，因为列表索引和有关数组索引有着紧密关联性。但基于链表实现的情况则不同。如果将索引作为参数提供给某个方法，则只有一种方式可以访问关联元素——必须从头开始（front引用）遍历列表，直至到达指定元素。例如，以下是set的代码：

```
public T set(int index, T newElement)
// 如果传递了索引参数，则抛出 IndexOutOfBoundsException,
// 使得 index < 0 or index > = size ()。
// 反之，将该列表 position 索引的元素替换成 newElement，并返回被替换的元素。
{
    if ((index < 0) || (index >= size()))
      throw new IndexOutOfBoundsException("Illegal index of " + index +
                               " passed to LBList set method.\n");
    LLNode<T> node = front;
    for (int i = 0; i < index; i++)
         node = node.getLink();
    T hold = node.getInfo();
    node.setInfo(newElement);
    return hold;
}
```

需要从头开始遍历列表，这意味着索引操作实现所有的效率都将为O(N)。如果客户端要在列表上大量使用索引，最好是使用基于数组的列表。

处理索引的转换函数方法add和remove在特殊情况下会很复杂。比如，add方法遵循与set一样的模式。不过，当给列表前端（front）、列表后端（rear）或者给空列表添加元素时，必须谨慎使用该方法。

```
public void add(int index, T element)
// 如果传递了索引参数，则抛出 IndexOutOfBoundsException,
// 使得 index < 0 or index > = size ()。
// 反之，在列表的 position 索引添加元素；当前位于该位置或者高于该位置的所有元素，其
// 索引都加 1。
{
  if ((index < 0) || (index > size()))
    throw new IndexOutOfBoundsException("Illegal index of " + index +
                               " passed to LBList add method.\n");
  LLNode<T> newNode = new LLNode<T>(element);
  if (index == 0) // 添加到列表前端
  {
    if (front == null) // 添加到空列表
    {
      front = newNode; rear = newNode;
    }
    else
    {
      newNode.setLink(front);
      front = newNode;
    }
  }
  else
  if (index == size()) // 添加列表后端
  {
    rear.setLink(newNode);
    rear = newNode;
  }
  else  // 添加到列表内部
  {
    LLNode<T> node = front;
    for (int i = 0; i < (index - 1); i++)
       node = node.getLink();
    newNode.setLink(node.getLink());
    node.setLink(newNode);
  }
  numElements++;
}
```

有关get、indexOf和remove方法的代码测试，留给读者自己进行。

迭代

与基于数组的列表实现的情况一样，我们在iterator方法中使用匿名内部类。实例化的Iterator对象追踪三个实例变量，以提供迭代，支持所需的remove操作：currPos引用“刚刚”返回的节点，prevPos引用currPos前的节点，nextPos引用currPos后的节点。举例来说，如果列表包含字符串“Bat”“Ant”“Cat”“Ear”和“Dog”，而迭代刚刚返回“Cat”，那么引用的值为如下所示：

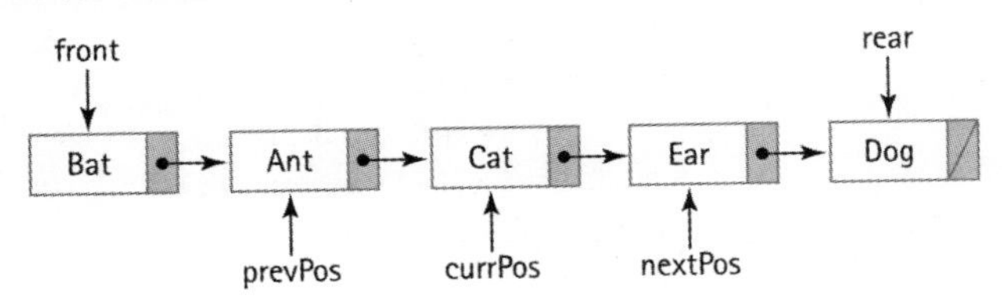

当Iterator对象实例化后，nextPos初始化至front，currPos和prevPos初始化为null，这适当设置了迭代的开头：

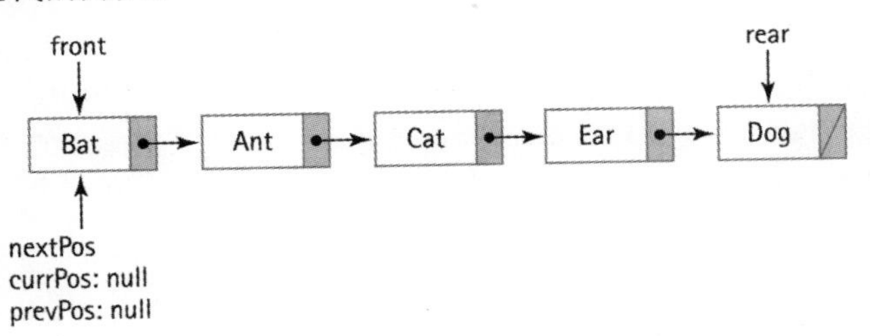

调用next方法时，首先要检查看一下有没有待返回的下一个（next）元素（没有则抛出异常），再“保存”要返回的信息，更新这三个引用，并返回信息。请看下文的代码。举例来说，第一次在示例列表中调用next时，将返回字符串“Bat”，更新引用，最终呈现为以下新状态：

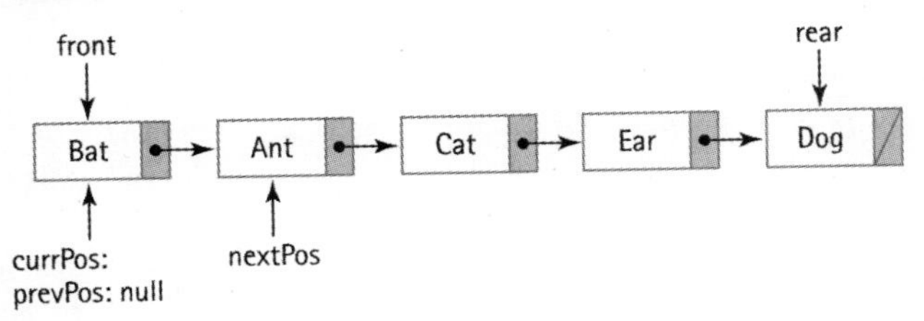

回想一下，如果我们在迭代中间调用remove，则会移除刚刚返回的元素，也就是由currPos引用的元素。这个步骤通过改变currPos之前的元素（prevPos引用的元素）的

链值得以实现。如果迭代最近一次返回了“Cat”，之后再调用remove，以下就是结果示范：

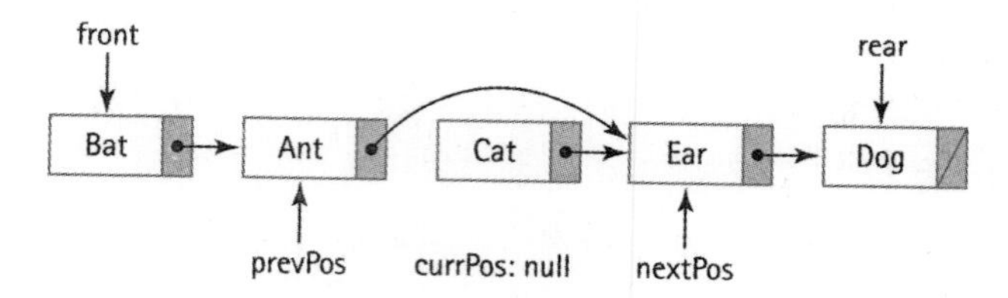

注意remove将currPos的值设置为null，因为在移除后，最近一次返回的元素已经不在列表中。这个设置很有必要，这样next方法就不会误用一个“过期”的currPos引用了。在以上情景中，包含“Cat”的节点属于潜在的无用信息，而Java的垃圾回收程序将回收这个内存空间。以下是迭代器的整个代码。我们鼓励读者自行追溯这个代码，绘制如上面所示的图示，验证代码，加强理解。

```
public Iterator<T> iterator()
// 在此列表上返回 Iterator。
{
  return new Iterator<T>()
  {
    protected LLNode<T> prevPos = null;  // 刚刚返回节点前的节点
    protected LLNode<T> currPos = null;  // 刚刚返回的节点
    protected LLNode<T> nextPos = front; // 返回下一个节点
    public boolean hasNext()
    // 如果迭代有更多元素，返回 true；反之返回 false。
    {
      return (nextPos != null);
    }

    public T next()
    // 返回迭代中的下一个元素。
    // 如果迭代已经没有元素，抛出 NoSuchElementsException。
    {
      if (!hasNext())
        throw new IndexOutOfBoundsException("Illegal invocation of next " +
                                            " in LBList iterator.\n");

      T hold = nextPos.getInfo();                 // 存有要返回的信息
      if (currPos != null) prevPos = currPos;    // 假设元素被移除
      currPos = nextPos;
      nextPos = nextPos.getLink();
```

```
        return hold;
      }
      public void remove()
      // 从有关表示中移除由此迭代器返回的最后一个元素。
      // 每次调用 next() 时，这种方法仅能调用一次。如果迭代在运行过程中，有关
      // 表示以调用此方法之外的其他方式被修订，则难以指定迭代器的行为。
      {
        if (currPos == null) // 没有迭代器可返回的最后一个元素
          return;
        else
        {
          if (prevPos == null)  // 移除前端（front）的元素
          {
            front = nextPos;
            currPos = null;
            if (front == null) // 仅移除一个元素
              rear = null;
          }
          else
          {
            prevPos.setLink(nextPos);
            currPos = null;
          }
          numElements--;
        }
      }
    };
}
```

LBList的整个实现可在ch06.lists包中找到。

6.3 应用程序：纸牌和游戏

大家都非常熟悉扑克牌游戏：21点、红桃、桥牌、接龙等。本章我们将使用列表ADT来支持代表一副扑克牌的类，再把该类应用于几个示范应用程序。我们要创建一个有标准52张扑克牌的类，排列为2到A，带有梅花（club）、方块（diamond）、红心（heart）和黑桃（spade）四种花色。

© Bardocz Peter/Shutterstock

Card类

在使用列表ADT创建card deck（整副牌）类之前，我们需要将扑克牌放入列表中——需要一个Card类。我们将Card类和CardDeck类一起放入support.cards包中。一个Card对象带有两种明显属性——rank（排列）和suit（花色）。Card类提供两个公共的enum类，即Rank和Suit，反之可用于扑克牌属性。由于enum类是公共的，所以能给其他类和应用程序使用。Card类还提供一种image（图像）属性，可以让我们将图像文件与各张扑克牌相对应。图像文件也可以在support.cards包中找到。扑克牌的图像可以用于图形程序中，能够更加清晰地了解应用程序。扑克牌的属性rank、suit和image都是通过构造函数进行设定的，一旦实例化则不能改动，所以扑克牌是不可变的。这里提供了三种getter方法，连同标准的equals、conpareTo和toString。在多款游戏中，扑克牌都按排序进行比较，所以我们遵循这种办法。

Java小贴士：enum

Java的enum类是一种特殊的数据类型，它允许变量代表预定义常量。变量必须等于预定义的值。比如，Card类中的花色变量只能采用Club、Diamond、Heart和Spade的值。如果需要代表固定一组常量，尤其是知道编译期间该组的所有可能值时，使用enum类不失为一种好办法。

```
//----------------------------------------------------------------------
// Card.java            程序员：Dale/Joyce/Weems        Chapter 6
//
// 支持带有花色（suit）、排列（rank）和图像（image）的扑克牌对象。
// 只用排列进行扑克牌比较，A"最大"（high）。
//----------------------------------------------------------------------
package support.cards;

import javax.swing.ImageIcon;

public class Card implements Comparable<Card>
{
  public enum Rank {Two, Three, Four, Five, Six, Seven, Eight, Nine,
                    Ten, Jack, Queen, King, Ace}

  public enum Suit {Club, Diamond, Heart, Spade}

  protected final Rank rank;
  protected final Suit suit;
  protected ImageIcon image;

  Card(Rank rank, Suit suit, ImageIcon image)
  {
    this.rank = rank; this.suit = suit; this.image = image;
  }

  public Rank getRank() { return rank; }
  public Suit getSuit() { return suit; }
  public ImageIcon getImage() {return image;}

  @Override
  public boolean equals(Object obj)
  // 如果'obj'的牌与这张牌（Card）的排列一样，
  // 返回true，反之返回false。
  {
     if (obj == this)
        return true;
     else
     if (obj == null || obj.getClass() != this.getClass())
        return false;
     else
     {
```

```
            Card c = (Card) obj;
            return (this.rank == c.rank);
        }
    }

    public int compareTo(Card other)
    // 将这张牌的顺序与'other'进行比较。如果这个对象少于、等于或大于'other'，则返回
       一个负整数、0、或者正整数。
    {
      return this.rank.compareTo(other.rank);
    }

    @Override
    public String toString() { return suit + " " + rank; }


}
```

CardDeck类

由于我们已经知道一副扑克牌的确切牌数，所以我们使用ABList作为CardBDeck类的内部表示。我们可以将大小为52的列表实例化。注意这里所用的抽象层次CardDeck是基于ABList创建的，而ABList是基于数组创建的。

> **抽象分级**
>
> 我们的CardDeck类提供了一副扑克牌的抽象。它在应用程序中隐藏了实现细节，可使应用程序通过其shuffle、more和nextCard等public方法访问deck。同时，CardDeck的实现使用ABList——列表的一种抽象。整副牌的抽象基于列表抽象创建（使用数组，虽然作为Java语言的核心部分提供，但它属于另一种抽象层次）。抽象分级是处理复杂度的重要方式，当我们在有关分级中处理任何特定层次时，它能够缩小问题发生的范围。

CardDeck类的构造函数实例化ABList<Card>类的deck，再使用两个for循环，迭代所有Suit和Rank的组合，以将所需的扑克牌添加到deck中。扑克牌图像的文件可以通过操控suit和rank的字符串表示进行识别；随着扑克牌按照这种方式添加到deck中，相应的图像也会与之相关联。

另一种实例变量deal（发牌）则提供Card迭代器——模仿扑克牌发放。创建deal很简单，只要调用deck对象的iterator方法即可。别忘了deck是ABList对象，所以要提供一种iterator方法。管理整副牌和发牌通过公开的CardDeck方法hasNextCard和nextCard进行访问，这两种方法会调用deal迭代器的合适方法。除了创建整副牌外，构造函数还初始化deal。

CardDeck类允许应用程序“洗”整副牌。洗牌算法与Java库中Collections类所用的算法一样。它从后往前操作扑克牌，从前半部分随机选择一个位置，将该位置上的

牌与当前位置的牌进行交换。为了随机选择位置，它使用Java库中的Random（随机）类。对rand.nextInt(i)的调用随机返回0与i-1之间的一个整数。由于Random类非常善于随机化，所以无需再多次“洗”牌，洗一次即可。牌洗完后，一个新的deal对象创建了，这个对象的设置是从洗过的扑克牌进行发牌。

```
//----------------------------------------------------------------------------
// CardDeck.java          程序员：Dale/Joyce/Weems        Chapter 6
//
// 建模一副扑克牌。列入洗牌（shuffling）和发牌（dealing）。
//----------------------------------------------------------------------------

package support.cards;

import java.util.Random;
import ch06.lists.ABList;
import javax.swing.ImageIcon;

public class CardDeck
{
  public static final int NUMCARDS = 52;

  protected ABList<Card> deck;
  protected Iterator<Card> deal;

  public CardDeck()
  {
    deck = new ABList<Card>(NUMCARDS);
    ImageIcon image;
    for (Card.Suit suit : Card.Suit.values())
       for (Card.Rank rank : Card.Rank.values())
       {
         image = new ImageIcon("support/cards/" + suit + "_" + rank
                               + "_RA.gif");
         deck.add(new Card(rank, suit, image));
       }
     deal = deck.iterator();
  }

  public void shuffle()
  // 随机化扑克牌的顺序。
  // 重新设定当前发牌。
  {
```

```
    Random rand = new Random(); // 生成随机数目
    int randLoc;                // 整副牌中的随机位置
    Card temp;                  // 交换扑克牌

    for (int i = (NUMCARDS - 1); i > 0; i--)
    {
      randLoc = rand.nextInt(i);  // 0与i-1之间的随机整数
      temp = deck.get(randLoc);
      deck.set(randLoc, deck.get(i));
      deck.set(i, temp);
    }

    deal = deck.iterator();
  }

  public boolean hasNextCard()
  // 如果还有牌没发，返回true；
  // 反之，返回false。
  {
    return (deal.hasNext());
  }

  public Card nextCard()
  // 前置条件：this.hasNextCard == true
  //
  // 返回下一张牌，以便当前的'deal'。
  {
    return deal.next();
  }
}
```

应用程序：排列Card Hand

我们对于CardDeck类的第一个应用示例——CardHandCLI，是一种命令行接口程序，它使用该类生成一手五张的扑克牌，允许用户按其喜欢的顺序对扑克牌排列。除了使用CardDeck类之外，我们还要用Card的ABList来保存和管理该手牌。扑克牌逐张发放后，使用for each循环来展示这一手牌（如目前排列），for each循环是唯一可用的办法，因为ABList实现Iterable。之后，用户便可指定下一张牌的放置位置。随后就使用基于索引的add方法将牌放入正确插槽中。

```
//------------------------------------------------------------------
// CardHandCLI.java      程序员：Dale/Joyce/Weems      Chapter 6
//
// 允许用户安排一手扑克牌。
// 使用命令行接口。
//------------------------------------------------------------------

package ch06.apps;

import java.util.Scanner;
import java.util.Iterator;
import ch06.lists.*;
import support.cards.*;

public class CardHandCLI
{
  public static void main(String[] args)
  {
    Scanner scan = new Scanner(System.in);
    final int HANDSIZE = 5;
    int slot;

    Card card;                          // 扑克牌
    CardDeck deck = new CardDeck();     // 一副扑克牌

    ListInterface<Card> hand = new ABList<Card>(HANDSIZE); // 用户手中的牌

    deck.shuffle();
    hand.add(deck.nextCard());   // 发放第一张牌，放到手中

    for (int i = 1; i < HANDSIZE; i++)
    {
      System.out.println("\nYour hand so far:");
      slot = 0;
      for (Card c: hand)
      {
        System.out.println(slot + "\n  " + c);
        slot++;
      }
      System.out.println(slot);

      card = deck.nextCard();
      System.out.print("Slot between 0 and " + i + " to put "
```

```
                              + card + " > ");
        slot = scan.nextInt();
        hand.add(slot, card);
      }

      System.out.println("\nYour final hand is:");
      for (Card c: hand)
         System.out.println("   " + c);
   }
}
```

这个程序的示例运行如下：

```
目前你手上的牌:
0
   梅花 6
1
0 和 1 之间的插槽放置方块 9 > 1
目前你手上的牌:
0
   梅花 6
1
   方块 9
2
0 和 2 之间的插槽放置方块 5 > 0
目前你手上的牌:
0
   方块 5
1
   梅花 6
2
   方块 9
3
0 和 3 之间的插槽放置梅花 A > 3
目前你手上的牌:
0
   方块 5
1
   梅花 6
2
   方块 9
3
   梅花 A
4
```

```
0 和 4 之间的插槽放置梅花 9 > 2
最后你手上的牌为：
  方块 5
  梅花 6
  梅花 9
  方块 9
  梅花 A
```

熟悉扑克游戏的读者能够认出这手牌有“一对9”，这是好事吗？我们将在下文解答这个问题。

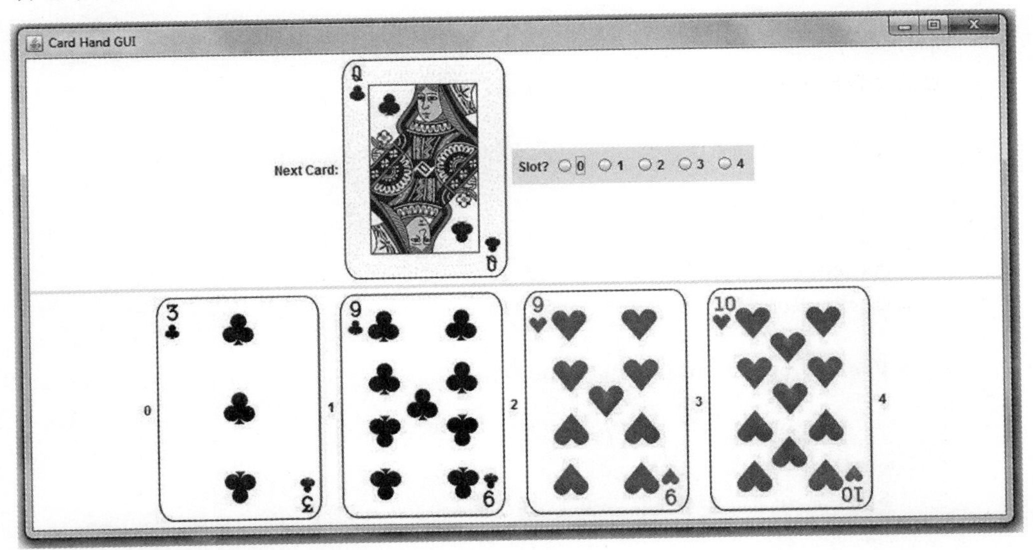

图6.1 运行中的CardHandGUI截图
© Bardocz Peter/Shutterstock

除了CardHandCLI程序之外，我们还创建了CardHandGUI。后者提供可识别的功能，带有图形的用户接口。该程序的截图如图6.1所示，这里也出现了“一对9”。感兴趣的读者可自行查验该代码，代码可在ch06.apps包中找到。

应用程序：Higher or Lower

为了进一步介绍CardDeck和Card类的用法，尤其是扑克牌比较，我们开发了一个非常简单的扑克牌互动游戏。

“Higher or Lower”游戏可以用一个句子定义。如果发了一张牌给你，你就要猜测下一张发放的牌的排列是更高还是更低。就是这样，以下是应用程序：

```
//----------------------------------------------------------------------
// HigherLower.java    程序员：Dale/Joyce/Weems    Chapter 6
//
// 通过命令行接口与用户玩“Higher or Lower？”游戏。
//----------------------------------------------------------------------
package ch06.apps;

import support.cards.*;            // Card, CardDeck
import java.util.Scanner;

public class HigherLower
{
  public static void main(String[] args)
  {
    Scanner scan = new Scanner(System.in);
    char reply;

    Card card1, card2;
    CardDeck deck = new CardDeck();
    deck.shuffle();

    System.out.println("Welcome to \"Higher or Lower\". Good luck!");

    // 第一张牌
    card1 = deck.nextCard();
    System.out.println("\nFirst Card: " + card1);

    // 猜测
    System.out.print("Higher (H) or Lower (L)? > ");
    reply = scan.nextLine().charAt(0);

    // 第二张牌
    card2 = deck.nextCard();
    System.out.println("\nSecond Card: " + card2);

    // 确定并显示结果
    if ((card2.compareTo(card1) > 0) && (reply == 'H'))
      System.out.println("Correct");
    else
    if ((card2.compareTo(card1) < 0) && (reply == 'L'))
      System.out.println("Correct");
    else
      System.out.println("Incorrect");
```

```
  }
}
```

运行示例如下：

```
Welcome to "Higher or Lower". Good luck!

First Card: Nine of Diamonds
Higher (H) or Lower (L)? > L

Second Card: Seven of Spades
Correct
```

应用程序：一对牌有多罕见

本例展示了如何利用程序模拟帮助我们验证形式分析，反之亦然。梭哈是一种流行的扑克游戏，每个玩家从一副标准的52张扑克牌中获得5张牌，最后持牌最大的玩家获胜。大家知道，扑克牌有两个特点：花色（梅花、方块、红心和黑桃）和点数（从2到A）。按从好到坏的顺序给手中持有的纸牌排序，如下：

- 同花大顺　所有的牌都是同一个花色，点数为10到A。
- 同花顺　所有的牌都是同一个花色，点数按顺序排列。
- 四条　有四张牌点数一样。
- 满堂红　有三张牌点数一样，加一对其他点数的牌。
- 同花　五张同一花色的牌。
- 顺子　五张顺连的牌（如4-5-6-7-8）。注意，A可以与K连也可以与2连。
- 三条　有三张同一点数的牌。
- 两对　两对点数相同的牌（如8-8-3-3-9）。
- 一对　两张点数相同的牌。
- 大牌　如果我们没有以上任何一种牌，手中点数最大的牌就是“大牌”。

为了帮助理解扑克游戏，我们想知道处理随机的五张牌时，我们得到至少两张点数相同的牌的概率。我们不关心顺子和同花牌，只关心得到同样点数的牌。

研究这个问题有两种方法：可以用数学方法分析，也可以写个程序来模拟这种情况。我们两种方法都用，然后比较并验证我们的结果。

首先，我们使用数学分析的方法，通过反转问题来简化分析。我们计算出得不到两张同样点数的牌的概率（0到1之间的实数），然后用1减去这个概率（代表绝对确定性）。

每次处理一张牌。当处理第一张牌的时候，我们得到两张同样点数牌的概率是多少？我们只有一张牌，当然无法匹配出两张同样点数的牌了！我们通过使用经典概率公式有利事件数量÷可能事件总数：

$$\frac{52}{52}=1$$

现在我们处理第二张牌。第一张牌的点数在2和A之间，这副牌剩下的51张牌中，有48张牌的点数和第一张牌不同。因此，51张牌中有48次机会，第二张牌的点数和第一张牌的点数不匹配。为了计算两个连续事件的总概率，我们将它们的个体概率相乘。因而，两张牌后，没有配对的概率是：

$$\frac{52}{52}\times\frac{48}{51}\approx 0.941$$

此时，我们没有配对的概率接近于1−0.941=0.059。

接下来处理第三张牌。这副牌中还剩下50张牌，其中有6张牌与之前两张牌中的一张匹配，因为之前已经假设没有成对了。所以，50张牌中有44次机会，第三张牌的点数无法与前两张牌匹配成对，我们得到的概率是：

$$\frac{52}{52}\times\frac{48}{51}\times\frac{44}{50}\approx 0.828$$

继续这样计算下去，我们得到以下概率，即在发出五张牌之后没有一对匹配的牌的概率：

$$\frac{52}{52}\times\frac{48}{51}\times\frac{44}{50}\times\frac{40}{49}\times\frac{36}{48}\approx 0.507$$

因此，我们得到至少两张匹配牌的概率接近于1-0.507=0.493。我们应该在少于一半的时间内至少得到一对牌。

现在我们使用模拟来解决同样的问题。这不仅有助于我们仔细检查理论结果，也有助于验证我们的程序和用来洗牌的随机数生成器。

我们创建一个应用程序，可以处理一百万次手中的五张扑克牌，并跟踪五张扑克牌中有多少次包含相同的牌。我们使用CardDeck类来提供一副纸牌，正如在前面的示例应用程序中所做的那样，我们使用Card对象列表来表示“手中”的扑克牌。

我们的方法是每手牌都重新洗牌。发牌之后，这些牌被放置在hand列表中。对每张新牌，我们都检查列表，看是否hand中已经有相同点数的牌。以下为Pairs应用程序：

```
//----------------------------------------------------------------------
//Pairs.java             程序员 : Dale/Joyce/Weems              Chapter 6
```

```
//
// 模拟处理手中的扑克牌，以计算得到至少一对匹配扑克牌的概率。
//----------------------------------------------------------------------

import ch06.lists.*;
import support.cards.*;      // 导入 Card 和 CardDeck 类

public class Pairs
{
  public static void main(String[] args)
  {
    final int HANDSIZE = 5;          // 每手牌的张数
    final int NUMHANDS = 1000000;    // 一共有多少手牌
    int numPairs = 0;                // 有对牌的手牌数
    boolean isPair;                  // 当前手牌的状态
    float probability;               // 计算概率

    Card card;                         // 一手牌
    CardDeck deck = new CardDeck(); // 扑克牌

    ListInterface<Card> hand = new ABList<Card>(HANDSIZE); // 一副扑克牌
    for (int i = 0; i < NUMHANDS; i++)
    {
      deck.shuffle();
      hand = new ABList<Card>(HANDSIZE);
      isPair = false;
      for (int j = 0; j < HANDSIZE; j++)
      {
        card = deck.nextCard();
        if (hand.contains(card))
          isPair = true;
        hand.add(card);
      }
      if (isPair)
        numPairs = numPairs + 1;
    }

    probability = numPairs/(float)NUMHANDS;
    System.out.println();
    System.out.print("There were " + numPairs + " hands out of " + NUMHANDS);
    System.out.println(" that had at least one pair of matched cards.");
    System.out.print("The probability of getting at least one pair,");
    System.out.print(" based on this simulation, is ");
```

```
    System.out.println(probability);
  }
}
```

正如我们之前多次看到的那样，使用预定义类，例如ABList类和CardDeck类，可以使编程更加容易。下面是该程序一次运行的结果：

```
There were 492709 hands out of 1000000 that had at least one pair of
matched cards.
The probability of getting at least one pair, based on this simulation,
is 0.492709
```

该结果与我们的理论结果非常接近。额外的程序运行也产生了可接受的接近结果。

6.4 基于数组的有序列表的实现

我们每天使用的许多列表都是有序列表。任务清单是按照最重要到最不重要的顺序排列的，学生列表通常按照字母顺序排列，一个组织良好的零售店是按照店内的过道来分类的。考虑到我们使用有序列表的普遍程度，最好创建一个元素有序保存的列表（List）ADT版本。我们称基于数组的新类为SortedABList。与ABList、LBList一样，SortedABList也实现了ListInterface。

在5.5节“基于数组的有序集合的实现”中，我们设计并编码了一个集合类，该集合类的内部表示就是一个有序数组。我们的目标是提升find操作的效率，这样我们就能得到更加高效的contains方法[O($\log_2^N$) vs O(N)]，同时还能提高其他多个操作的效率。在这里，我们的目标是向客户端呈现一个有序列表——当它们遍历列表时，它们知道该列表是有序的。就像我们对有序集合所做的那样，我们使用相同的基本方法来维护排序，并实现了大部分相同的效率优势。ch05.collections包中SortedArrayCollection的大部分设计和编码都可以重用。

插入排序

我们假设下面的四个元素之前已经添加到列表中：“Cat”“Ant”“Ear”和“Dog”。由于列表是有序存储的，它的内部表示为：

元素个数：4

	[0]	[1]	[2]	[3]	[4]	[5]
列表：	"Ant"	"Cat"	"Dog"	"Ear"		

假如现在要往列表中添加一个新的字符串“Bat”。那么add方法就会调用find方法，以便有效确定新元素应该插在哪个位置。在本例中，新元素的索引是1，因此find方法将实例变量location设置为1，然后add方法会移动必要的元素并将“Bat”插入到新腾出的location索引的位置。

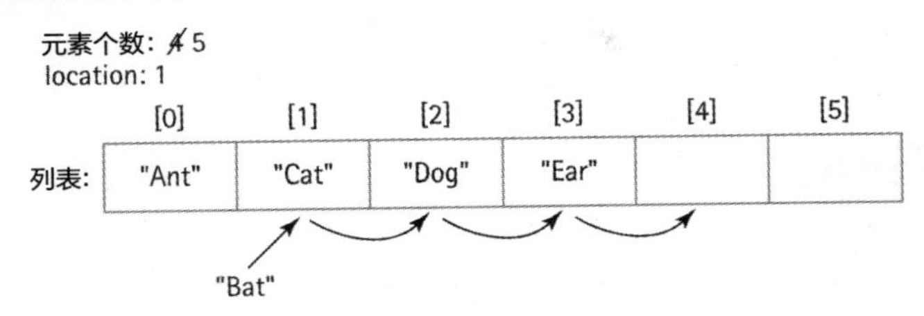

由于每次将元素插入到列表时都使用相同的方法，所以列表是按照有序的方式来维护的。

上述方法实际上是众所周知的被称为插入排序的排序算法。假如我们有N个元素的集合，并想为这N个元素排序。我们可以实例化一个SortedABList对象，并重复为其添加元素。当每个连续的元素添加到列表中时，相对于其他已经排好序的元素来说，它会被插入到适当的位置处。当所有的元素添加之后，我们可以遍历列表并有序地检索元素。

> **排序算法的效率**
>
> 1.6节“比较算法：增长阶分析”中出现的选择排序算法以及这里描述的插入排序算法都是$O(N^2)$的算法。对于小型和中型元素集来说，这样的排序足够了。但是随着元素数量的增长，就需要更快的算法。在11.3节中，我们会开发一些$O(N\log_2^N)$的排序算法。

插入排序的效率增长阶是多少呢？当向列表中添加元素的时候，我们可能需要移动之前添加的元素来为新元素腾出空间。在最坏的情况下，如果新元素是目前为止所有添加的元素中“最小的”如考虑向上面所示的列表中添加“Aardvark”——我们就不得不移动当前所有的元素。如果我们运气不好，初始元素集是反序的话，那么每次添加元素，前面的所有元素都需要移动。

移动数组中的元素和拷贝新添加的元素都是使用赋值语句执行的。因此，我们可以将赋值语句视为插入排序算法的基本操作。我们将计算在最坏情况下需要多少个赋值语句，并将赋值语句的使用称为“步”。

当添加第一个元素时，什么都不需要移动，但是新元素必须拷贝到数组中，所以需要一步。当添加第二个元素时，我们需要一次移动和一次拷贝，因此需要两步。当添加第N个元素时，我们需要N-1次移动和一次拷贝，因此需要N步。所以需要的步骤总和为：

$$1 + 2 + 3 + \ldots + (N - 1) + N$$

使用著名的求和公式对该算式求解，可知和等于$N(N+1)/2$。如果我们将$N(N+1)/2$扩展为$\frac{1}{2}N^2 + \frac{1}{2}N$很容易就发现增长阶为$N^2$。这个分析过程和结果与我们在1.6节“比较算法：增长阶分析”中对选择排序算法所做的一样。虽然$O(N^2)$的排序算法并不“快”，但是在某些情况下插入排序仍是一种很好的选择，例如在列表ADT中，需要排序的元素一次一个传递给存储容器。

不支持的操作

正如我们刚刚所讨论的，SortedABList对象有序地添加元素。它将添加的元素小心地插入到内部数组中合适的位置。注意，除了标准的add方法外，列表ADT还包含其他两个将元素添加到列表中的方法，即基于索引的add和set方法。

如果我们允许客户端在列表的指定索引处add或set元素，那么有可能使得小心创建的有序数组变得混乱。随后，可能引起find方法失效。关于这个问题，有一个简单的解决方法。我们可以把不支持基于索引的add和set操作声明为类的一般前置条件。如果这两个方法被调用了，我们可以让它们抛出UnsupportedOperationException异常。下面是两个不支持的方法的代码：

```
public void add(int index, T element)
// 抛出 UnsupportedOperationException 异常。
{
  throw new UnsupportedOperationException("Unsupported index-based add . . .
}

public T set(int index, T newElement)
// 抛出 UnsupportedOperationException 异常。
{
  throw new UnsupportedOperationException("Unsupported index-based set . . .
}
```

Comparator接口

对于Chapter 5中的SortedArrayCollection来说，数组中的元素是以自然序维护的，即按元素类中compareTo方法定义的顺序。在这种情况下，我们只对提高find操作的效率感兴趣，所以自然序和其他排序方法一样有效。我们只需要要求添加到集合中的元素实现Comparable接口，这样就可以保证元素实现了compareTo方法。

然而，对于列表ADT来说，我们的目标是为客户端呈现出有序列表。因为客户端可能并不想使用元素的自然序。毕竟通常我们可以有很多种方法为列表排序，例如，学生列表可以按照名字、测试平均值、年龄、身高等排序。我们希望允许SortedABList的客户端能够自己指定元素的排序方法。

Java库提供了与比较对象相关的其他接口，被称为Comparator通用接口。该接口定义了两个抽象方法：

```
public abstract int compare(T o1, T o2);
// 返回一个负整数、0 或正整数，以表明 o1 小于、等于或大于 o2。
public abstract boolean equals(Object obj);
// 如果 Comparator 等于 obj，则返回 true；否则返回 false。
```

第一个方法compare，与我们熟悉的compareTo方法非常类似。它接受两个参数，而不是一个。第二个方法equals，按照与Object类中的equals方法相同的方式指定，并可以从Object类继承。回想一下，通常一个类中的equals方法和compareTo方法保持一致非常重要——同样重要的是，Comparator类中的equals方法和compare方法也要保持一致。本讨论中，因为有序列表的实现中不需要使用equals方法，所以这里我们不再介绍它。

使用compareTo方法比较两个对象，需要由其中一个对象来调用该方法。例如，如果fp1和fp2都是FamousPerson的对象，它们可以通过下面的方法进行比较：

```
if (fp1.compareTo(fp2)) . . .
```

Java小贴士

2014年发布的Java 8版本中，提供了定义比较的另一个选项。Lambda表达式为Java提供了函数式编程，允许程序员简单地定义和操作函数，如比较，就像在Lisp和Scheme语言中一样。函数式编程包含了一种与面向对象编程完全不同的解决问题的方法，这需要花费很多的空间来正确解释和演示它。为了专注于数据结构和面向对象，我们在本书中不使用lambda表达式。

在FamousPerson类中，只能定义一个compareTo方法。因此，如果我们依靠compareTo方法来对该类对象进行排序的话，就只有一种方法，这就是所谓的自然序。在FamousPerson类的示例中，元素将按照姓、名的字母序进行排序。

使用基于Comparator类的方法可以有多种排序顺序。我们可以定义与元素类相关的许多方法，这些方法可以根据需要返回Comparator对象。这个方法yearOfBirthComparator返回的是Comparator对象，允许我们对FamousPerson元素按照出生年份排序。该方法是从FamousPerson类中导出的，使用的是匿名内部类技术，我们将在6.2节“列表实现”的迭代部分对该技术进行介绍。

```
public static Comparator<FamousPerson> yearOfBirthComparator()
{
  return new Comparator<FamousPerson>()
  {
    public int compare(FamousPerson element1, FamousPerson element2)
    {
```

```
      return (element1.yearOfBirth - element2.yearOfBirth);
    }
  };
}
```

本章的习题6.30要求你为FamousPerson类提供更多的比较选项。

构造函数

SortedABList的客户端类在对元素排序时如何指定使用哪个Comparator类呢？答案很简单，客户端类在实例化排序列表时，将Comparator作为参数传递给SortedABList的构造函数。SortedABList类包含一个Comparator<T>类型的protected变量comp：

```
protected Comparator<T> comp;
```

这是该类的构造函数：

```
public SortedABList(Comparator<T> comp)
{
  list = (T[]) new Object[DEFCAP];
  this.comp = comp;
}
```

正如你所看到的，实例变量comp的值是通过构造函数来设置的。在该类的find方法中，比较是通过comp来实现的。

```
  result = comp.compare(target, elements[location]);
```

例如，如果客户端想要按照出生年份排序的FamousPerson列表，他们就可以使用适当的comparator来实例化SortedABList对象：

```
SortedABList<FamousPerson> people =
   new SortedABList<FamousPerson>(FamousPerson.yearOfBirthComparator());
```

但是，如果客户端想使用元素类的自然序，即由compareTo方法定义的顺序。我们可以定义第二个不带参数的构造函数，以方便地使用自然序。该构造函数使用匿名内部类，基于元素类的compareTo方法生成一个Comparator对象，并将该对象赋值给comp变量。因此，如果调用SortedABList类的无参数构造函数，默认情况下，将使用元素的自然序进行排序。第二个构造函数为：

```
public SortedABList()
// 前置条件：T 实现了 Comparable
{
  list = (T[]) new Object[DEFCAP];
  comp = new Comparator<T>()
```

```
    {
      public int compare(T element1, T element2)
      {
        return ((Comparable)element1).compareTo(element2);
      }
    };
  }
```

应用实例

以下程序从名为FamousCS.txt文件中读取关于著名计算机科学家的信息，并创建和显示该信息的有序列表。该程序允许用户通过姓名（自然序）或出生年份来指示如何对信息排序。前面的程序使用无参数构造函数实例化列表，后面的程序为构造函数传递了“sort by year of birth”（通过出生年份排序）comparator。代码和样本输入如下：

```
//----------------------------------------------------------------------------
//CSPeople.java          程序员：Dale/Joyce/Weems                  Chapter 6
//
// 从文件 input/FamousCS.txt 中读取著名计算机科学家的信息。允许用户指示他们希望通过名字或
// 出生年份看到列表。
//----------------------------------------------------------------------------
package ch06.apps;

import java.io.*;
import java.util.*;
import ch06.lists.*;
import support.*;

public class CSPeople
{
  public static void main(String[] args) throws IOException
  {
    // 获取用户的显示首选项
    Scanner scan = new Scanner(System.in);
    int choice;
    System.out.println("1: Sorted by name? \n2: Sorted by year of birth?");
    System.out.print("\nHow would you like to see the information > ");
    choice = scan.nextInt();

    // 实例化有序列表
    SortedABList<FamousPerson> people;
```

```
      if (choice == 1)
        people = new SortedABList<FamousPerson>(); // 默认为自然序
      else
        people = new
              SortedABList<FamousPerson>(FamousPerson.yearOfBirthComparator());

      // 设置读取文件
      FileReader fin = new FileReader("input/FamousCS.txt");
      Scanner info = new Scanner(fin);
      info.useDelimiter("[,\\n]");  // 分隔符为逗号、换行符
      FamousPerson person;
      String fname, lname, fact;
      int year;

      // 从文件中读取信息并添加到列表中
      while (info.hasNext())
      {
        fname = info.next();    lname = info.next();
        year = info.nextInt(); fact = info.next();
        person = new FamousPerson(fname, lname, year, fact);
        people.add(person);
      }

      // 使用高级 for 循环显示列表
      System.out.println();
      for (FamousPerson fp: people)
         System.out.println(fp);
   }
}
```

为了节省空间我们只显示输出的前几行。首先，如果用户选择选项1，我们显示以下输出结果：

```
  1: Sorted by name?
  2: Sorted by year of birth?
How would you like to see the information > 1

John Atanasoff(Born 1903): Invented digital computer in 1930.
Charles Babbage(Born 1791): Concept of machine that could be programmed.
Tim Berners-Lee(Born 1955): "Inventor" of the World Wide Web.
Anita Borg(Born 1949): Founding director of IWT.
. . .
```

如果他们选择选项2：

```
  1: Sorted by name?
  2: Sorted by year of birth?

How would you like to see the information > 2
Blaise Pascal(Born 1623): One of inventors of mechanical calculator.
Joseph Jacquard(Born 1752): Developed programmable loom.
Charles Babbage(Born 1791): Concept of machine that could be programmed.
Ada Lovelace(Born 1815): Considered by many to be first computer programmer.
. . .
```

本节到这里就结束了。我们省略的SortedABList类的代码，与为前面ADT开发的代码基本相同。大家可以从ch06.lists包中找到SortedABList。

6.5 列表变体

正如在日常生活中列表的类型和用户有许多种变化，作为数据结构的列表也有许多种实现方法和使用方法。

Java库列表

在Chapter 2、Chapter 4和Chapter 5的“变体”节中，我们回顾了Java标准库对栈、队列和集合的支持。本书中我们不打算把Java Collections应用程序编程接口（API）作为主题详细讨论。设立与API相关的变体的章节，目标是为感兴趣的读者指出相关信息，并鼓励他们对主题进行独立研究。接下来，我们将在适当的时候，简要提及与正在考虑的ADT相关的库结构。

Java库提供了一个List接口，该接口继承了库的Collection和Iterable接口。库中的List接口比我们定义的更复杂，定义了28个抽象方法。

它是由以下类实现的：AbstractList、AbstractSequentialList、ArrayList、AttributeList、CopyOnWriteArrayList、LinkedList、RoleList、RoleUnresolvedList、Stack和Vector。特别需要注意的是ArrayList——我们在2.5节“基于数组的栈实现”中使用ArrayList实现了栈——以及实现了双向链表的LinkedList。

链表变体

链表有时候用作ADT，例如，Java库中的LinkedList类：有时候用作实现其他数据结构的方法，例如，到目前为止我们使用链表实现了栈、队列、集合和列表。

我们已经见到了几种链表结构。我们使用单一访问链接的单向链表（图6.2a），在2.8节“基于链接的栈”中实现了栈，并在5.6节“基于链接的集合的实现”中实现了集合。我们使用带有头节点和尾节点访问链接的单向链表（图6.2b），在4.5节“基于链接的队列实现”中实现了队列，在6.2节“列表实现”中实现了列表。我们讨论了如何使用带有单一访问引用的循环链表（图6.2c），在4.5节“基于链接的队列实现”中实现了队列，还讨论了如何使用双向链表（图6.2d），在4.7节“队列变体”中实现双向队列。

在实现链表的方法时，我们发现链表的第一个和最后一个节点经常出现特殊情况。简化这些方法的一个办法是确保我们永远不会在链表的末尾添加或删除元素。如何做到这一点呢？设置虚拟节点以标识链表的末尾通常是一件简单的事。对于有序链表来说尤其如此，因为我们可以使用链表内容允许范围之外的值来指示虚拟节点。包含的值小于任一可能的链表元素键值的**头节点**，可放置在链表的开头。包含的值大于任一合法元素键值的**尾节点**，可以放置在链表的末尾（图6.2e）。

有时候链表本身在多个层次上链接在一起形成了更复杂的结构。在Chapter 10中，我们会讨论使用多层链表来实现图ADT。互连列表（Interconnected lists）有时用来支持复杂而高效的算法，例如，跳表（Skip List）是多层次列表（图6.2f），支持高效添加节点和查找节点。

本书中的材料为你提供学习、理解、使用和创建所有上述变体等所需的基础知识。

链表作为节点数组

我们倾向于认为链接结构是由根据需要动态分配的自引用节点构成，如图6.3a所示。但这并不是必需的。链表可以在数组中实现，元素可能以任何顺序存储在数组中，并通过它们的索引“链接”起来（见图6.3b）。在这里，我们讨论基于数组的链表实现。

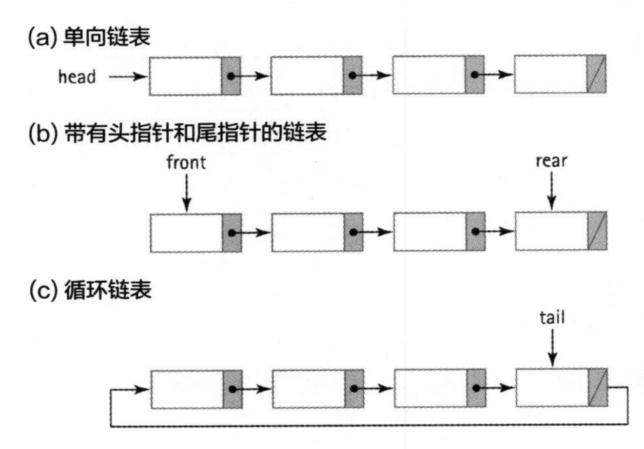

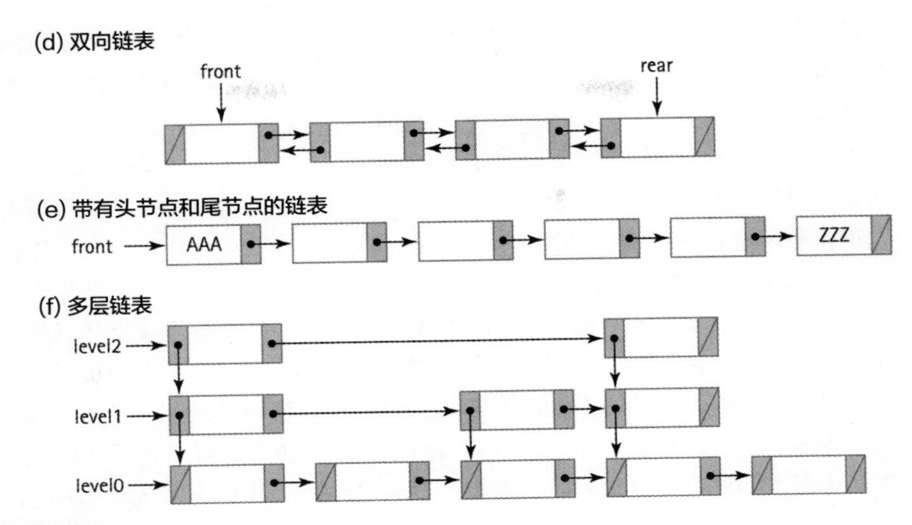

图6.2 链表变体

在我们之前基于引用的链表实现中，当需要添加新节点或添加新节点后需要删除该节点时，我们使用了Java内置的内存管理服务。在Java中获得一个新节点很简单，只需使用熟悉的new操作。从使用中释放一个节点也非常容易，只需删除我们对该节点的引用，然后依靠Java运行时系统的垃圾回收器来收回该节点所使用的空间即可。

对基于数组的链接表示，我们必须预先确定最大链表的大小，并实例化该大小的节点数组。然后我们直接管理数组的节点。我们保留一个单独的可用节点列表，并编写程序来为这个空闲列表分配节点和释放节点。

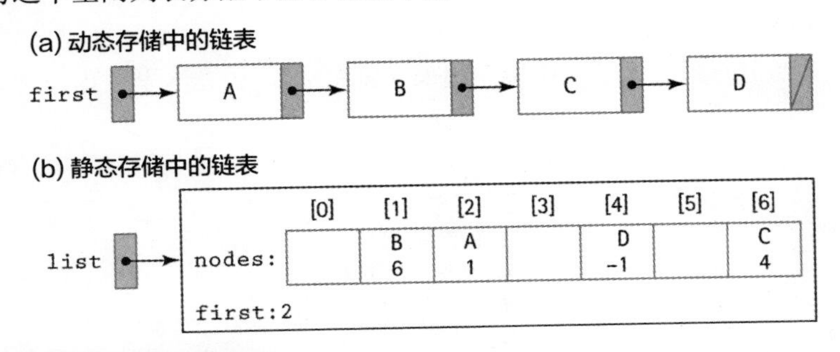

图6.3 动态存储和静态存储中的链表

为什么使用数组

我们已经发现动态分配链表节点有很多的优点，因此，我们为什么会考虑采用节点数组的实现呢？回想一下，选择链接实现的一个优点是动态分配，另一个优点是add和remove算法的效率更高。链接结构上大多数操作的算法都可用于基于数组和基于引用的实现中。其主要差异源于，在基于数组的实现中，管理自己可用空间的需求。有时管理可用空间本身给了我们更大的灵活性。

使用节点数组的另一个原因是，某些编程语言不支持动态分配或引用类型。如果你正在使用这些编程语言中的一种时，通过使用本部分中出现的技术，你仍然可以使用链接结构。

最后，有时动态分配每个节点，一次一个，就时间而言成本太高，尤其在诸如操作系统、空中交通管制系统和汽车系统等实时系统软件中。在这些情况下，基于数组的链接方法既提供了链接结构的好处，又不会有相同的运行时成本。

需要进行静态分配是使用基于数组的链接方法的主要目的之一，所以我们放弃了列表无限大的假设。这里，我们的列表不会根据需要增长，客户端也不应向已满的列表中添加元素。

如何使用数组

这里我们重新回到之前讨论过的话题，即如何在数组中实现链表。我们将概述该方法，并将具体的实现留作练习。我们可以为每个数组节点关联一个next变量，用来指示其后继节点的数组索引。通过包含链表第一个元素的数组索引的“引用”从头开始访问该链表。图6.4显示了包含元素“David”“Joshua”“Leah”“Miriam”和“Robert”的有序链表如何存储在节点数组中。

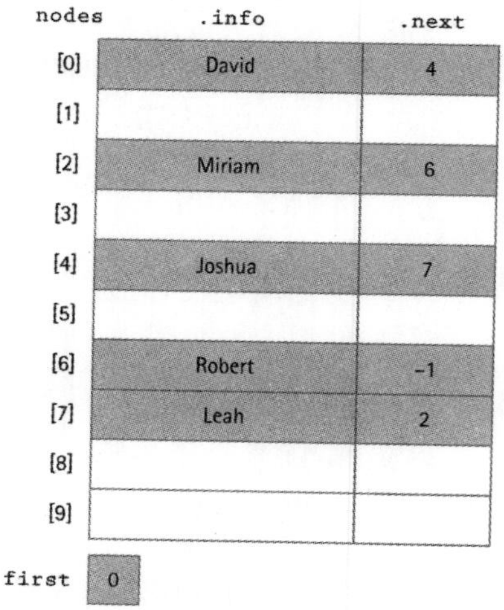

nodes	.info	.next
[0]	David	4
[1]		
[2]	Miriam	6
[3]		
[4]	Joshua	7
[5]		
[6]	Robert	-1
[7]	Leah	2
[8]		
[9]		

first 0

图6.4 存储在节点数组中的有序链表

你发现next索引链是如何显式地指示链表中元素的顺序了吗？

最后一个链表元素的next索引值是什么呢？其“null”值必须是实际链表元素的无效地址。nodes数组索引从0开始，而值-1并不是数组的有效索引，即没有nodes[-1]，因此，-1是用作“null”地址的理想值。我们可以在程序中使用值-1：

```
while (location != -1)
```

然而，更好的编程风格是声明一个命名常量。我们建议使用标识符NUL并将其定义为-1：

```
protected static final int NUL = -1;
```

当使用节点数组的实现来表示链表时，程序员必须编写例程管理对新链表元素可用的空间。可用空间在哪里呢？再看一下图6.4。链表中所有不包含值的数组元素构成了可用空间。我们不能使用内置的动态内存分配符new，必须要编写我们自己的方法，从可用空间中分配节点。我们将该方法称为getNode。向链表中添加新元素时，就使用getNode方法。

当我们从链表中删除元素时，就需要回收元素所占的空间，也就是说，我们需要将删除的节点归还给可用空间，以便后面它可以再次被使用。我们不能依靠垃圾回收器，因为删除的节点仍在分配的数组中，所以该节点无法由运行时引擎回收。我们需要编写自己的方法freeNode，将节点放回可用空间池中。

我们需要一种方法来跟踪未用于存储元素的节点集合。我们可以将这个未使用的数组元素集合链接到第二个链表，即可用节点链表。图6.5显示了通过next值链接起来的包含元素的数组节点和可用空间的数组节点。first变量是对从索引0（包含值“David”）开始的链表的引用。跟随next链接，我们看到链表接下来的顺序是索引4（“Joshua”）、索引7（“Leah”）、索引2（“Miriam”）和索引6（“Robert”）。可用链表从free开始，即从索引1开始。跟随next链接，我们发现可用链表也包含数组索引5、3、8和9。我们看到在next列有两个NUL值，这是因为nodes数组中包含两个链表，因此，数组包含两个链表末尾值。

这就是对使用数组实现链表的方法的概述。当然，要真正完成这个实现，还有大量的工作要做。见习题37。

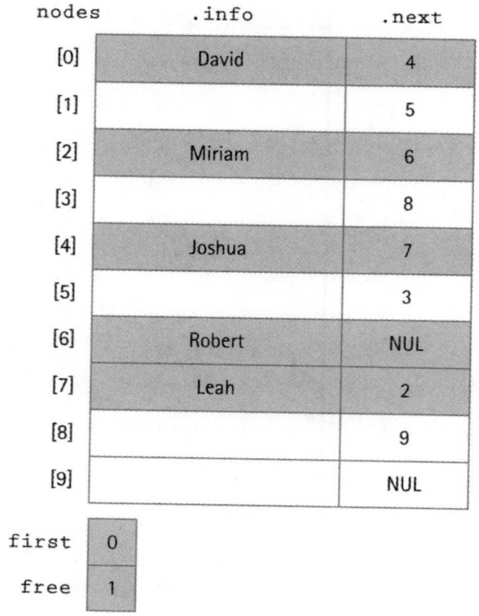

nodes	.info	.next
[0]	David	4
[1]		5
[2]	Miriam	6
[3]		8
[4]	Joshua	7
[5]		3
[6]	Robert	NUL
[7]	Leah	2
[8]		9
[9]		NUL

first	0
free	1

图6.5 包含链表值和可用空间的数组

6.6 应用程序：大整数

在前面一节中，我们回顾了几种常见的链表变体：单向链表、双向链表、循环链表、带有头节点和尾节点的链表、带有头指针或带有头、尾指针的链表和多层链表。当然，更多的变体都是可能的，尤其考虑到你可以“混合和匹配”方法。例如，创建一个只有头指针并带有头节点和尾节点的循环链表，等等。

在本节，我们将创建链表的变体，帮助我们解决具体的问题。除了使用经典的数据结构和创建可重用的ADT之外，能够根据需要设计、创建和使用数据结构也是非常重要的。

大整数

Java中可以支持的整数值范围，针对不同的原始整数类型也是不同的。附录C包含一张表，该表显示了默认值、值的可能范围以及实现每个整数类型所需的位数。最大的整数类型long可以表示9223372036854775808和9223372036854775807之间的值。这似乎可以满足大多数应用程序的要求了。然而，有些程序员肯定需要用更大的值表示整数。我们创建一个允许程序员操作整数的LargeInt类，在该类中整数的位数仅受可用内存量的限制[1]。

因为我们为数学对象提供了一种替代实现，即整数，所以操作我们都已经很熟悉了：加法、减法、乘法、除法、赋值和关系运算符。在本节中我们只关注加法和减法。在课后练习中，我们会要求你增加一些其他的操作来完善该ADT。

除标准的数学运算外，在尝试加、减之前，我们需要首先考虑如何创建LargeInt对象。我们不能使用带有整数参数的构造函数，因为所需整数可能太大而无法在Java中表示，毕竟这就是该ADT的目的所在。因此，我们决定使用的构造函数，可以接受表示整数的字符串参数并实例化相应的LargeInt对象。

我们假设大整数的符号是正号，并提供使其为负的方法。我们称相应的方法为setNegative。另外，我们必须提供观察者操作，以返回大整数的字符串表示。我们遵循Java命名规范，称该操作为toString。

内部表示

在考虑这些操作的算法之前，我们需要确定要使用的内部表示。大整数可以是任意大小，这使得我们采用基于动态内存的表示。另外，假设整数是一个数字列表，那么很自然地就会研究使用数字链表表示它的可能性。图6.6展示了单向列表存储数字的两种方法，及其加法示例。（a）和（c）部分展示的都是一个节点表示一个数字，（b）部分展示的是一个节点表示几个数字。我们开发大整数ADT采用的是一个节点表示一个数字的方式（后面的练习会要求你探索在每个节点包含多个数字所需做的更改）。因此，我们决定使用数字链表来表示大整数。由于单个数字可以用Java最小的整数类型byte来表示，所以我们决定使用byte类型的链表。

该链表必须要支持的操作有哪些呢？要考虑的第一件事就是如何构造这些大整数。我们已经决定在特定的大整数上从左到右构建自己的表示，一次一个数字。这就是我们直接初始化大整数的方法。但是，算术运算的结果也可能创建大整数。考虑一下你是如何执行像加法这样的运算的——从最低有效位到最高有效位进行运算，然后得到结果。因此，我们还需要按照从最低有效位到最高有效位插入数字的方式来创建大整数。所以，我们的链表应该支持在链表的开始和末尾插入数字的操作。

鉴于表示大整数的独特要求，我们专门为该项目创建一个链表类，称为LargeIntList。

[1] 注意Java库中已经提供了相似的类java.math.BigInteger。在这里我们实现自己的版本，因为它不仅很好地演示了链表的使用，也提供了如何实现这样一个类的信息。

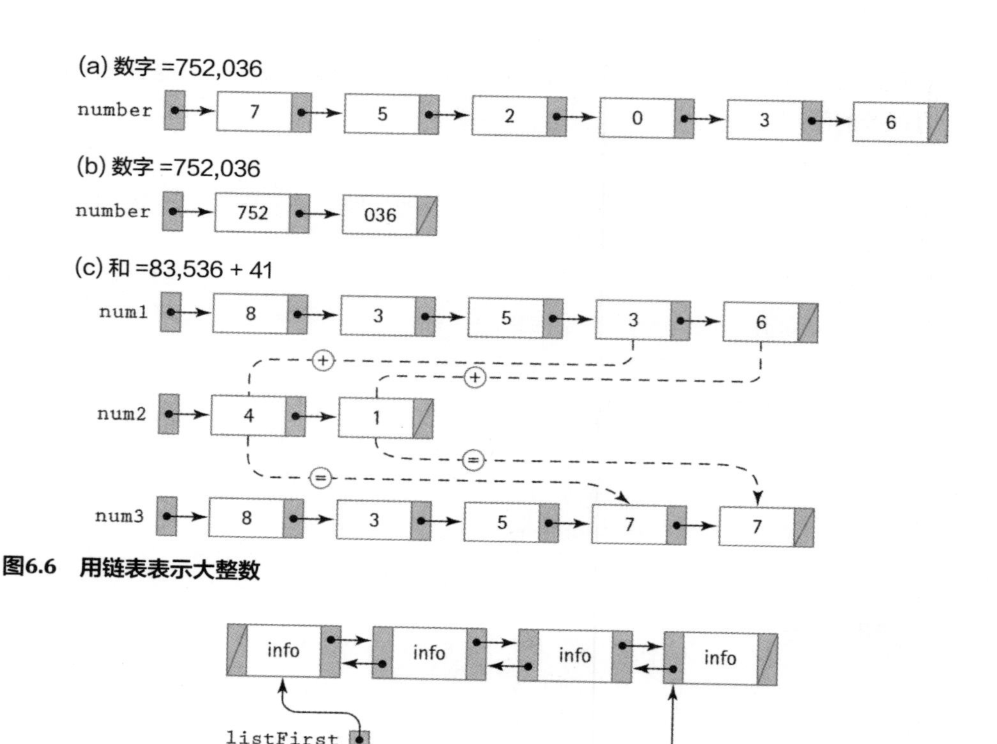

图6.6 用链表表示大整数

图6.7 带有两个引用的双向链表

LargeIntList类

此时，先来回顾一下我们的需求。我们的链表必须能够存储byte原始类型的元素；我们将使用封装类Byte。该链表无需支持isFull、isEmpty、add、contains、get、remove以及任何的索引操作。实际上，在我们已经使用过的操作中，这个新链表结构唯一所需的操作就是size操作和迭代器操作。我们还需要从左到右、从右到左处理元素，所以我们需要支持两个迭代器：forward和reverse。另外，我们需要在链表的开始添加元素，addFront；同时在链表的末尾添加元素，addEnd。

为了满足向前或向后遍历链表的需求，我们决定使用基于引用的双向链表结构来实现我们的链表。为了向后遍历链表，并且为了支持新的addEnd操作，很明显我们需要方便快捷地访问链表末尾。我们决定维护两个链表引用，一个引用链表的前面，一个引用链表的后面。图6.7展示了LargeIntList类内部表示的一般结构。

这是LargeIntList类的开始部分。我们使用DLLNode类（该类在4.7节“队列变体”

中介绍过）。我们使用实例变量来跟踪第一个链表元素、最后一个链表元素以及链表中的元素个数。如前所述，DLLNode类的info属性用来存放Byte类型的值。

```
//----------------------------------------------------------------------------
//LargeIntList.java        程序员：Dale/Joyce/Weems           Chapter 6
//
// 专门用来支持大整数 ADT 的链表
//----------------------------------------------------------------------------
package ch06.largeInts;

import support.DLLNode;
import java.util.Iterator;

public class LargeIntList
{
  protected DLLNode<Byte> listFirst;   // 对链表第一个节点的引用
  protected DLLNode<Byte> listLast;    // 对链表最后一个节点的引用
  protected int numElements;           // 链表中元素的个数

  public LargeIntList()
  // 创建一个空链表对象
  {
    numElements = 0;
    listFirst = null;
    listLast = null;
  }
```

Size方法和以前的实现基本相同——它只是返回实例变量numElements的值。

```
public int size()
// 返回链表中的元素个数
{
  return numElements;
}
```

迭代器方法很简单。迭代期间没有删除节点的需求，因此返回的迭代器无需支持该操作。这大大简化了它们的设计。

```
public Iterator<Byte> forward()
// 返回从前向后迭代的迭代器。
{
  return new Iterator<Byte>()
  {
    private DLLNode<Byte> next = listFirst; // 下一个要返回的节点
    public boolean hasNext()
```

```
    // 如果迭代时还有更多的元素，则返回 true；否则返回 false。
    {
      return (next != null);
    }

    public Byte next()
    // 返回迭代中的下一个元素。
    // 如果没有更多的元素，则抛出 NoSuchElementException 异常。
    {
      if (!hasNext())
        throw new IndexOutOfBoundsException("Illegal invocation of " +
                        " next in LargeIntList forward iterator.\n");

      Byte hold = next.getInfo();          // 持有要返回的信息
      next = next.getForward();
      return hold;
    }
    public void remove()
    // 抛出 UnsupportedOperationException 异常。
    {
      throw new UnsupportedOperationException("Unsupported remove " +
                    "attempted on LargeIntList forward iterator.");
    }
  };
}

public Iterator<Byte> reverse()
// 返回从后向前迭代的迭代器。
{
  return new Iterator<Byte>()
  {
    private DLLNode<Byte> next = listLast; // 下一个要返回的节点
    public boolean hasNext()
    // 如果迭代时还有更多的元素，则返回 true；否则返回 false。
    {
      return (next != null);
    }

    public Byte next()
    // 返回迭代中的下一个元素。
    // 如果没有更多的元素——抛出 NoSuchElementException 异常。
    {
      if (!hasNext())
```

```
      throw new IndexOutOfBoundsException("Illegal invocation of " +
                        "next in LargeIntList reverse iterator.\n");

    Byte hold = next.getInfo();          // 持有要返回的信息
    next = next.getBack();
    return hold;
  }

  public void remove()
  // 抛出 UnsupportedOperationException 异常。
  {
    throw new UnsupportedOperationException("Unsupported remove " +
                      "attempted on LargeIntList forward iterator.");
  }
 };
}
```

由于我们无需处理在列表中间添加数字的情况，所以简化了添加方法。addFront总是在链表的开头添加元素，而addEnd方法总是在链表的末尾添加元素。这里我们来看一下addFront方法（见图6.8a）。

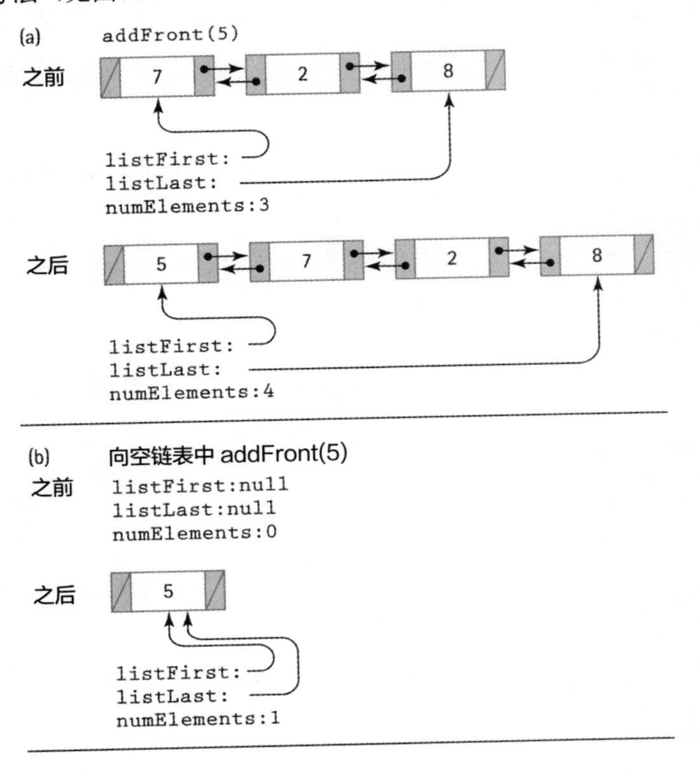

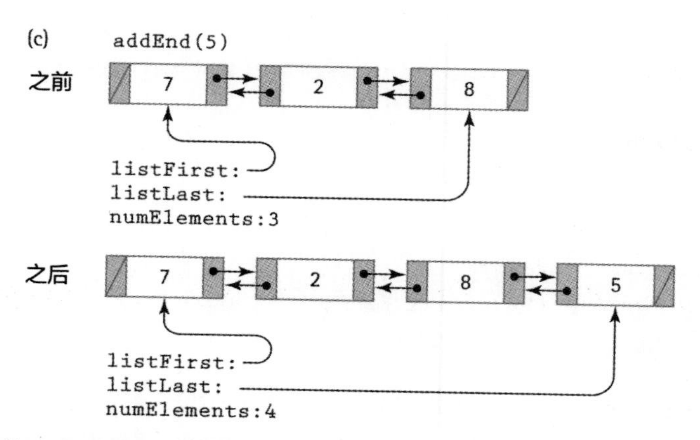

图6.8 在新链表的开头和末尾添加元素

添加方法首先创建新节点并初始化其属性。该新节点就是链表的新开头，因此该新节点的forward链接应该引用链表之前的开头节点，而其back链接应该是null。If语句会对向空链表中添加元素的情况进行防护。在这种情况下，实例变量listFirst和listLast都必须引用新节点，因为该新节点既是链表的第一个元素也是最后一个元素。若不是空链表的话，则链表之前的第一个元素的back链接应设置为引用新节点和实例变量listFirst。

```
public void addFront (byte element)
// 在链表的开头添加元素值
{
  DLLNode<Byte> newNode = new DLLNode<Byte>(element); // 要添加的节点
  newNode.setForward(listFirst);
  newNode.setBack(null);
  if (listFirst == null)    // 向空链表中添加元素
  {
    listFirst = newNode;  listLast = newNode;
  }
  else                      // 向非空链表中添加元素
  {
    listFirst.setBack(newNode);
    listFirst = newNode;
  }
  numElements++;
}
```

addEnd方法的代码类似（见图6.8c）：

```
public void addEnd (byte element)
// 向链表的末尾添加元素值
```

```
{
  DLLNode<Byte> newNode = new DLLNode<Byte>(element); // 要添加的节点
  newNode.setForward(null);
  newNode.setBack(listLast);
  if (listFirst == null)     // 向空链表中添加元素
  {
    listFirst = newNode;  listLast = newNode;
  }
  else                       // 向非空链表中添加元素
  {
    listLast.setForward(newNode);
    listLast = newNode;
  }
  numElements++;
}
```

LargeInt类

我们将使用LargeIntList对象来存放数字的链表，这些数字是大整数的内部表示的一部分。现在我们可以专注于该类定义的剩余部分。大整数除了数位，还有符号，用来指明它是正数还是负数。我们使用布尔类型的实例变量sign来表示大整数的符号。此外，我们定义两个布尔类型的常量PLUS=ture和MINUS=false，与sign一起使用。

这里是LargeInt类的开头部分。它包含了实例变量，两个构造函数和三个方法setNegative（将大整数设置为负数）、addDigit（逐位构建一个大整数）和toString（提供大整数的字符串表示，每三位数字使用逗号分隔）。我们将LargeInt类和LargeIntList类都放在ch06.largeInts包中。

```
//----------------------------------------------------------------------
//LargeInt.java          程序员：Dale/Joyce/Weems          Chapter 6
//
// 提供大整数 ADT。大整数可以由任意个数字和一个符号组成。支持加、减运算。
//----------------------------------------------------------------------
package ch06.largeInts;

import java.util.Iterator;

public class LargeInt
{
```

```
protected LargeIntList numbers;     // 持有数字

// 为 sign 变量而定义的常量。
protected static final boolean PLUS = true;
protected static final boolean MINUS = false;

protected boolean sign;

public LargeInt()
// 初始化一个“空”的大整数。
{
  numbers = new LargeIntList();
  sign = PLUS;
}

public LargeInt(String intString)
// 前置条件：intString 包含一个格式完好的整数
//
// 实例化 intString 所表示的整数
{
  numbers = new LargeIntList();
  sign = PLUS;

  int firstDigitPosition;             //intString 中第一个数字的位置
  int lastDigitPosition;              //intString 中最后一个数字的位置

 // 用来将字符翻译成字节
  char digitChar;
  int digitInt;
  byte digitByte;

  firstDigitPosition = 0;
  if (intString.charAt(0) == '+')    // 跳过前置加号
    firstDigitPosition = 1;
  else
  if (intString.charAt(0) == '-')    // 处理前置减号
  {
    firstDigitPosition = 1;
    sign = MINUS;
  }

  lastDigitPosition = intString.length() - 1;
```

```
    for (int count = firstDigitPosition; count <= lastDigitPosition; count++)
    {
      digitChar = intString.charAt(count);
      digitInt = Character.digit(digitChar, 10);
      digitByte = (byte)digitInt;
      numbers.addEnd(digitByte);
    }
  }

  public void setNegative()
  {
    sign = MINUS;
  }

  public String toString()
  {
    Byte element;

    String largeIntString;
    if (sign == PLUS)
      largeIntString = "+";
    else
      largeIntString = "-";

    int count = numbers.size();
    Iterator<Byte> forward = numbers.forward();
    while (forward.hasNext())
    {
      element = forward.next();
      largeIntString = largeIntString + element;
      if ((((count - 1) % 3) == 0) && (count != 1))
        largeIntString = largeIntString + ",";
      count--;
    }
    return(largeIntString);
  }
```

注意，这里使用的许多抽象层次和我们的数据有关。在前一章中，我们定义了双向链表节点类DLLNode。上面代码中使用该类作为LargeIntList类的内部表示的一部分，而LargeIntList类又在此

重温重要概念：抽象层次

这里我们看到了抽象层次的另一个例子。应用程序使用了LargeInt类，LargeInt类使用了LargeIntList类，LargeIntList类使用了DLLNode类。当我们作为程序员在抽象层次的任意级别中工作时，我们只需知道如何使用下一个较低的级别，而无需知道它是如何实现的，也不必担心较低级别的细节。抽象确实是攻克复杂性的关键。

处用作LargeInt类的内部表示的一部分。一旦LargeInt类创建完成之后，我们就能够在应用程序中使用该类来操作大整数。该应用程序使用了LargeInt类，LargeInt类使用了LargeIntList类，LargeIntList类使用了DLLNode类，而DLLNode类使用了两个引用变量。

加法和减法

你还记得你是何时学习的整数的加法吗？还记得如何根据操作数的符号和拥有较大绝对值的操作数来运用特殊运算法则吗？例如，要计算加法(-312)+(+200)，你会采取哪些步骤呢？我们来看一下：数字之间的符号不同，我们就用较大的绝对值（312）减去较小的绝对值（200），得到112，然后使用绝对值较大的那个数的符号（-），得到最终结果为（-112）。

我们再做几个加法：

(+200) + (+100) = ?

(−300) + (−134) = ?

(+34) + (−62) = ?

(−34) + (+62) = ?

你是否分别得到了正确答案（+300，-434，-28，+28）？

你是否注意到为上面列表中的算式求和而必须执行的实际数学运算？你只进行了两种运算：将两个正数相加，以及从较大的正数中减去较小的正数。这就对了，结合有关如何处理符号的规则，这些操作将允许你完成所有的加法。

辅助方法

数学和编程一样，我们都希望重用常用的操作。因此，为了支持加法运算，我们首先定义几个辅助操作。这些基本操作应该能够应用于数字的绝对值，这意味着我们现在可以忽略数字的符号。我们需要哪些常用操作呢？基于我们之前的讨论，我们需要能够将两个链表的数字相加，需要从较大的链表中减去较小的链表。这意味着我们还必须能够识别出两个数字链表哪一个更大。因此，我们需要三个操作，我们称之为addLists、substractLists和greaterList。

我们先从greaterList开始。我们给greaterList传递两个LargeIntList型的参数。如果第一个参数代表的整数大于第二个参数，则返回true，否则返回false。比较字符串时，我们按从左到右的顺序比较相应位置上的一对字符。第一个不匹配的字符决定了哪个数字更大。当比较正数时，只有当其长度相同时，我们才逐位对它们进行比较。所以，我们首先比较长度，如果它们的长度不同，则返回适当的结果。如果数字的长度相同，我们按照从左到右的顺序对它们进行比较。在代码中，我们首先将布尔型变量greater设置为false，如果发现第一个数字大于第二个数字，则更改该设置。最后，我们返回greater的布尔值。

```
protected static boolean greaterList(LargeIntList first,
                                     LargeIntList second)
// 前置条件：first 和 second 中没有前导 0
//
// 如果 first 表示的数字大于 second 表示的数字，则返回 true;
// 否则，返回 false。
{
  boolean greater = false;
  if (first.size() > second.size())
    greater = true;
  else
  if (first.size() < second.size())
    greater = false;
  else
  {
    byte digitFirst;
    byte digitSecond;
    Iterator<Byte> firstForward = first.forward();
    Iterator<Byte> secondForward = second.forward();

    // 设置循环
    int length = first.size();
    boolean keepChecking = true;
    int count = 1;

    while ((count <= length) && (keepChecking))
    {
      digitFirst = firstForward.next();
      digitSecond = secondForward.next();
      if (digitFirst > digitSecond)
      {
        greater = true;
        keepChecking = false;
      }
      else
      if (digitFirst < digitSecond)
      {
```

```
          greater = false;
          keepChecking = false;
        }
        count++;
      }
    }
    return greater;
  }
```

如果我们退出while循环时没有发现任何不同，就说明数字是相等的，那么我们就返回greater的初始值，即false（因为first不大于second）。

由于我们只是盲目地看链表的长度，我们必须假设数字中不包含前导0（例如该方法将报告005>14）。我们将greaterList方法声明为protected。辅助方法不是为了给客户端程序员使用的，而只用于LargeInt类本身。

接下来我们看一下addLists。我们为addLists方法传递两个LargeIntList参数作为其操作数，该方法返回一个新的LargeIntList作为结果。如果我们假设first参数大于second参数，那么addLists的处理过程就会被简化。由于我们已经可以访问greaterList方法，所以我们作此假设。

我们首先从两个最低有效位加起（单位的位置）。接下来，我们将十位（如果出现的话）相加，再加上最低有效位的和的进位（如果有的话）。这个过程一直持续到较小操作数的数位运算结束。对于较大操作数的剩余数字，我们可能依然需要进位，但无需和较小操作数的数字相加。最后，如果还剩余了一个进位值，我们可以创建一个新的最高有效位，放置该进位值。我们使用整数除法和模运算符来确定进位值和要插入到结果中的值。算法如下：

addLists(LargeIntList larger, LargeIntList smaller) 返回LargeIntList

```
设置result为新的LargeIntList();
设置carry(进位)为0;
larger.resetBackward();
smaller.resetBackward();
for 较小链表的长度
    设置digit1为larger.getPriorElement();
    设置digit2为smaller.getPriorElement();
    设置temp为digit1+digit2+carry
    设置carry为temp/10
```

```
result.addFront(temp%10)
继续算完较大数的数字，如果需要加上进位值
if (carry != 0)
    result.addFront(carry)
返回result
```

将该算法应用到下面的例子中，以确认算法是正确的。代码在后面。

```
 322    388    399    999     3      1    988     0
  44    108      1     11    44     99    100     0
 ---    ---    ---    ---   ---    ---    ---   ---
 366    496    400   1010    47    100   1088     0
```

```
protected static LargeIntList addLists(LargeIntList larger,
                                       LargeIntList smaller)
// 前置条件：larger>smaller
//
// 返回一个专门的链表，它是两个参数链表的逐字节总和。
{
  byte digit1;
  byte digit2;
  byte temp;
  byte carry = 0;

  int largerLength = larger.size();
  int smallerLength = smaller.size();
  int lengthDiff;

  LargeIntList result = new LargeIntList();

  Iterator<Byte> largerReverse = larger.reverse();
  Iterator<Byte> smallerReverse = smaller.reverse();

  // 处理两个链表，此时两个链表中都有数字。
  for (int count = 1; count <= smallerLength; count++)
  {
    digit1 = largerReverse.next();
    digit2 = smallerReverse.next();
    temp = (byte)(digit1 + digit2 + carry);
    carry = (byte)(temp / 10);
```

```
    result.addFront((byte)(temp % 10));
  }

  // 完成剩余数字的处理
  lengthDiff = (largerLength - smallerLength);
  for (int count = 1; count <= lengthDiff; count++)
  {
    digit1 = largerReverse.next();
    temp = (byte)(digit1 + carry);
    carry = (byte)(temp / 10);
    result.addFront((byte)(temp % 10));
  }
  if (carry != 0)
    result.addFront((byte)carry);

  return result;
}
```

现在我们来研究辅助方法substractLists。记住，我们只需要处理最简单的情况：两个整数都是正数，用较大的整数减去较小的整数。与addLists一样，我们接受两个LargeIntList参数，第一个参数大于第二个参数，并返回一个新的LargeIntList。

我们从单位位置的一对数字开始算起。我们称较大参数中的数字为digit1、较小参数中的数字为digit2。如果digit2小于digit1，就做减法并将得到的数字插入到结果的最前面。如果digit2大于digit1，就从上一位借10然后做减法。然后我们计算十位。如果借位了，就从新的larger里面减去1并像刚才一样继续做减法。由于我们将问题限制在larger大于smaller的情况，所以，要么两个整数的数位同时算完，要么当smaller算完的时候，larger中还包含没算完的数字。该限制保证了借位不会超出larger的最高有效位。看看你能否通过代码理解我们刚才描述的算法。

```
protected static LargeIntList subtractLists(LargeIntList larger,
                                            LargeIntList smaller)
// 前置条件：larger>=smaller
//
// 返回一个专门的列表，两个参数列表的差。
{
  byte digit1;
  byte digit2;
  byte temp;
  boolean borrow = false;

  int largerLength = larger.size();
```

```
int smallerLength = smaller.size();
int lengthDiff;

LargeIntList result = new LargeIntList();

Iterator<Byte> largerReverse = larger.reverse();
Iterator<Byte> smallerReverse = smaller.reverse();

// 处理两个链表，此时两个链表都有数字。
for (int count = 1; count <= smallerLength; count++)
{
  digit1 = largerReverse.next();
  if (borrow)
  {
    if (digit1 != 0)
    {
      digit1 = (byte)(digit1 - 1);
      borrow = false;
    }
    else
    {
      digit1 = 9;
      borrow = true;
    }
  }

  digit2 = smallerReverse.next();

  if (digit2 <= digit1)
    result.addFront((byte)(digit1 - digit2));
  else
  {
    borrow = true;
    result.addFront((byte)(digit1 + 10 - digit2));
  }
}

// 完成剩余数字的处理。
lengthDiff = (largerLength - smallerLength);
for (int count = 1; count <= lengthDiff; count++)
{
  digit1 = largerReverse.next();
  if (borrow)
```

```
      {
        if (digit1 != 0)
        {
          digit1 = (byte)(digit1 - 1);
          borrow = false;
        }
        else
        {
          digit1 = 9;
          borrow = true;
        }
      }
      result.addFront(digit1);
    }

    return result;
  }
```

加法

现在完成了辅助方法，我们可以将注意力转向提供给LargeInt类客户端的pulic方法。首先，我们来看加法。下面是我们学习数学时学过的加法法则。

加法法则

1. 当两个操作数都为正时，将其绝对值相加并使结果为正。
2. 当两个操作数都为负时，将其绝对值相加并使结果为负。
3. 当一个操作数为负，一个操作数为正时，用较大数的绝对值减去较小数的绝对值，并使结果的符号与较大数的符号相同。

我们使用这些规则来设计add方法。我们可以将前两个法则合并如下："如果两个操作数的符号相同，将其绝对值相加并使结果符号与两操作数相同。"我们的代码使用适当的辅助方法来生成新的数字链表，然后根据法则设置符号。记住，要使用辅助方法，我们需要按正确的顺序（大数在先）传递其所需参数。以下为加法的代码：

```
public static LargeInt add(LargeInt first, LargeInt second)
// 返回一个 LargeInt，它是两个 LargeInt 参数的和。
{
  LargeInt sum = new LargeInt();

  if (first.sign == second.sign)
```

```
  {
    if (greaterList(first.numbers, second.numbers))
      sum.numbers = addLists(first.numbers, second.numbers);
    else
      sum.numbers = addLists(second.numbers, first.numbers);
    sum.sign = first.sign;
  }
  else    // 符号不同
  {
    if (greaterList(first.numbers, second.numbers))
    {
      sum.numbers = subtractLists(first.numbers, second.numbers);
      sum.sign = first.sign;
    }
    else
    {
      sum.numbers = subtractLists(second.numbers, first.numbers);
      sum.sign = second.sign;
    }
  }

  return sum;
}
```

add方法接受两个LargeInt对象，并返回一个等于其总和的新的LargeInt对象。由于该方法将操作数作为参数传递并会显式地返回结果，所以将其定义为通过类而不是通过对象调用static方法。代码如下：

```
LargeInt LI1 = new LargeInt();
LargeInt LI2 = new LargeInt();
LargeInt LI3;
LI1.addDigit((byte)9);
LI1.addDigit((byte)9);
LI1.addDigit((byte)9);

LI2.addDigit((byte)9);
LI2.addDigit((byte)8);
LI2.addDigit((byte)7);

LI3 = LargeInt.add(LI1, LI2);
System.out.println("LI3 is " + LI3);
```

产生的输出为字符串“LI3 is +1986”。

减法

还记得在你学习算术时，减法似乎比加法更难吗？不再是这样了。我们只需要使用一条减法法则："改变减数的符号，然后相加。"我们无需关心如何"改变减数的符号"，因为我们不想改变传递给substract方法的实际参数的符号——这将使方法产生不想要的结果。我们创建一个新的LargeInt对象，使其成为第二个参数的拷贝并反转其符号，然后调用add方法：

```
public static LargeInt subtract(LargeInt first, LargeInt second)
// 返回一个 LargeInt，它是两个 LargeInt 参数的差。
{
  LargeInt diff = new LargeInt();

  // 创建第二个参数的相反数。
  LargeInt negSecond = new LargeInt();
  negSecond.sign = !second.sign;
  Iterator<Byte> secondForward = second.numbers.forward();
  int length = second.numbers.size();
  for (int count = 1; count <= length; count++)
    negSecond.numbers.addEnd(secondForward.next());

  // 将第一个参数与第二个参数的相反数相加。
  diff = add(first, negSecond);

  return diff;
}
```

LargeIntCLI程序

Ch06.apps包中的LargeIntCLI程序，允许用户输入两个大整数，对这两个整数执行加法和减法运算并报告结果。研究下面的代码，你应该能够识别出声明、实例化、初始化、转换和观察大整数的语句。

```
//---------------------------------------------------------------------
//LargeIntCLI.java     程序员：Dale/Joyce/Weems             Chapter 6
//
// 允许用户加、减大整数
//----------------------------------------------------------------------
import java.util.Scanner;
import ch06.largeInts.LargeInt;
public class LargeIntCLI
```

```
{
  public static void main(String[] args)
  {
    Scanner scan = new Scanner(System.in);

    LargeInt first;
    LargeInt second;

    String intString;
    String more = null;     // 用于停止或继续处理

    do
    {
      // 获取大整数
      System.out.println("Enter the first large integer: ");
      intString = scan.nextLine();
      first = new LargeInt(intString);

      System.out.println("Enter the second large integer: ");
      intString = scan.nextLine();
      second = new LargeInt(intString);
      System.out.println();

      // 执行加法、减法并报告结果
      System.out.print("First number:  ");
      System.out.println(first);
      System.out.print("Second number: ");
      System.out.println(second);
      System.out.print("Sum:           ");
      System.out.println(LargeInt.add(first,second));
      System.out.print("Difference:    ");
      System.out.println(LargeInt.subtract(first,second));

      // 确定是否还有更多的数字需要处理
      System.out.println();
      System.out.print("Process another pair of numbers? (Y=Yes): ");
      more = scan.nextLine();
      System.out.println();
    }
    while (more.equalsIgnoreCase("y"));
  }
}
```

以下是该程序示例运行的结果：

```
Enter the first large integer:
15463663748473748374988477777777777777777
Enter the second large integer:
4536748465999347474948722222222222222223
First number:   +15,463,663,748,473,748,374,988,477,777,777,777,777,777
Second number:  +4,536,748,465,999,347,474,948,722,222,222,222,222,223
Sum:            +20,000,412,214,473,095,849,937,200,000,000,000,000,000
Difference:     +10,926,915,282,474,400,900,039,755,555,555,555,555,554
Process another pair of numbers? (Y=Yes): N
```

我们鼓励大家尝试该程序。如果你这样做的话，可能会发现一些新问题，这些情况构成了本章末练习的基础。

GUI 方法：大整数计算器

LargeInt类也可以用作交互式大整数计算器的基础。感兴趣的读者可以在包ch06.apps的文本文件中找到该计算器的代码。下面有一些屏幕截图，你可以对该应用程序有个大致的了解。

用户首先看到这个屏幕：

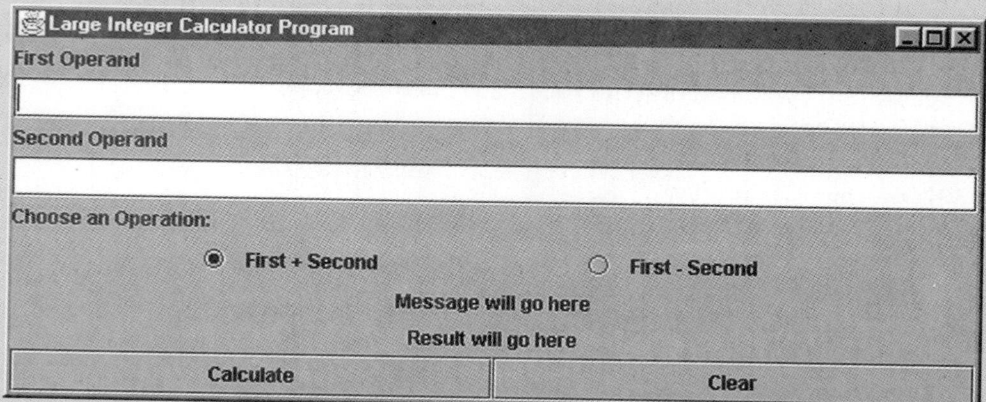

Large Integer Calculator Program
First Operand
Second Operand
Choose an Operation:
First + Second
First - Second
Message will go here
Result will go here
Calculate
Clear

下面是输入两个操作数、选择加法，然后单击“Calculate”后得到的结果：

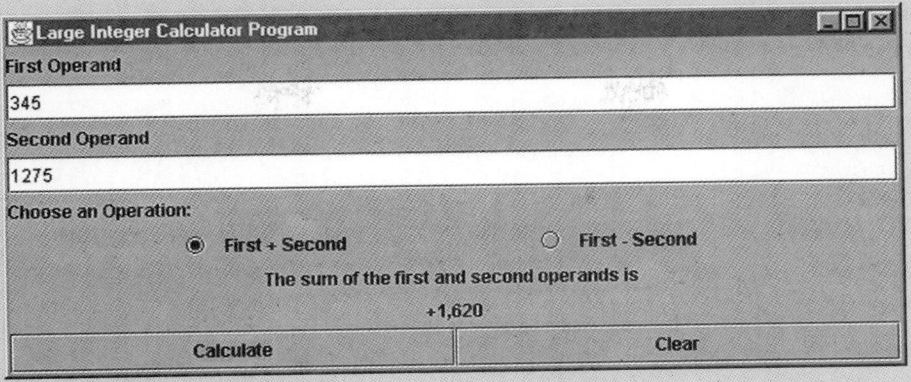

Large Integer Calculator Program
First Operand
345
Second Operand
1275
Choose an Operation:
First + Second First - Second
The sum of the first and second operands is
+1,620
Calculate Clear

减法会怎样？

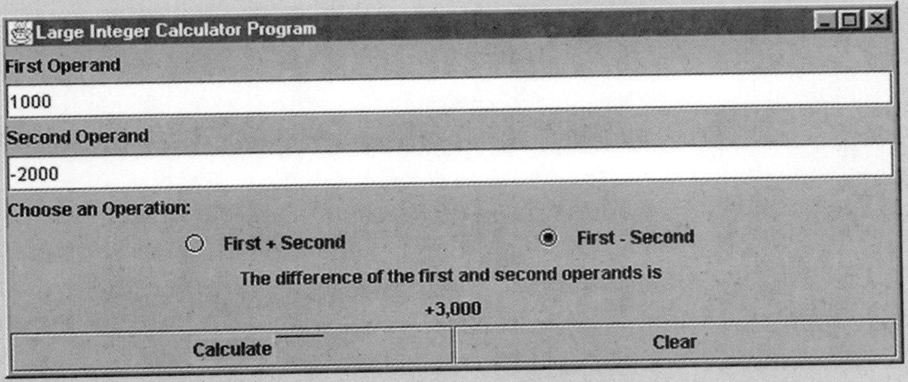

Large Integer Calculator Program
First Operand
1000
Second Operand
-2000
Choose an Operation:
First + Second First - Second
The difference of the first and second operands is
+3,000
Calculate Clear

等一下，这个结果正确吗？当然正确……记得1000 -（-2000）= 1000 + 2000。我们来看一个真正使用大整数的例子，这才是大整数ADT的意义所在。

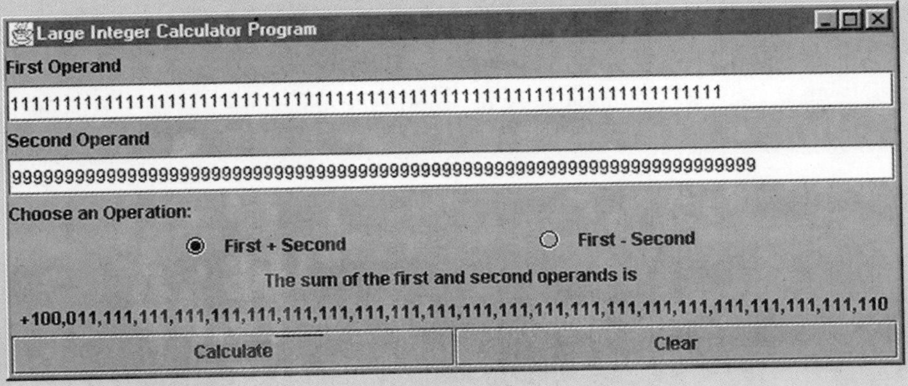

Large Integer Calculator Program
First Operand
11111111111111111111111111111111111111111111111111111111111111111
Second Operand
99999999999999999999999999999999999999999999999999999999999999999999
Choose an Operation:
First + Second First - Second
The sum of the first and second operands is
+100,011,111,111,111,111,111,111,111,111,111,111,111,111,111,111,111,111,111,111,111,111,110
Calculate Clear

小结

列表ADT用途广泛，非常重要。列表是一个集合（提供add、remove、contains和get操作）并支持索引操作。列表也是可迭代的——为了理解、设计和创建与列表相关的类，我们学习了迭代，尤其是Java的Iterable和Iterator接口。我们学习了如何使用匿名内部类创建和返回Iterator对象。

正如前面章节中所做的那样，我们将列表ADT定义为Java接口，并使用数组和链表实现它。特别感兴趣的是相对复杂的任务，即支持链表实现的与迭代相关的remove方法——为了支持该操作，我们在迭代期间跟踪并使用了两个额外的引用变量指向链表。

为了演示列表ADT的实用性，我们使用它创建了CardDeck类。我们还提供了一些使用CardDeck类的例子，其中一些除了使用deck本身之外，还使用了其他列表类。

基于数组的有序链表的实现为客户端提供了一些额外的好处，使它们能够以“递增”的顺序组织数据。在该实现的开发过程中，我们学习了如何指明一个操作是不支持的（抛出UnsupportedOperationException异常），因为有序列表不允许基于索引的add或set操作。我们还学习了如何使用Comparator接口，以便类的客户端在元素的“自然序”之外，还可以指示其他可供选择的排序条件。

在变体一节中，我们简要讨论了Java库对列表的支持并回顾了各种链表。我们还研究了如何使用数组实现链表——这真的有助于我们理解链表等抽象概念和其内部实现之间的差异，这里的内部实现是指数组。使用这种技术时，链接不是自由存储的引用，而是对节点数组的索引。

本章末尾介绍的应用程序设计了一个大整数ADT，其数字位数仅受内存大小的限制。为了实现该大整数ADT，需要一个专门的列表。因此，我们创建了新类LargeIntegerList。该项目的学习为我们提供了一个很好的示例，即如何借助另一个ADT实现一个ADT，强调了将系统视为抽象层次的重要性。

图6.9是一个简略的UML图，展示了本章中讨论或开发的与链表相关的主要类和接口。请注意，图中所示的Iterable、Comparable和Comparator接口存在于Java库中，其他所有内容都可以在本书的bookfiles文件夹中找到。

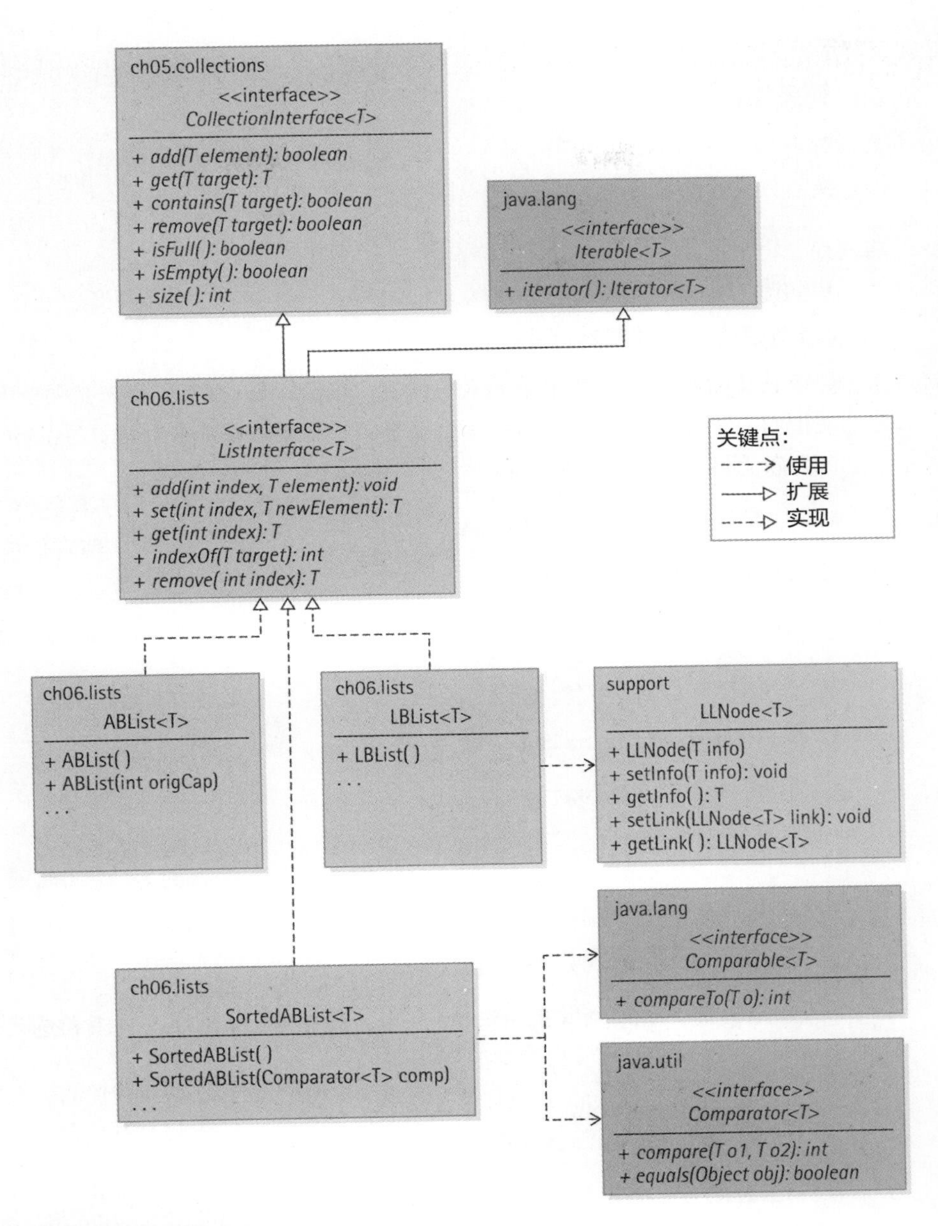

图6.9　列表相关的类和接口

习题

6.1 列表接口

1. 对于 ListInterface 中声明的每个方法，确定它们是什么类型的操作（观察函数、转换函数或者两者皆是）。

2. 如果我们不做下面的假设，该如何更改 ListInterface 呢？

   a. 列表是无限的？

   b. 列表中不允许重复元素？

3. 假设 indList 是一个包含七个元素的列表。假设 value 持有一个未在列表中的元素。请指明，下面每个方法的调用是否会导致抛出 IndexOutOfBoundsException 异常。该问题的每个部分都是独立的。

   a. `indList.add(6, value)`

   b. `indList.add(7, value)`

   c. `indList.add(8, value)`

   d. `indList.set(6, value)`

   e. `indList.set(7, value)`

   f. `indList.remove(value)`

   g. `indList.get(value)`

   h. `indList.remove(-1)`

   i. `indList.remove(0)`

4. 假设 strings 是 String 对象的 Iterable 列表。使用 while 循环、列表和迭代操作，编写与下列功能等效的代码。

```
for (String hold: strings)
  System.out.println(hold);
```

5. 基于 ListInterface 的定义并假设 strings 是刚刚实例化的 String 对象列表，写出下面语句的输出结果：

   a.

```
System.out.println(strings.isEmpty());
System.out.println(strings.add("alpha"));
strings.add("gamma");
```

```
strings.add("delta");
System.out.println(strings.add("alpha"));
System.out.println(strings.remove("alpha"));
System.out.println(strings.isEmpty());
System.out.println(strings.get("delta"));
System.out.println(strings.contains("delta"));
System.out.println(strings.contains("beta"));
System.out.println(strings.contains("alpha"));
System.out.println(strings.size());
```

b.

```
strings.add(0,"alpha")); strings.add(0,"gamma");
strings.add(1,"delta");  strings.add(1,"beta");
strings.add(1,"alpha");  strings.add(3,"omega");
strings.add(2,"pi");     strings.set(1,"comma");
strings.remove(3);
for (String hold: strings)
System.out.println(hold);
```

c.

```
strings.add(0,"alpha")); strings.add(0,"gamma");
strings.add(1,"delta");  strings.add(1,"beta");
strings.add(1,"alpha");  strings.add(3,"omega");
strings.add(2,"pi");     strings.set(1,"comma");
Iterator<String> iter;   String temp;
while (iter.hasNext())
{
  temp = iter.next();
  if (temp.equals("alpha")) iter.remove();
}
for (String hold: strings)
                  System.out.println(hold);
```

6.2 列表实现

6. 描述 / 定义 / 解释以下内容。

   a. Java 的 Iterable 接口和 Iterator 接口之间的关系

   b. 内部类

   c. 匿名内部类

   d. Iterator remove 方法的功能

7. 在每个操作序列执行后，写出包含在 sample 列表实例变量中的值。

a.

```
ABList<String> sample = new ABList<String>(5);
sample.add("A"); sample.add("C"); sample.add("D");
sample.add("A"); sample.contains("D"); sample.remove("C");
```

b.

```
ABList<String> sample = new ABList<String>(5);
sample.add("A"); sample.add(0,"C"); sample.add(0,"D");
sample.contains("E"); sample.remove(2); sample.set(1,"Z");
sample.get("A"); sample.add(1,"Q");
```

c.

```
LBList<String> sample = new LBList<String>();
sample.add("A"); sample.add("C"); sample.add("D");
sample.add("A"); sample.contains("D");
sample.remove("C");
```

d.

```
LBList<String> sample = new LBList<String>();
sample.add("A"); sample.add(0,"C"); sample.add(0,"D");
sample.contains("E"); sample.remove(2); sample.set(1,"Z");
sample.get("A"); sample.add(1,"Q");
```

8. 编程任务：

   a. 在 ABList 类中添加一个 toString 方法，将列表的内容以格式良好的字符串形式返回，然后在练习的其余部分中恰当地使用 toString 方法。

   b. 创建应用程序 TestBasic，验证 ABList 支持的“基本”列表操作（add、remove、contains、get 和 size）按照预期工作。

   c. 创建应用程序 TestIndexed，验证 ABList 支持的与索引相关的列表操作按照预期工作。

   d. 创建应用程序 TestIterator，验证 ABList 支持的与迭代器相关的列表操作按照预期工作。

9. 除 LBList 类之外，对其他的类重复上面的练习。

10. 描述下面对 ABList 的每个更改所产生的结果：

   a. 删除 enlarge 方法中的最后一条语句。

b. 将索引 add 方法中的第一个语句，由“>”更改为“>=”。

c. 将 set 方法中的第一个语句，由“>=”更改为“>”。

d. 将 set 方法中的语句 T hold = elements[index]; 和 elements[index] = newElement; 颠倒一下。

e. 将索引 remove 方法中的 -1 从 for 循环的终止条件中删除。

f. 将迭代器代码中变量 previousPos 初始化为 0 而不是 -1。

g. 在迭代器代码中，将最后一个语句从 remove 方法中删除。

11. 考虑索引操作：removeAll(T target, int start, int end)——从列表中删除位于索引 start 和索引 end 之间等于 target 的所有元素。

a. RemoveAll 方法并没有详细说明，仔细定义 removeAll 方法的详细愿景，包括前置条件和将要抛出的异常。

b. 为 ABList 类实现 removeAll 方法，并创建驱动应用程序验证其是否正确工作。

c. 为 LBList 类实现 removeAll 方法，并创建驱动应用程序验证其是否正确工作。

12. 描述以下方法需专门解决的“特殊情况”以及应如何处理这些“特殊情况”。例如，向空列表中添加元素就是一种“特殊情况”。

a. ABList 的 add 方法

b. ABList 的 set 方法

c. LBList 的索引 add 方法

d. LBList 的索引 remove 方法

e. LBList 的迭代器 remove 方法

13. 对于给定的实现方法，填写表中操作的增长阶——假设列表中有 N 个元素。

操作	ABList	LBList
add		
get		
contains		
remove		
isEmpty		
indexed add		
indexed set		
indexOf		

indexed get		
iterator next		
iterator remove		

6.3 应用程序：纸牌和游戏

14. 应用程序：本节详细说明并实现了列表 ADT。

a. 为应用程序级方法 last 设计一个算法，该方法接受一个 String 列表作为参数并返回一个 String。如果列表为空，则该方法返回 null。否则，该方法返回列表的最后一个元素。该方法的签名如下：

```
String last(ListInterface<String> list)
```

b. 为你的算法设计一个测试计划。

c. 实现和测试你的算法。

15. 应用程序：本节详细说明和实现了列表 ADT。

a. 为应用程序级的方法 compare 设计算法，该方法接受两个 String 列表作为参数，并返回一个 int 值，表示在第一个列表也在第二个列表中的元素个数。该方法的签名如下：

```
int compare(ListInterface<String> list1,
            ListInterface<String> list2)
```

b. 为你的算法设计一个测试计划。

c. 实现并测试你的算法。

16. 本节中开发的 CarDeck 类使用了 Java 的 enum 类型为标准纸牌建模。描述其他两种可以借助 enum 创建的有用的模型。

17. 玩纸牌的时候，通常会在发牌之前多次洗牌。然而，CardDeck 类中使用的洗牌算法只在一副牌中“走过”一次。请解释两种情况之间的差异。

18. 描述下列每个更改可能对 CardDeck 类产生的影响：

a. 使用 LBList 类替代 ABList 类。

b. NUMCARDS 常量初始化为 100。

c. 交换构造函数内的两个 for 循环的顺序，即点数是外部循环而套是内部循环。

d. Shuffle 方法内的循环终止条件更改为 i>=0。

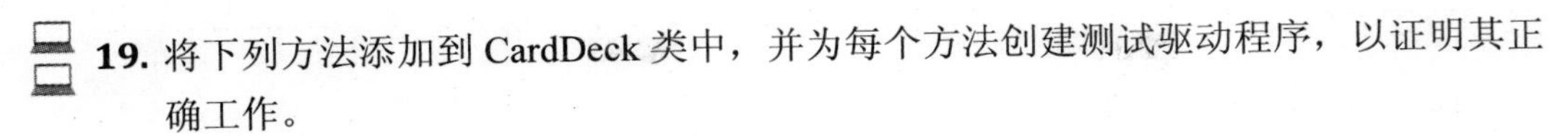

19. 将下列方法添加到 CardDeck 类中，并为每个方法创建测试驱动程序，以证明其正确工作。

a. int cardsRemaining() 返回这副牌中尚未发出的纸牌张数。

b. Card peek() 返回却并不删除这副牌中的下一张牌——前置条件是 hasNext 返回 true。

c. void reset() 将这副牌重置回原来的顺序，即新牌的顺序。

20. CardHandCLI 应用程序允许用户“安排”五张牌为一手。然而，有些扑克牌游戏一手牌有七张，在桥牌游戏中一手牌要 13 张。修改 CardHandCLI 应用程序，使一手牌的张数通过命令行参数传递给应用程序。

21. HigherLower 应用程序的下列增强功能旨在按列出的顺序完成：

a. 它接受来自用户的大写或小写 H 和 L 回复。

b. 它反复发牌，知道这副牌中没有剩余的牌。

c. 用户从 100 个筹码的赌注开始。在看到第一张牌之后，用户可以冒险下注，其赌注可从一至全部的筹码。如果用户预测得正确，他们的筹码就会增加，增加的数目为冒险下注的数量。如果预测得不正确，他们的筹码就会相应地减少。当所有的纸牌发完后，或当用户的筹码用完之后，游戏就结束了。

d. 如果第二张牌等于第一张牌，用户就会“失去”双倍冒险下注的筹码。

22. 实现基于图形用户界面（GUI）版本的 Higher-Lower 应用程序。

23. In-Between（在中间）是一款众所周知的纸牌游戏。存在许多变体，我们将其定义如下。使用一副牌，游戏由一手或多手牌组成。一个玩家从被称为“赌注”的特定数目（如 100）的筹码开始，每手牌都必须下注一个筹码或者多个筹码。只要玩家仍有筹码并且这副牌中还剩下三张或更多张纸牌（足够玩一手）的时候，游戏继续。发的头两张牌是“面朝上”，然后发第三张牌。如果第三张牌在头两张牌的“中间”，基于纸牌的点数，玩家的筹码就会增加其下注数目的双倍。否则，就减少相应的数目。

a. 实现该游戏。应用程序的用户就是“玩家”。

b. 如果一开始发的两张牌点数相同，那么这一手就结束了，奖赏玩家两个筹码。

c. 允许玩家在看到头两张牌之后，斟酌决定是否将赌注加倍。

24. 实现基于图形用户界面版本的 In-Between 游戏（参见前一个练习）。

25. 与练习 20 类似，更改 Pairs 应用程序，通过命令行参数将一手牌的张数传递给应用程序。使用新程序研究一手牌为七张时得到至少一对牌的概率。使用本书中描述的方法计算该情况的理论概率（或让程序为你完成），并将其与你程序的输出进行比较，两者是否接近？

26. 在桥牌中，一手牌要发给四个玩家，每个玩家拿到 13 张牌。然后玩家竞标决定谁最先出牌——玩家竞标一部分基于他或她如何评估自己手中的牌，一部分基于他们的竞争对手或合作伙伴的标的。评估一手桥牌的方法很多，包括多种计分系统。一个简单的计分系统如下：每个 A 计为 4 分，每个 K 计为 3 分，每个 Q 计为 2 分，每个 J 计为 1 分。如果同一花色的牌你有五张再加 1 分，有 6 张加 2 分，有 7 张加 3 分，以此类推。例如，你手中的牌由梅花 A、梅花 Q、梅花 5、梅花 4、梅花 3、方块 J、黑桃 A、黑桃 K、黑桃 Q、黑桃 J、黑桃 10、黑桃 9 和黑桃 2，你这一手牌的点数就是 21 点。

- **a.** 创建应用程序 BridgeHand，允许用户安排一手 13 张牌，就像 CardHand 应用程序一样。然后，程序使用如上所述的记点方法提示用户输入一手牌的点数值。最后，该程序读取用户的响应并提供正确的反馈（“正确”或“不正确，实际的点数值是……”）。
- **b.** 创建应用程序 HandsCounts，生成 100 万手桥牌，并使用如上所述的记点方法输出最小、最大和平均点数值。
- **c.** 扩展 HandsCounts，这样在结束时，它还可以打印出点数最小的一手牌和点数最大的一手牌。

6.4 基于数组的有序列表的实现

27. 对于下面每个列表，描述几种可能的有用的排序方式：

- **a.** 书
- **b.** 大学课程描述
- **c.** 职业高尔夫球手信息
- **d.** 夏令营登记信息

28. 创建一个应用程序（使用 SortedABList），从文件中读取字符串列表并按字母顺序输出。

29. 创建一个应用程序（使用 SortedABList），允许用户输入他或她游览过的国家列表并按字母顺序输出，还要输出列表中的国家有多少个。如果用户错误地多次输入同一个国家，程序应提示用户该错误并拒绝第二次将该国家插入到列表中。

30. 目前，FamousPerson 类根据人名的字母顺序（先姓，后名）定义元素的自然顺序。该类还提供了一个 Comparator（比较器），它的顺序是基于出生年份的升序来定义的。扩展该类，使其包含更多的 public static 方法，返回如下所述的 Comparators。扩展 CSPeople 应用程序，证明新的 Comparator 正确工作。

a. 按姓名的字母顺序排序（先名字，后姓氏）

b. 按出生年份排序——降序

c. 按“事实”长度排序——升序

31. 对于给定的实现方法，填写下表中操作的增长阶。假设列表中有 N 个元素（部分重复练习 13）：

操作	ABList	LBList	SortedABList
`add`			
`get`			
`contains`			
`remove`			
`isEmpty`			
`indexed add`			
`indexed set`			
`indexOf`			
`indexed get`			
`iterator next`			
`iterator remove`			

32. 一手桥牌包含 13 张纸牌。许多桥牌玩家首先按花色的降序（黑桃、红心、方块和梅花）从左到右安排他们手中的牌，然后每种花色的牌又按照点数的降序排列（从 A 到 2）。为 support 包中的 Card 类添加 bridgeComparator 方法，Card 类返回 Comparator<Card> 对象，该对象可用来以这种方式对纸牌进行排序。创建一个应用程序，用来实例化一副牌、发四手桥牌，然后并排显示每手牌，例如输出结果可能以诸如此类的内容开始：

```
黑桃 A      红心 A      红心 J      方块 A
红心 Q      梅花 A      梅花 10     梅花 K
梅花 Q      黑桃 K      方块 9      红心 10
...         ...         ...         ...
```

33. 这些应用程序应该能够使用 CardDeck 类创建随机的一手五张扑克牌。你可能发现，使用多种方法对这手牌进行排序有助于确定这手牌的点数。

a. PokerValue 应该可以生成一手五张的牌并输出与这手牌相关的最佳点数——是“三条”还是“同花顺”呢？一手牌的点数按照最好到最坏的顺序列在了 385 页。

b. PokerOdds 应该生成 1000 万手五张扑克牌，并输出 385 页中列出的每种纸牌点数出现次数的相对百分比。

6.5 列表变体

34. 约翰和玛丽是当地学区的程序员。一天早上，约翰和玛丽说起了该地区新家庭的有趣姓氏：“你听说过姓 ZZuan 的家庭吗？”玛丽回答说：“呃，哦，我们有一些工作需要做。我们马上开始吧。”你能解释一下玛丽的回应吗？

35. 假设你使用本节中描述的链表作为节点数组的方法，实现了我们的有序列表 ADT。假设数组的大小为 N。请问初始化空列表的效率增长阶是多少？ getNode 和 freeNode 方法的效率增长阶又是多少呢？

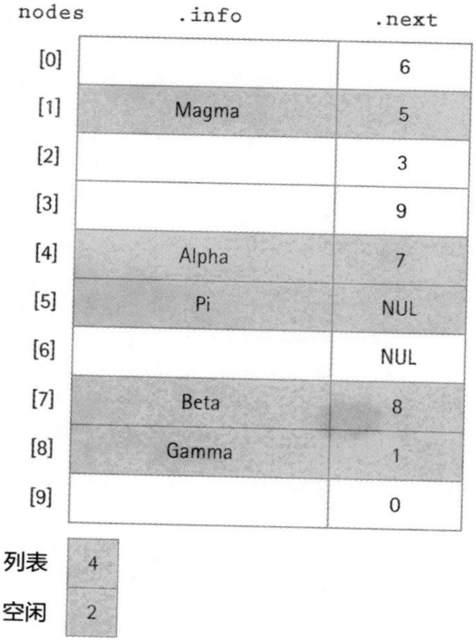

nodes	.info	.next
[0]		6
[1]	Magma	5
[2]		3
[3]		9
[4]	Alpha	7
[5]	Pi	NUL
[6]		NUL
[7]	Beta	8
[8]	Gamma	1
[9]		0

列表	4
空闲	2

图6.10 链表作为节点数组

36. 使用图 6.10 中包含在数组中的链表回答这些问题。考虑每个问题时都应独立于其他问题。

a. 数组位置（索引）出现在可用空间列表中的顺序是什么？

b. 向列表中添加“delta”之后，绘制表示该数组的图形。

c. 从列表中删除“gamma”之后，绘制表示该数组的图形。

37. 使用本节中描述的链表作为节点数组的方法实现我们的列表 ADT。还要实现一个测试驱动应用程序，验证你的实现能够正确工作。

6.6 应用程序：大整数

38. 真或假？解释你的答案。LargeIntList 类：

a. 对其元素使用“复制”方法。

b. 实现了 ListInterface 接口。

c. 保持其数据元素有序。

d. 允许其元素重复。

e. 使用了 support 包中的 LLNode 类。

f. 如果迭代“离开”了链表的末尾，则抛出异常。

g. 如果向“满的”列表中添加一个元素，则抛出异常。

h. 支持在列表的开头、末尾及其之间的任何地方添加元素。

i. 可以存放任一 Java 类的对象。

j. 只包含 O（1）操作，包括其构造函数。

k. 提供了不止一个 Iterator。

39. 如果每个节点存储多个数字，讨论一下需要对 LargeInt 类做哪些必要的更改。

40. 大整数应用程序无法“捕获”格式错误的输入。例如，考虑下面的程序运行：

```
Enter the first large integer:
twenty
Enter the second large integer:
two
First number:    +-1-1-1,-1-1-1
Second number:   +-1-1-1
Sum:       +-1-1-1,-2-2-2
Difference:      +-1-1-1,000
Process another pair of numbers? (Y=Yes): n
```

修改程序使其更加稳定，从而在如上所示的情况下，可以生成并显示相应的错误信息。

41. 考虑大整数的乘法。

a. 描述一个算法。

b. 为 LargeInt 类实现一个乘法方法。

c. 将乘法添加到大整数应用程序中。

42. LargeInt 类的 protected 方法 greaterList 假设参数没有前导 0。当违反此假设时，可能会产生奇怪的结果。考虑大整数应用程序下面的运行过程，程序声称 35-3 等于 -968：

```
Enter the first large integer:
35
Enter the second large integer:
003
First number:     +35
Second number:    +003
Sum:       +038
Difference:       -968
Process another pair of numbers? (Y=Yes): n
```

a. 为什么前导 0 会引起问题？

b. 至少找出两种解决该问题的方法。

c. 描述你的解决方法的优点和缺点。

d. 选择并实现一种解决方法。

CHAPTER 7

抽象数据类型——二叉搜索树

知识目标

你可以

- 解释并运用以下关于树的术语
  - 树
  - 二叉树
  - 二叉搜索树
  - 根
  - 父节点
  - 孩子
  - 兄弟节点
  - 叶节点
  - 内部节点
  - 子树
  - 祖先
  - 子孙
  - 层
  - 高度
- 判定树节点的广度优先遍历和深度优先遍历的访问顺序
- 判定二叉树节点的先序遍历、中序遍历、后序遍历的访问顺序
- 探讨所实现的二叉搜索树运算的增长阶效率
- 描述平衡二叉搜索树的算法
- 描述这些树的变体：决策树、表达式树、R树、字典树、B树、AVL树（高度平衡树）
- 判断二叉搜索树解决给定的问题的适用性

技能目标

你可以

- 回答关于树的问题，例如某节点的子孙节点有哪些
- 在进行一系列插入移除运算后，说明二叉树的构造方式
- 在Java中实现以下二叉搜索树的算法
  - 找元素
  - 计算节点数
  - 添加元素
  - 移除元素
  - 检索元素
  - 按先序、中序、后序遍历树
- 在解决问题时运用到二叉搜索树

Chapter 5介绍的ADT集合的核心运算有add、remove、get和contain。Chapter 6介绍的是ADT链表——这种表属于集合，同样支持iteration和indexing。本章将介绍另一种集合变体——二叉搜索树。二叉搜索树最与众不同的特点是：它会将它的元素按增序排列，而且一般情况下它会高效实现所有核心运算。它是怎么做到的？

可以通过对比有序链表和有序数组来理解二叉搜索树：

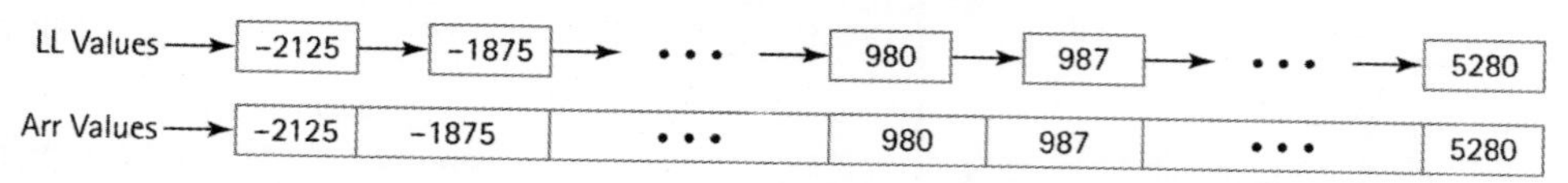

请思考将值985分别添加到这些结构中所需的步骤。对于链表来说，我们必须要执行线性结构查找，以此找出插入点。这属于O(N)运算。然而，一旦找到了插入点，我们可以通过创建一个新的节点并重新排列几个引用来添加元素，这属于O(1)运算。另一方面，由于有序数组支持二分查找算法（见1.6节“算法比较：增长阶分析”和3.3节“数组的递归处理”），因此我们便能够快速地找到插入点，这属于$O(\log_2 N)$运算。但即便能够快速定位到插入点，我们仍需要将所有元素“向右移动”一个索引单位，这属于O(N)运算。最后总结一下，链表的查找速度慢，但是插入速度快，而数组则相反，查找速度快，插入速度慢。

那我们能否将数组的快速查找和链表的快速插入相结合？答案是可以——运用二叉搜索树。二叉搜索树属于链接结构，支持快速插入或移除元素。如下图中右半部分所示，它的一个节点有两个链接，而非一个。我们在此处展现的是有5，8，12，20和27这几个元素的二叉搜索树，同时在左边放置等价的数组和链表。

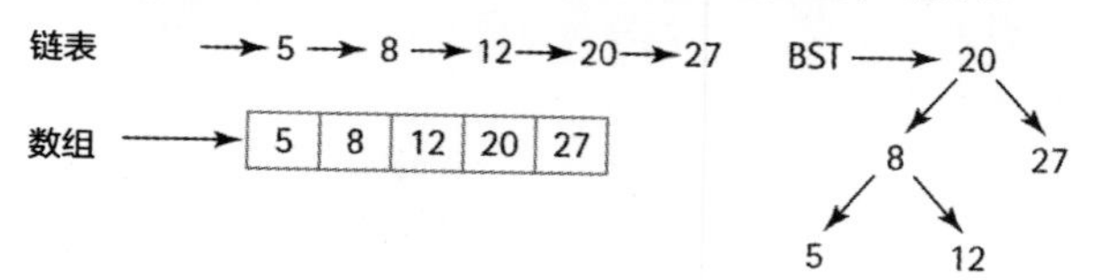

在本章中，通过使用这两种链接方式，我们便能够在链接结构内部嵌入二叉查找，因此便可以将快速二叉查找和快速节点插入相结合——可谓两全其美。二叉搜索树所提供的数据结构不仅保留了链表的灵活性，还允许更加快速地[一般情况下是$O(\log_2 N)$）]访问表中所有的节点。

树这种数据结构相比其他结构要更加平常，而二叉搜索树是树的特例。树结构有很多的变体。在开始学习本章内容之前，我们先对术语——树——进行一个总览，同时简要地探讨树结构的一般实现策略及程序。然后，我们会集中探讨如何设计并运用二叉搜索树。

7.1 树

单链表的每个节点指向的可能是另一个跟随在它后面的节点。因此，单链表属于线性结构；表中的每个节点（除最后一个）都有独自的后继节点。而**树**是非线性结构，因为它里面的每个节点都有多个后继节点，叫**子节点**。每个子节点都是树的节点，而它们也有多个子节点，然后这些子节点还会依次有多个子节点，以此类推，所有这些子节点属于树的分支结构。树的“顶端”是与众不同的起始节点，即**根节点**。

树用于展现各种不同的关系。图7.1展现了树结构的四个实例。第一个代表的是一组Java类的层级继承关系；第二个是自然生长的树——有细胞生物体的树；第三个是游戏树，用于分析转圈游戏的选项；第四个展现的是将简单联通的迷宫（无循环）转化为树结构。

树的定义

有关树的各种定义收录在本小节末尾的图7.3以及本书附录部分的术语表中。

树属于递归结构。我们可以将任何树节点看成一个根，连接的是它自己的树；这种形式的树叫原始树的**子树**。举个例子，在图7.1（a）中，节点“抽象表”是包含所有Java的列表相关类的子树。

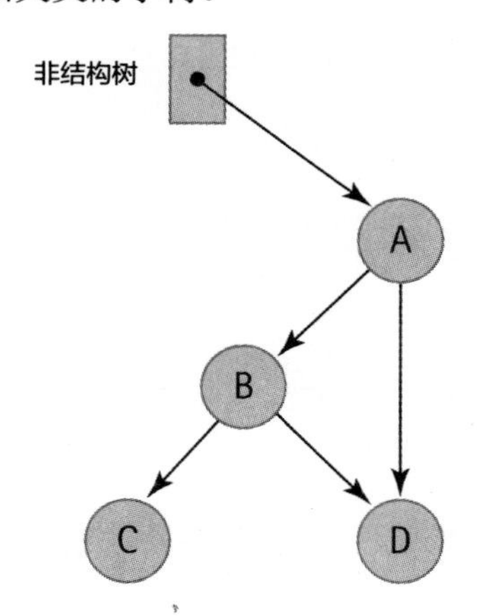

如你所见，“树”不仅借鉴了家谱学中的“子”节点，还借鉴了植物学中的“根”节点。计算机科学家习惯在这两种术语模型之间进行无缝切换。我们以图7.2的字符树为例，来扩展我们的树词汇。

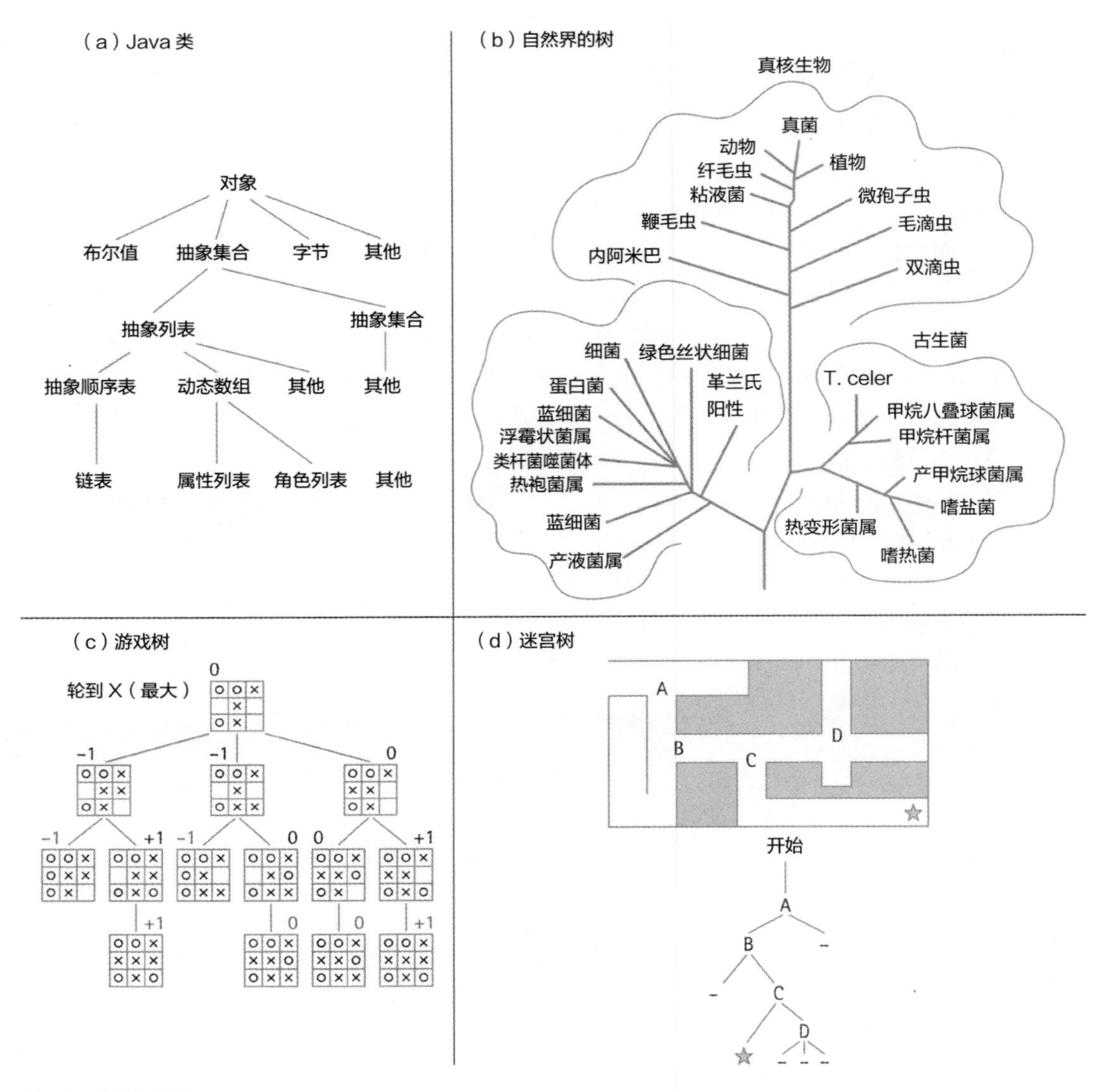

图7.1 树的实例

如图7.2所示，树的根节点是A（从植物学的角度出发，我们画的树是倒着的），A的子节点是B、F还有X。由于它们都是A的孩子，所以我们很自然地称A是它们的**父节点**。B、F、X是**兄弟节点**。从系谱学角度看，我们会谈及到某个节点的**子孙**（树中节点的孩子，或后代节点的孩子，以此类推）和某个节点的**祖先**（树中的父节点，或祖先节点的父节点，以此类推）。在我们举的例子中，X的子孙是H、Q、Z和P，P的祖先是H、X和A。很显然，树的根是树中每个节点的祖先，但根自己没有祖先。

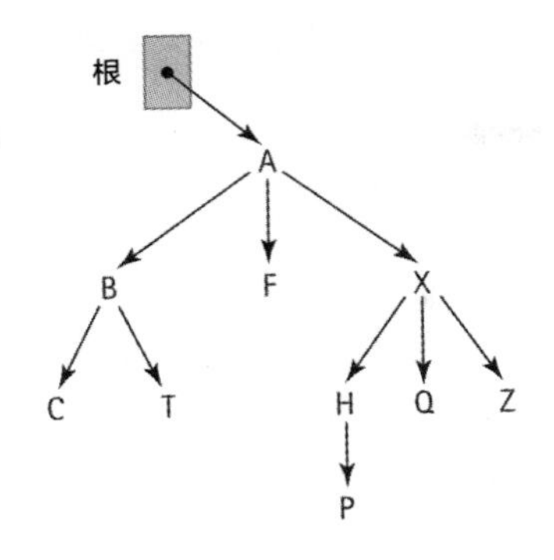

图7.2 树的样例

祖先：树中的父节点，或祖先节点的父节点
子节点：树中节点的后继节点
子孙：树中节点的孩子，或后代节点的孩子
高度：树的最高层
内部节点：不是叶节点的树节点
叶节点：没有子节点的树节点
层：树节点的层就是该节点到根节点的距离（该节点自身和根节点之间的连接数）
父节点：一个树节点的唯一前驱就是其父节点
根：树结构的顶部节点；没有父节点的节点
兄弟节点：具有相同父节点的树节点
子树：一个树节点及其后代形成一个以该节点为根的子树
树：具有唯一起始节点（根节点）的结构，其中每个节点能够具有多个子节点，并且其中存在从根到每个其他节点的唯一路径

图7.3 关于树的术语

一个节点可以有多个子节点，但只能有一个父节点。事实上，每个节点（除根节点）必须要有唯一的父节点，这也是“一个节点上所有的子树都是不相交的”的原因所在——437页的“非树结构”中，D有两个父节点。

若树中的某个节点没有子节点，那这个节点叫作**叶节点**。图7.2给出的树的实例中，C、T、F、P、Q和Z都是树节点。有时候，我们称非叶节点为**内部节点**。在我们举的例子中，A、B、X和H都是内部节点。

节点的**层级**指的是它距根节点的距离。在图7.2中，A节点（根节点）的层级是0，B、F和X节点的层级是1，C、T、H、Q和Z节点的层级是2，P节点的层级是3。树的最大层级决定的是它的**高度**，所以我们给出的样例树的高度是3。根节点和叶节点之间的最大链接数就是树的高度。

树的遍历

为遍历线性链表，我们需要先对列表的起始位置进行引用，然后一个节点接一个节点地跟进列表中的引用，直到跟进到引用值为空的节点。以此类推，若需遍历树结构，我们需要先初始化树中根节点的暂时引用。但我们该从哪开始？由于可以对子节点进行访问，因此选择有很多种。

广度优先遍历

我们先来看看两种关于遍历普通树结构的重要方法：广度优先和深度优先。树的广度指的是横向，深度指的是纵向。因此，在**广度优先遍历**法中，我们首先会访问[1]树的根节点，然后依次访问根的子节点（一般是从最左到最右）、子节点的子节点，直到遍历到所有的节点。由于我们贯穿了树的整个宽，因此此方法有时也叫**层序遍历**。

在图7.4（a）中，若对我们的样例树进行广度优先遍历，那么被访问的节点的顺序是A、B、F、X、C、T、H、Q、Z、P。那我们该如何实现这种遍历法？作为访问树中节点的一部分，我们必须将对子节点的引用进行存储，以便过后在遍历中对它们进行访问。在我们给出的案例中，若在对A节点进行访问时，我们需要存储对节点B、F、X的引用。当我们再对B节点进行访问时，我们需要存储对节点C和T的引用——但必须要等节点F和X先存完"后"再对它们进行存储，这样才能按理想的顺序对节点进行访问。这种先进先出（FIFO）的方式属于哪种ADT？答案是抽象数据类型——队列。以下为广度优先遍历的算法：

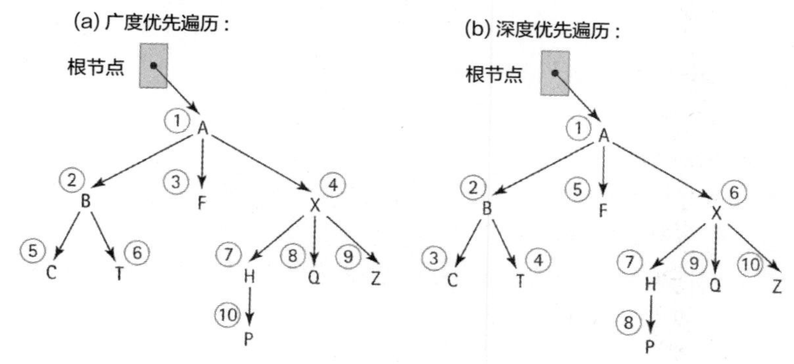

图7.4 树的遍历

[1] 当我们说"访问"时，意味着算法会按需对节点的值进行任何操作，例如打印它们的内容、求特定值的和或对其进行更改。

广度优先遍历（root）

```
实例化一个队列节点
if (root 不为空 )
{
   queue.enqueue(root)
   while (!queue.isEmpty())
   {
      node = queue.dequeue()
      访问节点 ;
      (从左到右) 将子节点入队
   }
}
```

进行广度优先遍历算法的前提是树不能为空——如果为空，不会有任何操作出现。若能像这样在对树结构进行加工之前对空树的简并状态进行检查，则会是个非常好的点子。一旦确认了树不是空的，算法会将树的根节点放入队列中。此时，我们可以只访问根节点，但必须要将其放置在队列中，因此我们要为跟在后面的处理性循环创建队列。该循环会不断地从队列中拉取、访问节点，然后将该节点的子节点拉入队列并继续处理，直到处理完所有的节点，即直到队列变空。

表7.1展现的是对图7.2的样例树执行完算法后的轨迹。请先自己追踪算法轨迹，并验证表中的内容。

如果我们必须要访问结构中的每个节点并执行处理运算，那么就一定要对我们的几何结构进行遍历。例如，假设有个关于银行账户信息的树结构，我们想知道总共有多少账户。那在这种情况下，需要检索所有的账户信息，这样一来广度优先遍历法要胜过其他任何遍历法。

广度优先遍历法除了能让我们访问到每个节点外，它还能针对特定程序提供额外的效益。举个例子，如果一个树结构表示的是玩家游戏中的选择方案（见图7.1c），广度优先遍历法能快速地判断下一步动作。它能预见所有未来可能出现的行动，如果有需要，还能提供所有可能出现与之相对应的行动，一次一层，以此类推。重点是，使用广度遍历法能让我们避免陷入永无止境的序列之中，远离这种没有尽头的树结构路线。我们可以使用树结构来代表备选方案序列及其分支，例如游戏情景，同时用广度优先查找来遍历此树，以在各种备选方案中找到好方案，这种技术广泛应用于人工智能技术中。

表 7.1 广度优先查找算法的运算轨迹

在循环迭代后	节点	目前访问到的节点	队列
0			A
1	A	A	B F X
2	B	A B	F X C T
3	F	A B F	X C T
4	X	A B F X	C T H Q Z
5	C	A B F X C	T H Q Z
6	T	A B F X C T	H Q Z
7	H	A B F X C T H	Q Z P
8	Q	A B F X C T H Q	Z P
9	Z	A B F X C T H Q Z	P
10	P	A B F X C T H Q Z P	null

深度优先遍历

如你所料，**深度优先遍历**与广度优先遍历相对应而存在。与广度优先遍历不同，深度优先遍历不会一层一层地访问树结构，也不会逐渐地从根节点扩展开来。使用深度优先遍历能够让我们快速地远离根节点，同时顺着最左侧路线遍历至最远处，直到碰到叶节点，然后按最小距离进行“后退”，直到再次遇到叶节点。迷宫树（见图7.1d）的深度优先遍历展现的是顺着一个通道往下走，走到最远的地方，然后后退一小步，再尝试另一条路——这种方法适合用在我们需要快速逃出迷宫或是我们愿意赌运气的情况下。基本可以肯定的是，相比广度优先遍历，这种方法所需要的时间是非常长的，除非恰好离出口很近。

图7.4b是对样例树使用深度优先遍历后的访问轨迹：A、B、C、T、F、X、H、P、Q、Z。

它的算法与广度优先遍历相似。再次强调，作为访问树中节点的一部分，我们必须将对子节点的引用进行存储，以便过后在遍历中对它们进行访问。在我们给出的案例中，若在对A节点进行访问时，我们需要再次存储对节点B、F、X的引用。在访问节点B时，我们需要存储对节点C和T的引用——它们必须要在F和X被存储之前存储，这样才能按理想的顺序对节点进行访问。这种后进先出（LIFO）的方法属于哪种ADT？答案是抽象数据类型——栈。我们会“从左到右”将某节点的子节点推进栈中，为的是它们能按照理想的“从左到右”的顺序从栈中被移除。以下为深度优先遍历的算法：

深度优先遍历（root）

```
实例化一个节点栈
if(root 不为空）
{
   stack.push(root)
   while (!stack.isEmpty())
   {
      node = stack.top()
      stack.pop()
      访问节点
      （从左到右）将子节点推进栈中
   }
}
```

可以把追踪样例树算法作为练习。

在学习Chapter 10的图表的时候会再次使用队列来实现广度优先遍历，用栈来实现深度优先遍历。

7.2 二叉搜索树

如图7.1所示，树结构的表达性是非常强的，它能用于展现各种不同种类的关系。本章中，我们会集中讨论一种特殊的树结构形态——二叉搜索树。实际上，我们要集中研究的是二叉树的特殊类型——二叉搜索树。二叉搜索树能够高效地实现排序集合。

二叉树

二叉树属于树结构，它的每个节点最多有两个子节点。图7.5是根节点为A值的二叉树。数中的每个节点要么没有子节点，要么最多有两个子节点。若一个节点有子节点，那么它左边的子节点叫左子节点。例如，我们实例树根节点的左子节点是B值。若一个节点有子节点，那么它右边的子节点叫右子节点。实例树根节点的右子节点是C值。

在图7.5中，每一个根节点的子节点都是一个小二叉树或子树的根节点。根节点的左子节点B值是其左子树的根节点，右子节点C值是其右子树的根节点。实际上，树中的任何一个节点都可以被看作是一个二叉子树的根节点。根节点B值的子树包含的节点是D、G、H和E。

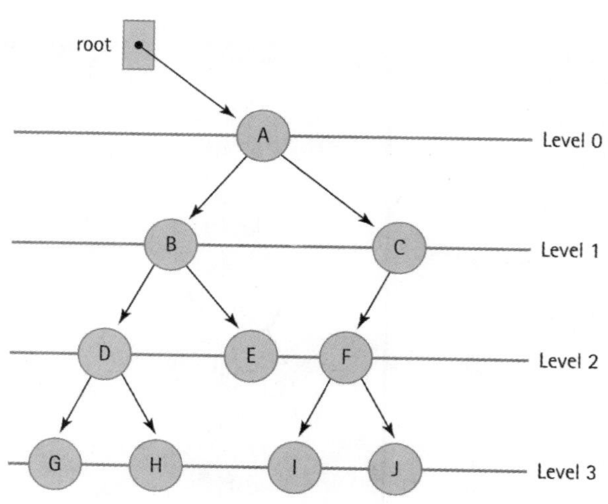

图7.5 一棵二叉树

二叉树同样包含在通用的树的术语之中。节点的层级指的是它距离根节点的距离。在图7.5中，A节点（根节点）的层级是0（零），B节点和C节点的层级是1，D、E、F的是2，G、H、I和J是3。树的最大层级决定了它的高度。

在二叉树中，N层的最大节点数是2^N。然而大多情况下，每层的节点数不会是最大的。例如，在图7.5中，2层的最大节点数可以是4，但是由于第1层的C节点只有一个子节点，因此第2层只有3个节点。第3层可以有8个节点，但实际只有4个。我们可以根据这棵树的十个节点做出不同形状的二叉树。图7.6给出了几种变体。我们不难看出，一棵有着N个节点的二叉树最多可以有N层（第0层也算一层）。那最少可以有几层？如果我们给每层的每个节点都赋予两个子节点，直到用光了左右的节点，那么该树有$\lfloor \log_2 N \rfloor+1$层（图7.6a）[2]。请大家自己画出有8个和16个节点的“满”树来验证此事实。那如果节点数是7、12、18呢？

树的高度决定了查找元素的效率。请思考图7.6c的满高树。如果我们从根节点开始进行查找，并一个接一个地跟踪每个节点的引用，访问到J节点（离根节点最远的节点）后的运算是O(N)——还没有用线性列表查找得快。相反，针对图7.6a的最低高度树，在访问到J节点前只需要看3个其他的节点——节点E、A、G。因此，如果树的高度能压到最低，那么在这种结构中访问任何元素需要的运算是$O(\log_2 N)$。

[2] $\lfloor \log_2 N \rfloor$指的是对$\log_2 N$应用floor（四舍五入）函数。

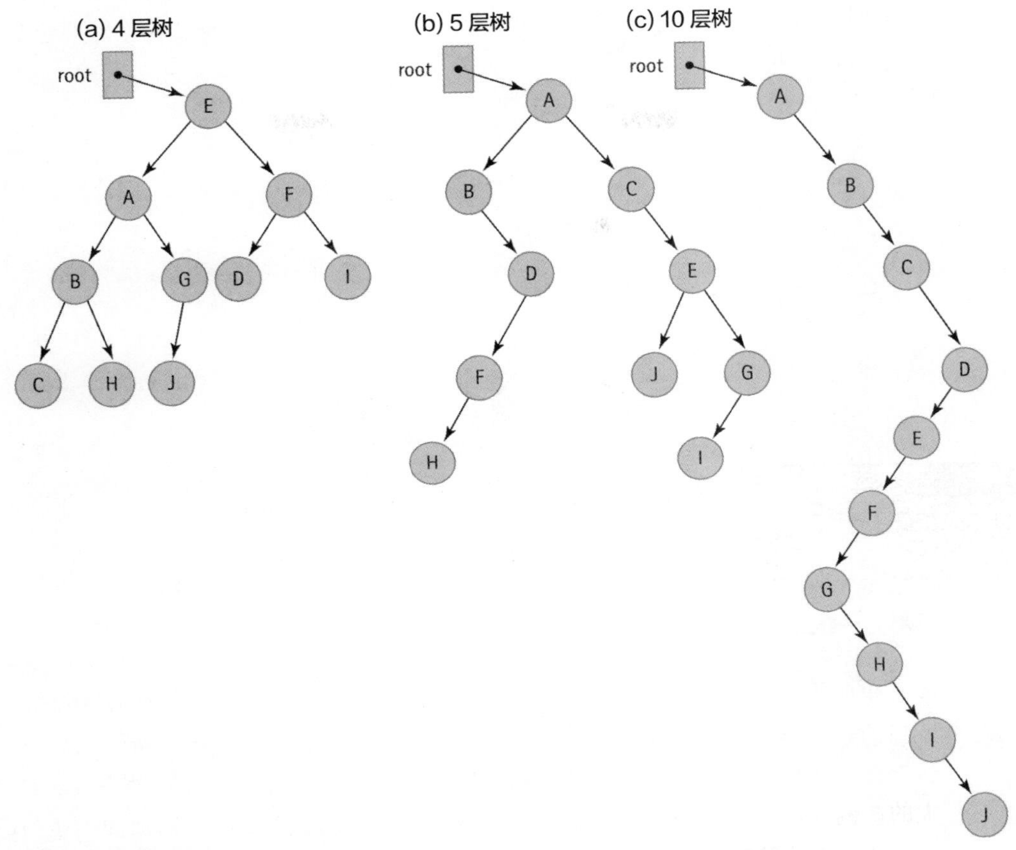

图7.6 多棵二叉树

然而，就图7.6a的树的值而言，这种排列方式并不能达到快速查找的效果。假设要查找G值，我们得先从根节点开始进行查找，而根节点是E值，不是G，所以继续进行查找。但是接下来该查找根节点的哪个子节点？左边的还是右边的？没有固定的顺序，所以两边都得查。我们使用广度优先查找，一层一层地查，直到查到G值。这属于一则O(N)运算，速度上不比线性链表快。

二叉搜索树

为了实现$O(\log_2 N)$查找，我们为二叉树增加了一种特别的属性，该属性以元素之间的关系为基础。我们将所有小于等于根节点值的节点值放到左子树上，大于根节点值的节点值放到右子树上。图7.7根据该属性将图7.6a的节点进行重新排列。在根节点E连接的两个子树中，左子树的值都小于或等于E，右子树的值都大于E。

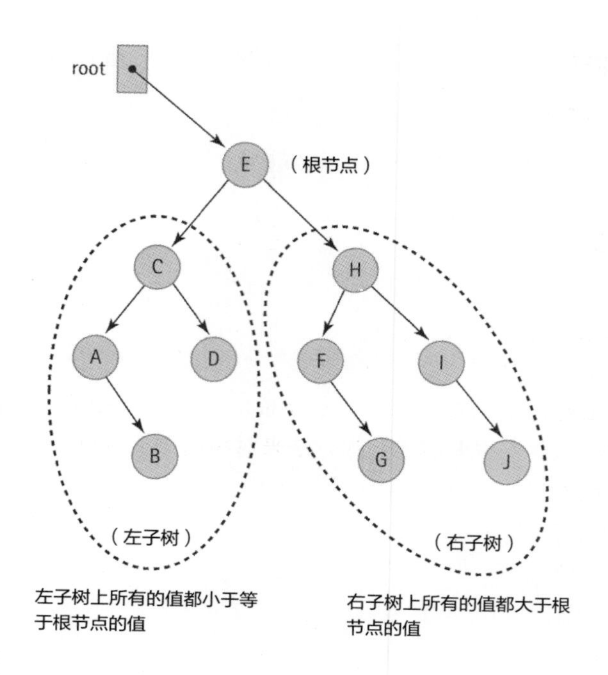

图7.7 一棵二叉树

在搜索G值时，我们先来对比根节点的值。G比E大，所以G一定在右子树上。根节点的右子节点是H。现在该怎么办？往左走还是往右走？这个子树一样按照二叉树属性进行了排列：小于等于H的节点在左侧，大于H的节点在右侧。该节点的值H比G大，所以向左边进行查找。H节点的左子节点的值是F，比G小，根据规则我们向右进行查找。右侧节点的是G——查找成功。

外部/内部视图

我们把本章中的大多数图表都进行了简化，采用的方式是把它们限制在我们的内部视图中，同时显示出对树根节点的引用以及树节点的内容。切记，若从客户端的角度来看，树在对象中是扭曲的形态。图7.9既显示了外部视图（客户端变量example），又展现了内部视图。

拥有二叉查找属性的二叉树叫作**二叉搜索树**，在它的分支结构中，每个节点最多有两个子节点。而通过二叉查找属性，它能够进行简单查找——任何节点（如果存在）的左子节点都是其子树的根节点，而这个子树中节点的值都要小于等于此节点的值。任何节点（如果存在）的右子节点都是其子树的根节点，而这个子树中节点的值都要大于此节点的值。

最多需要比较10次，但实际比较了4次，似乎没差太多。但随着结构中元素数量不断增加，差距会越来越大。最坏情况下——查找线性链表的最后一个节点——我们必须要查看表中的每一个节点；一般平均需要把半个表都给查找了。如果表中有1000个节点，查到最后一个节点需要进行1000次比较。若将这1000个节点排列在二叉树中，排成最低高度，那么比较次数不超过10次——$\lfloor \log_2 1000 \rfloor+1=10$——不论查找的是哪个节点。

二叉树遍历

我们探讨了两种遍历通用的树结构的方法——广度优先遍历和深度优先遍历。由于二叉树的结构比较特殊，每个节点都有左子树和右子树，所以还有另一种专门针对二叉树的遍历顺序。本节定义了三种普通的顺序。

遍历的定义要根据访问节点及其子树的顺序来定。此处给出了三种可能情况：

1. 前序遍历。依次访问节点、左子树、右子树。

2. 中序遍历。依次访问左子树、根节点、右子树。

3. 后序遍历。依次访问左子树、右子树、根节点。

遍历的名称是根据根节点相对于子树的处理顺序而定的。你可能会发现这些定义都是递归的——我们用遍历子树的方法来对树的遍历进行定义。

我们可以通过在二叉树周围画“循环”的方式来设想这些遍历顺序。在画循环之前，在树中少于两个子节点的节点下画短线来进行扩展，以保证每个节点都有两个“边”。然后从树的根节点处开始画循环，画到左子树底部，然后再次返回，要绕着树的形状来画。树中的每个节点要被循环“触碰”三次（图7.8统计了触碰次数）：一次是在到达左子树之前向下的路上；一次是在遍历完左子树后开始遍历右子树之前；再有一次是在遍历完右子树后向上的路上。若要实现前序遍历，需要跟随循环并在每个节点被第一次触碰到的时候（访问左子树之前）对它们进行访问。如需要实现中序遍历，需要跟随循环并在每个节点被第二次触碰到的时候（在访问两个子树之间）对它们进行访问。如若需要实现后序遍历，要跟随循环并在每个节点被触碰第三次的时候（访问完右子树后）对它们进行访问。在图7.9中运用此方法，并看看被列出的遍历顺序是否正确。

你可能会发现，二叉树的中序遍历的节点访问顺序是从最小到最大。很显然，在我们需要按升序来访问元素时，例如，打印一有序元素列表，这种遍历形式将会很有用。其他遍历顺序的程序当然也很有用。例如，前序遍历（与深度优先遍历相同）能用于复制查找树——以前序的模式遍历二叉搜索树并不断地将被访问元素添加进新的二叉搜索树中，随后会再创造出一个具有相同形状的树。由于后序遍历会先从叶节点开始并退向根节点，所以它适用于一个节点接一个节点地删除树，在处理过程中会将树的其余部分都访问到——与树木医生砍树是一样的，他会从树梢开始一个树枝一个树枝地向地面砍；它在无自动垃圾集合的语言中也起到非常重要的作用。又如，前序遍历和后序遍历能将中缀算数表达式翻译成相对应的前缀和后缀表达式。

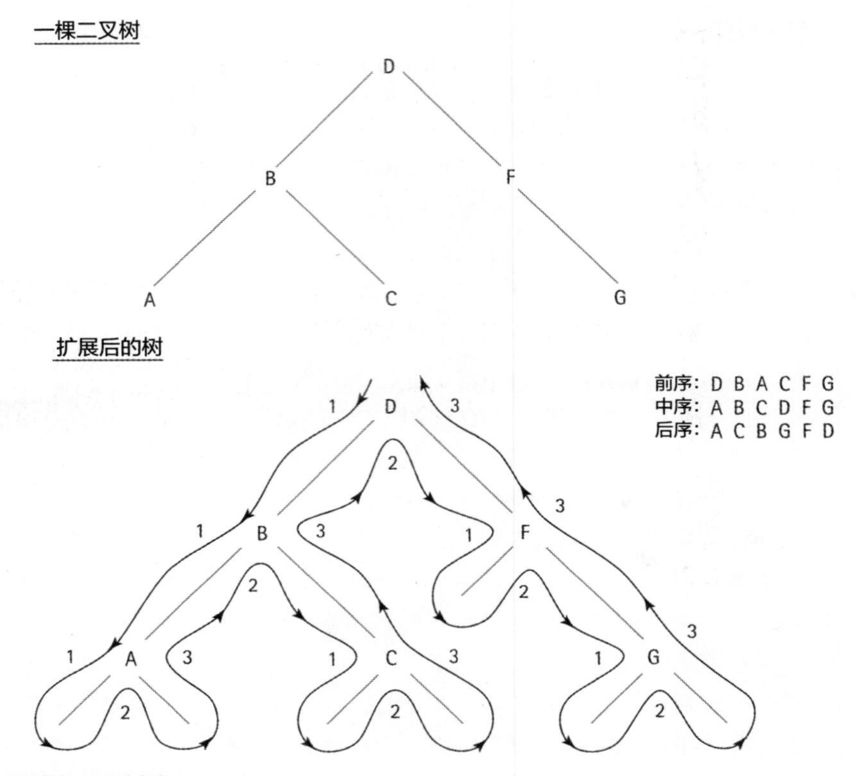

图7.8 可视化二叉树遍历

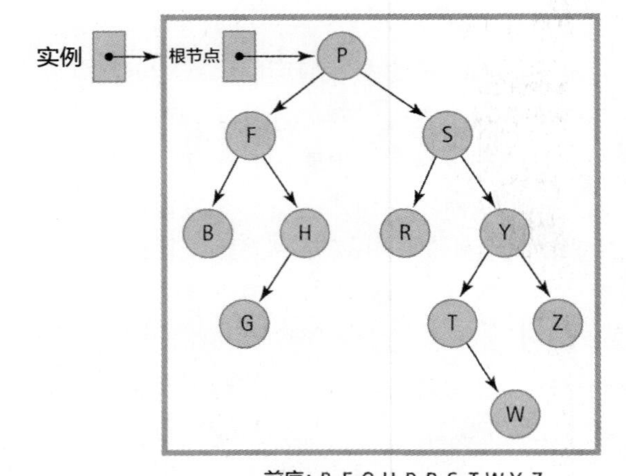

图7.9 三种二叉树遍历

之前提到过前序遍历会导致以深度优先顺序访问二叉树的节点。那广度优先（也叫层）顺序呢？我们没有为二叉搜索树实现广度优先查找。但在习题部分会有相应的练习让你去发掘并实现此方案。

7.3 二叉搜索树接口

隐性要求

词组“二叉搜索树”与ADT结合表示的了一种实现机制，这种机制提供了平均至少$O(\log_2 N)$种添加、移除和查找元素的情况。在本章的介绍中曾经有过讨论，在需要定位元素时，二叉搜索树会发挥出排序数组的优势，在添加或移除元素时，二叉搜索树会发挥出链表的优势。

本节探讨的是二元查找树ADT。就栈、队列、集合和列表而言，我们使用Java接口构造来对它们进行规范。

我们定义的二叉搜索树与Chapter 6的列表相似。我们的二叉搜索树会像列表一样实现此部分的CollectionInterface以及Java字典的Iterable接口。我们把对列表所做的基本假设也用在二叉搜索树上——它们是无界化的，允许重复的元素存在，不允许空元素存在。事实上，我们的二叉搜索树运行起来与排序列表极其相似，因为它们的默认迭代返回的元素会按自然升序排列。有些需要排序列表的程序会用到我们的二叉搜索树。

那么，排序列表和二叉搜索树的区别是什么？第一，二叉搜索树不支持我们在列表中定义的索引运算。第二，我们在二叉搜索树接口中添加了两则所需的运算（min和max），用于分别返回树中最小和最大的元素。第三，如前面所述，由于二叉搜索树允许有三种遍历顺序，所以需要有函数getIterator，而传入到该函数的引数指定了所要的迭代类型——前序、中序或后序——该函数也会返回相对应的Iterator对象。

接口

此处是接口，下面会进行讨论。

```
//---------------------------------------------------------------------------
// BSTInterface.java            程序员：Dale/Joyce/Weems           Chapter 7
//
// 某个类的接口，用于实现二叉搜索树（BST）。
//
// 树是无界化的，允许重复性元素存在，不允许空元素存在。
// 一般的前提条件是：空元素不会作为引数传递到任何函数中。
//---------------------------------------------------------------------------
package ch07.trees;

import ch05.collections.CollectionInterface;
```

```
import java.util.Iterator;

public interface BSTInterface<T> extends CollectionInterface<T>, Iterable<T>
{
  // 用于规定遍历顺序。
  public enum Traversal {Inorder, Preorder, Postorder};

  T min();
  // 若该二叉搜索树为空，返回 null;
  // 否则返回树中最小的元素。

  T max();
  // 若该二叉搜索树为空，返回 null;
  // 否则返回树中最大的元素。


  public Iterator<T> getIterator(Traversal orderType);
  // 根据引数指定的顺序，创建并返回提供了当前树的“快照”遍历的迭代器。
}
```

BSTInterface既扩展了ch05.collections中的CollectionInterface，又扩展了Java字典中的Iterable接口。就前者而言，实现了BSTInterface的类必须要提供函数add、get、contains、remove、isFull、isEmpty和size。就后者而言，这些类必须要提供函数iterator，用于返回对象Iterator，客户端通过该对象遍历二叉搜索树。

函数min和max就一目了然了。对于二叉搜索树来说，我们将二者放在接口中是因为这两则运算非常有用，而且实现起来简单、高效。

BSTInterface公开了枚举类Traversal，用于枚举三种可支持的二叉搜索树遍历。函数getIterator接收的引数来自于类型Traversal的客户端，该类型用于指定所需的树的遍历。函数应返回相应的Iterator对象。例如，如果某个客户端想要打印包含字符串类型的二叉搜索树mySearchTree的内容，使用中序遍历的代码是：

```
Iterator<String> iter;
iter = mySearchTree.getIterator(BSTInterface.Traversal.Inorder);
while (iter.hasNext())
  System.out.println(iter.next());
```

除函数getIterator外，实现BSTInterface的类必须要提供单独的iterator函数，因为BSTInterface扩展了Iterable。这个函数返回的Iterator应按照树中元素的“自然”顺序进行迭代。对于大部分程序来说，这应该属于中序遍历，我们在进行实现时会依照此前提。因此，根据上述例子，通过中序遍历来打印树的内容其他方法便是运用for-each循环，可用在Iterable的类中：

```
for (String s: mySearchTree)
  System.out.println(s);
```

我们有意让getIterator和iterator创建并返回迭代器，并在需要迭代器的时候对目前的树进行**快照**。它们展现了树在此刻的状态，而树随后的变化不应影响迭代器的hasNext和next函数返回的结果。由于这些迭代器对树进行了快照，因此用它们来支持标准的iterator remove函数是无意义的。若remove函数被调用，这些迭代器会抛出异常UnsupportedOperationException。

为展示如何利用二叉搜索树来调用迭代器，我们列举了一个样例程序，该程序先生成了图7.9的树，然后用各种遍历顺序分别输出了树的内容。接下来，程序会展现使用for-each循环的方式，即重复运用中序遍历。最终，它展现的是在获得迭代器后并不影响迭代结果的情况下，向树中添加元素。本例中二叉搜索树的实现方式会在后面章节进行探讨。以下为代码，后面是输出结果：

```
//---------------------------------------------------------------------
// BSTExample.java              程序员：Dale/Joyce/Weems          Chapter 7
//
// 创建匹配图 7.9 的二叉树，并展现迭代的使用方式。
//---------------------------------------------------------------------
package ch07.apps;

import ch07.trees.*;
import java.util.Iterator;

public class BSTExample
{
  public static void main(String[] args)
  {
    BinarySearchTree<Character> example = new BinarySearchTree<Character>();
    Iterator<Character> iter;

    example.add('P'); example.add('F'); example.add('S'); example.add('B');
    example.add('H'); example.add('R'); example.add('Y'); example.add('G');
    example.add('T'); example.add('Z'); example.add('W');

    // 中序
    System.out.print("Inorder:   ");
    iter = example.getIterator(BSTInterface.Traversal.Inorder);
    while (iter.hasNext())
      System.out.print(iter.next());
```

```
    // 前序
    System.out.print("\nPreorder:  ");
    iter = example.getIterator(BSTInterface.Traversal.Preorder);
    while (iter.hasNext())
      System.out.print(iter.next());

    // 后序
    System.out.print("\nPostorder: ");
    iter = example.getIterator(BSTInterface.Traversal.Postorder);
    while (iter.hasNext())
      System.out.print(iter.next());

    // 再次中序
    System.out.print("\nInorder:   ");
    for (Character ch: example)
       System.out.print(ch);

    // 再次中序
    System.out.print("\nInorder:   ");
    iter = example.getIterator(BSTInterface.Traversal.Inorder);
    example.add('A'); example.add('A'); example.add('A');
    while (iter.hasNext())
      System.out.print(iter.next());

    // 再次中序
    System.out.print("\nInorder:   ");
    iter = example.getIterator(BSTInterface.Traversal.Inorder);
    while (iter.hasNext())
      System.out.print(iter.next());
  }
}
```

请注意，我们是按照“层级顺序”添加元素的方式在程序中对图中的树进行的再创造。实现的细节会在接下来的内容中向大家证明此方法的确能够创造图中所示的树的模型。此处为BSTExample程序的输出结果：

```
Inorder:   BFGHPRSTWYZ
Preorder:  PFBHGSRYTWZ
Postorder: BGHFRWTZYSP
Inorder:   BFGHPRSTWYZ
Inorder:   BFGHPRSTWYZ
Inorder:   AAABFGHPRSTWYZ
```

7.4 实现层级：基础级

树结构作为链接结构，其节点的分配是动态的。在继续进行讨论之前，我们需要明确的是：树的节点，准确地说应该是什么？在之前讨论二叉树时，我们讲到了左子节点和右子节点。这些子节点是树中的结构性引用，它们共同构成了树。我们也需要一个位置来存储客户端在节点中的数据，接下来会一直称它为info。图7.10展现的是将节点视觉化的方式。

此处是类BSTNode的定义，该类与图7.10一致。

```
//---------------------------------------------------------------------------
// BSTNode.java              程序员：Dale/Joyce/Weems              Chapter 7
//
// 将二叉搜索树的节点存储类 <T> 的信息。
//---------------------------------------------------------------------------
package support;

public class BSTNode<T>
{
  private T info;                  // 节点信息
  private BSTNode<T> left;         // 对左子节点的链接
  private BSTNode<T> right;        // 对右子节点的链接

  public BSTNode(T info)
  {
    this.info = info; left = null; right = null;
  }
```

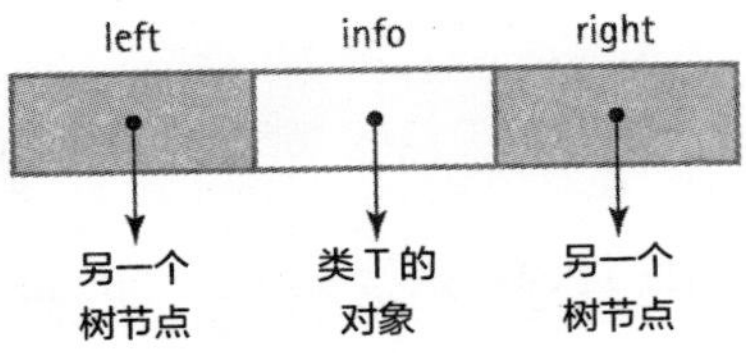

图7.10 二叉树的节点

```
  public void setInfo(T info){this.info = info;}
  public T getInfo(){return info;}

  public void setLeft(BSTNode<T> link){left = link;}
  public void setRight(BSTNode<T> link){right = link;}

  public BSTNode<T> getLeft(){return left;}
```

```
  public BSTNode<T> getRight(){return right;}
}
```

细心的读者会发现上述类与Chapter 4变体节讲的DLLNode类相似。事实上，这两个类基本上可以说是对等的，类BSTNode的引用left和right对应的是类DLLNode的引用back和forward。虽然在可能的情况下可以运用复用性，但在本案例中我们创建了一个完全新的类。创建类DDLNode的目的是支持双向链表，而不是二叉搜索树。创建类BSTNode的目的是支持二叉搜索树。除此以外，在创建一个新的节点类后，我们便可以为每个结构使用恰当的函数名，例如，双向链表的getBack和setForward、二叉搜索树的getLeft和setRight。

既然我们定义好了节点类，那么接下来把注意力转向实现上。我们将调用实现类BinarySearchTree，它实现了BSTInterface，并调用了BSTNode。我们的二叉搜索树和接口的关系可以在本章“总结”的图7.24中找到。

实例变量root是对树的根节点的引用，构造函数将它设成了空值。该类的定义如下：

```
//----------------------------------------------------------------------------
// BinarySearchTree.java           程序员：Dale/Joyce/Weems           Chapter 7
//
// 为基于引用的二叉搜索树定义所有的结构。
// 支持三种遍历顺序：前序、后序和中序（“自然”）。
//----------------------------------------------------------------------------
package ch07.trees;

import java.util.*;   // 迭代器，比较器

import ch04.queues.*;
import ch02.stacks.*;
import support.BSTNode;

public class BinarySearchTree<T> implements BSTInterface<T>
{
  protected BSTNode<T> root;      // 引用该二叉搜索树的根节点
  protected Comparator<T> comp;   // 应用于所有的比较中

  protected boolean found;   // 由 remove 调用

  public BinarySearchTree()
  // 前提条件：T 实现了 Comparable
  // 创建一个空的二叉搜索树对象——用元素的自然顺序。
```

```
{
  root = null;
  comp = new Comparator<T>()
  {
     public int compare(T element1, T element2)
     {
         return ((Comparable)element1).compareTo(element2);
     }
  };
}

public BinarySearchTree(Comparator<T> comp)
// 创建一个空的二叉搜索树对象——用比较器 comp 对元素进行排序。
{
 root = null;
 this.comp = comp;
}
```

该类是程序包ch07.trees的一部分。随着该类的后序部分不断被开发后，我们会逐渐明白导入队列和栈的原因了。我们用root来命名引用了树结构的变量，因为它是对树的根的链接。

根据6.4“基于数组的排序列表的实现”，我们在实现排序列表的过程中允许客户端向这两个构造函数的一个函数传递比较器。在那种情况下，在判定树元素的相关顺序时会调用引数Comparator。这样便得到了一个多功能二叉搜索树，它能在不同时段以不同的键用在任何给定的对象类上。例如，name（姓名）、student number（学号）、age（年龄）、test score average（平均分）能作为存储/检索表示某个学生对象的键。其它的函数不含参数。若用此构造函数来实例化一树结构，意味着该客户端希望运用元素的“自然”顺序，即由函数compareTo定义的顺序。该构造函数的前提条件是：类型T要实现Comparable接口，否则无法实现函数compareTo。

接下来，我们来看看观察函数isFull、isEmpty、min和max：

```
public boolean isFull()
// 返回 false；该基于链接的二叉搜索树永远不会满。
{
  return false;
}

public boolean isEmpty()
// 若该二叉搜索树为空，返回 true；否则返回 false。
{
  return (root == null);
```

```
  }

  public T min()
  // 若该二叉搜索树为空，返回 null;
  // 否则返回树中的最小元素。
  {
    if (isEmpty())
       return null;
    else
    {
       BSTNode<T> node = root;
       while (node.getLeft() != null)
         node = node.getLeft();
       return node.getInfo();
    }
  }

  public T max()
  // 若该二叉搜索树为空，返回 null;
  // 否则返回树中的最大元素。
  {
    if (isEmpty())
      return null;
    else
    {
       BSTNode<T> node = root;
       while (node.getRight() != null)
         node = node.getRight();
       return node.getInfo();
    }
  }
```

isFull函数可有可无——我们之前有看过，基于链接的结构不存在存满的情况。isEmpty函数就非常简单了。一种方法是使用size函数：若size返回0，isEmpty则返回true；否则isEmty返回false。但每当size函数被调用时，它都会计算一次树的节点数量。执行完这项任务需要至少O(N)步，其中N代表节点数量（会在7.5“迭代法VS递归法的实现”看到）。那有没有更有效率的方法来判断列表是否为空呢？有，只需要看树的根节点目前是不是空值。这种方法只需要O(1)步。

那现在请思考min函数。请用迄今为止你见过的所有二叉搜索树进行比对，并回答最小元素的位置。它在树的最左侧。不论是什么样的二叉搜索树，只要你从根节点开始向左下方移动，最深处就是最小元素。这就是二叉搜索树的属性——左侧的元素小于等于它们的祖先——决定的。要想得到最小元素，必须尽可能地向左下移动直至底部。这就相当于遍历链表直至其结尾。代码中的链表遍历模式我们之前已经看了很多遍了——不是遍历到结尾，而是移动到下一处节点。max函数的代码是一个道理，只不过它是从右而非左起遍历树层。

7.5 迭代法VS递归法的实现

二叉搜索树能帮助我们很好地比较迭代法和递归法哪个更适合解决问题。你可能已经发觉，树本身就属于递归结构：树由子树构成，而这些子树本身又是树。我们甚至在说到树的属性时会用到递归的定义，例如，若一个节点是另个一节点的父节点或是另一个节点祖先的父节点，那么这个节点就是那个节点的祖先。当然，二叉树节点的正规定义本身就是递归性的，类BSTNode也体现了该定义。因此，在处理树的相关问题时用递归方法也可能会收到不错的效果。本节将对这一假设进行分析。

首先，我们会用递归方法和迭代方法实现size函数。我们会通过保持一个树节点运行数（执行一次add运算就对其增值一次，执行一次remove运算就对其减值一次）的方式来实现size函数。事实上，这个方法是用在集合和列表中的。遍历树和在需要时计算节点数量的方法不止一种，而我们在此处会用到。

在看完size函数的两种实现方式后，我们讨论一下递归法和迭代法在解决此问题上的优势。

size函数的递归法

根据之前运用递归来实现ADT运算的案例，我们必须要使用一个公共函数来访问size运算、一个私有递归函数来进行所有的操作。

公共/私有模式

若用递归法访问结构，我们常常需要将公共/保护变量作为引数传递到递归函数中。在使用信息隐藏方法后，客户端类无法访问私有/保护变量。因此，我们创建一个能被该客户端调用的函数，而这个函数会依次调用私有递归函数，该私有函数会向客户端所调用的函数传递所需的引数。

公共函数size会调用私有递归函数recSize，并将对树根节点的引用传递到此递归函数中。我们设计的递归函数用于返回子树的节点数量，这些节点由引数进行引用，而引数会被传递到递归函数中。由于size向递归函数传递树的根节点，recSize函数向size函数返回整棵树的节点数，转而会将其传递到客户端程序中。size的代码非常简单：

```
public int size()
```

```
// 返回此二叉搜索树的元素数量
{
  return recSize(root);
}
```

在Chapter 3对递归的介绍中，若已知N-1的阶乘，便能够计算出N的阶乘。类比到本案例中，相当于已知左子树节点的数量和右子树节点的数量，便能够计算出树的节点数。即非空树的节点数等于：

```
1+ 左子树的节点数 + 右子树的节点数
```

这就很容易了。根据函数recSize以及对树节点的引用，我们便能够计算出节点指向的子树的节点数：将对子树节点的引用作为引数来递归调用recSize。我们解决了一般情况，那基础情况呢？由于叶节点没有子节点，因此包含叶节点的子树的节点数是1。那如何判断一个节点是否为叶节点？若对此节点的子节点的引用不存在（null），那么它就是叶节点。我们来总结一下，将这些观察结果总结进算法中，其中node是对树节点的引用。

recSize(node): returns int Version 1

```
if (node.getLeft() is null) AND (node.getRight() is null)
   return 1
else
   return 1 + recSize(node.getLeft()) + recSize(node.getRight())
```

我们将此算法应用到两个案例中，以检验其正确性（见图7.11）。

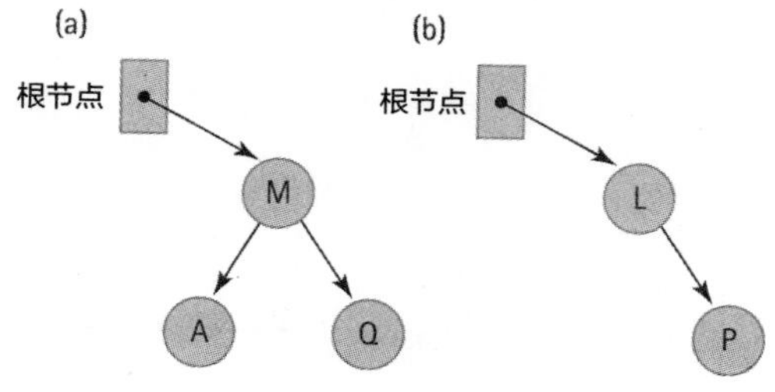

图7.11 两棵二叉搜索树

针对图7.11a的树，我们把对元素M节点的引用作为引数来调用recSize。我们对布尔表达式进行估值。由于根节点M的左右子节点都为空，因此应该返回false。所以执行else语句，返回：

```
1+recSize(对 A 的引用)+recSize(对 Q 的引用)
```

recSize(对A的引用)的调用结果是1——当使用对节点A的引用来对布尔表达式进行预估值时，其左右子节点都不为空，因此激活了return 1语句。同样道理，recSize(对Q的引用)的调用结果还是1，那么recSize(对M的引用)的原始调用值是1+1+1=3。完美。

一次测试不足以成事。我们再来试试图7.11b的树。其根的左子树是空的；我们需要研究一下这种情况会不会有问题。根节点L的两个子节点都是空，因此else语句再次被执行，这次返回的是：

```
1+recSize( 空引用 )+recSize( 对 P 的引用 )
```

recSize(空引用)的调用结果是……有问题出现了。若recSize是被空引数调用的，那么当该函数尝试使用空引用来访问对象时，会有异常“null reference exception”抛出。若node等同于null，那么在尝试访问node.getLeft()时该函数会崩溃。

在做任何事情之前，我们必须要检查引数是否为空。之前有提到，在对树进行处理之前，检查空树的简并情况是非常良好的习惯。若引数为空，则没有元素存在，所以会返回0。以下为新版算法：

recSize(node): returns int Version 2

```
if (node is null)
   return 0
else
if (node.getLeft() is null) AND (node.getRight() is null)
   return 1
else
   return 1 + recSize(node.getLeft()) + recSize(node.getRight())
```

版本2将该问题细分成三个问题，并给出了解决方案：

- 引数代表空树——返回0。
- 引数代表叶节点——返回1。
- 引数是对内节点的引用——返回1+该节点的子树的节点数。

版本2的算法很好，简明高效，准确无误，但有些冗余。你知道原因吗？该算法针对叶节点的解决方案是多余的。若遇到需要处理叶节点的情况，我们把那个方案（第一个else语句）给撤掉，让代码直接跳到第三个解决方案上，那么返回的是“1+该节点的子树的节点数”，即1+0+0=1。这就对了！第一个else语句可有可无。那么我们便有了版本3，即该算法的最终版本：

recSize(node): returns int Version 3

```
if node is null
   return 0
else
   return recSize(node.getLeft()) + recSize(node.getRight()) + 1
```

我们花费了大把的时间去研究这些有误、包含不必要的复杂步骤的算法版本，原因就是它们展现了两个关于树的递归的重要知识点：

（1）永远要先检查空树；

（2）不用特殊考虑叶节点。

此处是代码：

```
private int recSize(BSTNode<T> node)
// 返回根节点 node 的子树的元素数。
{
  if (node == null)
    return 0;
  else
    return 1 + recSize(node.getLeft()) + recSize(node.getRight());
}
```

size函数的迭代法

用迭代法来计算链表的节点数的代码并不难写：

```
count = 0;
while (list != null)
{
  count++;
  list = list.getLink();
}
return count;
```

但是，要想用相似的方法快速计算二叉搜索树的节点数就有些麻烦了。我们从根节点开始数，那是应该数左子树的节点还是右子树的节点？假设我们决定数左子树的节点，那么一定要记得过后要返回继续数右子树的节点。事实上，不论我们决定数哪棵树，都要记得返回那个节点，并计算这个节点的另一棵子树。那我们怎么能把这些都记住呢？

在递归法中，我们不需要显式记录待处理子树，因为未完成的任务记录会自动为我们保存在系统堆栈中。但对于迭代法来说，这些信息必须要被显式记录在我们自己的堆栈中。每当处理子树的进程被延迟时，我们会将对该子树根节点的引用推进引用堆栈中。然后，在当前进程结束后，我们会移除栈顶端的引用，并继续用此堆栈进行下一步处理。这就是7.1节“树”讲的能够用在常规树结构上的深度优先遍历算法。在遍历的过程中访问节点就相当于计算节点的数量。

树中的每个节点只能被处理仅此一次。若要达到此目的，我们要遵循以下规则：

1. 在将节点从栈中移除后要立即对其进行处理。

2. 不要在其他时间处理节点。

3. 一旦节点从栈中被移除，就不要再将其推进栈中。

开始进行处理，将树根推进栈中（若树是空的，则返回0）。我们只需要计算树的根节点，并将其子节点推进栈中，在堆满栈后要开始进行处理。最好尽可能地减少特殊案例情况，就好比将树的根节点推进栈的方式同样能应用到其他节点上。一旦用根节点初始化了栈，我们便会从栈中移出一个节点，然后增加计数值，然后将该节点的子节点推进栈中，整个过程周而复始。这就能保证根的所有后代最终都能被推进栈中——换句话说，所有的节点都能被处理到。

最后，我们只推实际存在的树节点引用，不推任何空引用。若用此方法，当我们从栈中移除引用时，我们便可以增加对节点的计数值，并访问被引用节点的左右链接，无需担心出现空引用错误。代码如下：

```
public int size()
// 返回此二叉搜索树的元素数量。
{
  int count = 0;
  if (root != null)
  {
    LinkedStack<BSTNode<T>> nodeStack = new LinkedStack<BSTNode<T>>;
    BSTNode<T> currNode;
    nodeStack.push(root);
    while (!nodeStack.isEmpty())
    {
      currNode = nodeStack.top();
      nodeStack.pop();
      count++;
      if (currNode.getLeft() != null)
        nodeStack.push(currNode.getLeft());
      if (currNode.getRight() != null)
        nodeStack.push(currNode.getRight());
    }
```

```
    }
    return count;
}
```

递归还是迭代

在使用递归法和迭代法来计算节点后，我们能否确定哪种更胜一筹？在3.8节“何时使用递归解决方案”中探讨了判断递归法的准确使用时机，并给出了几条指导方针。那我们就把这些指导方针贯彻到用递归法计算节点数量的课题上。

递归的深度相对较浅吗？

是的。递归的深度基于树的高度。若树比较匀称（相对较短、较密，而且不高、不稀），那么递归的深度更接近于$O(\log_2 N)$而非O(N)。

递归法要比非递归法更简短吗？

是的。递归法比迭代法更加简单，特别是我们在用实现栈的方式计算节点时，递归法更胜一筹。递归法简洁吗？据我所知，是的。直觉上递归法要更加易懂。在一个二叉搜索树中，节点的数量是一个根节点加上其子树的节点数，用这种方式去想是非常简单的。迭代法就不那么简洁了。比较一下这两种算法，然后印证一下你原有的想法。

递归法的效率要低于非递归法吗？

不。递归和非递归的size版本都是O(N)运算，都得计算一遍所有的节点。

我们给递归法版本打个“A”分，递归是个不错的选择。

7.6 实现层级：剩余的观察函数

我们仍然需要实现的观察函数有：contains、get，以及与遍历相关的iterator和getIterator，再加上转换函数add和remove。请注意，这些函数也能用在非递归方法中，而且能让一些程序设计者更易于理解。这些非递归法的使用就当练习去做吧。我们在此处还是会使用递归法，因为它确实能够做到完美运行，很多学生也需要练习递归法。

contains和get函数

我们在本章开头讨论了如何查找二叉搜索树中的元素。首先要检查被查找元素是否在根域中，如果不在，将目标元素与根元素进行比较，并基于比较结果查找左子树或右子树。

由于左子树和右子树都是二叉搜索树，所以这属于递归算法。查找将会在找到目标元素或是发现空子树后终止。因此，对于递归法的contains运算，有两种基本情况，一是返回true，二是返回false。同样还有两种递归情况，一是继续在左子树进行查找，二是继续在右子树进行查找。

我们使用私有递归函数recContains来实现contains。正在查找的元素以及正被查找的子树的引用会被传递到此函数中。它直接遵循上面描述的算法。

```
public boolean contains (T target)
// 若该二叉搜索树由包含信息 i 的节点并调用了 comp.compare(target,i)==0，则返回
// true；否则返回 false。
{
  return recContains(target, root);
}

private boolean recContains(T target, BSTNode<T> node)
// 若该节点的子树中有包含信息 i 的节点并调用了 comp.compare(target,i)==0，则返回
// true；否则返回 false。
{
  if (node == null)
    return false;        // 目标未找到
  else if (comp.compare(target, node.getInfo()) < 0)
    return recContains(target, node.getLeft());   // 查找左子树
  else if (comp.compare(target, node.getInfo()) > 0)
    return recContains(target, node.getRight());  // 查找右子树
  else
    return true;         // 找到目标
}
```

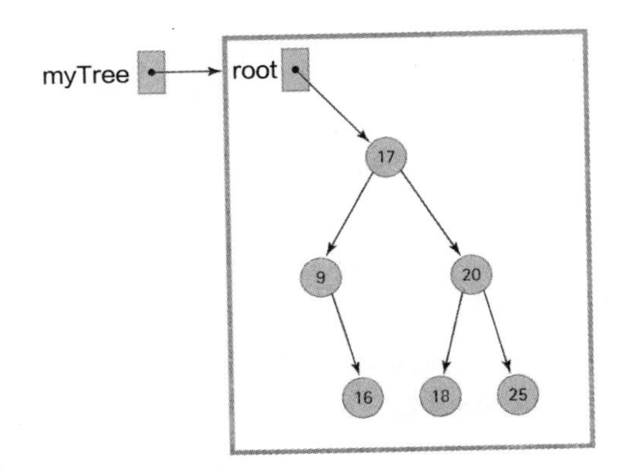

图7.12 追踪contains操作

这里我们用图7.12的树来追踪这个操作。在追踪中，我们用实际参数替代方法参数，此处假设我们用的是自然序的参数。如果要在myTree的树中搜寻关键字为18的元素，对public方法的调用则为：

```
myTree.contains(18);
```

contains方法转而立即调用递归方法：

```
return recContains(18, root);
```

由于root不是null，而18 > node.getInfo()，换言之，18大于17，执行第三个if子句，该方法发布递归调用：

```
return recContains(18, node.getRight());
```

此时node引用关键字为20的节点，由于18 < node.getInfo()，下一个递归调用为：

```
return recContains(18, node.getLeft());
```

此时node引用关键字为18的节点，所以处理进程落空至最后一个else陈述：

```
return true;
```

此举暂停递归下降，而值true回传至递归调用行，直到返回至原始的contians方法，然后返回到客户端程序。

接下来，我们看看在树中找不到关键字的示例。如果要找出关键字7的元素，public方法的调用为：

```
myTree.contains(7);
```

紧跟着：

```
recContains(7, root)
```

由于node不是null，而7 < node.getInfo()，换言之，第一个递归调用为：

```
recContains(7, node.getLeft())
```

此时node指向含有9的节点。第二个递归调用为发布后的：

```
recContains(7, node.getLeft())
```

此时node为null，false的返回值转回原始调用。

get方法与contains操作非常相似。因为无论是contains还是get，都是按递归查找的方式定位树中与目标元素相匹配的元素。不过，这里有一个不同处。我们返回的不是boolean值，而是返回引用与target匹配的树元素。回顾一下，实际的树元素便是树节点的info；因此，返回引用info对象。如果target不在树中，则返回null。

```
public T get(T target)
```

```
// 从这个 BST 的节点返回 info i，其中 comp.compare (target, i) == 0;
// 如果不存在该节点，返回 null。
{
  return recGet(target, root);
}

private T recGet(T target, BSTNode<T> node)
// 从以节点为根的子树返回 info i，使得 comp.compare(target, 1) == 0;
// 如果不存在该节点，返回 null。
{
  if (node == null)
    return null;              // 没有找到 target
  else if (comp.compare(target, node.getInfo()) < 0)
    return recGet(target, node.getLeft());          // 从左子树获取
  else
  if (comp.compare(target, node.getInfo()) > 0)
    return recGet(target, node.getRight());         // 从右子树获取
  else
    return node.getInfo();  // 找到 target
}
```

遍历

7.3节“二叉搜索树接口”结尾中的BSTExample.java应用程序介绍了支持树遍历的二叉搜索树ADT。继续介绍有关知识之前，我们可以复习一下该代码和输出。

让我们来复习一下遍历的定义：

- 前序遍历。访问根、访问左子树、访问右子树。
- 中序遍历。访问左子树、访问根、访问右子树。
- 后序遍历。访问左子树、访问右子树、访问根。

记住，给每个遍历赋予的名称指定了根本身处理其子树的位置。

我们的二叉搜索树ADT通过getIterator方法可支持所有三种遍历序。正如我们在BSTExample.java应用程序中所见，客户端程序向getIterator传递其想要的其中一种遍历序的参数，getIterator方法按所期望的顺序遍历树，完成上述步骤，而在访问各节点时，该方法会将对有关节点信息的引用入队至队列T中。然后，这个方法会使用我们之前用于列表迭代的匿名内部类创建一个迭代器。实例化的迭代器可访问队列T，而且可以使用该队列提供hasNext和next方法。

所生成的队列叫作infoQueue。为了能够让匿名内部类使用，该队列必须声明为final（最终），因为匿名内部类可运作其周围方法的多个当地变量，所以必须确保原始

变量不变。结果就是，经返回的迭代器无法支持remove方法。由于我们是在给创建迭代的树快照，所以无论如何都不太适合在遍历中移除节点。以下是getIterator的代码：

```
public Iterator<T> getIterator(BSTInterface.Traversal orderType)
// 按照参数所指定的顺序，创建并返回提供当前树“快照”遍历的 Iterator（迭代器）。
// 支持先序、后序和中序遍历。
{
  final LinkedQueue<T> infoQueue = new LinkedQueue<T>();
  if (orderType == BSTInterface.Traversal.Preorder)
    preOrder(root, infoQueue);
  else
  if (orderType == BSTInterface.Traversal.Inorder)
    inOrder(root, infoQueue);
  else
  if (orderType == BSTInterface.Traversal.Postorder)
    postOrder(root, infoQueue);

  return new Iterator<T>()
  {
    public boolean hasNext()
    // 如果迭代有更多元素，返回 true；反之返回 false。
    {
      return !infoQueue.isEmpty();
    }

    public T next()
    // 返回该迭代中的 next 元素。
    // 如果该迭代已经没有元素，则抛出 NoSuchElementException。
    {
      if (!hasNext())
        throw new IndexOutOfBoundsException("illegal invocation of next "
                                 + " in BinarySearchTree iterator.\n");
      return infoQueue.dequeue();
    }

    public void remove()
    // 抛出 UnsupportOperationException（不支持操作异常）。
    // 不支持。从快照迭代中移除为无意义。
    {
      throw new UnsupportedOperationException("Unsupported remove attempted "
                                    + "on BinarySearchTree iterator.\n");
    }
```

```
  };
}
```

可以看到，存有迭代信息的队列通过将该队列连同对树根的引用一起传递给private方法（各种遍历类型的单独方法），即可将该队列初始化。剩下要做的就是定义三种遍历方法，以正确的顺序将树中所需的信息存储到队列中。

我们从中序遍历开始。首先，我们要访问根的左子树，其所包含的所有树值小于或等于根节点的值。然后，通过将根节点的信息入列至infoQueue来访问根节点。

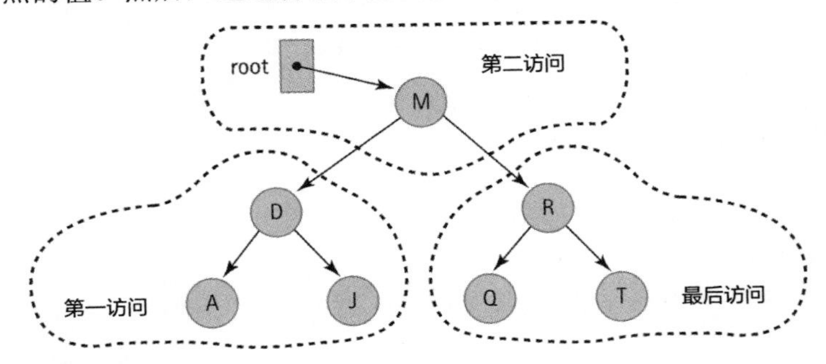

图7.13 按顺序访问所有节点

> **参数(argument)/参数(parameter)别名**
>
> 我们的遍历方法介绍了一个微妙的点，乍一看可能会被忽略。如第54页所讨论，当某个引用变量作为argument传递给某个方法时，parameter变量和argument变量则互为别名。如此一来，用private的遍历方法将元素入队至当地变量q中，实际上并不是将它们入队至与参数变量infoQueuex相关的队列。

最后，我们访问根的右子树，其所包含的所有数值均大于根节点的值（见图7.13）。

让我们再来描述一下这个问题，并在处理时开发出算法。我们的方法名为inOrder（中序），并传递参数root和infoQueue。我们的目标是为了访问以root中序为根的二叉搜索树的元素。换言之，先访问左子树中序，再访问根，最后访问右子树中序。在访问树节点时，我们想要把其中的信息入列至infoQueue中。通过递归调用inOrder，将合适子树的根传递给这个inOrder调用，以此完成访问子树中序。之所以可以这样操作，是因为子树也是二叉搜索树。当inOrder完成访问左子树之后，我们将根节点的信息入队，再调用inOrder方法来访问右子树。如果子树是空的话会发生什么？在这种情况下，输入的参数为null，该方法退出。显然访问空的子树毫无意义。这也是我们的基础条件。

```
private void inOrder(BSTNode<T> node, LinkedQueue<T> q)
// 将以节点为根的子树元素按 inOrder（中序）入队至 q。
{
  if (node != null)
```

```
  {
    inOrder(node.getLeft(), q);
    q.enqueue(node.getInfo());
    inOrder(node.getRight(), q);
  }
}
```

剩下的两种遍历运作方式一样，只是访问根和子树的相关顺序有所变化。递归当然会给二叉树遍历问题提供一种简练的解决方案。

```
private void preOrder(BSTNode<T> node, LinkedQueue<T> q)
// 将以节点为根的子树元素按preOrder（先序）入队至q。
{
  if (node != null)
  {
    q.enqueue(node.getInfo());
    preOrder(node.getLeft(), q);
    preOrder(node.getRight(), q);
  }
}

private void postOrder(BSTNode<T> node, LinkedQueue<T> q)
// 将以节点为根的子树元素按postOrder（后序）入队至q。
{
  if (node != null)
  {
    postOrder(node.getLeft(), q);
    postOrder(node.getRight(), q);
    q.enqueue(node.getInfo());
  }
}
```

7.7 实现层级：转换函数

为了实现二叉搜索树ADT，我们要创建转换方法add和remove，这些都是最复杂的操作。读者可以复习一下3.4节“链表的递归处理”中的“链表转换”的内容，该部分所使用的办法与这里所用的方法类似。

add操作

为了创建和维护二叉搜索树所存储的信息，我们要执行能够将新节点插入树中的操作。新节点通常会插入到树中的合适位置，就像叶子一样。图7.14介绍了一系列插入二叉树的操作。

就实现而言，我们所用的模式与contains和get使用的模式一样。public方法add传递插入的元素。add方法调用递归方法recAdd，传递该元素和对树root的引用。CollectionInterface要求我们的add方法返回一个表示成功或失败的boolean。鉴于我们的树为无界，add方法仅仅返回true，所以一般都是成功的。

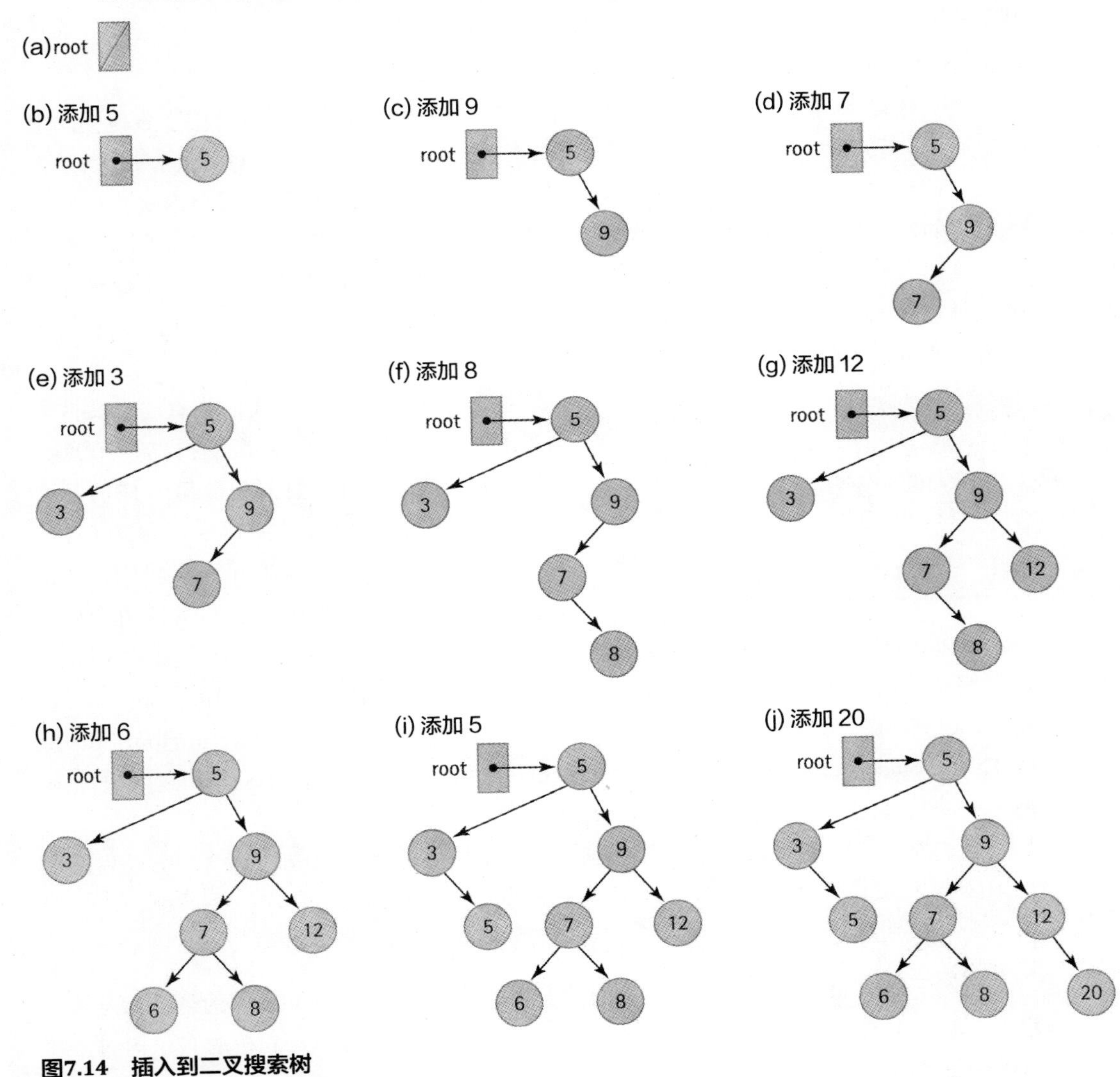

图7.14 插入到二叉搜索树

```
public boolean add (T element)
// 添加元素到这个 BST 中。树保留它的 BST 属性。
{
  root = recAdd(element, root);
  return true;
}
```

对recAdd的调用返回一个BSTNode。它返回对新树的引用，也就是对此时含有element的树的引用。该陈述如下：

```
root = recAdd(element, root);
```

可以阐释为："当元素添加到树中时，将这个树根的引用设定成对已生成树根的引用。"乍一看，这个好像很低效率或者很冗余。我们通常像树叶一样执行插入，所以为什么要改变树根呢？再看一次图7.14的插入次序，这其中的插入是否会影响到树根的值？是的，原始对空树的插入会改变根所持有的值。在所有其他插入的情况中，add方法的陈述只是拷贝了当前的根值到它本身。不过，我们还是需要赋值陈述要处理在空树中进行插入的特殊情况。赋值陈述什么时候存在呢？就在处理并返回了recAdd的所有递归调用之后存在。

非递归方法

我们也能设计一种非递归方法，将元素添加到二叉搜索树中。非递归方法在从上往下查找树的叉树位置时，会维持一个尾指针。找到插入点后，尾指针将用来访问父节点，父节点为需要更改的节点，因为它需要一个新的子节点。有人认为非递归方法比较容易了解，请见习题41b。

在开发recAdd之前，我们要重述二叉搜索树的每一个节点都是二叉搜索树的根节点。在图7.15a中，我们想要把关键值为13的节点插入到根为包含7的节点的树中。因为13比7大，新节点属于根节点的右子树。我们已经定义了原始问题的更小版本，即将关键值为13的节点插入到根为root.right的树中。注意，为了让这个示例更容易上手，这里的图和讨论我们都使用了实际参数，而不是正式参数，所以我们用"13"而不用"element"，用"root.right"而不用"node.getRight()"。"root.right"是"the right attribute of the BSTNode object referenced by the root variable"（由root变量引用的BSTNode对象的正确属性）的简写。

我们有一种方法可以将元素插入到二叉搜索树中，即recAdd。recAdd方法按递归调用：

```
root.right = recAdd(13, root.right);
```

当然，recAdd仍旧返回对BSTNode的引用；这个与原本从add调用的recAdd方法一样，所以必须以同样的方式操作。上文的陈述是说"当将13插入到树的右子树时，将这个树的右子树的引用设定成对已生成的树根的引用"，见图7.15。再一次，直到剩下的对recAdd的递归调用已经完成且返回后，才会发生实际赋值陈述。

recAdd方法的最近一次调用开始了执行，在根节点带有关键值15的树中查找位置插入13。这个方法将13与根节点的关键词进行比较；13小于15，所以新元素归属树的左子树。我们再次获得有关问题的更小版本，即将关键值为13的节点插入到根为root.righ.left的树中；换言之，就是以10为根的子树中（图7.15c）。此时再次调用recAdd来执行这项任务。

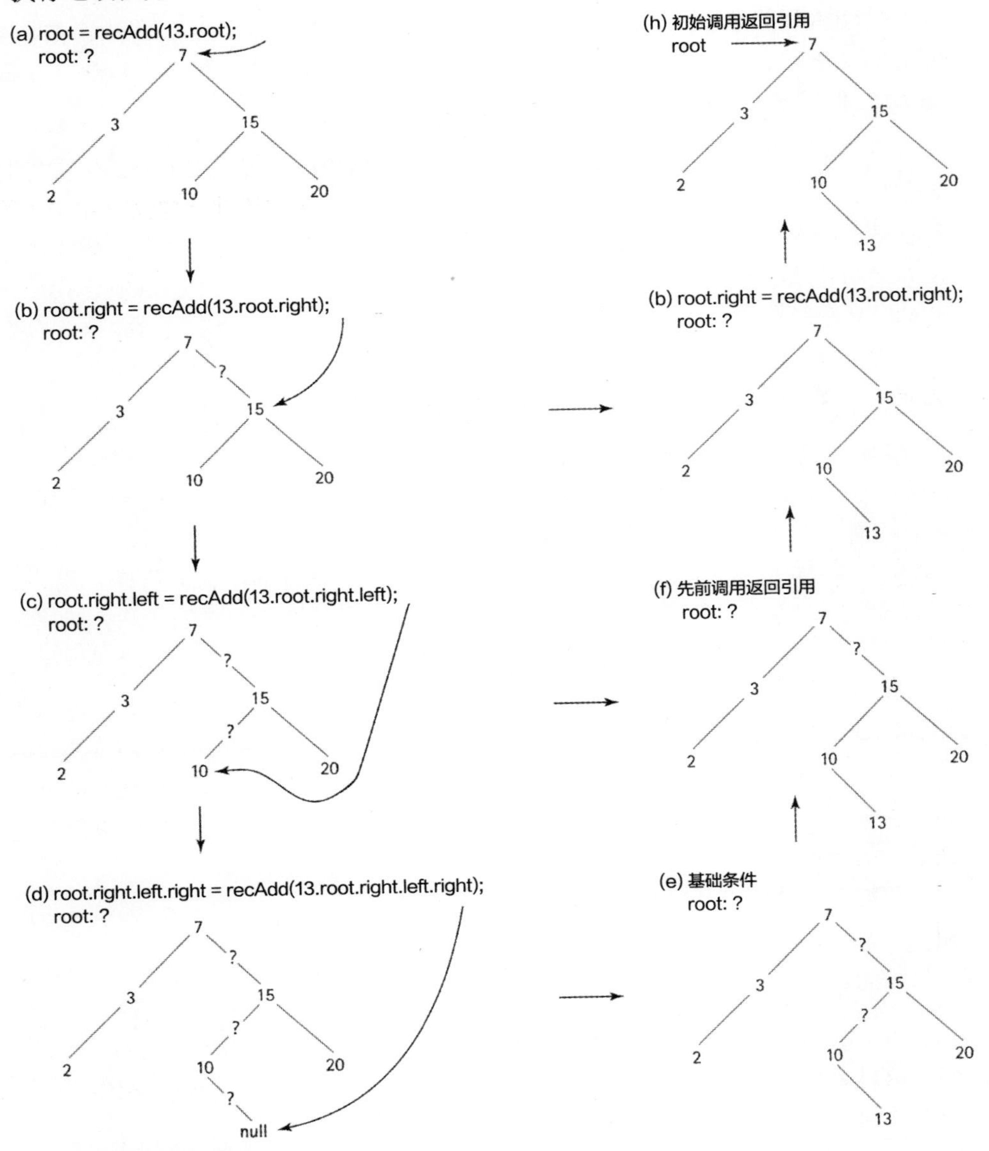

图7.15 递归的add操作

这一切都在哪里结束？必须要有基础条件表明哪个位置是分配给新元素的，并将13拷贝到其中。这种情况会在所查找的子树为null的情况下发生，也就是我们想要插入的子树为空时发生（记住，13将作为叶节点进行添加）。图7.15d介绍了基础条件。我们创建一个新节点，并将对其的引用返回至recAdd的最近一次调用，即引用赋值至节点10的right（右）链中的调用（见图7.15e）。这个recAdd的调用随之就完成了；它将对其子树的引用返回至先前的调用（见图7.15f），即引用赋值至节点15的left（左）链的调用。这个过程一直持续到对整个树的引用返回至原始的add方法，将其赋值给root，如图7.15g和h所示。

在退回递归调用时，实际改变值的唯一赋值陈述就是最深嵌套层次的赋值陈述；它将节点10的右子树从null更改为对新节点13的引用。所有其他赋值陈述仅仅是给先前持有引用的变量引用赋值。这是一种典型的递归方法。我们不会提前知道重要的赋值会发生在哪个层次，所以在每个层次都执行赋值。

在二叉搜索树进行插入的递归方法概括如下：

方法recAdd(element，node)返回节点引用

定义：　在以节点为根的二叉搜索树中插入元素

大小：　从节点到插入位置路径的元素数目

基础条件：如果节点为null，返回包含元素的新节点

一般条件：(1)如果element<=node.getInfo()，返回 recAdd(element, node.getLeft())
(2)如果element>node.getInfo()，返回 recAdd(element, node.getRight())

以下是实现这个递归算法的代码：

```
private BSTNode<T> recAdd(T element, BSTNode<T> node)
// 将元素添加到以根为节点的树中；树保留其 BST 属性。
{
  if (node == null)
    // 找到添加位置
    node = new BSTNode<T>(element);
  else if (comp.compare(element, node.getInfo()) <= 0)
    node.setLeft(recAdd(element, node.getLeft()));    // 添加在左子树中
  else
    node.setRight(recAdd(element, node.getRight())); // 添加在右子树中
```

```
  return node;
}
```

remove操作

remove操作是二叉搜索树操作中最复杂的操作，也是本书中最复杂的操作之一。我们必须确保在移除树元素时，仍能维持二叉搜索树的属性。

remove操作的设置与add操作的设置一样。private的recRemove方法由public的remove方法调用，其参数等于待移除的目标元素和要移除的子树。递归方法返回对经修订的树的引用，与add的情况一样。以下是remove的代码：

```
public boolean remove (T target)
// 从树中移除带有 info i 的节点，使得 comp.compare(target.i) == 0
// 并返回 true；如果该节点不存在，则返回 false。
{
  root = recRemove(target, root);
  return found;
}
```

与我们的递归add方法一样，在多数情况下，树根不会受recRemove调用的影响，这种情况下赋值陈述则有些多余，好像是给其本身的root当前值重新赋值。但是，如果准备移除的节点恰好是根节点，那么这个赋值陈述就尤为重要。remove方法返回found中存储的boolean值，表示移除结果。recRemove方法将found的值设定为表示元素是否能在树中找到。显然，如果元素原本没在树中，就无法移除了。

recRemove方法收到目标和对树节点的引用（基本上是对子树的引用），有可能的话从子树中查找和移除与目标关键词相匹配的节点，并返回对新创建的子树的引用。我们已经知道如何确定目标是否存在于子树中，在get中就曾经操作过。与该操作的情况一样，对recRemove的递归调用循序渐进地减少目标节点可能存在的子树大小，直到定位节点或者确定节点不在树中。

如果定位出来了，我们要移除该节点，返回对新子树的引用，这有点复杂。这个任务因目标在树中的位置而有所不同。显然，比起移除一个非叶子的节点，移除叶节点会比较简单。实际上，我们可以取决于与移除节点相链接的子节点数目，将移除操作拆分成三种情况：

1. 移除一个叶子（非子节点）。如图7.16中所示，移除叶子只是将父节点的合适链接设置为null。

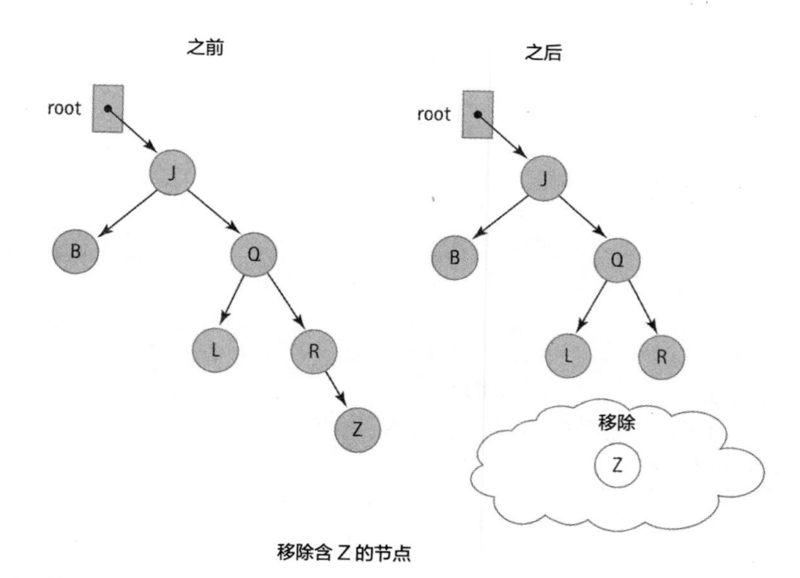

图7.16 移除叶子节点

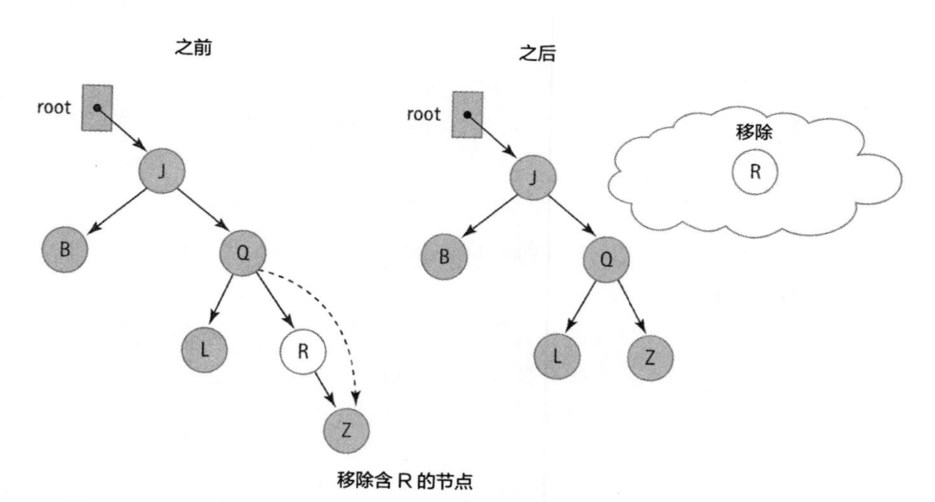

图7.17 移除有一个子的节点

2. 移除只有一个子的节点。移除叶子的简单解决方案不足以用来移除带有一个子的节点，因为我们不想牺牲树中的所有后代。我们想要让父节点的引用跳过已移除的节点，并指向需移除的节点的子（见图7.17）。
3. 移除有两个子的节点。这是最复杂的情况，因为我们不能将已移除节点的父同时指向已移除节点的两个子。树必须仍为二叉树，而查找属性必须维持不变。完成这个移除有多种方式。

我们所用的方式不会移除节点，但其info会用树中另一个节点的info来替代，从而保留查找属性。那么这另一个节点也就会移除。听起来好像是递归的候补项。让我们来看看这个结果怎么实现。

我们要用树中的哪个元素来替代target，从而保留查找属性呢？这里有两个选择：关键字在target关键字前面或者紧跟target关键字的元素，也就是target逻辑上的前驱或后驱。我们选择将目前移除节点的info替代成它的逻辑前驱的info——其关键字的值与待移除的节点关键字最相近，但小于或等于后者的节点。

看回图7.14j，定位出内部节点5、9和7的逻辑前驱。看到该模式了吗？根节点5的逻辑前驱是叶子节点5，是根的左子树的最大值。9的逻辑前驱是8，是9的左子树的最大值。7的逻辑前驱是6，是7的左子树的最大值。替代值通常在带有零个或者一个子的节点中。拷贝替代值之后，移除替代值曾经所在的节点就很容易，通过更改其中一个父引用则可实现（见图7.18）。

所有三种移除的示例都在图7.19中展示。

显然，移除任务把从父节点的引用更改为待移除的节点的引用。这解释了为什么recRemove方法要返回对BSTNode的引用。下面我们来看看这三种情况的各种实现。

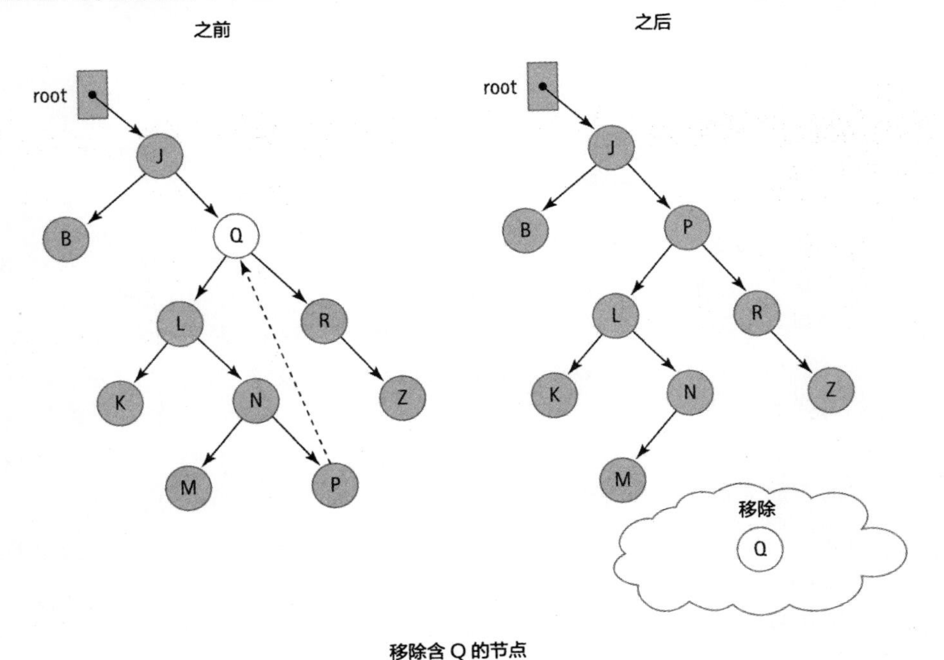

图7.18 移除带有两个子的节点

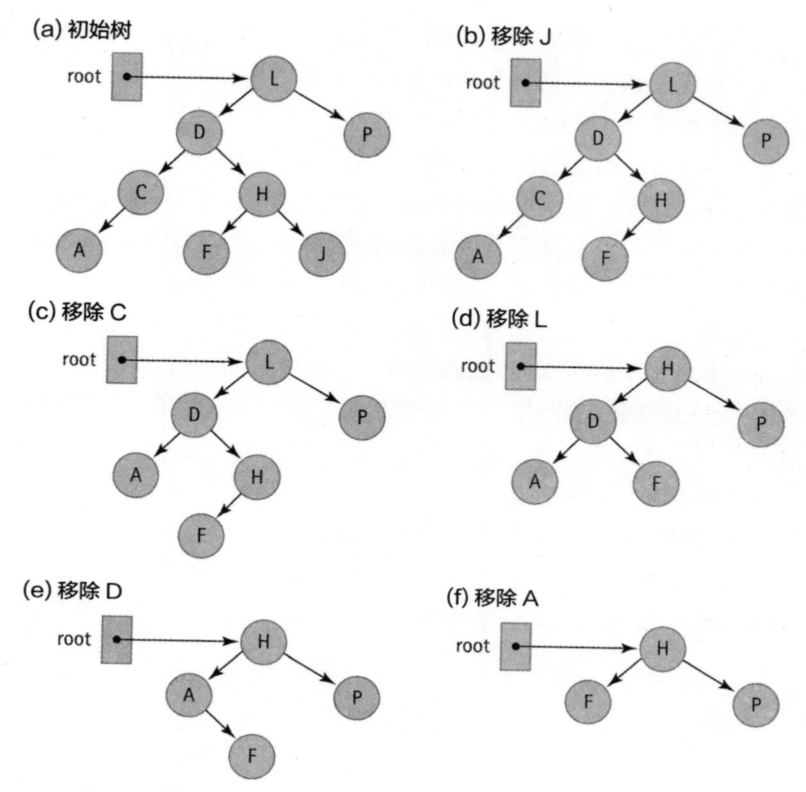

图7.19 从二叉搜索树操作移除

如果待移除节点的两个子引用都是null，那么该节点为叶子，我们只要返回null。先前对这个叶子的引用在调用方法中被null替代，从树中有效地移除了叶子节点。

如果一个子引用是null，我们返回另一个子引用。先前对这个节点的引用被节点的唯一子的引用替代，以有效跳过节点，从树中将其移除（与我们从单独的链表移除节点的方式类似）。

如果子引用两个都不是null，那么我们将节点的info用节点的逻辑前驱替代，移除含有前驱的节点。含有前驱的节点来自于当前节点的左子树，所以我们将其从该子树中移除。然后我们再将原始的引用返回到节点（我们还未创建带有新引用的新节点，只是更改了节点的info引用）。

让我们像removeNode一样用算法形式对这些进行总结。在算法和代码中，对待移除节点的引用为node。

removeNode (node): 返回BSTNode

```
if (node.getLeft() is null) AND (node.getRight() is null)
   return null
else if node.getLeft() is null
   return node.getRight()
else if node.getRight() is null
   return node.getLeft()
else
   Find predecessor
   node.setInfo(predecessor.getInfo())
   node.setLeft(recRemove(predecessor.getInfo(), node.getLeft()))
   return node
```

此时我们可以编写recRemove的递归定义和代码。

方法recRemove(target，node)返回BSTNode

定义：　从以节点为根的树中移除带有info目标的节点

大小：　从节点到待移除节点路径的节点数目

基础条件1：如果目标没有在树中（节点为null），返回false

基础条件2：如果目标的info与节点的info匹配，移除节点并返回true

一般条件：如果target<node.getInfo()，

　　返回recRemove(target, node.getLeft());

　　要么返回recRemove(target, node.getRight())

```
private BSTNode<T> recRemove(T target, BSTNode<T> node)
// 从以节点为根的树中移除带有 info i 的元素，
// 使得 comp.compare (target, i) == 0，并返回 true;
// 如果不存在该节点，返回 false。
{
  if (node == null)
    found = false;
  else if (comp.compare(target, node.getInfo()) < 0)
    node.setLeft(recRemove(target, node.getLeft()));
  else if (comp.compare(target, node.getInfo()) > 0)
    node.setRight(recRemove(target, node.getRight()));
  else
```

```
  {
    node = removeNode(node);
    found = true;
  }
  return node;
}
```

在编写removeNode的代码之前，我们再来看看它的算法。如果我们能注意到，左子引用为null时所采取的动作也适用于两个子引用均为null的情况，那我们就可以删除其中一个测试了。当左子引用为null时，返回右子引用。如果右子引用也是null，那么返回null，这也是当两个节点均为null时我们希望的情况。

这里我们来编写removeNode的代码，用getPredecessor作为操作名称，该操作返回带有两个子的节点的前驱的info引用。

```
private BSTNode<T> removeNode(BSTNode<T> node)
// 从树中移除节点的信息。
{
  T data;
  if (node.getLeft() == null)
    return node.getRight();
  else if (node.getRight() == null)
    return node.getLeft();
  else
  {
    data = getPredecessor(node.getLeft());
    node.setInfo(data);
    node.setLeft(recRemove(data, node.getLeft()));
    return node;
  }
}
```

现在我们来看看找到逻辑前驱的操作。逻辑前驱是node的左子树的最大值。这个值在哪里呢？二叉搜索树中的最大值就在它最右边的节点中。因此，从node的左子树的根开始，一直往右边移动，直到右子为null。当右子为null，返回该节点的info引用。这种情况下不用递归方法查找前驱。用简单的迭代在树中从右往下移动则足够。

```
private T getPredecessor(BSTNode<T> subtree)
// 返回子树最右边节点存有的信息
{
  BSTNode<T> temp = subtree;
  while (temp.getRight() != null)
    temp = temp.getRight();
```

```
  return temp.getInfo();
}
```

这就对了。我们使用四种方法来实现二叉搜索树的remove操作！注意，我们在解决方案中用了两种递归类型：直接递归（recRemove调用其本身）和间接递归（recRemove调用removeNode，后者反过来可能会调用recRemove）。基于我们方法的性质，我们保证在后一种情况下永远不会超过一级递归。无论removeNode在什么时候调用recRemove，它都会传递一个目标元素和一个对子树的引用，使得目标与该子树中的最大元素相匹配。因此，元素与子树最右边的元素匹配，其并没有右子。这是revRemove方法基本条件的其中一种情况，所以递归在这里停止。

如果子树中存在两个最大元素，那么代码将会在先找到的元素——离树根最近的元素停下来。根据我们定义二叉搜索树的方式以及实现add方法的方式，剩下的另一个副本必然处于该元素的左子树中。如此一来，即便在这种情况下，间接递归也不会超过一级递归处理。

7.8 二叉搜索树的功能

对于之前所讨论的多个同样的应用程序而言，二叉搜索树连同其他集合结构（尤其是提供分类列表的结构）都是非常适合的结构。使用二叉搜索树的特别优势在于，它不仅能为链接元素提供便利，而且还方便了查找。它提供了基于数组的分类列表和链表的最佳特征。与基于数组的分类列表的相似之处在于，二叉搜索树使用二叉查找可以快速进行查找。与链表的相似之处在于，二叉搜索树能够在不移动大量数据的情况下进行插入和移除。如此一来，二叉搜索树尤其适合需要最大限度减少处理时间的应用程序。

与往常一样，这里也需要作出取舍。二叉搜索树的每一个节点都带有额外引用，所以占据的内存空间比单独链表的要多。此外，操作树的算法在某种程度上更加复杂。如果列表只需用到顺序处理元素，而不需要随机处理元素，那么最好不要选择树。

重新讨论文本分析实验

让我们回到Chapter 5所介绍的文本分析的词汇密度课题，看看如何将二叉搜索树与之前介绍的基于数组和分类基于数组的列表方法进行比较。由于文本分析统计资料并没有发生改变，所以这里便不重复，有关信息请见表5.1。这里我们把精力放在使用三种结构（数组、分类数组和二叉搜索树）的执行时间。最新实验的结果列于表7.2。

表 7.2 词汇密度实验的结果

源	文件大小	数组	分类数组	二叉搜索树
Shakespeare's 18th Sonnet (莎士比亚十四行诗第18首)	1 KB	20毫秒	23毫秒	22毫秒
Shakespeare's Hamlet (莎士比亚的《哈姆雷特》)	177 KB	236毫秒	128毫秒	127毫秒
Linux Word File (Linux Word文件)	400 KB	9,100毫秒	182毫秒	栈溢出出错 修订版为33,760毫秒
Melville's Moby-Dick (梅尔维尔的《白鲸》)	1,227 KB	2,278毫秒或2.3秒	382毫秒	334毫秒
Complete Works of William Shakespeare (《威廉·莎士比亚作品全集》)	5,542 KB	9.7秒	1.2秒	0.9秒
Webster's Unabridged Dictionary (《韦伯斯特未删节字典》)	28,278 KB	4.7分	9.5秒	4.2秒
11th Edition of the Encyclopaedia Britannica (《不列颠百科全书》第11版)	291,644 KB	56.4分	2.5分	41.8秒
Mashup (混合)	608,274 KB	10小时	7.2分	1.7分

你可以看到，二叉搜索树在大多数情况下的表现优于其他两种方法，尤其是文件越大越能凸显其性能。就最大的文件Mashup而言，用二叉搜索树进行分析，所需要的时间仅仅是分类数组方法的24%，是未分类数组所花时间的0.3%。这是很好的结果，意味着如果要处理大量需要分类和检索的数据的话，二叉搜索树方法是一个好选择。

研究该表，我们会发现二叉搜索树的性能提升只有在文件大小增加时才会明显。这是因为有关该方法的额外开销，创建节点、管理多个引用等在应用于较小的数据集时，会削弱该方法的优势。

该表也揭示了当把二叉搜索树用于Linux Word文件时会出现的严重问题。应用程序会崩溃，停止执行（作者计算机上的数据运行了约70%时）并报告“Stack overflow error”（栈溢出出错）。之所以会生成该错误，是因为有关树的高度太大，系统无法支持递归操作add和size。作者将这些方法记录为非递归，以完成实验。这下应用程序可以成功完成了，但却需要花34秒，比另外两种方法的时间都还要长很多。你可能已经猜到，问题就在于有关树完全偏斜了。

插入顺序和树形

基于二叉搜索树的构造方式，节点插入的顺序决定了树的形状。图7.20介绍了同样的数据按不同的顺序插入后所产生的树形大有不同。

如果按顺序（或者按相反顺序）插入值，树就会完全**偏斜**（又长又“窄”的树形）。这就是Linux Word文件所遇的情况——它属于按字母顺序排列的单词列表。最后生成的树有45,000个节点，基本上就是一个右子连接的链表。不怪乎当使用递归实现时，系统为方法调用返回栈分配的空间会被消耗完。

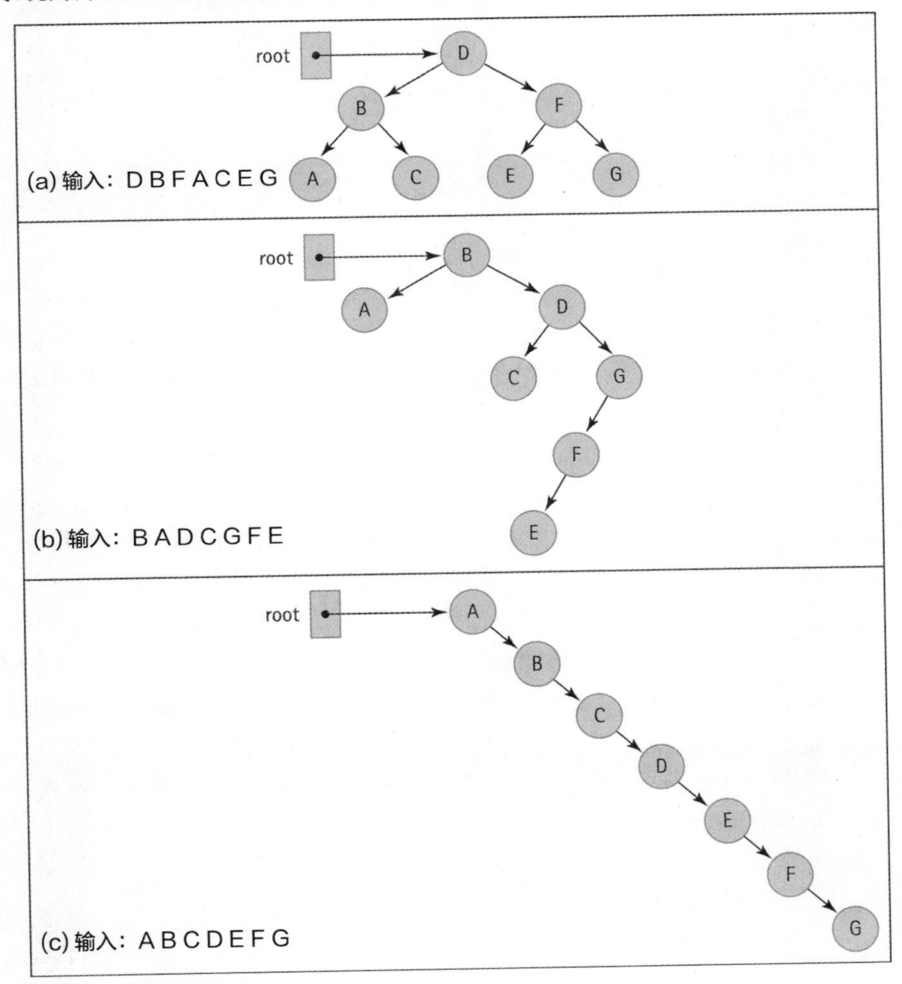

图7.20 插入顺序决定树的形状

将元素混合，随机输入，就会生成一棵矮而茂密的树。树的高度决定了查找时可进行对比的最大数，所以树的形状非常重要。显然，缩短树的高度能提高查找的效率。将树调整至更佳形状的算法已经开发；部分算法在下文讨论，其他则在7.10节“树的变体”中介绍。

平衡二叉搜索树

balance操作通过对树进行平衡，有助于改进二叉搜索树ADT的操作。当二叉搜索树被平衡后，它可以提供$O(\log_2 N)$次查找、添加和移除。操作的规则说明如下：

```
public balance();
// 重构此 BST 以实现最佳平衡
```

重构二叉搜索树的方式有几种。我们的方式很简单：遍历树，保存数组[3]的信息，然后遍历数组，保存返回树的信息。新树的结构取决于我们将信息存入数组的顺序以及访问数组以插入返回树的信息的顺序。

首先按中序遍历树，将元素插入数组中。我们最终得到一个分类数组。下一步，为了确保树平衡，我们尽可能使节点左子树和右子树的子孙数量均等。插入“根首”（root first）的元素，意思就是首先插入“中间”的元素（如果我们将元素从小到大排列，“中间”元素便是位于列表中间的那个元素，比它小或者等于它的元素数量与比它大或者至少与其相近的元素数量一样多）。中间元素变成树根，其左子树和右子树的子孙数量一样。那么下一步我们要插入什么元素？我们将在左子树运作，左子树的根应该是所有少于或者等于根的元素的“中间”元素。该元素下一步再插入。现在，当我们把剩下的少于或等于该根的元素插入，其中有约一半元素会在左子树，约一半在右子树。这样听起来是不是像递归。

以下是基于上文所述方法有关平衡树的算法。算法包含两个部分：一个是迭代，一个是递归。迭代部分Balance，创建数组并调用递归部分InsertTree，后者再重建树。

Balance

```
Iterator iter = tree.getIterator(Inorder )
int index = 0
while (iter.hasnext())
```

[3] 因为Java数组不支持泛型，所以我们使用ArrayList来存储信息。

```
    array[index] = iter.next( )
    index++
  tree = new BinarySearchTree()
  tree.InsertTree(0, index - 1)
```

InsertTree(low, high)

```
if (low == high)                    // 基础条件 1
          tree.add(array[low])
else if ((low + 1) == high)         // 基础条件 2
          tree.add(array[low])
          tree.add(array[high])
else
          mid = (low + high) / 2
          tree.add(array[mid])
          tree.InsertTree(low, mid - 1)
          tree.InsertTree(mid + 1, high)
```

按计划，我们先用中序遍历（默认遍历）把树的节点存入数组，所以节点是按从小到大的顺序存放的。算法通过调用递归算法InsertTreed得以继续，将数组的界传递给InsertTree。InsertTree算法检查传递给它的数组界。如果低（low）和高（high）界都是一样的（基础条件1），它将相应的数组元素插入树中。如果界的区别只有一个位置（基础条件2），算法把两个元素都插入树中。在其他情况下，算法计算出分数组的“中间”元素，将其插入树中，再给其自身做出两个递归调用：一个处理小于中间元素的元素，一个处理大于中间元素的元素。

使用长度既有偶数又有单数的分类数组来追踪InsertTree算法，确保它能运作。balance和辅助方法insertTree的代码直接从算法开始；有关代码的编写将作为练习。图7.21展示在示例树中使用这个方法的结果。

balance方法能否恰当使用，取决于客户端程序。该方法不能频繁调用，因为存在执行成本。我们可以提供方法，返回表示树的平衡或不平衡情况的指示，客户端随后也可以利用这个方法来决定什么时候调用balance。但是对树平衡情况进行测试也需要成本。有关观点将在习题48和习题49提出。

(a) 原始的树

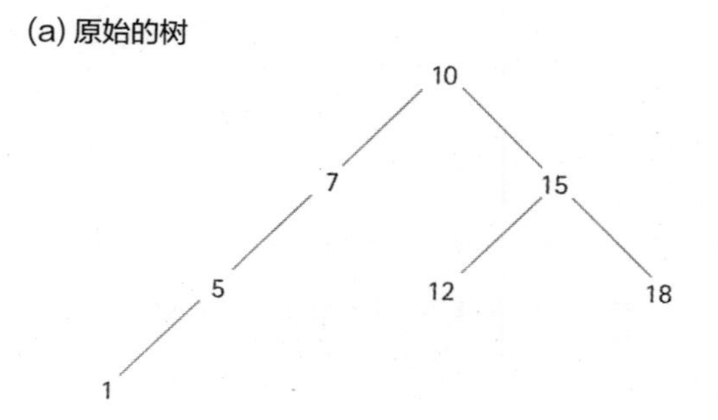

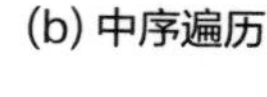

	0	1	2	3	4	5	6
array:	1	5	7	10	12	15	18

(c) 使用 InsertTree(0,6) 后的树

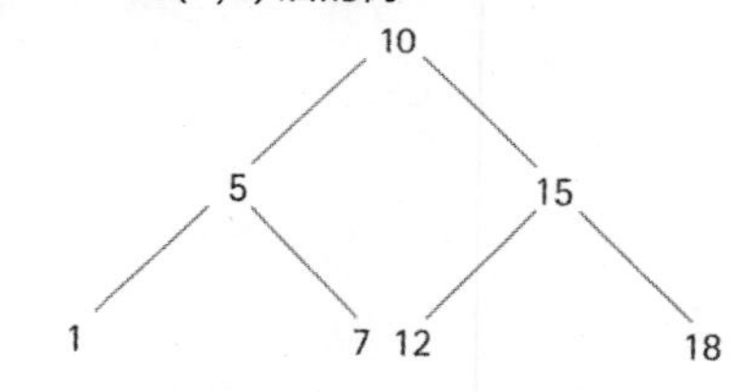

图7.21 最佳转换

> **应用程序的特定知识**
>
> 有些应用程序可以处理随机数据，让我们能放心使用二叉搜索树，而无需担心树会变偏斜。其他应用程序处理结构性的或者分类的数据，在使用二叉搜索树时，最好是定期调用balance方法，即便这样也会产生成本。或者，如果这些应用程序能够承受对add和remove各个调用所需的额外时间，就可以使用7.10节“树的变体”所述的自平衡树。掌握应用程序领域的知识，再加上实验，可以帮助你选出最佳方法。

解决不平衡问题另一种也许更佳方法就是执行一种更为复杂的add操作，这个操作将把树维持成元素正在列入。重复移除节点也会导致不平衡，所以需要创建一种能够维持平衡的相对应remove方法。使用这种方法的查找树在7.10节“树的变体”中讨论。

7.9 应用程序：词频计数器

我们已经确认，在分析文本文件时，至少是一般的文本文件时（有关小说、技术手册和新故事等文件），二叉搜索树是一种很好的结构，而在处理类似Linux Word文件时则需要用到一些平衡策略。本节我们开发一种使用二叉搜索树的词频计数器。该应用程序将读取文本文件，对文件包含的特定单词生成按字母顺序排列的列表，并算出每个单词出现的次数。

为了能够让用户基于他们所研究的具体问题，对生成器的有用输出的数量进行控制，该生成器必须能让用户指定最小单词大小和最小频率计数。生成器要跳过小于最小单词大小的单词；如果单词出现次数比最小频率计数还要少，则该单词不应列入输出列表中。最后，生成器呈列出数个概括性的统计数据：单词总数、长度至少为最小单词大小的单词数量，以及出现频率至少为最小频率计数的指定大小特定单词的数量。

类WordFreq

为了将文件中各个特定单词的计数联系起来，我们创建一种叫WordFreq的类来保存一对词频。经过快速分析，得知我们要能够将该类的对象进行初始化，增加频率，并观察有关单词和频率值。

类WordFreq的代码非常直截了当，在support包中能找到。适合的观察有以下几种：

- 构造函数将freq变量初始化至0。结果，主要程序必须要增加WordFreq对象，之后才能首次放到树中。我们原本可以编写构造函数的代码，将原始的频率设定为1，但是比较自然的做法是将频率计数以0开始。在其他能用WordFreq的应用程序中，这个特征也非常重要。
- 在toString方法中，我们使用Java的DecimalFormat类来迫使频率计数生成的字符串宽度最少为五个字母。此举有助于排列诸如词频生成器等应用程序的输出信息。

```
//----------------------------------------------------------------------------
//WordFreq.java        程序员：Dale/Joyce/Weems       Chapter 7
//
// 定义 word-frequency pairs（词频对）
//----------------------------------------------------------------------------
package support;

import java.text.DecimalFormat;

public class WordFreq implements Comparable<WordFreq>
{
  private String word;
  private int freq;

  DecimalFormat fmt = new DecimalFormat("00000");

  public WordFreq(String newWord)
```

```
  {
    word = newWord;
    freq = 0;
  }

  public String getWordIs(){return word;}
  public int getFreq(){return freq;}

  public void inc()
  {
    freq++;
  }

  public int compareTo(WordFreq other)
  {
    return this.word.compareTo(other.word);
  }

  public String toString()
  {
    return(fmt.format(freq) + " " + word);
  }
}
```

应用程序

针对这个应用程序的方法有一些是借助了Chapter 5开发的VocabularyDensity（词汇密度）应用程序，并在上一节中重新讨论。该应用程序扫描输入文件的单词，读取一个单词后，检查树中是否已有匹配单词，若没有便插入该单词，而实际插入的是存有该单词和频率计数为1的WordFreq对象。

但是，与VocabularyDensity应用程序不一样，即便单词已在树中，还是要进行处理。这种情况下，该应用程序必须增加与该单词有关的频率，需要从树中获得相对应的WordFreq对象，增加其计数，再把它添加回树中。但如果应用程序从树中获得对象，再把它添加回去，那么树中就有两个该对象。所以在处理之前，我们还要把树的对象移除。如果树已经没有该单词了，我们需要插入相对应的计数1。下列算法对此论述进行概括。假设wordFromTree（来自树的单词）和wordToTry（要试的单词）都是WordFreq对象，而后者包含了输入文件的下一个单词（该长度至少为最小单词大小）。

处理Next Word 1

```
boolean match = tree.contains(wordToTry)
if match
    wordFromTree = tree.get(wordToTry)
    tree.remove(wordFromTree)
    wordFromTree.inc()
    tree.add(wordfromTree)
else
    wordToTry.inc()   // 将该频率设置为 1
    tree.add(wordToTry);
```

首先我们注意到，每个单词都需要对树进行重复访问。可能应用程序要检查树，看看单词是否已在树中，在树中获取该单词，从树中移除该单词，再把该单词保存回树中。这样不好。我们的输入文件或许有成千上万个单词，所以即便二叉搜索树能够提供高效的结构机制，为每个单词进行那么多次访问也算不上是好主意。还有更好的方法吗？

回想一下，我们的树“通过引用”存放对象。当从树中索引WordFreq对象，实际上索引的是对该对象的引用。如果该引用用于访问对象并增加其频率计数，那么树中对象的频率计数也会增加。我们不需要将该单词从树中移除，再把它返回去。

在5.5节“基于排序数组的集合的实现”中，我们讨论了“‘通过拷贝’或‘通过引用’实现ADT”特征中“通过引用存储”的隐患，表示如果用户端使用引用来接触由ADT隐藏的数据结构并更改数据元素，这将是一种危险做法。但我们也注意到，这种做法也只有在该更改影响到了用于决定结构有关组织的元素部分时才会危险。在这种情况下，该结构是基于WordFreq对象的word（单词）信息；应用程序将改变frequency（频率）信息。它可以延伸至树里，增加其中一个树元素的频率计数，而不会影响到树的结构。我们更改变量名，以反映对象仍在树中的事实。我们可以将算法简化到：

处理Next Word 2

```
boolean match = tree.contains(wordToTry)
if match
    wordInTree = tree.get(wordToTry)
    wordInTree.inc()
else
    wordToTry.inc()   // 将该频率设置为 1
    tree.add(wordToTry);
```

这是一次非常重要的提高，但我们还可以做得更好。你知道怎么做吗？我们不用contains来确定单词是否已经在树中，我们可以用get。如果get返回null，那么单词就不在树中。如果get返回的不是null，那么单词就在树中。使用这种方法，我们可以减少对树的访问次数，因为我们不需要同时执行contains和get：

处理Next Word 3

```
wordInTree = tree.get(wordToTry)
if (wordInTree != null)
    wordInTree.inc()
else
    wordToTry.inc()  // 将该频率设置为 1
    tree.add(wordToTry);
```

总体而言，我们已经减少“查找”树的次数，将匹配单词的处理次数从4减少到1，这样就好多了。

图7.22展示了对这个算法的追踪，表示了当“aardvark”作为下一个“word to try”（要试的单词）时，变量所发生的变化，并假设“aardvark”已经处理了五次，“fox”处理了三次和“zebra”处理了七次。该图的(a)部分表示处理前的状态。注意wordInTree在这一点上为null。(b)部分表示进行该步骤后的状态：

wordInTree = tree.get(wordToTry)

可以看到，此时wordInTree存有对树的引用。由于布尔表示(wordInTree != null)评价为true，下一个执行的陈述为：

wordInTree.inc()

其增加树内WordFreq对象的频率，如图中(c)部分所示。

该应用程序的剩余部分很直。基于用户输入，我们需要按单词大小过滤待测试的单词，并按单词计数过滤输出。这两个要求都只需要用简单的if陈述就可以处理。应用程序如下所示：

```
//----------------------------------------------------------------------
// WordFreqCounter.java      程序员：Dale/Joyce/Weems            Chapter 7
//
// 显示输入文件中所列单词的词频列表。
// 提示用户 minSize 和 minFreq。
// 不处理长度短于 minSize 的单词。
// 除非词频至少为 minFreq，否则不输出单词。
//----------------------------------------------------------------------
package ch07.apps;
```

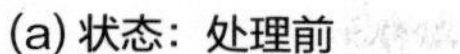
(a) 状态：处理前

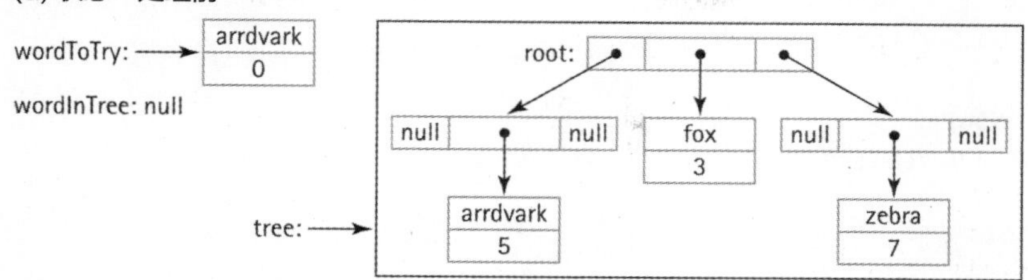

(b) 状态：‘wordInTree = tree.get(wordToTry)’后

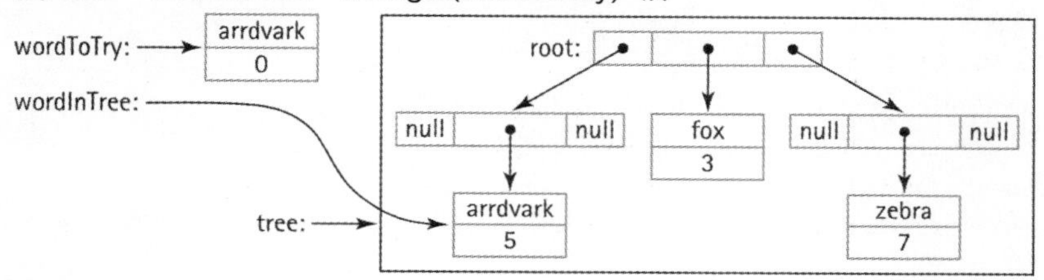

(c) 状态：‘wordInTree.inc()’后

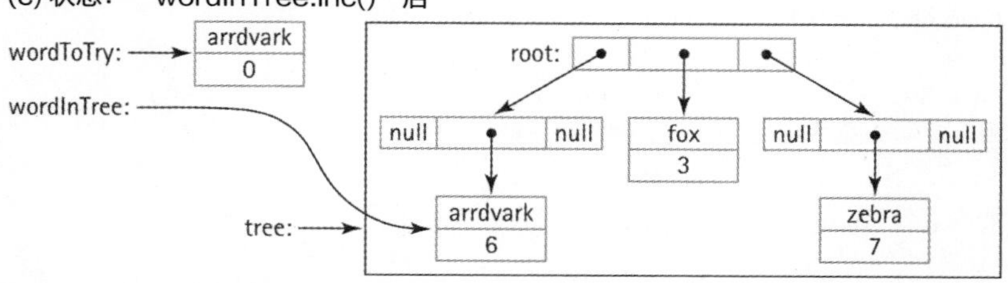

图7.22 “处理Next Word 3”算法的追踪

```
import java.io.*;
import java.util.Scanner;
import ch07.trees.*;
import support.WordFreq;

public class WordFreqCounter
{
  public static void main(String[] args) throws IOException
  {
    String word;
    WordFreq wordToTry;
    WordFreq wordInTree;

    BinarySearchTree<WordFreq> tree = new BinarySearchTree<WordFreq>();

    int numWords = 0;
```

```
int numValidWords = 0;
int numValidFreqs = 0;
int minSize;
int minFreq;
int treeSize;

// 设置命令行，读取为
Scanner scan = new Scanner(System.in);

// 设置文件，读取为
String fn;
System.out.print("File name > ");
fn = scan.next();
Scanner wordsIn = new Scanner(new FileReader(fn));
wordsIn.useDelimiter("[^a-zA-Z']");  // 分隔符（delimiter）都不是字母。

// 从用户处获取单词和频率限制
System.out.print("Minimum word size> ");
minSize = scan.nextInt();
System.out.print("Minimum word frequency> ");
minFreq = scan.nextInt();

// 处理文件
while (wordsIn.hasNext())        // 要处理更多单词时
{
  word = wordsIn.next();
  numWords++;
  if (word.length() >= minSize)
  {
    numValidWords++;
    word = word.toLowerCase();
    wordToTry = new WordFreq(word);
    wordInTree = tree.get(wordToTry);
    if (wordInTree != null)
    {
      // 单词已在树中，只增加频率。
      wordInTree.inc();
    }
    else
    {
      // 插入新单词到树中
      wordToTry.inc();                  // 将频率设置为 1
```

```
          tree.add(wordToTry);
        }
      }
    }

    // 显示结果
    System.out.println("The words of length " + minSize + " and above,");
    System.out.println("with frequency counts " + minFreq + " and above:");
    System.out.println();
    System.out.println("Freq  Word");
    System.out.println("----- -----------------");
    for (WordFreq wordFromTree: tree)
    {
      if (wordFromTree.getFreq() >= minFreq)
      {
        numValidFreqs++;
        System.out.println(wordFromTree);
      }
    }
    System.out.println();
    System.out.println(numWords + " words in the input file.  ");
    System.out.println(numValidWords + " of them are at least " + minSize
                       + " characters.");
    System.out.println(numValidFreqs + " of these occur at least "
                       + minFreq + " times.");
    System.out.println("Program completed.");
  }
}
```

这里显示了我们在包含威廉·莎士比亚全集的文本文件中运行该程序的结果。最小单词的大小设置为10，最小频率计数设置为100。找到了10个符合该标准的单词。该应用程序是一个非常有用的文本分析工具，而且也很有趣。什么是“博林布鲁克”（bolingbroke）？[4]

```
File name > input/literature/shakespeare.txt
Minimum word size> 10
Minimum word frequency> 100
The words of length 10 and above,
with frequency counts of 100 and above:
```

[4] 亨利·博林布鲁克（Henry Bolingbroke）又名国王亨利四世（King Henry IV）。

```
Freq  Word
----- -----------------
00219 antipholus
00141 attendants
00175 bolingbroke
00254 buckingham
00120 conscience
00213 coriolanus
00572 gloucester
00102 honourable
00148 northumberland
00159 themselves

1726174 words in the input file.
15828 of them are at least 10 characters.
10 of these occur at least 100 times.
Program completed.
```

7.10 树的变体

本书中变体一节的目标是，为读者讲解每个学习过的ADT的替代定义和实现方法。我们还希望能够激发读者对存在的多种数据结构的好奇心。我们还想表明，在定义构建数据的新方法时，可能性是“无限”的。没有任何其他抽象数据类型比树ADT更能证明这一点，因为其他ADT放在一起都没有树的变体多。树可以是二元的、三元的（每个节点最多有三个孩子）、n元的（每个节点最多有n个孩子）、交替元的、平衡的、不平衡的、部分平衡的、自调整的，可以在树节点、树的边上或同时在两者中存储信息。对树来说，其变体甚至还有变体！

特定应用的变体

鉴于树的种类繁多，很难（但并非不可能）定义一个通用树ADT。Java库中并不包含通用树结构，大多数课本中也不包含。通常对于树来说，我们让特定的目标应用来决定树的定义、假设、规则以及与特定实现相关的操作。这里我们回顾一下树常见的几种特定应用。

决策树

今天做什么？这个问题的答案可能取决于一系列其他问题的答案：我的家庭作业

是最新的吗？天气怎么样？我银行账户的余额是多少？当我们解决一系列问题、我们的答案又导致其他的问题，但最终得到一个解决方案时，我们就正在遍历一个决策树。

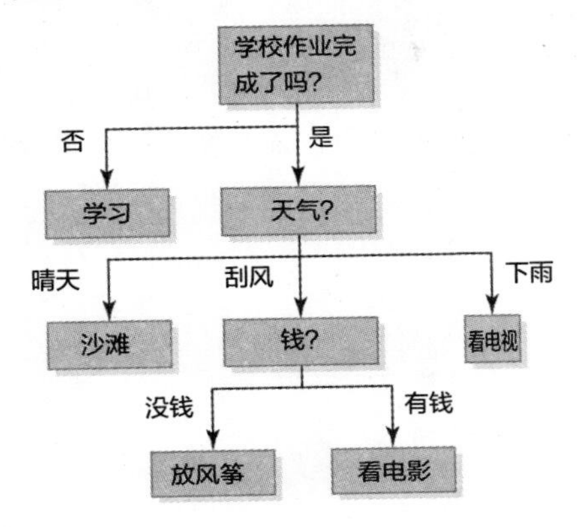

对该树创建和使用的支持常常包含在商业管理工具中。这种树可由不同类型的节点组成，如布尔问句节点、多项选择问题节点、机会节点和答案节点。静态决策树可以使用嵌套的if-else语句和switch语句实现，而动态决策树需要的实现类似于本章中出现的实现方法。

表达式/语法树

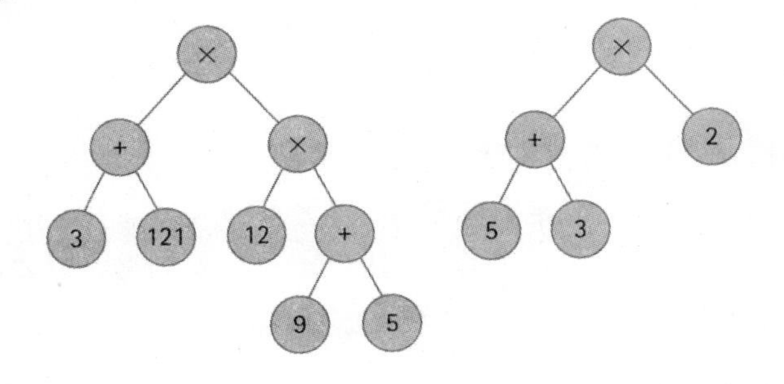

算术表达式可能是有歧义的。例如，表达式的值可能是16或11，取决于你执行运算的顺序。通过为求值顺序创建规则或使用分组符号如圆括号来消除歧义。该问题的另一个解决方法就是把表达式存储在树中。保存运算的树节点表明该运算将在其子节点上执行，这样就消除了歧义。我们使用特别设计的树遍历来对表达式求值。

除了存储并帮助我们对有歧义的表达式求值之外，表达式树还可以用来把表达式从一种格式翻译到另一种格式。看一下右上方的树，我们“看到”了中缀表达式(5+3)×2，但是考虑到后序遍历的结果：5 3 + 2 ×，你可能认为这是与给出的中缀表达式相关的后缀表达式。同样地，我们也能够使用前序遍历生成“前缀”表达式。

表达式树可以是二元的或n元的。算术表达式树是一种更普遍类型的树（语法树）的一种特定形式。形式语言的定义依赖于一系列表达式，这些表达式描述了如何将字符串组成合法的句子。这些表达式遵循与算术表达式相同的规则，因此也可以存储成树。所以，我们通常所说的表达式树或语法树，都可以用来存储合法句子的形式文法。由于编程语言是形式语言，所以语法树可以用来存储整个计算机程序！

R树

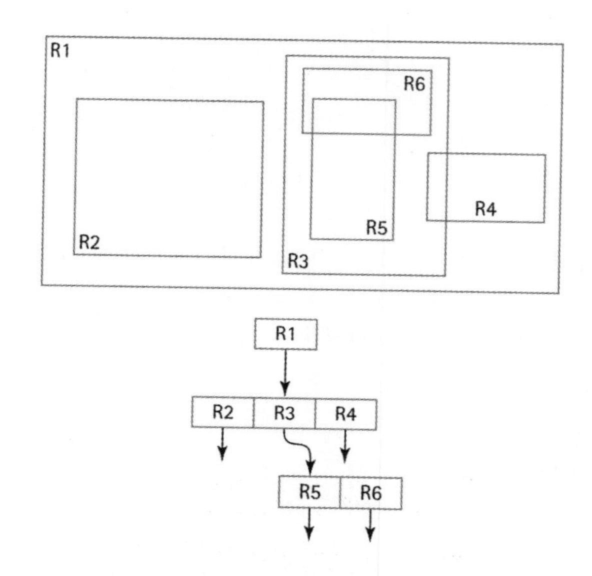

R树（长方形树）及其变体可以存储分层空间数据，并用于搜索和导航系统中。书桌放置在教室里，教室沿走廊排列着，走廊在地板上，地板在楼的侧厅里，侧厅在建筑物内，建筑物在校园里，等等。R树可用于以支持高效检索的方式存储这些事物的相对位置。内部节点表示边界矩形，该矩形确实包含其所有后代。叶节点表示特定的对象。

在为解决特定问题而创建的树形结构中，R树是一个很好的例子。在这种情况下，它用于支持地理数据相关的应用程序（识别X点周围40英里内的所有湖泊）。考虑到特定问题的限制，计算机科学家设计有效的结构帮助解决该问题。

字典树/前缀树

字典树是一种很有趣的结构，因为它存储的信息与其边相关。字典树被当作集合使用，目标是使contains操作尽可能地快。Trie的发音是“tree”，因为其名字来源于“retrieval”中间的“trie”。

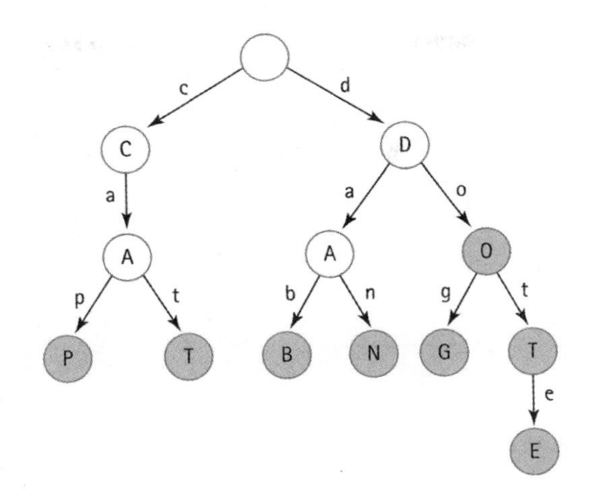

字典树对于存储字符串或其他任何可以分解为一系列原子化部分的信息都特别有用，如二进制数。我们来看一下字典树如何存储字符串中的字符。这里所示的字典树例子中，树的根表示空字符串。当从根开始遍历到树叶时，我们构建一个字符串，将遍历过的每个链接相关联的字符加起来。当到达一个叶节点时，我们就已经构建了一个包含在字典树中的字符串。包含的字符串也可以与内部节点相关联。示例树中的阴影节点都表示字典树中包含的字符串。

为了确定给定的字符串是否在树中，我们只需逐个字符地访问字符串，然后遍历字典树。如果我们在到字符串的结尾之前，到达了一个点，在该点没有任何可能的遍历路径了，那么答案就是“不，字符串不可能存储在字典树中。”如果我们到达了字符串的末尾，并停留字典树的“阴影”节点中，那么答案就是“是的”！

字典树对于文字游戏、拼写检查器和连字符都很有用。它们特别适用于文本的自动完成，例如，当你发短信时，这些应用程序会提示你正在键入的内容。你知道为什么吗？

平衡搜索树

本章介绍的二叉搜索树ADT是保存“随机”数据的优秀集合结构，但却存在一个主要缺点，即它会变成不平衡的。在极端情况下（见图7.20c），不平衡二叉搜索树和一个链表的行为没有什么不同——本质上它就是一个链表。已经开发了许多搜索树变体用来解决这个问题，但是每个变体都各有它的优点和缺点。不同的变体对于平衡意味着什么有不同的定义。

B树

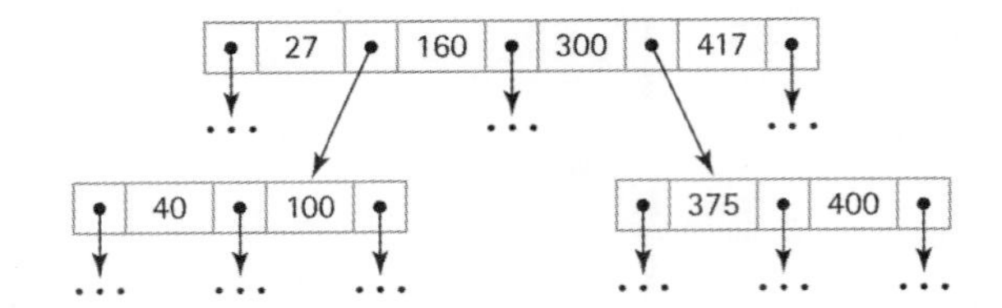

B树（B代表平衡，Balanced）是一种搜索树，允许内部节点存储多个值并具有多个子节点。在一个节点内部，值和子链接按顺序存储。二叉搜索树的属性形式是以子节点及其父节点中的信息之间的关系来维护的。

专门的结构

B树是计算机科学家分析情况并创建适当的数据结构来适应环境的另一个很好的例子。如果读盘是最贵的操作，那就创建一个读盘最少的结构。为了提高性能，将你的精力集中在处理过程中最昂贵的部分。

由于B树节点可以包含大量的信息，在对树进行搜索或更改期间，处理这些信息比处理二叉搜索树节点需要更大的工作量。最初设计B树是为了支持从磁盘存储系统中检索信息，它们通常被用于大型数据库系统中。在这些系统中，读取信息所需的时间是处理过程中最昂贵的部分。由于B树将大量信息存储在“扁平”树中，因此它们非常适合此类系统。查找B树中的信息时“从磁盘读取”操作耗时最少，并且一旦读取了节点，处理节点所需的额外时间在整个方案中并不重要。

B树变体

正如我们在本节的介绍中所指出的那样，树的变体还有变体。B树的流行变体是2-3-4树，它的节点被约束为存储1、2或3个值，因此它有2、3或4个子树（该树因此而得名）。插入新节点使得一个2-节点变为3-节点，或者一个3-节点变为4-节点，或一个4-节点变为两个2-节点（一个值向树上移动，可能会导致进一步的变化）。不管是哪种情况，查找、插入和删除信息总是$O(\log_2 N)$，并且处理任何节点内信息所需的工作量都是常量。

2-3-4树可以使用被称为红黑树的二叉树结构实现。在该结构中，节点是“有颜色的”，非红即黑（每个节点必须保存一个额外的用来指示该信息的布尔值）。节点的颜色表明其值是怎样与相应的2-3-4树相对应。例如，一个存储信息[B,D,F]的4-节点是通过包含[D]的“黑色”节点及其包含[B]的“红色”左子节点和包含[F]的“红色”右子节点来建模的。构建红黑树的规则有点复杂，但我们足以说它除了提供了2-3-4树所有的优点外还提供了额外的优点，即只需二叉树节点这一种节点类型来支持其实现。虽然其定义规则有些复杂，但是实现起来却比较简单。

注意，Java库中没有提供树ADT，但是它包含了两个使用树来实现的重要的类。Java TreeMap类支持map（见Chapter 8），Java TreeSet类支持集合（见5.7节，“集合变体”）。这两个类的内部表示都是红黑树。

AVL树

AVL树是由阿德莱森-维尔斯基（Adeleson-Velsky）和兰迪斯（Landis）在1962年发表的论文中定义的。他们从单个节点的局部视角来定义平衡——在AVL树中，一个节点的两个子树之间的高度差异最多为1。我们称一个节点的两个子树之间的高度差异为其“平衡因子”。再次回到图7.20，图中（a）部分的树是AVL树，因为其每个节点的平衡因子都是0。图（b）中的树不是AVL树，因为，例如其根节点的平衡因子为3。很明显图（c）部分的树叶不是AVL树。

使树中每个节点的平衡因子≤1会生成一棵平衡良好的树。即使在最坏情况下，在AVL树中查找信息也是$O(\log_2 N)$操作。但是添加和删除信息怎么样呢？添加和删除节点期间，需要额外的工作以确保树依然平衡。我们考虑一下添加节点。图7.23a显示了一个包含五个节点的AVL树，其节点的平衡因子自上而下、从左到右是1、0、0、0、0。图2.23b显示了向树中添加5的结果，新树不再是AVL树，因为其节点的平衡因子自上而下、从左向右是2、1、0、1、0、0。由添加操作在AVL树中导致的不平衡将出现在为确定添加位置而访问的节点路径上，在本例中，不平衡体现在根节点上。

AVL树中的不平衡是通过执行四个潜在旋转之一来处理的。在上面的例子中，在根节点上执行被称为“右旋转”的旋转或更简单的“R旋转”。树被旋转后，其根节点移到右边并且其左子节点移上去成为新的根节点。由三个引用赋值语句完成的旋转结果，如图7.23c所示。根据不平衡的性质，可能也需要其他的旋转（L旋转、LR旋转和RL旋转）。所有需要的旋转都是通过几个引用赋值语句完成的。尽管某些情况下需要多次旋转使树达到再平衡，但是添加和删除的总成本永远不会超过$O(\log_2 N)$。

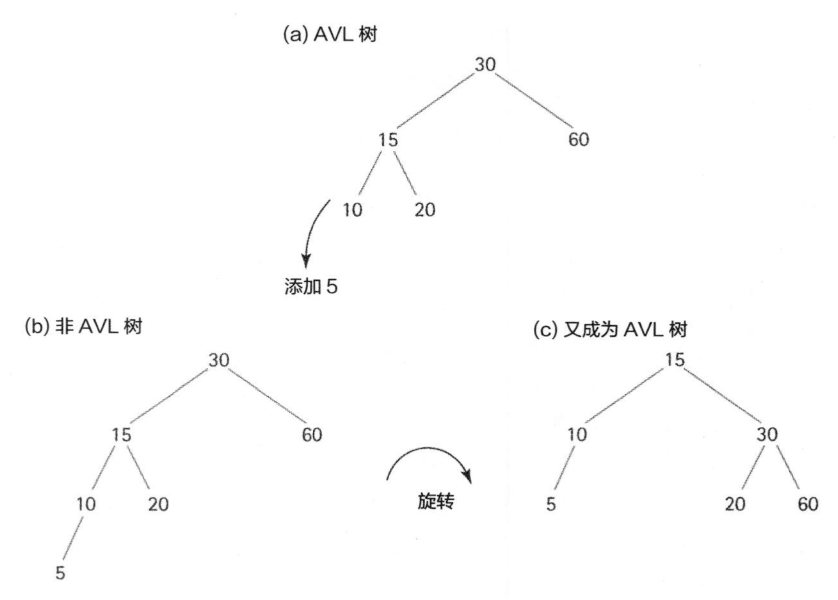

图7.23 向AVL树中添加节点

小结

本章中我们学习了树及其诸多用途。二叉搜索树可用于构造有序信息，以减少对任一特定元素的搜索时间，同时还允许相对快速地添加和删除信息。对于需要在有序结构中直接访问元素的应用程序来说，二叉搜索树是一种非常有用的数据结构。如果树是平衡的，那么访问树中的任何节点都是$O(\log_2^N)$操作。二叉搜索树结合了快速随机访问（如在有序线性列表上进行二分查找）的优点和链接结构的灵活性。

我们还发现使用递归可以非常优雅、简洁地实现二叉搜索树的操作。这很有道理，因为二叉树本身就是一个“递归”结构：树中的任一节点都是另一个二叉树的根。每当我们把树向下移动一层时，取一个节点的右路径或左路径，（当前）树的大小就减少了，这是一个非常明显的较小调用的问题。为了比较，我们实现了递归和迭代两个版本的size操作——迭代版本使用了栈ADT。

如果二叉搜索树是歪斜的，那么其优点就会减少。我们讨论了可以用来保持二叉搜索树平衡的树平衡方法，并在变体一节中介绍了自平衡树的概念。

图7.24是一个UML图表，展示了二叉搜索树ADT中涉及的类和接口之间的关系。该图显示BSTInterface扩展了本书中的CollectionInterface和库中的Iterable接口。

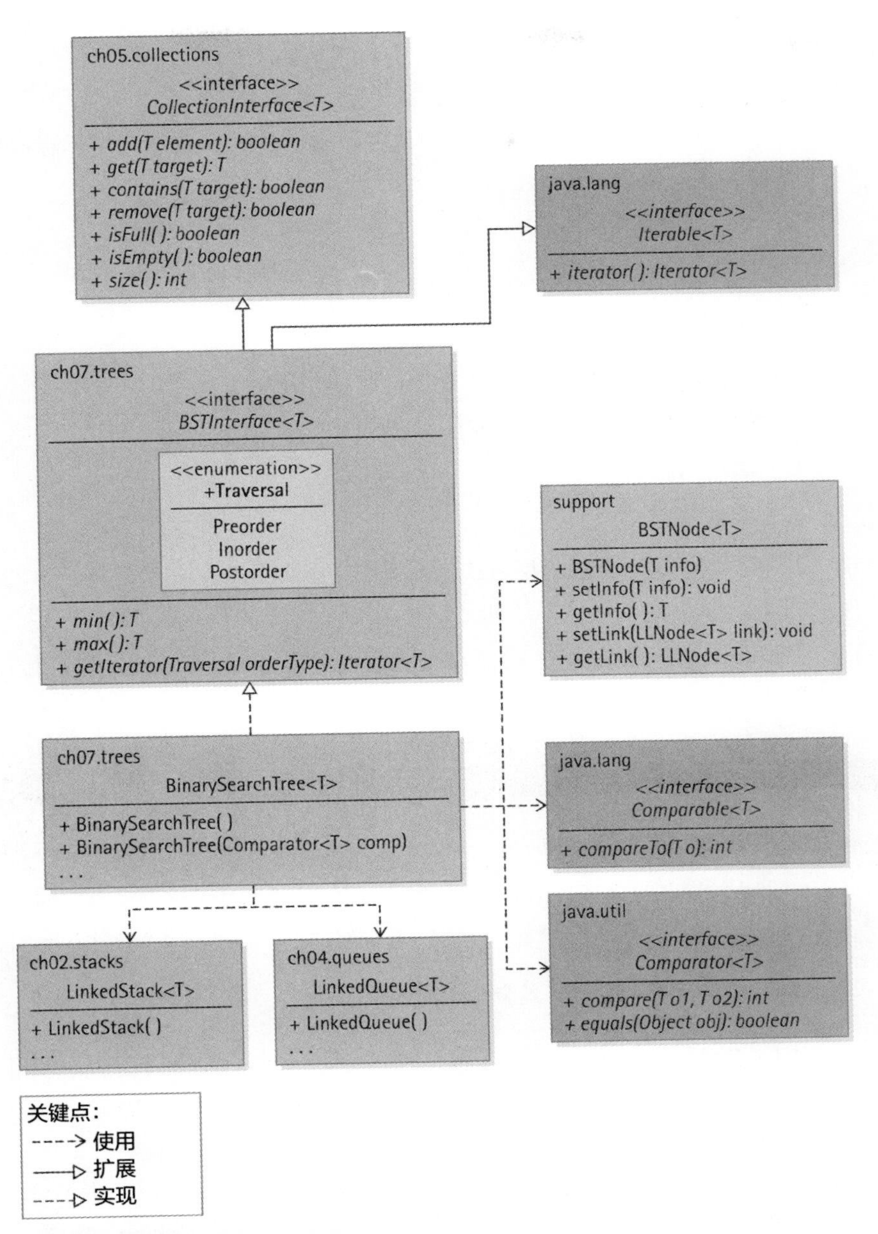

图7.24　与二叉搜索树ADT相关的类和接口

因此，除了min、max和getIterator操作之外，我们的二叉搜索树必须实现这些接口中所有的抽象方法。BinarySearchTree类是我们目前所开发的最复杂的类。

习题

7.1 树

1. 对于下列每个应用程序区域，请说明数据结构树是否适合用作存储结构，并解释你的答案：

   a. 国际象棋游戏中的一步棋

   b. 公共交通道路

   c. 计算机文件和文件夹之间的关系

   d. 家谱信息

   e. 一本书的一部分（章、节等）

   f. 编程语言的历史

   g. 数学表达式

2. Java 类以继承定义的分层方式相互关联。事实上，我们有时候会说“Java 继承树”。包 Java.lang 中的层次描述如下：

   `https://docs.oracle.com/javase/8/docs/api/java/lang/package-tree.html.`

   回答下列关于将层次看作树的问题：

   a. 什么是根？

   b. 树的高度是多少？

   c. 哪个节点的孩子最多？

   d. 树有多少层？

3. 按照图 7.1d 中的示例，绘制表示此迷宫的树。

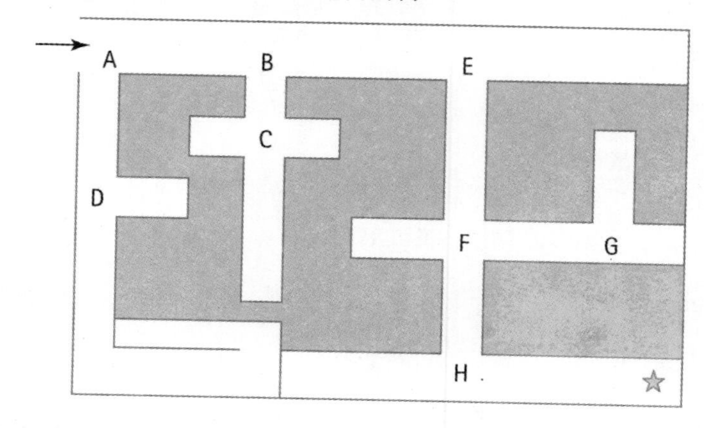

4. 使用标记节点的字母，回答关于下图中的树的问题：

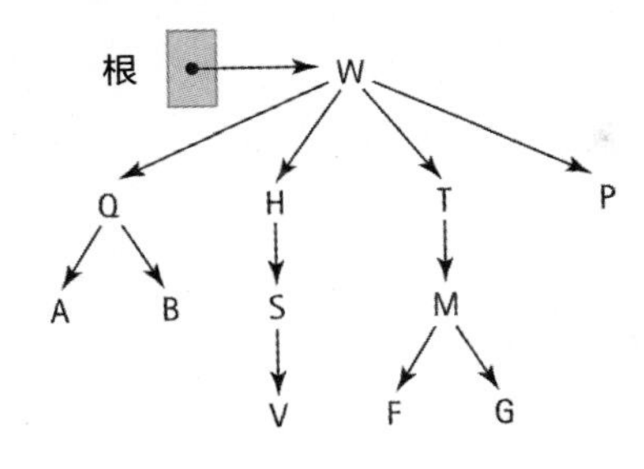

a. 哪个节点是根？

b. 哪个节点是 F 的父节点？

c. 哪个（些）节点是 H 的孩子节点？

d. 哪个（些）节点是 M 的祖先？

e. 哪个（些）节点是 T 的后代？

f. 哪个（些）节点是 S 的兄弟节点？H 的兄弟节点呢？

g. 树的高度是多少？

h. 广度优先遍历时，节点的访问顺序是什么？

i. 深度优先遍历时，节点的访问顺序是什么？

5. 创建与显示跟踪记录的表 7.1 类似的表格：

a. 深度遍历图 7.2 中的示例树。

b. 广度遍历练习 4 中的示例树。

c. 深度遍历练习 4 中的示例树。

6. 绘制一个树（可能有多个答案）：

a. 有 4 个节点，高度为 1。

b. 有 4 个节点，高度为 3。

c. 层次 2 比层次 1 的节点多。

d. 有 5 个节点，其中 3 个是叶节点。

e. 有 6 个节点，其中 2 个是叶节点。

f. 有 4 个内部节点。

g. 有一个 A B C D E F 的广度优先遍历。

h. 有一个 A B C D E F 的深度优先遍历。

i. 有一个 A B C D E F 的广度优先遍历和 A B C E F D 的深度优先遍历。

7. 头脑风暴：描述实现一般树数据结构的两种不同方法。

7.2 二叉搜索树

8. 判断真 / 假，并解释你的答案。

a. 每个二叉树都是二叉搜索树。

b. 每个二叉搜索树都是树。

c. 每个二叉搜索树都是二叉树。

d. 二叉树中的节点必须有两个孩子节点。

e. 二叉树中的节点可以有多个父节点。

f. 二叉搜索树中的每个节点都有一个父节点。

g. 在二叉搜索树中，节点左子树中所有节点中的信息小于该节点右子树中所有节点中的信息。

h. 在二叉搜索树中，节点左子树中所有节点中的信息小于该节点中的信息。

i. 前序遍历处理二叉搜索树中节点的顺序与后序遍历处理它们的顺序完全相反。

9. 画一个二叉树，该二叉树包含中序遍历 E B A F D G 和前序遍历 A B E D F G。

10. 画一个二叉树，该二叉树包含中序遍历 T M Z Q A W V 和后续遍历 Z M T A W V Q。

11. 画三个高度为 2 并包含节点 A，B，C，D 和 E 的二叉树。

12. 回答以下问题

a. 包含 100 个节点的二叉搜索树可以具有的最大层次数？

b. 包含 100 个节点的二叉搜索树可以具有的最小层次数？

c. N 层的二叉树所包含的最大节点总数（记住根节点的层是 0）？

d. 二叉树第 N 层中的最大节点数？

e. 二叉搜索树第 N 层节点的祖先数？

f. 可以从包含键值 1,2 和 3 的三个节点生成的不同二叉树的数量？

g. 可以从包含键值 1,2 和 3 的三个节点生成的不同二叉搜索树的数量？

13. 使用根节点由 rootA 引用的二叉搜索树，回答下列关于二叉搜索树的问题。

a. 树的高度是多少？

b. 哪些节点在第 3 层？

c. 哪些层具有它们所能包含的最大节点数？

d. 包含这些节点的二叉搜索树的最大高度是多少？

e. 包含这些节点的二叉搜索树的最小高度是多少？

f. 通过前序遍历访问这些节点的顺序是什么？

g. 通过中序遍历访问这些节点的顺序是什么？

h. 通过后序遍历访问这些节点的顺序是什么？

i. 通过深度优先遍历访问这些节点的顺序是什么？

j. 通过广度优先遍历访问这些节点的顺序是什么？

14. 使用根节点由 rootB 引用的二叉搜索树再次回答上面的问题。

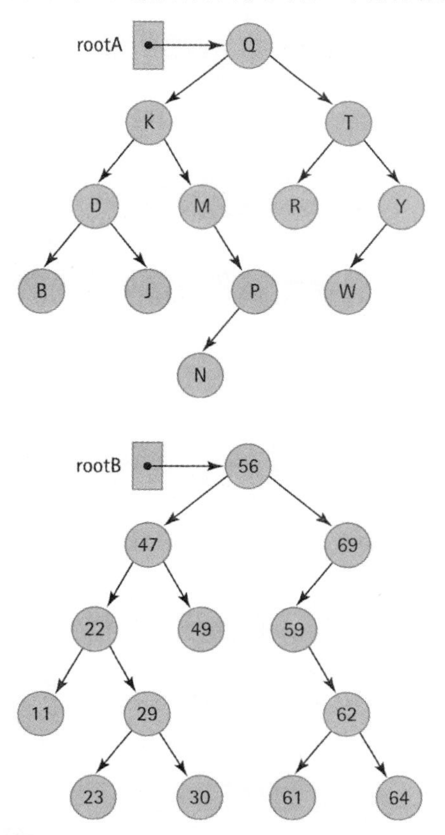

图7.25 与二叉搜索树ADT相关的类和接口

7.3 二叉搜索树接口

15. 列出 BSTInterface 需要的所有方法，并按照观察函数、转换函数或二者结合对这些方法进行分类。

16. 除了 BSTInterface 需要的操作之外，定义至少三个可能对二叉搜索树 ADT 有用的操作。

17. 解释结构“快照”的概念。解释为什么我们的二叉搜索树迭代器支持 remove 操作没有意义？

18. 本题假设二叉搜索树 treeA（上图中根节点由 rootA 引用的树）已被声明并实例化为正确实现了 BSTInterface 的类的对象。以下每个代码段的输出是什么（这些代码段是相互独立的，也就是说，分析每个代码段时都重新开始使用上图中所示的树）：

a.

```
System.out.println(treeA.isFull());
System.out.println(treeA.isEmpty());
System.out.println(treeA.size());
System.out.println(treeA.min());
System.out.println(treeA.max());
System.out.println(treeA.contains('R'));
System.out.println(treeA.remove('R'));
System.out.println(treeA.remove('R'));
System.out.println(treeA.get('S'));
```

b.

```
Iterator<Character> iter;
iter = treeA.getIterator(BSTInterface.Traversal.Preorder);
while (iter.hasNext())
   System.out.print(iter.next());
System.out.println();
for (Character ch: treeA)
   System.out.print(ch);
System.out.println();
iter = treeA.iterator();
while (iter.hasNext())
   System.out.print(iter.next());
```

c.

```
Iterator<Character> iter;
iter = treeA.getIterator(BSTInterface.Traversal.Preorder);
```

```
treeA.remove('N'); treeA.remove('R');
while (iter.hasNext())
   System.out.print(iter.next());
iter = treeA.getIterator(BSTInterface.Traversal.Inorder);
while (iter.hasNext())
   System.out.print(iter.next());
```

19. 使用二叉搜索树 ADT：本题你应该使用 BSTInterface 中列出的方法和标准的 Java 控制操作。

a. 假设二叉搜索树 words 已声明并存储 String 对象。写一段代码提示用户输入一个句子，然后按照字母顺序显示句子中的词汇。

b. 假设二叉搜索树 numbers 已声明并存储 Integer 对象。写一段代码生成 1000 个 1 至 10000 之间的随机数并将它们存储在 numbers 中，然后再生成 20 个数字并报告每个数字是否包含在 numbers 中。

c. 假设二叉搜索树 numbers 已声明并存储 Integer 对象。写一段代码生成 1000 个 1 至 10000 之间的随机数并将它们存储在 numbers 中，然后输出这些数的平均值以及有多少个数小于该平均值。

7.4 实现层级：基础级

20. 比较和对比本书 support 包中的 DLLNode 和 BSTNode 类。

21. 解释类 BinarySearchTree 两个构造函数之间的区别。

22. 假设 tree 是 BinarySearchTree<String> 类型的变量，表示的是包含字符串"alpha""beta""gamma"和"zebra"的树，其中"gamma"是根，"beta"是叶节点之一。绘制表示外部变量 tree、内部变量 root 和四个 BSTNode 对象内容的详细的图。

23. FamousPerson 类是本书 support 包中的一部分，在 5.4 节"重新探讨比较对象"中介绍过，并在 6.4 节"基于数组的有序链表的实现"中重温过。请说明你将如何实例化二叉搜索树 people 来存储按照下列顺序排序的 FamousPerson 对象：

a. 姓，名

b. 出生年份

24. 类 BinarySearchTree 的哪个方法更高效，max 还是 min？请解释你的答案。

25. 对于下列每个树，请说出类 BinarySearchTree 中 min 和 max 方法的 while 循环体将执行多少次，如果这两个方法被：

a. 空树调用

b. 有单个节点组成的树调用

c. 图 7.20a 中的树调用

d. 图 7.20b 中的树调用

e. 图 7.20c 中的树调用

26. 假设 numbers 是 BinarySearchTree<Integer> 类变量，value 是 int 型变量。写一个 Java 语句，如果 values 的值位于 numbers 中存储的最大值和最小值之间，则打印 true，否则打印 false。

7.5 迭代 VS 递归法的实现

27. 比较和对比在 Chapter 6 中为 LBList 类实现列表 ADT 时（维护表示大小的实例变量），我们用于 size 方法的方法。

28. 使用三个问题方法（Three-Question Method）来验证 size 方法的递归版本。

29. 为 BinarySearchTree 设计和实现 min2 方法，其功能等价于使用了递归的 min 方法。

30. 为 BinarySearchTree 设计和实现 leafCount 方法，返回书中叶节点的个数并

a. 使用递归。

b. 不使用递归。

31. 为 BinarySearchTree 设计和实现 oneChild 方法，返回树中只包含一个子节点的节点数并

a. 使用递归。

b. 不使用递归。

32. 为 BinarySearchTree 设计并实现 height 方法，返回树的高度并

a. 使用递归。

b. 不使用递归。

7.6 实现层级：剩余的观察函数

33. 对于下列每个树，如果使用参数 D 调用类 BinarySearchTree 的 contains 方法，请说明 getLeft,getRight 和 getInfo 方法调用了多少次：

a. 空树

b. 由包含 D 的单个节点组成的树

c. 由包含 A 的单个节点组成的树

d. 由包含 E 的单个节点组成的树

e. 图 7.20a 中的树

f. 图 7.20b 中的树

g. 图 7.20c 中的树

34. 将 BinarySearchTree 类中的 recContains 方法中的第一个 < 比较改成 < = 将会产生什么影响？

35. 为 BinarySearchTree 设计和实现 contains2 方法，其功能等价于 contains 方法，但是不使用递归。

36. 假设图 7.12 中的树调用 getIterator 方法，并为其传递表明使用中序遍历的参数。显示为构建队列而进行的后续方法的调用序列（你可以使用表示节点中信息的整数来指出参数）。使用后续遍历再做一次。

37. 假设我们使用栈来替代遍历生成代码中的队列。我们不是对元素进行出队和入队操作，而是压栈和弹栈 / 去掉顶部元素，但是对代码不做其他修改。这样的更改对

a. 前序遍历

b. 中序遍历

c. 后续遍历

意味着什么？

38. 完善二叉搜索树 ADT，使其除前序、中序和后续遍历之外，还支持“按层序”遍历节点。

7.7 实现层级：转换函数

39. 说明根节点由 rootA 引用的二叉搜索树（503 页）在进行下列每个更改之后会变成什么样子。并列出执行更改时将进行的 BinarySearchTree 方法（public 和 private）的调用序列。使用最初的树来回答每个问题。

a. 添加节点 C。

b. 添加节点 Z。

c. 添加节点 Q。

d. 删除节点 M。

e. 删除节点 Q。

f. 删除节点 R。

40. 绘制二叉搜索树，该树开始时是空树，然后

a. 添加 50 72 96 94 26 12 11 9 2 10 25 51 16 17 95

b. 添加 95 17 16 51 25 10 2 9 11 12 26 94 96 72 50

c. 添加 10 72 96 94 85 78 80 9 5 3 1 15 18 37 47

d. 添加 50 72 96 94 26 12 11 9 2 10，然后删除 2 和 94

e. 添加 50 72 96 94 26 12 11 9 2 10，然后删除 50 和 26

f. 添加 50 72 96 94 26 12 11 9 2 10，然后删除 12 和 72

41. add 方法的替代实现：

a. 我们通过调用如下的 recAdd 方法来实现 add 方法：

```
root = recAdd(element, root);
```

正如书中所解释的那样，在往空树中添加元素的情况下，我们使用该方法正确重置 root 的值。替代方法是在调用 recAdd 之前，首先在 add 方法内部处理这个特殊情况。使用该替代方法的话，recAdd 无需返回任何内容，它只是处理元素的添加。为 BinarySearchTree 设计和实现用于替代的 add2 方法，其功能等同于 add 方法。

b. 为 BinarySearchTree 设计和实现 add3 方法，其功能等同于 add 方法，但是不使用递归。

7.8 二叉搜索树的功能

42. 假设随机生成了 1000 个整数元素，并插入到一个有序链表和一个二叉搜索树（BST）中。比较在两种结构中搜索一个元素的效率。

43. 假设 1000 个整数元素按照从小到大的顺序插入到一个有序链表和一个二叉树（BST）中。比较在两种结构中搜索一个元素的效率。

44. 根据下表中列出的内部表示，为每种方法填写最坏情况效率阶。假设调用这些方法时，集合中包含 N 个元素。假设使用的是高效算法（该内部表示所能允许的最高效的算法）。假设链表有一个指针只指向列表的“前面”。

	Unsorted Array	Unsorted Linked List	Sorted Array	Sorted Linked List	Skewed BST	Bushy BST
isEmpty						
min						
max						

contains						
add						
remove						

45. 绘制新树，该树是通过以下顺序遍历根由 rootA 引用的二叉搜索树（503 页）而生成的，在访问节点时，将它们添加到新树：

a. 前序

b. 中序

c. 后序

d. 层序

46. 如果下列值表示的是对原始树的中序遍历，请使用 Balance 算法，显示可能被创建的树。

a. 3 6 9 15 17 19 29

b. 3 6 9 15 17 19 29 37

c. 1 2 3 3 3 3 3 3 3 24 37

47. 修正我们的 BSTInterface 接口和 BinarySearchTree 类，使其包含 balance 方法。你如何测试该修正版呢？

48. 丰满度实验（Fullness Experiment）：

a. 为 BinarySearchTree 设计和实现 height 方法，返回树的高度（如果你做过练习 32，那么这个题目就已经完成了）。

b. 将二叉树的丰满度（fullness ratio）定义为其最小高度与其高度之间的比率（给定树中的节点数）。例如，图 7.5a 中树的丰满度为 1.00（其最小高度为 3，高度也为 3），图 7.6c 中树的丰满度为 0.33（其最小高度为 3，高度为 9）。实现 fRatio 方法，将其添加到 BinarySearchTree 类中，返回树的丰满度。

c. 创建一个生成 10 个“随机”树的应用程序，每棵树有 1000 个节点（随机整数在 1 到 3000 之间）。输出每个树的高度、最优高度和丰满度。

d. 提交一份报告，包含 height 方法和 fRatio 方法的代码、应用程序代码、输出示例和简短的讨论。讨论中应包含对应用程序该如何使用 fRatio 方法来保持其搜索树合理平衡的考虑。

49. 丰满度实验第二部分（假设你已做过前面的练习）：

a. 创建一个应用程序，能够生成拥有 1000 个节点（整数在 1 和 3000 之间）的“随机”树。每次生成一个整数，该整数是 42 的概率为 k%, 是 1 到 3000 之间的随机整数的概率为（1-k）%。例如，如果 k 是 20，那么树中大约 20% 的整数将是 42，另外 80% 的整数将分布在 1 和 3000 之间。该应用程序应输入树的高度、最优高度和丰满度。使用多种 k 值测试该应用程序。

b. 扩展你的应用程序，以便为每个在 10 到 90 之间的 k 值生成 10 个树，增量为 10，即总数为 90 个树。对每个 k 值，输出平均树高和丰满度。

c. 提交一份报告，包含你的代码、输出示例和讨论。讨论中应包含可能存储“不均匀”信息的情况的描述——某些值可能比其他值更频繁地出现。

7.9 应用程序：词频计数器

50. 列出 WordFreqCounter 应用程序直接使用的所有类。

51. 描述下列每个更改将会对 WordFreqCounter 应用程序产生的影响。

a. 删除对 Scanner 类的 useDelimiter 方法的调用。

b. 删除对 String 类的 toLowerCase 方法的调用。

c. 将对 toLowerCase 方法的调用更改为对 toUpperCase 方法的调用。

d. 在 while 循环的内部 if 子句中，将语句 wordInTree.inc() 更改为 wordToTry.inc()。

52. 创建一个应用程序，它将读取文本文件（文件名字 / 通过命令行参数提供的位置），并在屏幕上显示文件中最长的单词（或单词们，如果单词长度相同），以及它们出现了多少次。

53. 创建一个应用程序，它将读取文本文件（文件名字 / 通过命令行参数提供的位置），并在屏幕上显示文件中最常使用的单词（或单词们，如果单词使用次数相同），以及它们出现了多少次。

54. 创建一个应用程序，它将读取文本文件（文件名字 / 通过命令行参数提供的位置），并在屏幕上显示在文件中只出现了一次的单词或单词们。

55. n 元模型（n-gram）是来自某些来源的 n 个项目（数字、字符、单词）的序列。例如，词组“scoo be do be do be”包含基于单词的二元模型（2-grams）“scoo be”（一次），“be do”（两次）和“do be”（两次）。计算语言学家、生物学家和数据压缩专家以多种方式使用 N 元模型。N 元模型在预测模型中特别有用，当你有了一个项目序列的开始，想预测下一个项目是什么，例如当你用手机发信息的时候，它可能会预测你需要的下个单词并将其作为快捷方式。编写并测试：

a. 像 WordFreqCounter 应用程序一样，但是不要求用户输入最小单词和频率大小，而是要求用户输入 n 值及相关的最小 n-gram 频率，然后在输入文本中为该 n 值跟踪 n-grams 的频率。

b. 完善你为 a 编写的应用程序，以便程序在报告 n-grams 的结果后，允许用户重复输入 n 个单词的词组，并报告与该词组最相似的前三个词组以及在文本中该词组后面跟着报告词组的时间百分比。例如，运行该应用程序的交互可能如下所示：

```
File name > somefile.txt
n-gram length> 3
Minimum n-gram frequency> 40
The 3-grams with frequency counts of 40 and above:

Freq  3-gram
----- ----------------
00218 one of the
00105 is in the
00048 at the end

Enter 3 words (X to stop): one of the

12.7%  one of the most
 8.3%   one of the first
 3.4%   one of the last

. . .
```

7.10 树的变体

56. 为决定去哪里吃饭而绘制一个决策树。

57. 为下面的数学表达式

$$(56 + 24) \times 2 - (15 / 3)$$

a. 绘制表达式树。

b. 该树的前序遍历是什么？

c. 后续遍历是什么？

58. 绘制包含以下单词的字典树：

dan　date　danger　dang　dog　data　daniel　dave

59. 鲍勃认为搜索 B 树的效率取决于该树有多少层。他决定将 1000 个元素存储在只有一个节点的 B 树中，即根节点包含所有的 1000 个元素。因为树的高度为 0，他相信他需要的搜索时间为常量。你想告诉鲍勃什么？

60. 在 AVL 树这一子节中，我们定义了节点的“平衡因子”。请问下列节点的平衡因子是什么？

a. 图 7.6a 树中的节点 A。

b. 图 7.6b 树中的节点 A。

c. 图 7.6c 树中的节点 A。

d. 图 7.6a 树中的节点 C。

e. 图 7.6b 树中的节点 C。

CHAPTER 8

抽象数据类型——Map

知识目标

你可以

- 描述术语——符号表——的起源
- 探讨允许Map存在空值的后果
- 抽象描述一个Map及其运算函数
- 对所实现的Map进行增长阶效度分析
- 判断Map这种结构对于解决给定问题的适用性
- 描述类MapEntry
- 解释以下关于哈希的术语
  - 哈希函数
  - 冲突
  - 聚类
  - 桶
  - 压缩函数
  - 线性探查
  - 二次探查
- 探讨允许基于哈希表的Map存在空键的后果
- 根据哈希法的定义讨论可能存在的remove函数算法
- 描述再哈希在哈希系统的作用
- 对给定应用程序域的给定哈希函数进行批判性评论
- 举例说明混合数据结构及其运用

技能目标

你可以

- 根据两组值的成对关系来判断此关系是否代表合法的Map
- 使用以下方式创建出能够实现Map ADT的类
  - 数组
  - 链表
  - 二叉搜索树
  - 哈希表
  - 有序数组
  - ArrayList
- 预测使用Map ADT的程序的输出结果
- 用Map ADT解决问题
- 为程序或类设计并实现合适的哈希函数
- 根据所描述的基于数组的哈希方法以及一串有序的插入键，展示底层数组的内容
- 根据所描述的冲突解决策略，实现一个基于哈希的Map

在早期计算中，像Java这种高级语言对程序员来说是至关重要的。编译器及解释器用于将高级语言转换为机器执行所用的低级语言，而这两种程序在当时可能是最为复杂的，不仅如此，在此之前也不存在编译器和解释器。为了支持开发这些程序，人们便发明了一种数据结构——符号表，其功能如其名，它提供一个用于存储符号的表。这些所谓的符号其实就是我们在需要被编译的高级语言中用到的标识符。而这种表当然不仅存储了标识符的名称，还有其类型、范围及内存地址这些与标识符相关的重要信息：

Symbol	Type	Scope	Location
value	integer	global	47B43390
cost	float	local	537DA372
i	integer	loop	38DD2545

翻译器程序在首次遇到标识符时便会将其信息添加进表中。当它再次遇到标识符时，它会从符号表获取到有关此符号的信息。因此，符号表构建了一种从符号到与符号有关的信息的映射：

cost → float, local, 537DA372

在符号表问世的几年里，人们越来越意识到像符号表这种数据结构——能够构建出从给定值到与给定值有关的信息的映射——并不仅仅局限于当作符号表来用。这便是为什么我们在本章会用Map这种通用术语来描述这种结构。但实际上我们的Map ADT就相当于符号表。它与集合ADT相似，也与我们所有的集合相似，它们都能够添加、移除、查找信息。集合ADT与Map ADT的最主要的不同是Map ADT会显式分离元素的键信息——映射到及映射至键中的键及值都是独立存在的。

老规矩，我们先为Map ADT创建一个接口，然后再研究实现方式及应用程序。有一种实现方式是非常重要的。哈希法的起源可以追溯到早期的符号表，而在这些表中快速定位符号是非常重要的。接下来你会学到，用一个设计良好的哈希法去定位一个键所需的步骤是O(1)。是的，O(1)——不可能比这个更快了！现在，哈希仍然应用于实现编译器符号表，以及内存管理、索引数据库、互联网路由。

8.1 Map接口

Map的键与值彼此相连。当用键来调用Map结构时，例如通过get(key)函数来调用，如果有值与此键相关联，该Map会返回此值。Map的作用非常像数学公式。事实上，函数型程序设计范例中的术语“Map”表示的是将一个函数套用在一个列表的所有元素上，然后返回一个新列表。在数学上的函数中，一个输入值会准确对应一个输出值。将数值5输入到函数$f(x)=x^2$中，返回的是5^2或者25。该函数将5映射至25，而非其他值，这就是Map。换种方式说，Map不允许有重复元素存在（图8.1a不是Map）。但是两个不同的键可以对应同一个值，这种情况不算重复（图8.1b属于Map）。

在想到映射、键和关联元素时，我们不由得会想用键来检索与键相关联的附加信息。例如，在图8.2a中，原子序数是键，用于关联元素名字。然而，键本身可能会被嵌入在与它相关联的信息中——这就与集合中元素的关键字域很相近。键可能是字符串，而关联值可能是WordFreq对象，该对象存储着同样的字符串，加上与该键相关的附加信息，如图8.2所示。有时甚至还会用Map仅存储键，例如在计算文本词汇密度时我们只需要存储字符串而用不到关联值。这种情况下我们还是会用Map，方式是只将键与它自身相关联，如图8.2c所示。

我们现在定义MapInterface。我们的Map拥有所有与集合相关联的基本函数——添加元素、移除元素、获取元素、判定元素的隶属度。然而，由于Map的键与值是分离的，因此我们不能复用CollectionInterface的抽象函数定义。在Map中，所有的基本函数都会对键和值进行单独引用。

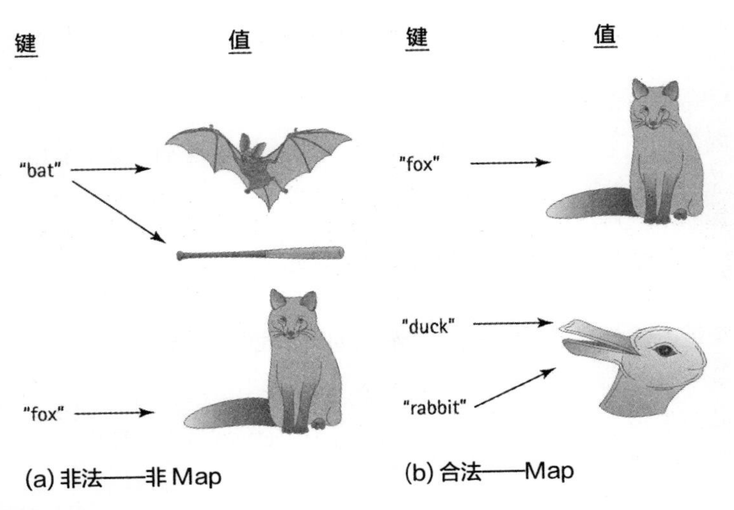

图8.1 Map法则

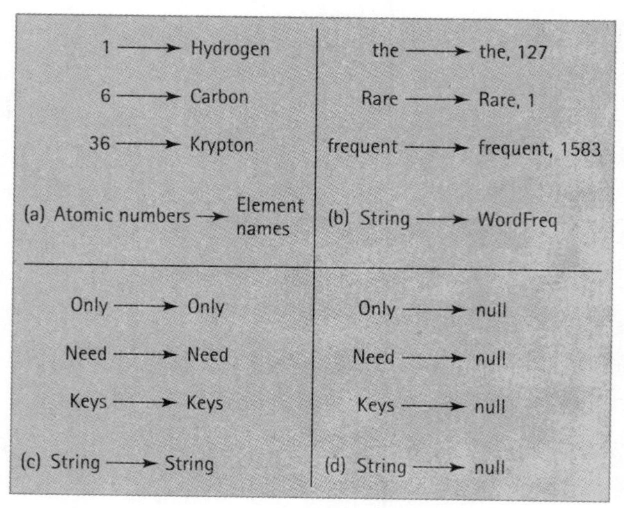

图8.2 合法的映射变体

键不仅要唯一，而且不能为空。如果某个Map函数接收的引数为空键，那么会有异常IllegalArgumentException抛出。这是java.lang程序包中的非检查性异常。

另一方面，值也必须要唯一（见图8.1b），而且不能为空。空值会导致键没有关联值，就好比一个新雇佣的雇员没有办公室。但是在我们仅仅是需要对键进行存储（见图8.2d）时，是可以使用空值的。

Map接口的常规参数有两个，一个用于表示键的类型，另一个用于表示值的类型。除上面所说的基本集合类函数外，Map接口还拥有函数isEmpty、isFull、size和iterator。代码如下所示：

```
//----------------------------------------------------------------------
// MapInterface.java              程序员：Dale/Joyce/Weems          Chapter 8
//
// Map 的两个要素（K=key，V=value），键（key）映射到值（value）上。
// 键唯一且不为空。
//
// 若函数接收到空引数，函数会抛出 IllegalArgumentException 异常。
//
// 值可以为空，所以由 put、get、remove 返回的空值不一定表示键值对不存在。
//----------------------------------------------------------------------
package ch08.maps;

import java.util.Iterator;

public interface MapInterface<K, V> extends Iterable<MapEntry<K,V>>
```

```
{
  V put(K k, V v);
  // 若该Map的k键对应的键值对已经存在，那么该键值对的关联值会被v值所替代，原始值会被返回;
  // 否则，将组合(k,v)添加进Map中，然后返回null。

  V get(K k);
  // 若该Map的k键对应的键值对存在，那么该键值对的关联值会被返回;
  // 否则返回null。

  V remove(K k);
  // 若该Map的k键对应的键值对存在，那么该键值对会从Map中被移除，同时返回该键值对的关联值;
  // 否则返回null。
  //
  // 或者，如果不支持该操作，抛出异常UnsupportedOperationException。

  boolean contains(K k);
  // 若该Map的k键对应的键值对存在，返回true。
  // 否则返回false。

  boolean isEmpty();
  // 若该Map为空，返回true；否则返回false。

  boolean isFull();
  // 若该Map已满，返回true；否则返回false。

  int size();
  // 返回该Map的键值对数量。
}
```

因实际情况的不同，put函数、get函数、remove函数会返回空值，其代表的是所提供的键引数没有关联值。由于键的关联值可以是空值，所以我们一定要结合所返回的空值所代表的意义来对客户端进行操作。代表“无键值对”的空值和代表无关联值的键值对的空值是有区别的，若客户端对这种差异比较敏感，则需要用contains函数先来判断键值对是否存在。

由于Map存储的对象是成对的，因此我们可以考虑三种迭代法——返回键的迭代法、返回值的迭代法、返回成对的键-值的迭代法。我们决定采用最后一种，返回成对的键-值的迭代法，将其作为我们的Map要求的一部分。我们创建了一个新的类MapEntry，用于代表成对的键-值。在该类中，所传递的键和值是构造函数的引数，同时该类也分别为键和值各提供了一个getter函数，单独为值提供一个setter函数；外加一个toString函数。这是一个相对比较简单的类，在程序包ch08.maps中：

```
//---------------------------------------------------------------------------
// MapEntry.java              程序员：Dale/Joyce/Weems            Chapter 8
//
// 为 Map 提供成对的键、值。
// 键不可变。
//---------------------------------------------------------------------------
package ch08.maps;

public class MapEntry<K, V>
{
  protected K key;
  protected V value;

  MapEntry(K k, V v)
  {
    key = k; value = v;
  }

  public K getKey()  {return key;}
  public V getValue(){return value;}
  public void setValue(V v){value = v;}

  @Override
  public String toString()
  // 返回的字符串代表类 MapEntry。
  {
    return "Key  : " + key + "\nValue: " + value;
  }
}
```

若回顾一下MapInterface，你会发现这个类是对Iterable<MapEntry<K,V>>的扩展。这就说明任何实现MapInterface的类都必须要提供一个能返回MapEntry<K,V>对象的迭代器的iterator函数。

为了澄清map的用法，我们来看一个简短的示例应用程序。该示例使用的是下一节中的实现，每个输出语句包含了对预期输出的描述。这使得我们能够更容易检查输出是否符合我们的期望。可以浏览下面的代码，确定自己是否同意预期输出。

```
package ch08.apps;
import ch08.maps.*;

public class MapExample
{
```

```
public static void main(String[] args)
{
  boolean result;
  MapInterface<Character, String> example;
  example = new ArrayListMap<Character, String>();
  System.out.println("Expect 'true':\t" + example.isEmpty());
  System.out.println("Expect '0':\t" + example.size());

  System.out.println("Expect 'null':\t" + example.put('C', "cat"));
  example.put('D', "dog");   example.put('P', "pig");
  example.put('A', "ant");   example.put('F', "fox");
  System.out.println("Expect 'false':\t" + example.isEmpty());
  System.out.println("Expect '5:\t" + example.size());
  System.out.println("Expect 'true':\t" + example.contains('D'));
  System.out.println("Expect 'false':\t" + example.contains('E'));
  System.out.println("Expect 'dog':\t" + example.get('D'));
  System.out.println("Expect 'null':\t" + example.get('E'));

  System.out.println("Expect 'cat':\t" + example.put('C', "cow"));
  System.out.println("Expect 'cow':\t" + example.get('C'));
  System.out.print("Expect 5 animals: ");
  for (MapEntry<Character,String> m: example)
    System.out.print(m.getValue() + "\t");

  System.out.println("\nExpect 'pig':\t" + example.put('P', null));
  System.out.println("Expect 'dog':\t" + example.remove('D'));
  System.out.print("Expect 3 animals plus a 'null': ");
  for (MapEntry<Character,String> m: example)
    System.out.print(m.getValue() + "\t");
 }
}
```

样例程序的输出结果如下所示，看起来与预测结果一致！

```
Expect 'true':  true
Expect '0':     0
Expect 'null':  null
Expect 'false':false
Expect '5:      5
Expect 'true':  true
Expect 'false':false
Expect 'dog':   dog
Expect 'null':  null
Expect 'cat':   cat
```

```
Expect 'cow':  cow
Expect 5 animals: dog pig   ant   fox   cow
Expect 'pig':  pig
Expect 'dog':  dog
Expect 3 animals plus a 'null': ant fox   cow   null
```

8.2 Map的实现

实现Map ADT的方式多种多样，而我们迄今为止用在集合上的内部表示同样能用于实现Map基础结构。这没什么好意外的，因为Map就相当于是由MapEntry对象构成的集合，只不过多了一个条件，即一个键不能对应两个对象。

我们先来简单思考几个可行的方法。

无序数组

用数组存储MapEntry对象。put函数会根据客户端代码提供的引数创建一个新的MapEntry对象。然后为防止出现重复键，put函数会执行穷举（暴风）查找，对现有键进行排查。若找到重复键，该键的关联MapEntry对象会被新对象覆盖，同时返回被覆盖掉的对象的值属性。例如：

```
map.put('C', "cow");
```

处理前

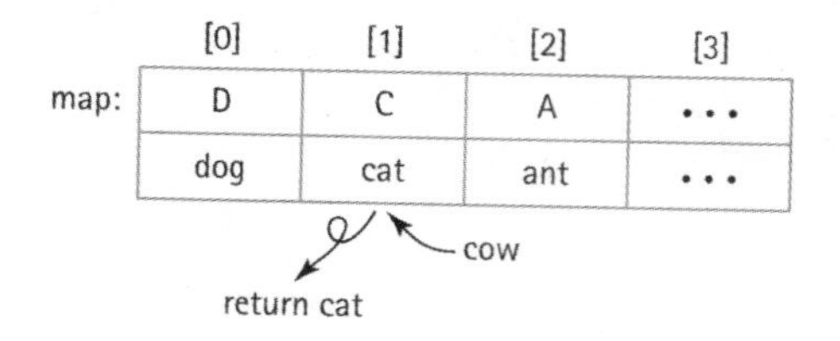

处理后

map:	[0]	[1]	[2]	[3]
	D	C	A	• • •
	dog	cow	ant	• • •

否则，新对象只会被添加在数组的“尾部”，即第一块可用的数组槽。例如：

```
map.put('B', "bat");
```

处理前

map:	[0]	[1]	[2]	[3]
	D	C	A	• • •
	dog	cat	ant	• • •

处理后

map:	[0]	[1]	[2]	[3]	
	D	C	A	B	• • •
	dog	cat	ant	bat	• • •

像put、get、remove、contains这些函数都需要对数组当前的内容进行穷举查找，所以它们属于O(N)运算。

有序数组

有序数组的键值对顺序按照键来排列，其他方面与无序数组无差别。由于在实现的细节有所不同，可能需要客户端调用Comparable键或提供Comparator对象。这种方法运用的是二分查找算法，极大地提升了get和contains这两种重要函数的运行效率。一般情况下，最好能够在Map中快速实现这两种函数运算，但不做强制要求。

无序链表

若要使用无序链表，其中的大部分函数运算用的都是链表系的穷举查找法。因此，相比使用无序数组法，用无序链表法是没有时效优势的。举个例子，用在此处的put函数看似与用在无序数组中的put函数无差异。若复用一个键来将第二个值放进Map中，会发生什么？请看下方图例：

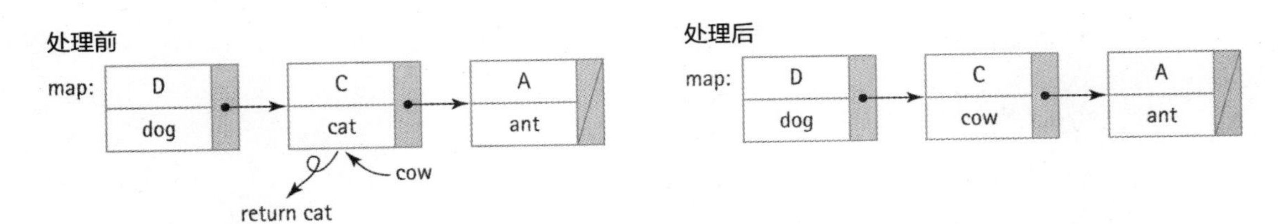

当有新键插入进Map中时，必须要对此Map进行查找，防止出现重复键。然后，新的键值对被存储在“easy”地址中，可能在链表的头部，也可能在尾部。由于新插入进Map的键值对有可能不久就会被进行查找，所以将新的键/值数据对插入进数组的头部会更加便利。

不同于无序数组的是，链表可以按需进行扩大和缩小，因此在内存管理方面它是有一定优势的。但是请别忘了，链表会使用额外的地址引用来存储每个元素的链接。

有序链表

就算链表已经排好序了，却仍然无法使用二分查找算法来有效地定位“中间”元素的位置。所以，用有序链表没比用非有序链表高级到哪里去。但是，当某个键的关联值大于给定键的关联值时，我们可以使用有序链表的排序性来中断查找进程。尽管这点有些用处，但是仍然无法更加快速地提升增长阶的效度。

二叉搜索树

如果将Map以平衡二叉搜索树的形式表现出来，那么所有这些主要函数（put、get、remove、contains）的执行效率都能提升至$O(\log_2 N)$。在树结构中，每个键值对的键都能用来进行比较运算或实现其他功能，而它与有序数组一样，可能需要客户端调用Comparable键或提供Comparator对象。时间效度取决于树结构的平衡度：

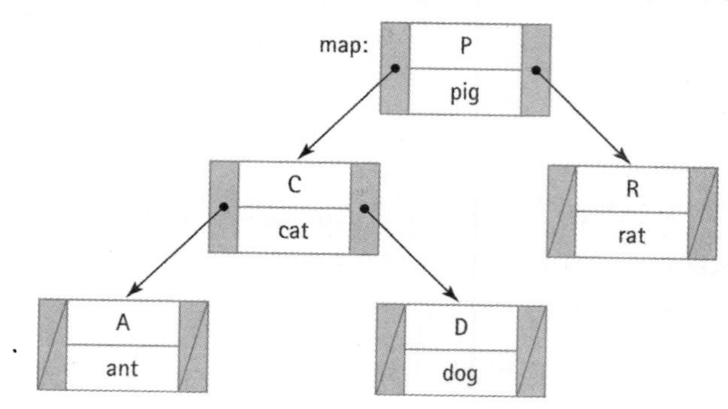

以基于ArrayList的方式实现

在Map的内部表示中，我们用的是由MapEntry对象构成的ArrayList。由于ArrayList是无序的，因此关于它的分析请见上面的“无序数组”部分。虽然这种实现方法的效率不算高，但是它清晰地展现了各个运算之间以及它们与助手类MapEntry之间的关系。

```
//----------------------------------------------------------------------
//ArrayListMap.java            程序员：Dale/Joyce/Weems         Chapter 8
//
// 用 ArrayList 实现 Map
//
//Map 提供成对的（K=key,V=value），同时将键映射到值上。
// 键唯一且不为空。
//
// 若有空键作为引数传递到函数中，会有异常 IllgalArgumentException 抛出。
//
// 由于允许空值存在，因此 put、get、remove 返回的 null 值不见得代表键值对不存在。
//----------------------------------------------------------------------
package ch08.maps;

import java.util.*;  // 迭代器

public class ArrayListMap<K, V>  implements MapInterface<K,V>
{
```

```
protected ArrayList<MapEntry<K, V>> map;

public ArrayListMap()
{
  map = new ArrayList<MapEntry<K, V>>();
}

public ArrayListMap(int initCapacity)
{
  map = new ArrayList<MapEntry<K, V>>(initCapacity);
}

public V put(K k, V v)
// 在该 Map 中，若 k 键的键值对已经存在，那么该键值对的关联值会被 v 值取代，同时返回原始值；
// 否则，将 (k,v) 这对值添加进 Map 中，同时返回 null。
{
  if (k == null)
    throw new IllegalArgumentException("Maps do not allow null keys.");

  MapEntry<K, V> entry = new MapEntry<K, V>(k, v);

  MapEntry<K,V> temp;
  Iterator<MapEntry<K,V>> search = map.iterator(); // ArrayList 迭代器
  while (search.hasNext())
  {
    temp = search.next();
    if (temp.getKey().equals(k))
    {
      search.remove();
      map.add(entry);
      return temp.getValue(); // 找到 k，退出函数。
    }
  }

  // k 键无关联键值对
  map.add(entry);
  return null;
}

public V get(K k)
// 若 k 键有关联键值对，那么返回该键值对的关联值；
// 否则返回 null。
{
```

```
    if (k == null)
      throw new IllegalArgumentException("Maps do not allow null keys.");

    for (MapEntry<K,V> temp: map)    // 调用 ArrayList 迭代器。
      if (temp.getKey().equals(k))
        return temp.getValue();      // 找到 k，退出函数。

    // 无键值对与 k 关联。
    return null;
  }

  public V remove(K k)
  // 在该 Map 中，如果存在与 k 键相关联的键值对，则将此键值对从此 Map 中移除，同时返回该键值
  // 对的关联值；
  // 否则返回 null。
  {
    if (k == null)
      throw new IllegalArgumentException("Maps do not allow null keys.");

    MapEntry<K,V> temp;
    Iterator<MapEntry<K,V>> search = map.iterator(); //ArrayList 迭代器
    while (search.hasNext())
    {
      temp = search.next();
      if (temp.getKey().equals(k))
      {
        search.remove();
        return temp.getValue();     // 找到 k，退出函数。
      }
    }

    // 无键值对与 k 键关联。
    return null;
  }

  public boolean contains(K k)
  // 在该 Map 中，若存在与 k 键相关联的键值对，返回 true;
  // 否则返回 false。
  {
    if (k == null)
      throw new IllegalArgumentException("Maps do not allow null keys.");
```

```
    for (MapEntry<K,V> temp: map)
      if (temp.getKey().equals(k))
        return true;      // 找到k，退出函数。

    // 无键值对与k键关联。
    return false;
  }

  public boolean isEmpty()
  // 若map为空，返回true；否则返回false。
  {
    return (map.size() == 0);    // 调用ArrayList迭代器。
  }

  public boolean isFull()
  // 若该Map已满，返回true；否则返回false。
  {
    return false;  // ArrayListMap从不满。
  }

  public int size()
  // 返回该Map的键值对数。
  {
    return map.size();    // 调用ArrayList的size。
  }

  public Iterator<MapEntry<K,V>> iterator()
  // 返回ArrayList提供的Iterator。
  {
    return map.iterator();  // 返回ArrayList的迭代器。
  }
}
```

关于该实现法的几条笔记：

- 该实现法提供两个构造函数，一个用于实现客户端指定初始容量，另一个用于给定默认初始值10。
- 由于ArrayLists是无界的，因此ArrayListMap也是无界的，同时isFull函数只会单纯地返回false。
- 为了判断某个特定键的键值对是否存在，我们在代码中创建了ArrayList的迭代器并对其进行走查，检查Map键值对的键。或者，也可以用类ArrayList（它会轮流调用MapEntry的equals函数）的contains函数，前提是我们已经在类MapList中定义好了equals函数，用以检查两个MapEntry对象的键属性是否相同。虽然这种方法会简化类ArrayListMap的代码，但是不会提升效度，因为这两种方法都需要遍历ArrayList的键值对。

- 其中的iterator函数只会返回有类ArrayList提供的迭代器。如果需要将包装过的Iterable对象作为Map的内部表示，其实现方法都是相同的。
- 在实现put函数的过程中，我们同样需要利用内置的iterator函数，所以此处的put函数与无序数组的put函数不完全相同。你知道差在哪吗？如果我们尝试输入一个键值对，让其复制前一个输入进的键而非覆盖其关联值，那么我们会将此键值对完全移除（这会改变其他所剩键值对），同时在列表的尾部插入一个新的键值对。

8.3 应用程序：从字符串到字符串的Map

为展现Map ADT的使用，我们在此开发一个精简短小却又功能齐全的程序。假设一个文本文件包含的是成对的且相关联的字符串，一对一行。假定这些字符串都不包含符号#——我们用#作为分隔符以将字符串分开。假定不包含空字符串，且每对数据的首字符串都是唯一的——首字符串相当于键。

程序会一行一行地读取文本文件，将信息输入到Map对象中，每行的首字符串为键，次字符串为关联值。程序会提示用户键入一字符串，若用户输入的字符串程序刚才有读取到，那么程序会显示其关联值。为保证程序能够给出恰当的提示信息，我们在文本文件的首行输入一对表示键和值的字符串。例如，如果文件numbers.txt包含：

```
Number between 0 and 100#The Number is:
0#Zero
1#One
2#Two
. . .
99#Ninety-Nine
100#One Hundred
```

程序运行后会对所输入进的文本文件numbers.txt进行读取，构建Map，然后与用户进行互动：

```
Enter Number between 0 and 100 (XX to exit):
12
The Number is:       Twelve

Enter Number between 0 and 100 (XX to exit):
134
```

```
        No information available.

Enter Number between 0 and 100 (XX to exit):
56
The Number is:      Fifty-Six

Enter Number between 0 and 100 (XX to exit):
XX
```

若你了解Map ADT及其接口，那么你就会发现该程序的设计思路不拐弯抹角，即不难创建。命令行引数代表的是所输入文件的地址和名字，相应的分隔符会对Scanner对象进行设定，用于扫描文件。程序首先会扫描并存储文件首行的信息，并在与用户互动时对这些信息进行调用。接下来，它会扫描全部的键/值字符串数据对，并将信息存储在Mappairs中。最后，若Mappairs中有与此相匹配的键，程序会反复提示用户输入字符串，然后将相应的值显示出来。否则，它会显示："No information available."，即无有效信息。以下为代码，所有与Map相关的命令语句都用下划线进行了强调。

```
//----------------------------------------------------------------------
//StringPairApp.java          程序员：Dale/Joyce/Weems          Chapter 8
//
// 从指定的输入文件读取由 # 分割开的字符串对。
// 第一对字符串为描述性信息。
// 其余的字符串数据对以键 - 值的形式存储在 Map 中。
// 程序会提示用户输入确实存在的键，并显示其关联值。
//----------------------------------------------------------------------
package ch08.apps;

import java.io.*;
import java.util.*;
import ch08.maps.*;

public class StringPairApp
{
  public static void main(String[] args) throws IOException
  {
    // 创建 Map
    MapInterface<String, String> pairs = new ArrayListMap<String, String>();

    // 读取文件
    String fname = args[0];         // 输入文本文件
    FileReader fin = new FileReader(fname);
```

```
        Scanner info = new Scanner(fin);
        info.useDelimiter("[#\\n\\r]");   // # 为分隔符，换行。
                                          // 回车

        // 获取键和值的信息。
        String keyInfo = info.next();
        String valueInfo = info.next();
        info.nextLine();

        // 读取文件的键/值数据对，并将其放入 Map 中。
        String key, value;
        while (info.hasNext())
        {
          key = info.next();   value = info.next();
          info.nextLine();
          pairs.put(key, value);
        }

        // 与用户进行互动，获取他们输入的键，然后显示其关联值。
        Scanner scan = new Scanner(System.in);
        final String STOP = "XX";
        key = null;
        while (!STOP.equals(key))
        {
          System.out.println("\nEnter " + keyInfo + " (" + STOP + " to exit):");
          key = scan.next();
          if (!STOP.equals(key))
            if (pairs.contains(key))
              System.out.println(valueInfo + "\t" + pairs.get(key));
            else
              System.out.println("\tNo information available.");
        }
    }
}
```

我们再来看几个例子，看看人们会如何使用该应用程序。input文件夹里面的glossary.txt文件中以键/值对的形式存储本书中的定义。使用该文件中的键作为StringPairApp应用程序的输入，就可以查看其定义。

```
Enter Data Structure's Term (XX to exit):
Leaf
Definition      A tree node that has no children
```

```
Enter Data Structure's Term (XX to exit):
Ancestor
Definition     A parent of a node, or a parent of an ancestor

Enter Data Structure's Term (XX to exit):
Garbage
Definition     The set of currently unreachable objects

Enter Data Structure's Term (XX to exit):
XX
```

很好！再来试个例子。文件periodic.txt存储了原子序数和原子名：

```
Atomic Number#Element Name
1# Hydrogen
2# Helium
3# Lithium
. . .
118# Ununoctium
```

程序会让我们根据序号来查找元素名：

```
Enter Atomic Number (XX to exit):
6
Element Name   Carbon

Enter Atomic Number (XX to exit):
36
Element Name   Krypton

Enter Atomic Number (XX to exit):
200
       No information available.

Enter Atomic Number (XX to exit):
118
Element Name   Ununoctium

Enter Atomic Number (XX to exit):
XX
```

8.4 哈希法

Map ADT，其功能正如其名，就是要把键映射到关联值上。在ADT的细则中，虽然没有明确要求达到高效映射，但最好还是能做到。特别是在实现ADT时，程序员会希望能够高效实现观察函数get和contains。根据8.2节“Map的实现”我们不难发现：无序数组（包括后面讲的“以基于ArrayList的方式实现”）、非有序链表、有序链表实现的观察函数都是O(N)运算——效率不高。有序数组和平衡二叉搜索树这两种方法都不错，它们实现的get和contains都是$O(\log_2 N)$运算，效率明显提升。

我们再来提升一下效率！

请思考8.3节“应用程序：从字符串到字符串的Map”的首个实例，文件numbers.txt所包含的内容是0到100之间的整数及相对应的英文单词。到目前为止，所有的数据都已经装载进底层数组中，看起来就像这样：

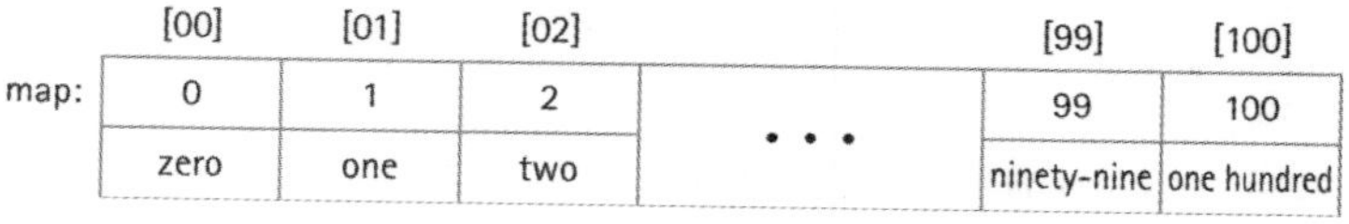

	[00]	[01]	[02]		[99]	[100]
map:	0	1	2	• • •	99	100
	zero	one	two		ninety-nine	one hundred

举个例子，假设调用语句是map.contains（“91”），那么那个基于ArrayList的程序会对数组前92格的数据进行查找，直到找到匹配值，然后返回true。函数contains是O(N)运算。即便我们用基于有序数组的方法实现Map来进行二分查找，也还是需要进行7次比较（$O(\log_2 N)$）才能查找到目标键。然而，若我们采用本节刚刚讨论的思路，即在读取用户输入的数据时只读为整数，然后将此整数作为索引并与底层数组的索引进行匹配（91的关联值在数组的91号地址中）。这就是O(1)运算——查找键值对的时间为固定值。

这就变得有希望了。我们再探究一下此方案，将键作为索引用在存储着键值对的数组中。有什么办法能将此思路通用化？理论上不是不可能。我们采用的方法叫作**哈希**，接下来会进行讲解（会在下一节分析其原因）。底层数据结构——存储键值对的数组——叫作**哈希表**。

被存储或访问的键值对所对应的键同样对应着数组的索引，而哈希法能帮我们直接对这些索引进行判断。哈希是种很重要的方法，它的使用会涉及到很多因素，这些因素也都互相关联。在此，我们每次只讲一个相关因素，所以在我们描述哈希法的初期你可能会发现该方法有漏洞，但我们希望在你研究完这个方法后，能够认同哈希法不仅灵活而且有趣，对于提升存储和检索效率再合适不过了。

我们再继续看一个更加实用的例子。这里有一份关于某小型公司的雇员名单列表。我们首先假设该公司有100名雇员，每人都有一个ID号码，范围是0到99。我们需要通过键idNum来访问雇员信息。若我们将键值对存储在哈希表中，索引是0到99，我们便能够通过数组索引直接访问任何一名雇员的信息，就如同前面探讨过的数字例子。键值对键与数组索引一一对应，但其实数组索引充当的就是每个键值对的键。

这样便能够在键值和键值对地址这两者之间构造出一种完美的关联，但是这种完美的关联并不易创建和维护。设想，有另一家相似的小公司，有100名雇员，但是这家公司规定雇员的ID号是五位数，所以如果我们用五位的ID号作为键，那么键值的范围就是00000到99999。这样的话就需要创建一个有100000位地址的哈希表，但是我们实际只需要100位地址，所以这太浪费了，因此我们只需要确认好每名雇员对应的键值对要完全唯一，键值对对应的地址要可预测。

如果我们将哈希表的尺寸按实际需求（有100个键值对的数组）进行缩减，同时只用键的后两位数来识别雇员，这样如何？举个例子，雇员53374的键值对存储在employeeList[74]中，雇员81235的键值对存储在employeeList[35]中。这些键值对基于键值函数存储在哈希表中：

```
location = (idNum % 100);
```

如图8.3所示，键idNum除以100，其余数就是存储着雇员键值对的哈希表的索引。该函数的前提条件是哈希表的索引是0到99（MAX_ENTRIES=100）。一般情况下，给定一整数键idNum，以及存储数组的大小MAX_ENTRIES，我们便能够用下方语句得到哈希表的键及相对应的地址：

```
location = (idNum % MAX_ENTRIES);
```

函数f(idNum)=idNum%MAX_ENTRIES叫作**压缩函数**，因为它将代表键的数域（0到idNum）“压缩”成了代表哈希表的索引（0到MAX_ENTRIES-1），也就是说值域缩小了。当然，键不可能永远是整数——我们现在先假设都是整数，等到8.5节“哈希函数”后我们再解决这个非整数键的重要议题。

压缩函数的用途有两个。一个是用于判定键值对在哈希表中的存储位置。图8.4展现的哈希表，雇员的键值信息（ID号码唯一）：12704、31300、49001、52202、65606，便是用压缩函数（idNum%100）判断的存储索引来添加的键值对。请注意，为简化本节计算出的余数，我们在本例用键值idNum来代表整个与键一同存储的键值对。用这种方法存储到的键值对是非连续的，这点与本书前面所有的基于数组的方法所达到的效果是不同的。例如，由于所有键值对对应的键没有生成3或5这两个值，因此图8.4没有这两种键值对存在，也就是说哈希表的槽位[03]和[05]逻辑上是空槽。

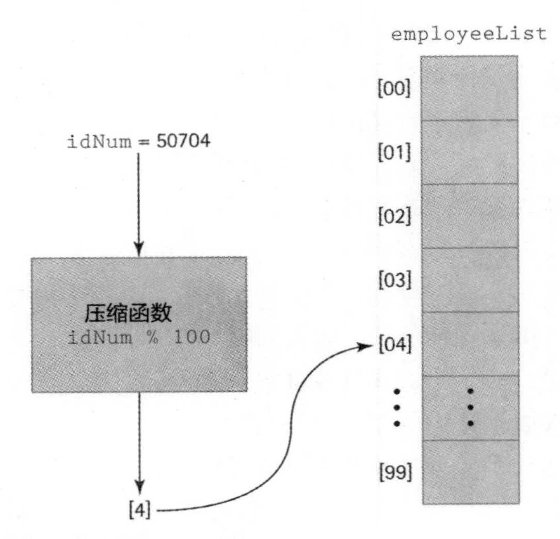

图8.3 用压缩函数判断键值对在哈希表中的地址

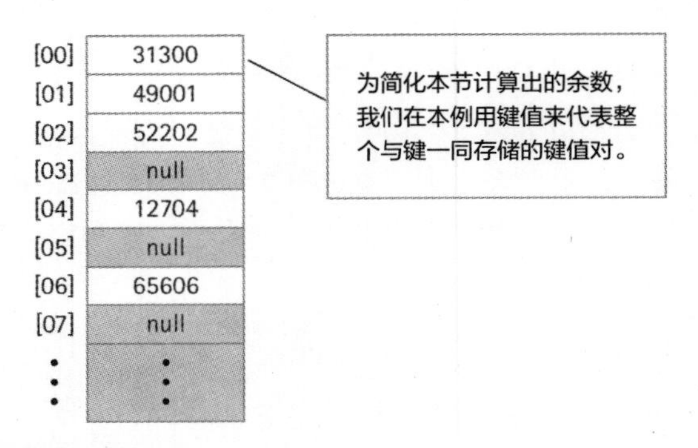

图8.4 用压缩函数添加键值对的结果

压缩函数的另一个用途是判断要查找的键值对的方位。若请求调用idNum 65606的关联信息，那么检索函数会计算65606%100=06，并在哈希表中检索索引是06的信息。

这看起来不太简单，不过没关系，若完全没有复杂度就能轻易做到以不变时间进行存储和检索也是不太可能的。

冲突

截至目前，你可能会对这种方法产生怀疑，因为可能会出现每个键对应不止一个数组地址的情况。例如，唯一的ID号01234和唯一的ID号91234都会被“压缩”成同一个地址：34。这就是**冲突**。将冲突最小化是设计良好的哈希系统的最大难题，我们会在8.5节“哈希函数”中进行探讨。

假设有冲突发生，那引起冲突的键值对应该如何存储？我们接下来会简洁地描述几个较受欢迎的处理冲突的算法。不论用的是什么方法机制，你仍需要尝试找键值对并找位置将其存储起来。不同的冲突解决机制也会影响键值对移除的选择。

在探讨冲突解决策略时，我们会假定使用数组info来存储信息，用整型变量location来代表数组/哈希表的槽位。

线性探查

解决冲突的一个简单方案就是将有冲突的键值对存储在下一个可用空间里。这项技术叫作**线性探查**。在图8.5描述的情况中，我们想添加键为ID号77003的雇员键值对。压缩函数会返回03。但是该槽位已经有键值对存在，记录为50003号雇员。将location增值到04，同时检验下一处哈希表槽位。由于info[04]已经占用，将再次增值location。这次找到了空槽位，所以新键值对存储在info[05]。

若已经检索到了哈希表的最后一槽位，而该槽位已经被占用该怎么办？我们可以把哈希表看成是环形结构，所以会从头开始继续寻找空槽位。这种方法与Chapter 4讲的基于环形数组的队列有异曲同工之处。

我们如何得知哈希表的槽位是否是“空的”？假定有一个由对象构成的数组，这就不难理解了——只需检查该数组的值是否为空。

在查找键值对时，若要用这种冲突解决技术来支持get和contains函数，那么压缩函数要根据目标键进行求值，求值结果用于获取哈希表中的键值对。目标键和表中键值对对应的键会被进行比较。若键不匹配，会调用显性探查法从表的头开始进行检测。若找到匹配的键值对（查找成功）或找到空键值对（查找失败），探查进程将终止。

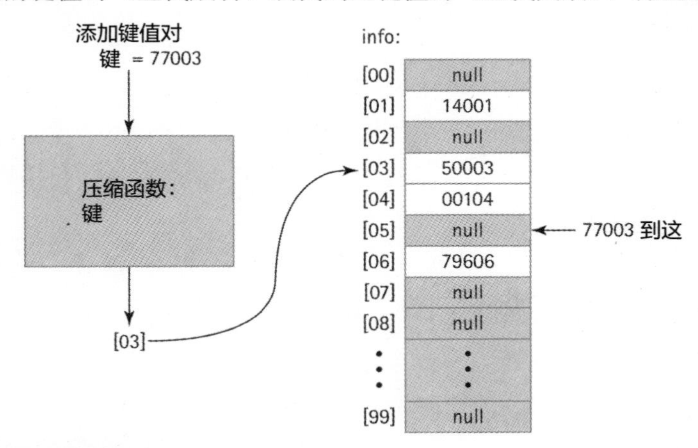

图8.5 用显性探查法解决冲突

我们的搜索方法存在有关边界的问题或漏洞。如果要搜索哈希表中并没有包含的某个表项，而该哈希表已满，代码将会继续回绕，永无止境地做着毫无结果的搜索。要解决这个问题，我们可以通过将压缩函数返回的原始位置进行存储，再在其返回至该位置时停止搜索。在实践中这不是什么问题——我们将在后面讨论，大多数哈希方案如果其负载系数（数组插槽的使用百分比）超出了预设阈值，都会增加有关数组的大小。在该情况下，数组将永远不会变满，我们也无需担心无限循环的问题。

移除表项

虽然我们已经讨论了哈希表表项的有关插入和检索，但我们还未提及移除表项的方法。看一个例子，设想一下图8.6，假设我们将info[05]设置为null，通过此方法来移除key为77003的表项。后续对key为42504表项的搜索将从info[04]开始。在本插槽中的表项不是我们正在搜索的那个，所以代码下一步测试info[05]。这个插槽先前存放的是已被移除的表项，此时变空了（含null），但是搜索不能停止下来——我们要搜索的条目就在下一个插槽中。

如果我们无法假设空数组插槽表示线性探测的末端，那么这个方法的效率就会大打折扣。即便哈希表分布稀疏，但每一个位置都必须经过检查，之后才能确定表项并不存在。由于哈希方法的主要目标是提供快速搜索，所以这个解决方案还站不住脚。我们还可以怎么做？

有一种方法是使用存于哈希表插槽的特殊保留值来表示插槽曾经存有表项，但该表项现已删除。例如，如果我们用00000这个值作为特殊值，图8.7的哈希表则表示在移除了key为77003的表项后，图8.6的哈希表将包含的内容。

插入顺序:		info:
14001	[00]	null
00104	[01]	14001
50003	[02]	null
77003	[03]	50003
42504	[04]	00104
33099	[05]	77003
⋮	[06]	42504
	[07]	null
	[08]	null
	⋮	⋮
	[99]	33099

图8.6 线性探测

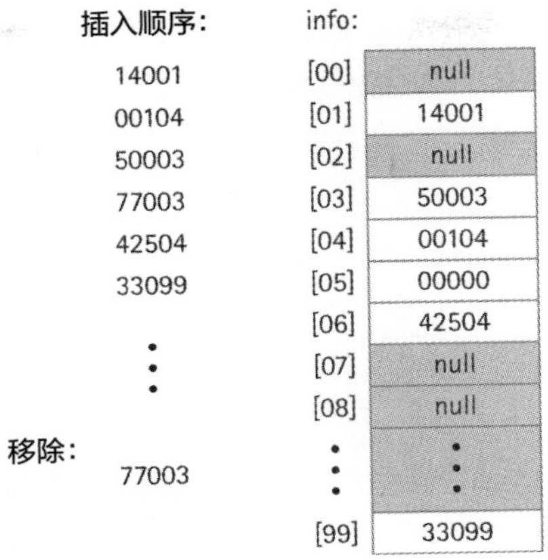

插入顺序:		info:
14001	[00]	null
00104	[01]	14001
50003	[02]	null
77003	[03]	50003
42504	[04]	00104
33099	[05]	00000
⋮	[06]	42504
	[07]	null
	[08]	null
移除: 77003	⋮	⋮
	[99]	33099

图8.7 用00000表示移除

有了这个方法，在搜索哈希表支持get、contains或者remove的时候，就可以跳过任何一个含有特殊值的哈希表插槽。另一方面，add操作在看到特殊值后，会把它当成是null来运行，将新表项插入该插槽。总而言之，该位置是可以用来存放真实的信息。注意，使用这种方法来搜索key时，如果遇上一个null值，代码会终止搜索（不成功）。例如，如果要检查图8.7的哈希表是否含有key17203，代码将检阅哈希表插槽03（不匹配）、04（不匹配）、05（特殊值）、06（不匹配）及07（null）。

为了让特殊值的方法能够运作，我们必须假设没有表项实际使用该值作为其key。类似的方法不受这个限制。如果有额外值（比如说布尔值）与各个哈希表插槽有关联，它可以用来表示该插槽之前是否存有值（见图8.8）。这基本上就与特殊值方法一样，只不过代码要检查布尔值，而不是查找特殊值。

解决这个问题的另一种方法就是不允许移除表项。把remove变成非法操作。虽然这种方法看起来有点极端，但在很多情况下它都不成问题。集合经常用于存储静态的信息，以便快速检索，在这种情况下，remove操作就不需要了。

二次探查

线性探查的一个问题是它会导致一种称为**聚类**的情况。假设key最后是随机分布的，致使在整个哈希表的索引范围内使用的索引均匀分布。最初，在整个哈希表中添加表项，每个插槽同样可能被填充。久而久之，在解决了多个冲突

> **数据结构和算法**
>
> 在很多情况下，我们的数据结构和算法同时演化。我们设计一个数据结构解决一个问题。在使用过程中，会出现“in the wild”（肆意传播）问题，产生模式。所以我们调整该结构的定义和/或实现以解决问题，或者利用观察模式。由于在实际应用中使用了原始结构，观察（聚类的观察）的模式创建了一种新的操作方法，二次探查就属于这种情况的示例。

后，哈希表中表项的分布会变得越来越不均匀。

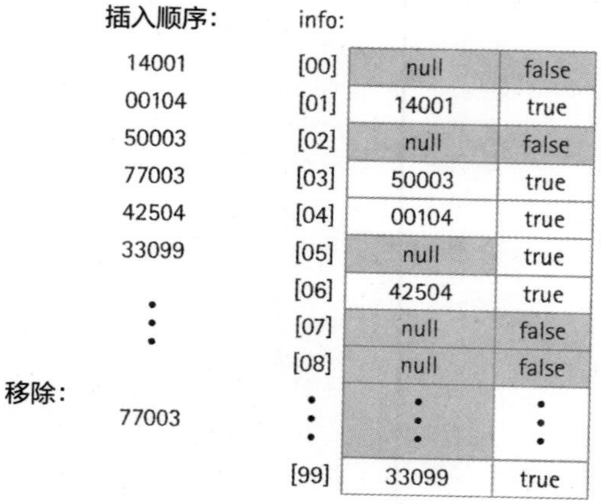

插入顺序：

14001
00104
50003
77003
42504
33099
⋮

移除：

77003

info:

[00]	null	false
[01]	14001	true
[02]	null	false
[03]	50003	true
[04]	00104	true
[05]	null	true
[06]	42504	true
[07]	null	false
[08]	null	false
⋮	⋮	⋮
[99]	33099	true

图8.8 使用boolean（布尔）表示移除

表项往往会聚在一起，因为多个key开始争一个位置。即便key随机分布得很好，也会有这种现象发生。为什么？

考虑图8.6的哈希表。只有key产生压缩值08的表项才能插入到哈希表插槽[08]。不过，key产生压缩值03、04、05、06和07的任何表项都可以插入哈希表插槽[07]中。换言之，哈希表插槽[07]被填满的可能性是哈希表插槽[08]的5倍。一旦发生冲突或者两个表项以其他方式在哈希表中彼此相邻，其中两个被视为一个单元的表项发生“冲撞”的概率是哈希表中任何其他插槽的两倍。这种概率驱动的影响随着更多表项的增加而加深，导致整个哈希表聚集多处使用过的位置。聚类致使集合操作的效率不稳定，导致在使用线性探查时更需要为有关数组采用负载阈值。

聚类是线性探查的一个副作用。另一个冲突解决方案的方法称为二次探查，它会降低聚类影响。在线性探查中，代码将常量值1添加到位置中，直至它找到一个开放的哈希表插槽。在**二次探查**的情况中，每一步所添加的值取决于已经探测到的位置数量。第一次，它查找一个新位置，将1添加到原本位置中；第二次，它将4添加到原本位置中，第三次将9添加到原本位置中，等等——第i次添加i^2。

因为我们跳过越来越多空间，每次“探查”都无法找到可用的插槽，聚类效果就会降低。图8.9所展示的范例就可以看出明显区别。但我们必须小心使用这种办法，因为即便哈希表中有空插槽，我们亦有可能无限循环探查。要解决这个问题，我们可以追踪已经探查的次数，看看该计数是否已经达到哈希表的大小，停止搜索。

插入顺序:

14001
53702
43201
70002
43101
99902

info:	(a) 线性探查	(b) 二次探查
[00]	null	null
[01]	14001	14001
[02]	53702	53702
[03]	43201	70002
[04]	70002	null
[05]	43101	43201
[06]	99902	99902
[07]	null	null
[08]	null	null
[09]	null	null
[10]	null	43101
⋮	⋮	⋮
[99]	null	null

图8.9 线性探查VS二次探查

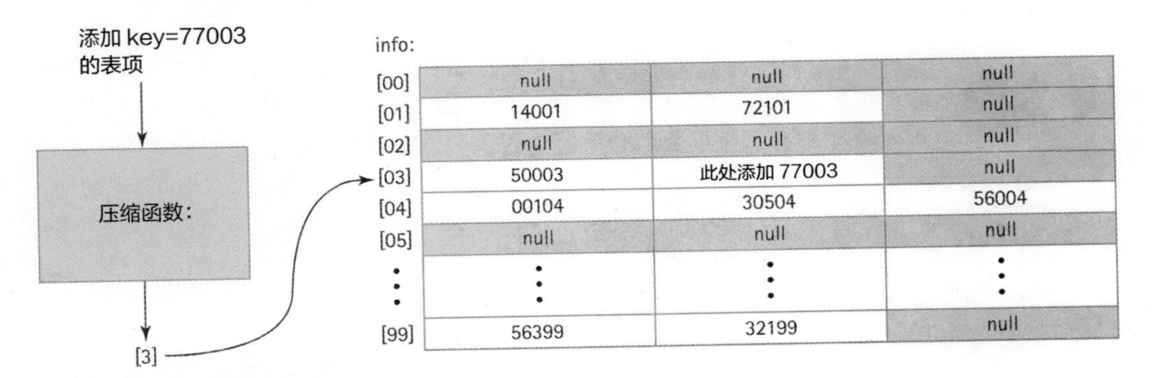

图8.10 用桶处理冲突

更好的办法是我们可以维持一个小于50%的负载阈值，使用一个大小为质数的哈希表。研究理论的人员已证实，只要我们符合这些条件，就不会发生低效无限循环的情况。

桶和链

另一种或许更能处理冲突的替代选项就是允许表项共享同一个位置。这种办法让各个计算出的位置容纳多个表项的插槽，而不仅仅是一个表项。这些多表项位置称为桶。图8.30介绍了每个可以容纳三个表项的桶。使用这种方法，我们能在一定程度上允许冲突在同一个位置中产生两个表项。桶满了之后，我们又要解决确定新位置的问题。

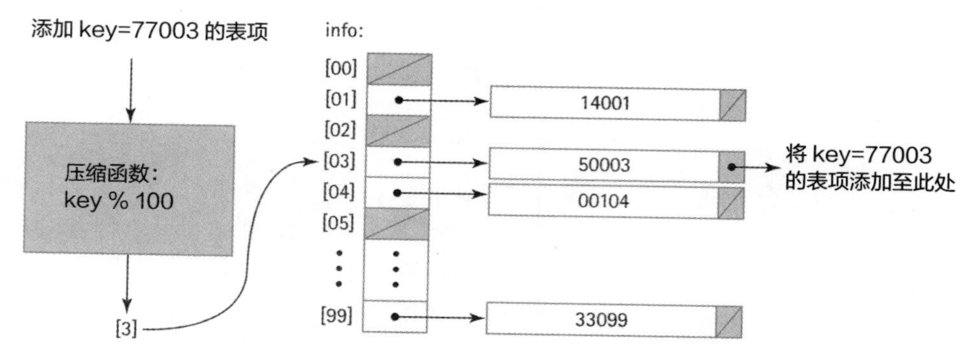

图8.11 用链处理冲突

另一种可以避免这种问题的解决方案就是在每个位置上放一个表项链表。哈希表的每个插槽都访问表项的**链**。图8.11介绍了这种方法。哈希表每个位置的表项都包含了对表项链表的引用。

要搜索某个给定表项，我们要先应用压缩函数到key，再搜索表项的指定链。搜索并没有消除，但仅限于实际共享一个压缩值的表项。相反，使用线性探查的话，如果有关位置后面的插槽被其他位置的冲突表项所占据，那么我们就可能要搜索多个额外表项。

8.5 哈希函数

为了能充分利用上一节描述的哈希系统的好处，我们需要把有关数组中使用的最终位置尽可能进行拓展。有两个因素会影响这种拓展——有关数组的大小以及压缩函数列时的整数值的设定。首先我们将讨论有关大小的因素，然后再把注意力放到本节的主要课题——生成整数值的妥当设定。

数组大小

最大限度减少哈希系统冲突的一种方式是使用数组，而该数组的空间要显著大于表项数目实际所需的空间，因而增大压缩函数的范围。此额外空间通过提供大范围的目标值，降低冲突的负面影响。

选择数组大小需要在空间与时间之间作出权衡。数组索引范围越大，结果出现两个key在同一个位置的可能性越小。不过，数组如果包含过多空插槽，则会浪费空间。尽管如此，我们在大多数情况下还是偏向使用过多空间，因为大多数情况下空间并不构成问题。

哈希系统经常监测自身的负载情况——所使用数组索引的百分比。一旦负载达到特定程度（如75%），则使用更大的数组重建系统。这种方法与我们前几章用来创建无界基于数组的ADT的方法相似，不过在那种情况下，如果有关结构变满，我们仅仅执行private的enlarge方法；而在这种情况下，当它达到75%时，我们可以预先将它增大，以确保高效操作。这个方法用于Java库中基于哈希的类，也是我们介绍Map实现所用的方法。这个方法通常被叫作**再哈希**，原因是数组增大后，先前所有的表项都必须要“再哈希”，也就是要重新插入新的数组中，而不能只保留在先前的位置中。

哈希函数

到目前为止有关哈希系统的讨论中，我们一直假设key为整数，假设当key被送入压缩函数时，结果将延展目标哈希表的位置。这些假设可以让我们把精力集中在哈希系统的过程中，但不难看出这两个假设都没有根据：

- key的信息或许并非整数。例如，字符串经常被用来当key——可能是人名、国家名、词汇表的单词、计算机程序的标识符、网站URL等。
- 即使特定域中的key信息为整数，可能也不适合用作输入压缩函数。想象一下，比如是城市的编码系统，为世界上每个城市分配一个九位数的代码，前四位代表一个城市的名字，中间两位代表城市所在区域，而最后三位数代表城市所属国家：

益阳，**湖南**，**中国**
3217 32 038

这样一个系统能给1,000个国家的各100个区域中的各10,000座城市分派特有的九位数的key。但如果你在有关数组大小为1,000，并使用链表的桶来解决冲突的哈希系统中使用这种key来存放有关城市的信息，其结果有可能是系统失效。例如，如果你的数据集包括中国的5,000座城市，你的数组将包含999个空插槽和一个存有5,000表项链表的[038]插槽。在决定使用哈希来进行存储时，我们不希望出现这种情况。

这些问题的解决方案就是添加另一个级别的转换函数，将key值带到哈希表位置。这种新的转换函数由叫作**哈希函数**的函数提供，在应用压缩函数之前出现。哈希函数将关键值接收为输入，并生成一个整数作为输出（在我们的案例中，使用Java，它会生成一个int），而不论关键值是否为整数。哈希函数生成的int称为该key的**哈希码**，其将被传递给压缩函数，使最终结果代表哈希表中的一个索引，如下所示："哈希码"的代名词包括"哈希值"，有时我们只用"哈希"这个词。

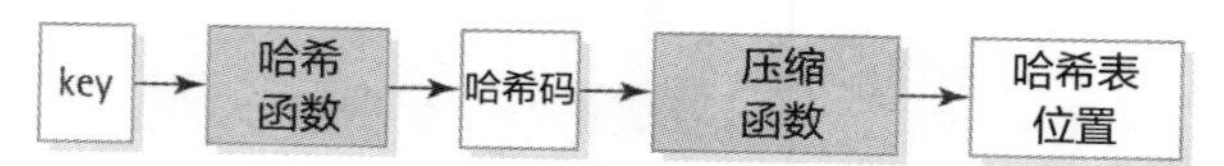

好的哈希函数能够通过生成哈希码最大限度减少冲突，最终让整个哈希表的表项均匀分布。我们之所以说"最大限度减少冲突"，是因为完全避免冲突是极其困难的。

那么，我们要如何创建哈希函数，而且更重要的是，我们要如何创建好的哈希函数呢？

选取、数字化和结合

计算机中存储的任何内容都是由一序列的比特（bits）组成的，即各种1和0。影片、声音、图像、字符串、书籍、歌曲、学生信息、记录等任何内容。由于一序列比特能够理解成二进制数，所以通常说"计算机只在二进制数上操作"。如果从简化计算的方面来讲，在技术上确实如此，这也告诉我们，无论key是什么形式，都可以把它转换成二进制数。给定一个二进制数，我们也可以生成一个相关的int，例如，只要使用最重要的（或最不重要的）32位二进制数即可。

Hash

zkruger/Shutterstock, Inc.

Hash是一种很美味的料理（也看个人口味），其做法是选取多种食材（选取），进行切片和切块（数字化），再将其搅拌在一起（结合）。现在我们终于知道为什么这里学习的方法要叫hashing（哈希）了!

一般来讲，我们不希望在实操中遵循这个确切的过程，但它确实证明在理论上可以创建一个哈希函数，将任何数据类型/类的key转换为int类型的哈希码。

让我们想想如何为九位数的城市代码创建哈希函数。正如我们所知，我们不想只是直接使用九位数的代码，因为它可能不会使哈希码均匀分布。那么我们要做什么呢？正常的方法是将哈希函数的活动分为三个步骤：

- 选取：确定将在下一步使用的key的选定部分。在城市代码的例子中，我们作出了很明显的选择，确定A部分=前四个数字（城市代码）、B部分=中间两个数字（区域代码）、C部分=最后三个数字（国家代码）。虽然在这个例子中我们使用了全部的key，但并没有要求要如此使用。例如，如果key属于字符串，我们可以以其中的某个字符作为“部分”，或者如果key为图像，我们可以使用某个像素子集的值。

- 数字化：将选定部分全部转化成整数。就城市代码而言，只要将该代码作为数目即可；就字符串的字符而言，则要使用其有关字符代码；而就像素而言，则使用其灰度级别或其颜色代码的算术集合。
- 结合：使用一些算术函数将数字化后的部分进行结合。就城市代码的例子而言，我们或许可以试试[（A×C）+B]或者[A^2+（B×C）]。结果就是我们的哈希码。在其他情况下，我们可以将某些部分连接或异或操作。我们希望能够找到一个最大限度减少冲突的函数，同时又不会花费太多精力计算。

在实操中，我们或许可将几个步骤结合或跳过某个步骤，这取决于哈希的数据。

哈希码一旦算出来，将被传递到压缩函数（如有需要），其结果将作为索引用到哈希表中。如果发生冲突，那么就需要更多处理，再加一些探查来找到最后的目标位置。我们有时候会把哈希函数应用程序的描述缩短为“hashes”一个词，如“‘益阳，湖南，中国’哈希成122,278”。

计算哈希函数有许多不同方案，三个步骤都可能有各种变体。这些方案有令人印象深刻的名字，像是polynomial（多项式）、midsquare（中平方）、cyclic-shift（循环移位）、boundary（界）和/或shift folding（移位折叠）等。无论名字有多奇怪，所有的方法都包含一个或多个上述步骤。

其他考虑

在定义和使用哈希函数的时候，还有许多是要考虑的：

- 哈希码并不是独特的。哈希函数的输入一般都是某个类型的key，但不要忘了两个单独的key可能会生成同一个哈希码。例如，如果某个字符串的哈希函数包含将ASCII（美国信息交换标准代码，十进制）代码值的前六个字符加在一起，那么“listen”和“silent”两个字符串将哈希成同样的值。不要将哈希码作为key使用。
- 如果把两个表项视为相等，那么这两个表项应该哈希成同样的值。例如，假设我们的Gem（宝石）对象具有属性weight（重量）、color（色泽）和quality（质量），而在我们的域中两个宝石的weight和quality如果一样，则把它们视为相等。在这种情况下，在计算哈希码时，哈希函数不该使用color属性。尽管在我们看来，重量为16.4、质量级别为2.3的红宝石跟重量和质量一样的绿宝石看起来不一样，但因为在域中它们是被视为相等的，所以其哈希值也必然是相等的。否则我们就无法使用哈希系统来存储和检索——存储和检索是基于相等的概念的。

- 要注意压缩函数的范围。例如，在Java中%运算符可以返回负值：-23%5就是-3。如果%用作Java实现中的压缩函数，必须确定哈希函数的输出是非负数。否则，压缩函数会生成一个负数的哈希位置，导致抛出ArrayIndexOutofBoundsException（数组索引超界异常）。我们使用if-else的guard语句或者Math类的abs（绝对值）方法。或者你可以通过谨慎选择哈希函数的方法，确保不会生成负数。如果用后一种方法，注意在哈希函数的执行过程中可能会出现算术溢出的问题，在这种情况下，即便看起来不会生成负数，但是也有可能导致溢出的结果。
- 定义哈希函数时，我们要考虑计算该函数所需的工作。即便哈希函数经常生成独特的值，但如果计算要花太多时间也不划算。在一些情况下，我们可以善用算法来减少计算时间，例如，如果你已经选择了A、B和C部分，希望应用数学函数$5A^3+BA^2+CA$，你可以按以下方法进行实现：

```
hashcode = (5 * A * A * A) + (B * A * A) + (C * A);
```

另一种更加妥当的方法叫霍纳方法，它给出以下相等的实现：

```
hashcode = ((((5 * A) + B) * A) + C) * A;
```

并且将麻烦的6个乘法减少成3个。同样地，了解比特级别的表示，知道左移和右移的结果，在一些情况下也可以帮助减少计算。
- 不要在提高算法效率上下太多功夫。在上一个例子（见项目符号的第一段）中，字符串的哈希函数包含将该字符串前八个字符的ASCII代码值加在一起，这样做是有效的（加法很“划算”），但如果哈希表比较大，这就不是个好选择。假如哈希表的大小为100,000。因为ASCII字符代码最多是127，那么使用数学函数可以生成的最大哈希码为8×127=1,016。可能生成值的范围仅仅是该表的约1%！选择另外一种可替代的哈希函数——或许是结合ASCII代码值乘法和加法，最终产生更大范围的潜在哈希码的哈希函数——则可能会减少冲突，提高哈希系统的效率。
- 可以使用所需哈希函数域的知识来帮你设计好的函数，或者换句话说，避免创建低效的函数。在我们之前所用的城市代码例子中，我们展示了了解九位数代码的相关知识可以使我们避免只使用最后三个数（国家代码）作为哈希码。我们可以想象许多其他类似情况。例如，假设我们要设计一款旨在将字符串转化成哈希码的哈希函数，这个函数使用将字符串的前四个和后四个字符严密地进行数学结合的方法。这个方案在许多情况下或许可以运作。但如果我们尝试把它用来存储有关网址的信息时，会怎样呢？
  - www.somebusiness.com
  - www.someplace.com
  - www.somesearchengine.com

- etc.

看出问题了吗？问题真的很多。网址的开头和结束都带有一样的字符，而这里描述的方案会把它们都哈希成同一个位置。如果你想要用哈希函数来哈希网址的位置，那就要注意不要使用这种方法。

Java对哈希的支持

Java为哈希提供了很好的支持。Java库包含了两个重要的基于哈希的集合类——在8.7节“Map的变体”中讨论的HashMap和使用哈希表方法实现集的HashSet（有关Set ADT的定义，见5.7节“集合变体”）。当前讨论更重要的一个问题，Java的Object类导出一种hashCode方法，其返回一个int哈希码。因为所有的Java对象最终都是继承自Object，所以所有的哈希对象都有相关联的哈希码。因此我们可以认定Java的所有对象都支持toString和equals方法，我们可以认定所有的对象都支持hashCode方法。

与Object类对待equals和toString的方式一样，对象的标准Java hashCode是该对象内存位置的函数。因此，它不能用来连接具有同样内容的单独对象。例如，即便circleA和circleB有同样的属性值，但它们不太可能有同样的哈希码。当然，如果circleA和circleB都是别名，它们都引用同一个对象，那么它们基于Object的哈希码则是一样的，原因是它们存有同样的内存引用。

对于大多数应用程序而言，基于内存位置的哈希码没有用。因此，许多定义常用对象（如String和Integer）的Java类会使用某个基于对象内容的方法重写Object类的hashCode方法。就与我们在定义类的对象需要支持有关方法时，对Object类的toString和equals方法进行重写一样，我们也应该在有需要的时候重写hashCode方法。实际上，如果你想要重写equals方法或者hashCode方法，经常将这两种方法一起重写是一种很好的编程实践。重点在于这两种方法是相互一致的。

Chapter 5中，我们定义了FamousPerson类。这个类的对象有String属性firstName、lastName和fact，还有int属性yearOfBirth。这个类的equals方法是仅基于姓名的，也就是说有且只有在两个FamousPerson对象的姓和名都是相等时，这两个对象才会被视为相等。因此有关这个类的hashCode方法的任何定义都应该严谨地基于姓和名的属性。以下为示例：

```
@Override
public int hashCode()
// 为这个 FamousPerson 对象返回一个哈希码。
{
  return Math.abs((lastName.hashCode() * 3) + firstName.hashCode());
```

```
}
```

可以看到，以上方法利用了String类的预定义hashCode方法。对Math类的绝对值方法的调用确保它将返回一个肯定的结果。以下是这个方法对数位名人的返回情况：

```
Edsger Dijkstra:      1960658654
Grace Hopper:         2019100524
Alan Turing:          1038687573
```

复杂度

我们从哈希的讨论开始，首先试着找到集合实现，其添加、移除以及（最重要的）表项发现的复杂度都为O(1)。如果我们的哈希函数很有效，而且永远不会产生重复，哈希表的大小与集合的表项预计数目相比足够大，那么我们就已经达成目标。但一般情况却难以得偿所愿。

显然，随着表项数目愈发接近数组大小，算法的效率也会相应减弱。这也是为什么要监察哈希表的负载。如果该表的大小要重新设定，而所有表项都需要重新哈希，那么就会一次性产生高昂的代价。

对哈希的复杂性能否进行准确的分析，这取决于key的域和分布、哈希函数、表的大小以及冲突解决方案的政策。在实操中，通常不难使用哈希来实现接近于O(1)的效率。对于任何给定的应用程序领域而言，我们可以测试哈希方案的变体，看看哪种运作最好。

8.6 基于哈希的Map

在8.1节“Map接口”中，我们介绍了Map，一种将key映射成值的ADT，目的是支持快速检索。在8.4节“哈希法”和8.5节“哈希函数”中，我们学了有关哈希的知识，它是一个可以快速存储和检索信息的系统。这里我们介绍Map ADT中一种称为HMap的实现，其具有以下特征：

- HMap使用内部哈希表进行实现，这个内部哈希表用key类（通过泛型参数K传递参数）的hashCode方法和线性探查来确定存储的位置。为了防止key类返回负的哈希码值，我们将Math类的绝对值操作运用到所有被返回的哈希码。
- HMap是无界的。在有必要的情况下，private的enlarge方法增加内部哈希表（内部数组）的大小，其增幅相当于原本容量。isFull方法则经常返回false。
- 内部哈希表的默认容量为1,000，默认负载因子为75%。如此一来，如果某个HMap

对象使用默认构造函数（不具有参数的构造函数）进行实例化，而该表存有的MapEntry对象数目达到751，那么哈希表的大小将增至2,000。如果有需要，下一个将增至3,000，以此类推。

- 提供两个构造函数，即上一个项目符号项中所描述的默认构造函数和允许客户端指定原始容量和负载因子的构造函数。
- 回顾一下在Map接口中，remove被列为可选操作。我们的HMap并不支持remove操作。调用remove会导致抛出未检查的Unsupported-OperationException（不支持的操作异常）。Remove操作同样受任何已返回的Iterator所禁止。使用HMap的客户端可以add和put成对的key/value，但不能remove它们。虽然这种方法在某种程度上限制了HMap的用法，但还是有很多用户端能够富有成效地使用该类，而且它能够让我们忽略一般与哈希表表项移除相关的复杂性。

实现

以下是HMap的代码列表。列表后面是一些讨论和如何使用HMap的例子。

```
//----------------------------------------------------------------------------
// HMap.java              程序员：Dale/Joyce/Weems          Chapter 8
//
// 使用基于数组的哈希表、线性探查冲突解决方案来实现 map。
//
// 不支持 remove 操作。调用该操作将导致抛出 UnsupportedOperationException。
//
// map 提供成对的（K = key, V = value），将 key 映射至 value。
// key 都是独特的。key 不能为 null。
//
// 如果传递 null 的 key 变量，有关方法将抛出 IllegalArgumentException。
//
// value 可以为 null，所以由 put 或 get 返回的某个 null 的值未必指表项不存在。
//----------------------------------------------------------------------------
package ch08.maps;

import java.util.Iterator;

public class HMap<K, V> implements MapInterface<K,V>
{
  protected MapEntry[] map;
```

```
protected final int DEFCAP = 1000;      // 默认容量
protected final double DEFLOAD = 0.75; // 默认负载

protected int origCap;  // 原始容量
protected int currCap;  // 当前容量
protected double load;

protected int numPairs = 0;     // 该映射表中成对的数量

public HMap()
{
  map =  new MapEntry[DEFCAP];
  origCap = DEFCAP;
  currCap = DEFCAP;
  load = DEFLOAD;
}

public HMap(int initCap, double initLoad)
{
  map = new MapEntry[initCap];
  origCap = initCap;
  currCap = initCap;
  load = initLoad;
}

private void enlarge()
// 增加映射表的容量，增幅。
// 相当于原始容量。
{
  // 创建该映射表的快照迭代器，保存当前大小。
  Iterator<MapEntry<K,V>> i = iterator();
  int count = numPairs;

  // 创建较大的数组，重设变量。
  map = new MapEntry[currCap + origCap];
  currCap = currCap + origCap;
  numPairs = 0;

  // 将当前映射表的内容放入较大的数组。
  MapEntry entry;
  for (int n = 1; n <= count; n++)
  {
```

```
      entry = i.next();
      this.put((K)entry.getKey(), (V)entry.getValue());
    }
  }

  public V put(K k, V v)
  // 如果在这个映射表中，key 为 k 的表项已经存在，那么与该表项有关的值由值 v 替代，并返回原
  // 始的值；否则，将（k, v）这对放入映射表，并返回 null。
  {
    if (k == null)
      throw new IllegalArgumentException("Maps do not allow null keys.");

    MapEntry<K, V> entry = new MapEntry<K, V>(k, v);

    int location = Math.abs(k.hashCode()) % currCap;
    while ((map[location] != null) && !(map[location].getKey().equals(k)))
      location = (location + 1) % currCap;

    if (map[location] == null)  // k 之前不在映射表中。
    {
      map[location] = entry;
      numPairs++;
      if ((float)numPairs/currCap > load)
        enlarge();
      return null;
    }
    else    // k 已经在映射表中。
    {
      V temp = (V)map[location].getValue();
      map[location] = entry;
      return temp;
    }
  }

  public V get(K k)
  // 如果在这个映射表中存在 key 为 k 的表项，那么返回与该表项有关的值；
  // 否则返回 null。
  {
    if (k == null)
      throw new IllegalArgumentException("Maps do not allow null keys.");

    int location = Math.abs(k.hashCode()) % currCap;
    while ((map[location] != null) && !(map[location].getKey().equals(k)))
```

```
      location = (location + 1) % currCap;

    if (map[location] == null)  // k之前不在映射表中。
      return null;
    else                        // k在映射表中。
      return (V)map[location].getValue();
  }

  public V remove(K k)
  // 抛出 UnsupportedOperationException。
  {
    throw new UnsupportedOperationException("HMap does not allow remove.");
  }

  public boolean contains(K k)
  // 如果这个映射表中存在 key 为 k 的表项，返回 true；
  // 否则返回 false。
  {
    if (k == null)
      throw new IllegalArgumentException("Maps do not allow null keys.");

    int location = Math.abs(k.hashCode()) % currCap;
    while (map[location] != null)
      if (map[location].getKey().equals(k))
        return true;
      else
        location = (location + 1) % currCap;

    // 如果到这一步，那么当前没有表项与 k 关联。
    return false;
  }

  public boolean isEmpty()
  // 如果该映射表为空，返回 true；反之返回 false。
  {
    return (numPairs == 0);
  }

  public boolean isFull()
  // 如果该映射表为满，返回 true；反之返回 false。
  {
    return false;  // HMap 永远都不会满。
  }
```

```
public int size()
// 返回在该映射表中表项的数量。
{
  return numPairs;
}

private class MapIterator implements Iterator<MapEntry<K,V>>
// 在这个映射表上提供快照 Iterator（迭代器）。
// 不支持移除，并抛出 UnsupportedOperationException。
{
  int listSize = size();
  private MapEntry[] list = new MapEntry[listSize];
  private int previousPos = -1; // 先前位置从列表返回。

  public MapIterator()
  {
    int next = -1;
    for (int i = 0; i < listSize; i++)
    {
      next++;
      while (map[next] == null)
        next++;
      list[i] = map[next];
    }
  }

  public boolean hasNext()
  // 如果迭代器有更多表项，则返回 true；反之返回 false。
  {
    return (previousPos < (listSize - 1));
  }

  public MapEntry<K,V> next()
  // 返回迭代器的下一个表项。
  // 如果迭代器没有更多表项，则抛出 NoSuchElementException（元素不存在异常）。
  {
    if (!hasNext())
      throw new IndexOutOfBoundsException("illegal invocation of next " +
                          " in HMap iterator.\n");
    previousPos++;
    return list[previousPos];
  }
```

```
        public void remove()
        // 抛出 UnsupportedOperationException。
        // 不支持。从快照迭代器中移除没有意义。
        {
          throw new UnsupportedOperationException("Unsupported remove attempted "
                                                  + "on HMap iterator.\n");
        }
      }

      public Iterator<MapEntry<K,V>> iterator()
      // 在这个映射表上提供快照 Iterator（迭代器）。
      // 不支持移除，并抛出 UnsupportedOperationException。
      {
        return new MapIterator();
      }
    }
```

确定map是否存有给定的key k的三个操作（put、get和contains），都遵循以下代码所示相同的一般模式：

```
int location = Math.abs(k.hashCode()) % currCap;
while ((map[location] != null) && !(map[location].getKey().equals(k)))
   location = (location + 1) % currCap;
```

Java小贴士

Java对&&和||使用短路求值。这意味着如果使用其中一个操作的布尔表述的结果完全由其第一个操作数的值确定，那么第二个操作数则不予以求值。所以例如给（A&&B）求值时，如果A求值结果为false，那么无论B的值是什么，表述都是false，所以B的求值被跳过了。

首先，使用key类的hashCode方法设定位置；然后应用线性探查，直至找到空的数组插槽（该位置map [location] == null）或者找到带有key k的MapEntry对象（注意我们要利用Java的&&操作的短路属性，以避免我们自己使用null引用）。如果找到带有key k的对象，就可实现适当运作——更换put操作、get操作返回、contains操作返回true。否则，如果找到包含null的位置，可再次实现适当运作——put操作插入、get操作返回null、contains操作返回false。

private的enlarge方法值得一番讨论。因为put是添加信息到map中的唯一方式，是调用enlarge的唯一位置：

```
if (map[location] == null)  // k之前不在映射表中。
{
  map[location] = entry;
  numPairs++;
  if ((float)numPairs/currCap > load)
```

```
    enlarge();
  return null;
}
```

enlarge方法首先通过创建Iterator，存储map当前的所有表项。然后实例化MapEntry对象中大小合适的新数组。最后，它“遍历”所保存的Iterator，使用put操作将各个MapEntry对象添加到新数组中。put操作将表项分布在已经扩大的新数组中。

总体而言，enlarge是个成本高昂的操作，尤其在使用麻烦的哈希函数时更是如此。虽然enlarge只是在特殊的情况下执行，而我们也可以将它的成本摊分至必须在调用前执行的大量put操作，但实际的成本会同时产生。如果你正在设计的系统需要有一致的快速响应，那你就该注意这个问题，并想想你要如何在一开始将足够的空间分配到哈希表中，以避免使用enlarge。

最后，需要注意的一点是，为什么我们不使用匿名的内部类来提供iterator方法返回的Iterator对象呢，明明我们之前在ADT的实现中就是这样做的。对于基于哈希表的map而言，我们迭代的方法是为了在整个有关map数组中进行搜索，创建新数组list，其存有的引用仅针对非null的表项。换言之，list数组将存取目前为止已经存储的MapEntry表项的“快照”，而没有存取所有干扰的null表项。

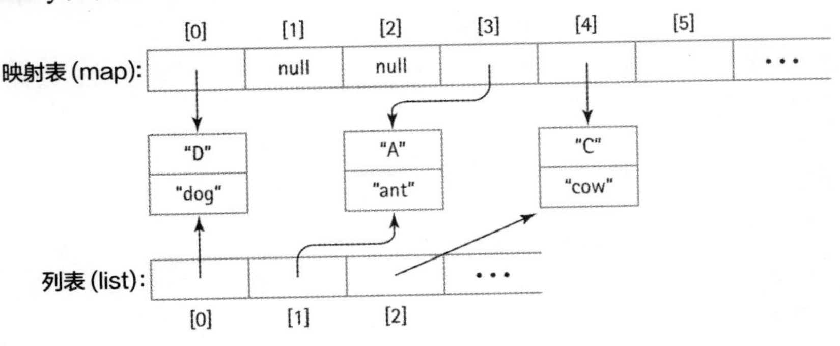

之后这个list数组会用于提供hasNext和next操作。remove操作不受支持。在任何情况下，为了设置list数组，在创建Iterator对象时，我们需要执行一些初始化处理。这种处理必须在构造函数中进行。但构造函数不受匿名类支持。总而言之，匿名类没有名称，所以无法给构造函数“命名”。如此一来，我们在这个案例中使用“常规的”内部类来支持迭代。

使用HMap类

我们可以用与ArrayListMap类所使用的同样的方式来使用HMap类。例如，为了让HMap类支持8.3节“应用程序：从字符串到字符串的Map”中所呈现的应用程序

StringPairApp，我们要做的就是将

```
MapInterface<String, String> pairs = new ArrayListMap<String, String>();
```

更改为

```
MapInterface<String, String> pairs = new HMap<String, String>();
```

我们在Chapter 5和Chapter 7中曾经用过文本分析实验，看看HMap在这类实验中如何操作或许也很有趣。你可能还记得我们的应用程序VocabularyDensity，它读取某个给定的文本文件，计算出其独特单词数量与单词总数的比率。我们使用这个应用程序来分析书中文本的集合，其中包括莎士比亚作品全集（Complete Works of Shakespeare）和大英百科全书（Encyclopaeda Brittanica）。或许最有趣的分析文本文件是我们称为“Mashup”的文件，它包含来自古腾堡网站的121个文件，包括小说、作品全集、字典和技术手册，除了英语文本之外，还有西班牙语、法语和德语的文本。如果我们“对混合进行哈希”的话，会发生什么？

应用程序VocDensMeasureHMap可以在包ch08.apps中找到。与之前一样，该应用程序读取来自输入文本的单词，对每个单词进行检查，确保该单词是否已经在map中存在。如果不存在，则添加该单词，而如果存在，则跳过该词。任何一种情况下我们都要增加单词的总数。完成后，我们将map中的单词数简单除以单词总数。因为我们只对单词本身有兴趣，而单词用作key，所以我们在将信息放入map时将使用null值。我们将初始容量设置为2,404,198，这刚好是mashup.txt文件中独特单词数的两倍。就执行时间而言，其结果与先前的做法相比会怎样呢（时间为大约时间）：

- *无序数组*：10个小时
- *有序数组（使用二叉搜索）*：7分10秒
- *二叉搜索树*：100秒
- *哈希Map*：66秒

虽然所用时间只有二叉搜索树所需时间的66%，这已经是进步了，但仍旧达不到我们的期望值。而且仅是逐个单词读取输入文件这个操作就已经产生很大开销了。实验表明，这个操作对于我们的应用程序而言是不可避免的，但又不是与存储/检索机制直接关联，其成本约为51秒。我们可以重列最后两个结果，减去这个开销成本，并得到（大约）：

- *二叉搜索树*：50秒
- *哈希Map*：15秒

现在我们就可以说哈希Map的方法用时只有二叉搜索树结果的30%，这个结果可令人满意多了。

8.7 Map的变体

Map ADT很重要，而且很万能，受到广泛应用。有些编程语言（如Awk、Haskell、JavaScript、Lisp、MUMPS、Perl、PHP、Python和Ruby）都直接支持Map ADT为基础语言的一部分，虽然在某些情况下对什么能用作key和/或value有所限制。许多其他语言，包括Java、C++、Objective-C和Smalltalk都通过其标准的代码库提供映射功能。

Map有许多名称：

- *Symbol table*（*符号表*）。正如我们在本章介绍中所讨论的，符号表是最先开始被仔细研究和设计的数据结构，也与编译程序的设计有关。一般而言，符号表将程序符号与其属性相关联，所以它们实际上就是map。
- *Dictionary*（*字典*）。在字典中查某个单词（key）找出其含义（value），这种做法使得字典这个概念非常适用于Map。所以在一些教科书和编程库中你会发现Map也被称为字典。
- *Hashes*（*哈希*）。由于哈希提供是实现Map的一种高效又常用的方式，你有时会看到这两个术语交换使用。例如，使用Perl语言时，可以说“哈希是强有力的结构”或者“将元素插入哈希中”。
- *Associative Arrays*（*关联数组*）。你可以将一个标准的数组看成是Map——其将索引映射成值。再发挥想象，你可以将Map看作是数组——其将key与值相关联，而不是将索引与值相关联。因此，术语“关联数组”是使用越来越广泛的术语，它可以代表符号表、字典、哈希和Map。

混合结构

我们已经知道在正确的条件下，哈希表是如何支持信息快速存储和检索的。假设一个情境，即我们需要快速存储和检索，但同时也要能按照表项放入集合的顺序，对所存的表项进行迭代。目前为止在我们所学的结构中，唯一支持这种迭代的结构是无序数组（假设remove操作已谨慎实现）以及无序链表（假设我们将表项插入到链表的末端），但是这两种结构都不提供高效的存储和检索。对于这些操作而言，它们都属于O(N)。

有没有哪些方法是我们可以使用哈希表来解决问题的？

问题就在于哈希表并不按特定顺序将其内容在有关数组中分布。假设我们创建map时，作出以下声明：

```
HMap<Character, String> animals = new HMap<Character, String>;
```

然后执行：

```
animals.put('A', "ant"); animals.put('B', "bat"); animals.put('C', "cat");
```

其结果或许看起来像这样：

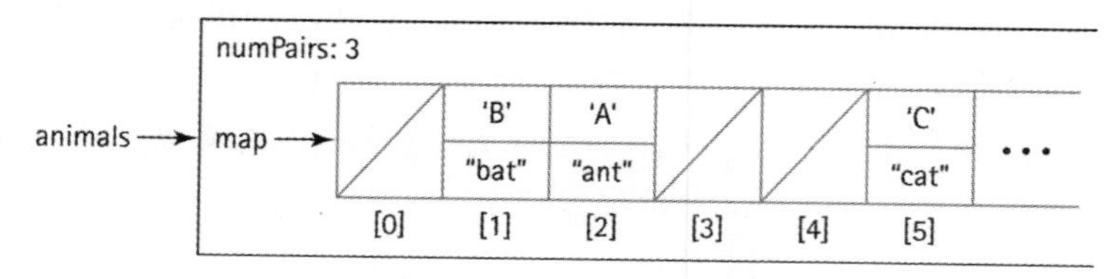

可以看到，表项被分布开了，插入的原始顺序无法再重新获得。如果我们将内部数据的内容增大到持有一个计数（表示目前为止已经输入的表项数量），并且将该计数的值与存储在有关数组的各个表项相关联，那么至少我们已经保存了插入的顺序，以备后续使用。其结果可能看起来像这样：

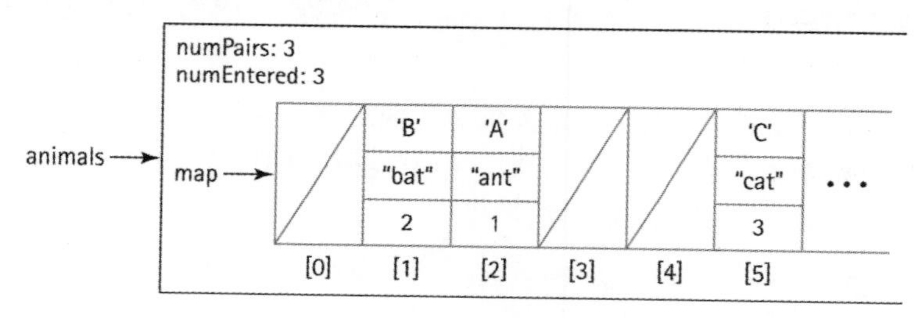

现在至少我们已经获得输入顺序的信息，再花点功夫，我们就可以创建所期望的迭代了。这时我们需要查看整个内部数组，找到表项，再按递增的顺序对它们进行排序。恢复已经可用的信息似乎需要做很多工作。有没有更好的方法呢？

如果我们维持第二个称为list的内部数组，对map数组进行引用，按照所期望的顺序保存：

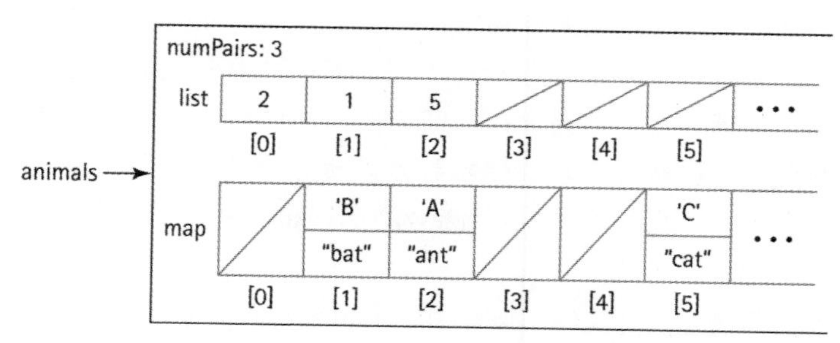

这时我们快要见到成果了。哈希方案继续运作，所以这个方法支持快速存储和检索，而当我们需要对插入顺序进行迭代时，我们可以只用到来自list数组的值来按照所

期望的顺序访问map数组的表项。

但如果某个表项被移除时，会发生什么？进行remove操作后，要正确地维持相关信息将会既困难又费力。调用remove操作时，我们不难在map数组中找到有关表项——只用到哈希函数和冲突解决方案方法。一旦找到该表项之后，位于该索引的map数组的内容可以设为null。但是list数组也需要进行更新。因为map中没有链连回list数组，所以我们需要搜索list数组，找到正确的位置进行更新。找到后，为了移除该位置上的信息，我们需要将所有剩余的表项都转移到“left”的插槽。所以，如果我们用这种方法，就要将remove从预期的效率O(1)转换成最佳条件效率O(N)。对一些系统而言，这个成本可能太高了。

让我们再试一次。我们需要一个支持结构来支持快速添加。我们要能按照表项插入map的顺序，对表项进行迭代。我们还需要合理的快速remove操作。双向链表（见4.7节“队列变体”）支持快速移除。如果我们将列表嵌入到map表项本身中，那么我们就能得到map表项和列表元素之间的联系。结果看起来可能像这样：

混合数据结构

我们最后的解决方案示范了何为混合数据结构——之所以说混合，是因为它结合了两种数据结构，即哈希表和双向链表。于本章之前，在讨论将链表用作哈希表的桶时，我们已知道另一种混合数据结构的示范。取代链表，我们可以使用二叉搜索树，这给了我们第三种混合数据结构的示范。你或许已经猜到，可能会有多种混合结构。学习这些混合结构的属性和用法，对于高级数据结构课程而言是个很好的课题。

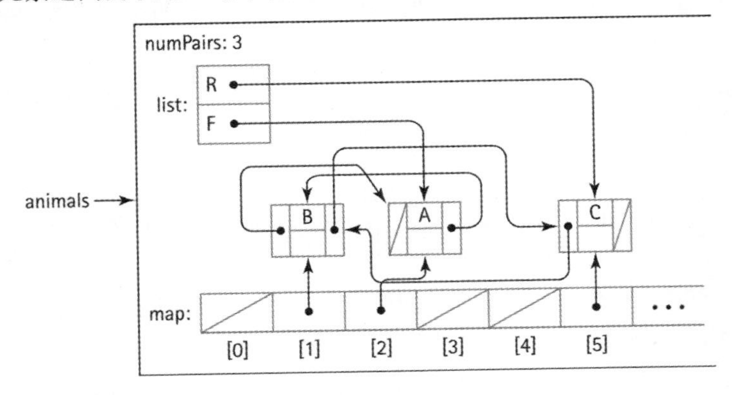

虽然这个图看起来复杂，但这种方法符合我们的要求。它是一个哈希表，以map为基础，嵌入一个双向链表。这与Java库的LinkedHashMap类很相似。

Java对Map的支持

Java库包含Map接口。与我们的map一样，库中的map也使用两个泛型参数：K代表key类型，V代表value类型。嵌套类Entry履行MapEntry类的职能。接口作为专业API

的一部分，比我们的MapInterface更为复杂。其定义25种抽象方法，有八个子接口，并由库内的19个类实现。然而，就其核心功能性而言，它与我们的Map接口差不多。

在19个实现类中，需要特别注意的是HashMap类。HashMap类允许nullkey。除此之外，它与我们的HMap类很相似（或许应该换一种表达——HMap类与该库类很相似）。HashMap提供默认容量和负载因子，并允许客户端通过构造函数按其所愿设置容量和因子，就与我们HMap的情况一样。与HMap的相似点还在于，假设有良态哈希函数和合理的key分布，HashMap提供常数时间存储、移除和检索。库的哈希map比我们的版本还提供更多的操作，实际上它除了实现从其祖先继承的12种操作之外，还能实现24种操作。专业的Java程序员通常会大量使用HashMap类来协助其工作。

小结

Map将独特的key与值相关联。Map是唯一需要两个泛型参数的数据结构，一个表示key类，另一个表示value类。按照我们的一般模式，首先使用Java的interface构造为Map ADT定义一个接口。然后我们再讨论多种实现方式，并提供基于ArrayList的实现。StringPairApp使用map示范了一种既简单又强有力的程序，而在本案例中提供这种程序的则是ArrayListMap。

有一种Map的实施方法尤为重要。哈希法的目的是生成接近O(1)效率的搜索。由于哈希位置会发生冲突，有时候需要搜索或者进行再哈希。一个好的哈希函数能最大限度减少冲突，并且能在哈希表中随机分布表项。我们Map中基于哈希表的实现HMap能够以最快的处理速度（难以再更快）处理词汇密度的问题。

在有关变体一节中，我们调查了在多种编程语言中Map的提供方式和命名方式。最后，我们讨论了混合结构，其由哈希表和将表项串联起来的链表组成。混合结构具有哈希法的优势，同时也允许简单地插入顺序迭代。

习题

8.1 Map 接口

1. 给出一个数学函数的例子，使得：

a. 该函数将其部分输入值映射成相同的输出值 (a → x，b → x)。

b. 其输入值都没有被映射成相同的输出值（此举称为一对一映射法）。

c. 该函数有反函数。

2. 描述一种信息处理情况，在该情况中使用符合以下要求的映射法：

   a. 属于一对一（见上个问题）。

   b. 不属于一对一。

3. 8.1 节的第一段阐述了一种对映射法进行限制，使得各个 key 都恰好映射成一个值的规则，这个规则就相当于规定映射法要拥有独特的 key。请对此进行解释。

4. 展示如何声明 ArrayListMap 类型的 map：

   a. 表示映射到学生生日的学生（特有的）姓名。

   b. 表示映射到其人口的国家。

   c. 表示映射到多边形名称的多边形的边数。

5. 以下代码拟用于打印出是否在名为 relationships 的映射图中使用了 key 值 kl，请对该代码作出评判：

```
if (relationships.get(k1) != null)
   System.out.println("yes it does");
else
   System.out.println("no it does not");
```

   现在请重写代码，让其正确运作。

6. 以下代码的输出是什么？ ArrayListMap 是 MapInterface 的实现，在 8.2 节有介绍。

```
MapInterface<Character, String> question;
question = new ArrayListMap<Character, String>();
System.out.println(question.isEmpty());
System.out.println(question.size());

System.out.println(question.put('M', "map"));
question.put('D', "dog");   question.put('T', "Top");
question.put('A', "ant");   question.put('t', "Top");
System.out.println(question.isEmpty());
System.out.println(question.size());
System.out.println(question.contains('D'));
System.out.println(question.contains('E'));
System.out.println(question.get('D'));
System.out.println(question.get('E'));

System.out.println(question.put('D', "dig"));
```

```
System.out.println(question.get('D'));
for (MapEntry<Character,String> m: question)
   System.out.print(m.getValue() + "\t");

System.out.println(question.remove('D'));
System.out.println(question.remove('D'));
for (MapEntry<Character,String> m: question)
   System.out.print(m.getValue() + "\t");
```

8.2 Map 的实现

7. 在这节我们讨论了用之前学习的数据结构实现 map 的数种方法，在一些案例中我们还讨论了 put 操作的实现。对于每个方法（无序数组、有序数组、无序链表、有序链表和二叉搜索树），描述你将如何实现以下操作。

a. `isEmpty ()`

b. `contains (K k)`

c. `remove (K k)`

d. `iterator ()`

8. 鲍勃在学习 ArraylistMap 的代码，他宣称发现了一种“更容易运行 contains 方法的办法”，如下所示。你想跟鲍勃说什么？

```
public boolean contains(K k)
// 如果在该 map 中存在带有 key k 的表项，返回 true;
// 否则返回 false。
{
   return map.contains(k);
}
```

9. 描述对 ArrayListMap 作出下述各个变动后的影响：

a. 在第二个构造函数的单个语句中，initCapacity 更改为 10。

b. 移除 put 方法起始处的 if 语句。

c. 在 put 方法中，布尔语句（temp.getKey().equals(k)）更改为（k.equals(temp.getKey())）。

d. get 方法重写如下：

```
public V get(K k)
// 如果在该 map 中存在带有 key k 的表项，则返回与该表项相关的值;
// 否则返回 null。
```

```
{
  if (k == null)
    throw new IllegalArgumentException("Maps do not allow null
keys.");

  V result = null;
  for (MapEntry<K,V> temp: map)
    if (temp.getKey().equals(k))
      result = temp.getValue();

  return result;
}
```

e. contains 方法重写如下：

```
public boolean contains(K k);
// 如果在该 map 中存在带有 key k 的表项，则返回 true;
// 否则返回 false。
{
  if (k == null)
    throw new IllegalArgumentException("Maps do not allow null
keys.");

  boolean result = false;
  for (MapEntry<K,V> temp: map)
    if (temp.getKey().equals(k))
      result = true

  return result;
}
```

10. 使用以下方法实现 Map ADT：

a. 无序数组。

b. 有序数组。

c. 无序链表。

d. 二叉搜索树。

8.3 应用程序：从字符串到字符串的 Map

11. 创建一个你自己的类似于 numbers.txt 和 periodic.txt 的文本文件，将其设计为可捕获趣味十足的“字符串到字符串的 Map”。将它输入到 StringPairApp 应用程序中。

12. 创建一个类似于 StringPairApp 的应用程序，其作用类似化学小测验。这个应用程序在 1 至 118 之间随机生成一个周期数，询问用户相对应的元素，再对应正确答案对其答案进行检查（使用基于 periodic.txt 文件的 map），并汇报结果，如果用户答案错误，就将正确答案展示出来。如此重复 10 个问题后，再汇报答对比例。如何使你的应用程序更加普遍可用呢？

13. Java 保留字可以归类成如“primitive types”“control”和“access control”等子集。研究保留字，创建你自己的分类模式。然后：

a. 创建一个名为 Categories 的应用程序，该应用程序首先基于你的保留字分类（如 int → “primitive type”）创建一个 map，然后读取一个 .java 的文件，展示出在文件中找到的关键字类型。比如，如果输入文件为 MapEntry.java，那么其输出取决于你的分类，可能看起来像这样：

```
control, organization, access control, definition, control . . .
```

```
because of the sequence of reserved words for (see opening com-
ment), package, public, class, protected, . . .
```

b. 完善该应用程序，使它忽略文字字符串的内容。

c. 完善该应用程序，使它忽略注释的内容。

8.4 哈希法

14. 如果采用适当的压缩函数，用哈希系统按照 21、75、240、413、1338、9021、9531 等顺序插入 key，请指出对下列各个数组大小而言，该次序是否会导致冲突：

a. 10　b. 15　c. 17　d. 21　e. 50　f. 100　g. 1,000　h. 10,000

15. 展示在既定情况下，使用哈希系统时以下 key 插入顺序所产生的数组：5、205、406、5205、8205、307（你可以只列出非 null 的数组插槽和它们的内容）

a. 数组大小为 100，使用线性探查。

b. 数组大小为 100，使用二次探查。

c. 数组大小为 101，使用线性探查。

d. 数组大小为 1,000，使用线性探查。

e. 数组大小为 100，带有包含链表的桶。

16. 就习题 15 所描述的各种情况而言，指出在进行所有插入后，搜索 key307 需要多少次对比？ key406 呢？ key506 呢？

17. 展示在既定情况下，使用哈希系统时执行以下操作顺序所产生的数组：插入 5、插入 205、插入 406、移除 205、插入 407 、插入 806、插入 305（你可以只列出非 null 的数组插槽和它们的内容）

   a. 数组大小为 100，使用线性探查，值 -1 代指已移除表项。

   b. 数组大小为 10，使用线性探查，值 -1 代指已移除表项。

   c. 数组大小为 10，使用线性探查。使用额外的 boolean 类型的值，用 true 代指插槽已占用。

   d. 数组大小为 10，带有包含链表的桶。

8.5 哈希函数

18. 描述三种你认为可以定义完美哈希函数（无冲突）的域 / 应用领域。

19. 讨论再哈希（动态增大哈希表）使用的原因，何时使用及如何使用。

20. 在九位数城市代码的例子中，假设所使用的哈希函数为 [(A×C) ＋ B]，对于下列城市的哈希码又是什么？

   a. 杭州，浙江，中国：001112038

   b. 兰开斯特，宾夕法尼亚，美国：012113103

   c. 益阳，湖南，中国：321732038

   d. 比弗福尔斯，宾夕法尼亚，美国：54213103

   e. 首尔，首尔，韩国：010313121

21. 以下为某个介绍有关人士信息的域的哈希函数，该域的属性有 firstName、lastName、number（用于解决同姓同名的问题，如“John Smith 0”“John Smith 1”等）和 age，请对以下哈希函数进行评判。姓和名都属于 String 类，另外两个属性属于 int 类型。

   a. 哈希函数返回 $(age)^2$

   b. 哈希函数返回 $(age)^2$ + lastName.hashCode()

   c. 哈希函数返回 lastName.hashCode() + firstName.hashCode()

   d. 哈希函数返回 lastName.hashCode() + firstName.hashCode() + number

22. 用五位数的目标哈希码大小为下列域定义可行的哈希函数：

   a. 随机化的十位数市民身份编号。

   b. 随机化的十位数市民身份编号，最后三位数代指职业。

c. 网站 URL。

d. 文件名。

e. 国家名。

f. 由两位数国家代码、三位数区域代码、三位数电话局编码和四位数号码组成的电话号码。

23. 将 equals 和 hashCode 方法（除非已经定义）添加到以下类。创建一个测试驱动程序，证明你的代码能正确运作。

a. Chapter 5 定义的 FamousPerson 类，可在 support 包中找到。

b. Chapter 1 定义的 Date 类，可在 ch01.dates 包中找到。

c. Chapter 7 定义的 WordFreq 类，可在 support 包中找到。

d. Chapter 6 定义的 Card 类，可在 support.cards 包中找到。

e. Chapter 6 定义的 CardDeck 类，可在 support.cards 包中找到。

24. 将第 544 页 8.5 节定义的 hashCode 方法添加到 FamousPerson 类中。编写一个读取输入 /FamousCS.txt 文件的应用程序，为该文件的每一行都创建一个 FamousPerson 对象，再生成其相关 hashCode() 值，并将该值保存在数组中。

a. 按有序的顺序输出数组的值。

b. 用 A%1,000 代替每个数组值 A，再按有序顺序输出数组的值。

c. 用 A%100 代替每个数组值 A，再按有序顺序输出数组的值。

d. 用 A%10 代替每个数组值 A，再按有序顺序输出数组的值。

e. 撰写一份关于你对输出的观察的报告。

f. 使用你自己设计的哈希函数重复整个练习。

8.6 基于哈希的 Map

25. 如果使用 HMap 实现（负载因子为 75%，初始容量为 1,000），如果放入该 map 的独特表项数目如下，请问需要调用几次 enlarge 方法？

a. 100 b. 750 c. 2,000 d. 10,000 e. 100,000

26. 你的朋友说："我的哈希 map 实现用了链表的桶，所以我无需担心负载因子的问题。"你怎么跟他讲？

27. 描述对 HMap 作出下述各个变动后的影响：

a. 第二个构造函数的签名由

```
public HMap(int initCap, double initLoad)
```

更改为

```
public HMap(double initLoad, int initCap)
```

b. 撤销在 put 中对 Math.abs 方法的调用。

c. 撤销 enlarge 方法中的 currCap = currCap + origCap ; 语句。

d. 从 put 方法移除开头的 if 语句。

e. 从 get 方法移除开头的 if 语句。

f. remove 方法的代码更改为：

```
if (k == null)
  throw new IllegalArgumentException("null keys not allowed");

int location = Math.abs(k.hashCode()) % currCap;
while ((map[location] != null)
        &&
        !(map[location].getKey().equals(k)))
   location = (location + 1) % currCap;

if (map[location] == null)   // k之前没有在map中
  return null;
else                         // k在map中
{
  V hold = (V)map[location].getValue();
  map[location] = null;
  return V;
}
```

g. 在 MapIterator 构造函数的 for 循环中，撤销第一个 next++。

28. 对 HMap 类作出改动（并创建一个测试驱动器证明你的改动能正确运作），使得：

a. 其包括一个能打印输出内部数组整个内容的 toString 方法，同时展示数组索引和其内容。这个动作有助于测试本练习剩下的内容和以下练习的部分内容。

b. 其使用二次探查。

c. 其提供一个能运作的 remove 方法，使用与每个哈希表插槽相关的额外 boolean 值来追溯移除。

d. 不对其进行探查，而是使用 MapEntry 对象的链表桶。

29. 创建一个使用 HMap 的应用程序，从某个已提供的文件读取一个单词列表，输出是否有单词重复。一旦应用程序确定至少有一个重复单词，它可以展示“<such and such word> repeats”(<这个和这个单词>重复)，并终止。如果没有重复的单词，则展示“No words repeat”（没有单词重复），并终止。

30. 将 toString 方法添加到 HMap 类（见习题 28a）。修改 StringPairMap2（在 ch08.apps 包中能找到），使得它不是与用户互动，而是只读取文件的信息，将信息存储在 HMap 中，然后“打印”HMap。在以下各文件上运行该应用程序，使用合理的起始容量（为成对数量的 150%），负载阈值设置为 80%，并讨论你见到的情况。

a. input/numbers.txt

b. input/periodic.txt

c. input/glossary.txt

8.7 Map 的变体

31. 调查：撰写一篇关于用两种不同语言支持 map 的简短报告：一种语言是该支持原本为该语言本身的一部分，另一种语言通过标准库提供支持。

32. 我们对创建高效存储 / 检索结构（支持以插入顺序迭代表项）的最终解决方案是运用带有嵌套双向链表的哈希 map。在以下每种情况下，为该结构的内部视图创建类似于本节末尾所示的图：

a. 该结构刚被实例化，尚未添加任何内容。

b. 继续从 (a) 部分开始，放置 (“b”, “bat”)，其哈希到位置 2；放置 (“p”, “pig”)，其哈希到位置 4；放置 (“g”, “goat”)，其哈希到位置 6。

c. 继续从 (b) 部分开始，放置 (“a”, “ant”)，其哈希到位置 0，再移除 (“p”)。

d. 继续从 (c) 部分开始，放置 (“b”, “bear”)。

33. 用“混合结构”小节中所描述的嵌套双向链表实现哈希 map。列入一个测试驱动器，证明你的实现能够正确运作。

34. 创建一个新版本的 StringPairApp（可在 ch08.apps 包中找到），要用 Java 库中的 HashMap 类替代本书中的 ArrayListMap 类。

© Ake Tikk/Shutterstock

CHAPTER 9

抽象数据类型——优先级队列

知识目标

你可以

- 在抽象级别描述优先级队列
- 讨论优先级队列的用途
- 讨论优先级队列的不同实现方法及其效率
- 定义满二叉树和完全二叉树
- 描述堆（heap）的形状属性和顺序属性
- 定义堆操作再堆上（reheap up）和再堆下（reheap down）
- 描述如何将二叉树表示为数组，并在元素之间使用隐式位置链接

技能目标

你可以

- 给定一个二叉树，确定它是否是满二叉树、完全二叉树、两者皆是或者两者皆非
- 给定基于数组表示的二叉树和树节点的索引，确定该节点的父节点索引、左子节点索引、右子节点索引，如果它们存在的话
- 使用数组、ArrayList、链表或者BinarySearchTree实现优先级队列
- 给定基于数组表示的堆，跟踪再堆上和再堆下操作
- 绘制展示基于堆表示的优先级队列的入队或出队结果的树
- 将优先级队列实现为堆
- 将优先级队列ADT用作解决问题的组件

Chapter 4重点关注队列，一种先进先出（FIFO）的结构。在本章中，我们来看一下相关的结构，优先级队列。优先级队列不是让队列中停留时间最长的元素出队，而是让优先级最高的元素出队。这里我们定义优先级队列，以及如何使用和实现它们。特别是我们看一下被称作“堆”的巧妙的实现方法，它具有快速插入和删除元素的特点。

9.1 优先级队列接口

优先级队列是具有有趣访问协议的抽象数据类型，只能访问优先级最高的元素。“最高优先级”有多种含义，这取决于应用程序。考虑以下问题：

- 一家小公司里有一位IT技术员，当多名员工同时需要IT支持时，最先处理哪个请求？此时要按照员工在公司里的重要程度来处理请求。在处理副总裁的请求之前要先处理总裁的请求，以此类推。每个请求的优先级与发起该请求的员工的级别有关。
- 卖冰淇淋的小贩按照顾客到达的顺序来提供服务，即等待最久的顾客其优先级最高。当最高优先级元素是指在队列中等待时间最久的元素时，那么Chapter 4中学习的先进先出队列也可以被认为是优先级队列。
- 有时候多台电脑共享的打印机会配置为总是最先打印队列中最小的工作。这样，只打印几张纸的人就不必等待大型的打印工作完成。对于这样的打印机，工作的优先级是与工作的大小相关的——最小的工作优先。

使用优先级队列

优先级队列对于任何需要通过优先级处理元素的应用程序来说，都非常有用。

在Chapter 4中讨论先进先出（FIFO）队列应用程序时，我们说操作系统通常会维护一个准备执行的进程队列。但是，通常这些进程具有不同的优先级，所以操作系统使用优先级队列而不是标准队列来管理进程的执行。

在4.8节“应用程序：平均等待时间”中，使用队列来帮助我们为客户服务系统建模。这是一个相对简单的模型，它首先生成关于客户的所有信息，然后模拟为他所提供服务。更复杂的模型，可以在处理过程中生成客户信息。例如，一位男士来到服务台前只是因为他发现自己错误地填写了表格，他需要重新填写表格并返回到队列中。他重新回到队列中是一个动态事件，无法提前预测。为这种类型的系统建模被称为离散事件模拟，这是一个有趣的研究领域。离散事件模型的普遍解决方法是维护一个事件的优先级队列。事件生成时，就将其入队，并使其优先级等于其发生的时间。较早发生的事件拥有较高的优先级。事件驱动的模拟通过将最高优先级事件（最早发生的可用事件）出队，然后为该事件建模来进行处理，处理过程中，该事件可能生成需要入队的后续事件。

“饿死”(Starvation)

在繁忙的实时系统中使用优先级队列时，设计者必须非常小心不要让队列中的项目“饿死”，即这些项目不能花费过量的时间等待处理，因为拥有较高优先级的元素一直持续到来。饿死问题的一个解决方法是让元素“变老”(age)——它们等待的时间越久，优先级就变得越高，最终它们就可以被处理。

对于数据排序来说，优先级队列也非常有用。给定一个需要排序的元素集合，元素可以先入队到优先级队列中，然后以有序的形式出队（从最大到最小）。在Chapter 11中我们将看到如何使用优先级队列及其实现。

接口

为优先级队列定义的操作包括元素入队和出队，还有测试优先级队列为空或为满以及确定队列的大小。这些操作与我们在Chapter 4中讨论先进先出队列时指定的操作非常相似。事实上，除了注释中的信息、接口的名字和包名之外，是无法区分队列接口和优先级队列接口的。就功能而言，两种类型队列的区别在于出队操作是如何实现的。优先级队列ADT不遵循先进先出方法，而是始终返回当前队列元素中优先级最高的元素，无论该元素何时入队。为了达到我们的目的，我们基于指定的元素顺序将最高优先级定义为“最大的”元素。接口如下：

```
//----------------------------------------------------------------------
// PriQueueInterface.java     程序员：Dale/Joyce/Weems          Chapter 9
//
// 为实现优先级队列 T 的类而编写的接口。
// 通过指定的比较操作确定的最大元素具有最高优先级。
//
// Null 元素是不允许的。重复元素是允许的。
//----------------------------------------------------------------------
package ch09.priorityQueues;

public interface PriQueueInterface<T>
{
  void enqueue(T element);
  // 如果该优先级队列已满，抛出 PriQOverflowException 异常;
  // 否则，将元素添加到该优先级队列中。
  T dequeue();
  // 如果该优先级队列为空，抛出 PriQUnderflowException 异常 ;
  // 否则，从该优先级队列中删除并返回拥有最高优先级的元素。

  boolean isEmpty();
```

```
  // 如果该优先级队列为空，返回 true；否则返回 false。

  boolean isFull();
  // 如果该优先级队列为满，返回 true；否则返回 false。

  int size();
  // 返回该优先级队列中的元素个数。
}
```

注释中提到的异常对象被定义成ch09.priorityQueues包的一部分。它们是未检查型异常。

与我们研究过的所有ADT一样，优先级队列ADT也存在变体。特别是通常包含允许应用程序进入优先级队列检查、操作或删除元素的操作。对于某些应用程序来说，这样的操作是很有必要的。考虑我们之前讨论过的，使用优先级队列来处理离散事件模拟。在某些离散事件模型中，处理一个事件的结果可能会影响其他预定事件，导致它们延迟或取消。附加的优先级队列功能允许它们用于此类模型中。然而这里，我们只关注PriQueueInterface中列出的优先级队列的基本操作。

9.2 优先级队列的实现

实现优先级队列有很多种方法。无论哪种实现方法，我们都希望能够简单快速地访问拥有最高优先级的元素。

让我们简要地考虑一些可能的方法。

无序数组

将元素入队到无序数组非常容易，只需把该元素插入到下一个可用的数组位置，这是O(1)操作。然而，出队将需要搜索整个数组以寻找最大的元素，这是O(N)操作。

有序数组

基于有序数组的方法在出队时非常容易，只需返回数组的最后一个元素（该元素就是最大的）并减少队列的大小，出队是O(1)操作。然而，入队的成本就比较昂贵了，因为我们需要找到插入元素的位置。如果使用二分查找的话，就需要$O(\log_2 N)$步。移动数组元素为新元素腾出空间需要O(N)步，所以整个入队操作是O(N)的。

SortedABPriQ类使用之前概述的方法实现了PriQueueInterface。该类提供了两个构造函数，其中一个允许客户端传递用于确定优先级的Comparator参数，另一个构造函数没有参数，表示应使用元素的自然序。这是基于无界数组的实现。为了便于测试，它包含一个toString方法。欢迎读者研究ch09.priorityQueues包中的代码。下面是一个简短的程序，演示了如何使用SortedABPriQ类，后面是该程序的输出。

```
//-------------------------------------------------------------------------
//UseSortedABPriQ.java         程序员：Dale/Joyce/Weems        Chapter 9
//
//SortedABPriQ 的使用示例
//-------------------------------------------------------------------------
package ch09.apps;
import ch09.priorityQueues.*;

public class UseSortedABPriQ
{
  public static void main(String[] args)
  {
    PriQueueInterface<String> pq = new SortedABPriQ<String>();

    pq.enqueue("C");   pq.enqueue("O");   pq.enqueue("M");
    pq.enqueue("P");   pq.enqueue("U");   pq.enqueue("T");
    pq.enqueue("E");   pq.enqueue("R");

    System.out.println(pq);
    System.out.println(pq.dequeue());
    System.out.println(pq.dequeue());
    System.out.println(pq);
  }
}
```

输出是：

```
Priority Queue:   C  E  M  O  P  R  T  U

U
T

Priority Queue:   C  E  M  O  P  R
```

有序链表

假设链表按从最大到最小保持有序。使用这种基于引用的方法出队只需删除并返回链表中的第一个元素，该操作只需几步。但是入队是O(N)操作，因为我们必须每次在列表中搜索一个元素以找到插入位置。

二叉搜索树

对这个方法来说，enqueue操作实现为标准的二叉搜索树insert操作。我们知道该操作平均需要$O(\log_2 N)$步。假设访问树的底层实现结构，我们可以通过返回最大元素（最右边的树元素）实现dequeue操作。我们沿着右子树引用向下，维护一个尾随引用，直到到达拥有空右子树的节点，尾随引用允许我们将该节点从树上“断开连接”，然后我们将该节点中包含的元素返回。这也是平均为$O(\log_2 N)$的操作。

到目前为止，二叉搜索树方法是最好的——对于enqueue和dequeue来说，它平均只需要$O(\log_2 N)$步。但是，如果树是偏的，那么两个操作的性能就会退化为O(N)步。时间效率的优势取决于树依然平衡。除非使用自平衡树，否则树很有可能偏移，因为元素将不停地从树的最右侧删除，这将导致树的左侧较重。

下一节介绍一种非常巧妙的方法，称为堆，即使在最坏的情况下也能保证$O(\log_2 N)$步。

9.3 堆

堆是优先级队列的一种实现，它使用满足两个属性的二叉树，其中一个属性与其形状有关，另一个属性与其元素顺序有关。在讨论这些属性之前，我们需要扩展与树相关的术语。[1]

满二叉树是指所有的叶节点都在同一层且每个非叶节点都有两个孩子节点的二叉树。满二叉树的基本形状是三角形：

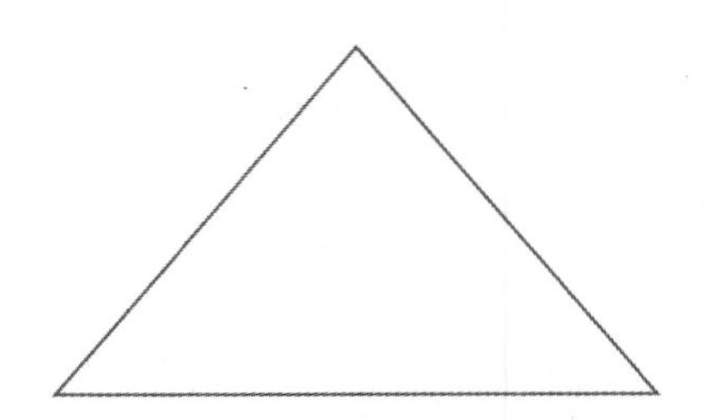

[1] “堆”也是计算机免费存储的同义词，可用于动态分配数据的内存区域。作为数据结构的堆不应与该不相关的同名计算机系统概念相混淆。

完全二叉树要么是一个满二叉树，要么一直到倒数第二层都是满二叉树，最后一层的叶节点尽可能地向左。完全二叉树的形状要么是三角形（如果是满二叉树），要么如下图的形状：

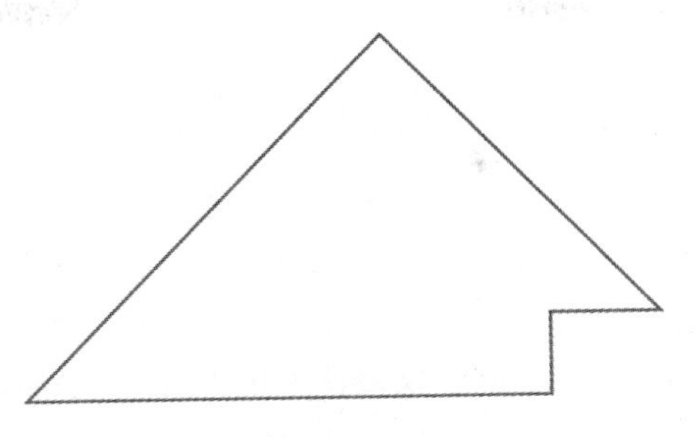

图9.1展示了不同类型的二叉树的一些示例。

现在我们准备定义堆。如前所述，堆是优先级队列的一种实现，它使用满足两个属性的二叉树，其中一个属性与其形状有关，另一个属性与其元素顺序有关。**形状属性**简单描述为：底层的树必须是一个完全二叉树。**顺序属性**是指，对树中的每个节点来说，存储在该节点中的值要大于或等于其子节点中的值。

可能将该结构称为“最大堆”更为准确，因为根节点包含结构中的最大值。也可以创建“最小堆”，该堆中每个元素包含的值都小于或等于其孩子节点的值。

堆这个术语既用于抽象概念（维护形状属性和顺序属性的二叉树），又用于底层结构，通常是基于数组的树的高效实现。本节重点介绍堆的属性以及如何使用堆实现优先级队列。下一节使用数组描述堆本身的标准实现。

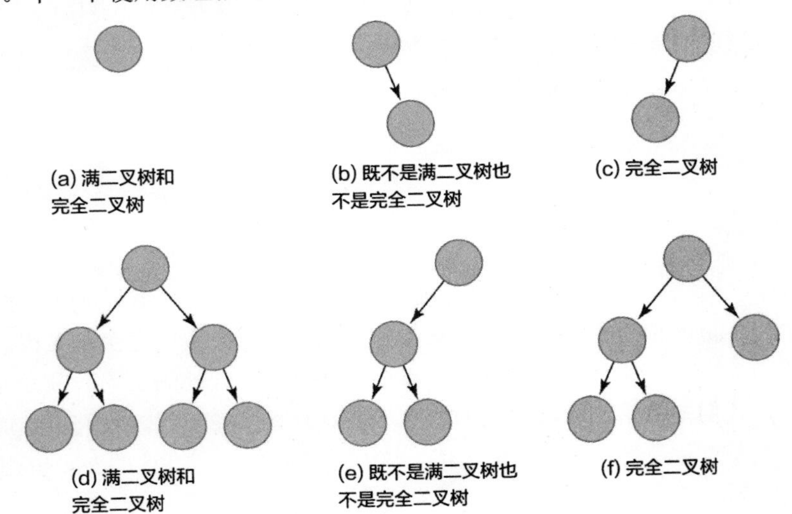

图9.1 不同类型的二叉树示例

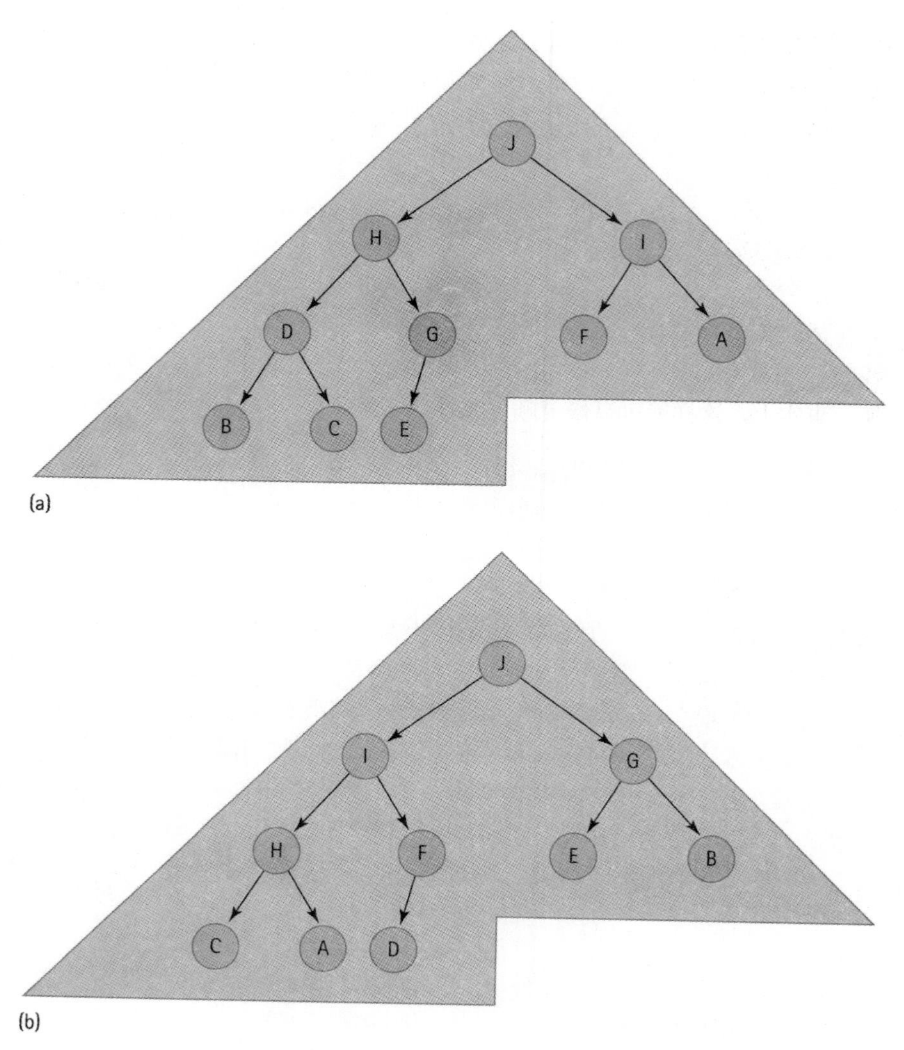

图9.2 包含字母A到J的两个堆

图9.2显示了两个包含字母A到J的树，它们同时也满足了形状属性和顺序属性。两个树中值的位置不同，但是形状相同：包含10个元素的完全二叉树。两个树的根节点相同。一组值能够以多种方式存储在二叉树中，并能满足堆的顺序属性。由于形状属性，我们知道给定元素数量的所有堆树具有相同的形状。我们也知道，由于顺序属性，根节点总是包含树中的最大值。这有助于我们实现高效的dequeue操作，来支持优先级队列ADT。

如果说我们想从图9.2a的堆中出队一个元素，也就是说，我们想从树中删除并返回拥有最大值的元素，即J。最大的元素在根节点，由于我们确切地知道从哪里找到它，所以可以很容易地删除它，如图9.3a所示。当然，删除该元素就在根节点的位置留下了一个洞（图9.3b）。由于堆树必须是完全二叉树，我们决定使用该树最右端的元素来填充该洞。这样该结构就满足了形状属性（图9.3c）。然而，替代值来自树的底部，值较小，所以该树不再满足堆的顺序属性。

这种情况表明了标准堆支持的操作之一：给定满足堆属性的二叉树，除了根节点位置是空的，向该结构中插入一个元素，使其再次成为堆。该操作被称为reheapDown，它包括从根节点位置开始，向下移动新元素，向上移动孩子元素，直到我们为新元素找到合法的位置（见图9.3d和图9.3e）。我们将该元素与其孩子节点（最大的孩子）交换。事实上，这样就可以修复顺序属性。

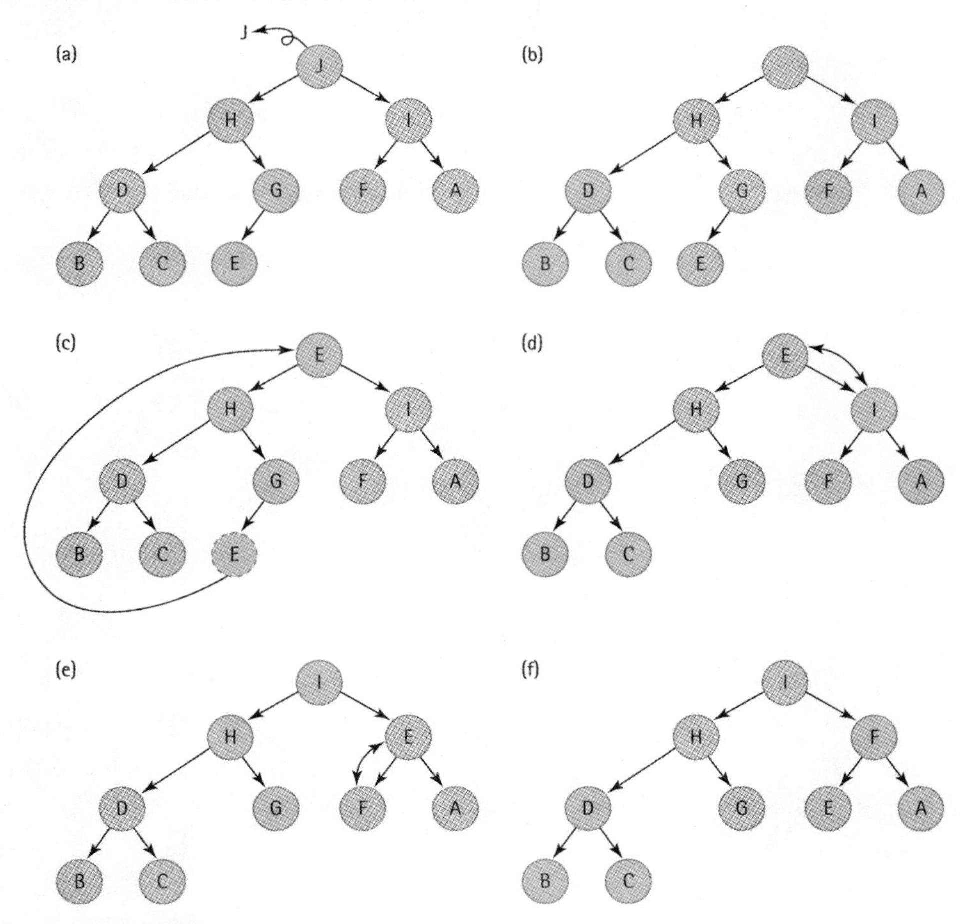

图9.3 dequeue操作

要想从堆中出队一个元素，我们删除并返回其根元素，删除最右下角的元素，然后将该最右下角的元素传递给reheapDown以修复堆（图9.3f）。

现在假设我们想要向堆中入队一个元素——我们应将它放在哪里呢？让我们将元素“I”入队到图9.3f所示的堆中。是的，I的确已经在该堆里了，但是堆（和优先级队列）允许包含重复元素。形状属性告诉我们树必须是完全的，所以我们将该新元素放置在树最右下角的下一个位置，如图9.4a所示。现在形状属性满足了，但是可能违反了顺序属性。这种情况说明需要另一个堆支持的操作：给定一个满足堆属性的二叉搜索树，除了最后一个位置是空的，将给定的元素插入到结构中使其再次成为堆。将元素插入树中最右下角的下一个位置之后，我们将该元素向上浮动，同时向下移动树元素，直到该元素的位置满足了顺序属性（见图9.4b和图9.4c），重新形成一个合法的堆（图9.4d）。该操作被称为reheapUp——它向堆中添加元素，并假设基于数组实现的树的最后一个索引位置为空。

为了回顾堆是如何支持优先级队列的，我们在图9.5中展示了一系列入队和出队的结果。最初优先级队列为空。在嵌入图中的文本框里列出了与图中描绘的变化相对应的一系列操作。在每个阶段，我们只显示reheap up或reheap down操作的最终结果，允许填写有关如何调整堆元素以维护堆属性的详细信息。

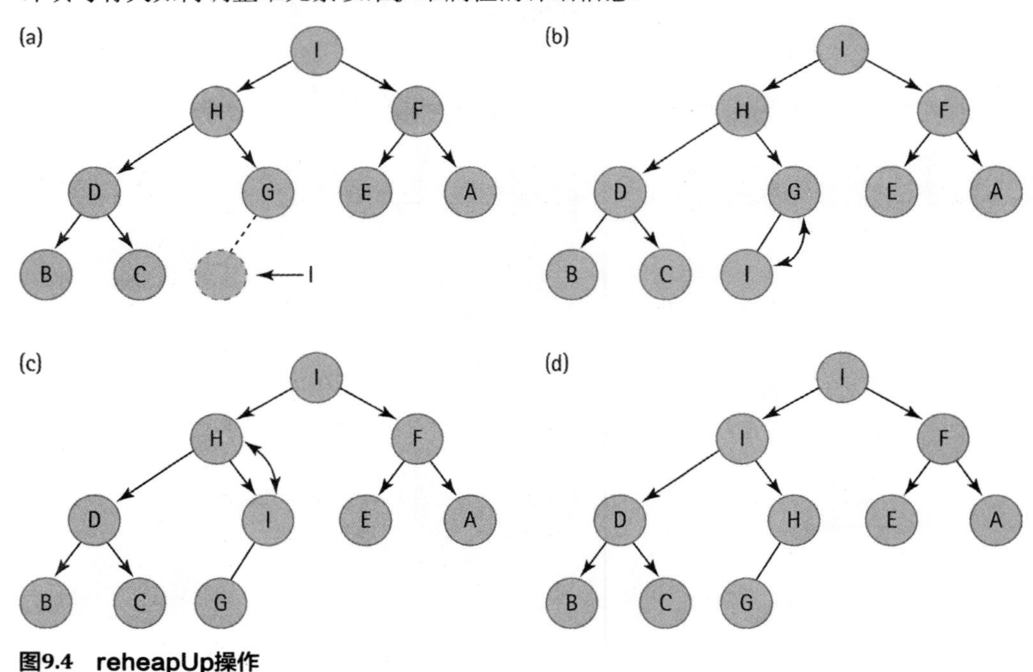

图9.4 reheapUp操作

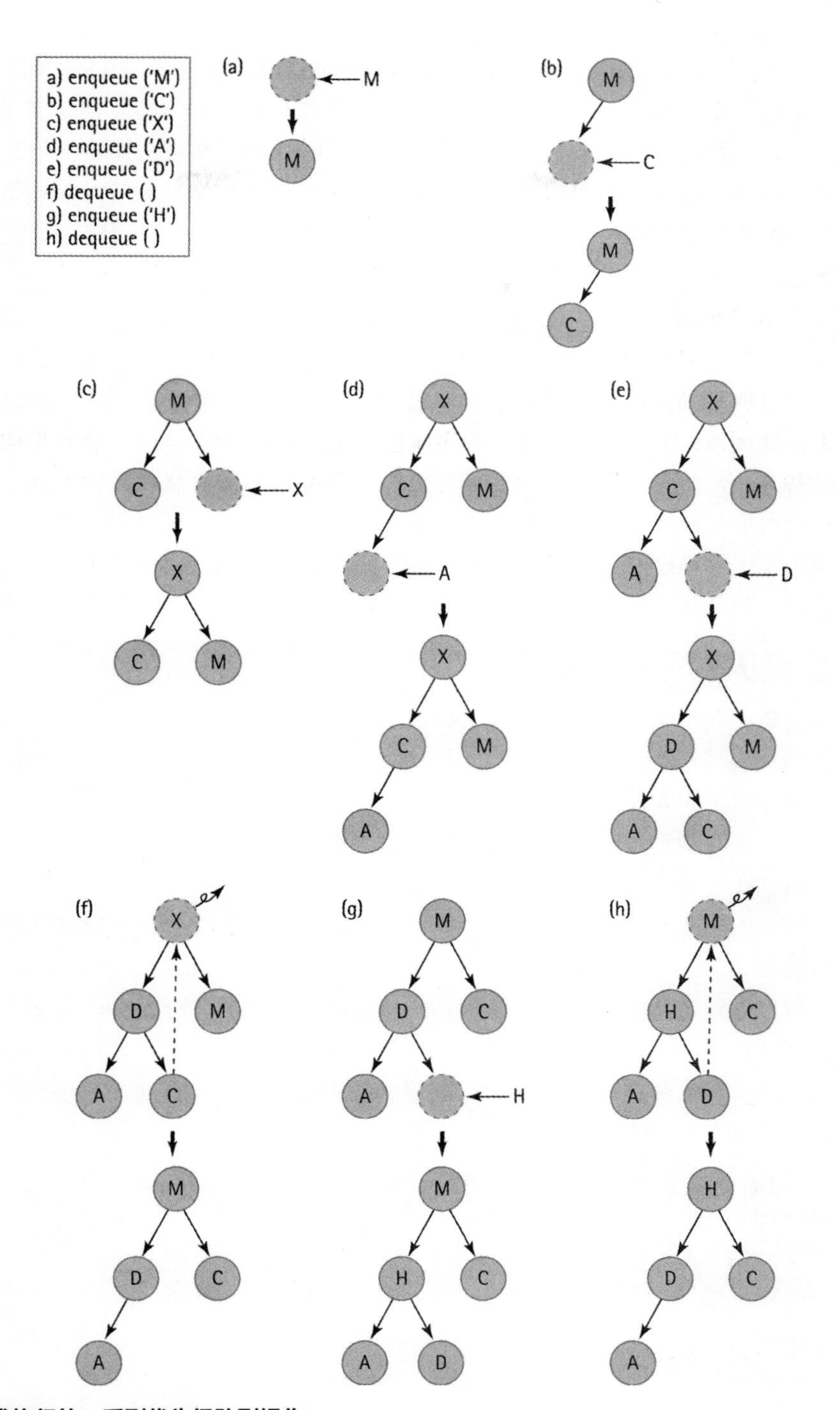

图9.5 堆执行的一系列优先级队列操作

注意，由于堆总是一个完全树，所以堆的高度总是最多为$\lfloor \log_2 N \rfloor$，这里的N表示堆中的元素个数。reheap up和reheap down操作包括将树中的元素在这$\lfloor \log_2 N \rfloor$层之间向上移动或向下移动。假设我们可以在常量时间内实现这些操作中涉及的原始语句，我们可以支持效率为$O(\log_2 N)$的enqueue和dequeue优先级队列方法。在下一节中，我们将学习如何做到这一点。

9.4 堆的实现

尽管我们已经用图形方式将堆描述为具有节点和链接的二叉树，但使用Chapter 7中介绍的链接二叉树表示来实现堆操作仍然是不切实际的。例如，我们的二叉搜索树实现并不能有效支持向上“移动”元素。由于堆的形状属性，可以使用替代表示，支持常量时间来实现管理堆的所有操作。我们首先探索这种树实现方法，然后看看它如何用于实现堆（因此是优先级队列）。

二叉树的非链接表示

我们在Chapter 7中研究二叉树的实现使用了一个方案，其中从父节点到子节点的链接在实现结构中都是显式的。换句话说，就是在每个节点中声明了实例变量，用于引用左孩子和右孩子。

二叉树能够以这样的方式存储在数组中，即树中的关系不是由引用直接表示，而是隐含在数组中用于保存元素的位置。

我们采用二叉树，并将二叉树以父子关系不会丢失的方式存储在数组中。我们将树的元素从左到右逐层存储在数组中。如图9.6所示，我们称该数组为elements，并将最后一个树元素的索引存储在变量lastIndex中。这样，树的元素都存储在该数组中，其中根节点存储在elements[0]，最后一个节点存储在elements[lastIndex]。

要实现操作树的算法，我们必须能够在树中找到节点的左子节点和右子节点。比较图9.6中的树和数组，我们有以下发现：

```
ents[0] 的孩子在 elements[1] 和 elements[2] 中。
elements[1] 的孩子在 elements[3] 和 elements[4] 中。
elements[2] 的孩子在 elements[5] 和 elements[6] 中。
```

你发现其中的模式了吗？对于任一节点elements[index]，其左子节点在elements[index*2+1]中，右子节点在elements[(index*2)+2]中（假如这些子节点存在）。注意，从elements[(tree.lastIndex+1)/2]到elements[tree.lastindex]的节点都是叶节点。

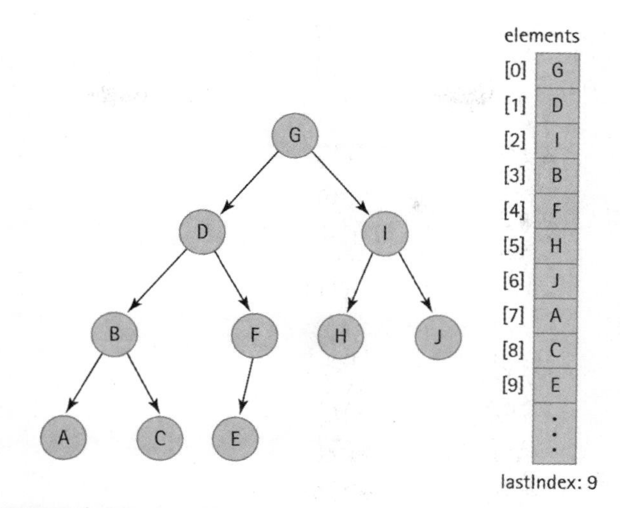

图9.6 抽象二叉树及其基于数组的具体表示

我们不仅可以轻松计算节点的子节点位置，还可以确定其父节点的位置，这是reheapUp所需的操作。这项任务对于使用引用将父节点与子节点链接在一起的二叉树来说并不容易，但是对于我们的隐式链接实现来说却很简单：elements[index]的父节点就在elements[(index-1)/2]。

因为整数除法会截断任何余数，所以（index-1）/2无论对于左子节点还是右子节点来说都是正确的父节点索引。因此，该二叉树的实现是在两个方向上链接的：从父节点到孩子节点，以及从孩子节点到父节点。

对于满二叉树或完全二叉树，基于数组的表示都很容易实现，因为元素占用了连续的数组位置。如果树不满或不完全，我们必须考虑节点缺失造成的间隙。要使用数组表示它们，我们必须在数组中的这些位置存储一个虚拟值，以维护正确的父子关系。虚拟值的选择取决于树中存储的信息。例如，树中的元素是非负整数，那么就可以把负值存储在虚拟节点中；如果元素是对象，我们就可以使用null值。

作者的注释

正如我们之前所做的那样，为了简化本节的图，我们使用单个字母来表示存储在堆中的对象。请记住，实际存储在每个数组位置的内容是对对象的引用。

图9.7演示了不完全树及其相应的数组。有些数组位置（arrayslot）中包含的不是实际的树元素，而是虚拟值。操作树的算法必须反映这种情况。例如，要确定elements[index]中的节点拥有左孩子，我们必须验证(index*2)+1<=lastIndex，并且elements[(index*2)+1]中的值不是虚拟值。

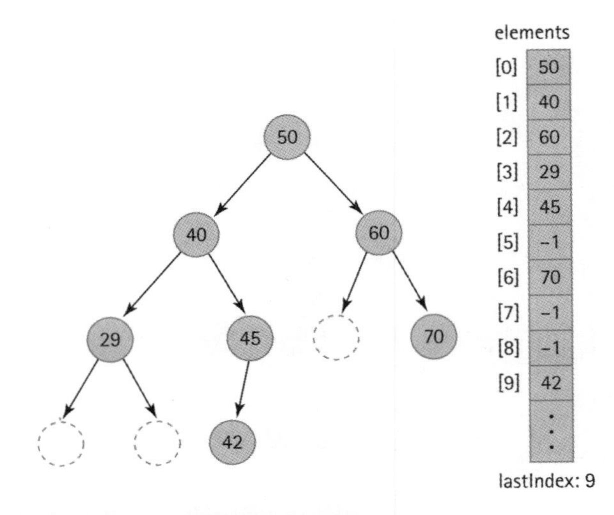

图9.7 抽象二叉树及其使用虚拟值的基于数组的具体表示

实现堆

虽然树中有很多“洞”时，基于数组的二叉树实现会浪费很多空间，但就堆而言，它是一个完美的表示。堆的形状属性告诉我们该二叉树是完全的，所以我们知道它永远不会失衡。因此，我们可以很轻松地将树存储在具有隐式链接的数组中，而不会浪费任何空间。图9.8显示了堆中的值将如何存储在基于数组的表示中。

如果以这样的方式实现具有N个元素的堆，那么形状属性表示堆元素存储在数组中N个连续位置中，其中根元素在第一个位置（索引为0），最后一个叶子节点在索引为lastIndex =N-1的位置。因此，实现该方法时不需要虚拟值——树中永远不会有间隙。

回想一下，当我们使用二叉树这种表示时，在index的位置为元素存储下列关系：

- 如果该元素不是根节点，其父节点在(index-1)/2的位置。
- 如果该元素拥有左子节点，该子节点在(index*2)+1的位置。
- 如果该元素拥有右子节点，该子节点在(index*2)+2的位置。

这些关系允许我们高效计算任一节点的父节点、左子节点或右子节点。而且，由于树是完全的，使用数组表示不会浪费空间。时间效率和空间效率高！我们将在堆实现中利用这些关系。

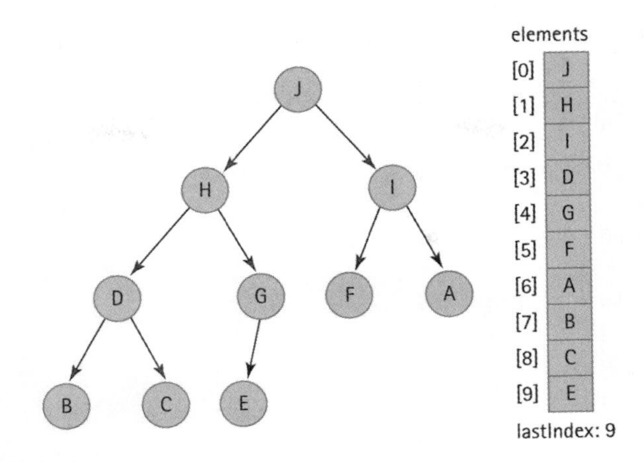

图9.8 抽象堆及其基于数组的具体表示

我们不直接使用数组实现我们的堆，而是使用Java库的ArrayList类。这允许我们创建泛型堆而不必处理在Java中使用泛型和数组出现的麻烦问题。ArrayList本质上只是数组的封装器，因此就效率而言，使用ArrayList成本不会太高（如果有的话）。因为我们将基于堆的优先级队列设计为固定容量，所以在需要调整ArrayList对象时阻止使用对底层数组进行自动的、时间效率低的拷贝，因此成本更是不会太高。此外，代码只在ArrayList的“末尾”添加或删除元素，在其他任何地方添加或删除元素都需要花费高成本移动元素。

下面是HeapPriQ类的开始部分。正如你所看到的，它实现了PriQueueInterface。由于该类实现了优先级队列，我们将它放置在ch09.priorityQueue包中。而且，注意两个构造函数都需要整型参数，用来设置底层ArrayList的大小。与我们的一些ADT一样，一个构造函数接受Comparator参数，另外一个基于T的“自然序”创建Comparator。isEmpty、isFull和size操作微不足道。

```
//---------------------------------------------------------------------------
// Heap.java                  程序员：Dale/Joyce/Weems                Chapter 9
// 使用堆的优先级队列（使用 ArrayList 实现）
//
// 提供两个构造函数：其中一个构造函数使用由其 compareTo 方法定义的元素自然序，另一个构造函
// 数使用基于 comparator 参数的排序方法。
//---------------------------------------------------------------------------

package ch09.priorityQueues;

import java.util.*;  //ArrayList, Comparator
```

```
public class HeapPriQ<T> implements PriQueueInterface<T>
{
  protected ArrayList<T> elements; // 优先级队列元素
  protected int lastIndex;         // 优先级队列中最后一个元素的索引
  protected int maxIndex;          //ArrayList 中最后一个位置的索引

  protected Comparator<T> comp;

  public HeapPriQ(int maxSize)
  // 前置条件：T 实现了 Comparable
  {
    elements = new ArrayList<T>(maxSize);
    lastIndex = -1;
    maxIndex = maxSize - 1;

    comp = new Comparator<T>()
    {
       public int compare(T element1, T element2)
       {
         return ((Comparable)element1).compareTo(element2);
       }
    };
  }

  public HeapPriQ(int maxSize, Comparator<T> comp)
  // 前置条件：T 实现了 Comparable
  {
    elements = new ArrayList<T>(maxSize);
    lastIndex = -1;
    maxIndex = maxSize - 1;

    this.comp = comp;
  }

  public boolean isEmpty()
  // 如果优先级队列为空，返回 true；否则返回 false。.
  {
    return (lastIndex == -1);
  }

  public boolean isFull()
  // 如果优先级队列已满，返回 true；否则返回 false。
  {
```

```
  return (lastIndex == maxIndex);
}

public int size()
// 返回该优先级队列的元素个数。
{
  return lastIndex + 1;
}
```

Enqueue（入队）方法

接下来我们看enqueue方法，该方法是两个转换函数中较简单的方法。假设存在reheapUp辅助方法，如前所述，enqueue方法如下：

```
public void enqueue(T element) throws PriQOverflowException
// 如果优先级队列已满，抛出 PriQOverflowException;
// 否则，将该元素添加到优先级队列中。
{
  if (lastIndex == maxIndex)
    throw new PriQOverflowException("Priority queue is full");
  else
  {
    lastIndex++;
    elements.add(lastIndex,element);
    reheapUp(element);
  }
}
```

如果堆已满，抛出正确的异常。否则，增加lastIndex值，将该元素添加到堆中该lastIndex值指示的位置，并调用reheapUp方法。

reheapUp算法从最后一个节点为空的树开始，我们称该空节点为“洞”。我们在树上交换该洞，直到它到达一个位置，那里元素参数可以被放入洞中而不会违反堆的顺序属性。当该洞向上移动时，它正在替换的元素沿着树向下移动，填充了洞先前的位置，如图9.9所示。

使用ArrayList

在对reheapUp算法的描述中，我们谈到“从最后一个节点为空的树开始”，并沿着树向上移动“洞”，直到该洞到达可以接收元素的正确位置。但是在我们的enqueue代码中，在调用reheapUp方法之前，我们在“最后一个节点”添加了元素。我们必须在表示最后一个节点的数组位置放置一些东西，以便在reheapUp代码中调用的ArrayList set方法在试着使用该位置时就不会抛出异常。代码最终会覆盖放置在最后一个节点中的值，但是必须首先为其放置一个让其修改的值。事实上，任何类型的T值都可以使用——这个位置确实代表了一个“洞”。

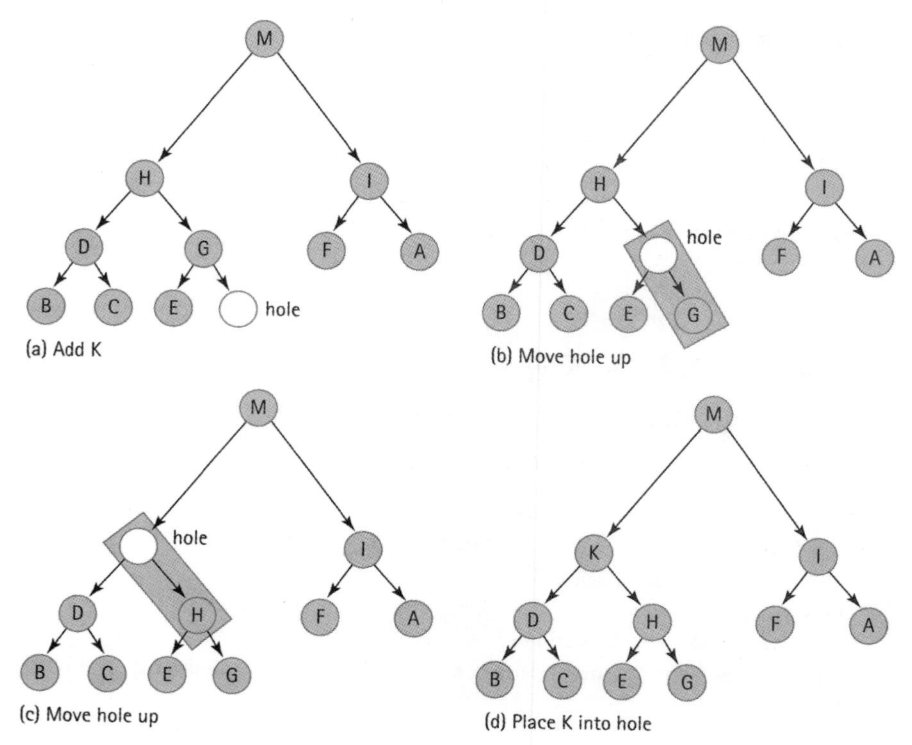

图9.9 正在进行中的reheapUp操作

叶子和堆的根之间的节点序列可以被看作有序链表，这是由堆的顺序属性来保证的。reheapUp算法实质上是将元素插入到该有序链表中。当我们沿着这条路径从叶子前进到根时，我们将element的值和洞的父节点中的值作比较。如果父节点的值较小，我们不能把element放置到当前洞中，因为会违反顺序属性，所以我们将洞上移。上移该洞意味着将该洞父节点的值拷贝到该洞的位置。现在该洞父节点的位置就可用并变成新的洞。我们重复这一过程直到：该洞成为堆的根；element值小于或等于该洞父节点中的值。无论哪种情况，我们现在可以安全地将element的值拷贝到该洞的位置。

该方法需要我们能够快速找到给定节点的父节点。基于只能在一个方向上遍历引用的经验，这个任务看起来很困难。但是，正如之前所看到的，隐式链接实现非常简单：

- 如果元素不是根节点，其父节点在(index-1)/2的位置。

下面是reheapUp方法的代码：

```
private void reheapUp(T element)
// 当前 lastIndex 位置为空。
// 将元素插入树中，并保证形状属性和顺序属性。
```

```
{
  int hole = lastIndex;
  while ((hole > 0)     //hole 不是根节点和 element>hole 的父节点
         &&
    (comp.compare(element, elements.get((hole - 1) / 2)) > 0))
    {
    // 向下移动 hole 的父节点，向上移动 hole。
    elements.set(hole,elements.get((hole - 1) / 2));
    hole = (hole - 1) / 2;
  }
  elements.set(hole, element);  // 将 element 放置在最后一个 hole 中
}
```

该方法利用了Java&&操作符的短路特性。如果当前hole不是堆的根节点，那么while循环中的第一个控制表达式（hole>0）为假，则不会对第二个表达式求值。

如果在这种情况下进行了求值，则会导致抛出IndexOutOfBoundsException异常。

Dequeue（出队）方法

最后，我们看一下dequeue方法。假设存在入队的辅助方法（这里指reheapDown方法），dequeue方法就相对简单：

```
public T dequeue() throws PriQUnderflowException
// 如果优先级队列为空，则抛出 PriQUnderflowException 异常；
// 否则，删除并返回该优先级队列中优先级最高的元素。
{
  T hold;        // 出队并返回的元素
  T toMove;      // 沿着堆向下移动的元素

  if (lastIndex == -1)
    throw new PriQUnderflowException("Priority queue is empty");
  else
  {
    hold = elements.get(0);                      // 记住将要返回的元素
    toMove = elements.remove(lastIndex);  // 再堆下的元素
    lastIndex--;                                  // 减少优先级队列大小
    if (lastIndex != -1)                          // 如果优先级队列不为空
       reheapDown(toMove);                        // 恢复堆属性
    return hold;                                  // 返回最大元素
  }
}
```

如果堆为空，正确的异常就会被抛出。否则，我们首先存储对根元素的引用（树

中的最大值），以便在结束的时候将其返回给客户端程序。我们还要存储对“最后”位置上的元素的引用并将其从ArrayList中删除，该元素用于移动到根元素空出的洞中，所以我们将其称为toMove元素。我们减小lastIndex变量的值以反映该堆的新边界。假设该堆现在不为空，将toMove元素传递给reheapDown方法。剩下唯一要做的事情就是将之前保存的根节点的值（hold变量）返回给客户端。

我们再仔细看看reheapDown算法，它在很多方面与reheapUp算法相似。在这两个算法中，树上都有个“洞”，并在该树上放置一个元素以便树仍然是堆。我们沿着树移动该洞（实际上是将树中的元素移动到洞中），直到它到达一个可以合法存储元素的位置。然而，reheapDown操作更为复杂，因为它向下而非向上移动该洞。当向下移动时，还有更多的决定要做。

首次调用reheapDown时，可以认为树的根是个洞，且该位置是可用的，因为dequeue方法已经将其值保存到hold变量中。reheapDown的工作是沿着树向下“移动”该洞，直到该洞到达element可以将其取代的位置，见图9.10。

在移动该洞之前，我们需要知道将其移动到哪里。应该将该洞移动到其左孩子的位置还是右孩子的位置，还是应该保持不动呢？假设存在另一个叫“newHole”的辅助方法，为我们提供这些信息。newHole方法接受表示洞索引（hole）和插入元素（element）的参数。newHole的说明如下：

```
private int newHole(int hole, T element)
// 如果 hole 的任何一个孩子大于 element，返回较大孩子的索引;
// 否则，返回 hole 的索引。
```

给定洞的索引，newHole返回该洞下一个位置的索引。如果newHole返回与传递的参数相同的索引，我们就知道该洞位于其最终位置上。reheapDown算法重复调用newHole，获取洞的下一个索引，然后将洞向下移动到该位置，直到newHole返回与传递的参数相同的索引。

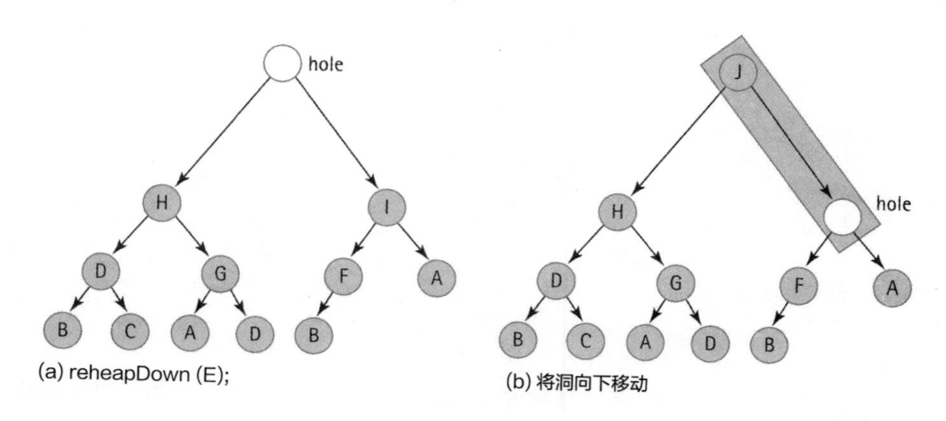

(a) reheapDown (E);
(b) 将洞向下移动

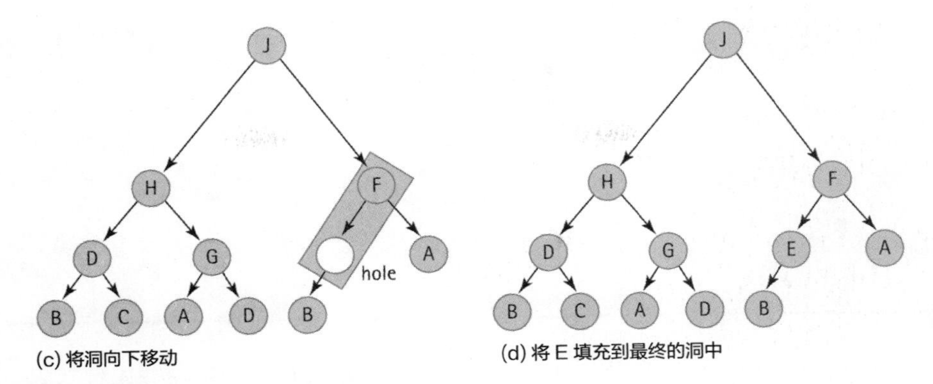

图9.10 正在进行中的reheapDown操作

newHole方法简化了reheapDown方法，所以我们现在可以创建如下代码：

```
private void reheapDown(T element)
// 当前根节点的位置为“空”；
// 将 element 插入到树中，并确保堆的形状属性和顺序属性。
{
  int hole = 0;          // 洞的当前索引
  int next;              // 洞应该移往的下一个索引

  next = newHole(hole, element);    // 寻找下一个洞
  while (next != hole)
  {
    elements.set(hole,elements.get(next));  // 向上移动 element
    hole = next;                            // 向下移动洞
    next = newHole(hole, element);          // 寻找下一个洞
  }
  elements.set(hole, element);              // 填充最终的洞
}
```

现在唯一要做的事情就是创建newHole方法，该方法会为我们做大量的工作。再次考虑图9.10，给定初始配置，newHole应返回包含J的节点索引（洞节点的右孩子），因为J既大于element(E)又大于洞节点的左孩子(H)。因此，newHole必须要比较三个值（element中的值、洞节点的左孩子和洞节点的右孩子）并返回最大值的索引。考虑到这一点，该方法似乎看起来不太难，但它确实需要很多步骤：

Greatest(left, right, element) returns index

```
if (left < right)
   if (right <= element)
```

```
            return element
        else
            return right
else
if (left <= element)
      return element;
else
   return left;
```

使用其他方法实现该算法也是可能的，但是它们都同样需要比较数字。前面算法的一个好处是，如果element和其他两个参数同样大的话，那么返回element的索引。这种选择提高了程序的效率，因为在这种情况下，我们希望洞停止移动（当返回hole值时，reheapDown就会跳出循环）。使用各种参数组合跟踪算法，以确认该算法能够正确工作。

我们的算法只适用于洞节点有两个孩子的情况。当然，newHole方法必须处理洞节点是叶节点和洞节点只有一个孩子的情况。我们如何确定洞节点是叶子或它只有一个孩子呢？很简单，基于我们的树是完全的这个事实。首先，我们计算左孩子的期望位置，如果该位置大于lastIndex，那么树在该位置没有节点，洞节点是个叶子（记住，由于该树是完全二叉树，如果它没有左孩子，那么就不可能有右孩子）。在这种情况下，newHole只是返回洞参数的索引，因为该洞不可能再移动。如果左孩子的期望位置等于lastIndex，那么该节点只有一个孩子，如果这个孩子的值大于element的值，那么newHole返回这个孩子的索引。

下面是newHole的代码。如你所见，代码是if-else语句的序列，充分体现了前一段中描述的方法。

```
private int newHole(int hole, T element)
// 如果 hole 的任何一个孩子大于 element，返回较大孩子的索引；
// 否则，返回 hole 的索引。
{
  int left = (hole * 2) + 1;
  int right = (hole * 2) + 2;

  if (left > lastIndex)
    //hole 没有孩子
    return hole;
  else
  if (left == lastIndex)
```

```
    //hole 只有左孩子
    if (comp.compare(element, elements.get(left)) < 0)
      //element < 左孩子
      return left;
    else
      //element >= 左孩子
      return hole;
  else
  //hole 有两个孩子
  if (comp.compare(elements.get(left), elements.get(right)) < 0)
    // 左孩子 < 右孩子
    if (comp.compare(elements.get(right), element) <= 0)
      // 右孩子 <=element
      return hole;
    else
      //element< 右孩子
      return right;
  else
  // 左孩子 >= 右孩子
  if (comp.compare(elements.get(left), element) <= 0)
    // 左孩子 <= element
    return hole;
  else
    //element < 左孩子
    return left;
}
```

应用实例

为了测试堆，我们在实现中包含下列toString方法：

```
@Override
public String toString()
// 返回所有元素的字符串。
{
  String theHeap = new String("the heap is:\n");
  for (int index = 0; index <= lastIndex; index++)
    theHeap = theHeap + index + ". " + elements.get(index) + "\n";
  return theHeap;
}
```

toString方法只是返回一个字符串，该字符串指示堆中使用的每个索引以及该索引里包含的相应元素。它允许我们设计测试程序来创建和操作堆，并显示其结构。

假设将字符串“J”“A”“M”“B”“L”和“E”入队到一个新的堆中。你将如何为接下来的堆绘制抽象视图呢？哪些值将在ArrayLists的哪个位置呢？假设你出队一个元素并打印它？哪个元素将被打印呢？重组后的堆是什么样子的呢？

为了演示你可能如何在应用程序中声明和使用堆，我们提供了执行这些操作的程序的简短示例，并显示了程序的输出。你的预测是对的吗？

```
//----------------------------------------------------------------------------
//UseHeap.java        程序员：Dale/Joyce/Weems          Chapter 9
//
//HeapPriQ 的简单使用示例。
//----------------------------------------------------------------------------
package ch09.apps;

import ch09.priorityQueues.*;

public class UseHeap
{
  public static void main(String[] args)
  {
    PriQueueInterface<String> h = new HeapPriQ<String>(10);
    h.enqueue("J");
    h.enqueue("A");
    h.enqueue("M");
    h.enqueue("B");
    h.enqueue("L");
    h.enqueue("E");

    System.out.println(h);

    System.out.println(h.dequeue() + "\n");

    System.out.println(h);
  }
}
```

下面是程序的输出，右面是出队最大元素之前和之后堆的抽象视图。

```
the heap is:
0. M
1. L
2. J
3. A
4. B
5. E

M

the heap is:
0. L
1. E
2. J
3. A
4. B
```

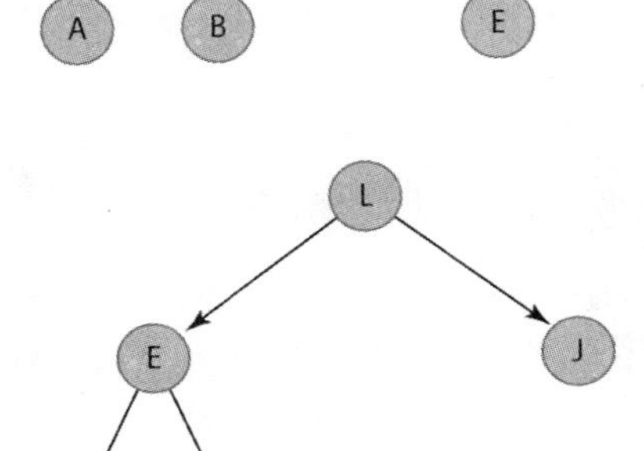

堆VS优先级队列的其他表示

> **堆很棒**
>
> 堆为优先级队列提供了近乎完美的实现－$O(\log_2 N)$的入队和出队操作加上高效的空间使用。优雅、巧妙的算法和基于数组的高效存储结构的结合，使堆只能归类为令人惊叹的数据结构。

优先级队列的堆实现效率如何？构造函数、isEmpty、isFull和size方法都是微不足道的，所以我们只研究添加和删除元素的操作。enqueue和dequeue方法都是由少数基本操作加调用辅助方法组成的。reheapUp方法通过将洞逐层向上移动为新元素创建了位置。由于完全树具有最小的高度，叶子层以上最多有「$\log_2 N$」层（N=元素的个数）。因此，enqueue是一个$O(\log_2 N)$操作。调用reheapDown方法来填补由dequeue方法造成的根节点的洞，该方法沿着树逐层向下移动该洞。同样，根节点下面最多有「$\log_2 N$」层，所以dequeue同样也是$O(\log_2 N)$操作。

该实现与9.2节“优先级队列的实现”中提到的其他实现相比如何呢？正如该节中所讨论的，唯一具有可比效率的就是二叉树方法。然而，在这种情况下，操作的效率取决于树的形状。如果树是浓密的，那么dequeue和enqueue方法都是$O(\log_2 N)$操作。最坏的情况下，如果树退化至链表，那么enqueue和dequeue方法都是O(N)的效率。

总体来说，二叉搜索树如果平衡的话，看起来很好。然而，它会变成偏的，这就降低了操作的效率。相比之下，堆总是具有最小高度的树。对于访问随机选择的元素来说，堆并不是一个好的结构，但这个操作也并不是为优先级队列定义的操作。优先级队列的访问协议指定只有最大（具有最高优先级）的元素才可以被访问。因此，对于为优先级队列指定的操作来说，堆是一种很好的选择。

小结

本章我们讨论了优先级队列ADT：它是什么，如何使用，如何实现。特别是，我们学习了一种叫堆的优雅实现。堆基于具有特殊形状属性和顺序属性的二叉树，由数组而不是典型的表示树的链接结构构造。堆的属性非常适合实现优先级队列。尽管维护堆的正确形状和顺序相对复杂，但是正确的形状和顺序允许我们创建$O(\log_2 N)$)的入队和出队操作，同时使用节省空间的基于数组的结构。堆还用于提供时间和空间效率很高的排序算法，即堆排序，将在Chapter 11中介绍。

习题

9.1 优先级队列接口

1. 举个日常生活中包含优先级队列的例子。
2. 如果使用优先级队列来实现繁忙队列，可以想象队列中的某些元素可能会花费很长时间来等待服务。我们称这些元素“饥饿”。
   a. 举两个例子，描述这种类型的“饥饿”可能是个问题。
   b. 对于每个例子，描述阻止“饥饿”发生的方法。
3. 下列代码的输出是什么（请记住，词典中“最大”的字符串，即按照字母序排列的最后一个字符串具有最高优先级）—— SortedABPriQ 是 PriQInterface 的一个实现。PriQInterface 是在 9.2 节“优先级队列的实现”中开发的。

```
PriQInterface<String> question;
question = new SortedABPriQ<String>();
System.out.println(question.isEmpty());
System.out.println(question.size());
question.enqueue("map"); question.enqueue("ant");
question.enqueue("sit"); question.enqueue("dog");
System.out.println(question.isEmpty());
System.out.println(question.size());
```

```
System.out.println(question.dequeue());
System.out.println(question.dequeue());
System.out.println(question.size());
```

9.2 优先级队列的实现

4. 本节中我们讨论了使用之前学习过的数据结构（无序数组、有序数组、有序链表和二叉搜索树）实现优先级队列的几种方法。以类似的方式，讨论使用：

a. 无序链表

b. 哈希表

5. 比尔宣称他发现了一种实现优先级队列的巧妙方法，该方法使用支持 O(1) 出队操作的无序数组。他认为：“该方法实际上很简单，只需创建一个整型实例变量 highest，保存目前入队的最大元素的索引。无论何时元素入队，很容易检查并更新最大元素。当出队时，返回索引 highest 处的元素——常量时间的出队操作！”你想告诉比尔什么，或者你有什么想问比尔的？

6. 描述对 SortedABPriQ（代码在 ch09.priorityQueues 包中）做以下更改会产生的结果。

a. 在第一个构造函数中，将语句

```
return ((Comparable)element1).compareTo(element2);
```

更改为

```
return ((Comparable)element2).compareTo(element1);
```

b. 将 enqueue 方法 while 循环中布尔表达式的第一个 > 改成 >=。

c. 将 enqueue 方法 while 循环中布尔表达式的第二个 > 改成 >=。

7. 假设优先级队列被实现为整型二叉搜索树，绘制由下列操作生成的树：

a. 以下列顺序入队这些整数：15,10,27,8,18,56,4,9。

b. 从 a 部分继续，调用三次出队。

讨论最后的结果。

8. 实现优先级队列，使用：

a. 无序数组

b. 无序链表

c. 有序链表（降序排列）

d. 我们的二叉搜索树（在优先级队列实现中封装树）

9. 使用 SortedABPriQ 类来解决下列问题。创建应用程序 Random10K，生成 100 个 1 至 10000 之间的数字，将它们存储在优先级队列中（你可以将它们封装在 Integer 对象中），然后将它们打印成 10 列整数，按照：

   a. 降序

   b. 升序

   c. 按整数中的数字总和升序排列

9.3 堆

10. 考虑下面的树：

   a. 按照满树、既是满树也是完全树、既不是满树也不是完全树为每个树分类。

   b. 哪个树可以认为是堆？如果它们不是堆，为什么？

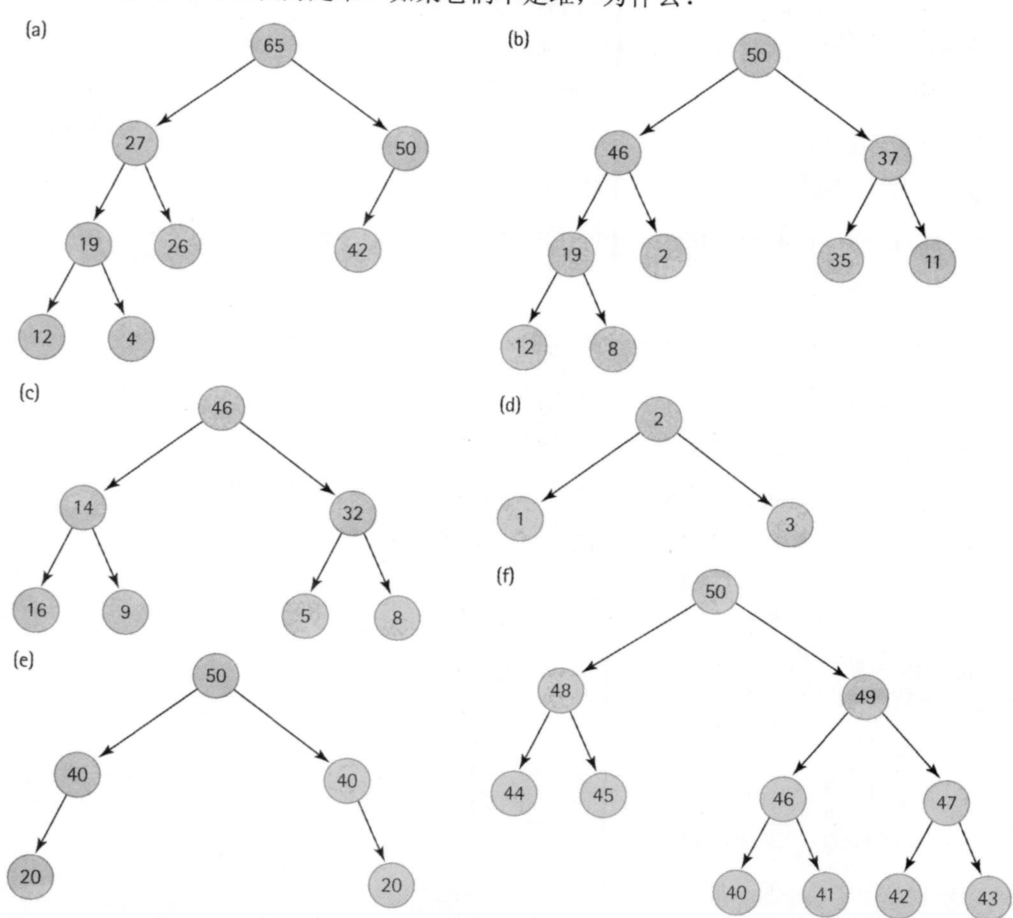

11. 考虑具有以下层数的树：1（只包含根），2、3、5、10、N。

a. 如果是满树，它应该包含多少个节点？

b. 如果是完全树，它包含的最小节点数是多少？

c. 如果是完全树，它包含的最大节点数是多少？

12. 绘制包含节点 1、节点 2、节点 3 和节点 4 的三个单独的堆。

13. 堆如下图所示，从该堆表示的优先级队列开始（做每个小题的时候都从该堆重新开始），绘制由下列操作所产生的堆：

a. 一次出队操作。

b. 两次出队操作。

c. 三次出队操作。

d. 将 1 入队。

e. 将 47 入队。

f. 将 56 入队。

g. 以下操作序列：出队，将 50 入队。

h. 以下操作序列：出队、出队、将 46 入队、将 50 入队。

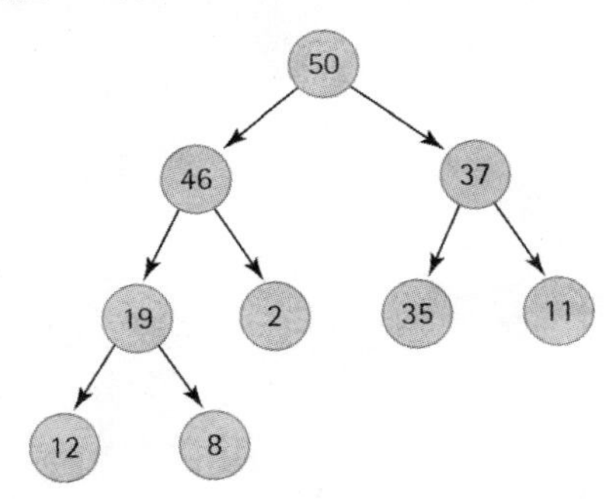

14. 从表示为堆的空优先级队列开始，绘制由下列操作生产的堆：

a. 25 入队，13 入队，30 入队，10 入队，39 入队，27 入队，出队

b. 1 入队，2 入队，3 入队，4 入队，5 入队，6 入队，7 入队，出队

c. 7 入队，6 入队，5 入队，4 入队，3 入队，2 入队，1 入队，出队

d. 4 入队，2 入队，6 入队，1 入队，3 入队，5 入队，7 入队，出队

9.4 堆的实现

15. 如本节所述，二叉树中的元素将被存储在数组中。每个元素都是非负整型值。

   a. 如果二叉树是不完全的，哪个值可用作虚拟值？

   b. 绘制表示下列树的数组：

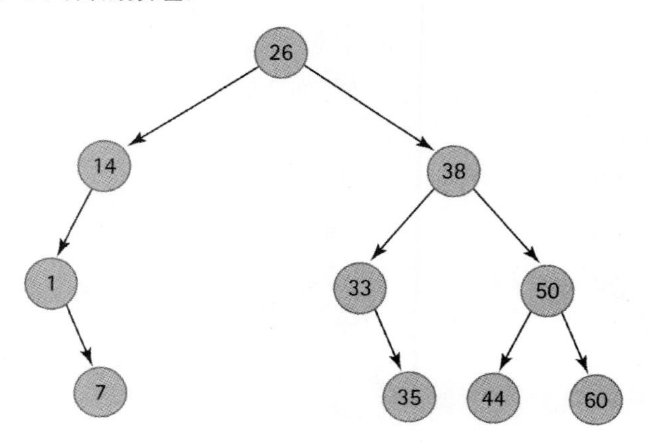

16. 如本节所述，完全二叉树中的元素将被存储在数组中。每个元素都是非负整型值。对于下面给定的树，请写出数组中的内容。

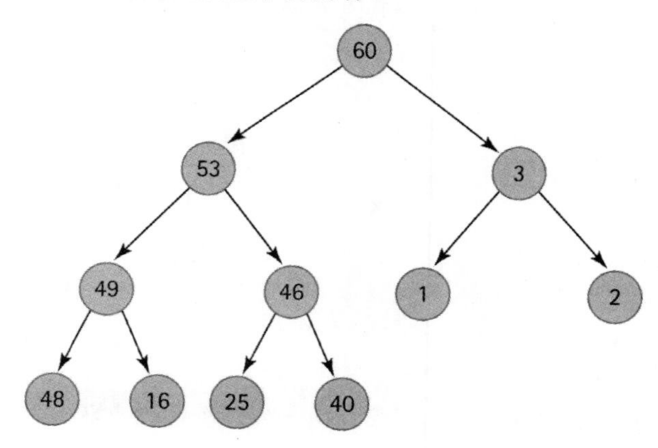

17. 给定如下图所示的数组，绘制可由该数组元素生成的二叉树（元素排列在数组中以表示本节中讨论的树）：

[0]	[1]	[2]	[3]	[4]	[5]	[6]	[7]	[8]	[9]
15	10	12	3	47	8	3	20	17	8

18. 一个完全二叉树存储在名为 treeNodes 的数组中，如本节所述，该数组的索引从 0 到 99。该完全二叉树包含 85 个元素。将以下每个语句标记为正确或错误，并解释你的答案。

a. treeNodes[42] 是一个叶子节点。

b. treeNodes[41] 只有一个孩子。

c. treeNodes[12] 的右孩子是 treeNodes[25]。

d. 根节点为 treeNodes[7] 的子树是一个 4 层高的满二叉树。

e. 该树有 7 层是满的，另外一层包含一些元素。

19. 本节中列出的 enqueue 方法，使用 ArrayList 的 add 方法将参数添加到内部数组列表中。但是 ArrayList 的 add 方法将把参数添加到下一个可用的位置，也就是所有其他当前元素的“右边”。这可能不是正确的位置。请说明如何解决该问题。

习题 20、21 和 22 使用下面的堆：

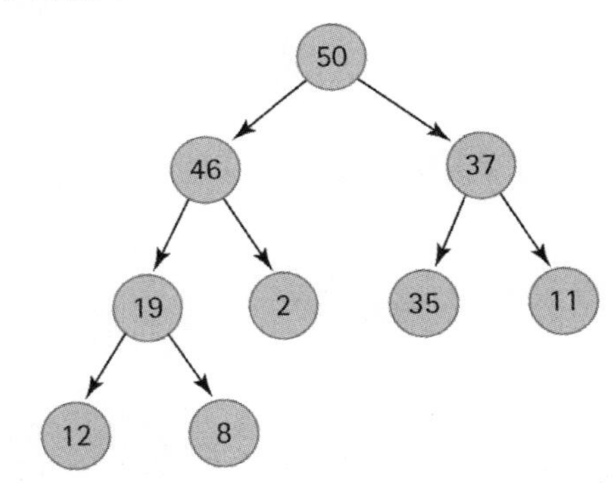

20. 写出存储上图中的堆的数组。

21. 给定存储上图中的堆的数组，说明在 HeapPriQ 类的 reheapDown 方法执行期间被洞占用的数组的索引序列。

a. 如果调用 dequeue()。

b. 如果再次调用 dequeue()。

22. 给定存储上面堆的数组，说明在 HeapPriQ 类的 reheapUp 方法执行期间，被洞占用的数组索引的序列。

a. 如果调用 enqueue(48)。

b. 如果接下来调用 enqueue(60)。

23. 写出下列程序的期望输出：

```
package ch09.apps;
import ch09.priorityQueues.*;

public class UseHeap
{
  public static void main(String[] args)
  {
     PriQueueInterface<String> h = new HeapPriQ<String>(10);
     h.enqueue("C");  h.enqueue("O");
     h.enqueue("M");  h.enqueue("P");
     h.enqueue("U");  h.enqueue("T");
     h.enqueue("E");  h.enqueue("R");

     System.out.println(h);
     System.out.println(h.dequeue() + "\n");
     System.out.println(h);
  }
}
```

CHAPTER 10

抽象数据类型——图

知识目标

你可以

- 定义以下有关graph（图）的术语：
  - 图
  - 顶点
  - 边
  - 无向图
  - 有向图
  - 相邻顶点
  - 路径
  - 环路
  - 连通顶点
  - 连通图
  - 非连通图
  - 连通分量
  - 完全图
- 描述WeightedGraphInterface中定义的每个方法的用途
- 解释如何用数组实现图
- 解释如何用链表实现图
- 讨论两种主要的图实现方式的优点和缺点
- 解释图的深度优先搜索和广度优先搜索之间的区别
- 描述图的最短路径算法

技能目标

你可以

- 追踪深度优先“is-path”算法，按标记顺序和访问顺序列出顶点
- 追踪广度优先“is-path”算法，按标记顺序和访问顺序列出顶点
- 追踪“最短路径”算法，列出从给定顶点出发到所有顶点的最短路径和距离
- 用邻接矩阵表示边，以实现图
- 用邻接列表实现图
- 用辅助存储的栈实现图的深度优先搜索策略
- 用辅助存储的队列实现图的广度优先搜索策略
- 实现图的最短路径操作，用优先队列访问具有最小权值的边

在Chapter 7中我们学习了分支结构——二叉搜索树——如何使数据搜索更加容易。在本章我们将学习另一种分支结构图（graph）的定义和实现，以支持多种应用程序。图包含顶点和边。图中存有的信息通常与图本身的结构有关，即顶点与边之间的关系。

10.1 图的介绍

我们在Chapter 7中学习了树。树提供了一种非常有用的方式来表示层次结构所存在的关系。即一个节点最多指向另一个节点（其父节点），如下图所示。

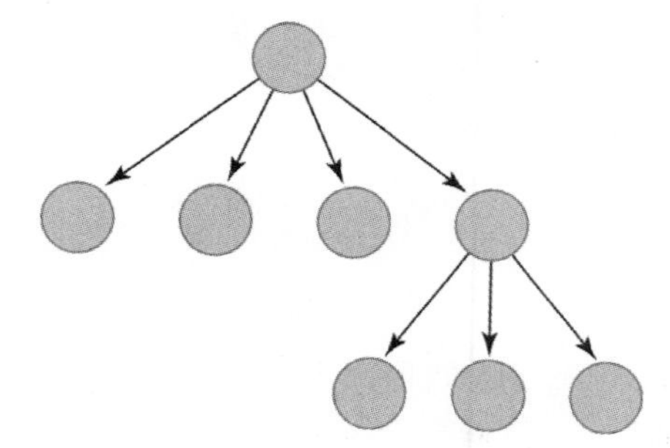

如果去除每个节点只能指向一个节点的限制，形成的数据结构叫作**图**。图由一组称为**顶点**的节点和一组连接顶点的称为**边**的线组成。图中存有的信息与图本身的结构有关，即顶点与边之间的关系。本节我们将介绍这些词汇的关系。

图的定义

本节中介绍的多个与图有关的定义都集合在本节结尾处的图10.4中，也可以在术语表中找到。

边的集合描述了顶点之间的关系。比如，如果顶点为城市的名称，连接顶点的边可以表示两座城市之间的道路。因为图中从休斯顿（Houston）通往奥斯汀（Austin）的也就是从奥斯汀通往休斯顿的道路，所以该图中的边没有方向。这种图称为**无向图**。但是，如果连接顶点的边表示从一座城市飞往另一座城市的航线，那么每条边的方向就很重要。从休斯顿飞往奥斯汀的航线（边）不一定就是从奥斯汀飞往休斯顿的航线（边）。这种边从一个顶点指向另一个顶点的图称为**有向图**。

从程序员的角度来讲，顶点无论代表什么都是我们要研究的课题：人、房子、城市、课程，等等。但是在数学层面，顶点是抽象概念，它能够介绍图的理论。实际上，大量的形式数学都与图有关。在其他计算机课程中，你可能会分析图，证明其有关定理。本书将图作为抽象数据类型介绍，讲解一些基本术语，讨论图的实现方法，并描述运算图的算法如何使用栈、队列和优先队列。

在正式的层面而言，图G定义如下：

$$G = (V, E)$$

其中V(G)是有限的非空的顶点集合，而E(G)是边的集合（写成成对的顶点）。

顶点集合是通过在｛ ｝括号以集合表示法列出而进行指定。以下集定义了图10.1a中Graph1的六个顶点：

$$V(Graph1) = \{A, B, C, D, E, F\}$$

(a) Graph1 为无向图

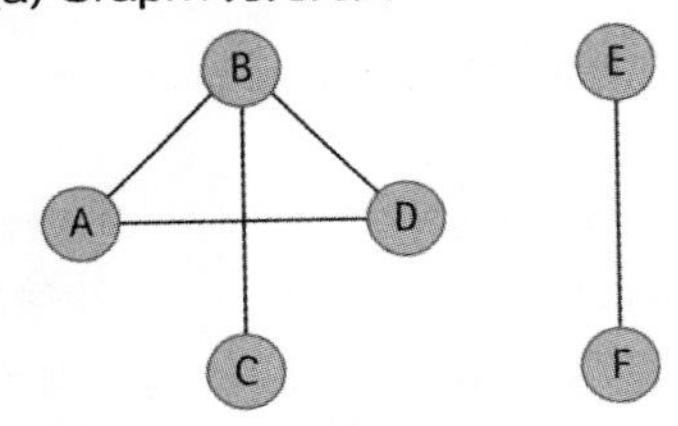

V(Graph1) = {A, B, C, D, E, F}
E(Graph1) = {(A, B), (A, D), (B, C), (B, D), (E, F)}

(b) Graph2 为有向图

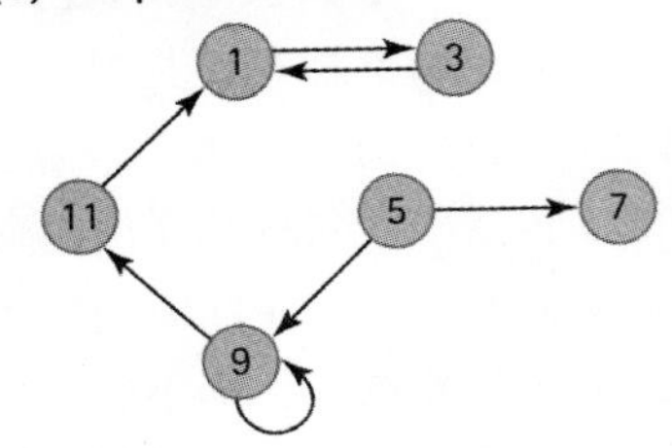

V(Graph2) = {1, 3, 5, 7, 9, 11}
E(Graph2) = {(1, 3), (3, 1), (5, 7), (5, 9), (9, 11), (9, 9), (11, 1)}

(c) Graph3 为有向图

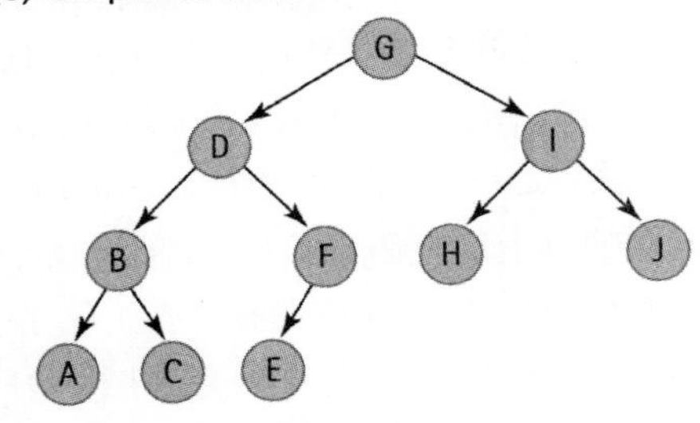

V(Graph3) = {A, B, C, D, E, F, G, H, I, J}
E(Graph3) = {(G, D), (G, I), (D, B), (D, F), (I, H), (I, J), (B, A), (B, C), (F, E)}

图10.1 图的示例

边集合通过列出一序列的边而进行指定。每条边通过在括号中写下它连接的两个顶点的名称来表示，并在它们之间加上逗号。例如，Graph1的顶点由以下所述的五条边连接：

E(Graph1) = {(A, B), (A, D), (B, C), (B, D), (E, F)}

因为Graph1是个无向图，所以每条边上顶点的顺序没那么重要。Graph1中的边集合也可以描述如下：

E(Graph1) = {(B, A), (D, A), (C, B), (D, B), (F, E)}

如果图是有向图，边的方向由最先列出的顶点表示。比如，图10.1b中的Graph2，边(5, 7)指连接顶点5到顶点7的链。Graph2中并没有相对应的边(7, 5)。在有向图的图中，箭头指的是关系的方向。

在图中没有重复的顶点或边。这一点在定义中已有暗示，原因是集合没有重复的元素。

如果图中的两个顶点由一条边连接，这两个顶点就是邻接的。Graph1中，顶点A和B为相邻顶点，但顶点A和C就不是邻接的。如果顶点由有向边连接，就说第一个顶点**邻接至**第二个顶点，第二个顶点**邻接于**第一个顶点。例如，Graph2中顶点5邻接至顶点7和9，而顶点1邻接于顶点3和11。

图10.1c中Graph3的图看起来似曾相识，它其实是我们在Chapter 9中学习过的有关二叉树的非连接表示的树。树是有向图的特殊情况，其中各顶点仅能邻接于另一个顶点（其父顶点），而一个顶点（根）不能邻接于任何其他顶点。

从一个顶点到另一个顶点的**路径**包括一序列将其连接起来的顶点。要创建路径，从第一个顶点到第二个顶点之间就必须有一序列不间断的边，中间穿过任何数量的顶点。例如，在Graph2中有顶点5至顶点3的路径，但却不能从顶点3再通往顶点5。在树中，像是Graph3，有一条特殊的路径从根开始，可通往树中其他每个顶点。

环路是开始并结束于同一个顶点的路径。例如，Graph1中路径A-B-D-A就是一个环路。

在无向图中，如果两个顶点之间存在路径，就说这两个顶点连通（**连通顶点**）。注意在Graph1中，顶点A连接到顶点B、C和D，而并非连接到E或者F。**连通分量**是相互连接的顶点的最大集合，以及与这些顶点相关的边。Graph1包括了两个连通分量{ A, B, C, D }和{ E, F }。无向图的每个顶点都属于某个连通分量，每条边也是如此。

当无向图包含单个连通分量时，它就是**连通图**，否则就是**非连通图**。

完全图是指图中每个顶点都邻接于其他每个顶点。图10.2展示了两个完全图。如果有N个顶点，在一个完全的有向图中就有N*(N-1)条边，而在一个完全的无向图中就有N*(N-1)/2条边。

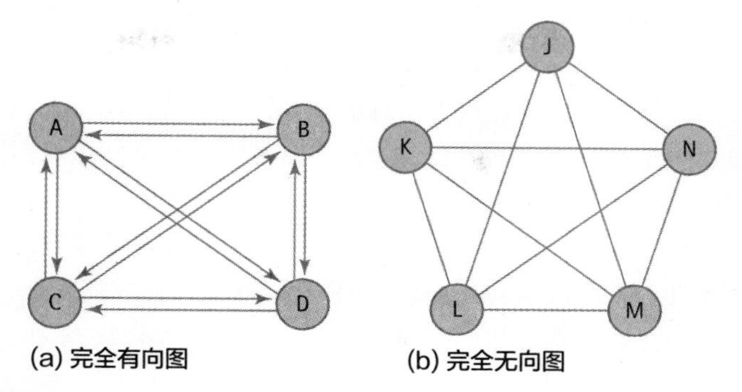

图10.2 两种完全图

加权图是指图中的每条边都有一个值的图。用加权图表示的应用程序，其顶点之间的连接值很重要，而不仅仅是存在连接。比如，在图10.3所画的加权图中，顶点代表城市，边代表连接城市的航线。边所附带的权值是指两座城市间的空中距离。

要看看我们能否从丹佛（Denver）去到华盛顿（Washington），就要在这两座城市间找出路径。如果航行总距离是由两座城市间来回距离的总和来确定，我们就可以通过将构成路径的边所附带的权值进行相加，以算出航行距离。两个顶点之间可能有多条路径。在本章后面，我们将讨论找出两个顶点间最短路径的方式（图10.4）。

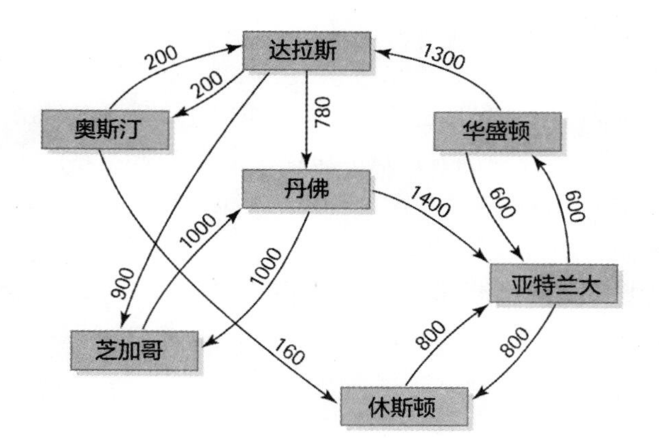

图10.3 加权图

相邻顶点 图中由边连接的两个顶点。
邻接于 在有向图中，如果顶点A通过边（A,B）连接到顶点B，则B邻接于A。
邻接至 在有向图中，如果顶点A通过边（A,B）连接到顶点B，则A邻接至B。
完全图 每个顶点都可以直接连接到所有其他顶点的图。
连通分量 图中相互连接的顶点的最大集合，以及与这些顶点相关的边。
连通图 由单个连通分量组成的图。
连通顶点 在无向图中，如果两个顶点之间存在路径，就说这两个顶点连通。
环路 图中开始并结束于同一个顶点的路径。
有向图 图中每条边都是从一个顶点有向地连接到另一个（或同一个）顶点。
非连通图 不连通的图。
边 表示图中两个顶点之间的连接的一对顶点。
图 包含一组顶点和一组将顶点相互关联的边的数据结构。
路径 图中连接两个顶点的一个顶点序列。
无向图 边没有方向的图。
顶点 图中的节点。
加权图 图中的每条边都有一个值。

图10.4 图的术语

10.2 图的接口

我们在抽象级别将图描述成顶点集合和相互连接部分或所有顶点的边集合。图要定义什么操作呢？本章我们将为有向的加权图指定和实现一小组实用的图操作。有关图的许多其他操作也可以进行定义。我们所选的操作是可以帮助我们创建解决有关图的典型问题的应用程序。例如：

- 顶点A和顶点D间有路径吗？我们可以从亚特兰大（Atlanta）飞往底特律（Detroit）吗？

- 从A到D路径的总权值是多少？从亚特兰大飞往底特律的成本是多少？总距离是多少？
- 从A到D的最短路径是什么？从亚特兰大去往底特律最省钱省时的方式是什么？

图的操作

为图ADT指定的操作，对于使用需要回答有关给定图问题的应用程序而言，这些操作属于基本构成元素。程序员通过将所提供的简单操作小心进行结合，可以实现更为复杂的算法（需要用这些算法来从图的数据中获得信息）。

- 如果从顶点A开始，可以去往哪里？如果从亚特兰大开始，可以去往哪些城市？
- 图中有多少个连通分量？哪些城市相互连通？

注意我们不会在图ADT内实现直接回答上述任何问题的操作，而是要提供更为初始的可用操作，再将各操作进行结合，来回答这些以及其他更多的问题。在10.4节“应用程序：图的遍历”中，我们将介绍如何完成有关操作，对上述数个问题作出解答。其他将作为练习。

有关图ADT的规格说明（可在下文所列的加权图接口中找到）包括了11种public方法。不出所料，它包含检查图是空还是满的方法，以及添加顶点和边的方法。这里我们描述余下更为罕见的方法。

hasVertex方法可以用来检查是否在图中使用参数对象作为顶点。这个问题很重要，因为其他许多方法都把顶点当成参数，并假设（作为先决条件）图中存在给定顶点。顶点的等值使用顶点的equals方法进行确定，所以如果顶点类已经重写Object类的equals方法，那么等式将在顶点类中定义；否则，使用对比引用的默认法进行定义。

weighIs方法返回两个给定顶点之间边的权值。如果不存在该边，其返回一个特殊值表述事实。该特殊值因应用程序而异。例如，value-1可以用于一个用边代表距离的图，原因是不存在负数的距离。特定应用程序的特殊值可以传递到图的构造函数，前提是要由实现接口的类提供该容量。weightIs方法可让我们确定某条给定边是否存在于图中，这个很有用，例如可以知道两个顶点是否相通。当然，如果两个顶点相通，就用这个方法来确定顶点之间的边的权值，帮助我们解答有关两个顶点之间路径的总权值或者按权值算的最短路径的问题。

一种非常有趣的方法是getToVertices，它返回顶点对象的队列。其观点是，应用程序或许需要知道某个给定顶点邻接至哪些顶点，以确定图中存在哪些路径。这种方法返回有关顶点的集合作为队列。之后应用程序就可以在有必要的情况下每次将一个顶点出队。该方法的返回值属于“类型”QueueInterface（队列接口）。操作程序员可以选择使用任何实现这个接口的队列类。

标记顶点

在执行有关图的算法时，我们经常要标记顶点是已经处理还是有待处理，以防止我们重复测试同一个顶点。在开始任何有关处理时，需要“所有标记清空”，以防之前操作留下的标记干扰到新的问题解决方案。

另一个解决“到达顶点”问题的办法是用返回Java Iterator对象的方法。在之前的许多集合ADT中我们已用过迭代器，但在本案例中我们将使用队列。

要回答前文所列的多个问题，应用程序必须要能遍历图，也就是说，它要访问图的顶点，在每个顶点上执行一些操作。因为图可能有很多路径，所以遍历算法多次访问一个顶点的情况并不罕见。在这种情况下，重要的是要让应用程序“知道”它之前已经访问过该顶点。为了方便此操作，我们的接口包含了数个与标记已访问顶点相关的方法。markVertex和isMarked方法分别用来标记顶点，检查标记。clearMarks方法清空图中的所有标记，用这个方法来准备新的遍历。最后，getUnmarked方法返回一个未标记的顶点。这个方法有助于在应用程序未能确定是否已经访问每个顶点时，开始进行遍历或继续遍历。标记顶点的办法用来答复有关最短路径和连通分量数目的问题。

以下为WeightedGraphInterface（加权图接口），在ch10.graphs包中能找到。

```
//---------------------------------------------------------------------------
// WeightedGraphInterface.java        程序员：Dale/Joyce/Weems        Chapter 10
//
// 实现有加权边的有向图的类的接口。
// 顶点是类 T 的对象，可以标记为已访问。
// 边的权值为整数。
// 顶点的等值由顶点的 equals 方法确定。
//
// 一般先决条件：除了 addVertex 方法和 hasVertex 方法之外，任何作为参数传递给方法的顶点
// 都在这个图中。
//---------------------------------------------------------------------------

package ch10.graphs;

import ch04.queues.*;

public interface WeightedGraphInterface<T>
{
  boolean isEmpty();
  // 如果这个图为空，返回 true；反之返回 false。

  boolean isFull();
  // 如果这个图为满，返回 true；反之返回 false。
```

```
  void addVertex(T vertex);
  // 先决条件：  这个图不是满的。
  //             图中还没有顶点。
  //             顶点不是满的。
  //
  // 添加顶点到图中。

  boolean hasVertex(T vertex);
  // 如果这个图包含顶点，返回 true；反之返回 false。

  void addEdge(T fromVertex, T toVertex, int weight);
  // 从 fromVertex 添加具有指定权值的边到 toVertex。

  int weightIs(T fromVertex, T toVertex);
  // 如果从 fromVertex 到 toVertex 存在边，返回边的权值；
  // 否则，返回特殊的“null-edge”值。

  QueueInterface<T> getToVertices(T vertex);
  // 如果返回该顶点邻接的顶点队列。

  void clearMarks();
  // 清除所有顶点标记。

  void markVertex(T vertex);
  // 标记顶点。

  boolean isMarked(T vertex);
  // 如果顶点已标记，返回 true；否则返回 false。

  T getUnmarked();
  // 如果有任何未标记顶点，将其返回；否则返回 null。
}
```

10.3 图的实现

基于数组的实现

一种表示图中的顶点V（graph）的简单方式是使用数组，将数组元素当成顶点。例如，如果顶点表示城市名，则数组应该存有字符串。一种表示图中的边E（graph）的简单方式是使用**邻接矩阵**，这是边值（权值）的二维数组，权值的索引与边所连接的顶点相对应。如此一来，图就包括整型变量numVertices、一维数组vertices和二维数组边。图10.5描述了实现图10.3所示的七座城市之间的航线图。为了简化，我们省略了需要在遍历过程中用来标记顶点为“visited”（已访问）的附加boolean数据。虽然图10.5中的城市名是按照其英文的首字母顺序排列，但并没有要求这个数组中的数组要有序。

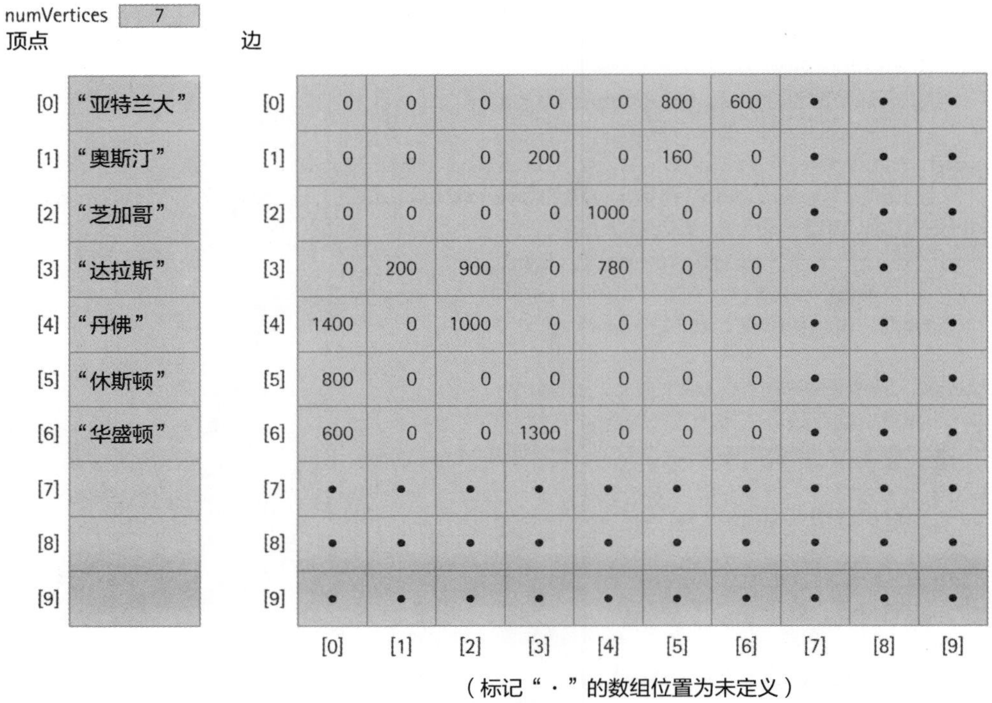

numVertices 7

顶点

[0]	“亚特兰大”
[1]	“奥斯汀”
[2]	“芝加哥”
[3]	“达拉斯”
[4]	“丹佛”
[5]	“休斯顿”
[6]	“华盛顿”
[7]	
[8]	
[9]	

边

	[0]	[1]	[2]	[3]	[4]	[5]	[6]	[7]	[8]	[9]
[0]	0	0	0	0	0	800	600	•	•	•
[1]	0	0	0	200	0	160	0	•	•	•
[2]	0	0	0	0	1000	0	0	•	•	•
[3]	0	200	900	0	780	0	0	•	•	•
[4]	1400	0	1000	0	0	0	0	•	•	•
[5]	800	0	0	0	0	0	0	•	•	•
[6]	600	0	0	1300	0	0	0	•	•	•
[7]	•	•	•	•	•	•	•	•	•	•
[8]	•	•	•	•	•	•	•	•	•	•
[9]	•	•	•	•	•	•	•	•	•	•

（标记“·”的数组位置为未定义）

图10.5 城市间航线连接图的矩阵表示

在任何时候，图的这种表示中，

- numVertices是图中顶点的数量。
- V(graph)包含在vertices[0]到vertices [numVertices - 1]之中。
- E(graph)包含在方阵edges[0][0]到edges [numVertices - 1] [numVertices 1]中。

城市名包含在vertices中。edges中每条边的权值代表由一条航线连接的两座城市之间的空中距离。例如，edges[1][3]中的值告诉我们奥斯汀和达拉斯之间有一条直航，空中距离为200英里。edges[1][6]中的NULL_EDGE值(0)告诉我们奥斯汀和华盛顿之间没有直航。因为这是一个加权图，权值就是空中距离，所以我们使用int作为边值类型。如果不是加权图，边值类型可以是boolean，如果两个顶点之间存在边，则邻接矩阵中的每个位置都是true；而如果没有边，则是false。

以下是类WeightedGraph定义的开头。我们假设边值类型为int，null边由0值表示。

```
//----------------------------------------------------------------------------
// WeightedGraph.java            程序员：Dale/Joyce/Weems          Chapter 10
//
// 实现有加权边的有向图。
// 顶点是类 T 的对象，可以标记为已访问。
// 边的权值为整数。
// 顶点的等值由顶点的 equals 方法确定。
//
// 一般先决条件：除了 addVertex 方法和 hasVertex 方法之外，任何作为参数传递给方法的顶点
// 都在这个图中。
//----------------------------------------------------------------------------

package ch10.graphs;

import ch04.queues.*;

public class WeightedGraph<T> implements WeightedGraphInterface<T>
{
  public static final int NULL_EDGE = 0;
  private static final int DEFCAP = 50;  // 默认容量
  private int numVertices;
  private int maxVertices;
  private T[] vertices;
  private int[][] edges;
  private boolean[] marks;  // marks[i] 是顶点 [i] 的标记

  public WeightedGraph()
  // 实例化一个有容量 DEFCAP 顶点的图。
  {
    numVertices = 0;
    maxVertices = DEFCAP;
    vertices = (T[]) new Object[DEFCAP];[1]
    marks = new boolean[DEFCAP];
    edges = new int[DEFCAP][DEFCAP];
  }
```

[1] 可能会生成unchecked cast warning，原因是编译器无法确认数组包含类T的对象。可以忽略该警告。

```
public WeightedGraph(int maxV)
// 实例化带有容量 maxV 的图。
{
  numVertices = 0;
  maxVertices = maxV;
  vertices = (T[]) new Object[maxV];²
  marks = new boolean[maxV];
  edges = new int[maxV][maxV];
}
```

类构造函数要为vertices、marks（boolean数组表示顶点是否标记）和edges分配空间。默认构造函数为具有DEFCAP(50)顶点的图设定空间。参数化的构造函数可让用户指定顶点的最大数目。

addVertex操作将顶点放入顶点数组中的下一个可用空间，增大顶点的数目。因为新的顶点尚未定义任何边，所以它也初始化edges合适的行和列，以包含NULL_EDGE（本例中为0）。

```
public void addVertex(T vertex)
// 先决条件：    这个图不是满的。
//              图中还没有顶点。
//              顶点不是满的。
//
// 添加顶点到图中。
{
  vertices[numVertices] = vertex;
  for (int index = 0; index < numVertices; index++)
  {
    edges[numVertices][index] = NULL_EDGE;
    edges[index][numVertices] = NULL_EDGE;
  }
  numVertices++;
}
```

为了给图加边，我们首先要定位定义所添加边的fromVertex和toVertex。这些值称为addEdge的参数，属于泛型T类。当然，客户端会传递顶点对象的引用，因为这也是我们操作Java对象的方法。我们“通过引用”实现图，所以这种策略不该给客户端带来问题。为了为正确的矩阵插槽编制索引，我们需要vertices数组中与每个顶点相对应的索引。一旦知道该等索引，设置矩阵中边的权值就变得很简单。

[2] 可能会生成unchecked cast warning，原因是编译器无法确认数组包含类T的对象。可以忽略该警告。

为了找出每个顶点的索引，让我们来编写一个private的搜索方法，该方法获得一个索引，返回其在vertices的位置（索引）。根据WeightedGraph类中注释开头所示的一般先决条件，我们假设传递给addEdge的fromVertex和toVertex参数已经在V(graph)中。这个假设简化了搜索方法，我们将该方法的代码编写为辅助方法indexIs。以下为indexIs和addEdge的代码：

```
private int indexIs(T vertex)
// 返回 vertices 中顶点的索引。
{
  int index = 0;
  while (!vertex.equals(vertices[index]))
    index++;
  return index;
}

public void addEdge(T fromVertex, T toVertex, int weight)
// 从 fromVertex 添加具有指定权值的边到 toVertex。
{
  int row;
  int column;

  row = indexIs(fromVertex);
  column = indexIs(toVertex);
  edges[row][column] = weight;
}
```

weightIs操作是addEdge的镜像。

```
public int weightIs(T fromVertex, T toVertex)
// 如果从 fromVertex 到 toVertex 存在边，返回边的权值；
// 否则，返回特殊的“null-edge”值。
{
  int row;
  int column;

  row = indexIs(fromVertex);
  column = indexIs(toVertex);
  return edges[row][column];
}
```

我们要解决的最后一个有关图操作的问题是getToVertices。这个方法将顶点作为参数获取，返回某个顶点邻接至（或换个视角，邻接于指定顶点）的顶点队列。也就是，它返回我们用一步即可从这个顶点出发到达其他所有顶点的队列。使用邻接矩阵来表示边，确定该顶点邻接的顶点就变得很简单。我们仅在edges中合适的行间进行循环；每当找到一个不是NULL_EDGE的值，我们就把相对应的顶点添加到队列中。

```
public QueueInterface<T> getToVertices(T vertex)
// 返回邻接于 vertex 的顶点队列。
{
  QueueInterface<T> adjVertices = new LinkedQueue<T>();
  int fromIndex, toIndex;
  fromIndex = indexIs(vertex);
  for (toIndex = 0; toIndex < numVertices; toIndex++)
    if (edges[fromIndex][toIndex] != NULL_EDGE)
      adjVertices.enqueue(vertices[toIndex]);
  return adjVertices;
}
```

我们将isFull、isEmpty、hasVertex和标记操作（clearMarks、markVertex、isMarked和getUnmarked）留给读者作为练习。

链接实现

用邻接矩阵表示图的边有两个优点：速度快、操作简单。鉴于两个顶点的索引，在这两个顶点之间确定是否存在边（或者确定权值）属于O(1)操作。邻接矩阵的问题在于它们用来存储边信息的空间是$O(N^2)$，其中N是图中顶点的最大数，如果顶点的最大数很大，但实际顶点数很小，或者如果图很稀疏（边数与顶点数之间的比率很小），邻接矩阵就浪费很多空间。我们用链接结构，在执行时间需要时分配内存，以此来节省空间。邻接表（每个顶点为一个表）是识别每个顶点连通的顶点的链接表。邻接表可以用多种不同的方式实现。图10.6和图10.7介绍了图10.3中的图的两种不同邻接表表示。

在图10.6中，顶点存储在数组中。这个数组的每个分量都包含对边信息的链表的引用。这些链表中的每个项目都包含索引号、权值和对邻接表中下一个项目的引用。看看丹佛的邻接表，表中的第一个项目表示从丹佛到亚特兰大（索引为0的顶点）的航线距离为1,400英里，而第二个项目表示从丹佛到芝加哥（索引为2的顶点）的距离为1,000英里。

空间效率

如果图有大量顶点，但边的数量很少，用邻接表方法来实现，比用邻接矩阵方法更具有空间效率。

图10.7中所介绍的实现并没有用到数组，而是顶点列表作为链表实现。此时邻接表中的每个项目都包含对顶点信息的引用，而不是对顶点索引的引用。因为图10.7包括多个此类引用，所以我们用文本来描述每个引用指定的顶点，而不用箭头把它们画出来。

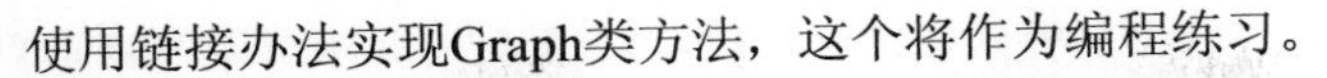

使用链接办法实现Graph类方法，这个将作为编程练习。

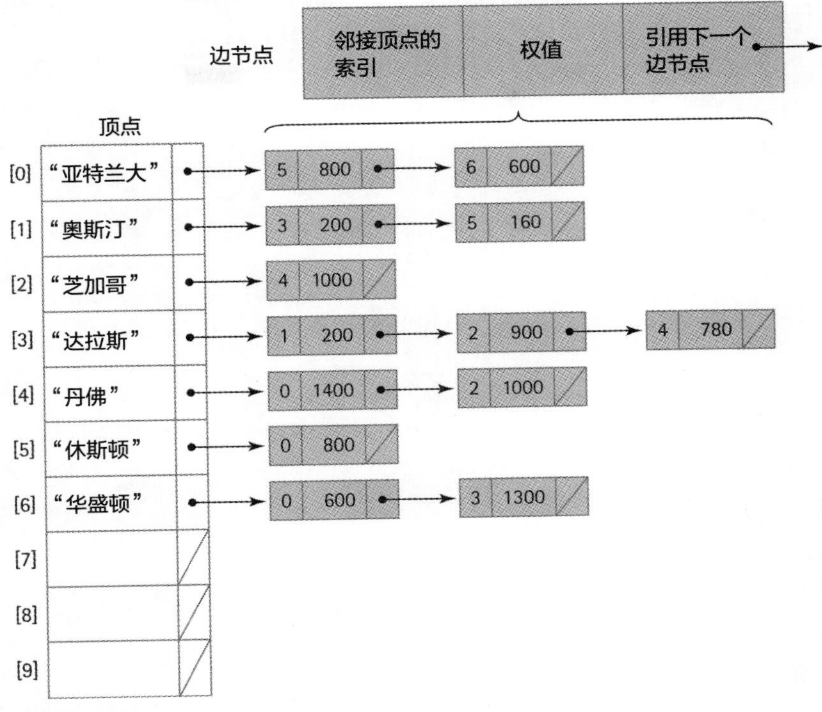

图10.6 图的邻接表表示

10.4 应用程序：图的遍历

10.2节“图的接口”所给出的图的规格说明仅包括最基本的操作，没有包含任何遍历操作。你或许可以想象，我们用多个不同的顺序遍历图。因此，我们把遍历当成图的应用程序，而非固有操作。规格说明中所提供的基本操作可以让我们实现不同遍历，而无需理会图本身是如何实现的。

在7.1节“树”中，我们讨论了遍历一般树的两种方法：深度优先（尽可能深地对树进行反复遍历，而后回退）和广度优先（在树中扩散开，按级别进行遍历）。在图的情况中，深度遍历和广度遍历策略也是极其重要的。我们将讨论在有关航线的示例中，运用这两种策

代码文件

ch10.apps包中的应用程序UseGraph包含了10.4节“应用程序：图的遍历”和10.5节“应用程序：单源最短途径问题”中表示的所有算法的代码。每种算法都在应用程序中作为单独的private方法实现。主要方法UseGraph在代码中作为测试驱动。由于UseGraph使用了10.3节“图的实现”中部分创建的WeightedGraph类，为了使用该程序，需要完成该类的代码。见课后习题17。

略的算法来确定两座城市间是否连通。注意，如果要求按顺序对图的顶点进行遍历，同样的基本方法可以用来解答许多其他问题。

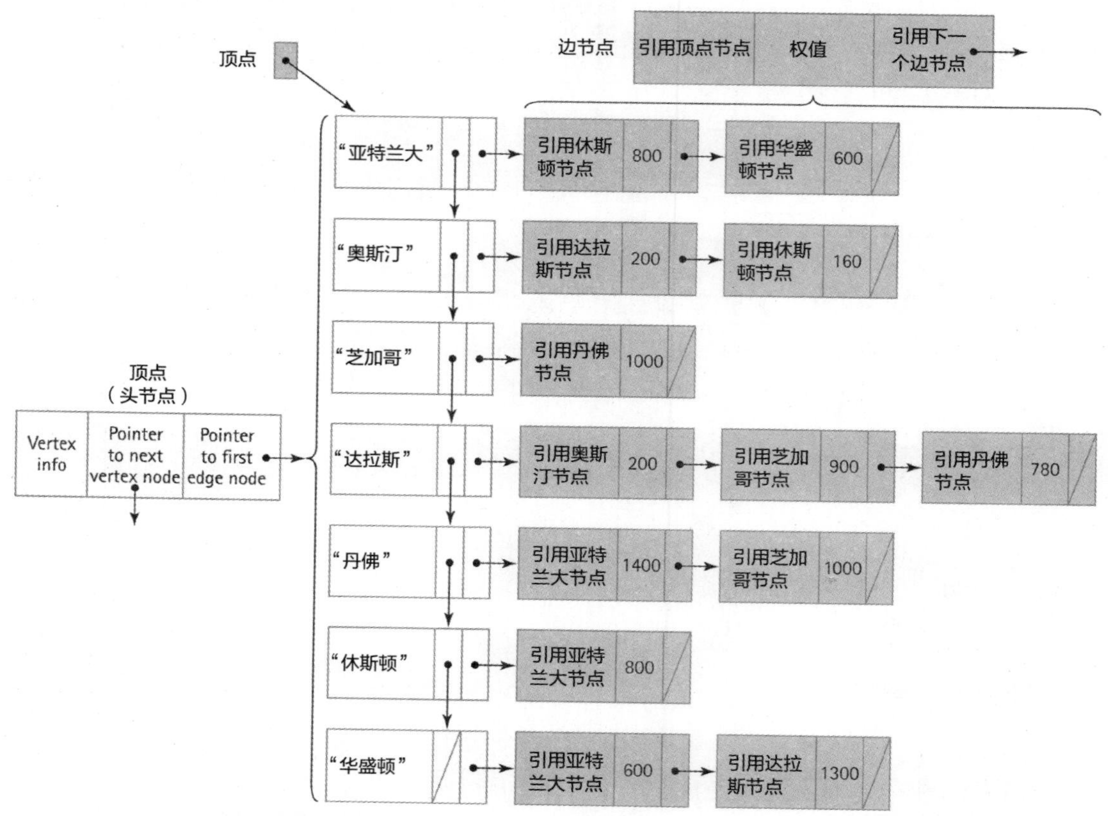

图10.7 图的另一种邻接表表示

深度优先搜索

使用图10.3中的图我们可以回答：“我可以按喜欢的航线从X城市到达Y城市吗？”这个问题等同于：“图中有顶点X到顶点Y的路径吗？”使用深度优先策略，我们创建算法IsPathDF，确定从startVertex到endVertex有无路径。

我们需要一种系统化的方式在调研城市时对其进行追踪。用深度优先搜索，我们检查邻接于startVertex的第一个顶点；如果是endVertex，搜索就结束了；否则，我们检查可以从这第一个顶点开始（邻接于这个顶点），用一步即可到达的所有顶点。在检查这些顶点时，我们需要存储邻接于startVertex尚未检查的剩余的顶点。如果从第一个顶点开始并没有路径，我们倒回来，试试第二个顶点、第三个顶点，以此类推。因为我们想要尽可能远地在一条路径上进行遍历，如果没有找到endVertex则原路返回。栈是存储顶点的合适结构。

不过，我们刚说的方法存在一个问题。图或含有环路，我们可以从华盛顿飞到达拉斯飞到丹佛，然后再回到华盛顿。你看出来为什么上面所说的办法有问题了吗？它不仅可能会让我们花费无用功，重复处理一个城市（一个顶点），还可能困在无限循环中（如在处理华盛顿时，我们将亚特兰大放入栈中；处理亚特兰大时，又将华盛顿放入栈中）。而在Chapter 7设计树的遍历时并没有遇到这个问题，因为从定义上讲，树没有环路。

如何纠正这个问题？你可能还记得，我们在图ADT中介绍了标记顶点，这个方法也能解决这个问题。解决方法就是标记顶点，以表示顶点已经放入栈中。当然还要用这些标记来防止多次将同一个顶点放入栈中。有了这个办法，我们可以排除重复处理一个顶点，避免无限循环。以下为算法：

IsPathDF(startVertex,endVertex)：返回boolean类型的值

```
IsPathDF(startVertex,endVertex)：返回boolean类型的值
设置found为false
清除所有标记
标记startVertex
将startVertex压栈
do
  设置当前顶点 = stack.top()
  stack.pop()
  if 当前的顶点等于endVertex
    设置found为true
  else
  for 每个相邻的顶点
    if 相邻顶点没有被标记
        标记相邻顶点并
        将其压栈
  while !stack.isEmpty() AND !found
  返回found的值
```

让我们将这个算法应用到图10.3中航线路程图的案例。我们将追踪用于该案例的算法，其中奥斯汀是起始城市，而华盛顿是期望目的地。在图10.8中，我们再用航线图，用有关城市英文名的头两个字母作为缩写，省略与当下问题无关的距离。我们用黑体字来表示某个城市已经处理——已经检查是否为目的地，如果不是，就把其邻接

的城市适当放入栈。在处理城市时，我们也要给该城市的输入边按顺序编号，沿着该边就是该城市的处理。最后，我们通过在城市后面放置检查标记来表示该城市已经标记。

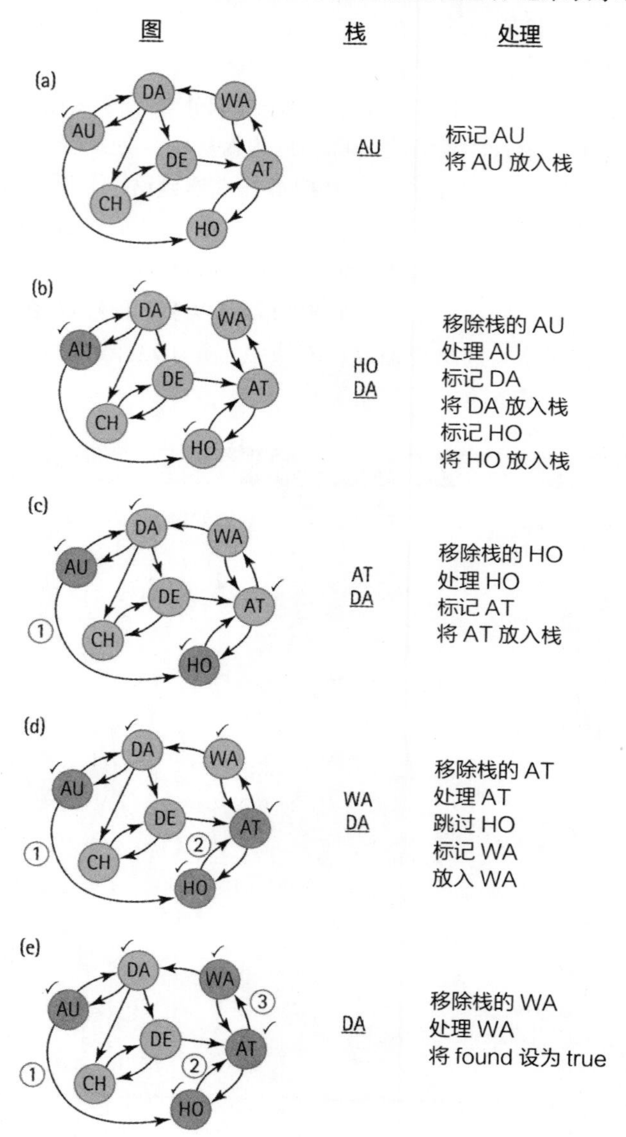

图10.8 IsPathDF算法追踪

现在我们想从奥斯汀飞到华盛顿。我们通过标记起始城市，将它放入栈中（图10.8a），以此来初始化搜索。在do-while循环的开头，我们用top方法从栈中检索当前城市奥斯汀，再用pop方法将其从栈中移除。因为奥斯汀不是我们的最终目的地，所以检查从奥斯汀开始可以直接到达的城市——达拉斯和休斯顿（我们将以首字母顺序处理邻接顶点）；这两个城市都没有标记，所以要进行标记，再把它们推入栈中（图10.8b）。如此就完成了奥斯汀的处理。

在第二个迭代开始处，我们检索和移除栈最上面的顶点——休斯顿。休斯顿也不是我们的目的地，所以重新从这里开始搜索。从休斯顿出发到亚特兰大的航线只有一条；亚特兰大尚未标记，所以我们将其标记，把它推入栈中（图10.8c），完成处理休斯顿。我们再检索和移除栈顶的顶点。亚特兰大不是我们的目的地，所以继续从这里开始搜索。亚特兰大有去往两座城市的航线——休斯顿和华盛顿。休斯顿在这个阶段已经标记了，我们只标记华盛顿，并将它放入栈中（图10.8d）。

最后，我们检索和移除栈上的顶部顶点华盛顿。这是我们的目的地，所以搜索完成（图10.8e）。

正如图10.8e最后一部分所示，我们的搜索非常成功和高效，包含出发城市和目的城市在内，我们在搜索过程中只需处理四座城市。尽管算法（因为它是正确的）往往能够成功识别是否存在路径，但它未必一直高效。设想一个新问题：我们可以从达拉斯飞到奥斯汀吗？对图进行快速检查，答案是肯定的，实际上它是双向航程。在但本例中，算法在确定该路径存在之前，将对图中的每个顶点进行处理。希望读者可以通过追踪算法验证这个新问题。

isPathDF方法获得一个图对象、一个起始顶点和一个目标顶点。它用上文所述的深度优先算法来确定从起始城市到终点城市间是否存在路径，展示出搜索中所处理的所有城市名。这个方法无需依靠图的实现，它是作为图的应用程序实现的；该方法使用图ADT操作，而无需知道图如何表示。我们用字符串的图，因为我们可以用名字来表示城市。在下述代码中，我们假设已在client类中输入栈和队列的实现（这个isPathDF方法包含在UseGraph.java应用程序中，可以在ch10.apps包中找到）。

```
private static boolean isPathDF(WeightedGraphInterface<String> graph,
                                String startVertex, String endVertex)
// 如果图中从 startVertex 到 endVertex 间存在路径，返回 true；
// 否则返回 false。使用深度优先搜索算法。
{
  StackInterface<String> stack = new LinkedStack<String>();
  QueueInterface<String> vertexQueue = new LinkedQueue<String>();

  boolean found = false;
  String currVertex;       // 处理中的顶点
  String adjVertex;        // 邻接至 currVertex
```

```
    graph.clearMarks();
    graph.markVertex(startVertex);
    stack.push(startVertex);

    do
    {
      currVertex = stack.top();
      stack.pop();
      System.out.println(currVertex);
      if (currVertex.equals(endVertex))
         found = true;
      else
      {
        vertexQueue = graph.getToVertices(currVertex);
        while (!vertexQueue.isEmpty())
        {
          adjVertex = vertexQueue.dequeue();
          if (!graph.isMarked(adjVertex))
          {
            graph.markVertex(adjVertex);
            stack.push(adjVertex);
          }
        }
      }
   } while (!stack.isEmpty() && !found);
   return found;
}
```

深度优先或广度优先

对特定问题要用哪种方法最好，这取决于图的结构和问题的性质。通常来讲，如果你有可能找出接近起始顶点的结束顶点，那么广度优先搜索或许更适合。另一方面，如果你觉得可能需要多个目标顶点来满足要求，但认为这些顶点可能离起始顶点比较远，那么深度优先或许是更好的办法。对于任何一个给定问题和情况而言，在选择方法前，最好还是执行一些实验。

广度优先搜索

广度优先搜索在进入更深层次前，会在同一个深度查看所有可能的路径。在航线的示例中，广度优先搜索检索在检查任何两步的连接前，都会先检查所有可能的一步连接。对于很多出行者而言，他们会选择这个策略来订机票。

一旦深度优先搜索去到了尽头，我们尽可能不要倒退，而是从邻近的顶点尝试另一条路线——栈顶的路线。在广度优先搜索中，我们要尽可能备份，以找到源自最早顶点的路线。要找出早期的路线，栈并非合适的结构，因为栈会以与顶点存在相反的顺序追踪顶点——最近的路线在顶端。为了按照顶点发生的顺序进行追踪，我们要使用先进先出队列。在队列前面的路线就是从早先顶点开始的路线；在队列后面的路线是源自后面顶点的路线。为了将搜索改成用广度优先策略，我们将所有对栈操作的调用都变成对之前算法中类似的先进先出队列操作的调用。与深度优先搜索的做法一样，在将顶点放入队列之前，我们对其进行标记，以避免重复处理。以下为广度优先搜索的算法：

IsPathBF(startVertex,endVertex)：返回boolean类型的值

```
设置 found 为 false
清空所有标记
标记 startVertex
将 startVertex 放入队列中
do
  设置当前的顶点 = queue.dequeue()
  if 当前的顶点等于 endVertex
    设置 found 为 true
  else
  for 每个相邻的顶点
    if 相邻顶点没有被标记
      标记相邻顶点并
      将其放入队列中
while !queue.isEmpty() AND !found
返回 found 的值
```

图10.9使用航线的案例，介绍了数种深度优先和广度优先搜索中顶点访问的顺序。图中的数字指使用输入边“访问”顶点的顺序。记住我们的假设，即顶点是按照首字母顺序放入队列（或栈）中的。

让我们重访先前的案例，搜索从奥斯汀到华盛顿的路径，但这次使用广度优先搜索。我们从队列中的奥斯汀开始，将奥斯汀出列，把可以从奥斯汀直达的所有城市入列：达拉斯和休斯顿。然后出列队列前面的元素达拉斯（在图10.9b中由①代指）。由于达拉斯不是我们要找的目的地，所以我们将从达拉斯开始尚未标记的邻接城市进行入列：芝加哥和丹佛（奥斯汀已被访问，所以不入列）。我们再将队列前面的元素出列。该元素连通一座可“一步到位”的城市：休斯顿（在图10.9b中由②代指）。休斯顿不是期望终点，所以我们继续搜索。从休斯顿出发的航线只有一条，通往亚特兰大。因为我们之前尚未标记亚特兰大，所以把它入列。这种处理持续到华盛顿放入队列中（从亚特兰大出发），并最终出列。我们已经找到要找的城市，搜索完成。

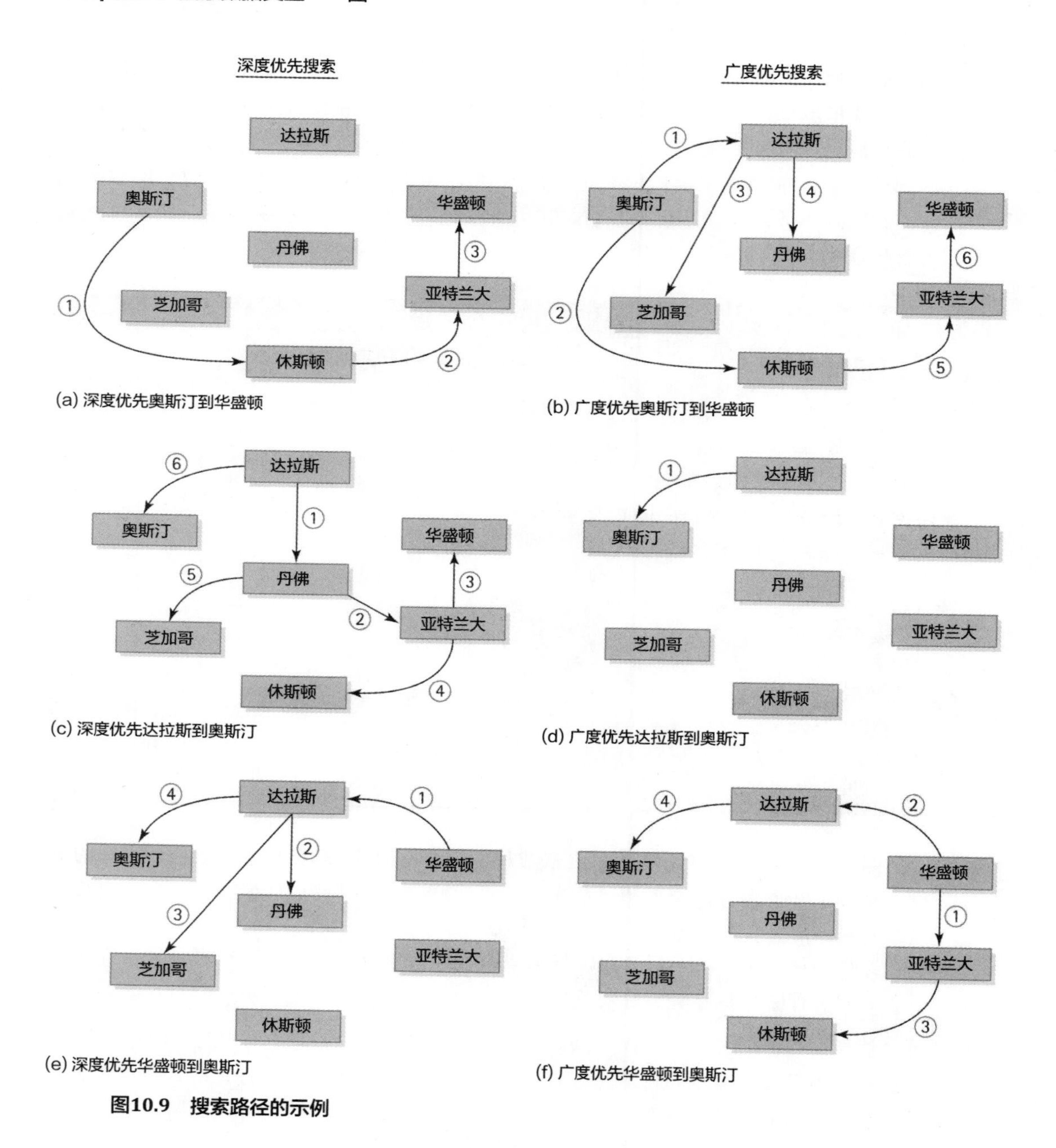

(a) 深度优先奥斯汀到华盛顿

(b) 广度优先奥斯汀到华盛顿

(c) 深度优先达拉斯到奥斯汀

(d) 广度优先达拉斯到奥斯汀

(e) 深度优先华盛顿到奥斯汀

(f) 广度优先华盛顿到奥斯汀

图10.9 搜索路径的示例

你可以在图10.9b中看到，从奥斯汀到华盛顿路径的广度优先搜索在确定该路径是否存在前，会先处理图中的每一座城市。对于同条路径（图10.9a）而言，这种方法可能没有深度优先搜索那么有效。另一方面，对比图10.9c和10.9d，可以发现在另一条搜索从达拉斯到奥斯汀的路径中，广度优先搜索比较高效。这真的是运气的问题——要进行多少个步骤，取决于图的结构和起始及终点顶点。对比图10.9e和10.9f，它们示范从华盛顿到奥斯汀路径的搜索，在各个方法中都用了同数量的输入边。

广度优先搜索方法的源代码与深度优先搜索代码一样，除了将先进先出队列替代栈。该代码包含在UseGraph.java应用程序中，isPathBF也在该应用程序中，在ch10.apps包中能找到。

10.5 应用程序：单源最短路径问题

从10.4节“应用程序：图的遍历”讨论的两种搜索操作中可得知，从一个顶点到另一个可能会有多条路径。从该节开始继续操作该范例，假设我们想找从奥斯汀去往任何其他一座城市的最短路径。“最短路径”是指边值（权值）相加结果最小的路径。考虑一下两条从奥斯汀到华盛顿的路径：

显然，第一条路径比较好，除非我们想收集额外的常旅客里程。

让我们开发算法，展示从图中指定出发城市到其他任何城市的最短路径。正如先前所述的两种图搜索算法一样，我们要用到辅助结构来存储后续处理的城市。通过检索最近一次放入有关结构的城市，广度优先搜索继续“往前走”。它尝试一航线的解决方法，再是二航线的解决方法，然后三航线解决方法，以此类推。只有在抵达尽头时，它才会回溯到较少的航线。该方法对我们最短路径的问题不适用。

通过检索结构中呆的时间最长的城市，广度优先搜索尝试所有一航线的解决方法，然后所有二航线的解决方法，以此类推。广度优先搜索查找航线数最少的路径。但航线数最少不一定意味着总航程最少。该方法对于最短路径问题也不适用。

不像深度优先和广度优先搜索，这种最短路径遍历必须使用城市间的英里数（边

> **Dijkstra算法**
>
> 本节所介绍的查找最短路径的算法是由计算机科学家埃德斯加·狄克斯特拉（Edsger W.Dijkstra在1956年提出的，并在1959年发布。狄克斯特拉在计算机科学的多个方面都作出了巨大贡献。

权值）。我们想要检索离当前顶点最近的顶点，也就是连接最小边权值的顶点。通过一直添加下一条最短路径，我们可以辨别出正确路径。如果我们把最短距离当成最优先，那就知道最佳结构——优先队列。我们的算法可以使用优先队列，该队列的元素就是航线（边），从出发城市开始的距离则为优先。也就是说，优先队列中的元素是具有三个属性的对象：fromVertex、toVertex和distance。我们使用叫Flight的类来定义这些对象。该类实现Comparable<Flight>接口，使用distance属性来对比两条航线（短的更好）。其提供一个接受三个参数的构造函数，每个属性有一个参数，它还为属性提供标准的setter和getter方法。代码在support包中可以找到。以下是最短路径算法：

shortestPaths(graph,startVertex)

警告：

包含细微错误

```
Graph.ClearMarks()
创建 flight(startVertex,startVertex,0)
pq.enqueue(flight)
do
   flight = pq.dequeue()
   if flight.getToVertex() 没有被标记
      标记 flight.getToVertex()
      写 flight.getFromVertex,flight.getToVertex,flight.getDistance
      flight.setFromVertex(flight.getToVertex())
      将 minDistance 设置为 flight.getDistance()
      从 flight.getFromVertex() 中取得垂直相邻的 vertexQueue 队列
      while vertexQueue 中还有顶点
         从 vertexQueue 中取得下一个顶点
         if vertex 未被标记
            flight.setToVertex(vertex)
            flight.setDistance(minDistance+graph.weightIs(flight.getFromVertex(),vertex))
            pq.enqueue(flight)
while !pq.isEmpty()
```

最短路径遍历的算法与我们用于深度优先和广度优先搜索的算法相似，除了有三处不同：

1. 我们用优先队列，而不用先进先出队列或栈。注意，当处理中止时，优先队列中有可能还有许多航线，但这些航线都比已经识别出来的航线要长，这是该解决方法的一部分。

2. 我们仅在已没有城市需要处理时停止；不存在目的地。

3. 不可使用按引用存储的优先队列！

在给这个算法编写代码时，我们可能会犯一个细微又不容忽视的错误。这个错误与我们的队列“通过引用”而不是“通过复制”来存储信息的情况有关。花点时间检验该算法，看你能不能先找到错误。

回顾一下在Chapter 5的相关章节，我们讨论了通过引用来存储信息的隐患，尤其是警告我们在将对象插入结构再对该对象进行变动时需要十分谨慎。如果我们在改动对象时，使用该对象的同个引用，那么有关改动就是对结构中的对象作出的。这个结果有时是我们所要的（见Chapter 7频率计数器应用程序）；但在其他时候（像当前案例中），它会导致问题。以下是该算法不正确的部分：

```
while vertexQueue 队列中还有顶点
  从 vertexQueue 中取得下一个 vertex
  if vertex 未被标记
    flight.setToVertex(vertex)
    flight.setDistance(minDistance + graph.weightIs(flight.getFromVertex(),vertex))
    pq.enqueue(flight)
```

现在你能看出问题吗？算法的这一部分遍历与当前顶点邻接的顶点队列，并根据在该处发现的信息将Flight对象排入优先级队列pq。flight变量实际上是对Flight对象的引用。假设邻接顶点的队列存有与亚特兰大和休斯顿两座城市有关的信息。第一次通过这个循环时，我们将亚特兰大的信息插入flight，将其入队到pq中。不过下一次通过这个循环时，我们要对flight所引用的Flight对象作出改动。我们用setter方法，将其更新至包含有关休斯顿的信息；再把它放入pq中。所以此时pq包含有关亚特兰大和休斯顿的信息？不对。在我们将flight中的信息改成休斯顿的信息时，这些改动会对已经的pq中的flight产生影响。flight变量还是引用该对象。实际上，pq结构现在包含对同个flight的两个引用，而该flight包含休斯顿的信息。

要解决这个问题，我们就要在存储至pq之前创建新的flight对象。以下是该算法部分经纠正的版本：

```
while vertexQueue 中还有顶点
  从 vertexQueue 中取得下一个顶点
```

```
if vertex 未被标记
  将 newDistance 设置为 minDistance + graph.weightIs(flight.getFromVertex(),vertex)
  创建新的 Flight(flight.getFromVertex(),vertex,newDistance)
  pq.enqueue(newFlight)
```

以下是最短路径算法的源代码（也列入UseGraph.java中）。与之前一样，代码假定优先队列和队列实现已被输入到client类。对于优先队列而言，我们用Chapter 9的HeapPriQ类。我们想要更短距离来表示更高优先，但HeapPriQ类实现最大的堆，返回dequeue方法的最大值。为了纠正这个问题，我们可以定义一个新的堆类，最小的堆。但还有更容易的方式。当前HeapPriQ类基于flight的compareTo方法所返回的“较大”值而做出决定。照此来说，我们只要定义Flight类的compareTo方法，以表示如果当前航线的distance较短，则该航线“大于”参数航线。对于堆的树的每条航线来讲，flight.distance之后就小于或者等于其每个子的distance值。

```
private static void shortestPaths(WeightedGraphInterface<String> graph,
                                  String startVertex)
// 编写从 startVertex 出发到图中其他每个可达的顶点的最短路径。
{
  Flight flight;
  Flight saveFlight;          // 为了保存在优先队列中
  int minDistance;
  int newDistance;

  PriQueueInterface<Flight> pq = new HeapPriQ<Flight>(20);
  String vertex;
  QueueInterface<String> vertexQueue = new LinkedQueue<String>();

  graph.clearMarks();
  saveFlight = new Flight(startVertex, startVertex, 0);
  pq.enqueue(saveFlight);

  System.out.println("Last Vertex   Destination   Distance");
  System.out.println("------------------------------------");

  do
  {
    flight = pq.dequeue();
    if (!graph.isMarked(flight.getToVertex()))
```

```
    {
      graph.markVertex(flight.getToVertex());
      System.out.println(flight);
      flight.setFromVertex(flight.getToVertex());
      minDistance = flight.getDistance();
      vertexQueue = graph.getToVertices(flight.getFromVertex());
      while (!vertexQueue.isEmpty())
      {
        vertex = vertexQueue.dequeue();
        if (!graph.isMarked(vertex))
        {
          newDistance = minDistance
                      + graph.weightIs(flight.getFromVertex(), vertex);
          saveFlight = new Flight(flight.getFromVertex(), vertex,
                                  newDistance);
          pq.enqueue(saveFlight);
        }
      }
    }
  } while (!pq.isEmpty());
  System.out.println();
}
```

这个方法的输出是城市对（边）的表，表示了从startVertex出发到图中其他每个顶点的全部最短距离，以及到达目的地前访问的最后一个顶点。我们假定打印顶点是指打印相应城市的名称。如果图包含图10.3所示的信息，该方法调用：

```
shortestPaths(graph, startVertex);
```

其中startVertex对应华盛顿，打印如下：

最后一个顶点	目的地	距离
华盛顿	华盛顿	0
华盛顿	亚特兰大	600
华盛顿	达拉斯	1,300
亚特兰大	休斯顿	1,400
达拉斯	奥斯汀	1,500
达拉斯	丹佛	2,080
达拉斯	芝加哥	2,200

右边两列表示从华盛顿到每个目的地的最短路径距离。比如，从华盛顿到芝加哥的航线总里程是2,200英里。左边一列表示遍历中紧连目的地的城市。我们想要算出从华盛顿到芝加哥的最短路径，首先要在目的地（中间）一列找出目的地芝加哥，然后在左列看到路径的倒数第二个顶点是达拉斯。我们再在目的地（中间）一列查找达拉斯——达拉斯前的顶点是华盛顿。整个路径就是华盛顿－达拉斯－芝加哥。（我们或许会考虑另一家航空公司，看有没有更直接的路线！）

不可达顶点

你可能已经注意到，到目前为止所有的示例中，我们都可以从给定的起始顶点“达到”图中的其他顶点。那如果情况并非如此呢？考虑图10.10的加权图，其描述了一组新的航线航段。它与图10.3一样，只是我们已经把华盛顿－达拉斯的航段移除。如果我们调用shortestPaths（最短路径）方法，将它传递到这个图，起始顶点为华盛顿，我们将得到以下输出：

最后一个顶点	目的地	距离
华盛顿	华盛顿	0
华盛顿	亚特兰大	600
亚特兰大	休斯顿	1,400

仔细研究这个新图，我们可以确认从华盛顿出发只能到达亚特兰大和休斯顿，至少对于之前的航空公司来讲是如此。

假设我们想拓展shortestPaths方法的规格说明，要求也要打印不可达顶点。在我们已生成有关可达顶点的信息之后，又该如何确定不可达顶点呢？很容易！不可达顶点

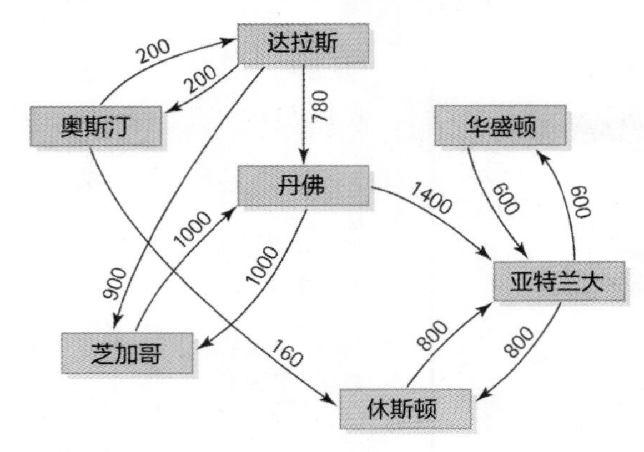

图10.10 一组新的航线航段

就是未标记的顶点。我们只需检查是否有顶点尚未标记即可。我们的图ADT所提供的getUnmarked操作就是针对这个情况的。所以我们只需添加下述代码到方法中：

```
System.out.println("The unreachable vertices are:");
vertex = graph.getUnmarked();
while (vertex != null)
{
  System.out.println(vertex);
  graph.markVertex(vertex);
  vertex = graph.getUnmarked();
}
```

此时调用shortestPaths的输出就是：

最后一个顶点	目的地	距离
华盛顿	华盛顿	0
华盛顿	亚特兰大	600
亚特兰大	休斯顿	1,400

不可达顶点为：
奥斯汀
芝加哥
达拉斯
丹佛

习题43要求你调查算出图的“连通分量”。这是getUnmarked方法中另一个有趣的应用程序。

小结

在本章，我们讨论了图。复习了图的术语后，我们定义了图ADT，并讨论了实现方法，提供部分完成的基于数组实现。WeightedGraphInterface所包含的抽象方法集旨在允许应用程序实现有关图的算法。介绍了三种有关算法：深度优先路径探索、广度优先路径探索和最短路径。

基于数组的图的实现提供了三种高效的操作。我们还讨论了节省空间的基于引用的实现。在选择数据结构的可选用实现时，时间效率和空间效率的权衡通常是主要考虑因素。

图是我们所学习的最复杂的结构。图很万能，而且也是给很多现实对象和情况进行建模的好方法。因为多种不同的应用程序类型都有可能使用图，所以图的定义和实现存在无数种变体和概括。此外，还发掘了很多对图进行操作和遍历的高级算法。这些算法的详情一般在算法的高级计算机科学课程中有所涵盖。

习题

10.1 图的介绍

1. 判断对错，并解释原因。在某些情况下，绘制示例图进行解释。
   a. 图的顶点可以比边多。
   b. 图的边可以比顶点多。
   c. 只有一个顶点的图也是连通的。
   d. 有两个或两个以上顶点的无边图是非连通的。
   e. 有三个顶点和一条边的图是非连通的。
   f. 有 N 个顶点的连通图必须至少有 N-1 条边。
   g. 有五个顶点和四条边的图是连通的。
   h. 边不能连接一个顶点到其本身。
   i. 所有的图都是树。
   j. 所有的树都是图。
   k. 有向图一定是加权图。
2. 以下每个选项都可以建模成图。针对每种情况描述你将如何定义顶点，如何定义边。
   a. 朋友关系
   b. 电视节目联合主演
   c. 研究文献引文
   d. 互联网
   e. 网站
3. 就习题 2 中的每个例子而言，描述图如何加权；也就是，图中的边权值可能代指什么？
4. 绘制一个无向图，在有可能的情况下（如不可能，请解释原因），满足以下条件：
   a. 有五个顶点和三条边，并为连通图。
   b. 有五个顶点、三条边和两个连通分量。

c. 有五个顶点、两条边和三个连通分量。

d. 有五个顶点、两条边和两个连通分量。

e. 有五个顶点、六条边和两个连通分量。

在习题 5 和 6 中使用以下无向图的描述：

EmployeeGraph = (V, E)

V(EmployeeGraph) = {Susan, Darlene, Mike, Fred, John, Sander, Lance, Jean, Brent, Fran}

E(EmployeeGraph) = {(Susan, Darlene), (Fred, Brent), (Sander, Susan), (Lance, Fran), (Sander, Fran), (Fran, John), (Lance, Jean), (Jean, Susan), (Mike, Darlene), (Brent, Lance), (Susan, John)}

5. 绘制 EmployeeGraph（员工图）的图。

6. 以下哪个短语最能描述 EmployeeGraph 中由顶点之间的边表示的关系？

a. “works for”（效劳于）

b. “is the supervisor of”（是后者的上司）

c. “is senior to”（职位高于）

d. “works with”（与后者共事）

在习题 7 至 9 中使用以下有向图的规格说明：

ZooGraph = (V, E)

V(ZooGraph) = {dog, cat, animal, vertebrate, oyster, shellfish, invertebrate, crab, poodle, monkey, banana, dalmatian, dachshund}

E(ZooGraph) = {(vertebrate, animal), (invertebrate, animal), (dog, vertebrate), (cat, vertebrate), (monkey, vertebrate), (shellfish, invertebrate), (crab, shellfish), (oyster, shellfish), (poodle, dog), (dalmatian, dog), (dachshund, dog)}

7. 绘制 ZooGraph（动物园图）的图。

8. 要说明 ZooGraph 中的某个元素是否与另一元素有关系（X），就要查找它们之间的路径。使用你的图或者规格说明，表示以下语句是否正确。

a. dalmatian X dog（达尔马提亚狗 X 狗）

b. dalmatian X vertebrate（达尔马提亚狗 X 脊椎动物）

c. dalmatian X poodle（达尔马提亚狗 X 贵宾犬）

d. banana X invertebrate（香蕉 X 无脊椎动物）

e. oyster X invertebrate（牡蛎 X 无脊椎动物）

f. monkey X invertebrate（猴 X 无脊椎动物）

9. 以下哪个短语最能描述习题 8 中的关系（X）？

a. “has a”（有）

b. “is an example of”（是后者的例子）

c. “is a generalization of”（是后者的概括）

d. “eats”（吃）

在习题 10 和 11 中使用以下图：

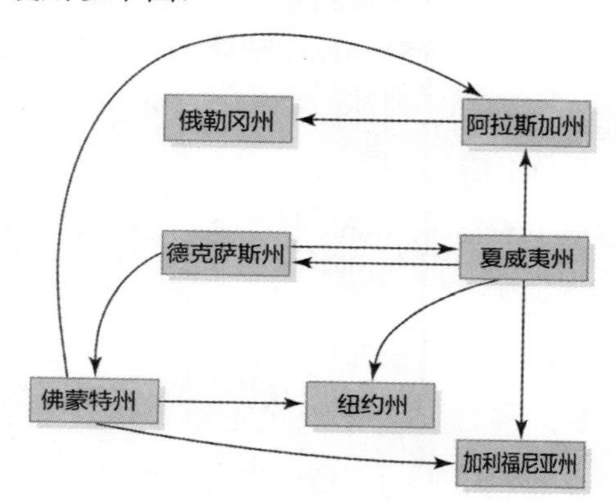

10. 使用正式的图符号，描述上述的图。

V(StateGraph) =

E(StateGraph) =

11. 在州的图中：

a. 从俄勒冈州到图中的任何其他州是否有路径？

b. 从夏威夷州到图中的任何其他州是否有路径？

c. 从图中的哪个（些）州有路径到达夏威夷？

10.2 图的接口

12. 将 WeightedGraphInterface 中定义的方法归类成观察函数、构造函数或者两者皆是。

13. 对于图 ADT 而言，有更多操作可以定义。除了 WeightedGraphInterface 之外，描述两种你认为有用的操作，并解释原因。

14. 假设 g 已经声明为 WeightedGraphInterface 的类型，并作为某个实现该接口的类的对象进行实例化。假定 g 包括七个顶点 A、B、C、D、E、F、G 和七条有向边 A-B、B-C、C-D、D-C、D-F、F-B 和 G-E，所有的权值都等于 1。展示一下代码节的输出。假定大写字母 A 到 G 属于类型 T（顶点类型），getToVertices 按字母顺序返回带有顶点的队列，getUnmarked 按字母顺序返回未标记的顶点，null 的边值为 0，其打印一个顶点表示其相对应的字母。

```
System.out.println(g.isEmpty());
System.out.println(g.weightIs(A,B));
System.out.println(g.weightIs(B,A));
System.out.println(g.weightIs(A,C));
g.clearmarks(); g.markVertex(A); g.markVertex(C);
System.out.println(g.ismarked(B));
g.markVertex(g.getUnmarked()))
System.out.println(g.isMarked(B));
System.out.println(g.getUnmarked());
System.out.println(g.getToVertices(D).dequeue());
```

10.3 图的实现

15. 给 EmployeeGraph（见习题 5）绘制邻接矩阵。将顶点按字母顺序存储。

16. 给 ZooGraph（见习题 7）绘制邻接矩阵。将顶点按字母顺序存储。

注：习题 18 至 22、38 和 42 有赖于习题 17 的完成。

17. 为 WeightedGraph.java 中的 isEmpty 、isFull、hasVertex、clearMarks、markVertex、isMarked 和 getUnmarked 等方法提供主体，以完成实现本章开始的 Weighted Graph（加权图）（WeightedGraph.java）。使用 UseGraph 类测试已完成的实现。在执行 hasVertex 时，不要忘了使用 equals 方法来对比顶点。

18. 就实现 WeightedGraph 中的每一种方法而言，识别其增长阶效率。

19. 本章中的 WeightedGraph 类将拓展至包含 boolean edgeExists 操作，该操作确定两个顶点是否由一条边连接。

- **a.** 编写这个方法的声明。包括适当注释。
- **b.** 实现该方法。

20. 本章中的 WeightedGraph 类将拓展至包含 int connects 操作，传递类型 T 的两个参数 a 和 b，代表图中的两个顶点（确保 a 和 b 都是顶点，这是先决条件），返回顶点 v 数目的计数，使得 v 连接至 a 和 b。

a. 编写这个方法的声明。包括适当注释。

b. 实现该方法。

21. 本章中的 WeightedGraph 类将拓展至包含 removeEdge 操作，移除一条给定边。

a. 编写这个方法的声明。包括适当注释。

b. 实现该方法。

22 本章中的 WeightedGraph 类将拓展至包含 removeVertex 操作，移除图中的一个顶点。

a. 删除图中的顶点比删除边要更复杂。讨论这个操作复杂度更大的原因。编写这个方法的声明。包括适当注释。

b. 实现方法。

23. 图可以用数组或者引用实现。就有关州的图（见习题 10）而言：

a. 展示描述这个图的边的邻接矩阵。按字母顺序存储顶点。

b. 展示描述这个图的边的邻接表的数组。

24. 如果图包含以下数量的顶点和边，请问图的邻接矩阵表示包含 null 边的百分比是多少？

a. 10 个顶点和 10 条边

b. 100 个顶点和 100 条边

c. 1,000 个顶点和 1,000 条边

25. 假设有 10.3 节“图的实现”中所示的基于邻接矩阵的有向图实现，请描述解答以下各个问题的算法；包括你解决方案的效率分析。

a. 返回图中的顶点数。

b. 返回图中的边数。

c. 返回顶点所示的“外边”（out edges）的最大数；比如，就图 10.3 的图的情况而言将返回 3，因为有三座城市邻接至达拉斯。

d. 返回顶点所示的“里边”（in edges）的最大数；比如，就图 10.3 的图的情况而言将返回 3，因为有三座城市邻接于亚特兰大。

e. 返回“单”（singleton）顶点的数量，也就是跟其他任何顶点并无连接的顶点。

26. 用图 10.6 中介绍的邻接表有向图的实现方法，再做一次习题 25。

27. 使用邻接矩阵表示来指定、设计一个无向的加权图类，并编写代码。

28. 使用邻接矩阵表示来指定、设计一个无向的非加权图类，并编写代码。

29. 设计并编码基于引用的加权图类，如图 10.6 把顶点存储在数组中。你的类应实现我们的 WeightedGraphInterface。

30. 设计并编码基于引用的加权图类，如图 10.7 把顶点存储在链表中。你的类应实现我们的 WeightedGraphInterface。

10.4 应用程序：图的遍历

在习题 31 至 36，假设 getToVertices 和 getUnmarked 按字母顺序返回信息。

31. 用 EmployeeGraph（见习题 5）描述使用深度优先“is there a path”算法，在搜索以下选项的路径时，顶点的标记顺序和访问 / 处理顶点的顺序：

a. 从 Susan 到 Lance

b. 从 Brent 到 John

c. 从 Sander 到 Darlene

32. 使用广度优先算法重做一次习题 31。

33. 用 StateGraph（见习题 10）描述使用深度优先“is there a path”算法，在搜索以下选项的路径时，顶点的标记顺序和访问 / 处理顶点的顺序：

a. 从德克萨斯州到阿拉斯加州

b. 从夏威夷州到加利福尼亚州

c. 从夏威夷州到德克萨斯州

34. 使用广度优先算法重做一次习题 33。

35. 我们重新设置图 10.3 中航空公司的图。撤销从达拉斯到奥斯汀和从丹佛到亚特兰大的边，添加权值为 700 从丹佛到华盛顿的边。描述使用深度优先“is there a path”算法，在搜索以下选项的路径时，顶点的标记顺序和访问 / 处理顶点的顺序：

a. 从达拉斯到休斯顿

b. 从丹佛到奥斯汀

36. 使用广度优先算法重做一次习题 35。

37. 考虑以下带有七个顶点的整个图。

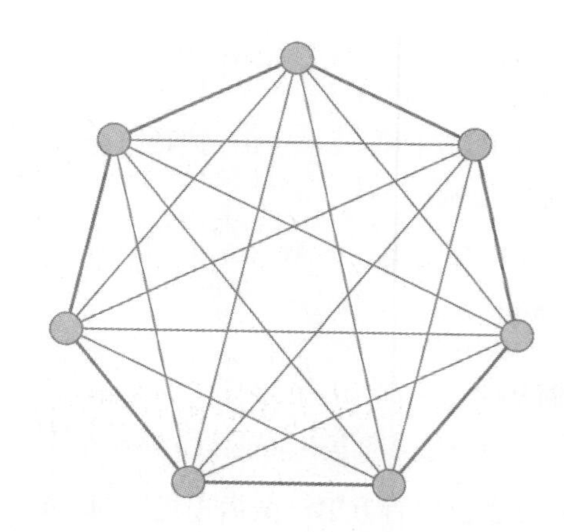

a. 重新创建图形的绘制，使其仅显示从图像顶部的顶点开始的深度优先搜索将访问的顶点的引入边。注意可能有多种答案。

b. 重新创建图形的绘制，使其仅显示从图像顶部的顶点开始的广度优先搜索将访问的顶点的引入边。注意可能有多种答案。

38. 某个文本文件包含有关有向非加权图的信息，顶点就是字符串，边逐行列出。每行包括起始顶点，后面跟着标记符号 #，再后跟着到达顶点。例如：

```
heap#priority queue
```

指的是从顶点“heap”到顶点“priority queue”之间的边，或许在这个案例中，这是表示堆（heap）用来实现优先队列（priority queue）的情况。

创建一个应用程序，将此类文本文件的名称作为命令行参数，使用 ch10.graphs 包中的 WeightedGraph 生成相对应的图，再重复提示用户输入一个起始顶点和一个到达顶点，向用户汇报 (a) 其中一个或两个顶点不存在，或 (b) 从给定的起始顶点和给定的到达顶点之间有否存在路径。

创建一个适合的输入文件，并测试你的程序。提交报告。

10.5 应用程序：单源最短路径问题

39. 追踪最短路径算法（或代码），列入后面章节中的不可达顶点，展示在航空航线（图 10.3）的例子中，如果起始顶点为以下选项，输出是什么？

a. 达拉斯

b. 亚特兰大

40. 我们重新设置图 10.3 中的航线图，撤销从达拉斯到奥斯汀、丹佛到亚特兰大、华盛顿到达拉斯和奥斯汀到休斯顿的边，添加权值为 700 的从丹佛到华盛顿的边。

追踪最短路径算法（或代码），列入后面章节中的不可达顶点，展示如果起始顶点为以下选项，输出是什么？

a. 奥斯汀

b. 亚特兰大

41. 针对 StateGraph（见习题 10），请列出图中每个顶点的不可达顶点。

42 我们的 shortestPaths 方法涉及图中两个顶点间的最短距离。创建 minEdges 方法，返回两个给定顶点间路径的最小边数。你可以将你的新方法放入我们的 useGraph 类中，并用它来测试你的代码。

43. 算出连通分量。在非正式的层面上讲，图的连通分量是图的顶点的子集，这样子集中的所有顶点通过路径相互连通。例如，下图包括了三个连通分量。

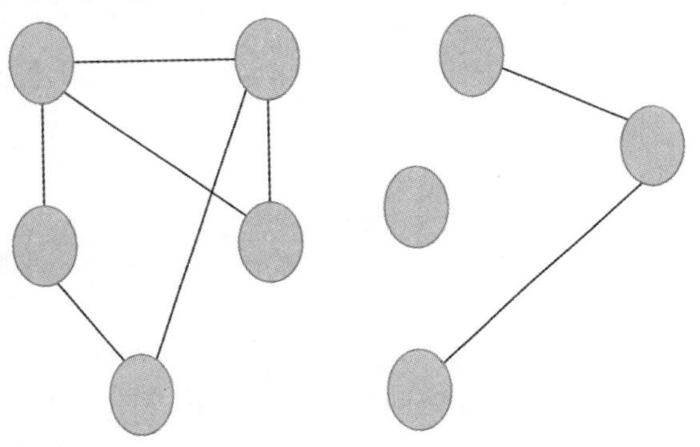

a. 创建一个无向的非加权图 ADT（类似于习题 26，但如果你想，也可以用链接表示）。

b. 测试它。

c. 创建一个生成图的应用程序，算出连通分量的数量。该图可以是“硬编码”，从文件读取，或者是随机生成的。

d. 创建一个生成有 26 个顶点的图的应用程序，并生成：

- 4、8、12、16、20、24、28、32、36 和 40 条特有的随机边。
- 每个边数都有五个图（所以你总共要生成 50 个随机图）。
- 输出每个边数的连通分量的平均数。

e. 提交报告，其中包括你的代码、输出和讨论。

排序和查找算法

知识目标

你可以

- 描述下列排序算法：
  - 选择排序
  - 冒泡排序（两个版本）
  - 堆排序
  - 快速排序
  - 合并排序
  - 插入排序
- 按时间和空间需求，分析六个排序算法的效率
- 讨论其他排序效率的考虑因素：开销，去除方法调用，程序员时间
- 描述关于排序算法的稳定性概念
- 描述并讨论下列查找算法的性能
  - 无序链表的顺序查找
  - 有序链表的顺序查找
  - 二分查找
  - 查找高概率有序列表

技能目标

你可以

- 实现下列排序算法
  - 选择排序
  - 冒泡排序（两个版本）
  - 插入排序
  - 快速排序
  - 合并排序
  - 堆排序
- 确定排序算法特定实现的稳定性
- 给定数据组织方式的描述，确定合适的查找算法

在本书的很多地方，我们已经很难保持信息有序：按照姓名或出生年份为名人排序，按照距离为航线排序，按照从小到大的顺序为整数排序，按字母序为单词排序。保持列表有序的一个原因是方便查找。给定一个恰当实现的结构，如果列表有序，很快就能找到特定的列表元素。

本章中，我们直接研究排序和查找的几个策略，对照并比较它们，讨论一般的排序/查找问题。虽然排序和查找已经为大多数的现代软件开发平台所支持，但我们仍认为学习它们对计算机科学的学生是有益的。同理，虽然语言库提供了强大的结构APIs，但我们仍需学习数据结构，所以也应该学习排序和查找。研究它们为学习基本算法和分析技术提供了一种良好的途径，这些技术有助于为构建解决问题的工具打下基础。学习这些基础知识可以为你的进一步发展打下基础，最终你将能够创造出自己独特的解决方案，解决你会遇到的独特问题。

11.1 排序

将无序列表中的数据元素按顺序排列好，即排序是非常普遍、有用的操作。整本书都写到了排序算法以及查找有序列表寻找特定元素的算法。

为大量元素排序可能会非常耗时，所以高效的排序算法非常重要。我们如何描述效率？列表元素的比较，即比较两个列表元素确定哪个元素较小的操作是大多数排序算法的核心操作。我们使用对所需元素的比较次数作为衡量每个算法的标准。对每个算法，相对于要排序列表的大小，计算比较次数。然后基于计算结果，我们使用增长阶符号简洁地描述算法的效率。

排序效率

我们选择专注于排序期间的比较次数来衡量排序效率。或者，我们可以专注于“交换”的次数–即交换两个值，或“移动”的次数–改变元素的位置。在Java中，当交换或移动元素时，我们实际上操作的是元素的引用。在某些语言中却不是这样的，需要移动真实的元素本身，这是一个潜在的成本高昂的操作。这种情况下，程序员有时会模拟Java中使用的“通过引用”模型，使用数组存储元素并操作数组的索引而不是元素本身。

除了比较元素，我们的每个算法都包含另一个基本操作：交换列表中两个元素的位置。为列表排序所需的元素交换次数是衡量排序效率的另一个标准。对大多数应用程序来说，选择一个排序算法时，内存空间并不是一个重要的因素。我们只考虑两种排序，其中内存空间是要考虑的因素。通常的时间与空间权衡会应用于排序中，更多的空间通常意味着更短的时间，反之亦然。

测试工具

为了便于学习排序，我们开发了标准的测试工具，一个可用来测试每个排序算法的驱动程序。由于只是为了测试我们的实现并方便学习，所以我们保持该程序简单一些。该程序只由一个叫作Sorts的类组成。Sorts类定义了一个可以存储50个整数的数组，并将该数组命名为values。该类还定义了一些静态方法：

- initValues。使用0至99之间的随机数初始化values数组，使用Java数学类库中的abs方法（取绝对值）和Random类的nextInt方法。
- isSorted。返回一个boolean值，指示values数组当前是否已有序。
- swap。交换数组中两个位置之间的数值，这在很多排序算法中都是很常见的。该方法交换values[index1]和values[index2]之间的整数值，其中index1和index2都是该方法的参数。
- printValues。将values数组内容打印到System.out流，输出均匀排列在10列中。

下面是该测试工具的代码：

```
//----------------------------------------------------------------------------
// Sorts.java            程序员：Dale/Joyce/Weems              Chapter 11
//
// 用于运行排序算法的测试工具。
//----------------------------------------------------------------------------
package ch11.sorts;

import java.util.*;
import java.text.DecimalFormat;

public class Sorts
{
  static final int SIZE = 50;                // 要排序数组的大小
  static int[] values = new int[SIZE];       // 要排序的数值

  static void initValues()
  // 使用 0 至 99 之间的随机数初始化 values 数组。
  {
    Random rand = new Random();
    for (int index = 0; index < SIZE; index++)
      values[index] = Math.abs(rand.nextInt()) % 100;
  }

  static public boolean isSorted()
  // 如果 values 数组已排序，则返回 true，否则返回 false。
```

```
{
  for (int index = 0; index < (SIZE - 1); index++)
    if (values[index] > values[index + 1])
      return false;
  return true;
}

static public void swap(int index1, int index2)
// 前置条件：index1 和 index2 >=0 且 <SIZE。
//
// 交换位于 values 数组 index1 和 index2 位置的整数值。
{
  int temp = values[index1];
  values[index1] = values[index2];
  values[index2] = temp;
}

static public void printValues()
// 打印 values 数组的所有整数。
{
  int value;
  DecimalFormat fmt = new DecimalFormat("00");
  System.out.println("The values array is:");
  for (int index = 0; index < SIZE; index++)
  {
    value = values[index];
    if (((index + 1) % 10) == 0)
      System.out.println(fmt.format(value));
    else
      System.out.print(fmt.format(value) + " ");
  }
  System.out.println();
}

public static void main(String[] args) throws IOException
{
  initValues();
  printValues();
  System.out.println("values is sorted: " + isSorted());
  System.out.println();


  swap(0, 1);
```

```
    printValues();
    System.out.println("values is sorted: " + isSorted());
    System.out.println();
  }
}
```

在这个版本的Sorts中，main方法初始化了values数组，打印该数组，并打印出isSorted的值，交换数组前两个值，然后又打印了关于数组的信息。当前定义的Sorts类的输出如下：

```
the values array is:
20 49 07 50 45 69 20 07 88 02
89 87 35 98 23 98 61 03 75 48
25 81 97 79 40 78 47 56 24 07
63 39 52 80 11 63 51 45 25 78
35 62 72 05 98 83 05 14 30 23

values is sorted: false

the values array is:
49 20 07 50 45 69 20 07 88 02
89 87 35 98 23 98 61 03 75 48
25 81 97 79 40 78 47 56 24 07
63 39 52 80 11 63 51 45 25 78
35 62 72 05 98 83 05 14 30 23

values is sorted: false
```

当继续研究排序算法时，我们将继续向Sorts类中添加实现该算法的方法，并修改main方法以调用这些方法。可以使用isSorted和printValues方法帮助我们检查结果。

由于我们的排序方法是为了与该测试工具一起使用的，所以测试工具可以直接访问静态values数组。一般情况下，我们可以修改每个排序算法，使其接受对要排序的基于数组的列表的引用作为参数。

11.2 简单排序

本节我们介绍三种“简单”排序，之所以这样叫是因为它们使用简单的强力方法。这意味着这些排序方法并不太高效，但却易于理解和实现。其中两种算法之前在本书中介绍过——选择排序和插入排序。这里我们重温这些算法，并介绍冒泡排序。相比之前的介绍，在这里我们更正式地更详细地介绍它们。

选择排序

在1.6节“比较算法：增长阶分析”中，我们介绍了选择排序。这里我们更正式地介绍该算法。

如果我们递交一份纸质名单列表，并要求按照字母序排列这些名字，我们可能要使用这种一般方法：

1. 按字母序选择排在第一位的名字，并将它写在第二张纸上。

2. 在第一张纸上划掉该名字。

3. 对第二个名字、第三个名字等重复步骤1和步骤2，直到第一张纸上所有的名字都被划掉并写到了第二张纸上，此时，第二张纸上的列表已排好序。

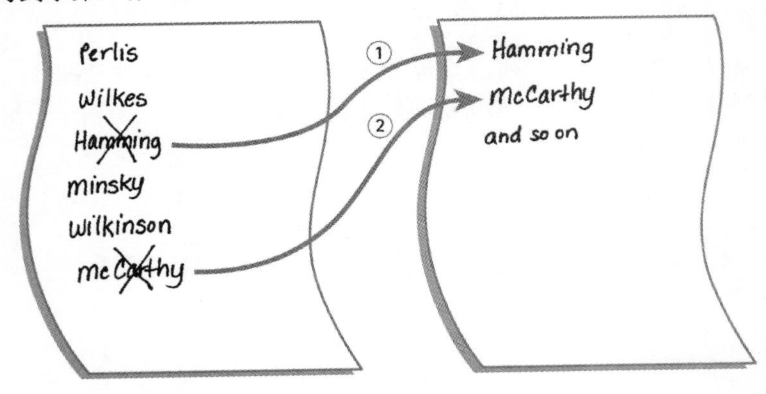

该算法很容易翻译成计算机程序，但是却有一个缺点：它需要内存空间去存储两个完整的列表。这种重复显然是浪费的。稍微调整一下这种手动方法就不再需要重复空间。无需把“第一个”名字写到单独的纸上，只需将其与第一张纸上第一个位置的名字交换即可。

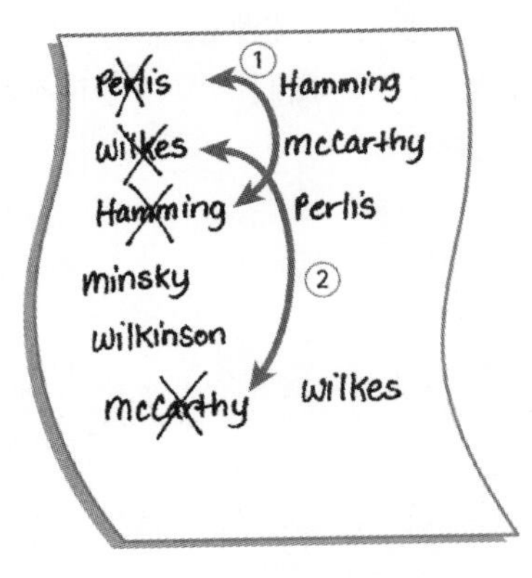

重复此步骤，直到第一张纸上的列表有序。

在我们的程序中，该“手工列表”表示为数组。下面是更正式的算法。

选择排序

for current从0到SIZE−2
　寻找数组中最小的未排序元素的索引
　交换当前元素与最小未排序元素

图11.1演示了为包含五个元素的数组排序时，算法所采取的步骤。该图的每个部分都代表了for循环的一次迭代。每个部分的第一步表示的都是“寻找最小的未排序元素”这个步骤。为此，我们重复检查未排序的元素，询问是否每个元素都是目前我们所见到的最小元素。每个图中的第二个部分显示了要交换的两个数组元素，最后一个部分显示了交换的结果。

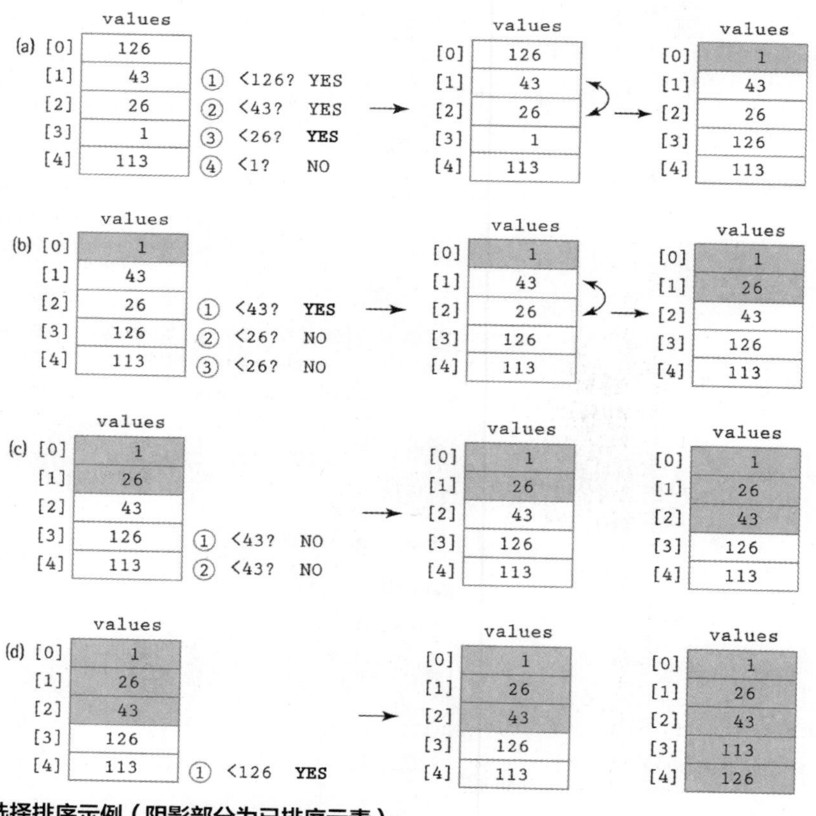

图11.1　选择排序示例（阴影部分为已排序元素）

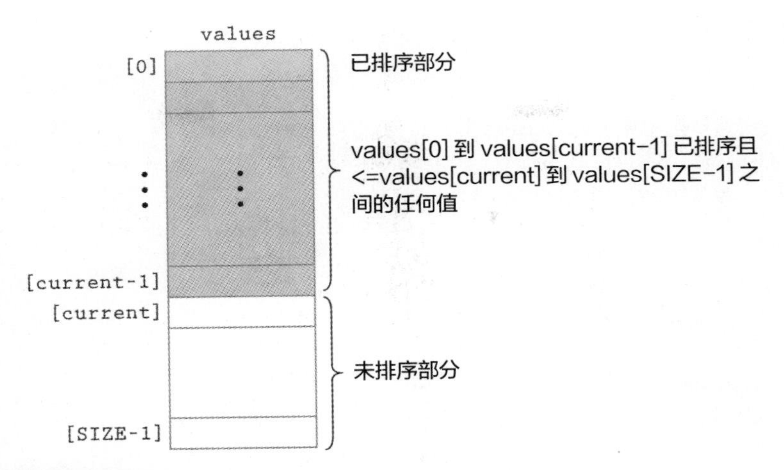

图11.2 选择排序算法快照

在处理过程中，我们将数组看作是被分成已排序和未排序的两个部分。每次我们执行for循环体，已排序部分就增加一个元素，未排序部分就减少一个元素。例外发生在最后一步，已排序部分增加了两个元素。你知道为什么吗？除了最后一个元素以外，当所有数组元素到达正确位置时，默认最后一个元素也到达了其正确位置。这就是为什么for循环终止在索引SIZE-2而不是数组的末尾索引SIZE-1。

我们使用selectionSort方法实现该算法，该方法将成为Sorts类的一部分。selectionSort方法为Sorts类中声明的values数组排序。该方法可以访问表示数组中元素个数的SIZE常量。在selectionSort方法中，我们使用变量current标识数组未排序部分的起点，这样数组的未排序部分就从索引current到索引SIZE-1。我们从将current设置为第一个位置(0)的索引开始。图11.2提供了选择排序算法期间的数组快照。

我们使用辅助方法寻找未排序部分的最小值的索引。minIndex方法接受未排序部分的第一个和最后一个索引，并返回这部分的最小值索引。我们还会使用测试工具中的swap方法。

下面是minIndex和selectionSort方法的代码。由于它们直接放在我们的测试工具类中（该类有一个main方法），所以将它们声明为静态方法。

```
static int minIndex(int startIndex, int endIndex)
// 返回 values[startIndex] 到 values[endIndex] 之间的最小值索引。
{
  int indexOfMin = startIndex;
  for (int index = startIndex + 1; index <= endIndex; index++)
    if (values[index] < values[indexOfMin])
      indexOfMin = index;
```

```
  return indexOfMin;
}
static void selectionSort()
// 使用选择排序算法对 values 数组进行排序。
{
  int endIndex = SIZE - 1;
  for (int current = 0; current < endIndex; current++)
    swap(current, minIndex(current, endIndex));
}
```

让我们修改一下测试工具的main方法：

```
initValues();
printValues();
System.out.println("values is sorted: " + isSorted());
System.out.println();
selectionSort();
System.out.println("Selection Sort called\n");
printValues();
System.out.println("values is sorted: " + isSorted());
System.out.println();
```

现在我们从程序中得到的输出是这样的：

```
The values array is:
92 66 38 17 21 78 10 43 69 19
17 96 29 19 77 24 47 01 97 91
13 33 84 93 49 85 09 54 13 06
21 21 93 49 67 42 25 29 05 74
96 82 26 25 11 74 03 76 29 10

values is sorted: false

Selection Sort called

The values array is:
01 03 05 06 09 10 10 11 13 13
17 17 19 19 21 21 21 24 25 25
26 29 29 29 33 38 42 43 47 49
49 54 66 67 69 74 74 76 77 78
82 84 85 91 92 93 93 96 96 97
values is sorted: true
```

我们可以使用同样的方法测试我们所有的排序算法。

分析选择排序

现在我们尝试衡量一下该算法所需的“工作”量。我们将比较次数描述为数组中元素个数的函数，即SIZE。简而言之，我们在本讨论中将SIZE称为N。

比较操作在minIndex方法中。我们从selectionSort方法的循环条件中得知minIndex被调用了N-1次。在minIndex中，比较次数因startIndex和endIndex的值而不同。

```
for (int index = startIndex + 1; index <= endIndex; index++)
  if (values[index] < values[indexOfMin])
    indexOfMin = index;
```

首次调用minIndex时，startIndex是0，endIndex是SIZE-1，所以比较次数是N-1；下一次调用时，比较次数是N-2，以此类推；直到最后一次调用，只有一次比较。所以比较次数的总和是

$$(N-1)+(N-2)+(N-3)+\ldots+1=N(N-1)/2$$

要完成对N个数组元素排序的目标，选择排序需要N(N-1)/2次比较。数组中值的特定排列不会影响所需工作量。即使在调用selectionSort之前，数组已排好序，该方法仍需要N(N-1)/2次比较。表11.1展示了不同大小的数组所需的比较次数。

该算法如何用增长阶表示法描述呢？如果我们将N(N-1)/2表达为$\frac{1}{2}N^2-\frac{1}{2}N$，就很容易确定其复杂度。在O表示法中，我们只考虑$\frac{1}{2}N^2$，因为它相对于N增长最快。进一步，我们忽略常量1/2，使该算法为$O(N^2)$。因此，对于大的N值，计算时间近似于N^2成比例。请看表11.1，我们发现将元素数乘以10会使比较次数增加约100倍。也就是说，比较次数乘以增加的元素个数的平方。看看这个表会让我们明白为什么排序算法是如此受关注的主题：使用selectionSort对拥有1000个元素的数组排序大约需要比较50万次！

表 11.1　使用选择排序对不同大小的数组进行排序所需的比较次数

Number of Elements	Number of Comparisons
10	45
20	190
100	4,950
1,000	499,500
10,000	49,995,000

在选择排序中，每次迭代找到未排序元素的最小值并将其放到正确的位置上。如

果我们让辅助方法找到最大值而不是最小值，算法会按降序排序。我们也可以让循环从SIZE-1降至1，先将元素放置到数组的末尾。所有这些方法都是选择排序的变体。这些变体不会改变基本方法，即先找到最小（或最大）元素，也不会提升算法的效率。

冒泡排序

冒泡排序采用不同的方式寻找最小（或最大）值。每次迭代将未排序的最小元素放置到其正确的位置上，但它同时也会对数组中其他元素的位置进行更改。首次迭代时，将数组中的最小值放到数组中的第一个位置上。从最后一个数组元素开始，我们比较连续的元素对，当该对下面的元素小于上面的元素时，就交换两个值。这样，最小元素就会“冒泡”到元素的最顶端。

图11.3显示了在包含5个元素的数组中进行第一次迭代的结果。下一次迭代使用同样的办法，将数组中未排序部分的最小值放到数组的第二个位置上，如图11.3b所示。剩下的排序过程如图11.3c和11.3d所示。除了将一个元素放置到合适的位置上以外，每次迭代都会导致数组中发生一些中间变化。还要注意，选择排序的最后一次迭代会高效地将两个元素放置到其正确的位置上。

冒泡排序的基本算法如下：

冒泡排序

将current设置为数组中第一个元素的索引
while 数组未排序部分还有更多的元素
    将未排序部分的最小元素“向上冒泡”，如需要则进行中间交换
    通过增加current值，减少数组的未排序部分

整体方法类似于selectionSort中的方法。数组中未排序的部分是从values[current]到values[SIZE-1]的区域。Current的值从0开始，然后我们进行循环，每次迭代增加current的值直到current的值达到SIZE-2。在每次迭代的循环体入口，第一个current值已经被排好序，数组中未排序部分的所有元素都大于或等于已排序元素。

然而，循环体内部则不同。循环的每次迭代，都将数组未排序部分的最小值“向上冒泡”到current位置上。冒泡任务的算法如下：

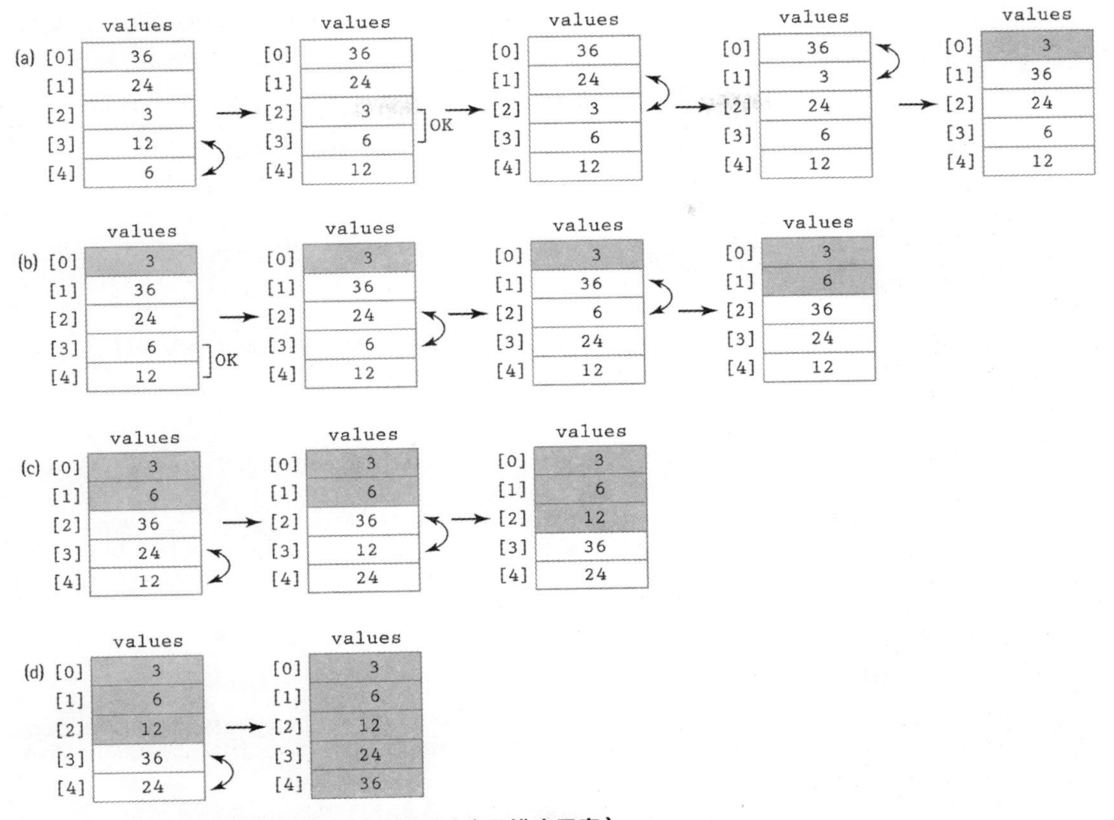

图11.3 冒泡排序的示例（阴影部分为已排序元素）

bubbleUp(startIndex,endIndex)

for 从endIndex递减到startIndex+1的每个index
　if values[index] < values[index−1]
　　交换index和index−1的值

该算法执行期间的数组快照如图11.4所示。我们像以前一样使用swap方法。下面是bubbleUp和bubbleSort方法的代码。该代码可以使用我们的测试工具进行测试。

```
static void bubbleUp(int startIndex, int endIndex)
// 从 values[endIndex] 开始
// 交换 values[startIndex] 到 values[endIndex] 之间乱序的相邻对。
```

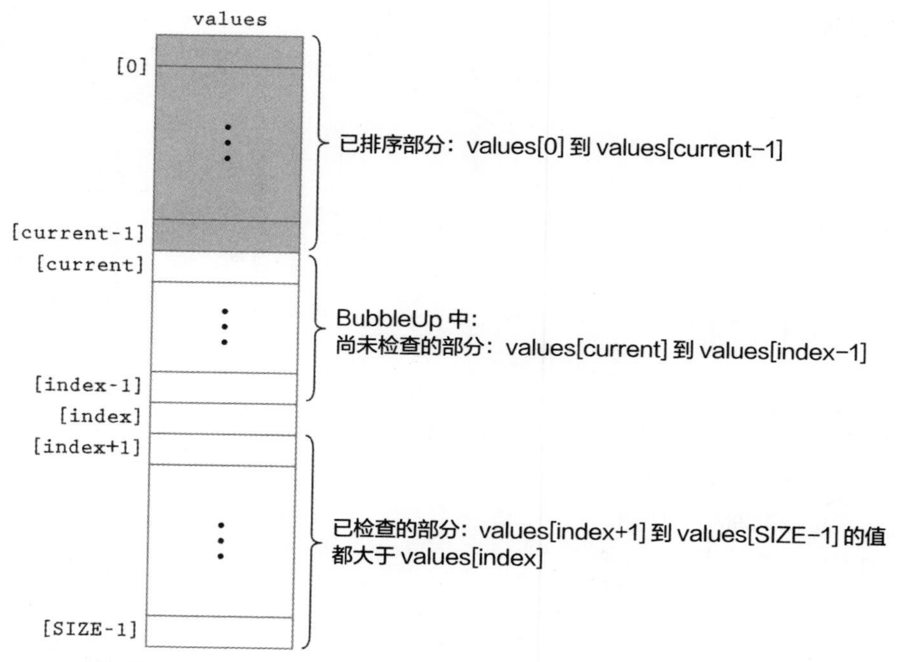

图11.4 冒泡排序算法的快照

```
{
  for (int index = endIndex; index > startIndex; index--)
    if (values[index] < values[index - 1])
      swap(index, index - 1);
}

static void bubbleSort()
// 使用冒泡排序算法对 values 数组进行排序。
{
  int current = 0;
  while (current < (SIZE - 1))
  {
    bubbleUp(current, SIZE - 1);
    current++;
  }
}
```

分析冒泡排序

分析bubbleSort所需的工作量很简单，因为它和选择排序算法相同。比较发生在

bubbleUp中，被调用了N-1次。第一次比较次数为N-1次，第二次为N-2次，以此类推。

因此，就比较次数而言，bubbleSort和selectionSort需要同样的工作量。bubbleSort代码不只是进行比较。selectionSort每次迭代只交换一次数据，而bubbleSort可能会进行许多额外的数据交换。

这些中间数据交换的结果是什么？发现无序数据对时就调换它们的位置，冒泡排序可以在每次传递期间将几个元素更近地移动到它们的最终目的地。在N-1次调用bubbleUp之前，该方法可能就已经为数组排好序了。然而，这一版本的冒泡排序不会在数组完全有序的时候停下来。即使调用bubbleSort时数组已然有序，该方法依然会继续调用bubbleUp（什么都不会改变）N-1次。

如果bubbleUp返回boolean类型的标志，在数组排好序的时候告诉我们，我们就可以在最大迭代次数之前退出。在bubbleUp中，我们首先将sorted变量设置为true，然后在循环中，如果发生了任何交换，我们将sorted重置为false。如果没有元素被交换，我们就可以判断数组已经有序。当数组有序时，冒泡排序只需对bubbleUp再做一次额外的调用。这一版本的冒泡排序如下：

```
static boolean bubbleUp2(int startIndex, int endIndex)
// 从 values[endIndex] 开始交换 values[startIndex] 到 values[endIndex] 之间的
// 无序邻近对。
//
// 如果做了交换，返回 false；否则返回 true。
{
  boolean sorted = true;
  for (int index = endIndex; index > startIndex; index--)
    if (values[index] < values[index - 1])
    {
      swap(index, index - 1);
      sorted = false;
    }
  return sorted;
}

static void shortBubble()
// 使用冒泡排序算法对 values 数组进行排序。
//values 一旦排好序后，该过程就停止。
{
  int current = 0;
  boolean sorted = false;
  while ((current < (SIZE - 1)) && !sorted)
  {
    sorted = bubbleUp2(current, SIZE - 1);
```

```
      current++;
    }
  }
```

分析shortBubble比较困难。很明显，如果开始的时候数组已经是有序的，那么调用一次bubbleUp我们就会知道。在这种最佳情况下，shortBubble是O(N)的，排序仅需比较N-1次。但是如果在调用shortBubble之前，初始数组实际上是按照降序排列的呢？这是最糟糕的情况：shortBubble需要与bubbleSort和selectionSort同样的比较次数，更不要提“开销”——所有额外的交换、设置和重置sorted标志。我们能计算平均情况吗？首次调用bubbleUp时，current是0，比较次数为SIZE-1；第二次调用时，current是1，比较次数为SIZE-2。任意一次调用bubbleUp时，比较次数为SIZE-current-1。如果我们用N表示SIZE，用K表示shortBubble完成其工作之前调用bubbleUp的次数，那么所需的总比较次数为：

$$\underbrace{(N-1)}_{\text{第一次调用}} + \underbrace{(N-2)}_{\text{第二次调用}}\ 1\ \underbrace{(N-3)}_{\text{第三次调用}} + \ldots + \underbrace{(N-K)}_{\text{第 n 次调用}}$$

通过代数运算将此公式更改为：

$$(2KN - 2K^2 - K) / 2$$

在O表示法中，与N相关的项中增长最快的是2KN。我们知道K位于1和N-1之间。通常而言，在所有可能的输入顺序中，K与N都是成比例的。因此，2KN与N^2是成比例的，也就是说，shortBubble算法也是$O(N^2)$的。

既然冒泡排序算法是$O(N^2)$的并且需要额外移动数据，为什么我们还要费心去讨论它呢？由于冒泡排序执行了额外的中间交换，它可以将“几乎”有序的数组快速排好序。如果使用shortBubble变体，那么在这种情况下，冒泡排序可以非常高效。

插入排序

在6.4节“基于数组的有序列表的实现”中，我们描述了插入排序算法，以及如何使用它保持列表有序。这里我们提出基本相同的算法，虽然在当前的讨论中，我们假设从一个无序数组开始，使用插入排序将其更改为有序数组。

插入排序的原则非常简单：数组中每个要排序的后继元素，相对于其他已排序的元素，都插入到其正确的位置上。与前面提到的排序策略一样，我们将数组分成已排序部分和未排序部分（与选择排序和冒泡排序不同的是，未排序部分的值可能小于已排序部分的值）。最初，已排序部分只包含一个元素：数组中的第一个元素。现在我们取出数组中的第二个元素，并将其插入到已排序部分的正确位置上，也就是说，values[0]和values[1]相对于彼此来说都已经是有序的。现在将values[2]中的值插入到其合适的位置上，这样从values[0]到values[2]相对于彼此来说都是有序的。继续这样处理，直到所有的元素都是有序的。

Chapter 6中，我们的策略是使用二分查找搜索插入点，然后从插入点向下移动元素，为新元素腾出空间。

从数组已排序部分的末尾开始，我们可以合并元素的查找与移动。我们比较values[current]及其之前的元素，如果values[current]小于它之前的元素，我们就交换两个元素。然后我们比较values[current-1]及其之前的元素，如果需要就交换两个元素。当比较显示所有的值都已有序或者我们已经交换到数组的第一个位置，该过程就停止。

图11.5演示了这个过程，我们将在下面的算法中描述它。图11.6表示算法执行期间的数组快照。

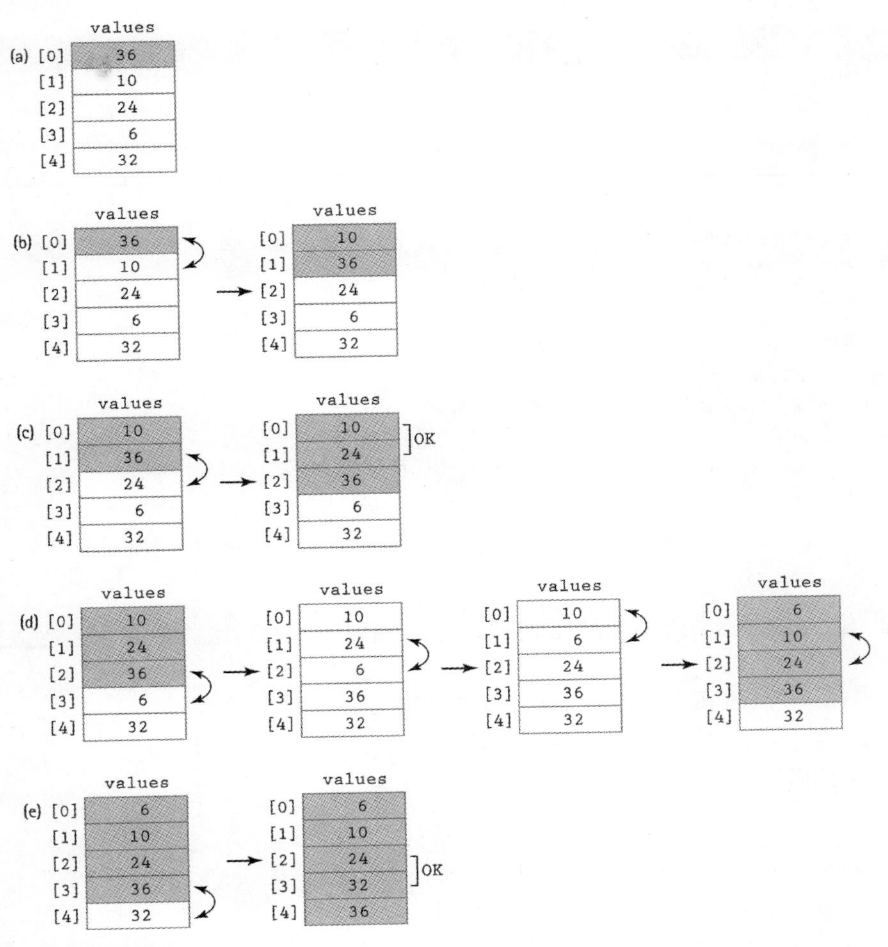

图11.5 插入排序示例

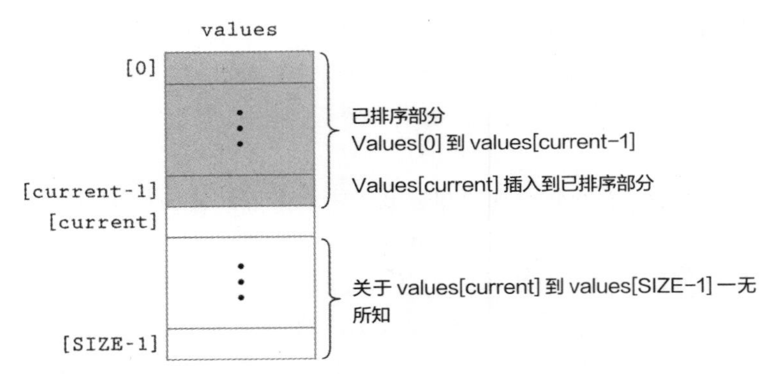

图11.6 插入排序算法快照

For count从1到SIZE-1

for 从1到SIZE−1的count值
    insertElement(0,count)

InsertElement(startIndex, endIndex)

```
设置 finished 为 false
设置 current 为 endIndex
设置 moreToSearch 为 true
while moreToSearch AND NOT finished
     if values[current] < values[current - 1]
         swap(values[current], values[current -1])
         减少 current 的值
         设置 moreToSearch 为 (current 不等于 startIndex)
     else
          设置 finished 为 true
```

下面是insertElement和insertionSort的代码：

```
static void insertElement(int startIndex, int endIndex)
// 完成时，values[0] 到 values[endIndex] 都已排好序。
{
  boolean finished = false; int current = endIndex; boolean moreToSearch
= true;
  while (moreToSearch && !finished)
```

```
    {
      if (values[current] < values[current - 1])
      {
        swap(current, current - 1);
        current--;
        moreToSearch = (current != startIndex);
      }
      else
        finished = true;
    }
  }

static void insertionSort()
// 使用插入排序算法为 values 数组排序。
{
  for (int count = 1; count < SIZE; count++)
    insertElement(0, count);
}
```

分析插入排序

此算法的一般情况与selectionSort和bubbleSort很像，所以一般情况是$O(N^2)$的。但是和shortBubble类似，insertionSort也有一种最好的情况：数据已按升序排列。当数据升序排列时，insertElement被调用N次，但是每次只做一次比较且无需交换数据。当数组中的元素降序排列时，才需要最大次数的比较。

插入排序从数组未排序部分取出“下一个”元素，并将其插入到已排序部分，以便有序部分可以保持有序。因此，面对每次只出现一个元素的情况时（可能通过网络或交互的用户），插入排序是一个很好的排序选择。在元素到达的间歇期内，插入排序继续处理，这样在最后一个元素到达时，完成排序就非常简单了。

如果我们对要排序数据的原始顺序一无所知，selectionSort、shortBubble和insertionSort都是$O(N^2)$的排序，对大型数组排序非常耗时。当N很大时，有几种排序方法的性能更好，我们将在下一节中介绍。

11.3 O(Nlog$_2$N)排序

11.2节“简单排序”中介绍的排序算法都是$O(N^2)$。考虑一下，当数组大小增加的时候，N^2的增速有多快？我们有更好的方法吗？我们注意到N^2比$(½N)^2+(½N)^2$大得多。如果我们可以把数组分成两部分，对每个部分分别排序，然后将两部分合在一起，那么对数组排序时，工作量应该更少。该方法的示例如图11.7所示。

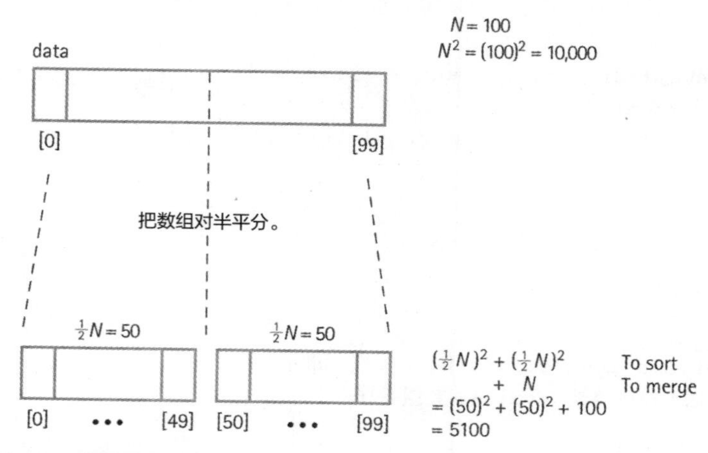

图11.7 分而治之排序的基本原理

“分而治之”的理念已经以多种方式应用到排序问题中，产生了多种比$O(N^2)$更高效的算法。事实上，有一类排序算法都是$O(N\log^2 N)$的，这里我们研究其中的三种算法：mergeSort、quickSort和heapSort。正如你猜测的，这些方法的效率是以牺牲在选择、冒泡和插入排序算法中的简单性为代价而实现的。

合并排序

合并排序算法直接采取上面所介绍的理念。

合并排序

将数组分成两半
对左半部分排序
对右半部分排序
将两半已排序部分合并为一个有序数组

将两半数组合并起来是O(N)的任务：我们只需遍历有序的两半部分，比较连续的值对（每半部分中一个值），在最终解决方案中，将较小的值放到下一个位置。虽然对每一半使用的排序算法都是$O(N^2)$的，但我们可以看到对用一次排序整个数组的一些改进，如图11.7所示。

实际上，由于mergeSort本身是个排序算法，我们也可以使用它对两半部分进行排序。这是正确的，我们可以将mergeSort做成递归方法，让它调用其自身为两个子数组进行排序。

mergeSort——Recursive

将数组分成两半
mergeSort左半部分
mergeSort右半部分
将两半有序部分合并成一个有序数组

这是一般情况。基准情形是什么，即不包含任何对mergeSort的递归调用？如果要排序的“一半”不包含多于一个的元素，我们则认为它已经有序并只是返回。

这里我们按照用于其他递归算法的格式总结一下mergeSort。初始方法调用应该是mergeSort(0,SIZE-1)。

mergeSort(first, last)方法

定义： 按升序为数组元素排序。
大小： last-first+1
基准情形： 如果大小小于2，什么都不做。
一般情形： 将数组分成两半。
mergeSort左半部分。
mergeSort右半部分。
将有序的两半部分合并成一个有序数组。

将数组分成两半仅需要找到第一个和最后一个索引之间的中间点：

```
middle = (first + last) / 2;
```

然后，在较小调用方的惯例中，我们可以递归调用mergeSort：

```
mergeSort(first, middle);
mergeSort(middle + 1, last);
```

到目前为止，这非常简单。现在只需要将两半部分合并在一起，我们就完成了。

合并有序的两半部分

对于合并排序来说，所有重要的工作都发生在合并这一步。首先看一下合并两个

有序数组的一般方法，然后我们可以看看子数组这个具体的问题。

要合并两个有序数组，我们比较连续的元素对，每个元素来自一个数组，将每对中较小的值移动到“最终”数组中。当一个数组中的元素比较完时，我们就可以停下来，然后将另一个数组中的剩余元素都添加到最终数组中。图11.8演示了该一般算法。在我们的具体问题中，要合并的两个“数组”实际上都是原始数组的子数组（图11.9）。如图11.8所示，当我们将array1和array2合并到第三个数组时，需要将两个子数组合并到一些辅助结构中。我们需要该结构——另一个数组，仅是临时性的。合并步骤完成后，我们可以把现在有序的元素拷贝回原始数组。整个过程如图11.10所示。

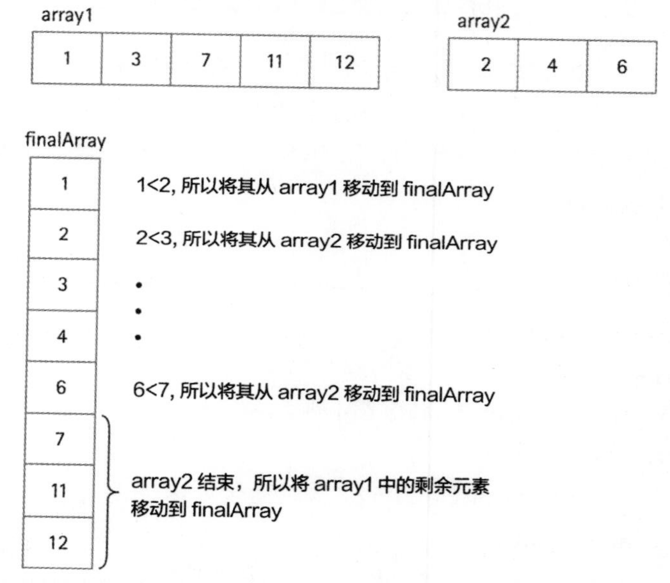

图11.8 合并两个有序数组的策略

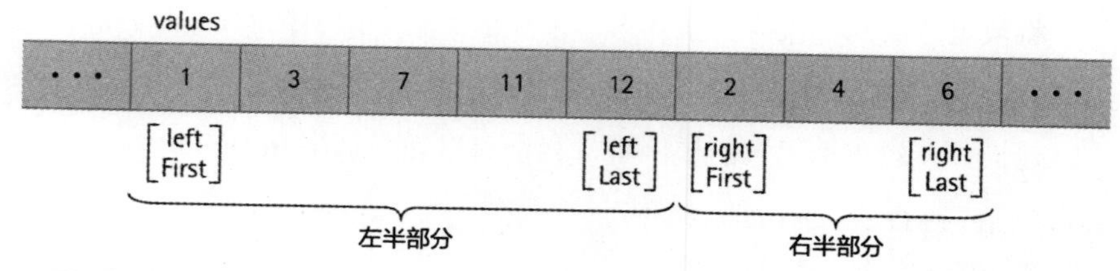

图11.9 两个子数组

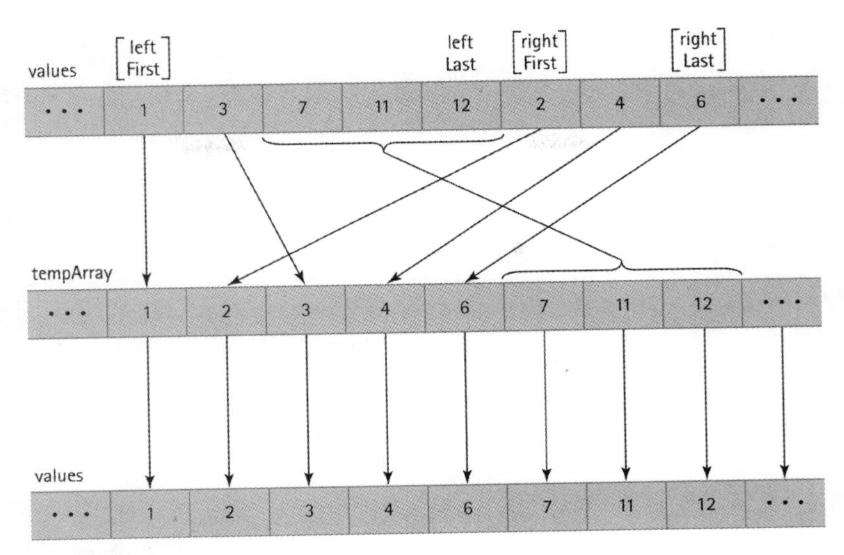

图11.10 合并两半有序部分

下面是merge算法：

merge (leftFirst, leftLast, rightFirst, rightLast)

```
(使用局部数组，tempArray)
设置index为leftFirst
while 左半部分有元素 AND 右半部分有元素
  if values[leftFirst]<values[rightFirst]
     设置tempArray[index]为values[leftFirst]
     增加leftFirst
  else
     设置tempArray[index]为values[rightFirst]
     增加rightFirst
  增加index
拷贝左半部分剩下的元素到tempArray
拷贝右半部分剩下的元素到tempArray
将tempArray中的有序元素拷贝回values
```

在merge方法的编码过程中，我们分别使用leftFirst和rightFrist来指示左半部分和右半部分的“当前”位置。由于这两个变量不是对象而是原始类型的整型值，所以传递给merge方法的是这两个参数的拷贝，而不是引用。在merge方法中，会更改参数的拷贝值，但这不会影响到原始值。“拷贝任何剩余元素”的循环都被包含进来。在该方法执行期间，其中一个循环永远不会执行，你能解释一下原因吗？

```
static void merge (int leftFirst, int leftLast, int rightFirst, int rightLast)
// 前置条件：values[leftFirst] 到 values[leftLast] 是有序的，values[rightFirst] 到
//values[rightFirst] 也是有序的。
//
// 通过合并两个子数组，为 values[leftFirst] 到 values[rightLast] 排序。
{
  int[] tempArray = new int [SIZE];
  int index = leftFirst;
  int saveFirst = leftFirst;        // 用来记录拷贝回哪里

  while ((leftFirst <= leftLast) && (rightFirst <= rightLast))
  {
    if (values[leftFirst] < values[rightFirst])
    {
      tempArray[index] = values[leftFirst];
      leftFirst++;
    }
    else
    {
      tempArray[index] = values[rightFirst];
      rightFirst++;
    }
    index++;
  }

  while (leftFirst <= leftLast)
  // 从左半部分拷贝剩余元素。
  {
    tempArray[index] = values[leftFirst];
    leftFirst++;
    index++;
  }

  while (rightFirst <= rightLast)
  // 从右半部分拷贝剩余元素。
  {
    tempArray[index] = values[rightFirst];
    rightFirst++;
    index++;
```

```
    }

    for (index = saveFirst; index <= rightLast; index++)
      values[index] = tempArray[index];
}
```

正如我们之前说的，大部分的工作都发生在合并任务中。真正的mergeSort方法很简短：

```
static void mergeSort(int first, int last)
// 使用合并排序算法对 values 数组进行排序。
{
  if (first < last)
  {
    int middle = (first + last) / 2;
    mergeSort(first, middle);
    mergeSort(middle + 1,    last);
     merge(first, middle, middle + 1, last);
  }
}
```

分析mergeSort

mergeSort方法将初始数组分为两半。它首先对前半部分排序，然后使用同样的方法对后半部分排序，最后合并这两部分。要对前半部分排序，mergeSort方法采用同样的分割与合并方法。对后半部分排序同样如此。在排序过程中，分割与合并操作混杂在一起。如果我们想象成所有的分割操作首先发生，紧跟着是所有的合并操作，就可以简化分析过程——我们可以用这种方式看待整个过程，而不会影响算法的正确性。

我们将mergeSort算法视为将原始数组（大小为N）不断地分为两部分，直到创建N个只有一个元素的子数组。图11.11通过原始大小为16的数组展示了这一观点。将数组一分为二，反复不断地这样做，直到子数组的大小为1，所需的全部工作量为O(N)。最终我们得到了大小为1的N个子数组。

很明显，每个大小为1的子数组都是有序的子数组。该算法真正要做的是将较小的有序子数组合并成较大的有序子数组。使用merge操作将两个大小为X和Y的有序子数组合并成一个有序的子数组，需要O(X+Y)步。我们可以看到这一点，因为每次通过merge方法的while循环，我们都可以将leftFirst索引或rightFirst索引向前移动1。当这两个索引大于它们对应的“最后”索引时，停止处理，由此我们知道一共需要(leftLast-leftFirst + 1) + (rightLast – rightFirst + 1)步。该表达式表示两个正在处理的子数组的长度之和。

我们必须执行多少次merge操作？并且涉及的子数组的大小是多少呢？在这里，我们从下往上看。初始数组的大小为N，最终被分割成N个大小为1的子数组。基于上一段中的分析，将两个大小为1的子数组合并成大小为2的子数组需要1+1=2步。我们必须一共执行该merge操作½N次（我们有N个只有一个元素的子数组，一次合并两个子数组）。因此，创建所有有序的两个元素的子数组所需的步骤总数为O(N)，因为（2*½N）=N。

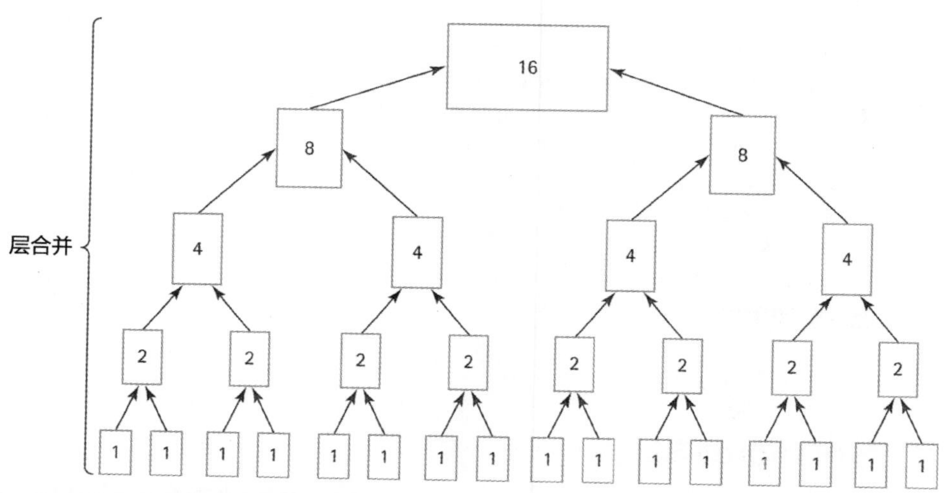

图11.11　N=16时对合并排序算法的分析

现在我们重复此过程，创建只包含四个元素的子数组。合并两个包含双元素的子数组需要四步。我们须执行该merge操作共¼N次（有½N个双元素子数组并且每次合并两个）。因此，创建所有有序的包含四个元素的子数组的步骤总数也是O(N)，因为（4* ¼N=N）。同样的推理使我们得出结论，合并其他每个级别都需要O(N)步——子数组的大小在每一层都加倍，但是子数组的数量都减半，两者平衡。

现在我们知道，在每一层执行合并操作，总共都需要O(N)步。有多少层呢？合并的层数等于我们把原始数组一分为二的次数。如果初始数组的大小为N，我们就有$\log_2N$层。例如，在图11.11中，初始数组的大小为16，合并的层数为4。

由于我们有$\log_2N$层，每层需要O(N)步，因此merge操作的总成本是$O(N\log_2N)$。表11.2展示了对于较大的N值，$O(N\log_2N)$相对于$O(N^2)$是一个很大的提升。

mergeSort的缺点是需要和要排序的初始数组一样大的辅助数组。如果数组很大并且空间是一个关键因素的话，该排序方法就不是恰当的选择。存在不需要辅助数组的合并排序变体，然而它们更复杂，因此时间效率较低。接下来，我们讨论两个$O(N\log_2N)$排序，它们在初始数组内移动元素，无需辅助数组。

表 11.2 比较N^2和$N\log_2 N$

N	$\log_2 N$	N^2	$N\log_2 N$
32	5	1,024	160
64	6	4,096	384
128	7	16,384	896
256	8	65,536	2,048
512	9	262,144	4,608
1,024	10	1,048,576	10,240
2,048	11	4,194,304	22,528
4,096	12	16,777,216	49,152

快速排序

与合并排序类似，快速排序也是分而治之的算法，它本质上是递归。如果有一堆期末考试需要按名字排序，我们可使用下面的方法（见图11.12）：选择一个分割值，比如L，然后将这些考试分成两堆——A-L和M-Z（这两部分无需包含同样数量的考试）。然后再将第一堆细分为两堆A-F和G-L。A-F这堆可以进一步分为A-C和D-F。这些细分过程一直持续到细分的堆足够小，可以很容易排序。同样的过程也可以应用到M-Z堆。最终，所有小的有序堆都可以一个接一个地收集起来生成一个有序的考试集合。

该策略是递归的：每次尝试对考试堆排序的时候，都会分割堆，然后使用同样的方法对每个更小的考试堆排序（较小调用方的情况）。这个过程持续到小堆不需要进一步被分割（基准情形）。quickSort方法的参数列表反映了当前正在处理的列表部分。我们传递第一个和最后一个索引，这两个索引定义了在本次调用中要处理的数组部分。

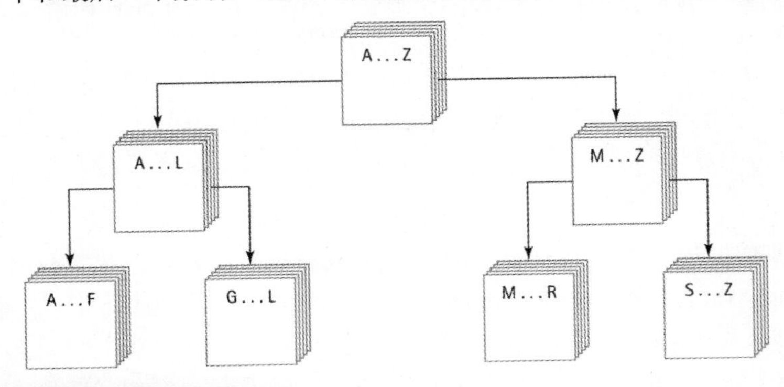

图11.12 使用快速排序算法对列表排序

quickSort的初始调用为：

```
quickSort(0, SIZE - 1);
```

quickSort(first, last)方法

定义：为子数组中从values[first]到values[last]的数组排序。

大小：last-first+1

基准情形：如果size小于2，什么都不做。

一般情形：根据分割值，分割数组。

quickSort元素<=分割值。

quickSort元素>分割值。

快速排序

如果values[first]和values[last]之间有一个以上的元素
  选择splitVal
  分割数组以便
    values[first]到values[splitPoint−1]<=splitVal
    values[splitPoint]=splitVal
    values[splitPoint+1]到values[last]>splitVal
  quickSort左子数组
  quickSort右子数组

如你所见，该算法取决于“分割值”的选择，叫作splitVal，用来将数组分割为两个子数组。我们该如何选择splitVal呢？一个简单的办法就是使用values[first]中的值作为分割值。（稍后我们会讨论其他方法。）

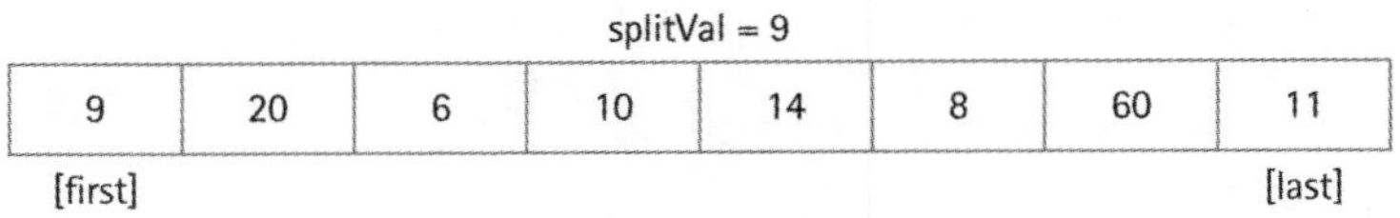

splitVal = 9

9	20	6	10	14	8	60	11
[first]							[last]

我们创建辅助方法split，按照计划重新排列数组元素。调用split之后，所有小于或等于splitVal的元素都会出现在数组的左边，所有大于splitVal的元素都会出现在数组的右边。

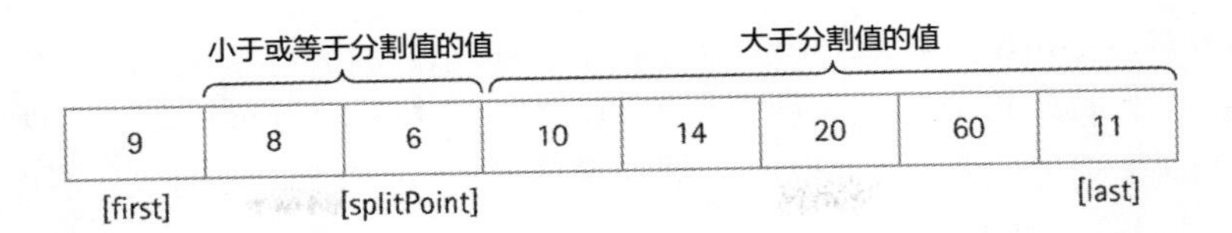

两个子数组在splitPoint的位置相遇，splitPoint是小于或等于splitVal的最后一个元素的索引。我们不知道splitPoint的值，直到分割过程结束。splitPoint的值由split返回。然后，我们可以交换splitVal和splitPoint的值。

小于或等于分割值的值　　大于分割值的值

6	8	9	10	14	20	60	11
[first]		[splitPoint]					[last]

我们对quickSort的递归调用使用该索引来降低一般情形下的问题大小。

quicksort(first,splitPoint-1)对左子数组排序。quickSort(splitPoint+1,last)对右子数组排序。splitVal已经在数组中正确的位置上。

基准情形是什么？当被检查的子数组包含的元素少于两个时，我们就无需继续了。换句话说，只要first<last，我们就继续处理。现在我们为quickSort方法编码。

```
static void quickSort(int first, int last)
{
  if (first < last)
  {
    int splitPoint;

    splitPoint = split(first, last);
    //values[first] 到 values[splitPoint-1] <= splitVal
    //values[splitPoint] = splitVal
    //values[splitPoint+1] 到 values[last] > splitVal

    quickSort(first, splitPoint - 1);
    quickSort(splitPoint + 1, last);
  }
}
```

现在我们必须开发分割算法。我们要找到一个方法使得splitVal一边的所有元素小于或等于splitVal，另一边的所有元素大于splitVal。

我们通过向数组中间移动first和last索引，寻找在分割点的错误一边的元素并交换它们来实现这一目标（图11.13）。当该操作进行时，splitVal仍然位于正在处理的子数组的first位置。最后一步，我们将splitVal与splitPoint位置的值交换。因此，我们将first

的初始值保存在局部变量saveF中（图11.13a）。

我们首先向右（向中间位置）移动first，然后比较values[first]和splitVal。如果values[first]小于或等于splitVal，我们继续增加first的值；否则，先不移动first，而开始向中间移动last（图11.13b）。

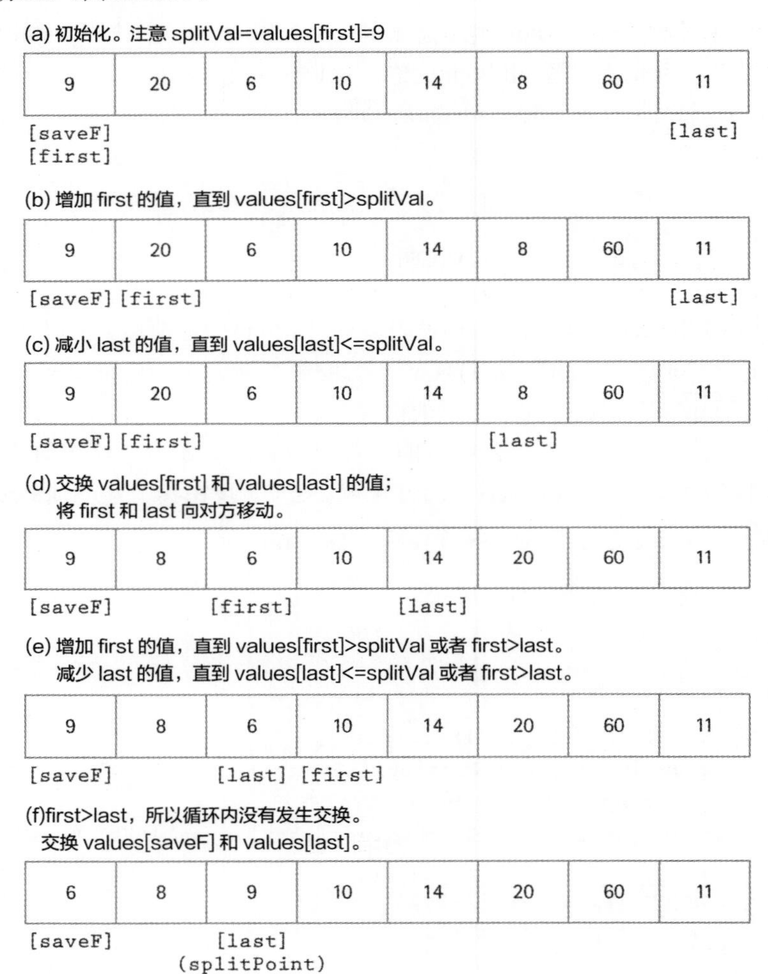
(a) 初始化。注意 splitVal=values[first]=9
9 20 6 10 14 8 60 11
[saveF]
[first]
[last]
(b) 增加 first 的值，直到 values[first]>splitVal。
9 20 6 10 14 8 60 11
[saveF] [first]
[last]
(c) 减小 last 的值，直到 values[last]<=splitVal。
9 20 6 10 14 8 60 11
[saveF] [first]
[last]
(d) 交换 values[first] 和 values[last] 的值；
将 first 和 last 向对方移动。
9 8 6 10 14 20 60 11
[saveF]
[first]
[last]
(e) 增加 first 的值，直到 values[first]>splitVal 或者 first>last。
减少 last 的值，直到 values[last]<=splitVal 或者 first>last。
9 8 6 10 14 20 60 11
[saveF]
[last] [first]
(f)first>last，所以循环内没有发生交换。
交换 values[saveF] 和 values[last]。
6 8 9 10 14 20 60 11
[saveF]
[last]
(splitPoint)

图11.13 分割操作

现在比较values[last]和splitVal。如果values[last]大于splitVal，我们继续减小last的值；否则，我们先不移动last（图11.13c）。此时，很明显values[last]和values[first]都在数组中错误的位置上。values[first]左侧的元素和values[last]右侧的元素都无需排序，相对于splitVal来说，它们都处在数组中正确的一边。要想将values[first]和values[last]放在它们正确的一边，只需交换它们。然后我们增加first的值并减少last的值（图11.13d）。

现在我们重复整个过程，增加first的值，直到遇到一个大于splitVal的值，然后减少last的值，直到遇到小于或等于splitVal的值（图11.13e）。

这个过程什么时候停止呢？当first和last相遇的时候，就无需更多的交换了。它们相遇的位置确定了splitPoint，这是splitVal所应属的位置，所以我们将包含splitVal的values[saveF]和values[last]中的元素交换（图11.13f）。此方法返回last的索引值，该值由quickSort方法用做下一对递归调用的splitPoint值。

```
static int split(int first, int last)
{
  int splitVal = values[first];
  int saveF = first;
  boolean onCorrectSide;

  first++;
  do
  {
    onCorrectSide = true;
    while (onCorrectSide)     // 向 last 方向移动 first
      if (values[first] > splitVal)
        onCorrectSide = false;
      else
      {
        first++;
        onCorrectSide = (first <= last);
      }

    onCorrectSide = (first <= last);
    while (onCorrectSide)     // 向 first 方向移动 last
      if (values[last] <= splitVal)
        onCorrectSide = false;
      else
      {
      last--;
      onCorrectSide = (first <= last);
      }

    if (first < last)
    {
      swap(first, last);
```

```
      first++;
      last--;
    }
  } while (first <= last);

  swap(saveF, last);
  return last;
}
```

如果分割值是子数组中的最大值或最小值会怎样呢？该算法依然可以正确工作，但是由于分割是不平衡的，所以算法不会那么快。

有可能发生这种情况吗？这取决于我们如何选择分割值和数组中数据的初始顺序。如果我们使用values[first]作为分割值，并且数组已经有序，那么每次分割都是不平衡的。一边包含一个元素，而另一边包含除该元素之外的所有元素。因此，我们的quickSort方法不是一个“快速的”排序。我们的分割算法对随机顺序的数组更有效。

然而，想要对一个接近有序的数组排序并不罕见。如果是这种情况，那么中间值将是更好的分割值：

```
values[(first + last) / 2]
```

这个值可能在该方法一开始就与values[first]进行交换。也可以对要排序的子数组中的三个或更多个值采样，并使用它们的中值。在某些情况下，这有助于避免不平衡分割。

分析quickSort

quickSort的分析与mergeSort的分析非常类似。首次调用时，数组中的每个元素都与分割值进行比较，所以完成的工作是O(N)。数组被分割为两个子数组（不一定是对半分），然后进行检测。

然后每一部分又被分成两部分，以此类推。如果每个部分都接近于对半分，那么有$O(\log_2 N)$层分割。我们在每层进行O(N)次比较。因此，快速排序仍然是$O(N\log_2 N)$算法，比我们在本章开头部分讨论的$O(N^2)$的排序算法更快。

但是快速排序并非总是更快。如果每次分割都将子数组接近对半分，那么我们有$\log_2 N$层分割。如你所见，快速排序的数组分割对数据顺序很敏感，即分割值的选择。

如果我们的quickSort版本被调用时，数组已经有序，会发生什么呢？分割会变得非常不平衡，后续对quickSort的递归调用会将数据分为两部分，一部分只包含一个元素，而另一部分包含其余的所有元素。这种情况会使得排序不够快速。事实上，在这种情况下有N-1层，快速排序的复杂度为$O(N^2)$。

这种情况不太可能发生。类比一下，考虑重新洗牌并得到一副有序的牌的概率。当然，在某些应用程序中，我们可能知道初始数组已经有序或接近有序。这种情况下，我们要么使用其他的分割算法，要么使用其他的排序方法，甚至可能是shortBubble!

空间需求如何呢？快速排序不像合并排序那样，它无需额外的数组。除了几个局部变量之外，有没有额外的空间需求呢？有。回忆一下，快速排序需要使用递归方法，可能随时在系统栈中“保存”多层的递归。该算法平均需要$O(\log_2N)$的额外空间保存这些信息，并且最坏情况下与合并排序一样，需要O(N)的额外空间。

堆排序

选择排序每次迭代时，我们查找数组中下一个最小元素并将其放置在数组中正确的位置上。选择排序的另一种方式是找到数组中的最大值，将其与最后一个数组元素交换，然后找到下一个最大值，并将其放置在正确的位置上，以此类推。该排序算法中的大部分工作来自于每次迭代时查找数组的剩余部分，寻找最大值。

在Chapter 9中，我们讨论了堆，一种特别的数据结构：我们总是知道去哪里寻找最大元素。由于堆的顺序属性，堆的最大值总是位于根节点上。我们可以利用这一特性，使用堆帮助我们对数据排序。堆排序的一般方法如下：

1. 将堆的根（最大值）取下来，放置到它正确的位置上。

2. 再堆剩余元素（这可以将下一个最大的元素放置到根节点）。

3. 重复直到堆中没有元素为止。

该算法的第一步听起来很像选择排序。使堆排序迅速的是第二步：寻找下一个最大元素。由于堆的形状属性保证了堆是最小高度的二叉树，与选择排序每次迭代时比较O(N)次相比，我们只需进行$O(\log_2N)$次比较。

构建堆

到目前为止，你可能抗议我们正在处理的是无序的元素数组，而不是堆。初始堆是从哪里来的？在继续讲解之前，我们必须将无序数组values转变成堆。

堆如何与无序的元素数组相关联？在Chapter 9中，介绍了如何使用隐式链接数组表示堆。由于堆的形状属性，我们知道堆元素在数组中占据连续的位置。实际上，无序的数据元素数组已经满足了堆的形状属性。图11.14显示了无序数组及其等价树。

我们同样需要让无序数组元素满足堆的顺序属性。首先，我们需要发现是否树的某一部分已经满足了堆的形状属性。所有的叶节点（只有单个节点的子树）是堆。在图11.15a中，根节点包含值19,7,3,100和1的子树是堆，因为它们只是由根节点组成的。

现在我们来看一下第一个非叶节点，它包含值2（图11.15b）。该节点的子树不是堆，但是接近于堆——该子树除了根节点的所有节点都满足形状属性。我们知道如何解决这个问题。在Chapter 9中，我们开发了一个堆的实用方法reheapDown，可用来处理这种情况。给定一个树，其元素满足堆的顺序属性，除了该树的根节点为空，假定将一个值插入到堆中，reheapDown方法会重新安排树节点，使包含新元素的（子）树成为堆。我们只需在子树上调用reheapDown方法，并将当前子树根节点的值作为要插入的元素传递给它。

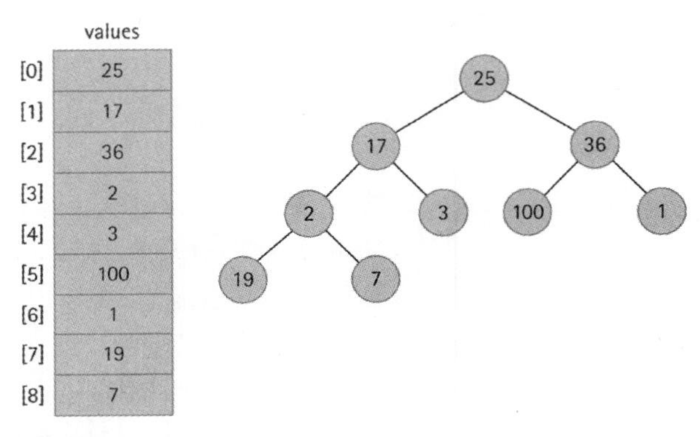

图11.14　无序数组及其等价树

我们对该层的所有子树应用此方法，然后向上移动一层，继续再堆直到到达根节点。在对根节点调用reheapDown之后，整个树应该都满足了堆的顺序属性。图11.15演示了这个构建堆的过程。图11.16显示了数组内容的更改。

在Chapter 9中，我们将reheapDown定义为Heap类的private方法，该方法只有一个参数：要插入到堆中的元素。reheapDown方法总是在整个树上工作，即它总是从索引0的空节点开始并假设堆的最后一个树索引为lastIndex。这里我们使用一个轻微的变体：reheapDown是我们Sorts类的静态方法，它接受第二个参数——子树根节点的索引，该子树要构造成堆。这是一个很简单的更改，如果我们称该参数为root，只需将下面的语句添加到reheapDown方法的开头：

```
int hole = root;          // 洞的当前索引
```

构建堆的算法总结如下：

构建堆

for index 从第一个非叶节点向上至根节点
　reheapDown(values[index], index)

我们知道根节点在堆的数组表示中存储的位置为values[0]。第一个非叶节点在哪里？根据基于数组表示的完全二叉树的知识，我们知道第一个非叶节点在位置SIZE/2-1。

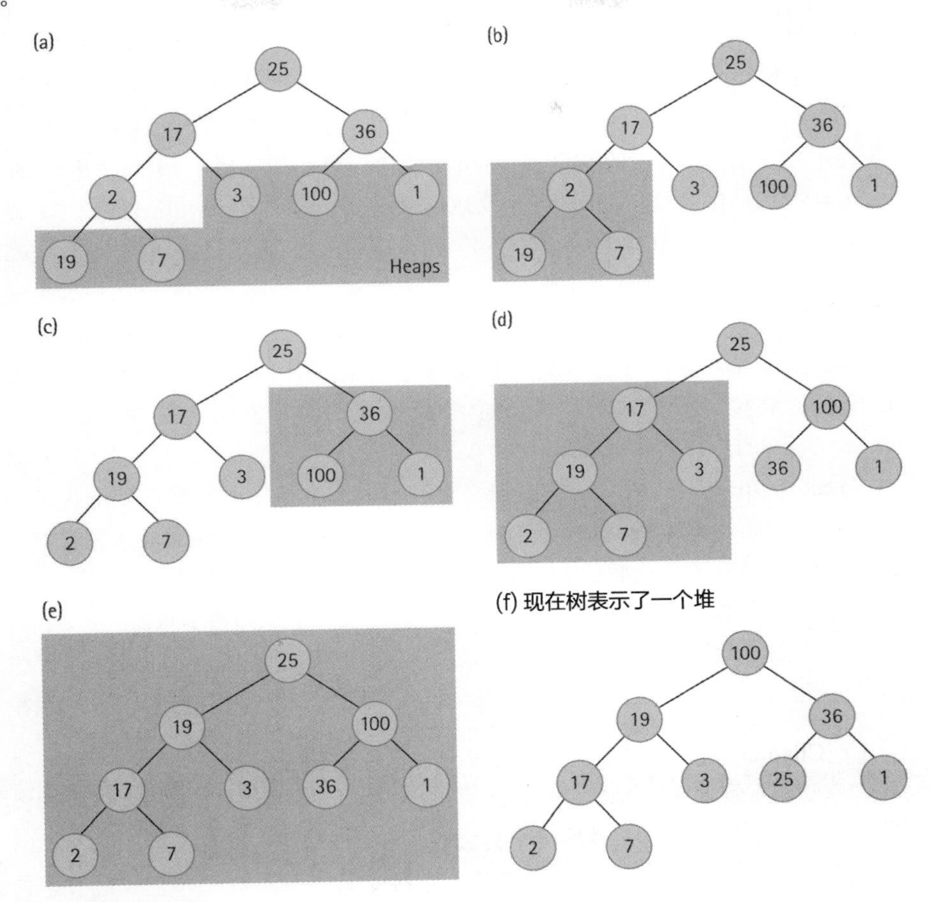

图11.15　堆的构建过程

	[0]	[1]	[2]	[3]	[4]	[5]	[6]	[7]	[8]
初始值	25	17	36	2	3	100	1	19	7
reheapDown index=3 之后	25	17	36	19	3	100	1	2	7
index=2 之后	25	17	100	19	3	36	1	2	7
index=1 之后	25	19	100	17	3	36	1	2	7
index=0 之后 树成为堆	100	19	36	17	3	25	1	2	7

图11.16　更改数组内容

在堆的构建过程中，最远的任何节点的移动步骤都等于其与叶子节点之间的距离。在完全树中这些距离之和就是O(N)，所以用这种方式构建堆是O(N)操作。

使用堆排序

现在我们可以将无序的元素数组转换成堆，让我们再来看一下排序算法。

我们可以很容易地访问初始堆中的最大元素——它就在根节点。在堆的数组表示中，最大元素的位置是values[0]。该元素应属于最后使用过的数组位置values[SIZE-1]，所以我们只需交换这两个位置的值。因为values[SIZE-1]现在包含数组中的最大值（其正确的排序值），就不再管它。现在我们正在处理从values[0]到values[SIZE-2]的一组元素，它们接近于堆。我们知道所有这些元素满足堆的顺序属性，除了根节点。为了解决这个问题，我们调用堆的实用方法reheapDown。（但是最初的reheapDown方法假设堆树在lastIndex的位置结束。我们必须重新定义reheapDown，以便它能够接受三个参数，第三个参数是堆的结束索引。这次更改同样很容易，reheapDown的新代码包含在Sorts类中。）

reheapDown返回之后，我们知道数组中下一个最大的元素在堆的根节点。为了将该元素放到正确的位置，我们将它与values[SIZE-2]中的元素交换。现在最大的两个元素都位于其最终的正确位置上，并且values[0]到values[SIZE-3]之间的元素也基本是堆了。我们再次调用reheapDown，现在第三大元素位于堆的根节点。

我们重复此过程直到所有的元素都位于其正确的位置上，即直到堆仅包含一个元素，该元素是数组中的最小值且位于values[0]，这才是它的正确位置。现在该数组从最小元素到最大元素都已经完全有序。每次迭代时，未排序部分（表示为堆）都变得更小，已排序部分变得更大。当算法结束时，已排序部分的大小就是初始数组的大小。

正如我们上面所描述的那样，堆排序算法听起来像是一个递归的过程。每次我们交换并再堆整个数组中更小的部分。因为它使用了尾递归，我们可以使用简单的for循环清晰地为重复的部分编码。节点排序算法如下：

节点排序

```
for index从最后一个节点上移至紧邻根节点（next-to-root）的节点
  交换根节点和values[index]的数据
  reheapDown(values[0],0,index-1)
```

heapSort方法首先构建堆，然后使用我们刚讨论过的算法对节点排序。

```
static void heapSort()
// 注意：数组 values 中的元素通过 key 来排序
{
  int index;
  // 将 values 数组转变为堆
  for (index = SIZE/2 - 1; index >= 0; index--)
    reheapDown(values[index], index, SIZE - 1);

  // 对数组排序
  for (index = SIZE - 1; index >=1; index--)
  {
    swap(0, index);
    reheapDown(values[0], 0, index - 1);
  }
}
```

图11.17展示了排序循环的每次迭代（第二个for循环）如何改变图11.16中创建的堆。每行表示进行一次操作后的数组。已排序元素用阴影表示。

	[0]	[1]	[2]	[3]	[4]	[5]	[6]	[7]	[8]
values	100	19	36	17	3	25	1	2	7
交换	7	19	36	17	3	25	1	2	100
reheapDown	36	19	25	17	3	7	1	2	100
交换	2	19	25	17	3	7	1	36	100
reheapDown	25	19	7	17	3	2	1	36	100
交换	1	19	7	17	3	2	25	36	100
reheapDown	19	17	7	1	3	2	25	36	100
交换	2	17	7	1	3	19	25	36	100
reheapDown	17	3	7	1	2	19	25	36	100
交换	2	3	7	1	17	19	25	36	100
reheapDown	7	3	2	1	17	19	25	36	100
交换	1	3	2	7	17	19	25	36	100
reheapDown	3	1	2	7	17	19	25	36	100
交换	2	1	3	7	17	19	25	36	100
reheapDown	2	1	3	7	17	19	25	36	100
交换	1	2	3	7	17	19	25	36	100
reheapDown	1	2	3	7	17	19	25	36	100
退出排序循环	1	2	3	7	17	19	25	36	100

图11.17 heapSort对数组的影响

我们进入heapSort方法时是简单的无序数组，方法返回的是按升序排列的值相同的数组。堆在哪里？heapSort方法中的堆只是一个临时在排序算法内部使用的结构。该堆在方法的开头创建，在排序过程中给予帮助，然后随着数组有序部分的增长，元素逐个消失。方法结束时，有序部分填满了整个数组，堆也就彻底消失了。在Chapter 9，我们使用堆实现优先级队列时，在优先级队列使用过程中，堆一直存在。相比之下，heapSort中的堆不是保留的数据结构，它只是在heapSort方法执行期间临时存在的。

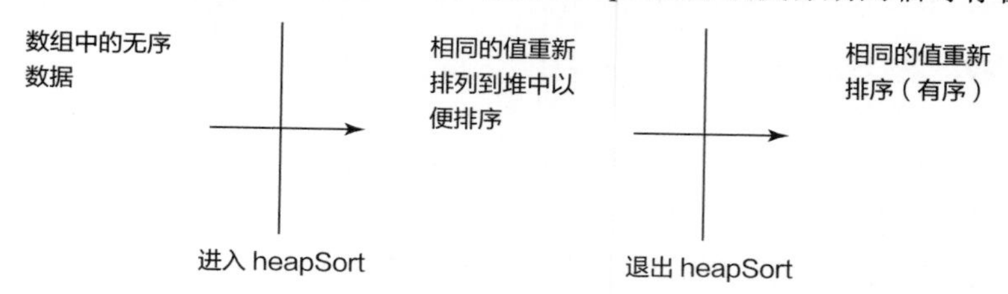

分析heapSort

heapSort方法的代码非常简短——新代码只有几行加上我们在Chapter 9中（稍有修改）开发的辅助方法reheapDown。然后，这短短几行代码却做了很多工作。初始数组中的所有元素都重新排列以满足堆的顺序属性，将最大的元素上移至数组的顶部，只是为了马上将它放置到底部位置。很难仅通过如图11.16和图11.17中的小例子相信heapSort非常高效。

事实上，对于小数组而言，由于heapSort的“开销”，它并不是非常高效。然而，对于大型数组来说，heapSort非常高效。考虑排序循环，我们循环N-1次交换元素并再堆。比较发生在reheapDown方法中（实际上在它的辅助方法newHole中）。有N个节点的完全二叉树有「$\log_2 N$」层。最坏情况下，如果根元素向下撞上叶子位置，reheapDown方法将进行$O(\log_2 N)$次比较。因此reheapDown是$O(\log_2 N)$。将此动作乘以N-1次迭代，可以看出排序循环是$O(N\log_2 N)$。

结合初始堆构建O(N)和排序循环，我们可以看出堆排序需要$O(N\log_2 N)$次比较。与快速排序不同，元素的初始顺序不会影响堆排序的效率。即使在最坏的情况下，它也是$O(N\log_2 N)$。堆排序就空间而言同样高效，只需要一个数组来存储数据。堆排序仅需要常量级的额外空间。

堆排序是一种优雅、快速、健壮、节省空间的算法！

11.4 更多的排序思考

本节通过重新审视测试和效率，考虑排序算法的“稳定性”，讨论当排序对象不是原始类型时所涉及到的特殊问题来结束我们对排序的介绍。

测试

所有的排序都会在11.1节“排序”介绍的测试工具中实现。测试工具程序Sorts允许我们生成大小为50的随机数组，使用我们的算法为其排序并查看排序后的数组，很容易确定排序是否成功。如果我们不想通过目测输出的方式判断其是否成功，我们可以调用Sorts类的isSorted方法。

Sorts程序是个很有用的工具，可以帮助我们评估排序算法的正确性。然而，要想彻底测试排序算法，我们应该改变其要排序的数组大小。对Sorts做一个小的修改，就可以允许用户在命令行中传递数组的大小，这将方便我们的测试。我们还应该改变数组的初始顺序，例如，测试反序的数组、接近有序的数组和元素值相同的数组（确保不会产生“数组索引越界”的错误）。

除了验证我们的排序算法能够创建有序数组之外，我们还可以检查算法的性能。在排序阶段的开始，我们可以初始化两个变量numSwaps和numCompares为0。通过将增加这些变量值的语句小心放置在代码中，我们可以跟踪代码执行了多少次交换和比较。一旦这些值输出后，我们可以将它们与预测的理论值进行比较。如果不一致，就需要进一步查看代码（或者是查看理论）。

效率

当N很小时

正如在本章中一直强调的，我们对效率的分析依赖于排序算法所做的比较次数。这个次数对涉及的计算时间给出了粗略的估计。伴随着比较的其他动作（交换、跟踪布尔标志等）为该算法提供了“比例常数”。

在比较增长阶评估时，我们忽略常量和小阶项，因为我们想知道对于大的N值算法是如何表现的。一般情况下，$O(N^2)$排序除了比较以外，只需要很少的额外动作，所以其比例常数很小。相反地，$O(N\log_2N)$排序可能更复杂，开销更多，因而比例常数也较大。当N的值较小时，这种情况可能导致算法的相对性能异常。

在这种情况下，N^2并不比$N\log_2N$大多少，并且常量可能会占据主导地位，导致$O(N^2)$排序比$O(N\log_2N)$排序执行得更快。程序员可以在对大部分数组使用$O(N\log_2N)$排序和小部分数组使用$O(N^2)$排序之间切换代码，来改善排序代码的运行时间。

我们已经讨论了复杂度为$O(N^2)$和$O(N\log_2N)$的排序算法。现在我们问一个显而易见的问题：比$(N\log_2N)$更好的算法是否存在？答案是不存在，已经从理论上证明了基于比较关键值的排序算法无法做到比$(N\log_2N)$更好，即基于元素的成对比较。

取消对方法的调用

有时出于效率考虑，可能需要尽可能地简化代码，即使以牺牲可读性为代价。例如，我们一直使用：

```
swap(index1, index2);
```

当我们想要交换values数组中的两个元素，通过去除方法调用并直接编码来实现稍好的执行效率：

```
tempValue = values[index1];
values[index1] = values[index2];
values[index2] = tempValue;
```

将交换操作编码为方法使得代码更易于编写和理解，避免排序算法过于杂乱。然而，方法调用需要额外的开销，即在实际排序期间该方法在循环内被反复调用，我们可能希望避免这些开销。

递归排序方法mergeSort和quickSort，出现了类似的情况：它们需要执行递归调用所涉及的额外开销。我们可能想通过编码这些方法的非递归版本来避免这些开销。

在某些情况下，优化编译器将方法调用替换为方法代码的内联扩展。这种情况下，我们可以同时获得可读性和效率这两个好处。

程序员时间

如果递归调用效率较差，那为什么还有人决定使用排序的递归版本呢？该决定涉及在不同类型的效率之间进行选择。迄今为止，我们只考虑了最少的计算机时间。计算机正在变得更快更便宜，然而，计算机程序员却并不遵循这一趋势。事实上，程序员成本正变得越来越高。因此，在某些情况下，选择算法及其实现时，程序员时间可能是一个重要的考量。就这方面而言，快速排序的递归版本比非递归版本更令人满意，非递归版本需要程序员模拟递归。

如果程序员对语言的支持库非常熟悉，程序员就可以使用该库提供的排序方法。Java库util包中的Array类定义了许多用于排序数组的排序方法。同样，在2.10节“栈变体”中介绍的Java Collections框架也提供了对其许多集合对象进行排序的方法。

空间考虑

另一个效率考量是所需的内存空间。在小型应用程序中，内存空间并不是选择排序算法的重要因素。在大型应用程序中，如拥有数十亿字节数据的数据库，空间可能是需要重点关注的。我们只看了两个排序mergeSort和quickSort，这两个排序需要的额外空间大于常量。通用的时间与空间权衡也可用于排序——更多的空间通常意味着更少的时间，反之亦然。

由于处理时间是最常应用于排序算法的因素，我们在这里对其进行了详细的考虑。当然，在任何应用程序中，程序员在选择算法并开始编码之前，都必须确定程序的目标和需求。

对象和引用

为了能够专注于算法，我们将实现限制在了对整数数组排序。同样的方法是否适用于对象排序？当然，尽管需要一些特殊的考虑。

记住当我们为对象数组排序时，我们正在操作的是对象的引用，而不是对象本身（图11.18）。这一点不会影响任何算法，但是理解它仍然很重要。例如，如果我们决定交换数组索引0和索引1处的对象，实际上我们交换的是对该对象的引用，而非对象本身。在某种意义上，我们将对象和对象的引用看作是一样的，因为使用引用是我们访问对象的唯一方法。

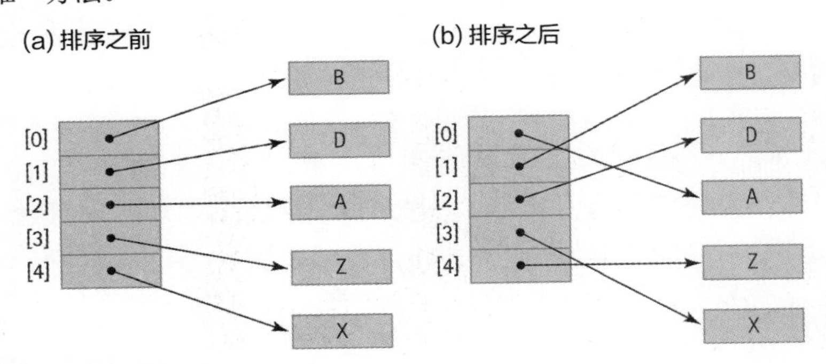

图11.18 使用引用对数组排序

比较对象

当对对象排序时，我们必须有比较两个对象的方法并确定哪个“更大”。在处理Java对象时，使用了两个基本方法，在前面的章节中已经熟悉它们。如果对象类导出了compareTo操作，或其他类似的操作，该操作就可以用来提供所需的比较。

正如我们所见，Java库提供了另一个与比较对象相关的接口，叫Comparator的泛型接口。程序员可以为一个类定义多个Comparator，从而提供更大的灵活性。

任何排序实现都必须比较元素。到目前为止，我们的排序算法已经使用了内置的整数比较操作，如<或<=。如果我们对Comparable对象而不是整数排序，我们可以使用该接口保证存在的compareTo方法。或者我们可以使用Comparator接口支持的通用

方法。如果我们将Comparator对象comp作为参数传递给排序方法，则该方法可以使用comp.compare来确定两个对象的相对顺序并基于该相对顺序进行排序。传递不同的Comparator对象导致不同的排序顺序。可能一个Comparator对象定义了升序，而另一个定义了降序。或者可能不同的Comparator对象可以基于对象的不同属性定义顺序。现在，对于一个排序方法，我们可以生成许多不同的排序顺序。

稳定性

排序算法的稳定性基于它如何处理重复值。当然，重复值在最终的顺序中都是连续出现的。例如，如果我们对列表A B B A进行排序，会得到A A B B。但是重复值的相对顺序在最终顺序中和在初始顺序中是否相同呢？如果该属性得到保证，我们就得到了一个**稳定排序**。

在对各种排序算法的描述汇总，我们展示了对整数数组排序的例子。当对原始类型排序时，稳定性并不重要。然而，对对象排序时，排序算法的稳定性就变得更加重要。我们可能希望保留比较操作认为相同的唯一对象的初始顺序。

假设数组中的元素是学生对象，其实例值表示学生姓名、邮政编码和身份证号。该列表可能通常可以按照唯一的身份证号码排序。出于某些目的，我们可能想要列表按姓名排序。在这种情况下，比较将会基于姓名变量。要按照邮政编码排序，我们会对该实例值进行排序。

如果排序是稳定的，我们可以通过两次排序获得通过邮政编码排序的列表，每个邮政编码中，姓名是按字母序排列的：第一次按姓名排序，第二次按邮政编码排序。稳定排序会在找到匹配项时保留元素的顺序。第二次通过邮政编码排序时，生成了很多这样的匹配，但是保留了第一次排序时生成的字母序。

本书中所讨论的各种各样的排序，只有heapSort和quickSort本质上是不稳定的。其他排序的稳定性取决于代码如何处理重复值。在某些情况下，稳定性取决于<或<=比较是否用于某些关键的比较语句中。在本章末尾的习题中，要求你检查各种排序的代码并确定它们是否稳定。

如果我们可以直接控制排序方法中使用的比较操作，我们可以在确定排序顺序时使用多个变量。因此，通过邮政编码和姓名对学生排序的另一种更高效的方法，就是定义一个合适的compareTo方法来确定排序顺序，如下所示（为了简化起见，该代码假定我们可以直接比较姓名值）：

```
if (postalcode < other.postalcode)
  return -1;
else
```

```
if (postalcode > other.postalcode)
  return +1;
else
// 邮政编码相等
if (name < other.name)
  return -1;
else
if (name > other.name)
  return +1;
else
  return 0;
```

使用这种方法，我们只需对数组排序一次。

11.5 查找

本节回顾了本书中散落的与查找相关的内容。这里我们把这些话题放在一起，以便彼此之间建立联系，对它们形成一个整体的认识。查找在信息处理活动中至关重要。查找的选择与数据的结构及其组织方式密切相关。

有时可以直接访问存储在集合中的所需元素。例如，在我们基于数组和基于链接实现的栈ADT中，我们可以直接访问栈顶元素，top方法是O(1)。访问我们基于数组的索引列表，给定列表中的一个位置，也可以直接进行访问，所需时间为O(1)。然而，直接访问常常是不可能的，尤其当我们想基于元素值来访问一个元素时。例如，我们可能想在一个包含学生记录的列表中，找到名字为Suzy Brown或身份证号为203557的学生记录。在这种情况下，就需要某种查找技术来检索所需的记录。

本节中，我们会介绍一些基本的在集合中“按值查找”的技术。这些技术大部分我们在本书前面都遇到过，如1.6节中的顺序查找，1.6节和3.3节中的二分查找，以及8.4节中的哈希法。

顺序查找

在不考虑元素如何添加到集合中之前，我们无法讨论在集合中寻找元素的高效方法。因此，我们对查找算法的讨论与集合的add操作问题相关。假设我们想尽快地添加元素，但是并不太关心要花多长时间找到它们。我们会把元素放到基于数组的集合的最后一个位置，或基于链接的集合的第一个位置，都是O(1)的插入算法。生成的集合根据插入时间排序而不是根据关键值排序。

使用给定键在该集合中查找元素，我们必须使用简单的顺序（或线性）查找。例如，在Chapter 5中，我们为ArrayCollection类的find方法使用顺序查找。从集合中的第一个元素开始，我们通过检查每个后续元素的键来查找元素，直到查找成功或集合耗尽。

基于比较次数，该查找是O(N)的，N表示元素个数。在最坏情况下，我们查找的是集合的最后一个元素或根本不存在的元素，我们将进行N次键值比较。平均而言，假设查找集合中任何元素的概率相等，查找成功将进行N/2次比较。也就是说，平均情况下我们必须查找集合的一半。

高概率排序

假设集合中每个元素概率相等并不总是有效。有时，特定集合元素比其他元素更常用。这个观察结果要求我们改善查找：将最想要的元素放在集合的开头[1]。使用这种方案，我们很有可能在头几次查找中就命中元素，很少需要我们查找整个集合。

如果集合中的元素不是静态的或我们无法预测它们的相关需求，我们需要一些方案保持最常使用的元素在集合的前面。实现此目标的一个方法是将访问的每个元素都移动到集合前面。当然，并不保证以后经常使用这个元素。然而，如果该元素不会再次被检索，随着其他元素移动到集合前面，它就会漂移到集合的末尾。该方案对于链接集合来说很容易实现，只需更改几个指针。该方案对于在数组中按顺序保存的集合来说不太可取，因为我们需要向后移动所有其他元素以便在前面腾出空间。

另一种方法，它使元素逐渐向集合的前端移动，非常适合基于链接或基于数组的集合表示。当找到元素后，将其和前面的元素交换。在多次集合检索中，最常需要的元素往往被分组在集合的前面。要实现该方法，我们只需要修改该算法的结尾部分，将找到的元素与它前面的集合元素交换（除非它是第一个元素）。该更改应该存档，它是查找集合的意外副作用。

保持最活跃的元素在集合的前面，不会影响最坏情况。如果要查找的值是集合的最后一个元素或不在集合中，查找仍需要比较N次。它仍然是一个O(N)查找。然而，成功查找的平均性能应该会提升。这两个高性能排序算法都依赖于一个假定，即集合中的某些元素比其他元素更常用。如果该假定是错误的，就需要不同的排序策略以提升查找技术的效率。

为了提高查找效率而改变元素相对位置的集合被称为**自组织集合**或**自调整集合**。

[1] 该方法不能用于有序或索引列表，因为在这些列表中，元素的位置是预确定的。

有序集合

正如1.6节“比较算法：增长阶分析”中所讨论的，如果集合是有序的，我们可以写出更加高效的查找程序。

首先，如果集合是有序的，不再需要顺序查找整个集合来寻找一个并不存在的元素，只需查找到越过该元素在集合中的逻辑位置，也就是说，直到遇到一个键值更大的元素。

因此，顺序查找有序集合的一个优点就是，如果元素不存在，则在集合耗尽之前就有能力停止查找。同样，查找是O(N)。最坏的情况下，查找最大元素，仍然需要N次比较。然而，失败查找的平均比较次数现在是N/2，而不是N。

顺序查找的另一个优点是其简洁性，缺点是其性能：在最坏情况下，我们需要比较N次。如果集合有序且存储在数组中，我们可以通过二分查找（参见1.6节“比较算法：增长阶分析”）将最坏情况的查找时间提升为$O(\log_2 N)$。然而，性能的提升是以牺牲简洁性为代价的。

查找很小的集合时，并不能保证二分查找更快。即使这样的查找一般需要较少的比较次数，但每次比较涉及更多的计算。当N很小的时候，这些额外工作（我们在确定近似增长阶时，常忽略常数和较小的项）可能会起主导作用。例如，在组合语言程序中，顺序查找每次比较需要5个时间单元，而二分查找需要35个。因此，对于大小为16个元素的集合来说，顺序查找的最坏情况将需要5*16=80个时间单元。二分查找的最坏情况仅需4次比较，但是每次比较需35个时间单元，一共需要140个时间单元。在集合元素很少的情况下，顺序查找当然够用，有时甚至比二分查找还快。

随着元素数量的增加，顺序查找和二分查找的量级差异增长非常迅速。有关此效果的示例，请回顾第338页表5.1中的词汇密度试验结果。

这里讨论的二分查找只适用于集合元素顺序存储在基于数组的表示中。毕竟，我们如何才能有效找到链接集合的中点？我们已经知道允许我们堆链接数据表示执行二分查找的结构：二叉搜索树。用于二叉树搜索的操作已经在Chapter 7中讨论过。

哈希法

到目前为止，我们通过保持集合按照关键值顺序有序，已经成功将O(N)查找的复杂度降低为$O(\log_2 N)$。也就是说，第一个元素的键小于（或等于）第二个元素的键，第二个元素的键又小于（或等于）第三个元素的键，以此类推。我们能做得更好吗？有没有可能设计出O(1)的查找，即无论元素在集合的什么位置，查找时间为常量？是的，Chapter 8中8.4节到8.6节介绍的哈希表方法在很多情况下允许常量的查找时间。

如果我们的哈希函数有效，永远不会生成重复值，并且哈希表大小大于集合中预期的entry数，那么我们就达到了目的——常量查找时间。一般而言，情况并非如此，虽然在许多实际情况中是可能的。

很明显，当集合中的entry数接近于哈希表内部数组的大小，哈希表的效率就会退化。这就是监视哈希表负载的原因。如果需要重新调整哈希表大小并且所有的条目都需要再哈希，则会产生一次性的大开销。

正如Chapter 8所讨论的，对哈希法复杂度精确分析有困难。该复杂度取决于键的域和分布、哈希函数、表的大小和碰撞解决策略。实践中，使用哈希法通常不难实现接近于O(1)的效率。对于任一给定的应用领域，可以测试哈希法的变体，查看其是否效果最好。

小结

本章中，我们并未尝试描述每一个已知的排序算法。相反，我们提出了一些流行的排序方法，其中存在很多变体。从本次讨论中可以很清楚地看到，没有哪种排序最适合所有的应用程序。对于较小的N值，通常比较简单的$O(N^2)$排序也可以做得很好，甚至有时候比更复杂的排序做得更好。因为它们很简单，所以这些排序需要相对较少的程序员时间来编写和维护。因为我们添加了功能以改善排序，但同样增加了算法的复杂度，扩展了程序所需做的工作和维护它们所需的程序员时间。

选择排序算法另一个要考虑的是初始数据的顺序。如果数据已经有序（或接近有序），shortBubble是O(N)，而quickSort的某些版本是$O(N^2)$。

与往常一样，选择算法的第一步是确定特定应用程序的目标。这种做法通常会大大缩小选项的选择范围。之后，了解各种算法缺点和优点有助于我们选择合适的排序方法。

表11.3用O表示法比较了本章讨论的排序算法。

查找与排序类似，是与效率目标紧密相关的话题。我们将集合的顺序搜索称为O(N)搜索，因为它可能需要比较多达N次来定位一个元素（N指的是集合中的元素数量）。二分查找被认为是$O(\log_2 N)$，适合对基于数组的集合排序。二分搜索树可用于在链接结构上进行二分查找。哈希法的目标是生成时间效率接近O(1)的查找。由于哈希位置冲突，通常需要进行一些查找。良好的哈希函数会最大限度地减少冲突并在整个表中随机分布元素。

排序方法	增长阶 最好情况	平均情况	最坏情况
selectionSort	$O(N^2)$	$O(N^2)$	$O(N^2)$
bubbleSort	$O(N^2)$	$O(N^2)$	$O(N^2)$
shortBubble	$O(N)$*	$O(N^2)$	$O(N^2)$
insertionSort	$O(N)$*	$O(N^2)$	$O(N^2)$
mergeSort	$O(N \log_2 N)$	$O(N \log_2 N)$	$O(N \log_2 N)$
quickSort	$O(N \log_2 N)$	$O(N \log_2 N)$	$O(N^2)$ (depends on split)
heapSort	$O(N \log_2 N)$	$O(N \log_2 N)$	$O(N \log_2 N)$

* 数据接近有序

在本章介绍中，我们指出了这样一个事实，即现代编程环境中通常提供了预定义的排序和查找功能。专业的程序员需要排序/查找数据时，通常使用这些打包好的排序和查找工具。然而作为计算机系的学生，熟悉基本的排序和查找技术很有好处。

习题

11.1 排序

1. 程序文件提供了用于测试排序方法的测试工具程序，该程序在 ch11.sorts 包的 Sorts.java 文件中。它包含一个 swap 方法，所有的排序都用此方法交换数组元素。

   a. 描述一个修改程序的方法，使其在调用排序算法后，打印出排序方法所需的交换次数。

   b. 实现你的方法。

   c. 通过运行 selectionSort 方法测试你的新程序。你的程序应报告交换 49 次。

11.2 简单排序

2. 根据移动的元素数而不是比较次数确定选择排序的复杂度增长阶。

   a. 最好情况

   b. 最坏情况

3. 在什么情况下，如果有的话，选择排序的复杂度是 $O(\log_2 N)$?

4. 编写一个冒泡排序算法的版本，按降序排列整数列表。

5. 在什么情况下，如果有的话，冒泡排序的复杂度为 O(N)？
6. 使用 shortBubble 对包含 100 个元素的数组排序，需要比较多少次？
   a. 在最坏情况下
   b. 在最好情况下
7. 列出下列排序第四次迭代后数组中的内容：

43	7	10	23	18	4	19	5	66	14
[0]	[1]	[2]	[3]	[4]	[5]	[6]	[7]	[8]	[9]

   a. selectionSort
   b. bubbleSort
   c. insertionSort
8. 11.2 节中介绍的每个排序算法（选择排序、冒泡排序、短路冒泡和插入排序）为包含 100 个元素的数组排序需要比较多少次，如果初始数组值
   a. 已经有序
   b. 反序排列
   c. 所有的值相等
9. 重复习题 8，但是报告“交换”的次数。
10. 习题 1 要求你修改 Sorts 程序，使其输出排序方法使用的交换次数。让程序输出所需的比较次数要困难一些。你必须包含一个或多个语句增加排序方法内计数器的值。对于下列每个方法，做出所需的更改并测试这些更改，对拥有 50 个随机整数的数组排序，同时列出 Sorts 程序所需的交换次数和比较次数。
   a. selectionSort 交换： 比较：
   b. bubbleSort 交换： 比较：
   c. shortBubble 交换： 比较：
   d. insertionSort 交换： 比较：

11.3 O(Nlog$_2$N) 排序

11. 合并排序用于按降序对拥有 1000 个测试成绩的数组排序。下列哪个语句是正确的？
   a. 如果初始测试分数按从小到大的顺序排列，排序是最快的。
   b. 如果初始测试分数是完全随机的顺序排列，排序是最快的。

c. 如果初始分数按从大到小的顺序排列，排序是最快的。

d. 无论初始元素是什么顺序，排序是同样快的。

12. 在初始（非递归）调用 mergeSort 并执行 merge 方法之前，说明习题 7 中的数组值是如何被立即排列的。

13. 根据移动的元素数而不是比较次数，确定 mergeSort 的复杂度增长阶：

a. 最好情况

b. 最坏情况

14. 使用三个问题方法验证 mergeSort。

15. 什么情况下，如果存在的话，快速排序的复杂度是 $O(N^2)$?

16. 关于快速排序下面哪个是正确的？

a. 递归版本比非递归版本执行得快。

b. 递归版本的代码行数属于非递归版本。

c. 非递归版本在运行时栈中占用的空间多于递归版本。

d. 快速排序只能编程为递归函数。

17. 根据移动的元素数而不是比较次数确定 quickSort 的复杂度增长阶。

a. 对最好的情况

b. 对最坏的情况

18. 使用三个问题方法验证 quickSort。

19. 使用算法创建堆并使用基于堆的方法对数组排序：

a. 说明习题 7 中的数组值应如何重新排列以满足堆的属性。

b. 说明再堆后已排序部分有四个值的数组看起来是怎样的。

20. 调用排序函数对从文件中读取的包含 100 个整数的列表排序。如果这 100 个值都是 0，执行开销（依据 O 表示法）将会是多少，如果使用的排序方法为：

a. mergeSort

b. quickSort，第一个元素用作分割值

c. heapsort

21. 假设调用排序方法时，列表已经按从小到大的顺序排列。下列哪个排序执行的时间最长，哪个执行时间最短？

a. quickSort，第一个元素用作分割值

   b. shortBubble
   c. selectionSort
   d. heapsort
   e. insertionSort
   f. mergeSort

22. 要对一个非常大的元素数组排序，该程序将运行在内存有限的个人电脑上，选择哪个排序更好，堆排序还是合并排序？为什么？

23. 判断真或假？解释你的答案。

   a. mergeSort 比 heapSort 需要更多的空间来执行。
   b. 对于接近有序的数据来说，quickSort（使用第一个元素作为分割值）优于 heapSort。
   c. heapSort 的效率不会受到元素初始顺序的影响。

24. 习题 1 要求你修改 Sorts 程序，以便输出排序方法使用的交换次数。让程序也输出所需的比较次数要困难一些。你必须包含一个或多个语句以增加排序方法内的计数器。对于下面列出的每个方法，做出所需的更改并测试这些更改。对包含 50 个随机整数的数组排序，列出 Sorts 所需的比较次数。

   a. mergeSort　　比较：
   b. quicksort　　比较：
   c. heapSort　　比较：

11.4 更多的排序思考

25. 对于小的 N 值，$O(N^2)$ 排序所需的步数可能小于较低程度的排序所需的步数。对于下列每对数学函数 f 和 g，确定 N 的值，使得如果 n>N，则 g(n) > f(n)。该值表示分界点，大于该分界点时，$O(n^2)$ 函数总是大于另一个函数。

   a. $f(n) = 4n$　　$g(n) = n^2 + 1$
   b. $f(n) = 3n + 20$　　$g(n) = \frac{1}{2} n^2 + 2$
   c. $f(n) = 4 \log_2 n + 10$　　$g(n) = n^2$
   d. $f(n) = 100 \log_2 n$　　$g(n) = n^2$
   e. $f(n) = 1000 \log_2 n$　　$g(n) = n^2$

26. 为使用的方法（如 swap）提供参数，以便将常用的代码封装在排序程序中。

27. “程序员时间是一个效率考量因素。”这句话的意思是什么？举例说明程序员时间用于决定算法选择的合理性，可能以其他的效率考量因素为代价。

28. 仔细检查本章中编码的排序算法，确定哪些算法在编码时是稳定的。确定相关方法中决定稳定性的关键语句。

29. 我们说堆排序算法本质上是不稳定的。解释为什么。

30. 在下列情况中，你不会使用哪种排序算法？

a. 排序必须稳定。

b. 空间非常有限。

11.5 查找

31. 填写下表。根据给定的方法和给定的下列值，写出寻找某值或确定该值是否存在于指示的结构中所需的比较次数：

26, 15, 27, 12, 33, 95, 9, 5, 99, 14

值	按上面所示顺序排列的无序数组，顺序查找	有序数组，顺序查找	有序数组，二分查找	二叉搜索树，元素按所示顺序添加
15				
17				
14				
5				
99				
100				
0				

32. 如果你知道存储在 N 个无序元素数组中的元素索引，下面哪个最好地描述了查找该元素的算法的阶？

a. O(1)

b. O(N)

c. $O(\log_2 N)$

d. $O(N^2)$

e. $O(0.5N)$

33. 要查找的元素不在包含 100 个元素的数组中。要确定该元素不在数组中，顺序查找所需的平均比较次数是多少？

a. 如果数组中的元素是完全无序的

b. 如果数组中的元素按从小到大的顺序排列

c. 如果数组中的元素按从大到小的顺序排列

34. 要查找的元素不在包含 100 个元素的数组中。要确定该元素不在数组中，顺序查找所需的最大比较次数是多少？

a. 如果数组中的元素是完全无序的

b. 如果数组中的元素按从小到大的顺序排列

c. 如果数组中的元素按从大到小的顺序排列

35. 要查找的元素在包含 100 个元素的数组中。要确定该元素的位置，顺序查找所需的平均比较次数是多少？

a. 如果数组中的元素是完全无序的

b. 如果数组中的元素按从小到大的顺序排列

c. 如果数组中的元素按从大到小的顺序排列

36. 选择正确的答案完成下面的句子：数组中的元素可以按请求的最高概率进行排序以减少

a. 在列表中查找元素所需的平均比较次数。

b. 检测元素不在列表中所需的最大比较次数。

c. 检测元素不在列表中所需的平均比较次数。

d. 查找在列表中的元素所需的最大比较次数。

37. 判断真或假？并解释你的答案。

a. 对数组中的有序元素集进行二分查找总是比对元素进行顺序查找更快。

b. 二分查找是 $O(N\log_2 N)$ 的算法。

c. 对数组中元素进行二分查找需要将元素按从小到大的顺序排列。

d. 高概率排序方案对于有可能被同等请求的元素数组来说，是一个糟糕的选择。

38. 使用高概率排序思想，你可能会如何为 Java 保留字列表中的元素排序？

附录

附录A

Java保留字

abstract	continue	for	new	switch
assert	default	goto	package	synchronized
boolean	do	if	private	this
break	double	implements	protected	throw
byte	else	import	public	throws
case	enum	instanceof	return	transient
catch	extends	int	short	try
char	final	interface	static	void
class	finally	long	strictfp	volatile
const	float	native	super	while

附录B

运算符优先级

下表将运算符按优先级（从高到低）的顺序进行排列，水平线用于分割不同级别的运算。

优先级（从高到低）

运算符	结合方向*	操作数类型	所执行的运算
.	左到右	对象，成员	访问对象成员
[]	左到右	数组，整数型	访问数组元素
(args)	左到右	函数，命令行参数	调用函数
++，--	左到右	变量	后自增，后自减
++，--	右到左	变量	前自增，前自减
+，-	右到左	数字	一元加，一元减
~	右到左	整数	按位取反
!	右到左	布尔值	逻辑非
new	右到左	类，命令行参数	创建对象
(type)	右到左	类型，任何类型	cast（强制类型转换）
*，/，%	左到右	数字，数字	乘，除，余数
+，-	左到右	数字，数字	加，减
+	左到右	字符串，任何类型	字符串连接
<<	左到右	整数，整数	左移
>>	左到右	整数，整数	右移并带有符号扩展
>>>	左到右	整数，整数	右移无扩展
<，<=	左到右	数字，数字	小于，小于等于
>，>=	左到右	数字，数字	大于，大于等于
instanceof	左到右	引用，数据类型	类型比较
==	左到右	原始类型，原始类型	等于（值相等）
!=	左到右	原始类型，原始类型	不等于（值不相等）
==	左到右	引用类型，引用类型	等于（引用同一个对象）
!=	左到右	引用类型，引用类型	不等于（引用不同对象）
&	左到右	整数，整数	逻辑与
&	左到右	布尔值，布尔值	逻辑与
^	左到右	整数，整数	按位异或
^	左到右	布尔值，布尔值	按位异或

* LR表示从左到右的结合顺序；RL表示从右到左的结合顺序。

优先级（从高到低）

运算符	结合方向*	操作数类型	所执行的运算
|	左到右	整数，整数	按位或
|	左到右	布尔值，布尔值	按位或
&&	左到右	布尔值，布尔值	按位与 （短路求值）
||	左到右	布尔值，布尔值	逻辑或 （短路求值）
?:	右到左	布尔值，任何类型	（三元）条件运算符
=	右到左	变量，任何类型	赋值
*=，/=，%=，+=，-=，<<=， >>=，>>>=，&=，^=，|=	右到左	变量，任何类型	赋值运算

* LR表示从左到右的结合顺序；RL表示从右到左的结合顺序。

附录C

运算符优先级

类型	所存储的值	默认值	大小	取值范围
字符型	Unicode 字符	字符代码0	16比特	0 到 65535
字符型	整数值	0	8比特	-128 到 127
短整形	整数值	0	16比特	-32768 到 32767
整形	整数值	0	32比特	-2147483648 到 -147483647
长整型	整数值	0	64比特	-9223372036854775808 到 9223372036854775807
单精度浮点型	实数	0.0	32比特	±1.4E-45 到 ±3.4028235E+38
双精度浮点型	实数	0.0	64比特	±4.9E-324 到 ±1.7976931348623157E+308
布尔型	true或false	false	1比特	不可用

附录D

Unicode的ASCII码子集

下图显示了Unicode的ASCII码子集中字符的顺序。每个字符的内部表示都是以十进制数来显示的。例如，字符A的内部表示为整数65。空格（空白）字符表示为“□”。

左侧数字 \ 右侧数字 (ASCII)	0	1	2	3	4	5	6	7	8	9
0	NUL	SOH	STX	ETX	EOT	ENQ	ACK	BEL	BS	HT
1	LF	VT	FF	CR	SO	SI	DLE	DC1	DC2	DC3
2	DC4	NAK	SYN	ETB	CAN	EM	SUB	ESC	FS	GS
3	RS	US	□	!	"	#	$	%	&	'
4	(	)	*	+	,	-	.	/	0	1
5	2	3	4	5	6	7	8	9	:	;
6	<	=	>	?	@	A	B	C	D	E
7	F	G	H	I	J	K	L	M	N	O
8	P	Q	R	S	T	U	V	W	X	Y
9	Z	[	\	]	^	_	`	a	b	c
10	d	e	f	g	h	i	j	k	l	m
11	n	o	p	q	r	s	t	u	v	w
12	x	y	z	{	|	}	~	DEL		

下方的00到31之间代码和127号代码为不可印刷的控制字符：

NUL	空字符	VT	垂直制表	SYN	同步用暂停
SOH	标题开始	FF	馈页	ETB	区块传输结束
STX	正文开始	CR	回车	CAN	取消
ETX	正文结束	SO	移出	EM	链接介质中断
EOT	传输结束	SI	移入	SUB	替换
ENQ	请求	DLE	数据链路转义	ESC	跳出
ACK	确认回应	DC1	控制设备1	FS	文件分隔符
BEL	振铃	DC2	控制设备2	GS	组群分隔符
BS	退格	DC3	控制设备3	RS	记录分隔符
HT	水平制表	DC4	控制设备4	US	单元分隔符
LF	馈行	NAK	确认失败回应	DEL	删除

术语表

抽象数据类型（Abstract data type，ADT）一种数据类型，其属性（域和操作）的说明独立于任何特定实现。

抽象方法（Abstract method）在类或接口中声明的没有具体方法体的方法。

抽象（Abstraction）一个系统模型，只包含系统观察者必需的细节。

访问修饰符（Access Modifier）指示Java构造的可用性：public、protected、package或private。

活动记录（Activation record）栈帧运行时使用的空间，用来存储方法调用的信息，包括参数、局部变量和返回地址。

邻接表（Adjacency list）该列表用来列出连接到某个特定顶点的所有顶点。每个顶点都有自己的邻接表。

邻接矩阵（Adjacency matrix）对于一个具有N个顶点的图来说，一个N×N的表格表示该图中所有边的存在和权重。

邻接于（Adjacent from）在有向图中，如果顶点A通过边（A,B）连接到顶点B，则B邻接于A。

邻接至（Adjacent to）在有向图中，如果顶点A通过边（A,B）连接到顶点B，则A邻接至B。

相邻顶点（Adjacent vertices）图中由边连接的两个顶点。

算法（Algorithm）给定一组有限的输入，能在有限时间内解决问题的一系列明确指令。

别名（Alias）当两个变量引用相同对象时，它们就是彼此的别名。

平摊分析（Amortized analysis）使用平均情况分析来替代最坏情况分析，以均分偶发异常的额外处理成本。

祖先（Ancestor）树中的父节点，或祖先节点的父节点。

匿名内部类（Anonymous inner class）匿名类没有名字。类通常的定义方法是在一个地方定义类，然后在其他的地方将它实例化。匿名类的定义方法与此不同，可以在代码中实例化的地方定义一个类，因为创建它和定义它的位置相同，所以这个类不需要名字。

应用程序（Application）Java程序中处理开始的代码部分；Java程序中包含main方法的类。

平均情况复杂度（Average case complexity）计算所有可能的输入值集合，与算法所需的平均步数相关。

包（Bag）Collection类的抽象数据类型，也提供了grab、count、removeAll和clear操作。

基准情形（Base case）解决方案非递归的条件。

最好情况复杂度（Best case complexity）对于给定的一组理想输入值，就效率而言，最好情况复杂度与算法所需的最小步数有关。

二分查找（Binary search）该查找方法每一步都减少剩余可能性的一半。

二叉搜索树（Binary search tree）一个二叉树中任何节点的值都大于或等于其左子节点及其后代（左子树中的节点）的值，并小于其右子节点及其任何后代（右子树中的节点）的值。

二叉树（Binary tree）树中每个节点能够拥有两个子节点——左子节点和右子节点。

广度优先遍历（Breadth-first traversal）一种树遍历，首先访问树的根，然后依次访问根的孩子（通常从最左到最右），然后访问根的孩子的孩子等，直到访问完所有的节点。

桶（Bucket）与特定哈希地址关联的元素的集合。

浓密（Bushy）一棵平衡良好的树。

链表（Chain）共享相同哈希地址的链接列表。

检查型异常（Checked exception）一种Java异常，该异常抛出时必须由周围的代码捕获或由周围的方法重新抛出。

孩子（Children）树中节点的后继节点。

循环链表（Circular linked list）一个列表中每个节点都有一个后继节点，最后一个节点的后继节点是第一个节点。

客户端（Client）类/抽象数据类型的客户端是任何使用这个类/抽象数据类型的代码（无论是应用程序，还是其他类/抽象数据类型）。

聚类（Clustering）元素在哈希表中不均匀分布的趋势，其中许多相邻位置包含元素。

集合（Collection）包含其他对象的对象，通常我们感兴趣的是插入、删除、搜索和迭代collection中的内容。

集合框架（Collections Framework，Java Collections Framework）实现Collection抽象数据类型的类和接口的集合。

冲突（Collision）两个或多个key生成相同哈希地址时所发生的情况。

完全二叉树（Complete binary tree）是一个满二叉树或者直到倒数第二层是满二叉树，最后一层的叶节点尽可能靠左侧。

完全图（Complete graph）每个顶点都可以直接连接到所有其他顶点的图。

压缩函数（Compression function）该函数将较大范围的数字域（插入到哈希表中元素的哈希码）压缩到较小的数字范围内（哈希表的索引）。

并发程序（Concurrent programs）可能通过单

个处理器交错其语句同时执行，可能通过不同的处理器同时执行几个相互作用的代码序列。

连通分量（Connected component）图中相互连接的顶点的最大集合，以及与这些顶点相关的边。

连通图（Connected graph）由单个连通分量组成的图。

连通顶点（Connected vertices）在无向图中，如果两个顶点之间存在路径，就说这两个顶点连通。

构造函数（Constructor）创建类的新实例的操作。

环路（Cycle）图中开始并结束于同一个顶点的路径。

数据抽象（Data abstraction）分离数据类型的逻辑属性及其实现。

数据封装（Data encapsulation）一种强制隐藏信息的编程语言功能。

归还（Deallocate）将对象的存储空间归还到可用内存池，以便重新分配给新对象。

深度优先遍历（Depth-first traversal）一种树遍历方式，首先访问树的根，然后沿着最左侧路径尽可能深地遍历直到叶节点，而后根据需要尽可能少地回退，然后再按照第一步的方法遍历到叶节点等，直到访问完所有的节点。

递归深度（Depth of the recursion）与给定递归方法关联的系统栈的活动记录数。

双端队列（Deque，double-ended queue）一种线性结构，只允许在其两端，即前端和后端进行访问（插入/删除元素）。

子孙（Descendant）树中节点的孩子，或后代节点的孩子。

直接递归（Direct recursion）递归方法直接调用自身。

有向图（Directed graph，digraph）图中每条边都是从一个顶点有向地连接到另一个（或同一个）顶点。

非连通图（Disconnected graph）不连通的图。

双端队列（Double-ended queue，deque）一种线性结构，只允许在其两端即前端和后端进行访问（插入/删除元素）。

双向链表（Doubly linked list）链表中的每个节点都链接到它的后继和前驱节点。

动态（运行时）绑定（Dynamic（run-time）binding）程序执行期间，将变量或方法与包含该变量或该方法的实际内存地址关联起来。

动态内存管理（Dynamic memory management）当应用程序执行时，根据需要分配和回收存储空间。

边（Edge（arc））表示图中两个顶点之间的连接的一对顶点。

异常（Exception）与不寻常、有时不可预测的事件相关联，可由软件或硬件检测到，需要特殊处理。该事件可能是错误的，也可能不是。

工厂方法（Factory method）创建并返回对象的方法。

满二叉树（Full binary tree）二叉树中所有的叶节点都在同一层，并且每个非叶节点都有两个子节点。

垃圾（Garbage）当前无法访问的对象集合。

垃圾回收（Garbage collection）查找所有无法访问的对象并回收其存储空间的过程。

通常（回归）条件（General (recursive) case）解决方案能够以其自身的较小版本来表达的条件。

泛型（Generics）参数化类型。允许我们定义一组操纵特定类对象的操作，但稍后再指定被操作对象的类。

图（Graph）包含一组顶点和一组将顶点相互关联的边的数据结构。

哈希码（Hash code）与输入对象关联的哈希函数的输出。

哈希函数（Hash function）将一个元素的key作为输入并生成一个整数作为输出的函数。

哈希表（Hash table）使用哈希法来存储元素的数据结构。

哈希法（Hashing）通过操作元素的key在集合中确认元素的位置，以相对恒定的时间对集合中的元素进行排序和访问的技术。

头节点（Header node）列表开头的占位符节点，用于简化列表处理。

堆（Heap）基于完全二叉树的优先队列的实现，每个元素的值都大于或等于其每个子节点的值。

高度（Height）树的最高层。

混合数据结构（Hybrid data structure）两种数据结构的协同组合。

不可修改对象（Immutable object）一旦实例化就不能更改的对象。

间接递归（Indirect recursion）见递归（间接）。

信息隐藏（Information hiding）模块中隐藏细节的做法，其目标是控制系统其他部分对细节的访问。

类的继承（Inheritance of classes）Java类可以扩展另一个Java类，继承它的属性和方法。

接口的继承（Inheritance of interfaces）Java接口可以扩展另一个Java接口，继承其需求。如果接口B扩展了接口A，那么实现接口B的类也必须实现接口A。通常接口B将抽象方法添加到接口A所需的方法中。

继承树（Inheritance tree）树，根植于Object类，表示Java类之间所有继承类的关系。

中序遍历（Inorder traversal）系统访问二叉树所有节点的方法，先访问左子树的所有节点，然后访问根节点，再访问右子树的节点。

实例化（Instantiation）使用new命令创建一个Java类的新实例/对象。

内部节点（Interior node）不是叶节点的树节点。

键（Key）用于确定集合中元素的标识和逻辑顺序的属性。

叶节点（Leaf）没有子节点的树节点。

层（Level）树节点的层就是该节点到根节点的距离（该节点自身和根节点之间的连接数）。

层序遍历（Level order traversal，breath-first traversal）一种树遍历，首先访问树的根，然后依次访问根的孩子（通常从最左到最右），然后访问根的孩子的孩子等，直到访问完所有的节点。

线性探查（Linear probing）通过从哈希/压缩函数返回的位置开始顺序搜索哈希表来解决哈希冲突。

线性关系（Linear relationship）除第一个元素，每个元素都有一个唯一的前驱；除最后一个元素，每个元素都有一个唯一的后继。

列表（List）元素之间呈现线性关系的集合。

负载阈值（Load threshold）当哈希表中的条目与总空间的比率超过负载阈值时，哈希表的大小增加。

映射（Map）将key和唯一值相关联的抽象数据类型。

方法学（Methodology）用来创建满足客户需求的软件系统的一系列特定过程的集合。

接口的多重继承（Multiple inheritance of interfaces）Java接口可以扩展多个接口。如果接口C同时扩展了接口A和接口B，那么实现接口C的类也必须实现接口A和接口B。有时候接口的多重继承只是简单用来组合两个接口的需求，而不需要添加更多的方法。

多任务（Multitasking）一次执行多个任务。

自然顺序（Natural order）由类的compareTo方法建立的顺序。

观察函数（Observer）允许我们在不改变对象的情况下观察对象状态的操作。

可选操作/方法（Optional operation/method）适合抽象数据类型的一个实现，但对另外的实现没有意义的一些操作。在这种情况下，我们在接口中指出一个操作是可选的。实现时可选择不支持此类操作。

复杂度增长阶（Order of growth complexity）表示计算时间的符号，它是函数中相对于问题的大小增长最快的项。

堆的顺序属性（Order property of heaps）对于底层树中的每个节点，存储在该节点中的值大于或等于其每个子节点的值。

重写（Override）在子类中重定义父类中的方法。

父节点（Parent）一个树节点的唯一前驱就是其父节点。

路径（Path）图中连接两个顶点的一个顶点序列。

多态性（Polymorphism）程序执行期间，对象变量在不同的时间引用不同类对象的能力。

后置条件（Postconditions（effects））假设前提条件为真，方法退出时的期望结果。

后序遍历（Postorder traversal）访问二叉树所有节点的系统方法，该方法先访问左子树节点，然后访问右子树节点，最后访问根节点。

先决条件（Preconditions）为了方法能够正确工作，方法入口必须为真的假设。

先序遍历（Preorder traversal）访问二叉树所有节点的系统方法，该方法先访问根节点，然后访问左子树的节点，最后访问右子树的节点。

原始变量（Primitive variable）该Java变量的类型是Java直接支持的八个类型（byte、char、short、int、long、float、double和boolean）之一，按值存储其内容，即变量的实际值保存在与该变量关联的内存位置中。

优先级队列（Priority queue）只有最高优先级元素才能被访问/删除的抽象数据类型。

二次探查（Quadratic probing）使用公式（哈希值+I^2）%数组大小来解决哈希冲突。

队列（Queue）在后端插入元素，在前端删除元素的结构。一种“先进先出”结构。

递归（间接）（Recursion（indirect））见间接归（Indirect recursion）。

递归算法（Recursive algorithm）使用以下两点来表示的解决方案：（1）较小的自身实例；（2）基本条件。

递归调用（Recursive call）被调用的方法与调用方法相同的一种方法调用。

递归（一般）条件（Recursive（general）case）解决方案能够以其自身的较小版本来表达的条件。

递归定义（Recursive definition）在该定义中，事物能够以自身较小的版本来定义。

引用变量（Reference variable）与Java类定义的对象相关联的Java变量，该变量通过引用来存储其内容，即该变量保存对象驻留在内存中的地址。

再哈希（Rehash）重新计算哈希表中所有元素的位置。例如，当原有哈希表扩容的时候。

根（Root）树结构的顶部节点；没有父节点的节点。

运行时（动态）绑定（Run-time（dynamic）binding）程序执行期间，将变量或方法与包含该变量或该方法的实际内存地址关联起来。

运行时（系统）栈（Run-time（system）stack）程序执行期间，跟踪活动记录的系统数据结构。

自组织（适应/平衡）树（Self-organizing（adjusting/balancing）tree）在添加或删除节点后，调整其节点模式以保持自身平衡的树。

自引用类（Self-referential class）一个包含实例变量或变量的类，这些变量可以保存对同一个类的对象的引用。

顺序查找（Sequential search）按顺序逐个检查集合中每个元素的搜索方法。

集合（Set）不允许重复元素的collection类。

堆的形状属性（Shape property of heaps）底层树必须是完整的二叉树。

兄弟节点（Siblings）具有相同父节点的树节点。

签名（Signature）区别方法标题的特征；方法名字与给定参数的个数和类型的组合。

偏树（Skewed tree）长而窄的树；与bushy/平衡树相反。

快照（Snapshot）在某个时间点对数据结构的拷贝。

稳定排序（Stable sort）保留重复元素顺序的排序算法。

栈（Stack）仅从一端添加和删除元素的结构；一种“后进先出”（LIFO）的结构。

子类（Subclass）如果类A继承自类B，我们就说“A是B的子类”。

子树（Subtree）一个树节点及其后代形成一个以该节点为根的子树。

父类（Superclass）如果类A继承自类B，我们就说“B是A的父类”。

系统（运行时）栈（System（run-time）stack）程序执行期间，用来跟踪活动记录的系统结构。

尾递归（Tail recursion）方法只包含一个递归调用，并且该调动是系统执行的最后一个语句。

测试驱动（Test driver）一个程序，它调用从类导出的操作并允许我们测试这些操作的结果。

测试套件（Test harness）一个独立的程序，

用来促进对算法实现的测试。

尾节点（Trailer node）列表末尾的占位符节点，用来简化列表的处理。

转换函数（Transformer）：一种改变对象内部状态的操作。

树（Tree）具有唯一起始节点（根节点）的结构，其中每个节点能够具有多个子节点，并且其中存在从根到每个其他节点的唯一路径。

未检查异常（Unchecked exception）RunTimeException类的一个异常。不一定由可能抛出该异常的方法显式处理。

无向图（Undirected graph）边没有方向的图。

统一建模语言（Unified Modeling Lanuage，UML）用来描述软件的图表技术的集合。

顶点（Vertex）图中的节点。

加权图（Weighted graph）图中的每条边都有一个值。

最坏情况复杂度（Worst case complexity）就效率而言，给出最坏可能的输入值集合，与算法所需的最大步数有关。

索引

D

E

F

G

H

I

J

K

L

Z